中国芳香植物资源

Aromatic Plant Resources in China

（第2卷）

王羽梅　主编

中国林业出版社

图书在版编目（CIP）数据

中国芳香植物资源：全6卷 / 王羽梅主编． --北京：中国林业
出版社，2020.9

ISBN 978-7-5219-0790-2

Ⅰ．①中… Ⅱ．①王… Ⅲ．①香料植物－植物资源－中国
Ⅳ．①Q949.97

中国版本图书馆CIP数据核字（2020）第174231号

《中国芳香植物资源》
编 委 会

主　编：王羽梅

副主编：任　飞　任安祥　叶华谷　易思荣

著　者：

王羽梅（韶关学院）

任安祥（韶关学院）

任　飞（韶关学院）

易思荣（重庆三峡医药高等专科学校）

叶华谷（中国科学院华南植物园）

邢福武（中国科学院华南植物园）

崔世茂（内蒙古农业大学）

薛　凯（北京荣之联科技股份有限公司）

宋　鼎（昆明理工大学）

王　斌（广州百彤文化传播有限公司）

张凤秋（辽宁锦州市林业草原保护中心）

刘　冰（中国科学院北京植物园）

杨得坡（中山大学）

罗开文（广西壮族自治区林业勘测设计院）

徐晔春（广东花卉杂志社有限公司）

于白音（韶关学院）

马丽霞（韶关学院）

任晓强（韶关学院）

潘春香（韶关学院）

肖艳辉（韶关学院）

何金明（韶关学院）

刘发光（韶关学院）

郑　珺（广州医科大学附属肿瘤医院）

庞玉新（广东药科大学）

陈振夏（中国热带农业科学院热带作物品种资源
　　　　研究所）

刘基男（云南大学）

朱鑫鑫（信阳师范学院）

叶育石（中国科学院华南植物园）

宛　涛（内蒙古农业大学）

宋　阳（内蒙古农业大学）

李策宏（四川省自然资源科学研究院峨眉山生物站）

朱　强（宁夏林业研究院股份有限公司）

卢元贤（清远市古朕茶油发展有限公司）

寿海洋（上海辰山植物园）

张孟耸（浙江省宁波市鄞州区纪委）

周厚高（仲恺农业工程学院）

杨桂娣（茂名市芳香农业生态科技有限公司）

叶喜阳（浙江农林大学）

郑悠雅（前海人寿广州总医院）

吴锦生〔中国医药大学（台湾）〕

张荣京（华南农业大学）

李忠宇（辽宁省凤城市林业和草原局）

高志恳（广州市昌缇国际贸易有限公司）

李钱鱼（广东建设职业技术学院）

代色平（广州市林业和园林科学研究院）

容建华（广西壮族自治区药用植物园）

段士明（中国科学院新疆生态与地理研究所）

刘与明（厦门市园林植物园）

陈恒彬（厦门市园林植物园）

邓双文（中国科学院华南植物园）

彭海平（广州唯英国际贸易有限公司）

董　上（伊春林业科学院）

徐　婕（云南耀奇农产品开发有限公司）

潘伯荣（中国科学院新疆生态与地理研究所）

李镇魁（华南农业大学）

王喜勇（中国科学院新疆生态与地理研究所）

第2卷目录

❀ 山杜英
Elaeocarpus sylvestris (Lour.) Poir.

杜英科　杜英属
别名：羊屎树、羊仔树
分布：广东、海南、广西、福建、浙江、江西、湖南、贵州、四川、云南

【形态特征】小乔木，高约10 m；小枝纤细，老枝干后暗褐色。叶纸质，倒卵形或倒披针形，长4~8 cm，宽2~4 cm，幼态叶长达15 cm，宽达6 cm，干后黑褐色，先端钝，或略尖，基部窄楔形，下延，边缘有钝锯齿或波状钝齿。总状花序生于枝顶叶腋内，长4~6 cm，花序轴纤细，无毛，有时被灰白色短柔毛；萼片5片，披针形，长4 mm，无毛；花瓣倒卵形，上半部撕裂，裂片10~12条，外侧基部有毛；雄蕊13~15枚；花盘5裂，圆球形，完全分开，被白色毛。核果细小，椭圆形，长1~1.2 cm，内果皮薄骨质，有腹缝沟3条。花期4~5月。

【生长习性】生于海拔350~2000 m的常绿林里。适生于湿润而土层深厚的山谷密林环境。分布区年平均气温17~22 ℃，最冷月平均气温14~17 ℃，最热月平均气温20~26 ℃，极端最低气温达-4 ℃，相对湿度80%~85%，干湿季明显，年降水量1800~2500 mm。较能耐阴，常为密林中层树。

【芳香成分】窦艳等（2006）用水蒸气蒸馏法提取的江苏扬州产山杜英阴干叶精油的主要成分依次为：α-谷甾醇（15.41%）、沸波醇（14.32%）、α-香树素（13.46%）、3,15,16,21,22,28-六羟基-12-齐墩果烯（11.79%）、3,7,11,15-四甲基-2-烯-十六醇（9.54%）、十二烷（6.77%）、3-羟基-5,17-雄甾二烯-17-酮（4.52%）、2-[4-甲基-6-(2,6,6-三甲基-1-环己烯基)-1,3,5-己三烯]-1-环己烯甲醛（4.07%）、3,5-豆甾二烯（1.74%）、13,14-环氧-3-齐墩果醇乙酸酯（1.62%）、2-甲基丙酸正丁酯（1.36%）、麦角甾-5,22-二烯-3-醇乙酸酯（1.31%）等。

【利用】是庭园观赏、四旁绿化和防护林优良树种，也是营造生物防火林带和其他水土保持、水源涵养的生态公益林的良好树种。可作为速生商品用材树种。

❀ 杜仲
Eucommia ulmoides Oliv.

杜仲科　杜仲属
别名：思仙、木棉、思仲、石思仙、丝连皮、丝楝树皮、扯丝皮、丝棉皮
分布：四川、陕西、湖北、河南、贵州、云南、甘肃、湖南、浙江等地

【形态特征】落叶乔木，高达20 m，胸径约50 cm；树皮灰褐色，粗糙，内含橡胶。老枝有明显的皮孔。芽体卵圆形，外面发亮，红褐色，有鳞片6~8片，边缘有微毛。叶椭圆形、卵形或矩圆形，薄革质，长6~15 cm，宽3.5~6.5 cm；基部圆形或阔楔形，先端渐尖；叶面暗绿色，老叶略有皱纹，叶背淡绿；边缘有锯齿。花生于当年枝基部，雄花无花被；苞片倒卵状匙形，顶端圆形，边缘有睫毛；雌花单生，苞片倒卵形。翅果扁平，长椭圆形，长3~3.5 cm，宽1~1.3 cm，先端2裂，基部楔形，周围具薄翅；坚果位于中央，稍突起。种子扁平，线形，长1.4~1.5 cm，宽3 mm，两端圆形。早春开花，秋后果实成熟。

【生长习性】生长于海拔300~500 m的低山、谷地或低坡的疏林里，在瘠薄的红土，或岩石峭壁均能生长。喜阳光充足、温和和湿润气候，耐寒，对土壤要求不严。

【精油含量】水蒸气蒸馏阴干叶的得油率为0.13%；超临界萃取干燥叶的得油率为2.15%~3.83%。

【芳香成分】树皮：陈望爱等（2008）用水蒸气蒸馏法提取的四川产杜仲树皮精油的主要成分为：己醛（11.70%）、2-甲基苯并呋喃（11.40%）、2-正戊基呋喃（6.85%）、2,4-十一碳二烯醛（6.21%）、2-十一碳烯醛（4.89%）、(Z)-2-癸烯醛（4.71%）、壬醛（3.52%）、棕榈酸（2.88%）、β-环柠檬醛（2.50%）、3-乙基-4,4-二甲基-2-戊烯（2.42%）、(E)-2-辛烯醛（2.16%）、(E)-2-壬烯醛（2.12%）、1-(2-呋喃基)-3-丁烯-1,2-二醇（1.99%）、(E,E)-2,4-癸二烯醛（1.44%）、3,3-二甲基己烷（1.40%）、β-大马酮（1.38%）、(E,E)-2,4-庚二烯醛（1.33%）、苯并呋喃（1.23%）、异亚丙基环己烷（1.19%）、乙酰愈创木酮（1.03%）等。林杰等（2018）用顶空固相微萃取法提取的干燥树皮精油的主要成分为：壬醛（17.47%）、癸醛（8.85%）、己醛（6.37%）、双戊烯（5.14%）、辛醛（3.73%）、正己醇（2.74%）、2-戊基呋喃（2.65%）、(-)-4-萜品醇（1.60%）、庚醛（1.27%）等。

叶：黄相中等（2011）用同法分析的云南楚雄产杜仲阴干叶精油的主要成分为：(E,E)-2,4-庚二烯醛（12.19%）、亚乙基环己烷（8.59%）、壬醛（7.27%）、6,10-二甲基-5,9-十一二烯-2-酮（4.31%）、苯乙醛（4.01%）、4-萜品醇（3.93%）、6,10,14-三甲基-2-十五烷酮（3.36%）、金合欢醇乙酸酯（2.96%）、二丁基羟基甲苯（2.81%）、(E)-2-己烯醛（2.41%）、庚醛（1.86%）、植醇（1.74%）、苯甲醛（1.58%）、1-己醇（1.41%）、2,3-辛二酮（1.41%）、γ-榄香烯（1.35%）、顺-3-己烯-1-醇（1.34%）、

(2Z)-2-癸醛（1.31%）、绿花白千层醇（1.26%）、γ-萜品油烯（1.23%）、5-异丙基-2-甲基双环[3.1.0]己烷-2-醇（1.17%）、7-亚甲基-9-氧杂双环[6.1.0]壬-2-烯（1.13%）、2-十五炔-1-醇（1.06%）、邻苯二甲酸二异丁酯（1.02%）、金合欢醇（1.00%）等。贾智若等（2014）用同法分析的四川绵阳产杜仲干燥叶精油的主要成分为：植醇（21.49%）、植酮（20.56%）、法呢基丙酮（7.09%）、金合欢烷（2.93%）、3-呋喃甲醇乙酸酯（2.82%）、香叶基丙酮（2.32%）、1,2,3-三甲基-4-烯丙基萘（2.22%）、棕榈酸（2.02%）、β-紫罗酮（1.91%）、棕榈酸甲酯（1.49%）、异植物醇（1.35%）、α-紫罗酮（1.29%）、肉桂酸乙酯（1.16%）、2,4-二叔丁基-4-甲基苯酚（1.15%）等。林杰等（2018）用顶空固相微萃取法提取的湖南慈利产杜仲干燥叶精油的主要成分为：壬醛（13.53%）、1-石竹烯（10.36%）、3,5-辛二烯-2-酮（3.86%）、醋酸（3.47%）、顺-4-乙基-3-壬烯-5-炔（3.40%）、萜品烯（3.22%）、1-甲基-5-(1-甲基乙烯基)环己烯（3.18%）、2,6-二甲基吡嗪（3.09%）、十四烷基环氧乙烷（2.94%）、异松油烯（2.30%）、反式-2,4-庚二烯醛（2.25%）、3-呋喃甲醇（2.14%）、己醛（2.13%）、β-环柠檬醛（1.90%）、2-己烯醛（1.43%）、乙酸冰片酯（1.35%）、二氢猕猴桃内酯（1.05%）、α-荜澄茄烯（1.02%）等。

【利用】树皮、叶入药，治腰脊酸疼、肢体痿弱、遗精、滑精、五更泄泻、虚劳、小便余沥、阴下湿痒、胎动不安、胎漏欲堕、胎水肿满、滑胎、高血压。木材供建筑及制家具。树皮分泌的硬橡胶供工业原料及绝缘材料，可制造耐酸、碱容量及管道的衬里。

❀ 蒙椴

Tilia mongolica Maxim.

椴树科　椴树属
别名：蒙古椴、小叶椴、白皮椴、米椴
分布：内蒙古、辽宁、河北、河南、山西等地

【形态特征】乔木，高10 m，树皮淡灰色，有不规则薄片状脱落；嫩枝无毛，顶芽卵形，无毛。叶阔卵形或圆形，长4～6 cm，宽3.5～5.5 cm，先端渐尖，常出现3裂，基部微心形或斜截形，边缘有粗锯齿，齿尖突出。聚伞花序长5～8 cm，有花6～12朵；苞片窄长圆形，长3.5～6 cm，宽6～10 mm，

两面均无毛，上下两端钝，下半部与花序柄合生，基部有柄长约1cm；萼片披针形，长4～5mm，外面近无毛；花瓣长6～7mm；退化雄蕊花瓣状，稍窄小；雄蕊与萼片等长；子房有毛，花柱秃净。果实倒卵形，长6～8mm，被毛，有棱或有不明显的棱。花期7月。

【生长习性】喜光，耐寒，喜凉润气候，喜生于潮湿山地或干湿适中的平原。深根性，生长速度中等。

【精油含量】水蒸气蒸馏叶的得油率为0.60%。

【芳香成分】树皮：白云峰等（2006）用有机溶剂萃取法提取的内蒙古大青山产蒙椴树皮精油的主要成分为：1,1,6,8-四甲基-3-[(三苯基甲氧基)甲基]八氢环丙[3,4]苯[1,2-e]苷菊环-5,7β,9,9α-四醇-5,9,9α-三乙酸酯（13.42%）、氯化N-丁苯羰基胺（7.85%）、1,1,3,6,9-五甲基环戊[a]环丙[f]环十一烯-2,4,7,7a,10-十三氢六醇-2,4,7,10,11-五乙酸酯（5.50%）、(E)-乙基-9-十八烯酸盐（4.94%）、3,5-二甲基辛二酸二甲酯（4.22%）、9-氧代壬酸乙酯（2.99%）、A-甲基芬太奴（2.78%）、十五碳酸乙酯（1.90%）、9-十八炔酸（1.89%）、己醛（1.82%）、8-十八炔酸甲酯（1.76%）、十九烷（1.73%）、2-辛基环丙基十二碳酸甲酯（1.58%）、十七烷（1.52%）、6,17,21-三[(三甲基硅)氧基]-3,20-二(O-甲肟)-4-烯孕-3,11,20-三酮（1.47%）、壬酸乙酯（1.42%）、辛酸乙酯（1.33%）、二十二碳酸乙酯（1.31%）、3,5-二烯豆甾-7-酮（1.18%）、4-烯豆甾-3-酮（1.12%）、二十一烷（1.11%）等。

叶：方利等（2006）用水蒸气蒸馏法提取的内蒙古大青山产蒙椴叶精油的主要成分为：贝壳杉烯（5.95%）、2-己烯-1-醇（5.67%）、正己醛（4.74%）、1,54-二溴五十四烷（3.65%）、二十四烷（3.10%）、1-(1-乙氧基乙氧基)辛烷（2.82%）、2,6,10,14-四甲基十五烷（2.68%）、辛醛（2.63%）、苯甲酸苯甲酯（2.39%）、二十一烷（1.97%）、1-己醇（1.53%）、苯甲酸（1.35%）、丁内酰酯（1.34%）、6,10,14-三甲基-2-十五烷酮（1.11%）、2-己氧基乙醇（1.03%）、3-(2-羟基苯基)丙烯酸（1.02%）等。

【利用】树皮为民间常用药材，用于治疗筋无力、慢性咳嗽、关节炎、风湿等疾病。花可入药。木材可作家具、炊具用材。树皮纤维可制绳。种子榨油供工业用。宜在公园、庭园栽植供观赏。

🌸 破布叶
Microcos paniculata Linn.

椴树科　破布叶属
别名：布渣、包蔽木、泡卜布、破布树、布包木、狗具木
分布：海南、广东、广西、云南

【形态特征】灌木或小乔木，高3～12m，树皮粗糙；嫩枝有毛。叶薄革质，卵状长圆形，长8～18cm，宽4～8cm，先端渐尖，基部圆形，两面初时有极稀疏星状柔毛，以后变秃净，三出脉的两侧脉从基部发出，向上行超过叶片中部，边缘有细钝齿；叶柄长1～1.5cm，被毛；托叶线状披针形，长5～7mm。顶生圆锥花序长4～10cm，被星状柔毛；苞片披针形；花柄短小；萼片长圆形，长5～8mm，外面有毛；花瓣长圆形，长3～4mm，下半部有毛；腺体长约2mm；雄蕊多数，比萼片短；子房球形，无毛，柱头锥形。核果近球形或倒卵形，长约1cm；果柄短。花期6～7月。

【生长习性】南方常见的腋生植物，生于路边灌丛、小丘上。

【精油含量】水蒸气蒸馏干燥叶的得油率为0.63%。

【芳香成分】毕和平等（2007）用水蒸气蒸馏法提取的海南三亚产破布叶干燥叶精油的主要成分为：2-甲氧基-4-乙烯基苯酚（18.12%）、二十八烷（11.77%）、十六烷酸（11.29%）、二十五烷（10.32%）、二十七烷（8.61%）、2,3-二氢苯并呋喃（6.29%）、四十四烷（5.99%）、三十六烷（5.51%）、二十四烷（4.89%）、植醇（3.70%）、三十烷（3.65%）、三十五烷（3.25%）、1-十五烯（2.70%）、四十三烷（2.41%）、十四烷（1.50%）等。宋伟峰等（2012）用同法分析的干燥叶精油的主要成分为：正十六酸（48.20%）、十八碳烯酸甲酯（9.02%）、亚油酸甲酯（8.19%）、植醇（8.09%）、二十九烷（6.52%）、正

十六酸甲酯（3.09%）、油酸（2.99%）、二十七烷（2.90%）、亚油酸（2.17%）、四十四烷（1.86%）、硬脂酸甲酯（1.41%）、3,7,11,15-四甲基-2-十六烯-1-醇（1.12%）等。

【利用】叶药用，有清热解毒、消食导滞、解渴开胃的功效，民间常泡茶饮用，用于治疗感冒、咽喉痛、消化不良、腹胀及黄疸等。是"广东凉茶""王老吉""甘和茶"及"十味溪黄草颗粒"等的主要组成药物之一。树皮的纤维可以编绳。

🌸 海南暗罗
Polyalthia laui Merr.

番荔枝科　暗罗属

别名：藤椿、大黑皮藤椿、山蕉槁
分布：海南

【形态特征】乔木，高达25 m，胸径达40 cm，树干通直，分枝高，树皮暗灰色。叶近革质至革质，长圆形或长圆状椭圆形，长8～20 cm，宽3.5～8 cm，顶端渐尖，基部阔急尖或圆形。花淡黄色，数朵丛生于老枝上；花梗基部有阔卵形的小苞片；萼片阔卵形，长约5 mm，顶端钝或急尖，外面被微柔毛；花瓣长圆状卵形或卵状披针形，长2～3.5 cm，外轮花瓣稍短于内轮花瓣；雄蕊楔形，药隔顶端截形；心皮密被短柔毛，内有胚珠1颗。果卵状椭圆形，长2.5～4 cm，直径1～1.8 cm，顶端钝，无毛，成熟时红色；果柄粗厚，长2.5～5 cm；总果柄粗壮，长3.5～4 cm。花期4～7月，果期10月至翌年1月。

【生长习性】生于低海拔至中海拔的山地常绿阔叶林中。
【芳香成分】李小宝等（2012）用水蒸气蒸馏法提取的海南产海南暗罗叶精油的主要成分为：[S-(E,E)]-1-甲基-5-亚甲基-8-(1-甲基乙基)-1,6-环癸二烯（18.31%）、石竹烯（6.26%）、4-乙烯基-4-甲基-3-(1-甲基乙烯基)-1-(1-甲基乙基)-环己烯（5.50%）、环己烷（3.84%）、石竹烯氧化物（3.32%）、α-荜澄茄醇（3.25%）、1,2,3,5,6,8a-六氢-4,7-二甲基-1-(1-甲基乙基)-(1S-顺式)-萘（2.60%）、1,5,9,9-四甲基-Z,Z,Z-1,4,7-环十一碳三烯（2.56%）、喇叭茶醇（1.49%）、1-乙烯基-1-甲基-2,4-双(1-甲基乙烯基)-环己烷（1.36%）、1,2,3,4,4a,7,8,8a-八氢-1,6-二甲基-(1-甲基乙基)-[1S-(1α,4α,4aβ,8aβ)]-1-萘酚（1.30%）、τ-依兰油醇（1.19%）、6-乙烯基-6-甲基-1-(1-甲基乙基)-3-(1-甲基亚乙基)-(S)-环己烯（1.08%）、1,2,4a,5,6,8a-六氢-4,7-二甲基-1-(1-甲基乙基)-萘（1.00%）等。
【利用】木材适于作家具和建筑用材。

🌸 陵水暗罗
Polyalthia nemoralis A. DC.

番荔枝科　暗罗属

别名：黑皮根、落坎薯
分布：广东、海南

【形态特征】灌木或小乔木，高达5 m；小枝被疏短柔毛。叶革质，长圆形或长圆状披针形，长9～18 cm，宽2～6 cm，顶端渐尖，基部急尖或阔楔形，干时蓝绿色。花白色，单生，与叶对生，直径1～2 cm；花梗短，长约3 mm；萼片三角形，长约2 mm，顶端急尖，被柔毛；花瓣长圆状椭圆形，长6～8 mm，内外轮花瓣等长或内轮的略短些，顶端急尖或钝，广展，外面被紧贴柔毛；药隔顶端截形，被微毛；心皮7～11个，被柔毛，柱头倒卵形，顶端浅2裂，被微毛。果卵状椭圆形，长1～1.5 mm，直径8～10 mm，初时绿色，成熟时红色；果柄短，长2～3 mm，被疏粗毛。花期4～7月，果期7～12月。

【生长习性】生于低海拔至中海拔山地林中阴湿处。
【精油含量】超临界萃取干燥根的得油率为0.54%。
【芳香成分】黄冬苑等（2016）用超临界CO$_2$萃取法提取的海南昌江产陵水暗罗干燥根精油的主要成分为：(Z,Z,Z)-9,12,15-十八碳三烯-1-醇（8.20%）、甘油（7.80%）、肉桂醛（6.60%）、棕榈酸（6.00%）、丁香酚（5.50%）、β-瑟林烯（5.00%）、醋酸（4.80%）、石竹素（3.70%）、(+)-瓦伦亚烯（3.50%）、α-荜澄茄油烯（2.70%）、百里香酚甲醚（2.50%）、γ-杜松烯（2.30%）、己酸（2.20%）、2,3-丁二醇（1.70%）、芳姜黄酮（1.70%）、乙酰氧基乙酸（1.50%）、苯并噻唑（1.30%）、环十五烷基醇（1.20%）、茴香脑（1.00%）、环氧化蛇麻烯Ⅱ（1.00%）等。

【利用】根入药，具有补脾健胃、补肾固精之效，用于胃脘痛胀、食欲不振、四肢无力、遗精。

❀ 沙煲暗罗
Polyalthia consanguinea Merr.

番荔枝科　暗罗属
别名： 山蕉树、血春藤、滑桃
分布： 海南

【形态特征】乔木，高达12 m；树皮灰黑色；小枝密被锈色长柔毛，有皮孔。叶纸质，长圆状披针形或倒披针形，长10～16 cm，宽2.5～5 mm，顶端钝或短渐尖，基部渐狭而稍偏斜呈浅心形。花白色，稍带黄色，微香，1～2朵生于矩状的短枝上；花梗近基部生有小苞片2～3个；萼片革质，三角状卵形，被疏柔毛，顶端钝；内外轮花瓣近等长，长圆形，长10～12.5 mm，宽3～4.5 mm，外面被柔毛，顶端稍钝；雄蕊卵状楔形，药隔顶端近截形，被短柔毛。果近圆球状，直径1～1.5 cm，绿色，无毛，内有种子2颗；果柄长7～20 mm，有小瘤体。花期1～4月，果期6月至翌年1月。

【生长习性】生于海拔500～1000 m的山地密林中。
【精油含量】水蒸气蒸馏新鲜叶的得油率为0.83%。
【芳香成分】李小宝等（2017）用水蒸气蒸馏法提取的海南昌江产沙煲暗罗新鲜叶精油的主要成分为：邻苯二甲酸单（2-乙基己基）酯（16.82%）、二苯胺（10.32%）、邻苯二甲酸二异丁酯（8.90%）、桉油烯醇（4.92%）、α-荜澄茄醇（4.91%）、棕榈酸（4.72%）、大根香叶烯B（4.30%）、α-亚麻酸（3.56%）、1,5,5-三甲基-6-亚甲基环己烯（3.24%）、叶绿醇（2.74%）、τ-依兰油醇（2.47%）、(-)-蓝桉醇（2.07%）、杜松-1(10),4-二烯（1.68%）、α-蒎烯（1.32%）、邻苯二甲酸异辛酯（1.22%）、硬脂酸（1.11%）、γ-榄香烯（1.06%）等。

【利用】果成熟时可食。叶为民间惯用药材，在海南岛黎族聚居地等地区常被用来治疗痛经、梅核气、气滞腹痛等疾病。

❀ 香花暗罗
Polyalthia rumphii (Blume ex Hensch.) Merr.

番荔枝科　暗罗属
别名： 大花暗罗
分布： 海南

【形态特征】乔木，高达10 m。叶纸质，长圆状披针形，长10～17 cm，宽3～7 cm，顶端渐尖，基部急尖或圆形，有时偏斜。花大，直径4～7 cm，淡绿色，后变淡黄色，单朵腋生；花梗长1.5～2 cm，被紧贴柔毛；萼片近卵圆形，长约2 mm，外面被微柔毛；花瓣薄，椭圆形，外轮花瓣长约4.7 cm，内轮花瓣稍短，顶端钝，被微柔毛；心皮长圆形，被柔毛，每心皮有胚珠1颗，花柱长圆形，被柔毛。果椭圆形，长约10 mm，直径约5 mm，顶端急尖；果柄柔弱，长5～10 mm，直径1 mm，无毛；总果柄长2 cm，直径2 mm。花期7～10月，果期7月至翌年4月。

【生长习性】生于低海拔至中海拔山地林中。喜光，能耐半阴，幼苗尤较耐阴。喜温暖湿润气候，在肥沃、湿润且排水良好的微酸性土壤上生长良好。

【精油含量】乙醚萃取的根的得油率为2.42%，茎的得油率0.90%，叶的得油率为4.16%。

【芳香成分】根：王天山等（2011）用乙醚萃取法提取的海南坝王岭产香花暗罗新鲜根精油的主要成分为：α-香柠檬烯（8.12%）、β-石竹烯（4.41%）、α-姜黄烯（4.36%）、11,14-二十碳二烯酸甲酯（3.96%）、二十八烷（3.36%）、α-丁子香烯（2.91%）、己二酸二（2-乙基己基）酯（2.67%）、豆甾醇（2.66%）、异长叶烯酮（2.39%）、十六烷（2.26%）、二十二烷（2.19%）、α-古芸烯（1.72%）、DHA甲酯（1.61%）、十五烷（1.60%）、二十六烷（1.27%）、三十烷（1.15%）、(+)-δ-杜松烯（1.07%）等。

茎：王天山等（2011）用乙醚萃取法提取的海南坝王岭产香花暗罗新鲜茎精油的主要成分为：己二酸二（2-乙基己基）酯（5.27%）、二十七烷（4.73%）、鹅掌楸树脂醇A二甲醚（3.43%）、3,5-二叔丁基-4-羟基苯丙酸甲酯（1.84%）、三十烷（1.48%）、7,9-二-叔丁基-1-氧杂螺[4.5]癸-6,9-二烯-2,8-二酮（1.16%）、万山麝香（1.13%）、二十六烷（1.01%）等。

叶：王天山等（2011）用乙醚萃取法提取的海南坝王岭产香花暗罗新鲜叶精油的主要成分为：4,8,12,16-四甲基十七碳烷-4-交酯（12.91%）、鹅掌楸树脂醇A二甲醚（5.42%）、(1R,3aR,4R,6aR)-1,4-双（3,4,5-三甲氧基苯基）四氢-1H,3H-呋喃（3.28%）、己二酸二（2-乙基己基）酯（2.74%）、二十八烷（2.37%）、三十烷（2.08%）、植物醇（1.98%）、二十六烷（1.89%）、十六烷（1.66%）、二十九烷（1.62%）、二十七烷（1.59%）、山嵛醇乙酸酯（1.39%）、丙泊酚（1.26%）、1-十八烷醇（1.12%）、10,10-二甲基-2,6-二（亚甲基）二环[7.2.0]十一烷-5-醇（1.09%）、植酮（1.07%）等。

【利用】海南岛黎族地区用根治疗气滞腹痛、痛经、梅核气等疾病。

阿蒂莫耶番荔枝
Annona atemoya Hort. ex West.

番荔枝科　番荔枝属
别名：（由番荔枝与秘鲁番荔枝杂交而成）番荔枝、秘鲁番荔枝
分布：海南有栽培

【形态特征】枝条下垂，最低部分可达地面。落叶至半落叶性，叶片互生，椭圆，革质，茸毛不如秘鲁番荔枝多，长15 cm。花朵具长花梗，三角形，黄色，长6 cm，宽4～5 cm。果实圆锥形或心形，一般长10 cm，宽9.5 cm，果面淡青绿色或豆绿色，龟裂片之间呈黄色，龟裂片连成一体，不易开裂。外壳厚3 mm。果肉有芳香，雪白色，肉质佳，种子数量少于番荔枝，甜而略带酸味，风味与秘鲁番荔枝类似。种子圆柱形，长2 cm，宽8 mm，棕黑色至黑色，坚硬而光滑。

【生长习性】在热带或亚热带低洼地带种植。在降雨量和湿度大而冬季温暖的近海岸地区种植最佳。适应各种类型土壤，但以土层深厚、有机质丰富、透水通气性良好的中性砂壤土为宜。注意排水，积水不良会带来严重后果。

【芳香成分】乔飞等（2016）用顶空固相微萃取法提取的海南儋州产阿蒂莫耶番荔枝新鲜幼花期花（花蕾）香气的主要成分为：β-蒎烯（15.48%）、α-蒎烯（9.37%）、异丁子香烯（7.28%）、(+)-柠檬烯（6.34%）、9-甲基-5-亚甲基-8-癸烯-2-酮（5.38%）、γ-依兰油烯（4.70%）、罗勒烯（4.31%）、可巴烯（4.06%）、月桂烯（3.05%）、顺式-马鞭草烯醇（2.99%）、(-)-α-古芸烯（2.19%）、α-荜草烯（2.17%）、(E)-β-罗勒烯（2.11%）、2,4,6-三甲基-3-环己烯-1-羧醛（1.85%）、荜澄茄油萜（1.55%）、香树烯（1.22%）、左旋乙酸冰片酯（1.18%）、(+)-γ-古芸烯（1.15%）、反式石竹烯（1.10%）、顺式-反-法呢醇（1.02%）等；开放的新鲜花香气的主要成分为：罗勒烯（14.49%）、γ-榄香烯（8.57%）、β-蒎烯（6.88%）、(+)-柠檬烯（6.71%）、反式石竹烯（6.33%）、月桂烯（4.93%）、香树烯（3.63%）、(1E,6E,8S)-1-甲基-5-亚甲基-8-异丙基-1,6-环癸二烯（3.29%）、甘香烯（3.23%）、α-蒎烯（3.16%）、可巴烯（2.60%）、β-杜松烯（2.18%）、β-榄香烯（2.09%）、(-)-α-荜澄茄油烯（2.07%）、γ-依兰油烯（1.92%）、γ-杜松烯（1.48%）、(-)-α-古芸烯（1.42%）、表双环倍半水芹烯（1.11%）、(E)-2-甲基巴豆酸异戊酯（1.09%）、波斯菊烯（1.07%）、芳樟醇（1.06%）、2-壬酮（1.00%）等。

【利用】果实可食，可以制成色拉或甜品，或与橙汁、柠檬汁和奶油混合制成冰淇淋。

刺果番荔枝
Annona muricata Linn.

番荔枝科　番荔枝属
别名：红毛榴莲、牛心果
分布：广东、广西、福建、云南、台湾等地有栽培

【形态特征】常绿乔木，高达8 m；树皮粗糙。叶纸质，倒卵状长圆形至椭圆形，长5～18 cm，宽2～7 cm，顶端急尖或钝，基部宽楔形或圆形，叶面翠绿色而有光泽，叶背浅绿色。花蕾卵圆形；花淡黄色，长3.8 cm；萼片卵状椭圆形；外

轮花瓣厚，阔三角形，长2.5～5 cm，顶端急尖至钝，内轮花瓣稍薄，卵状椭圆形，长2～3.5 cm，顶端钝，内面下半部覆盖雌雄蕊处密生小凸点，有短柄，覆瓦状排列。果卵圆状，长10～35 cm，直径7～15 cm，深绿色，幼时有下弯的刺，刺随后逐渐脱落而残存有小突体，果肉多汁，白色；种子多颗，肾形，长1.7 cm，宽约1 cm，棕黄色。花期4～7月，果期7月至翌年3月。

【生长习性】喜光耐阴。需要温暖的气候和适当的降水，不耐霜冻和阴冷天气。最适生长温度平均最高为25～32 ℃，平均最低为15～25 ℃，果实成熟最适平均温度为25～30 ℃。安全越冬的临界温度为0 ℃。对水分比较敏感，水分过多过少都不利于植株生长。对各类土壤的适应性都很强。在砂质到黏壤质土上都能生长，以砂质土或砂壤土为好。

【芳香成分】朱亮锋等（1993）用微波加热，树脂吸附法收集的广东广州产刺果番荔枝果实香气的主要成分为：乙酸-3-甲基-2-丁烯酯（41.98%）、7-甲基-4-癸烯（4.04%）、辛酸甲酯（4.04%）、1,8-桉叶油素（2.78%）、2-羟基-4-甲基戊酸甲酯（2.63%）、α-松油醇（2.14%）、乙酸-3-甲基丁酯（2.02%）、己酸乙酯（1.61%）、α-蒎烯（1.46%）、3-甲基-2-丁烯醇（1.36%）等。

【利用】果实可食用。木材可作造船材。紫胶虫寄主树。

番荔枝
Annona squamosa Linn.

番荔枝科　番荔枝属
别名：佛头果、林檎、唛螺陀、洋波罗
分布：广东、海南、云南、广西、福建、浙江、台湾等地有栽培

【形态特征】落叶小乔木，高3～5 m；树皮薄，灰白色，多分枝。叶薄纸质，排成两列，椭圆状披针形，或长圆形，长6～17.5 cm，宽2～7.5 cm，顶端急尖或钝，基部阔楔形或圆形，叶背苍白绿色。花单生或2～4朵聚生于枝顶或与叶对生，长约2 cm，青黄色，下垂；花蕾披针形；萼片三角形，被微毛；外轮花瓣狭而厚，肉质，长圆形，顶端急尖，被微毛，镊合状排列，内轮花瓣极小，退化成鳞片状，被微毛。果实由多数圆形或椭圆形的成熟心皮微相连易于分开而成的聚合浆果圆球状或心状圆锥形，直径5～10 cm，无毛，黄绿色，外面被白色粉霜。花期5～6月，果期6～11月。

【生长习性】喜光耐阴。需要温暖的气候和适当的降水，不耐霜冻和阴冷天气，安全越冬的临界温度为0 ℃。对水分比较敏感，水分过多过少都不利于植株生长。对各类土壤的适应性都很强。在砂质到黏壤质土上都能生长，以砂质土或砂壤土为好。

【精油含量】有机溶剂萃取干燥种子的得油率为13.30%。
【芳香成分】丁利君（2007）用有机溶剂萃取法提取的广东澄海产番荔枝干燥种子精油的主要成分为：9-十八烯酸（49.42%）、十六酸（20.37%）、十八酸（14.16%）、9,2-十八二烯酸（13.59%）等。

【利用】果实可食用，为热带地区著名水果。树皮纤维可造纸。根可药用，治急性赤痢、精神抑郁、脊髓骨病。果实可药用，治恶疮肿痛、补脾。紫胶虫寄主树。

🌸 山刺番荔枝
Annona montana Macf.

番荔枝科　番荔枝属
分布：海南、广东有栽培

【形态特征】乔木，高达10 m，常绿。树皮略带紫色棕色。小枝嫩时绿色、平滑。叶片椭圆形，纸质，叶背光滑，浅绿色，叶面暗绿色，次脉在中脉每边11～16，基部具点，正面稍凹，基部楔形，先端短渐尖。圆锥花序顶生或腋生小枝顶端，1或2花。萼片卵形，约6 mm。外花瓣淡黄棕色，宽卵形，先端锐尖；花瓣内橙，短于外花瓣，先端钝。雄蕊多数；花丝白色，扁平；花药室棕色；药隔顶部扩张。心皮长圆形，6～7 mm，在花期；子房具短柔毛。合心皮果黄棕色，卵球形，近球形，卵形或心形，稍偏斜，9.5～14×9.5～12.5 cm，具浓密柔软的刺和黑褐色毛；果肉淡黄，芳香。花期5月，果期7～9月。

【生长习性】生于海拔100～200 m。喜光耐阴。需要温暖的气候和适当的降水，不耐霜冻和阴冷天气，安全越冬的临界温度为0 ℃。对水分比较敏感，水分过多过少都不利于植株生长。对各类土壤的适应性都很强，以砂质土或砂壤土为好。

【芳香成分】叶：乔飞等（2015）用顶空固相微萃取法提取的海南儋州产山刺番荔枝新鲜冷冻叶挥发油的主要成分为：α-蒎烯（12.87%）、β-蒎烯（12.60%）、月桂烯（10.95%）、可巴烯（10.42%）、叶醛（9.05%）、桉叶油醇（6.77%）、桧烯（4.71%）、(+)-柠檬烯（4.55%）、β-石竹烯（4.24%）、正己醛（4.22%）、罗勒烯（2.43%）、(+)-环苜蓿烯（1.19%）、γ-榄香烯（1.18%）、苯乙烯（1.16%）、异戊醛（1.04%）等。

果实：徐子健（2016）用顶空固相微萃取法提取的海南儋州产山刺番荔枝新鲜青果期果实香气的主要成分为：(E)-2-己烯醛（48.09%）、叶醇（16.89%）、正己醛（14.25%）、正己醇（3.38%）等；新鲜转白期果实香气的主要成分为：辛酸甲酯（35.86%）、梨醇酯（20.99%）、癸酸甲酯（4.16%）、4-戊烯-1-乙酸酯（2.68%）、桉叶油醇（2.36%）、α-松油醇（1.55%）、芳樟醇（1.25%）等；新鲜成熟期果实香气的主要成分为：梨醇酯（9.40%）、辛酸乙酯（9.29%）、辛酸甲酯（6.70%）、4-戊烯-1-

乙酸酯（4.07%）、桉叶油醇（3.85%）、正己酸乙酯（3.06%）、辛酸（2.74%）、α-松油醇（2.62%）、癸酸乙酯（1.03%）等。

【利用】果实可食用，为热带地区著名水果，必须在成熟以后才能食用。可作番荔枝的砧木。

🌸 独山瓜馥木
Fissistigma cavaleriei (Lev.) Rehd.

番荔枝科　瓜馥木属
分布：云南、贵州、广西

【形态特征】攀缘灌木，除老叶面外，全株均被柔软的淡红色短柔毛。叶近革质或厚纸质，长圆状披针形或长圆状椭圆形，长6.5～16 cm，宽1.8～3.8 cm，顶端急尖，基部浅心形；叶面被稀疏短柔毛，老渐无毛。花淡黄色，1～5朵丛生于小枝上与叶对生或互生；花梗长1.5～2 cm，基部有2个苞片；萼片卵状长圆形，长约6 mm，两面均被淡红色绒毛；外轮花瓣卵状长圆形，长1.8 cm，宽7 mm，外面密被淡红色毡毛，内面无毛，内轮花瓣卵状披针形，长1.3 cm，宽4 mm，两面无毛，内面基部凹陷。果圆球状，直径2～2.5 cm，密被柔毛；果柄长2.7 cm，被淡红色短柔毛。花期3～11月，果期秋季至春初。

【生长习性】生于山地密林中。

【精油含量】水蒸气蒸馏新鲜叶的得油率为0.10%。

【芳香成分】张贵源等（2012）用水蒸气蒸馏法提取的贵州独山产独山瓜馥木新鲜叶精油的主要成分为：β-水芹烯

（24.30%）、香叶烯-D（8.40%）、香叶烯-B（7.30%）、双环大牻牛儿烯B（6.50%）、反式-β-石竹烯（6.10%）、氧化石竹烯（4.50%）、桉油烯醇（2.50%）、β-榄香烯（2.30%）、α-紫穗槐烯（2.30%）、苯丙噻唑（2.20%）、α-荜澄茄烯（2.20%）、α-蒎烯（2.10%）、2-乙酰氨基-9-乙酰基-6-羟基嘌呤（1.90%）、法呢醇（1.80%）、δ-榄香烯（1.60%）、2-(1-苯乙基)苯酚（1.50%）、α-水芹烯（1.40%）、对异丙基甲苯（1.40%）、榄香烯（1.30%）、δ-荜澄茄烯（1.00%）等。

【利用】民间取其根活血除湿，治风湿和痨伤。

瓜馥木

Fissistigma oldhamii (Hemsl.) Merr.

番荔枝科　瓜馥木属
别名：飞扬藤、狗夏茶、古风子、狐狸桃、火索藤、降香藤、笼藤、毛瓜馥木、山龙眼藤、藤龙眼、铁钻、小香藤、香藤风、钻山风
分布：浙江、江西、福建、台湾、湖南、广东、广西、云南

【形态特征】攀缘灌木，长约8m；小枝被黄褐色柔毛。叶革质，倒卵状椭圆形或长圆形，长6～12.5cm，宽2～5cm，顶端圆形或微凹，有时急尖，基部阔楔形或圆形。花长约1.5cm，直径1～1.7cm，1～3朵集成密伞花序；总花梗长约2.5cm；萼片阔三角形，长约3mm，顶端急尖；外轮花瓣卵状长圆形，长2.1cm，宽1.2cm，内轮花瓣长2cm，宽6mm；雄蕊长圆形，长约2mm，药隔稍偏斜三角形；心皮被长绢质柔毛，花柱稍弯，无毛，柱头顶端2裂，每心皮有胚珠约10颗，2排。果圆球状，直径约1.8cm，密被黄棕色绒毛；种子圆形，直径约8mm；果柄长不及2.5cm。花期4～9月，果期7月至翌年2月。

【生长习性】生于低海拔山谷、水旁、灌木丛中。喜温暖湿润，较耐水湿，不耐寒，不耐旱。

【精油含量】水蒸气蒸馏叶的得油率为0.06%，花的得油率为0.40%～0.50%。

【芳香成分】根：伍艳婷等（2017）用水蒸气蒸馏法提取的广西桂林产瓜馥木干燥根精油的主要成分为：十四烷（4.70%）、十五烷（3.08%）、邻苯二甲酸二异丁酯（3.05%）、硬脂酸（2.46%）、正十六烷（2.15%）、二十二烷（1.72%）、δ-榄香烯（1.56%）、邻苯二甲酸二异辛酯（1.02%）、十二烷（1.00%）等；用超临界 CO_2 萃取法提取的干燥根精油解析釜Ⅰ的主要成分

为：β-石竹烯（34.03%）、邻苯二甲酸二异丁酯（7.68%）、胡椒碱（4.24%）、δ-榄香烯（3.97%）、酞酸二乙酯（3.84%）、邻苯二甲酸二异辛酯（3.72%）、右旋大根香叶烯（2.71%）、邻苯二甲酸二丁酯（2.59%）、甘菊环（2.37%）、β-瑟林烯（1.88%）、姜烯（1.54%）、2-甲基-4-庚酮（1.23%）、3-己酮（1.22%）、草酰丙基丁酯（1.20%）、α-芹子烯（1.04%）、硬脂酸（1.04%）等；解析釜Ⅱ的主要成分为：肉豆蔻酸（37.07%）、二十二碳酸（7.28%）、邻苯二甲酸二异辛酯（6.32%）、硬脂酸（5.28%）、酞酸二乙酯（4.89%）、β-石竹烯（4.11%）、N-三氟乙酰去甲肾上腺素（3.52%）、棕榈酸（2.67%）、邻苯二甲酸二异丁酯（2.62%）、波尼松（2.39%）、13-二十二碳烯酸（2.23%）、3-甲基苯酚甲酯（1.55%）、油酸（1.44%）、壬醛（1.19%）、β-皮甾五醇（1.10%）、邻苯二甲酸二丁酯（1.02%）等。

茎：李叶等（2010）用石油醚萃取法提取的干燥茎精油的主要成分为：4′,5,6,7-四甲氧基黄酮（22.19%）、1-(9-硼双环[3.3.1]壬烷基)-4-乙基-3,5-二叔丁基吡唑（21.06%）、油酸甲酯（5.92%）、2,6-二叔丁基苯酚（4.31%）、十七烷（2.51%）、十六烷酸甲酯（2.03%）、3,5-二叔丁基-4-羟基苯丙酸甲酯（1.86%）、二十一烷酸甲酯（1.24%）等。

【利用】花可提取精油和浸膏，用于调制化妆品和皂用香精的原料。茎皮纤维可编麻绳、麻袋和造纸。种子可榨油，供工业用油和调制化妆品。根入药，有祛风除湿、镇痛消肿、活血化瘀等功效，主要用于跌打损伤、关节炎及坐骨神经痛的治疗。果成熟时去皮可吃。可用于花架，篱栏，墙垣绿化或风景林层间植物配置。

黑风藤

Fissistigma polyanthum (Hook. f. et Thoms.) Merr.

番荔枝科　瓜馥木属
别名：槟榔木、大力丸、多花瓜馥木、黑皮跌打、九蛇风、酒饼子公、拉藤公、雷公藤、麻哈哈、牛利藤、石拢藤、石头子、石指酸藤、通气香、野辣椒
分布：广东、广西、海南、西藏、贵州、云南等地

【形态特征】攀缘灌木，长达8m。根黑色，撕裂有强烈香气。枝条灰黑色或褐色。叶近革质，长圆形或倒卵状长圆形，有时椭圆形，长6～17.5cm，宽2～7.5cm，顶端急尖或圆形，有时微凹，叶面无毛，叶背被短柔毛。花小，花蕾圆锥状，顶

端急尖，通常3～7朵集成密伞花序，花序广布于小枝上，被黄色柔毛；花梗中部以下和基部有小苞片；萼片阔三角形，被柔毛；外轮花瓣卵状长圆形，长1.2 cm，外面密被黄褐色短柔毛；内轮花瓣长圆形，长9 mm，顶端渐尖；药隔三角形，顶端钝。果圆球状，直径1.5 cm，被黄色短柔毛；种子椭圆形，扁平，红褐色。花期几乎全年，果期3～10月。

【生长习性】常生于山谷和路旁林下。

【精油含量】石油醚浸提新鲜花的得膏率为0.80%。

【芳香成分】胡志浩等（1988）用石油醚浸提法提取云南河口产黑风藤新鲜花浸膏，再用同时蒸馏萃取法提取浸膏精油的主要成分为：芳樟醇（34.79%）、月桂烯醇（12.13%）、9,12-十八碳二烯酸（7.96%）、1,8-桉叶油素（5.18%）、3,7,11-三甲基-2,6,10-十二碳三烯醇-3（5.17%）、十六碳烯酸（4.80%）、氧化芳樟醇（3.11%）、α-古芸烯（1.76%）、十四烷酸乙酯（1.72%）、4-甲基-2,6-二异丁基氨基苯酚酯（1.24%）、2,4-蓋二烯（1.04%）等。

【利用】茎皮纤维在民间有用来编绳索。根和茎可药用，有通经络、强筋骨、健脾的功效，主治跌打损伤、风湿性关节炎、小儿麻痹后遗症等。叶入药，可治哮喘、疮疥等。

🌸 大叶假鹰爪

Desmos grandifolius (Finet et Gagnep.) C. Y. Wu ex P. T. Li

番荔枝科　假鹰爪属

分布： 云南

【形态特征】直立灌木，高约4 m。除花外全株无毛。叶近革质或纸质，长圆形，长21～28 cm，宽6.5～8 cm，顶端短渐尖，基部浅心形或截形。花2～4朵簇生，少数为单生，黄色，下垂，长5～6 cm，直径4～5 cm；花梗长4～8 cm，粗壮，被微毛，后变无毛；苞片生于花梗的近基部，卵圆形，长2.5 mm，外面被柔毛，内面被毛较少；萼片卵形，长10 mm，宽7 mm，外面被疏微毛，后变无毛，内面无毛；外轮花瓣长圆状披针形，中部较宽，长5～6 cm，宽1.8～2 cm，两面被微毛，内轮花瓣线状长圆形，长4～4.2 cm，宽6 mm，两面被微毛。果有柄，念珠状，被微毛；总果柄长2 cm。花期3～4月，果期9月。

【生长习性】生于海拔130～250 m山地密林中或山谷灌木林中。

【精油含量】水蒸气蒸馏根的得油率为0.11%。

【芳香成分】郑水庆等（1998）用有机溶剂萃取法提取的广西百色产大叶假鹰爪根精油主要成分为：苯甲酸苯甲酯（34.08%）、苯甲酸乙酯（11.74%）、1a,2,6,7a,7b-六氢-1,1,7,7a-四甲基-1H-环丙基-[a]萘（7.83%）、11,14-十六烷二酸甲酯（7.00%）、1,1a,4,5,6,7,7a,7b-八氢-1,1,7,7a-四甲基-2H-环丙基[a]萘-2-酮（5.06%）、十六烷酸（3.50%）、十四烷酸（1.07%）等。

【利用】根叶可药用，民间用于祛风健脾、止痛，治跌打损伤、产后风痛等疾病。

🌸 假鹰爪

Desmos chinensis Lour.

番荔枝科　假鹰爪属

别名： 半夜兰、波蔗、朴蛇、灯笼草、复轮藤、瓜芋根、狗牙花、黑节竹、酒饼叶、酒饼藤、鸡脚趾、鸡爪木、鸡爪枝、鸡爪叶、鸡爪笼、鸡爪风、鸡爪根、鸡爪香、鸡爪珠、鸡肘风、鸡香草、碎骨藤、山橘叶、山指甲、双柱木、五龙爪

分布： 广东、广西、云南、贵州

【形态特征】直立或攀缘灌木，除花外，全株无毛；枝皮粗糙，有纵条纹，有灰白色凸起的皮孔。叶薄纸质或膜质，长圆形或椭圆形，少数为阔卵形，长4～13 cm，宽2～5 cm，顶端钝或急尖，基部圆形或稍偏斜，上面有光泽，下面粉绿色。花黄白色，单朵与叶对生或互生；萼片卵圆形，外面被微柔毛；外轮花瓣比内轮花瓣大，长圆形或长圆状披针形，长达9 cm，宽达2 cm，顶端钝，两面被微柔毛，内轮花瓣长圆状披针形，长达7 cm，宽达1.5 cm，两面被微毛；花托凸起，顶端平坦或略凹陷。果有柄，念珠状，长2～5 cm，内有种子1～7颗；种子球状，直径约5 mm。花期夏至冬季，果期6月至翌年春季。

【生长习性】生于丘陵山坡、林缘灌木丛中或低海拔旷地荒野及山谷等地。

【精油含量】水蒸气蒸馏根的得油率为0.13%，鲜花的得油率为0.24%。

【芳香成分】根：郑水庆等（1998）用有机溶剂萃取法提取的广西南宁产假鹰爪根精油的主要成分为：苯甲酸乙

酯（26.98%）、苯甲酸苯甲酯（21.39%）、2,6-二甲基-十七烷（6.29%）、十六烷酸乙酯（5.45%）、2,4a,5,6,7,8-六氢-3,5,5,9-四甲基-1H-苯基环庚烯（5.02%）、6-乙基-2-甲基-癸烷（4.16%）、4-(1-甲基乙基)苯甲酸（4.10%）、1,2,3,5,6,7,8,8a-八氢-1,8a-二甲基-7-(1-甲基乙基)萘（3.26%）、菖草烯（1.89%）、十氢-1,1,7-三甲基-4-亚甲基-1H-环丙基[a]萘（1.55%）、4,5-二甲基-1,2-苯二甲硫醇（1.43%）等。

　　茎叶：关水权等（2010）用水蒸气蒸馏法提取的广东肇庆产假鹰爪干燥茎叶精油的主要成分为：石竹烯（35.20%）、[3aS-(3aà,3bá,4á,7à,7aS*)]-八氢-7-甲基-3-亚甲基-4-(1-甲基乙基)-1H-环戊-[1,3]-环丙-[1,2]-苯（16.99%）、1-乙烯基-1-甲基-2-(1-甲基乙烯基)-4-(1-亚异丙基)-环己烷（12.85%）、à-石竹烯（7.13%）、[1S-(1à,2á,4á)]-1-乙烯基-1-甲基-2,4-二（1-甲基乙基）环己烷（5.99%）、珂杷烯（5.34%）、[1S-(1à,4aá,8aà)]-1,2,4a,5,8,8a-六氢-4,7-二甲基-1-(1-甲基乙基)-萘（5.31%）、(3R-反式)-4-乙烯基-4-甲基-3-(1-甲基乙烯基)-1-(1-甲基乙基)-环己烯（1.37%）、1-乙烯基-1-甲基-2-(1-甲基乙烯基)-4-(1-亚异丙基)-环己烷（1.22%）等。

　　花：宋晓虹等（2008）用水蒸气蒸馏法提取的广东珠海产假鹰爪新鲜花精油的主要成分为：β-石竹烯（30.31%）、α-石竹烯氧化物（9.27%）、α-石竹烯（9.11%）、大根香叶烯D（5.60%）、匙叶桉油烯醇（2.79%）、柠檬烯（2.76%）、芳樟醇（2.76%）、甘香烯（2.66%）、β-榄香烯（2.59%）、杜松烯（2.57%）、杜松醇（2.35%）、珂杷烯（2.27%）、库贝醇（2.22%）、绿花白千层醇（2.11%）、环菩烯（1.49%）、萘醇（1.36%）、6-芹子烯-4-醇（1.01%）等。

　　【利用】花可提取精油，作化妆品、香精、香料用。根、叶可药用，主治风湿骨痛、产后腹痛、跌打、皮癣等；兽医用作治牛鼓胀、肠胃积气、牛伤食宿草不转等。茎皮纤维可作人造棉和造纸原料，亦可代麻制绳索。海南民间用其叶制酒饼。栽培供庭园绿化观赏。

🌸 毛叶假鹰爪
Desmos dumosus (Roxb.) Saff.

番荔枝科　假鹰爪属
别名：火神、都蝶、云南山指甲
分布：广西、云南、贵州

　　【形态特征】直立灌木；茎、枝条均有凸起皮孔；枝条、叶背、叶柄、叶脉、花梗、苞片、萼片两面、花瓣两面、果柄及果均被柔毛或短柔毛。叶薄纸质或膜质，倒卵状椭圆形或长圆形，有时近琴形，长5～15.5 cm，宽2～6.5 cm，顶端短渐尖或急尖，有时钝头，基部浅心形或截形。花黄绿色，单生于叶腋外或与叶对生或互生，长5～6 cm，下垂；花梗长1.5～2 cm；苞片生于花梗的近中部或基部；萼片卵圆形，长约8 mm；外轮花瓣比内轮花瓣大，卵状披针形或长椭圆形，长5～6 cm，宽2 cm，顶端钝，内轮花瓣长圆形，中部稍宽，长3～4 cm，宽5～8 mm。果有柄，念珠状。花期4～8月，果期7月至翌年4月。

　　【生长习性】生于海拔500～1700 m的山地疏林中或山坡灌木林中。

　　【精油含量】水蒸气蒸馏根的得油率为0.08%。

　　【芳香成分】郑水庆等（1998）用有机溶剂萃取法提取的广西桂林产毛叶假鹰爪根精油的主要成分为：1a,2,3,3a,4,5,6,7b-八氢-1,1,3a,7-四甲基-1H-环丙基[a]萘（25.32%）、1,2,3,4,4a,5,6,8a-八氢-7-甲基-4-亚甲基-1-(1-甲基乙基)萘（22.90%）、菖草烯（17.87%）、1,1a,4,5,6,7,7a,7b-八氢-1,1,7,7a-四甲基-2H-环丙基[a]萘-2-酮（5.95%）、1,2,3,5,6,7,8,8a-八氢-1,8a-二甲基-7-(1-甲基乙基)萘（5.27%）、1,2,3,5,6,7,8,8a-八氢-1,4-二甲基-7-(1-甲基乙烯基)薁（3.59%）、十氢-1,1,7-三甲基-4-亚甲基-1H-环丙基[a]萘（1.87%）、4,4a,5,6,7,8-六氢-4,4a-二甲基-6-(1-甲基乙基)-萘-2(3H)-酮（1.42%）、2,6,10-三甲基-十二烷（1.30%）等。

　　【利用】云南山区人民用其茎皮作麻绳。民间用其根叶治疗风湿骨痛、疟疾等疾病。

云南假鹰爪
Desmos yunnanensis (Hu) P. T. Li

番荔枝科 假鹰爪属
分布： 云南

【形态特征】灌木或小乔木，高约 3 m；幼枝、叶背、中脉两面和侧脉下面、叶柄、花梗、萼片外面、花瓣外面和花丝均被微毛。叶膜质，长圆形、倒卵状长圆形至狭长圆形，长 10～16 cm，宽 3.5～6.8 cm，顶端渐尖，基部圆形，叶背苍白色。花单朵与叶对生；萼片宽卵形，长 1 mm；外轮花瓣小，卵圆形，长 3 mm，内轮花瓣大，倒卵形或宽卵形，长 2.8 cm，宽 2 cm，内面被毛较稀疏；花托凸起，顶端平坦。果念珠状，每节圆柱状或椭圆状，长约 2 cm，直径约 6 mm，外面密被短柔毛，内有种子 1～2 颗；果柄长 8～10 mm，被柔毛。花期 10 月，果期翌年 8 月。

【生长习性】生于海拔 1000～1400 m 山地密林中。
【精油含量】水蒸气蒸馏根的得油率为 0.09%。
【芳香成分】郑水庆等（1998）用有机溶剂萃取法提取的云南西双版纳产云南假鹰爪根精油的主要成分为：苯甲酸苯甲酯（45.31%）、苯甲酸乙酯（22.08%）、乙酸 1,7,7-三甲基-双环[2,2,1]庚烷-2-醇酯（5.98%）、葎草烯（3.65%）、2-甲基十六烷酸甲酯（3.29%）、1a,2,3,3a,4,5,6,7b-八氢-1,1,3a,7-四甲基-1H-环丙基[a]萘（2.18%）、1,2,3,5,6,7,8,8a-八氢-1,8a-二甲基-7-(1-甲基乙基)萘（1.77%）、1,2,3,4,4a,5,6,8a-八氢-7-甲基-4-亚甲基-1-(1-甲基乙基)萘（1.43%）、1a,2,3,5,6,7,7a,7b-八氢-1,1,7,7a-四甲基-1H-环丙基[a]萘（1.02%）等。
【利用】云南民间主要用根抗疟等。

依兰
Cananga odorata (Lamk.) Hook. f. et Thoms.

番荔枝科 依兰属
别名： 依兰香、依兰依兰、香水树、加拿楷、夷兰
分布： 广东、海南、福建、广西、四川、云南、台湾等地有栽培

【形态特征】常绿大乔木，高达 20 多米，胸径达 60 cm；树干通直，树皮灰色；小枝无毛，有小皮孔。叶大，膜质至薄纸质，卵状长圆形或长椭圆形，长 10～23 cm，宽 4～14 cm，顶端渐尖至急尖，基部圆形。花序单生于叶腋内或叶腋外，有花 2～5 朵；花大，长约 8 cm，黄绿色，芳香，倒垂；有鳞片状苞片；萼片卵圆形，外反，绿色，两面被短柔毛；花瓣内外轮近等大，线形或线状披针形，长 5～8 cm，宽 8～16 mm；雄蕊线状倒披针形，药隔顶端急尖，被短柔毛；心皮长圆形，柱头近头状羽裂。成熟心皮 10～12，有长柄，成熟的果近圆球状或卵状，长约 1.5 cm，直径约 1 cm，黑色。花期 4～8 月，果期 12 月至翌年 3 月。

【生长习性】宜植于肥沃、湿润和土层深厚的壤土中。

【精油含量】水蒸气蒸馏花的得油率为0.50%～3.13%；超临界萃取干燥花的得油率为3.90%。

【芳香成分】张淑宏等（1991）用水蒸气蒸馏法提取的云南西双版纳产依兰花精油的主要成分为：β-石竹烯（29.77%）、杜松烯异构体（14.39%）、苯甲酸苄酯（8.63%）、α-葎草烯（8.57%）、β-花柏烯（5.10%）、异丁酸-3,7-二甲基-2,6-辛二烯酯（4.96%）、δ-杜松烯（3.50%）、(Z,E)-金合欢醇（3.21%）、(E,E)-金合欢醇（2.81%）、香叶醇（1.96%）、γ-杜松醇异构体（1.92%）、对甲基茴香醚（1.51%）、桉叶油醇（1.46%）、橙花叔醇（1.15%）等。郝朝运等（2017）用顶空固相微萃取法提取的海南万宁引种的摩罗依兰新鲜花瓣精油的主要成分为：β-荜澄茄烯（20.14%）、乙酸香叶酯（14.83%）、苯甲酸苄酯（14.56%）、反式-石竹烯（9.93%）、柳酸苄酯（4.65%）、香叶醇（1.81%）、芳樟醇（1.73%）、α-葎草烯（1.68%）、α-法呢烯（1.59%）、苯甲酸香叶酯（1.24%）等；海南万宁引种的斯里兰卡依兰新鲜花瓣精油的主要成分为：α-法呢烯（45.67%）、β-荜澄茄烯（17.61%）、芳樟醇（2.87%）、3-蒈烯（2.71%）、苯甲酸苄酯（1.81%）、α-葎草烯（1.78%）、棕榈酸乙酯（1.73%）、柳酸苄酯（1.70%）、反式-α-香柠檬烯（1.27%）等。

【利用】花提取的精油，为我国允许使用的食用香料，用于各种食品的调香；广泛用于调配多种中高档化妆品香精；用于治疗心率过速和降低血压；还有催欲作用，可用于配方治疗阳痿。栽培供观赏。

🌸 狭瓣鹰爪花
Artabotrys hainanensis R. E. Fries

番荔枝科　鹰爪花属
别名： 狭瓣鹰爪
分布： 海南

【形态特征】攀缘灌木；小枝无毛。叶纸质，长圆形至长椭圆形，长7～15 cm，宽3～6 cm，顶端渐尖或急尖，基部圆形或阔楔形，上面无毛，下面仅脉上被稀短柔毛。总花梗与叶对生，钩状下弯，无毛；花梗长12～15 mm，上部略粗，无毛；花白黄色；萼片卵形，长4～5 mm，外面被疏柔毛；外轮花瓣狭披针形，长约2 cm，宽约4 mm，渐尖，两面均被紧贴的粗毛，基部稍阔，凹陷，内轮花瓣与外轮相似；雄蕊长圆形，长14 mm，宽5 mm，药隔圆形至近截形，无毛；心皮约15个，略长于雄

蕊，无毛，柱头短棍棒状。果椭圆状，长约2.5 cm，直径约1.2 cm。花期5月，果期8月。

【生长习性】生于低海拔至中海拔密林中。

【精油含量】水蒸气蒸馏嫩枝和叶的得油率为0.16%。

【芳香成分】韩长日等（2004）用水蒸气蒸馏法提取的海南尖峰岭产狭瓣鹰爪花嫩枝和叶精油的主要成分为：α-石竹烯（6.83%）、4,7-二甲基-1-异丙基-1,2,3,5,6,8a-六氢萘（6.07%）、1,1,6-三甲基-1,2-二氢-萘（5.02%）、α-杜松醇（4.90%）、石竹烯（4.81%）、环氧异香树烯（4.23%）、9,10-二氢异长叶烯（3.91%）、1-异丙基-4-亚甲基-7-甲基-1,2,3,4,4a,5,6,8a-八氢萘（3.81%）、1,3,3-三甲基-2-(3-甲基-2-亚甲基-丁-3-烯亚基)环己醇（3.17%）、3,4-二甲基-3-环己烯-1-甲醛（2.77%）、别香树烯氧化物（2.46%）、2-羟基-6-异丙烯基-4,8a-二甲基-1,2,3,5,6,7,8-七氢萘（2.43%）、4,7-二甲基-1-异丙基-2,3,4,4a,5,6-六氢萘（2.15%）、1,6-二甲基-4-异丙基-1,2,3,4-四氢萘（2.08%）、大根香叶烯（2.01%）、环氧异香橙烯（1.91%）、4,7-二甲基-1-异丙基-1,2,4a,5,6,8a-六氢萘（1.85%）、2-甲基-5-(1-异丙烯基)-1-环己醇（1.76%）、钻钯烯（1.56%）、1,6-二甲基-4-异丙基-1,2,3,4,4a,7-六氢萘（1.47%）、6-甲氧基-2-乙酰基萘（1.46%）、小茴香烯（1.31%）、1,6-二甲基-4-异丙基萘（1.19%）、异喇叭茶烯（1.13%）、斯巴醇（1.09%）等。

【利用】海南民间茎药用，具有清热解毒、消炎止痛的作用，常用于治疗疟疾、头颈部淋巴结核。

🌸 鹰爪花
Artabotrys hexapetalus (Linn. f.) Bhandari

番荔枝科　鹰爪花属
别名： 莺爪、鹰爪、鹰爪兰、五爪兰
分布： 浙江、台湾、福建、江西、广东、广西、云南等地有栽培

【形态特征】攀缘灌木，高达4 m，无毛或近无毛。叶纸质，长圆形或阔披针形，长6～16 cm，顶端渐尖或急尖，基部楔形，叶面无毛，叶背沿中脉上被疏柔毛或无毛。花1～2朵，淡绿色或淡黄色，芳香；萼片绿色，卵形，长约8 mm，两面被稀疏柔毛；花瓣长圆状披针形，长3～4.5 cm，外面基部密被柔毛，其余近无毛或稍被稀疏柔毛，近基部收缩；雄蕊长圆形，药隔三角形，无毛；心皮长圆形，柱头线状长椭圆形。果卵圆状，长

2.5~4 cm，直径约2.5 cm，顶端尖，数个群集于果托上。花期5~8月，果期5~12月。

【生长习性】生于肥沃、疏松湿润的壤土中。喜温暖湿润气候和疏松肥沃、排水良好的土壤，喜光，耐阴，耐修剪，但不耐寒。

【精油含量】水蒸气蒸馏新鲜叶的得油率为1.35%；树脂吸附法提取花的头香得率为0.75%。

【芳香成分】叶：王燕等（2013）用水蒸气蒸馏法提取的海南昌江产鹰爪花新鲜叶精油的主要成分为：大根香叶烯D（16.97%）、榄香醇（8.63%）、α-石竹烯（6.58%）、α-荜澄茄烯（5.28%）、芳樟醇（4.78%）、α-依兰烯（4.55%）、苯甲酸苄酯（3.68%）、苯甲醛（3.04%）、桉叶油醇（3.03%）、δ-榄香烯（2.87%）、松油烯（2.52%）、顺-对-薄荷-2-烯-1-醇（2.27%）、3-亚甲基-6-(1-甲基乙基)环己烯（2.06%）、斯巴醇（1.92%）、左旋-β-蒎烯（1.52%）、反式-2-己烯醛（1.49%）、γ-榄香烯（1.23%）、l-a-荜澄茄醇（1.21%）、苯甲酸乙酯（1.20%）、水杨酸苄酯（1.10%）、(E,E)-2,4-己二烯醛（1.01%）等。

花：朱亮锋等（1993）用树脂吸附法收集的鹰爪花新鲜花头香的主要成分为：2-甲基丙酸-2-甲基丙酯（26.89%）、丁酸丁酯（22.24%）、已酸乙酯（7.26%）、2-甲基丙酸乙酯（6.01%）、异丁酸丁酯（4.75%）、丁酸乙酯（4.15%）、2-甲基丁酸-2-甲基丙酯（4.09%）、2-甲基丁酸乙酯（3.66%）、2-甲基丙酸丙酯（1.68%）、3-甲基-2-丁烯酸乙酯（1.66%）、2-甲基丙酸-2-甲基丁酯（1.24%）、3,3-二甲基丙烯酸叔丁酯（1.11%）等。

【利用】鲜花浸膏用于制造高级香水和皂用香精。根可药

用，治疟疾。果实药用，有清热解毒的功效，捣烂贴患处，可治头颈部淋巴结核。可栽培作观赏植物。

喙果皂帽花
Dasymaschalon rostratum Merr. et Chun

番荔枝科　皂帽花属
别名： 白叶皂帽花、白面
分布： 广东、广西、云南、西藏

【形态特征】乔木，高达8 m。叶纸质，长圆形，长12~19 cm，宽3.5~6 cm，顶端渐尖，基部圆形，叶面无毛，叶背苍白色。花暗红，单朵腋生，尖帽状，向上渐尖，长约4.5 cm或更长，直径1~1.5 cm；花梗长1~2 cm，与萼片外面、花瓣外面及心皮均被柔毛；萼片阔卵圆形，长2.5~3 mm；花瓣披针形，长约4.5 cm，基部宽约8 mm，内面无毛；药隔顶端截形；心皮长圆形，柱头近头状。果念珠状，长5~6 cm，被疏柔毛，有2~5节，每节长椭圆形，长1.8 cm，直径5~7 mm，顶端有喙。花期7~9月，果期7月至翌年1月。

【生长习性】生于海拔500~1 000 m山地密林中或山谷溪旁疏林中。

【精油含量】水蒸气蒸馏新鲜叶的得油率为1.54%。

【芳香成分】宋煌旺等（2013）用水蒸气蒸馏法提取的海南昌江产喙果皂帽花新鲜叶精油的主要成分为：双环杜鹃

烯（15.63%）、丁子香烯（7.95%）、香叶烯（6.94%）、香柠檬烯（5.07%）、四甲基环癸二烯甲醇（4.79%）、异麝香草酚甲基醚（4.71%）、1R-α-蒎烯（3.41%）、β-榄香烯（2.81%）、香芹酚（2.52%）、δ-榄香烯（2.47%）、(-)-斯巴醇（2.24%）、β-蒎烯（1.95%）、罗勒烯（1.72%）、雅榄蓝烯（1.71%）、γ-荜澄茄烯（1.57%）、水菖蒲烯（1.34%）、(1S)-(+)-3-蒈烯（1.23%）、绿花烯（1.11%）、δ-桉醇（1.07%）、乙酰苯（1.03%）、莰烯（1.01%）、桉叶醇（1.01%）等。

【利用】为民间的一种药用植物，对疟疾、风湿性骨痛等疾病有较好的疗效。

❀ 紫玉盘

Uvaria microcarpa Champ. ex Benth.

番荔枝科　紫玉盘属

别名： 草乌、缸瓮树、广肚叶、蕉藤、牛老头、牛葱子、牛刀树、山芭豆、油锥、油饼木、行蕉果、山梗子、石龙叶、小十八风藤

分布： 广西、广东、台湾

【形态特征】直立灌木，高约2 m，枝条蔓延性；幼枝、幼叶、叶柄、花梗、苞片、萼片、花瓣、心皮和果均被黄色星状柔毛，老渐无毛或几无毛。叶革质，长倒卵形或长椭圆形，长10～23 cm，宽5～11 cm，顶端急尖或钝，基部近心形或圆形。花1～2朵，与叶对生，暗紫红色或淡红褐色，直径2.5～3.5 cm；花梗长2 cm以下；萼片阔卵形，长约5 mm，宽约10 mm；花瓣内外轮相似，卵圆形，长约2 cm，宽约1.3 cm，顶端圆或钝。果卵圆形或短圆柱形，长1～2 cm，直径1 cm，暗紫褐色，顶端有短尖头；种子圆球形，直径6.5～7.5 mm。花期3～8月，果期7月至翌年3月。

【精油含量】水蒸气蒸馏干燥茎的得油率为0.02%，干燥叶的得油率为0.27%；超临界萃取干燥茎的得油率为2.97%，干燥叶的得油率为4.62%。

【芳香成分】茎：卢汝梅等（2009）用水蒸气蒸馏法提取的广西南宁产紫玉盘干燥茎精油的主要成分为：正十六烷酸（17.21%）、α-桉叶醇（11.68%）、2-羟基苯甲酸苄酯（8.97%）、(-)-匙叶桉油烯醇（6.02%）、卡达烯（4.54%）、茅苍术醇（3.74%）、油酸（3.46%）、苯甲酸苄酯（3.08%）、喇叭茶萜醇（2.87%）、β-马榄烯（2.46%）、苯甲酸香叶酯（2.39%）、十四烷酸（2.35%）、(-)-去氢白菖蒲烯（2.10%）、(Z,Z)-9,12-十八碳二烯酸（1.60%）、石竹烯氧化物（1.40%）、二十一烷（1.32%）、1,2,3,5,6,7,8,8a-八氢-1,8a-二甲基-7-丙烯基萘（1.31%）、异喇叭茶烯（1.15%）、1,2,3,4,4a,5,6,8a-八氢-7-甲基-4-亚甲基-1-异丙基萘（1.10%）等。

【生长习性】生于低海拔灌木丛中或丘陵山地疏林中。喜阳光，耐旱，耐瘠薄。

叶：卢汝梅等（2009）用水蒸气蒸馏法提取的广西南宁产紫玉盘干燥叶精油的主要成分为：吉玛烯B（22.61%）、1,5,5-三甲基-6-亚甲基-环己烯（18.52%）、匙叶桉油烯醇（8.44%）、石竹烯（5.15%）、(-)-蓝桉醇（4.70%）、1-甲基-1-乙烯基-2,4-二异丙烯基-环己烷（3.55%）、喇叭茶醇（3.04%）、蛇麻烯（2.96%）、珊瑚烯（2.60%）、十六烷酸（2.25%）、α-荜澄茄油烯（1.64%）、5-甲基-2-叔丁基苯酚（1.63%）、1,2,3,5,6,8a-六氢-4,7-二甲基-1-异丙基萘（1.41%）、六甲基苯（1.40%）、吉玛烯D（1.21%）、反式-十氢-4a-甲基-1-亚甲基-7-异丙基萘（1.19%）、1,2,3,4,4a,5,6,8a-八氢-7-甲基-4-亚甲基-1-异丙基萘（1.18%）、十氢-1,1,7-三甲基-4-亚甲基-1H-环丙薁（1.16%）、八氢-7a-甲基-1-亚乙基-1H-茚（1.14%）、α-石竹烯（1.10%）等。

【利用】茎皮可编织绳索或麻袋。根可药用，治风湿、跌打损伤、腰腿痛等。叶可止痛消肿，常被兽医用作治牛膨胀，可健胃，促进反刍和治疗跌打肿痛。适宜栽于庭园周围或作盆景。

✿ 番木瓜

Carica papaya Linn.

番木瓜科　番木瓜属

别名：木瓜、万寿果、番瓜、满山抛、树冬瓜、乳果、乳瓜
分布：广东、海南、福建、台湾、广西、云南、台湾、四川有栽培

【形态特征】常绿软木质小乔木，高达8～10 m，具乳汁；茎具螺旋状排列的托叶痕。叶大，聚生于茎顶端，近盾形，直径可达60 cm，通常5～9深裂，每裂片再为羽状分裂。花单性或两性。植株有雄株、雌株和两性株。雄花：排列成圆锥花序，长达1 m，下垂；萼片基部连合；花冠乳黄色，裂片5，披针形。雌花：单生或由数朵排列成伞房花序，着生叶腋内，萼片5；花冠裂片5，乳黄色或黄白色，长圆形或披针形。两性花：花冠裂片长圆形。浆果肉质，成熟时橙黄色或黄色，长圆球形，倒卵状长圆球形，梨形或近圆球形，长10～30 cm或更长，果肉柔软多汁，味香甜；种子多数，卵球形，成熟时黑色，外种皮肉质，内种皮木质，具皱纹。花果期全年。

【生长习性】不宜连种。以背西北向东南，地势高爽，排灌方便的园地为好。喜高温多湿，不耐寒，适宜生长的温度是25～32℃，遇霜即凋寒，忌大风，忌积水。对土壤适应性较强，但以疏松肥沃的砂质壤土或壤土生长为好。

【精油含量】超临界萃取干燥叶的得油率为4.30%。

【芳香成分】叶：高泽正等（2010）用水蒸气蒸馏法提取的广东广州产'华农2号'番木瓜阴干叶片精油的主要成分为：苯甲腈（57.49%）、β-硝基乙醇（12.01%）、硫氰酸苯甲基酯（5.35%）、3-硝基丙酸（2.43%）、1-(1-乙氧基乙氧基)丙烷（2.33%）、(S)-2-羟基-丙酸乙酯（1.98%）、2,4-二甲基-1,3-二氧杂环乙烷（1.52%）、2,4,5-三甲基-1,3二氧戊环（1.40%）、香豆满（1.18%）、α-妥鲁香烯醇（1.12%）等。

果实：余秀丽等（2017）用顶空固相微萃取法提取的海南产番木瓜新鲜果肉香气的主要成分为：异硫氰酸苄酯（38.54%）、苯甲酸（9.43%）、6-甲基-5-庚烯-2-酮（7.33%）、丁酸（6.74%）、3-甲基-3-(4-甲基-3-戊烯基)环氧丙醇（5.85%）、山梨酸（4.88%）、辛醇（3.85%）、苯甲醇（3.76%）、苯甲醛（3.10%）、2-甲基-丙酸-1-叔丁基-2-甲基-1,3-丙烷二基酯（2.36%）、橙花醚（1.18%）等。皋香等（2013）用同法分析的海南产番木瓜新鲜果肉香气的主要成分为：甲苯（36.68%）、芳樟醇（33.55%）、异硫氰酸苄酯（7.04%）、顺式氧化芳樟醇（2.56%）、二氯甲烷（1.69%）、三甲基戊烷（1.68%）、己烷（1.58%）、顺式芳樟醇氧化物（1.46%）等。郑华等（2009）用动态顶空密闭循环式吸附捕集法捕集的番木瓜新鲜果皮香气的主要成分为：乙酸正丁酯（38.81%）、α-蒎烯（30.72%）、9-正己基十七烷（8.96%）、2-新戊基丙烯醛（5.87%）、香树烯（3.63%）、2-甲基丁酸乙酯（2.66%）等；新鲜果肉香气的主要成分为：5-羟甲基-2-呋喃甲醛（82.89%）、3,5-二羟基-6-甲

基-2,3-二氢-4-氢-吡喃-4-酮（14.80%）等。

【利用】成熟果实可作水果直接食用，未成熟的果实可作蔬菜煮熟食或腌食，可加工成蜜钱，果汁、果酱、果脯及罐头等。种子可榨油。果实药用，有助消化、通乳、消肿解毒、消食驱虫的作用，主治消化不良、蛔虫、跌打肿痛、湿疹、蜈蚣咬伤、胃及十二指溃疡、产妇乳少、高血压、二便不通。果实提取的番木瓜酶可治小儿慢性腹泻、消化不良、食道息肉、花粉过敏性鼻炎、慢性中耳炎。根、叶、花用于骨折、肿痛。叶有强心、消肿作用，捣碎可洗去衣物上的血渍。

✿ 蝙蝠葛

Menispermum dauricum DC.

防己科　蝙蝠葛属
别名： 北豆根
分布： 东北、华北、华东地区

【形态特征】草质、落叶藤本，根状茎褐色，茎自位于近顶部的侧芽生出。叶纸质或近膜质，轮廓通常为心状扁圆形，长和宽均约3～12 cm，边缘有3～9角或3～9裂，很少近全缘，基部心形至近截平，两面无毛，叶背有白粉。圆锥花序单生或有时双生，有花数朵至20余朵，花密集成稍疏散；雄花：萼片4～8，膜质，绿黄色，倒披针形至倒卵状椭圆形，长1.4～3.5 mm，自外至内渐大；花瓣6～8或多至9～12片，肉质，凹成兜状，有短爪，长1.5～2.5 mm；雌花：退化雄蕊6～12，雌蕊群具长约0.5～1 mm的柄。核果紫黑色；果核宽约10 mm，高约8 mm，基部弯缺深约3 mm。花期6～7月，果期8～9月。

【生长习性】多生于海拔200～1500 m的山地林缘、灌丛沟谷或缠绕岩石上。耐寒。

【芳香成分】郭志峰等（2008）用水蒸气蒸馏法提取的蝙蝠葛干燥根茎精油的主要成分为：十三烷酸（34.17%）、1-[3-氨基-4-甲氧基苯基]-乙烷酮（10.33%）、9,12-十八碳二烯醛（9.76%）、4-丁二醇-呋喃酮（7.02%）、十一烷酸+1-甲基-4-硝基-1H-吲唑（4.13%）、苯甲醇（3.73%）、无水醋酸（3.29%）、2-十四炔-1-醇（1.65%）、2-甲基-4,5-壬二烯（1.43%）、1-苯基-4-烯-戊烷酮（1.43%）等。

【利用】根茎可药用。为小型篱垣攀缘植物，可用作护坡绿化或地被植物使用。

✿ 粉防己

Stephania tetrandra S. Moore

防己科　千金藤属
别名： 汉防己
分布： 浙江、安徽、福建、台湾、湖南、江西、广东、广西、海南

【形态特征】草质藤本，高约1～3 m；主根肉质，柱状；小枝有直线纹。叶纸质，阔三角形，有时三角状近圆形，长通常4～7 cm，宽5～8.5 cm或过之，顶端有凸尖，基部微凹或近截平，两面或仅叶背被贴伏短柔毛；掌状脉9～10条。花序头状，于腋生、长而下垂的枝条上作总状式排列，苞片小或很小；雄花：萼片4或有时5，通常倒卵状椭圆形，连爪长约0.8 mm，有缘毛；花瓣5，肉质，长0.6 mm，边缘内折；聚药雄蕊长约0.8 mm；雌花：萼片和花瓣与雄花的相似。核果成熟时近球形，红色；果核径约5.5 mm，背部鸡冠状隆起，两侧各有约15条小横肋状雕纹。花期夏季，果期秋季。

【生长习性】生于村边、旷野、路边等处的灌丛中。喜温暖湿润环境，忌干旱、水涝。宜选排水良好、土层深厚、肥沃的砂质壤土或壤土栽培。

【芳香成分】巩江等（2011）用水蒸气蒸馏法提取的陕西西安产粉防己叶精油的主要成分为：2-甲氧基-4-乙基-苯酚（19.58%）、环己酮（13.07%）、3,7,11-三甲基-1,6,10-十二碳三烯-3-醇（10.01%）、2,2-二羟基-苯并呋喃（3.96%）、二十烷（3.35%）、正二十一烷（2.43%）、顺-3-己烯-1-醇（2.29%）、壬醛（1.83%）、癸酸（1.71%）、正十九烷（1.64%）、麝子油烷（1.33%）、9-亚甲基-呋喃（1.31%）、3,6-二甲基癸烷（1.20%）、水杨酸甲酯（1.14%）、n-甲基丙烯酸正丁酯（1.12%）、2,6,10-三甲基十二烷（1.11%）、邻苯二甲酸环丁基戊基酯（1.09%）、苯甲醛（1.05%）等。

【利用】肉质主根入药，有祛风除湿、利尿通淋的功效，治风湿关节炎和高血压症均有效；还可用于水肿脚气、小便不利、风湿痹痛、湿疹疮毒等症的治疗。

海南青牛胆
Tinospora hainanensis Lo et Z.X. Li

防己科　青牛胆属

别名： 松筋藤
分布： 海南

【形态特征】落叶大藤本，长3～10 m或更长，全株无毛。叶片膜状薄纸质，心形或心状圆形，长11～15 cm，宽9～12 cm，顶端常骤尖，基部心形，弯缺深1～2.5 cm，后裂片圆，干时淡绿色；脉腋内有一小片密集的褐色腺点。花序与叶同时出现，雌花序假总状或基部有短分枝，由小聚伞花序组成，有花2～4朵，很少1朵；苞片钻状披针形；萼片6，外轮小，近三角形，内轮阔卵状椭圆形；花瓣6，狭披针形，顶端短尖。核果红色，阔椭圆状，长1.1～1.2 cm，宽7～9 mm；果核阔椭圆形，背部圆，背脊仅两端明显，并延伸成刺状，两侧散生刺状和乳头状突起，腹面平坦。花期4月，果期6月。

【生长习性】生于村边、路旁的疏林中。

【芳香成分】林连波等（2001）用水蒸气蒸馏法提取的海南文昌产海南青牛胆干燥藤茎精油的主要成分为：十六烷酸（28.10%）、9,12-十八碳二烯酸（25.82%）、邻-苯二甲酸二-(2-乙基)己酯（10.21%）、十七烷酸（6.01%）、9-十八碳烯酸（5.88%）、十八烷酸（4.83%）、9,12,15-十八碳三烯酸甲酯（4.72%）、9-十六碳烯酸（3.18%）、十五烷酸（3.00%）、9-甲基-Z-10-十四碳烯-1-醇乙酯（2.37%）、Z-11(13,14-环氧)十四

碳烯-1-醇（1.02%）、十四烷酸（1.01%）等。

【利用】藤茎为海南民间药材，具有镇痛、肌松、抗炎和抗菌之功效，用以治疗关节疼痛和 筋骨损伤。

中华青牛胆
Tinospora sinensis (Lour.) Merr.

防己科　青牛胆属

别名： 宽筋藤、松筋藤、大接筋藤、舒筋藤
分布： 广东、广西、云南

【形态特征】藤本，长可达20 m以上；枝稍肉质，嫩枝绿色，有条纹，被柔毛，老枝肥壮，具褐色、膜质、通常无毛的表皮，皮孔凸起。叶纸质，阔卵状近圆形，长7～14 cm，宽5～13 cm，顶端骤尖，基部深心形至浅心形，后裂片通常圆，全缘，两面被短柔毛；掌状脉5条；叶柄被短柔毛，长6～13 cm。总状花序先叶抽出，雄花序长1～4 cm或更长，单生或有时几个簇生，雄花：萼片6，排成2轮；花瓣6，近菱形，爪长约1 mm，瓣片长约2 mm；雄蕊6；雌花序单生，雌花：萼片和花瓣与雄花同；心皮3。核果红色，近球形，果核半卵球形，长达10 mm，背面有棱脊和许多小疣状凸起。花期4月，果期5～6月。

【生长习性】常生低海拔地区之疏林中。

【芳香成分】黄克南等（2014）用水蒸气蒸馏法提取的广西平乐产中华青牛胆干燥茎精油的主要成分为：植物醇

（29.91%）、邻苯二甲酸二乙酯（11.94%）、3-己烯-1-醇（5.22%）、邻苯二甲酸二异丁酯（3.36%）、反式-2-己烯-1-醇（3.20%）、亚麻酸甲酯（3.08%）、二十三烷（3.00%）、二十一烷（2.94%）、芳樟醇（2.54%）、苯乙醛（2.45%）、二十二烷（2.30%）、1-十一烯（2.12%）、2,4,5-三甲氧基-1-丙烯基苯（1.74%）、十九烷（1.73%）、14-甲基十五烷酸甲酯（1.65%）、2-乙基-4-甲基噻唑（1.49%）、二十烷（1.35%）、α-亚麻酸（1.18%）、石竹烯（1.10%）、十七烷（1.08%）、十八烷（1.04%）等。

【利用】茎藤为常用中草药，具有祛风止痛、舒筋活络的功效，主治风湿痹痛、腰肌劳损、跌打损伤。

❀ 天仙藤

Fibraurea recisa Pierre

防己科　天仙藤属

别名： 土黄连、黄连藤、大黄藤、黄藤、金锁匙

分布： 云南、广东、广西

【形态特征】木质大藤本，长可达10余米或更长，茎褐色，具深沟状裂纹，小枝和叶柄具直纹。叶革质，长圆状卵形，有时阔卵形或阔卵状近圆形，长约10～25 cm，宽约2.5～9 cm，顶端近骤尖或短渐尖，基部圆或钝，有时近心形或楔形，两面无毛。圆锥花序生无叶老枝或老茎上，雄花序阔大，长达30 cm，下部分枝近平叉开；雄花：花被自外至内渐大，最外面的微小，长约0.3 mm，较里面的长0.6～1 mm，最里面的椭圆形，内凹，长约2.5 mm，宽1.5～1.8 mm；雄蕊3，花丝阔而厚，长2 mm，药室近肾形。核果长圆状椭圆形，很少近倒卵形，长1.8～3 cm，黄色，外果皮干时皱缩。花期春夏季，果期秋季。

【生长习性】生于林中。

【精油含量】水蒸气蒸馏新鲜种子的得油率为0.09%。

【芳香成分】根：张举成等（2006）用水蒸气蒸馏法提取的天仙藤干燥根精油的主要成分为：2,6-二叔丁基-4-羟基甲苯（21.83%）、癸烷（6.22%）、1,1,2,3-四甲基环己烷（6.13%）、4-甲基癸烷（4.61%）、邻苯二甲酸二丁酯（4.10%）、1,2,3,5-四甲基环己烷（3.74%）、顺-1-乙基-3-甲基环己烷（3.10%）、[1R-(la(S*),2β,5a)]-4-(2-羟基乙基)-5-甲基-2-异丙基苯磺酸环己酯（3.06%）、十一烷（2.98%）、丁基环己烷（2.75%）、1,2,3,4-四甲基环己烷（2.68%）、十氢萘（2.01%）、1,1,3-三甲基环己烷

（1.67%）、2-甲基丁基环己烷（1.56%）、1,2-二乙基-3-甲基环己烷（1.21%）、2-甲基癸烷（1.20%）、3-甲基癸烷（1.20%）等。

茎：张举成等（2006）用水蒸气蒸馏法提取的天仙藤干燥茎精油的主要成分为：癸烷（8.44%）、十一烷（6.00%）、3,3,5-三甲基庚烷（5.61%）、3-甲基壬烷（4.99%）、2,6-二叔丁基-4-羟基甲苯（3.80%）、邻苯二甲酸二丁酯（3.41%）、4-甲基癸烷（2.68%）、甲基环己烷（2.32%）、4-丙基-3-戊烯（2.28%）、3-甲基癸烷（2.27%）、3,7-二甲基壬烷（2.20%）、E-5-十一烯（2.12%）、2-甲基癸烷（2.07%）、三十六烷（1.58%）、2-甲基十氢萘（1.44%）、1,1,2,3-四甲基环己烷（1.38%）、1-甲基环辛烯（1.32%）、5-甲基癸烷（1.17%）、二十四烷（1.11%）、1,3-二甲基-2-乙基苯（1.01%）、3,4-二甲基十一烷（1.00%）等。

种子：闵勇等（2008）用水蒸气蒸馏法提取的云南屏边产天仙藤新鲜种子精油的主要成分为：二十二烷（10.17%）、N-苯基-1-萘胺（7.64%）、橙花叔醇（4.33%）、十八烷（3.53%）、十九烷（3.45%）、二十七烷（2.96%）、二十八烷（2.85%）、2,6-二甲基-3,7-辛二烯-2,6-二醇（1.24%）等。

【利用】根供药用，有清热解毒、利尿、通便的功效，为很好的消炎解毒药，治黄疸型肝炎、肠胃炎、结膜炎、砂眼。茎治肠炎，痢疾，烧烫伤。叶治骨折。全株治胃热痛。

❀ 凤梨

Ananas comosus (Linn.) Merr.

凤梨科　凤梨属

别名： 菠萝、露兜子

分布： 广东、广西、台湾、福建、海南、云南

【形态特征】茎短。叶多数，莲座式排列，剑形，长40～90 cm，宽4～7 cm，顶端渐尖，全缘或有锐齿，叶面绿色，叶背粉绿色，边缘和顶端常带褐红色，生于花序顶部的叶变小，常呈红色。花序于叶丛中抽出，状如松球，长6～8 cm，结果时增大；苞片基部绿色，上半部淡红色，三角状卵形；萼片宽卵形，肉质，顶端带红色，长约1 cm；花瓣长椭圆形，端尖，长约2 cm，上部紫红色，下部白色。聚花果肉质，长15 cm以上。花期夏季至冬季。

【生长习性】具有较强的耐阴性，喜漫射光、忌直射光，但丰产优质仍需充足的光照。对土壤有较广泛适宜性，但不宜中性或碱性土、黏性或无结构的粉砂土，要求pH5～6。在年降雨

量1000~1500 mm以上，且降水时间分布比较均匀的地方比较适宜。

【芳香成分】王花俊等（2009）用同时蒸馏萃取法提取的海南产凤梨新鲜果实精油的主要成分为：6-十八烯酸（21.49%）、十六酸（16.99%）、3-甲硫基丙酸甲酯（5.75%）、硬脂酸乙酯（5.44%）、硬脂酸（5.00%）、辛酸甲酯（3.72%）、己酸甲酯（3.19%）、2-甲基-2-乙基-3-羟基-己基丙酸酯（1.74%）、5-乙酰基-己酸乙酯（1.53%）、糠醛（1.50%）、3-羟基-2-丁酮（1.38%）、辛酸乙酯（1.36%）、丙二酸二甲酯（1.33%）、己酸乙酯（1.21%）、十四酸（1.19%）、4-乙基-5-甲基噻唑（1.07%）、γ-己内酯（1.07%）等。刘胜辉等（2015）用顶空固相微萃取法提取分析了广东湛江产不同品种凤梨新鲜果肉的香气成分，'Josapine'的主要成分为：己酸甲酯（10.10%）、己酸乙酯（8.29%）、4-癸烯酸甲酯（4.10%）、月桂烯（2.28%）、D-柠檬烯（1.30%）等；'Phuket'的主要成分为：异戊酸甲酯（11.60%）、辛酸乙酯（10.98%）、乙酸乙酯（9.38%）、己酸乙酯（7.67%）、己酸甲酯（5.54%）、辛酸甲酯（4.39%）、丁酸乙酯（2.80%）、丁酸甲酯（1.79%）、癸酸乙酯（1.72%）等；'台农13'的主要成分为：己酸乙酯（21.26%）、乙酸乙酯（11.24%）、己酸甲酯（10.02%）、异戊酸甲酯（5.78%）、菠萝乙酯（3.87%）、辛酸乙酯（3.53%）、丁酸乙酯（1.81%）、菠萝甲酯（1.70%）、反式-4-癸烯酸乙酯（1.28%）、丁酸甲酯（1.24%）、辛酸甲酯（1.24%）等；'MacGregor'的主要成分为：辛酸乙酯（32.14%）、乙酸乙酯（29.18%）、己酸乙酯（11.22%）、癸酸乙酯（9.17%）、反式-4-癸烯酸乙酯（2.56%）、丁酸乙酯（1.97%）、菠萝乙酯（1.17%）、4-辛烯酸乙酯（1.06%）等；'台农21'的主要成分为：己酸甲酯（28.51%）、乙酸乙酯（14.66%）、丁酸甲酯（12.19%）、异戊酸甲酯（11.43%）、辛酸甲酯（6.42%）、丁酸乙酯（3.36%）、菠萝甲酯（2.69%）、己酸乙酯（1.56%）、丙酸乙酯（1.30%）等；'MD-2'的主要成分为：己酸乙酯（24.66%）、己酸甲酯（10.15%）、乙酸乙酯（8.18%）、异戊酸甲酯（7.24%）、菠萝乙酯（5.26%）、菠萝甲酯（2.64%）、丁酸乙酯（1.71%）、辛酸乙酯（1.50%）、丁酸甲酯（1.28%）等。魏长宾等（2016）用同法分析的'金菠萝'凤梨新鲜果肉香气的主要成分为：己酸甲酯（18.53%）、己酸乙酯（16.27%）、Z-罗勒烯（5.13%）、3-甲硫基丙酸甲酯（5.11%）、辛酸乙酯（4.14%）、3-甲硫基丙酸乙酯（4.07%）、辛酸甲酯（3.38%）、4-甲氧基-2,5-二甲基-3(2H)呋喃酮（3.28%）、2-甲基丁酸乙酯（2.50%）、胡椒烯（2.44%）、E-罗勒烯（2.02%）、α-依兰烯（1.87%）、2-甲基丁酸甲酯（1.76%）、别罗勒烯（1.70%）、穗槐二烯（1.53%）、1,3,5,8-十一碳四烯（1.34%）等；'Phetchaburi#1'的主要成分为：己酸甲酯（33.50%）、3-甲硫基丙酸甲酯（26.23%）、2-甲基丁酸甲酯（11.64%）、辛酸甲酯（4.39%）、丁酸甲酯（2.64%）、Z-罗勒烯（1.90%）、己酸乙酯（1.02%）等；'Fresh Premium'的主要成分为：己酸甲酯（17.45%）、己酸乙酯（16.43%）、辛酸乙酯（8.87%）、辛酸甲酯（4.99%）、3-甲硫基丙酸乙酯（3.98%）、3-甲硫基丙酸甲酯（3.64%）、2-甲基丁酸甲酯（2.22%）等；'冬蜜（台农13号）'的主要成分为：己酸甲酯（40.36%）、3-甲硫基丙酸甲酯（10.49%）、2-甲基丁酸甲酯（2.58%）、胡椒烯（1.85%）、辛酸甲酯（1.79%）、Z-罗勒烯（1.57%）、壬醛（1.42%）、4-甲氧基-2,5-二甲基-3(2H)呋喃

酮（1.30%）等；'苹果（台农6号）'的主要成分为：3-甲硫基丙酸乙酯（10.22%）、2-甲基丁酸乙酯（9.69%）、3-甲硫基丙酸甲酯（5.44%）、辛酸乙酯（5.28%）、己酸乙酯（2.79%）、己酸甲酯（2.10%）、2-甲基丁酸甲酯（2.22%）、辛酸甲酯（2.19%）、3-羟基己酸乙酯（1.79%）、癸酸乙酯（1.17%）等；'无刺卡因（无吸芽）'的主要成分为：己酸甲酯（7.88%）、3-甲硫基丙酸甲酯（4.46%）、辛酸甲酯（2.81%）、α-依兰烯（1.68%）、α-荜澄茄烯（1.52%）、丁酸甲酯（1.20%）、五氟丙酸壬酯（1.00%）等；'无刺卡因'的主要成分为：己酸甲酯（14.59%）、3-甲硫基丙酸甲酯（12.42%）、α-依兰烯（4.14%）、(1α,4aα,8aα)-1,2,3,4,4a,5,6,8a-八氢-7-甲基-4-亚甲基-1-(1-甲基乙基)-萘（2.31%）、胡椒烯（2.27%）、辛酸甲酯（2.11%）、δ-杜松烯（1.44%）、β-榄香烯（1.31%）等；'昆士兰卡因'的主要成分为：己酸甲酯（21.94%）、Z-罗勒烯（17.39%）、辛酸甲酯（14.74%）、3-甲硫基丙酸甲酯（5.03%）、壬醛（2.69%）、1,3,5,8-十一碳四烯（2.59%）、五氟丙酸壬酯（2.12%）、γ-辛内酯（1.31%）、别罗勒烯（1.26%）等；'New Puket'的主要成分为：己酸甲酯（31.34%）、辛酸甲酯（14.95%）、3-甲硫基丙酸甲酯（5.90%）、2-甲基丁酸甲酯（5.42%）、Z-罗勒烯（2.78%）、胡椒烯（2.28%）、Z-4-辛烯酸甲酯（1.73%）、α-依兰烯（1.20%）、癸酸乙酯（1.12%）、己酸乙酯（1.04%）等；'神湾'的主要成分为：己酸甲酯（18.90%）、3-甲硫基丙酸甲酯（8.01%）、2-甲基丁酸甲酯（6.69%）、辛酸甲酯（6.59%）、Z-罗勒烯（5.42%）、壬醛（3.40%）、己酸乙酯（2.71%）、胡椒烯（2.51%）、(Z)-4-辛烯酸乙酯（1.61%）、1-辛醇（1.56%）、α-依兰烯（1.47%）、一氯乙酸壬酯（1.34%）等；'金钻（台农17号）'的主要成分为：己酸甲酯（21.45%）、己酸乙酯（13.61%）、2-甲基丁酸甲酯（10.86%）、辛酸甲酯（5.99%）、α-荜澄茄烯（3.84%）、Z-罗勒烯（3.69%）、2-甲基丁酸乙酯（2.94%）、α-依兰烯（1.99%）、β-榄香烯（1.86%）、Z-4-辛烯酸乙酯（1.69%）、3-甲硫基丙酸甲酯（1.62%）、癸酸甲酯（1.46%）、穗槐二烯（1.33%）等；'密宝（台农19号）'的主要成分为：己酸甲酯（11.98%）、胡椒烯（8.17%）、α-依兰烯（3.89%）、壬醛（3.07%）、辛酸酯（2.43%）、4-甲氧基-2,5-二甲基-3(2H)呋喃酮（2.39%）、Z-罗勒烯（2.26%）、β-榄香烯（2.21%）、己酸乙酯（2.01%）、甲酸辛酯（1.62%）、1,3,5,8-十一碳四烯（1.48%）、E-罗勒烯（1.32%）、δ-杜松烯（1.21%）、(+)-环异洒剔烯（1.13%）、别罗勒烯（1.06%）等。

【利用】为著名热带水果，生食或制罐头食用，可食部分主要由肉质增大的花序轴、螺旋状排列于外周的花组成。果实可药用，有利尿、驱虫功效。叶纤维可供织物、制绳、结网和造纸。

半边旗
Pteris semipinnata Linn.

凤尾蕨科　凤尾蕨属
分布：台湾、福建、江西、广东、广西、湖南、贵州、四川、云南

【形态特征】植株高35～120 cm。根状茎长而横走，先端及叶柄基部被褐色鳞片。叶簇生，近一型；叶柄、叶轴均为栗红有光泽；叶片长圆披针形，长15～60 cm，宽6～18 cm，二回半边深裂；顶生羽片阔披针形至长三角形，先端尾状，篦齿状，深羽裂几达叶轴，裂片6～12对，对生，镰刀状阔披针形，向上渐短，先端短渐尖，基部下侧呈倒三角形的阔翅沿叶轴下延达下一对裂片；侧生羽片4～7对，对生或近对生，半三角形而略呈镰刀状，先端长尾头，基部偏斜，两侧极不对称，上侧仅有一条阔翅，下侧篦齿状深羽裂几达羽轴，裂片3～6片或较多，镰刀状披针形，向上的逐渐变短，基部下侧下延，不育裂片的叶有尖锯齿，能育裂片仅顶端有一尖刺或具2～3个尖锯齿。羽轴下部栗色，向上禾秆色，上面有纵沟，纵沟两旁有啮蚀状的浅灰色狭翅状的边。叶干后草质，灰绿色。

【生长习性】生于疏林下阴处、溪边或岩石旁的酸性土壤上，海拔850 m以下。

【精油含量】水蒸气蒸馏新鲜全草的得油率为0.05%。

【芳香成分】龚先玲等（2005）用水蒸气蒸馏法提取的广东湛江产半边旗新鲜全草精油的主要成分为：3-甲氧基-1,2-丙二醇（25.94%）、3-己烯-1-醇（20.14%）、1-正己醇（17.11%）、4-羟基-2-丁酮（5.13%）、3-甲基-1-戊醇（4.39%）、2,3-二氢-3,4,7-三甲基-1-氢-1-茚酮（3.55%）、2,2-二甲基-1-己醇（3.36%）、6,10,14-三甲基-2-十五酮（1.98%）、植醇（1.42%）、2-乙氧基丙烷（1.40%）、壬醛（1.27%）、己醛（1.20%）等。

【利用】叶药用，有止血、生肌、解毒、消肿的功效，治吐血，外伤出血，发背，疔疮，跌打损伤，目赤肿痛；捣烂和片糖敷，可治毒蛇咬伤；煎水洗，治疮疖。根茎煎服，治目赤肿痛。

井栏边草
Pteris multifida Poir.

凤尾蕨科　凤尾蕨属
别名：凤尾草
分布：河北、山东、河南、陕西、四川、贵州、广西、广东、福建、台湾、浙江、江苏、安徽、江西、湖南、湖北

【形态特征】植株高30～45 cm。根状茎短而直立，先端被黑褐色鳞片。叶多数，密而簇生，明显二型；不育叶柄禾秆色或暗褐色而有禾秆色的边，光滑；叶片卵状长圆形，长20～40 cm，宽15～20 cm，一回羽状，羽片通常3对，对生，线状披针形，先端渐尖，叶缘有不整齐的尖锯齿并有软骨质的边，下部1～2对通常分叉，有时近羽状，顶生三叉羽片及上部羽片的基部显著下延，在叶轴两侧形成宽3～5 mm的狭翅；能育叶有较长的柄，羽片4～6对，狭线形，仅不育部分具锯齿，余均全缘，基部一对有时近羽状，下部2～3对通常2～3叉，上部几对的基部长下延，在叶轴两侧形成宽3～4 mm的翅。主脉两面均隆起，禾秆色，侧脉明显，稀疏，单一或分叉。叶干后草质，暗绿色；叶轴禾秆色，稍有光泽。

【生长习性】常生于阴湿墙脚、井边及石灰岩缝隙或灌丛下，海拔1000 m以下。喜温暖湿润和半阴环境，为钙质土指示植物。在有庇荫、无日光直晒和土壤湿润、肥沃、排水良好的处所生长最盛。

【精油含量】水蒸气蒸馏阴干全草的得油率为0.06%～0.70%；超临界萃取的干燥全草的得油率0.16%。

【芳香成分】程存归等（2005）用水蒸气蒸馏法提取的浙江金华产井栏边草阴干全草精油的主要成分为：正二十八烷（15.80%）、三十四烷（9.00%）、正二十一烷（8.73%）、二十六烷（5.13%）、2,6,10,14-四甲基-十六烷（4.43%）、三十烷（3.95%）、正二十四烷（3.60%）、二十九烷（2.72%）、11-癸基-二十四烷（2.63%）、1,2,4-双（1-甲基-1-苯乙基)-苯酚（2.63%）、9-二十三烯（2.41%）、正十七烷基环己烷（2.19%）、三十一烷（2.19%）、2,4-二甲基-二十二烷（1.76%）、正十五烷基环己烷（1.76%）、四十四烷（1.76%）、9-辛基-二十六烷（1.32%）、3-甲基-二十烷（1.23%）、正十八烷（1.14%）、反-3-甲基-1-异丙基-环己烷（1.10%）等。陈锋等（2013）用同法分析的干燥全草精油的主要成分为：棕榈酸（41.62%）、油酸（6.13%）、植物醇（5.60%）、亚油酸（5.10%）、六氢法呢基丙

酮（4.91%）、异植醇（2.58%）、异丁基邻苯二甲酸酯（2.26%）、喇叭茶醇（1.81%）、百秋李醇（1.58%）、硬脂酸（1.37%）、邻苯二甲酸二丁酯（1.31%）、十四酸（1.14%）、D-薄荷醇（1.08%）、1,4-二甲基-7-(1-甲基乙基)薁（1.05%）、δ-杜松烯（1.01%）等。

【利用】全草入药，能清热利湿、解毒、凉血、收敛、止血、止痢，治肝炎、痢疾、肠炎、尿血、便血、咽喉痛、鼻衄、腮腺炎、痈肿、湿疹。室内垂吊盆栽观叶，或在园林中栽种于阴湿处。

🌸 华凤仙
Impatiens chinensis Linn.

凤仙花科 凤仙花属
别名：水边指甲花
分布：江西、福建、浙江、安徽、广东、广西、云南等地

【形态特征】一年生草本，高30～60 cm。茎上部直立，下部横卧，节略膨大，有不定根。叶对生，硬纸质，线形或线状披针形，稀倒卵形，长2～10 cm，宽0.5～1 cm，先端尖或稍钝，基部近心形或截形，有托叶状的腺体，边缘疏生刺状锯齿，叶面绿色，被微糙毛，叶背灰绿色。花较大，单生或2～3朵簇生于叶腋，紫红色或白色；苞片线形；侧生萼片2，线形，唇瓣漏斗状，具条纹，基部渐狭成内弯或旋卷的长距；旗瓣圆形，背面中肋具狭翅，顶端具小尖，翼瓣2裂，下部裂片小，近圆形，上部裂片宽倒卵形至斧形，外缘近基部具小耳。蒴果椭圆形，中部膨大，顶端喙尖。种子数粒，圆球形，直径约2 mm，黑色。

【生长习性】常生于池塘、水沟旁、田边或沼泽地，海拔100～1200 m。对气候的适应性很强，喜温暖、湿润气候，不耐霜冻，喜阳光，生活力强。对土壤要求不严，一般土壤均能种植，但在肥沃、疏松、湿润、排水良好的砂质土壤中生长良好。

【芳香成分】宋伟峰等（2012）用超临界CO_2萃取法提取的广西南宁产华凤仙晾干的带花全株精油的主要成分为：正二十六烷（2.57%）、正十六烷酸乙酯（1.73%）、十五醛（1.62%）、正二十二烷（1.54%）、正二十二烷酸（1.46%）、二十六酸甲酯（1.36%）、α-松油烯（1.22%）、1,3,5-三甲基苯（1.18%）、正十七烷（1.12%）、三十四烷（1.11%）、(+)-α-松油醇（1.01%）等。

【利用】全草入药，有清热解毒、消肿拔脓、活血散瘀之功效，用于治肺结核、颜面及喉头肿痛、热痢、小便混浊、湿热带下及痈疮肿毒等症。

🌸 水金凤
Impatiens noli-tangere Linn.

凤仙花科 凤仙花属
别名：辉菜花、野凤仙
分布：黑龙江、吉林、辽宁、内蒙古、河北、河南、山西、陕西、甘肃、浙江、安徽、浙江、山东、湖北、湖南

【形态特征】一年生草本，高40～70 cm。茎肉质，直立，上部多分枝，下部节常膨大。叶互生；叶片卵形或卵状椭圆形，长3～8 cm，宽1.5～4 cm，先端钝，稀急尖，基部圆钝或宽楔形，边缘有粗圆齿状齿，齿端具小尖，叶面深绿色，叶背灰绿色。2～4花排列成总状花序；有1枚苞片；苞片草质，披针形；花黄色；侧生2萼片卵形；旗瓣近圆形，背面中肋具绿色鸡冠状突起，顶端具短喙尖；翼瓣2裂，下部裂片长圆形，上部裂片宽斧形，近基部散生橙红色斑点，基部具钝角状的小耳；唇瓣宽漏斗状，基部渐狭成内弯的距。蒴果线状圆柱形，长1.5～2.5 cm。种子多数，长圆球形，长3～4 mm，褐色。花期7～9月。

【生长习性】生于海拔900～2400 m的山坡林下、林缘草地或沟边。

【芳香成分】苏晓琳等（2015）用水蒸气蒸馏法提取的干

燥茎精油的主要成分为：棕榈酸（56.16%）、邻苯二甲酸二丁酯（15.11%）、叶绿醇（5.19%）、炔诺孕酮（3.35%）、桉油烯醇（1.77%）、6,10,14-三甲基-2-十五烷酮（1.52%）、正十五酸（1.19%）、肉豆蔻酸（1.16%）、油酸乙酯（1.06%）等。

【利用】全草药用，具有祛风湿、消炎解毒及活血止痛的作用，主治跌打损伤、月经不调。在园林中通常栽植到水边湿地观赏。

❀ 方榄

Canarium bengalense Roxb.

橄榄科　橄榄属
别名：三角榄
分布：云南、广西、广东

【形态特征】乔木，高15～25 m。小枝有皮孔；顶芽粗大，被黄色柔毛。托叶钻形，被柔毛。小叶5～10对，长圆形至倒卵状披针形，长10～20 cm，宽4.5～6 cm，坚纸质，背面被柔毛；顶端骤狭渐尖；基部圆形，偏斜，常一侧下延。花序腋上生。雄花序为狭的聚伞圆锥花序，长30～40 cm，具花约7朵。雄花花盘管状，密被直立的硬毛，雌花花盘环状，3浅裂，流苏状。果序腋上生或腋生，具果1～3。果萼碟形，3浅裂。果绿色，纺锤形具3凸肋，或倒卵形具3～4凸肋，顶端急尖或截平至下凹，遗有宿存柱头，长4.5～5 cm，粗1.8～2 cm；果核急尖至钝或下凹，切面锐三角形至圆形，种子1～2。果期7～10月。

【生长习性】生于海拔400～1300 m的杂木林中。喜温暖，生长期需适当高温才能生长旺盛，年平均气温在20 ℃以上，冬季无严霜冻害地区最适其生长，冬天可忍受短时间的-3 ℃的低温。降雨量在1200～1400 mm的地区可正常生长。对土壤适应性较广，只要土层深厚，排水良好都可生长良好。

【精油含量】水蒸气蒸馏叶的得油率为0.23%。

【芳香成分】朱亮锋等（1993）用水蒸气蒸馏法提取的方榄叶精油的主要成分为：β-石竹烯（57.51%）、α-金合欢烯（14.41%）、α-石竹烯（9.53%）、γ-榄香烯（4.00%）、α-松油醇（1.23%）等。

【利用】木材可作造船、枕木、家具、农具及建筑用材等。种子供雕刻。果实可生吃或糖渍成凉果食，亦可榨油，油用于制肥皂或作润滑油。果实药用，有清肺利咽、生津止渴、解毒的功效，用于咽喉痛、咳嗽、烦渴、鱼蟹毒。

❀ 橄榄

Canarium album (Lour.) Rauesch.

橄榄科　橄榄属
别名：橄榄子、忠果、青果、青子、青橄榄、白榄、黄榄、甘榄、山榄、红榄、谏果
分布：广东、广西、福建、四川、台湾、云南

【形态特征】乔木，高10～35 m。小叶3～6对，纸质至革质，披针形至卵形，长6～14 cm，宽2～5.5 cm；先端渐尖至骤狭渐尖，钝；基部楔形至圆形，偏斜，全缘。花序腋生；雄花序为聚伞圆锥花序，长15～30 cm，多花；雌花序为总状，长3～6 cm，具花12朵以下。花萼长2.5～3 mm，在雄花上具3浅齿，在雌花上近截平；雄花花盘球形至圆柱形，雌花环状。果序长1.5～15 cm，具1～6果。果萼扁平，萼齿外弯。果卵圆形至纺锤形，长2.5～3.5 cm，成熟时黄绿色；外果皮厚，干时有皱纹；果核渐尖，在钝的肋角和核盖之间有浅沟槽，核盖有稍凸起的中肋，外面浅波状。种子1～2。花期4～5月，果10～12月成熟。

【生长习性】野生于海拔1300 m以下的沟谷和山坡杂木林中。喜温暖，生长期需适当高温才能生长旺盛，年平均气温在20 ℃以上，冬季无严霜冻害地区最适其生长，冬天可忍受短时间的-3 ℃的低温。降雨量在1200～1400 mm的地区可正常生长。对土壤适应性较广，土层深厚、排水良好的土壤都可生长良好。

【精油含量】水蒸气蒸馏新鲜叶的得油率为0.03%，果肉的得油率为0.10%～0.96%，种子的得油率为1.57%；超临界萃取的果肉得油率为7.39%。

【芳香成分】叶：谢惜媚等（2007）用水蒸气蒸馏法提取的广东龙门产橄榄新鲜叶精油的主要成分为：反式-3-己烯-1-醇（36.58%）、异香橙烯（16.26%）、β-石竹烯（6.51%）、己醛（5.66%）、异己醇（4.92%）、2-乙氧基丙烷（4.78%）、顺式-2-戊烯-1-醇（3.10%）、顺式-3-己烯乙酸酯（2.89%）、水杨酸甲酯（2.32%）、β-荜澄茄烯（1.79%）、甘香烯（1.35%）等。

果实：谭穗懿等（2008）用水蒸气蒸馏法提取的干燥成熟去皮、去核果肉精油的主要成分为：石竹烯（24.87%）、(±)-2-亚甲基-6,6-二甲基-二环[3.1.1]-庚烷（13.51%）、p-薄荷-1-烯-8-醇（7.15%）、(1S)-2-亚甲基-6,6-二甲基-二环[3.1.1]-庚烷（6.20%）、(E)-十八碳-9-烯酸（4.72%）、珀玛烯（3.17%）、[3aS-(3aα,3bβ,4β,7α,7aS)]-八氢-7-甲基-3-亚甲基-4-(1-甲基乙基)-1H-环戊[1,3]环丙[1,2]苯（2.65%）、D-柠檬烯（2.00%）、(1S-顺)-1,2,3,5,6,8a-六氢-4,7-二甲基-1-(1-甲基乙基)萘（1.88%）、(R)-4-甲基-1-羟基-1-(1-甲基乙基)-3-环己烯（1.48%）、α-水芹烯（1.23%）、(Z,Z)-亚油酸（1.22%）、(Z)-9-十八碳烯醛（1.15%）、(+)-4-蒈烯（1.14%）、α-荜澄茄油烯（1.14%）、(Z)-十八碳-9-烯酸甲酯（1.04%）等。

【利用】果实可生食或渍制。果实药用，有清热解毒、利咽化痰、生津止渴、除烦醒酒之功效，适用于咽喉肿痛、烦渴、咳嗽痰血、肠炎腹泻等。为很好的防风树种及行道树。木材可作造船、枕木、家具、农具及建筑用材等。核供雕刻，兼药用，治鱼骨鲠喉有效。种仁可食，亦可榨油，油用于制肥皂或作润滑油。

❀ 乌榄

Canarium pimela Leenh.

橄榄科　橄榄属
别名：乌橄榄、黑榄、黑橄榄、榄、木威子
分布：广东、福建、广西、海南、云南

【形态特征】乔木，高达20 m。小枝干时紫褐色。小叶4～6对，纸质至革质，宽椭圆形、卵形或圆形，长6～17 cm，宽2～7.5 cm，顶端急渐尖，尖头短而钝；基部圆形或阔楔形，偏斜，全缘。花序腋生，为疏散的聚伞圆锥花序，稀近总状花序；雄花序多花，雌花序少花。萼在雄花中长2.5 mm，明显浅裂，在雌花中长3.5～4 mm，浅裂或近截平；花瓣在雌花中长约8 mm。花盘杯状，雄花中的肉质，雌花中的薄。果序长8～35 cm，有果1～4个；果萼近扁平，果成熟时紫黑色，狭卵圆形，长3～4 cm，直径1.7～2 cm；外果皮较薄，干时有细皱纹。果核近圆形。种子1～2。花期4～5月，果期5～11月。

【生长习性】生长于海拔1280 m以下的杂木林内。适宜于年均温20 ℃左右，绝对最低温不低于0 ℃，海拔300 m以下的地区种植。对土壤和水分要求不严，红黄壤的山坡地、低洼地均可种植，土层深厚、土质肥沃的砂质土壤栽植更佳。

【精油含量】水蒸气蒸馏乌榄叶的得油率为0.35%～0.89%，果实的得油率为0.11%。

【芳香成分】叶：杨永利等（2007）用水蒸气蒸馏法提取的广东潮州产乌榄叶精油的主要成分为：石竹烯（33.47%）、α-蒎烯（18.03%）、d-柠檬烯（16.82%）、α-侧柏烯（11.74%）和α-水芹烯（6.51%）、α-石竹烯（4.05%）、大根香叶烯D（4.02%）、β-月桂烯（1.68%）等。刘仲初等（2016）用同法分析的广东增城产乌榄新鲜叶精油的主要成分为：α-水芹烯（24.60%）、大根香叶烯D（16.35%）、β-石竹烯（14.51%）、α-蒎烯（11.20%）、右旋苧烯（10.10%）、二环大根香叶烯（5.19%）、β-水芹烯（4.39%）、α-石竹烯（1.88%）、δ-杜松烯（1.24%）、月桂烯（1.00%）等。李植飞等（2015）用同法分析的广西容县产乌榄晾干叶精油的主要成分为：雅槛蓝-1(10),11-二烯（11.65%）、α-芹子烯（10.29%）、γ-依兰油烯（9.72%）、α-蒎烯（9.21%）、1,6-二甲基-4-异丙基-1,2,3,4,4a,7-六氢化萘（7.52%）、α-珀玛烯（4.87%）、γ-依兰油烯（4.41%）、长叶烯-(V4)（4.33%）、石竹烯（3.43%）、α-杜松醇（2.54%）、(1S,2R)-(-)-对-3-乙烯基-2-异丙烯基-1-乙基-薄荷烯（2.28%）、α-松油烯（2.26%）、γ-榄香烯（2.14%）、d-柠檬烯（1.85%）、别香橙烯（1.83%）、棕榈酸（1.72%）、1β,4βH,10βH愈创-5,11-二烯（1.66%）、α-石竹烯（1.05%）、蓝桉醇（1.01%）等。韦玮等（2018）用同法分析的广西南宁产乌榄干燥叶精油的主要成分为：α-蒎烯（56.96%）、2-侧柏烯（10.63%）、β-蒎烯（5.03%）、4-萜烯醇（4.58%）、萜品烯（4.05%）、松油烯（2.69%）、(-)-α-芹子烯（1.36%）、α-荜澄茄油烯（1.30%）、荜澄茄油烯（1.19%）、β-榄香烯（1.18%）、右旋萜二烯（1.14%）、树兰烯（1.14%）、3-亚甲基-6-(1-甲基乙基)环己烯（1.05%）等。

果实：郭守军等（2009）用水蒸气蒸馏法提取的广东普

宁产'三角车心榄'乌榄果实精油的主要成分为：1-甲基-2-(1-甲乙基)苯（12.67%）、D-柠檬烯（10.20%）、α-侧柏烯（8.86%）、α-蒎烯（7.25%）、己酸（6.98%）、己醛（6.28%）、氧化石竹烯（6.13%）、石竹烯（5.76%）、1-己醇（3.30%）、珀杷烯（2.96%）、1-戊醇（2.39%）、α-蛇麻烯（2.22%）、β-水芹烯（2.18%）、杜松烯（1.96%）、2-戊基-呋喃（1.89%）、壬醛（1.14%）、(-)-斯帕苏烯醇（1.10%）、[1R-1α,4aβ,8aα]-十氢-1,4a-二甲基-7-(1-甲基乙缩醛基)-1-萘醇（1.05%）等。吕镇城等（2016）用顶空固相微萃取法提取的广东广州产乌榄新鲜果肉香气的主要成分为：顺-罗勒烯（21.01%）、D-柠檬烯（18.04%）、α-水芹烯（17.64%）、邻异丙基甲苯（7.68%）、α-珀杷烯（3.78%）、叶醇（3.28%）、β-石竹烯（2.93%）、荜澄茄烯（1.92%）、L-丙氨酸乙烷（1.38%）、月桂烯（1.22%）、大根香叶烯（1.15%）、α-蛇麻烯（1.02%）等。

【利用】果可生食，果肉腌制"榄角"作菜，榄仁为饼食及肴菜配料佳品。种子油供食用、制肥皂或作其他工业用油。根入药，有止血、化痰、利水、消痈肿的功效，用于内伤吐血、咳嗽、手足麻木、胃痛、烫伤、风湿痛、腰腿痛。树皮壮药中用于内伤吐血。叶入药，有止血功效，用于崩漏。果实入药，有润肺、下气、补血的功效，杀诸鱼毒。木材可作造船、枕木、家具、农具及建筑用材等。

🌸 没药
Commiphora myrrha Engl.

橄榄科	没药属

别名：地丁树
分布：广东、海南、新疆

【形态特征】低矮灌木或乔木，高3m。树干具多数不规则尖刺状的粗枝。树皮薄，光滑，小片状剥落，淡橙棕色，后变灰色。叶散生或丛生，单叶或三出复叶，小叶倒长卵形或倒披针形，中央一片长7～18mm，宽4～8mm，远较两侧叶大，先端圆钝，全缘或于末端稍具锯齿。具雄花、雌花或两性花，通常4数。花萼杯状或深杯状，宿存；花瓣4片，长圆形，或线状长圆形，直立。核果卵形，尖头，光滑，棕色，外果皮革质或肉质，具种子1～3枚，但仅1枚成熟，其余的萎缩。种子具蜡质种皮，胚的子叶互相折叠，胚根向上弯曲。

【生长习性】生长于非洲，海拔500～1500m的山坡地。

【精油含量】水蒸气蒸馏树脂的得油率为0.41%～5.22%；超临界萃取树脂的得油率为12.09%～25.41%；超声波萃取树脂的得油率为3.56%；索氏法提取树脂的得油率为5.75%；酶法提取树脂的得油率为6.00%；无溶剂微波萃取树脂的得油率为4.20%。

【芳香成分】王艳艳等（2011）用水蒸气蒸馏法提取的广东产没药树脂精油的主要成分为：2-羟基-2,4,6-环庚三烯-1-酮（28.86%）、苯甲唑啉（5.88%）、(-)-匙叶桉油烯醇（4.89%）、2-(1,2-二甲基-2-环戊烯-1-基)-乙酸苯酯（4.00%）、Δ1,9-八氢化萘-2-酮（3.49%）、(1S-顺)-1,2,3,4-四氢-1,6-二甲基-4-(1-甲基乙基)-萘（2.79%）、β-花柏烯（2.53%）、α-荜澄茄苦素（2.40%）、2,4-二异丙烯基-1-甲基-1-乙烯基环己胺（2.40%）、2-(4-甲基吡啶基-2-氨基)甲基-苯酚（2.26%）、榄香醇（2.22%）、α-桉叶醇（2.17%）、(E,E)-10-(1-甲基乙烯基)-3,7-环癸二烯-1-酮（2.11%）、1,4-二甲基-7-(1-甲基乙基)-薁苷菊环-2-醇（2.09%）、δ-杜松烯（1.85%）、[1S-(1α,3aα,3bβ,6aβ,6bα)]-十氢-3a-甲基-6-亚甲基-1-(1-甲基乙基)-环丁烷[1,2,3,4]并二环戊烯（1.45%）、2-甲基-1,3-苯二胺（1.45%）、4(14)，11-桉叶二烯（1.43%）、β-蛇床烯醇（1.22%）、4-乙烯基-4-甲基-3-环己烯（1.18%）、α-白菖考烯（1.17%）、2,2'-亚乙基双（5-甲基呋喃）(1.07%)、α-桉叶烯（1.05%）、莪术烯（1.05%）、γ-古芸烯（1.05%）等。

【利用】树脂为常用中药，有活血止痛、消肿生肌、兴奋、祛痰、防腐、抗菌、消炎、收敛、祛风及抗痉挛的功能，用于胸痹心痛、胃脘疼痛、痛经经闭、产后瘀阻、癥瘕腹痛、风湿痹痛、跌打损伤、痈肿疮疡等病症的治疗。孕妇忌服。

🌸 阿拉伯乳香
Boswellia carteri Birdw.

橄榄科	乳香属

别名：乳香、卡式乳香树、熏陆香、马尾香、乳头香、塌香、西香、天泽香、摩勒香、多伽罗香、浴香
分布：海南、广东

【形态特征】矮小乔木，高4～5m。树皮光滑，淡棕黄色。叶互生，密集形成叶簇，或于上部疏生，奇数羽状复叶，长15～25cm，小叶7～9对，对生，向上渐大，小叶片长卵形，长3.5～7.5cm，宽1.5cm，先端钝，通常略波曲，基部圆形，近心形或截形，边缘有不规则圆齿裂，或呈不明显齿裂至近全缘。花小，排成稀疏的总状花序；苞片卵形，先端尖；花萼杯状，先端5裂，裂片三角状卵形；花瓣5片，淡黄色，卵形，先端急尖；雄蕊10枚；花盘大，肥厚，圆盘形，玫瑰红色。果实小，长约1cm，倒卵形，有三棱，钝头，基部有花托；果皮光滑，肉质，肥厚，折生成3～4瓣膜。每室具种子1枚。花期4月。

【生长习性】生命力十分顽强，原产地属高温干燥少雨气候，年降雨量不足100mm，年均温25.4～28.7℃，极端最高温39～44℃，极端最低温7.5～12℃，土壤为砂石土。我国热带地区属潮湿多雨气候，不易选择适宜地区种植。

【精油含量】水蒸气蒸馏树脂的得油率为0.27%～3.31%；超临界萃取树脂的得油率为11.10%～20.40%；有机溶剂萃取树

脂的得油率为13.00%。

【芳香成分】滕坤等（2013）用水蒸气蒸馏法提取的乳香树脂精油的主要成分为：碘代十八烷（55.80%）、二十九烷（4.91%）、正二十一碳烷（4.40%）、三十烷（4.27%）、二十九烷（4.09%）、5-胆烯-3-β-醇（3.38%）、二甲基十七烷（3.15%）等。王艳艳等（2011）用同法分析的广东产乳香树脂精油的主要成分为：乙酸辛酯（27.84%）、[1R-(1R*,3E,7E,11R*,12R*)]-4,8,12,15,15-五甲基-二环[9.3.1]十五碳-3,7-二烯-12-醇（26.90%）、二戊基-锌（17.03%）、4,4'-二硫代双-4-辛氧基苯（6.57%）、1-辛醇（4.23%）、荜澄茄-1(10),4-二烯（1.18%）、4,11,11-三甲基-8-亚甲基-双环[7.2.0]十一-4-烯（1.12%）、反式-3,5,6,8a-四氢-2,5,5,8a-四甲基-基-2H-1-苯并吡喃（1.11%）等。

【利用】树脂为常用中药，有调气活血、定痛、消肿、生肌之功能，用于治气血瘀滞、心腹疼痛、痈疮肿毒、跌打损伤、风湿痹痛、痛经、产后瘀血刺痛。孕妇不宜服用。树脂供制造线香为熏香料。树脂精油用于治疗呼吸道感染，不仅可以舒缓咳嗽，也可以治疗支气管黏膜炎等病症；或造香水等化妆品；亦可作食品、食品添加剂等。

白药谷精草
Eriocaulon cinereum R. Br.

谷精草科　谷精草属

别名： 赛谷精草、秧胡水、离子草

分布： 山东、安徽、福建、江苏、广东、广西、江西、湖南、湖北、贵州、陕西、河南、浙江、台湾

【形态特征】一年生柔弱草本，丛生。叶基生，线形，长2～8 cm，宽1～2 mm，有细横脉。花葶长短不一，长4～14 cm。头状花卵球形，长3～5 mm；总苞片长圆形，长约1.5 mm，膜质，顶端钝，灰黄色或灰黑色；花托散生柔毛；花苞片近圆形，长1.5～2 mm；雄花位于花序的中央，长约1.5 mm，外轮花被片合生成筒状，顶端3齿裂，黑色，下部草黄色，内轮花被片下部合生成细管状，顶端3齿裂，有睫毛，中央有1褐色腺体，雄蕊6，花药黄白色，球形；雌花外轮花被片2，离生，线形，内轮花被片缺；子房3室，花柱细长，柱头3。蒴果近球形，长约0.5 mm；种子长圆形，黄褐色。花果期9～11月。

【生长习性】生于水田边或谷后水田中，海拔500～820 m。

【芳香成分】夏佳璇等（2018）用顶空固相微萃取法提

取的干燥带花茎的头状花序精油的主要成分为：1-石竹烯（14.62%）、植酮（9.36%）、薄荷脑（5.66%）、壬醛（5.16%）、(1R,5S)-1-甲基-6-(1-甲基亚乙基)-双环[3.1.0]己烷（4.23%）、桉树脑（3.52%）、α-石竹烯（2.80%）、香叶基丙酮（2.60%）、羟基香茅醇（2.40%）、去氢白菖烯（2.33%）、α-蒎烯（1.85%）、庚醛（1.64%）、正十六烷（1.62%）、软脂酸乙酯（1.62%）、(1R)-(+)-α-蒎烯（1.53%）、4-乙烯基-4-甲基-1-(丙-2-基)-3-(丙-1-烯-2-基)环己烯（1.39%）、(+)-4-蒈烯（1.20%）等。

【利用】带花茎的花序入药，有疏散风热，明目退翳的功效，用于肝经风热、目赤肿痛、目生翳障、风热头痛。

谷精草
Eriocaulon buergerianum Koern.

谷精草科　谷精草属

别名： 连萼谷精草、珍珠草、戴星草、文星草、流星草、天星草、移星草、鱼眼草、佛顶珠、灌耳草

分布： 江苏、安徽、浙江、江西、福建、台湾、湖北、湖南、广东、广西、四川、贵州

【形态特征】草本。叶线形，丛生，半透明，具横格，长4～20 cm，中部宽2～5 mm。花葶多数，扭转，具4～5棱；鞘状苞片长3～5 cm，口部斜裂；花序熟时近球形，禾秆色；总苞片倒卵形至近圆形，禾秆色，不反折；苞片倒卵形至长倒卵形，背面上部及顶端有白短毛；雄花：花萼佛焰苞状，外侧裂开，3浅裂；花冠裂片3，近锥形，近顶处各有1黑色腺体，端部常有白短毛；雌花：萼合生，外侧开裂，顶端3浅裂，背面及顶端有短毛，外侧裂口边缘有毛，下长上短；花瓣3枚，离生，扁棒形，肉质，顶端各具1黑色腺体及若干白短毛。种子矩圆状，长0.75～1 mm，表面具横格及"T"字形突起。花果期7～12月。

【生长习性】生于水底泥中，池沼、溪沟、水田边等潮湿处。

【芳香成分】夏佳璇等（2018）用顶空固相微萃取法提取的干燥带花茎的头状花序精油的主要成分为：1-石竹烯（15.12%）、薄荷脑（8.42%）、右旋大根香叶烯（6.03%）、月桂酸乙酯（5.81%）、癸酸乙酯（4.91%）、软脂酸乙酯（4.78%）、α-石竹烯（3.26%）、植酮（2.96%）、α-蒎烯（2.73%）、去氢白菖烯（2.63%）、壬醛（2.59%）、茴香脑（2.36%）、壬酸乙酯（2.28%）、(1R)-(+)-α-蒎烯（2.10%）、辛酸乙酯（1.92%）、胡薄荷

酮（1.88%）、十四烷（1.64%）、右旋萜二烯（1.44%）、香叶基丙酮（1.36%）、十一酸乙酯（1.17%）、1-溴三十烷（1.01%）等。

【利用】带花茎的花序入药，可疏散风热，明目退翳，用于肝经风热、目赤肿痛、目生翳障、风热头痛；还可用于治疗皮肤病、鼻炎、头痛、牙痛、抗衰老、抗糖尿病等。

❀ 海金沙
Lygodium japonicum (Thunb.) Sw.

海金沙科　海金沙属

别名： 金沙藤、左转藤、铁线藤、蛤蟆藤

分布： 江苏、浙江、安徽、福建、台湾、广东、香港、广西、湖南、贵州、四川、云南、陕西等地

【形态特征】植株高攀达1～4m。叶轴上面有二条狭边，羽片多数，对生。端有一丛黄色柔毛覆盖腋芽。不育羽片尖三角形，长宽几相等，约10～12cm或较狭，两侧并有狭边，二回羽状；一回羽片2～4对，互生，基部一对卵圆形，一回羽状；二回小羽片2～3对，卵状三角形，互生，掌状三裂；末回裂片短阔，基部楔形或心脏形，先端钝，顶端的二回羽片波状浅裂。叶纸质，干后禄褐色。能育羽片卵状三角形，长宽几相等，约12～20cm，二回羽状；一回小羽片4～5对，互生，长圆披针形，一回羽状，二回小羽片3～4对。卵状三角形，羽状深裂。孢子囊穗长2～4mm，排列稀疏，暗褐色。

【生长习性】多生于路边、山坡灌丛、林缘、溪谷丛林中，常缠绕生长于其它较大型的植物上。喜温暖湿润环境、空气相对湿度60%以上。喜散射光，忌阳光直射，喜排水良好的砂质壤土，为酸性土壤的指示植物。

【精油含量】水蒸气蒸馏干燥全草的得油率为0.03%～0.63%。

【芳香成分】根：康文艺等（2011）用顶空固相微萃取法提取的贵州贵阳产海金沙根精油的主要成分为：1,6-二甲基-4-(1-甲基乙基)-萘（19.30%）、十六烷酸（8.67%）、十七烷（6.16%）、2,6-二甲基-十七烷（5.13%）、十六烷（4.87%）、6,10,14-三甲基-2-十五烷酮（4.51%）、1-十六炔（4.32%）、壬醛（4.16%）、正十九烷（3.86%）、2,6,10,14-四甲基-十六烷（3.60%）、十八烷（2.88%）、十五烷（2.77%）、2-溴-十二烷（2.76%）、6-乙基-3-辛基-邻苯二甲酸异丁酯（2.64%）、1,2-二氢-1,1,6-三甲基-萘（2.31%）、丁基羟甲苯（2.07%）、十八醛（1.94%）、邻苯二甲酸二正丁酯（1.74%）、十四烷（1.50%）、(1S-顺)-1,2,3,5,6,8a-六氢-4,7-二甲基-1-(1-甲基乙基)-萘（1.47%）、3-氯代苯亚甲基丙酮（1.17%）、4-(1-甲基丙基)-苯酚（1.16%）、1,4-二氯-2,5-二甲氧基-苯（1.07%）等。

全草：欧阳玉祝等（2010）用水蒸气蒸馏法提取的湖南永州产海金沙全草精油的主要成分为：α-油酸单甘油酯（47.82%）、油酸二羟基乙酯（42.77%）、油酸甲酯（1.61%）、正二十四烷（1.59%）、反角鲨烯（1.14%）等。

【利用】孢子及全草入药，具清热利湿、通淋止痛的功能，为治疗淋症要药，主治通利小肠、疗伤寒热狂、湿热肿毒、小便热淋、膏淋、血淋、石淋、尿道涩痛、经痛，解热毒气。四川用之治筋骨疼痛。

❀ 海金子
Pittosporum illicioides Makino

海桐花科　海桐花属

别名： 山栀茶、崖花海桐、崖花子

分布： 福建、台湾、山西、江苏、安徽、江西、浙江、广西、湖北、湖南、贵州等地

【形态特征】常绿灌木，高达5m，老枝有皮孔。叶生于枝顶，3～8片簇生呈假轮生状，薄革质，倒卵状披针形或倒披

针形，长5～10cm，宽2.5～4.5cm，先端渐尖，基部窄楔形，常向下延，叶面深绿色，叶背浅绿色。伞形花序顶生，有花2～10朵；苞片细小，早落；萼片卵形，长2mm，先端钝；花瓣长8～9mm；雄蕊长6mm；子房长卵形。蒴果近圆形，长9～12mm，多少三角形，或有纵沟3条，3片裂开，果片薄木质；种子8～15个，长约3mm，种柄短而扁平；果梗纤细，长2～4cm，常向下弯。

【生长习性】对气候的适应性较强，能耐寒冷，亦颇耐暑热。黄河流域以南，可在露地安全越冬。对光照的适应能力较强，较耐荫蔽，亦颇耐烈日，但以半阴地生长最佳。喜肥沃湿润土壤，干旱贫瘠地生长不良，稍耐干旱，颇耐水湿。

【精油含量】水蒸气蒸馏干燥根的得油率为0.13%。

【芳香成分】肖炳坤等（2015）用水蒸气蒸馏法提取的贵州遵义产海金子干燥根精油的主要成分为：顺式马鞭草烯酮（21.53%）、己醛（6.10%）、8-羟基-对聚伞素（3.37%）、(-)-反式松香芹醇（3.33%）、异龙脑（2.97%）、α-松油醇（2.92%）、绿花白千层醇（2.62%）、糠醛（2.25%）、2-戊基呋喃（2.24%）、顺式藏茴香醇（2.08%）、α-雪松醇（1.84%）、桃金娘烯醛（1.59%）、桃金娘烯醇（1.42%）、对二甲苯（1.39%）、4-乙基苯甲醛（1.21%）等。高玉琼等（2006）用有机溶剂萃取-水蒸气蒸馏法提取的贵州遵义产海金子干燥根精油的主要成分为：十二醛（17.67%）、1-十二醇（7.49%）、十二酸（5.64%）、十四醛（5.37%）、十一烷（4.33%）、(E)-2-辛烯醛（3.25%）、2,4-癸二烯醛（2.80%）、2-戊基呋喃（2.29%）、壬醛（1.74%）、α-蒎烯（1.70%）、十一醛（1.62%）、1-癸醇（1.41%）、(E,E)-2,4-癸二烯醛（1.38%）等。

【利用】种子可提取油脂，用于制肥皂。茎皮纤维可制纸。根、叶及种子可入药，有消炎解毒、活血退肿的功效，治毒蛇咬伤、湿疹、骨折、关节炎、疖痈、骨髓炎、蜂窝组织炎。

🌸 海桐

Pittosporum tobira (Thunb.) Ait.

海桐花科　海桐花属

别名： 海桐花

分布： 长江以南沿海各地

【形态特征】常绿灌木或小乔木，高达6m，嫩枝被褐色柔毛，有皮孔。叶聚生于枝顶，二年生，革质，嫩时叶面叶背有

柔毛，倒卵形或倒卵状披针形，长4～9cm，宽1.5～4cm，叶面深绿色，先端圆形或钝，常微凹入或为微心形，基部窄楔形，全缘，干后反卷。伞形花序或伞房状伞形花序顶生或近顶生，密被黄褐色柔毛；苞片披针形，长4～5mm；小苞片长2～3mm，均被褐毛。花白色，芳香，后变黄色；萼片卵形，长3～4mm，被柔毛；花瓣倒披针形，长1～1.2cm，离生。蒴果圆球形，有棱或呈三角形，直径12mm，果片木质，厚1.5mm，内侧黄褐色，有光泽，具横格；种子多数，长4mm，多角形，红色。

【生长习性】对气候的适应性较强，喜光照和温暖的气候，能耐寒冷，亦颇耐暑热，生长适温15～30℃。略耐阴，对土壤适应性强，在黏土、砂土及轻盐碱土中均能正常生长。对二氧化硫、氟化氢、氯气等有毒气体抗性强。

【精油含量】水蒸气蒸馏新鲜叶的得油率为0.06%，新鲜花的得油率为0.04%～0.18%，干燥花的得油率为5.10%。

【芳香成分】叶：苏秀芳等（2011）用水蒸气蒸馏法提取的广西产海桐新鲜叶精油的主要成分为：绿花白千层醇（40.09%）、十六烷（15.13%）、(1S*,2S*,5R*)-1,5-二甲基-2-乙烯基-环己烷-1-羧酸甲酯（13.14%）、[2R-(2α,4aα,8aβ)]-1,2,3,4,4a,5,6,8a-八氢-4a,8-二甲基-2-(1-甲基乙烯基)-萘（11.54%）、十五烷（5.82%）、表蓝桉醇（4.54%）、[1aR-(1aα,7α,7aβ,7bα)]-1a,2,3,5,6,7,7a,7b-八氢-1,1,4,7-四甲基-1H-环丙[e]薁（3.55%）、6-环己基-十二烷（3.16%）、乙基丙二酸（1.72%）、4-乙烯基愈创木酚（1.32%）等。

花：吴彩霞等（2007）用水蒸气蒸馏法提取的河南开封产海桐新鲜花精油的主要成分为：橙花叔醇（22.95%）、1R-α-

蒎烯（11.43%）、醋酸苄酯（5.91%）、壬烷（5.19%）、喇叭茶醇（4.26%）、十一烷（2.68%）、芳樟醇（1.74%）、β-蒎烯（1.50%）、α-荜澄茄油烯（1.45%）、壬醛（1.45%）、2,8-二甲基-5,8-三环[5.3.0.0]癸二烯（1.26%）、Tau-依兰油醇（1.14%）、苯甲酸苄酯（1.14%）、6,10,14-三甲基-2-十五烷酮（1.02%）等。

果实：李婷（2015）用水蒸气蒸馏法提取的湖北武汉产海桐干燥成熟果实精油的要成分为：大根香叶烯D（31.21%）、4,7-二甲基-1-异丙基-1,2,3,5,6,8a-六氢萘（7.19%）、β-蒎烯（6.40%）、2-十五烷酮（4.60%）、D-柠檬烯（4.47%）、杜松烯醇（3.74%）、2-十九烷酮（2.84%）、月桂烯（2.08%）、喇叭茶醇（1.94%）、α-荜澄茄烯（1.86%）、十七烷酮（1.67%）、(+)-表双环倍半水芹烯（1.40%）、α-荜澄茄醇（1.36%）、棕榈酸（1.33%）、香树烯（1.11%）等；用顶空固相微萃取法提取的干燥成熟果实精油的要成分为：α-蒎烯（72.38%）、γ-杜松烯（5.66%）、1-异丙烯基-3-异丙酯苯（5.21%）、β-蒎烯（3.75%）、α-荜澄茄烯（3.39%）、十一烷（1.07%）等。

种子：宋晓凯等（2018）用乙醇回流法提取江苏连云港产海桐干燥种子浸膏，再用水蒸气蒸馏提取的精油的主要成分为：1R,4S,7S,11R-2,2,4,8-四甲基三环[5.3.1.0^{4,11}]十一碳-8-烯（54.78%）、2-亚甲基-胆甾烷-3-醇（7.27%）、蛇麻烷-1,6-二烯-3-醇（6.23%）、4-甲基-5-癸醇（4.11%）、绿花白千层醇（3.86%）、别香橙烯（3.80%）、2-甲基-2-丁烯酸（3.50%）、二氢-噻喃-3,5-二醇-四氢-4-甲基-4-氮-二乙酸乙酯（2.04%）、3,7,11,15-四甲基-1,6,10,14-十六碳四烯-3-醇（1.69%）、蓝桉醇（1.33%）、油酸乙酯（1.30%）、六氢金合欢烯酰丙酮（1.29%）等。

【利用】多为栽培供观赏。根、叶和种子均入药，根能祛风活络，散瘀止痛；叶能解毒，止血；种子能涩肠，固精。鲜花浸膏用于化妆品。

❀ 少花海桐
Pittosporum pauciflorum Hook. et Arn.

海桐花科　海桐花属
分布： 广西、广东、江西

【形态特征】常绿灌木，老枝有皮孔。叶散布于嫩枝上，有时呈假轮生状，革质，狭窄矩圆形，或狭窄倒披针形，长5～8 cm，宽1.5～2.5 cm，先端急锐尖，基部楔形，叶面深绿色，发亮，边缘干后稍反卷。花3～5朵生于枝顶叶腋内，呈假伞形状；苞片线状披针形，长6～7 mm；萼片窄披针形，长4～5 mm，有微毛，边缘有睫毛；花瓣长8～10 mm；雄蕊长6～7 mm；子房长卵形，被灰绒毛。蒴果椭圆形或卵形，长约1.2 cm，被疏毛，3片裂开，果片阔椭圆形，木质，胎座位于果片中部，各有种子5～6个；种子红色，长4 mm，稍压扁。

【生长习性】喜光照和温暖的气候。对土壤适应性强，在黏土、砂土及轻盐碱土中均能正常生长。

【精油含量】水蒸气蒸馏新鲜茎皮的得油率为0.09%。

【芳香成分】赵惠等（2017）用水蒸气蒸馏法提取的广西金秀产少花海桐新鲜茎皮精油的主要成分为：月桂醇酯（41.82%）、肉豆蔻醛（14.64%）、豆蔻醇（13.50%）、月桂醛（12.80%）、乙酸十四酯（4.54%）、十一烷（4.21%）、(E)-2-十四烯（1.28%）、棕榈醛（1.01%）等。

【利用】根及果实常供药用，根皮治毒蛇咬伤，有镇痛、消炎等作用。种子在中药里作山栀子用，有镇静、收敛、止咳等功效。种子可榨油，为工业用油脂原料。

❀ 台琼海桐
Pittosporum pentandrum Merr. var. *hainanense* (Gagnep.) Li

海桐花科　海桐花属
别名： 台湾海桐花
分布： 台湾、广东、海南

【形态特征】变种。常绿小乔木或灌木，高达12 m，嫩枝被锈色柔毛。叶簇生于枝顶成假轮生状。叶幼嫩时纸质，两面被柔毛，以后变革质，倒卵形或矩圆状倒卵形，长4～10 cm，宽3～5 cm；先端钝，或急短尖，有时圆形，基部下延，窄楔形；叶面深绿色有光泽，干后稍暗淡，叶背浅绿色，全缘或有波状皱折。圆锥花序顶生，由多数伞房花序组成，密被锈褐色柔毛，苞片披针形；小苞片卵状披针形；花淡黄色，芳香；萼片长卵形，先端钝，有睫毛；花瓣长5～6 mm。蒴果扁球形、长6～8 mm，宽7～9 mm，2片裂开，果片薄木质，内侧有横格；种子约10个，不规则多角形，长3 mm。花期5月～10月。

【生长习性】喜光照和温暖的气候，生长适温15～30 ℃。略耐阴。对土壤适应性强。抗污染。

【精油含量】水蒸气蒸馏果皮的得油率为1.21%；索氏法提取的干燥叶的得油率为2.74%。

【芳香成分】叶：陈炳超等（2012）用索氏法提取的广西南宁产台琼海桐干燥叶精油的主要成分为：叶绿醇（38.11%）、1-石竹烯（6.87%）、棕榈酸乙酯（4.74%）、(+)-b-芹子烯（4.00%）、(-)-a-芹子烯（4.00%）、正十七胺（2.52%）、邻苯二甲酸双十二酯（2.50%）、胱胺（2.08%）、2-乙基甲酰苯胺（2.00%）、蛇床烯（1.49%）、α-石竹烯（1.17%）、对羟基苯丙胺（1.05%）等。

果实：陈炳超等（2012）用水蒸气蒸馏法提取的广西南宁产台琼海桐果皮精油的主要成分为：柠檬烯（24.27%）、β-榄香烯（16.49%）、α-榄香烯（15.45%）、长叶龙脑（14.93%）、γ-榄香烯（7.99%）、β-蛇床烯（3.77%）、α-松油醇（2.46%）、α-石竹烯（1.88%）、β-石竹烯（1.58%）、荜澄茄油烯（1.37%）、L-4-松油醇（1.28%）等。

【利用】通常作为园林观赏树种孤植、丛植、列植于庭院或花坛、花境、林缘等处。

狭叶海桐

Pittosporum glabratum Lindl. var. *neriifolium* Rehd. et Wils.

海桐花科　海桐花属

别名：斩蛇剑、黄栀子
分布：贵州、湖北、湖南、江西、广东、广西等地

【形态特征】光叶海桐变种。常绿灌木，高1.5 m，嫩枝无毛，叶带状或狭窄披针形，长6～18 cm，或更长，宽1～2 cm，无毛，叶柄长5～12 mm。伞形花序顶生，有花多朵，花梗长约1 cm，有微毛，萼片长2 mm，有睫毛；花瓣长8～12 mm；雄

蕊比花瓣短；子房无毛。蒴果长2～2.5 cm，子房柄不明显，3片裂开，种子红色，长6 mm。

【生长习性】生于山坡林中。

【精油含量】水蒸气蒸馏半干根的得油率为0.09%。

【芳香成分】穆淑珍等（2004）用水蒸气蒸馏法提取的贵州贵阳产狭叶海桐半干根精油的主要成分为：软脂酸（17.75%）、亚油酸（16.31%）、十二（烷）酸（14.82%）、肉豆蔻酸（9.64%）、油酸（8.67%）、十二醛（7.47%）、十四醛（5.00%）、2,4-癸二烯醛（1.72%）、n-十一烷（1.44%）、新植二烯（1.12%）、硬脂酸（1.12%）等。

【利用】适宜作绿篱或培养成球类，群植或孤植于庭院及绿地。根有消炎镇痛功效，贵州用全株入药，清热除湿。

秀丽海桐

Pittosporum pulchrum Gagnep.

海桐花科　海桐花属

分布：广西

【形态特征】常绿灌木，高3 m，老枝灰褐色，树皮直裂，皮孔稀疏。叶多片（约20）生于嫩枝顶，二年生，厚革质，倒卵形或倒披针形，长3～6 cm，宽1.2～2 cm，先端圆，有时微凹入，基部收窄，楔形，下延；叶面绿色发亮，干后黄绿色，暗晦无光，叶背浅绿色。伞房花序简单，顶生，长3～5 cm，被毛，苞片长2～5 mm；花白色，萼片卵形，被毛；花瓣窄矩圆形，雄蕊比花瓣短；子房被毛，柱头2裂。蒴果圆球形，直径7～8 mm，2片裂开，果片薄木质，厚0.8 mm，外侧被毛，内侧有横格，胎座2个，位于果片的基部到中部；宿存花柱长2 mm，柱头扩大。种子15个，多角形，长2～2.5 mm，种柄极短。

【生长习性】为典型的石灰岩植物，多生于石山悬崖或山顶阳光充足的地方。

【精油含量】水蒸气蒸馏叶的得油率为0.11%。

【芳香成分】黄云峰等（2011）用水蒸气蒸馏法提取的广西马山产秀丽海桐叶精油的主要成分为：α-蒎烯（29.27%）、β-蒎烯（17.84%）、莰烯（3.90%）、桃金娘烯醇（3.60%）、反-松香芹醇（3.42%）、对-聚伞花素（2.11%）、松香芹酮（2.01%）、柠檬烯（1.67%）、马鞭草烯醇（1.54%）、香桧烯（1.30%）、α-龙脑烯醛（1.24%）、α-蒎烯氧化物（1.17%）、马鞭草烯酮（1.16%）等。

【利用】叶为广西壮族人民习惯用药之一，外治骨折及跌打肿痛。

❀ 白茅

Imperata cylindrica (Linn.) Beauv.

禾本科 白茅属
分布: 辽宁、河北、山西、山东、陕西、新疆等北方各地

【形态特征】多年生，具粗壮的长根状茎。秆直立，高30～80 cm。叶鞘聚集于秆基，质地较厚，老后破碎呈纤维状；叶舌膜质，长约2 mm，分蘖叶片长约20 cm，宽约8 mm，扁平，质地较薄；秆生叶片长1～3 cm，窄线形，通常内卷，顶端渐尖呈刺状，下部渐窄，质硬，被有白粉，基部上面具柔毛。圆锥花序稠密，长20 cm，宽达3 cm，小穗长4.5～6 mm，基盘具长12～16 mm的丝状柔毛；两颖草质及边缘膜质，常具纤毛，脉间疏生长丝状毛，第一外稃卵状披针形，透明膜质，顶端尖或齿裂，第二外稃卵圆形，顶端具齿裂及纤毛；雄蕊2枚。颖果椭圆形，长约1 mm，胚长为颖果之半。花果期4～6月。

【生长习性】生于低山带平原河岸草地、砂质草甸、荒漠与海滨。适应性强，喜温暖湿润气候，喜阳耐阴，喜湿润疏松土壤，耐瘠薄和干旱。

【芳香成分】宋伟峰等（2012）用水蒸气蒸馏法提取的干燥根茎精油的主要成分为：亚油酸（44.99%）、棕榈酸（35.23%）、顺-7-十四烯醛（13.82%）、邻苯二甲酸二辛酯（2.58%）等。

【利用】根入药，有凉血、止血、清热利尿的功效，治吐血、衄血、尿血、小便不利、小便热淋、反胃、热淋涩痛、急性肾炎、水肿、湿热黄疸、胃热呕吐、肺热咳嗽、气喘。花序入药，有止血功效，治衄血、吐血、外伤出血、鼻塞、刀箭金疮；蒙药中用于治尿闭、淋病、水肿、各种出血、中毒症、体虚。根茎洗净可生食，也可与猪肉煮食。

❀ 慈竹

Neosinocalamus affinis (Rendle) Kengf.

禾本科 慈竹属
别名: 钓鱼竹、钓鱼慈、丛竹、绵竹、甜慈、酒米慈
分布: 广西、湖南、湖北、云南、贵州、四川、陕西

【形态特征】竿高5～10 m，全竿共30节左右，竿壁薄；节间圆筒形，长15～60 cm，表面贴生灰白色或褐色疣基小刺毛，毛脱落留下小凹痕和小疣点；竿环平坦；箨环显著。箨鞘革质，背部密生白色短柔毛和棕黑色刺毛，鞘口宽广而下凹；箨耳无；箨舌呈流苏状，基部疏被棕色小刺毛；箨片两面均被白色小刺毛，先端渐尖，基部向内收窄略呈圆形，边缘粗糙，内卷如舟状。竿每节约有20条以上的分枝，呈半轮生状簇聚，下部节间长约10 cm。末级小枝具多叶；叶鞘长4～8 cm；叶舌截形，棕黑色，上缘啮蚀状细裂；叶片窄披针形，大都长10～30 cm，宽1～3 cm，质薄，先端渐细尖，基部圆形或楔形，叶缘粗糙。花枝束生，长20～60 cm或更长，假小穗长达1.5 cm，粗扁；颖0～1，长约6～7 mm；外稃宽卵形；鳞被3～4，一般呈长圆兼披针形。果实纺锤形，长7.5 mm，上端生微柔毛，腹沟较宽浅，果皮质薄，黄棕色，易与种子分离而为囊果状。笋期6～9月或自12月至翌年3月，花期多在7～9月，但可持续数月之久。

【生长习性】多栽培于农家房前屋后的平地或低丘陵。是一个适应性很强的竹种，喜温凉湿润的气候条件，又具有较强的耐寒和抗旱性能，在适当荫蔽的地方生长最好。要求土层厚度60 cm以上，壤土或砂壤土，pH5.0～7.5，排灌条件良好，肥力中等以上水平的土壤。

【精油含量】水蒸气蒸馏阴干叶的得油率为0.20%；微波辅助水蒸气蒸馏的叶的得油率为0.59%。

【芳香成分】肖锋等（2009）用水蒸气蒸馏法提取的四川眉山产慈竹干燥叶精油的主要成分为：新植二烯（24.01%）、六氢法呢基丙酮（15.33%）、芳姜黄酮（8.03%）、β-姜黄酮

（5.61%）、α-姜黄酮（3.17%）、α-姜倍半萜（2.33%）、β-紫罗兰酮（2.21%）、苦橙油醇（2.13%）、α-紫罗兰酮（2.00%）、β-倍半菲兰烯（1.85%）、(E,E)-金合欢醇丙酮（1.52%）、芳姜黄烯（1.40%）、(+)-α-大西洋（萜）酮（1.39%）、肉豆蔻醛（1.19%）、二倍-1-(2-环戊酮)甲烷（1.13%）等。

【利用】秆材可编织竹器、竹编工艺品及建筑用材、造纸，也可用于生产重组竹，用于地板、家具等产品、竹纤维纺织品。籜鞘可作缝制布底鞋的填充物。笋味较苦，但水煮后仍有供蔬食者。竹芯、竹叶药用，有清热除烦的功效，主治热病烦渴、小便不利、口舌生疮；阴笋子入药，清热解渴，主治消渴、小便热痛；根能通乳，主治乳汁不通。笋有调气功效，治脱肛、疝气。植于庭园内供观赏。

🌸 大麦

Hordeum vulgare Linn.

禾本科　大麦属

别名：饭麦、赤膊麦、倮麦、牟麦

分布：全国各地

【形态特征】一年生。秆粗壮，光滑无毛，直立，高50～100 cm。叶鞘松弛抱茎，多无毛或基部具柔毛；两侧有两披针形叶耳；叶舌膜质，长1～2 mm；叶片长9～20 cm，宽6～20 mm，扁平。穗状花序长3～8 cm（芒除外），径约1.5 cm，小穗稠密，每节着生三枚发育的小穗；小穗均无柄，长1～1.5 cm（芒除外）；颖线状披针形，外被短柔毛，先端常延伸为8～14 mm的芒；外稃具5脉，先端延伸成芒，芒长8～15 cm，边棱具细刺；内稃与外稃几等长。颖果熟时粘着于稃内，不脱出。

【生长习性】耐旱、耐盐、耐低温冷凉、耐瘠薄。不宜与小麦重茬连作。

【精油含量】水蒸气蒸馏干燥发芽果实的得油率为0.34%。

【芳香成分】邹鹏等（2014）用水蒸气蒸馏法提取的大麦干燥发芽果实（麦芽）精油的主要成分为：棕榈酸（169.55 mg/g）、糠醛（111.57 mg/g）、苯乙酸（60.62 mg/g）、苯乙醛二甲缩醛（58.86 mg/g）、糠酸甲酯（39.53 mg/g）、苯乙醛（28.11 mg/g）、己酸（21.96 mg/g）、苯乙酸甲酯（21.08 mg/g）、萘（19.33 mg/g）、2-甲基丁酸（14.93 mg/g）、四氢呋喃甲基醇（14.06 mg/g）、异戊酸（14.06 mg/g）、5-甲氧基呋喃-2-酮（11.42 mg/g）、苯甲酸甲酯（11.42 mg/g）等。

【利用】颖果除供人类食用外，也是家畜、家禽的好饲料，为酿制啤酒和麦芽糖的主要原料。麦芽萃取物可用于食品香精。发芽果实（麦芽）入药，有健胃助消化的作用，治疗胃虚弱、食欲不振、回乳、万福胀痛、食积不消、呕吐泄泻、乳胀不小、急性乳腺炎等。

🌸 青稞

Hordeum vulgare Linn. var. *nudum* Hook. f.

禾本科　大麦属

别名：裸麦、裸大麦、元麦、米大麦

分布：西北、西南各地区有栽培

【形态特征】大麦变种。一年生三秆直立，光滑，高约100 cm，径4～6 mm，具4～5节。叶鞘光滑，大都短于或基部者长于节间，两侧具两叶耳，互相抱茎；叶舌膜质，长1～2 mm；叶片长9～20 cm，宽8～15 mm，微粗糙。穗状花序成熟后黄褐色或为紫褐色，长4～8 cm（芒除外），宽1.8～2 cm；小穗长约1 cm；颖线状披针形，被短毛，先端渐尖呈芒状，长达1 cm；外稃先端延伸为长10～15 cm的芒，两侧具细刺毛。

颖果成熟时易于脱出稃体。

【生长习性】适宜于海拔较高的高原清凉气候。产地春季寒暖适中，夏季气候温和、光照充足、昼夜温差大，秋季天高气爽、风少雨小、寒暖适中，冬季寒冷干燥。

【芳香成分】张晓磊等（2012）用同时蒸馏萃取法提取分析了不同品种青稞果实的精油成分，'瓦蓝'的主要成分为：正己醛（27.38%）、2-戊基呋喃（18.70%）、庚醛（15.89%）、正戊醇（7.06%）、反-2-壬烯醛（6.00%）、反,反-2,4-癸二烯醛（5.01%）、反-2-辛烯醛（3.52%）、戊醛（3.47%）、对乙烯基愈创木酚（1.65%）、1-戊烯-3-醇（1.28%）、反-2-庚烯醛（1.18%）、苯甲醛（1.18%）、1-辛烯-3-醇（1.17%）等；'白青稞'的主要成分为：正己醛（33.54%）、2-戊基呋喃（10.16%）、正戊醇（9.03%）、反,反-2,4-癸二烯醛（8.06%）、庚醛（6.32%）、戊醛（3.70%）、反-2-壬烯醛（3.54%）、反-2-辛烯醛（2.55%）、2-己醛（2.35%）、对乙烯基愈创木酚（2.34%）、反-2-庚烯醛（2.27%）、1-辛烯-3-醇（2.27%）、糠醛（1.79%）、苯甲醛（1.78%）、2-辛酮（1.41%）、1-戊烯-3-醇（1.40%）、3,5-辛二烯二酮（1.25%）、反,反-2,4-庚二烯醛（1.22%）、反式-2-戊烯醛（1.19%）、3-辛烯-2-酮（1.18%）等；'肚里黄'的主要成分为：正己醛（33.93%）、2-戊基呋喃（14.30%）、庚醛（10.04%）、正戊醇（6.86%）、反,反-2,4-癸二烯醛（5.41%）、戊醛（4.55%）、反-2-壬烯醛（4.27%）、反-2-辛烯醛（3.02%）、糠醛（1.89%）、1-辛烯-3-醇（1.76%）、2-己醛（1.71%）、苯甲醛（1.61%）、对乙烯基愈创木酚（1.59%）、反-2-庚烯醛（1.38%）、1-戊烯-3-醇（1.26%）、3,5-辛二烯二酮（1.17%）等；'黑老鸭'的主要成分为：正己醛（32.68%）、2-戊基呋喃（14.40%）、庚醛（14.30%）、正戊醇（5.04%）、反,反-2,4-癸二烯醛（4.35%）、戊醛（3.91%）、反-2-壬烯醛（3.91%）、反-2-辛烯醛（3.20%）、1-辛烯-3-醇（2.69%）、对乙烯基愈创木酚（2.48%）、反-2-庚烯醛（1.66%）、2-己醛（1.46%）、苯甲醛（1.38%）、糠醛（1.14%）、1-戊烯-3-醇（1.12%）、3,5-辛二烯二酮（1.08%）、3-辛烯-2-酮（1.04%）等。

【利用】果实是藏族人民的主要粮食。果实入药，有补脾养胃、益气止泻、壮筋益力、除湿发汗的功效，适合脾胃气虚、倦怠无力、腹泻便溏者食用。

❀ 斑苦竹

Pleioblastus maculatus (McClure) C. D. Chu et C. S. Chao

禾本科　大明竹属
别名：光竹、广西苦竹
分布：江苏、江西、福建、广东、广西、四川、贵州、云南等地，陕西等地也有栽培

【形态特征】竿直立，高3～8 m，粗1.5～4 cm，幼竿厚被脱落性白粉，箨环密具一圈棕色毛，节下方具直立的白色短纤毛，老竿黄绿色，被少量灰黑色粉垢；竿每节具3～5枝。箨鞘棕红略带紫绿色，近革质，常具棕色小斑点，箨鞘基部密具棕色倒向刺毛，边缘全缘；箨耳无或呈点状、卵圆状、棕色；箨舌深棕红色，顶端全缘。箨片绿带紫色，线状披针形，呈狭条状，外翻而下垂，近基部为棕红色。末级小枝具3～5叶；叶鞘绿色，叶舌高1～2 mm，背面具粗毛，顶端截形，边缘具短纤毛；叶片披针形，长8.8～18.5 cm，宽13.4～29 mm，先端长渐尖，基部宽楔形。圆锥花序常侧生于花枝各节；小穗具8～15朵小花；颖2，纸质；外稃厚纸质，被少量白粉；鳞被3。果实椭圆形。笋期5月上旬至6月初。

【生长习性】生于密丛林中或偏阴的山坡。

【芳香成分】魏琦等（2015）用水蒸气蒸馏法提取的四川长宁产斑苦竹干燥叶精油的主要成分为：青叶醛（20.59%）、N-甲基吡咯烷酮（11.81%）、β-紫罗兰酮（2.29%）、苯乙醛（2.21%）、叶绿醇（2.21%）、植酮（2.07%）、对乙烯基愈创木酚（1.54%）、香叶基丙酮（1.45%）、壬醛（1.43%）、2-正戊基呋喃（1.25%）、4-[2,2,6-三甲基-7-氧杂二环[4.1.0]庚-1-基]-3-丁烯-2-酮（1.19%）等。喻谨等（2014）用同法分析的四川长宁产斑苦竹干燥叶精油的主要成分为：六氢法呢基丙酮（7.59%）、水杨酸甲酯（4.85%）、(E)-2-己烯醛（3.06%）、β-紫罗(兰)酮（2.46%）、α-紫罗(兰)酮（2.29%）、香叶基丙酮（1.84%）、石竹烯（1.05%）、芳樟醇（1.03%）、(E)-大马酮（1.00%）等。

【利用】笋味苦，处理后方可食用。篾性一般，可破篾；可作篱笆和供农作物搭棚架。

🌸 川竹

Pleioblastus simonii (Carr.) Nakai

禾本科　大明竹属

别名：山竹、苦竹、女竹、水苦竹、空心苦

分布：原产日本，中国安徽、江苏、浙江、上海有栽培

【形态特征】竿高可达3～8 m，粗0.7～3 cm；节间一般长16～17 cm，圆筒形，一侧有沟槽，中空，无毛，绿色；竿每节具2～9枝。箨鞘厚纸质，淡绿色带紫色，干后呈淡枯草色，基部具一圈淡褐色毛茸；箨舌截形或略呈拱形，高约1.5 mm，边缘有短小纤毛，背部具微毛；箨片绿色，狭长披针形，边缘有细齿。末级小枝具4～7叶；叶鞘边缘具纤毛，鞘口流苏状；叶舌短，截形；叶片狭长披针形或线状披针形，革质兼厚纸质，长5～23 cm，宽10～22 mm，先端渐尖至长渐尖，基部楔形而常稍有歪斜，叶缘有细刺状锯齿。总状花序簇生于竿或叶枝的各节，苞片数片；小穗圆柱形，含5～14朵小花；颖纸质兼膜质，先端尖；外稃卵状长圆形，厚纸质；内稃薄纸质，先端2裂；鳞被3，透明薄膜质。颖果长圆状圆柱形，上部渐收缩，无毛，成熟时暗棕色。笋期6月中旬，花期4～5月。

【生长习性】通常生于山麓林缘或路边灌丛中。

【芳香成分】魏琦等（2015）用水蒸气蒸馏法提取的四川长宁产川竹干燥叶精油的主要成分为：青叶醛（20.71%）、正己醇（5.96%）、N-甲基吡咯烷酮（5.59%）、正二十三烷（2.99%）、叶绿醇（2.57%）、大马士酮（2.48%）、对乙烯基愈创木酚（2.44%）、苯乙醛（1.69%）、β-紫罗兰酮（1.47%）、植酮（1.38%）等。

【利用】材适宜制作工艺品及钓鱼竿等。笋苦不能食用。可植成绿篱或丛栽供观赏。

🌸 高舌苦竹

Pleioblastus altiligulatus S. L. Chen

禾本科　大明竹属

分布：浙江、福建、湖南等地

【形态特征】竿高2～5 m，径粗1.5 cm，基部竿壁厚，近于实心，2年生竿青绿色，具厚白粉；节间圆筒形，在分枝一侧的基部微凹，通常长达24 cm左右，节间的大部分和节上方均被有白粉，尤以节处被粉特别厚；竿环高于鞘环；箨环上留有少量木栓质残留物；竿每节具3～5枝。箨鞘薄革质或厚纸质，绿色，边缘生纤毛；箨舌先端笔架形，高达3 mm，被白粉，绿色，微带紫色；箨片披针形，外翻而下垂，边缘与先端紫红色。末级小枝具2～4叶；叶鞘宿存；叶舌高3 mm；叶片椭圆状披针形，长12～17 cm，宽1.4～2.5 cm，先端渐尖，基部宽楔形，叶面浓绿色，叶背淡绿色，被短小毛，基部和主脉被长毛。笋期4月下旬。

【生长习性】生于海拔700～780 m的山坡或山顶平地。

【芳香成分】魏琦等（2015）用水蒸气蒸馏法提取的四川长宁产高舌苦竹干燥叶精油的主要成分为：青叶醛（12.37%）、叶醇（11.90%）、环己烷（6.47%）、β-紫罗兰酮（2.16%）、叶绿醇（1.98%）、对乙烯基愈创木酚（1.86%）、植酮（1.82%）、4-(2,6,6-三甲基环己-2-烯-1-基)丁-3-烯-2-酮（1.76%）、大马士酮（1.67%）、香叶基丙酮（1.50%）、壬醛（1.35%）、苯乙醛（1.16%）、2-正戊基呋喃（1.14%）、4-[2,2,6-三甲基-7-氧杂二环[4.1.0]庚-1-基]-3-丁烯-2-酮（1.11%）等。

【利用】竹材常用作帐竿、棚架及绿篱等。

苦竹

Pleioblastus amarus (Keng) Keng f.

禾本科　大明竹属

别名：伞柄竹

分布：江苏、安徽、浙江、福建、湖南、湖北、四川、贵州、云南等地

【形态特征】竿高3～5 m，粗1.5～2 cm，幼竿淡绿色，具白粉，老后渐转绿黄色，被灰白色粉斑；节间通常长27～29 cm，节下方粉环明显；竿环隆起，高于箨环；幼竿箨环具一圈棕紫褐色刺毛；竿每节具5～7枝。箨鞘革质，绿色，被较厚白粉，上部边缘橙黄色至焦枯色，基部密生棕色刺毛，边缘密生金黄色纤毛；箨舌截形，淡绿色，被白粉，边缘具短纤毛；箨片狭长披针形，易内卷，边缘具锯齿。末级小枝具3或4叶；叶鞘呈干草黄色；叶舌紫红色；叶片椭圆状披针形，长4～20 cm，宽1.2～2.9 cm，先端短渐尖，基部楔形，背面淡绿

色，生有白色绒毛，叶缘两侧有细锯齿。总状花序或圆锥花序，具3～6小穗，侧生于主枝或小枝的下部各节，基部为1片苞片所包围；小穗含8～13朵小花，长4～7 cm，绿色或绿黄色，被白粉；颖3～5片，向上逐渐变大，第一颖可为鳞片状，背部被微毛和白粉；外稃卵状披针形；内稃通常长于外稃，被纤毛，脊间密被较厚白粉和微毛；鳞被3，卵形或倒卵形。笋期6月，花期4～5月。

【生长习性】生于向阳山坡或山谷平原。适应性强，较耐寒，喜肥沃，湿润的砂质土壤。阳性。

【芳香成分】魏琦等（2015）用水蒸气蒸馏法提取的四川长宁产苦竹干燥叶精油的主要成分为：青叶醛（19.31%）、N-甲基吡咯烷酮（13.29%）、正己醇（3.85%）、叶绿醇（3.22%）、大马士酮（2.55%）、β-紫罗兰酮（2.24%）、对乙烯基愈创木酚（2.13%）、α-紫罗兰酮（1.61%）、植酮（1.56%）、2-正戊基呋喃（1.19%）、香叶基丙酮（1.14%）、壬醛（1.00%）等。王学利等（2002）用同法分析的叶精油的主要成分为：叶醇（27.08%）、2-己烯醛（10.02%）、2,3-二氢苯并呋喃（9.27%）、己酸（6.43%）、4-乙烯基愈创木酚（5.83%）、3-己烯酸（3.87%）、2-己烯-1-醇（3.76%）、糠醇（2.74%）、2-己烯酸（2.59%）、苄醇（2.41%）、苯乙醛（1.63%）、吲哚（1.47%）、β-紫罗兰酮（1.29%）等。

【利用】篾性一般，用以编篮筐，杆材还能作伞柄、账杆或菜园的支架以及旗杆等用，小者可做笔杆、筷子。嫩叶入药，可以清热除烦、解渴尿，主治口疮目痛，明目利九窍，治不睡，止消渴解酒毒，除烦热、发汗，疗中风暗哑。

垂枝苦竹

Pleioblastus amarus (Keng) keng var. *pendulifolius* S. Y. Chen

禾本科　大明竹属

分布：浙江

【形态特征】苦竹变种。与原变种的主要区别在于叶枝下垂，箨鞘背部无白粉，箨舌为稍凹的截形。笋期5月中旬至6月初。

【生长习性】生于低山坡。

【芳香成分】魏琦等（2015）用水蒸气蒸馏法提取的四川长

宁产垂枝苦竹干燥叶精油的主要成分为：青叶醛（19.60%）、叶醇（17.51%）、正己醇（7.81%）、β-紫罗兰酮（1.70%）、叶绿醇（1.69%）、壬醛（1.61%）、大马士酮（1.61%）、对乙烯基愈创木酚（1.55%）、α-紫罗兰酮（1.18%）、植酮（1.10%）、香叶基丙酮（1.08%）、2-正戊基呋喃（1.03%）等。

【利用】庭园有引种栽植。

🌸 杭州苦竹

Pleioblastus amarus (Keng) keng var. *hangzhouensis* S. L. Chen S. L. Chen

禾本科　大明竹属

分布： 浙江

【形态特征】禾本科　大明竹属植物，苦竹变种。本变种的新竿密披倒生白色糙毛及紫色细点，且呈紫绿色，节间长28～38 cm，箨鞘绿带紫色，有光泽，无粉，无箨耳，箨片线状披针形等特征与原变种有别。笋期4月底至5月。

【生长习性】生于低山坡或平原。

【芳香成分】魏琦等（2015）用水蒸气蒸馏法提取的四川长宁产杭州苦竹干燥叶精油的主要成分为：青叶醛（23.63%）、N-甲基吡咯烷酮（8.60%）、正己醇（5.78%）、β-紫罗兰酮（2.01%）、壬醛（1.95%）、α-紫罗兰酮（1.79%）、大马士酮（1.62%）、香叶基丙酮（1.61%）、叶绿醇（1.36%）、对乙烯基愈创木酚（1.36%）、2-正戊基呋喃（1.31%）、植酮（1.19%）等。

【利用】不宜劈篾编织，仅整竿常作篱笆和农作物的支架。可为园林绿化树种。

🌸 丽水苦竹

Pleioblastus maculosoides Wen

禾本科　大明竹属

分布： 特产浙江丽水

【形态特征】竿高6.5 m，粗2～3 cm；节间长约40 cm，略被白粉，节下方有细柔毛；节略隆起；箨环初被绒毛。箨鞘嫩时绿色，背部具棕褐色斑点与褐色疣基刺毛，边缘生棕色纤毛，略被白粉，先端收缩钝圆；箨耳缺或微弱，仅在箨鞘的两肩隆起，外表面被褐色糙毛；箨舌高约8 mm，近三角形，质薄，表面无毛，先端具白色细纤毛；箨片狭披针形至带状，外

翻，腹面的基部生有棕色细毛，内卷。竿每节分3～5枝，末级小枝具3～5叶；叶鞘长5～9 cm，光滑无毛；通常无叶耳与繸毛，罕可有叶耳；叶舌三角形，高3～4 mm，质薄，无毛；叶片广披针形，长12～19 cm，宽17～23 mm，基部钝圆收缩为长约5 mm的叶柄，先端急尖，并呈尾状延伸，叶面绿色而无毛，叶背被细柔毛，次脉7或8对，具小横脉。

【生长习性】抗逆性强。

【芳香成分】魏琦等（2015）用水蒸气蒸馏法提取的四川长宁产丽水苦竹干燥叶精油的主要成分为：青叶醛（23.29%）、正己醇（7.79%）、N-甲基吡咯烷酮（7.00%）、大马士酮（2.90%）、叶绿醇（2.89%）、对乙烯基愈创木酚（2.67%）、β-紫罗兰酮（1.61%）、植酮（1.46%）、香叶基丙酮（1.36%）、壬醛（1.13%）、2-正戊基呋喃（1.09%）等。

【利用】竹材宜作旗杆、帐竿、棚架等。还可以作竹地板的材料。

🌸 衢县苦竹

Pleioblastus juxianensis Wen

禾本科　大明竹属

分布： 浙江

【形态特征】竿高1.7～3 m，粗1.3 cm，近实心，新竿绿色，微被白粉，箨环下方被厚白粉，老竿黄绿色，微被灰色粉质，全竿具15节左右；节间一般长达20～33 cm；竿环隆起；箨环较隆起，上有一圈棕色的短刺毛。竿每节分5枝。箨鞘宿

存，绿色，背部被白粉，基部有一圈棕色的短刺毛，边缘着生焦枯色纤毛；箨耳发达，绿色，呈半月形，两面均粗糙，耳缘具粗糙的焦枯色繸毛；箨舌截形而微凹，淡绿色至焦枯色，被白粉，边缘生短纤毛；箨片绿色，狭长披针形，两面被较密细毛而粗糙。末级小枝具3～5叶；叶耳点状至椭圆状，粗糙，耳缘具焦枯色繸毛；叶舌拱形，被白粉，先端有短纤毛；叶片卵形或椭圆状披针形，长12～18cm，宽2.3～2.6cm，先端短渐尖，基部钝圆，下表面粗糙，绿色较淡，基部具较长毛茸，两边具锯齿。笋期5月上旬。

【生长习性】生于山坡。

【芳香成分】魏琦等（2015）用水蒸气蒸馏法提取的四川长宁产衢县苦竹干燥叶精油的主要成分为：青叶醛（14.80%）、青叶醛（13.36%）、N-甲基吡咯烷酮（9.94%）、反式-2-己烯-1-醇（3.45%）、对乙烯基愈创木酚（2.01%）、苯乙醛（1.88%）、大马士酮（1.84%）、叶绿醇（1.71%）、β-紫罗兰酮（1.42%）、植酮（1.26%）、壬醛（1.26%）、香叶基丙酮（1.15%）等。

【利用】秆可作伞柄。

🌸 实心苦竹
Pleioblastus solidus S. Y. Chen

禾本科　大明竹属
分布： 江苏、浙江

【形态特征】竿直立，高4～5m，粗1.5～2cm，嫩竿绿黄色，密布细纵肋，有小粗毛，2年生竹竿被少量煤状粉质，几呈实心；节间一般长24cm；节处被厚黑色粉质；竿环和箨环均隆起；箨环具厚木栓质环状物；竿每节分5～7枝，二级分枝通常为每节3枝。箨鞘淡绿色，背部与边缘被稀疏白色细刺毛或纤毛，并微被白粉，基部与边缘被绒毛；箨耳镰形，有淡棕色较发达的繸毛；箨舌截形，黄绿色；箨片线状披针形，常外翻而下挂。末级小枝具2或3叶；叶舌拱形；叶片狭长披针形，长11～18cm，宽17～24cm，先端渐尖呈尾状，基部宽楔形，叶背具细毛，叶缘一边锯齿明显。笋期6月。

【生长习性】生于海拔700m的山坡。

【芳香成分】魏琦等（2015）用水蒸气蒸馏法提取的四川长宁产实心苦竹干燥叶精油的主要成分为：青叶醛（22.21%）、α-紫罗兰酮（3.30%）、β-紫罗兰酮（3.02%）、香叶基丙酮（2.22%）、植酮（2.06%）、壬醛（1.71%）、叶绿醇（1.60%）、

4-[2,2,6-三甲基-7-氧杂二环[4.1.0]庚-1-基]-3-丁烯-2-酮（1.57%）、2-正戊基呋喃（1.51%）、对乙烯基愈创木酚（1.48%）等。

【利用】一般用作伞柄和支架等。

🌸 宜兴苦竹
Pleioblastus yixingensis S. L. Chen et S. Y. Chen

禾本科　大明竹属
分布： 江苏、杭州有栽培

【形态特征】竿高3～5 m，粗1.2～2 cm，新竿黄绿色微带紫色，厚被白粉，老竿暗绿带黄，被黏附性灰黑色粉质，全竿约有21节间；节间通常长17～18 cm；竿环稍隆起，与箨环同高；分枝低，每节分3～5枝，当年的枝环下方白粉圈明显。箨鞘绿色至绿黄色，先端边缘焦枯色，薄革质或厚牛皮纸质，迟落，背部被厚白粉，呈粉绿色，还被有紫色小刺毛，边缘有紫红色较长纤毛，基部生不明显的纤毛；箨耳新月形，紫红色紧贴的鞘口上，耳缘着生粗壮的紫红色繸毛；箨舌高4～5 mm，先端隆起或截形，密被厚白粉；箨片紫绿色，狭短条状或披针形，外翻，两面均密被白色短毛，边缘具细齿。末级小枝具4或5叶；叶耳形状不稳定，耳缘着生有枯草色至淡紫红色放射状繸毛；叶舌隆起，膜质，厚被白粉；叶片椭圆状披针形，长13.5～24 cm，宽2～3 cm，先端渐尖，基部楔形，叶面绿色，叶背淡绿色，被短绒毛，有白色短纤毛，叶缘有细锯齿。笋期5月初。

【生长习性】生于低山丘陵。

【芳香成分】魏琦等（2015）用水蒸气蒸馏法提取的四川长宁产宜兴苦竹干燥叶精油的主要成分为：青叶醛（29.85%）、β-紫罗兰酮（3.31%）、大马士酮（3.25%）、4-(2,6,6-三甲基环己-2-烯-1-基)丁-3-烯-2-酮（2.28%）、香叶基丙酮（2.18%）、2-正戊基呋喃（2.15%）、壬醛（1.95%）、对乙烯基愈创木酚（1.89%）、4-[2,2,6-三甲基-7-氧杂二环[4.1.0]庚-1-基]-3-丁烯-2-酮（1.72%）、植酮（1.29%）、叶绿醇（1.22%）等。喻谨等（2014）用同法分析的四川长宁产宜兴苦竹干燥叶精油的主要成分为：六氢法呢基丙酮（4.89%）、苯乙醛（3.53%）、β-紫罗(兰)酮（3.06%）、3-己烯-1-醇（2.84%）、(E)-大马酮（2.83%）、2-甲氧基-4-乙烯基苯酚（2.40%）、α-紫罗(兰)酮（1.97%）、壬醛（1.79%）、香叶基丙酮（1.78%）等。

【利用】竿可作伞柄或支架等。竹叶可供熊猫食用。

淡竹叶

Lophatherum gracile Brongn.

禾本科　淡竹叶属

别名： 狗尾草

分布： 江苏、安徽、浙江、江西、福建、台湾、湖南、广东、广西、四川、云南

【形态特征】多年生，具木质根头。须根中部膨大呈纺锤形小块根。秆直立，疏丛生，高40～80 cm，具5～6节。叶鞘平滑或外侧边缘具纤毛；叶舌质硬，褐色，背有糙毛；叶片披针形，长6～20 cm，宽1.5～2.5 cm，具横脉，有时被柔毛或疣基小刺毛，基部收窄成柄状。圆锥花序长12～25 cm；小穗线状披针形；颖顶端钝，边缘膜质，第一颖长3～4.5 mm，第二颖长4.5～5 mm；第一外稃长5～6.5 mm，顶端具尖头，内稃较短；不育外稃向上渐狭小，互相密集包卷，顶端具长约1.5 mm的短芒。颖果长椭圆形。花果期6～10月。

【生长习性】生于山坡、林地或林缘、道旁庇荫处。耐贫瘠，喜温暖湿润，耐阴亦稍耐阳，在阳光过强的环境中，生长不良。以肥沃、透水性好的黄壤土、菜园土为宜。

【精油含量】水蒸气蒸馏干燥叶的得油率为1.66%，超临界萃取干燥叶的得油率为2.12%。

【芳香成分】薛月芹等（2009）用水蒸气蒸馏法提取的浙江临安产淡竹叶干燥叶精油的主要成分为：2-呋喃甲醛（14.40%）、乙酸丁酯（7.56%）、2-己烯醛（6.69%）、2,3-二氢苯并呋喃（4.92%）、(E,E)-2,4-庚二烯-醛（4.76%）、5-甲基-2-呋喃甲醛（4.29%）、十四甲基环庚硅氧烷（3.44%）、5,6,7,7a-四氢-4,4,7a-三甲基-2(4H)-苯并呋喃酮（3.43%）、N-(4-溴-正丁基)-2-哌啶酮（2.12%）、邻苯二甲酸二异丁酯（2.08%）、乙醛（2.00%）、2-甲基己烷（1.90%）、2-甲基戊烷（1.58%）、己烷（1.51%）、乙醇（1.40%）、反式-β-5,6-环氧-紫罗兰酮（1.35%）、草酸乙基异丁基酯（1.29%）、(E,E)-2,4-山梨醛（1.20%）、3-甲基己烷（1.14%）、苯甲醇（1.12%）等。

【利用】茎叶药用，有清热除烦、利尿通淋的功效，主治热病烦渴、口舌生疮、牙龈肿痛、小儿惊啼、肺热咳嗽、胃热呕哕、小便赤涩淋浊。民间多用茎叶制作夏日消暑的凉茶饮用。小块根药用。

稻

Oryza sativa Linn.

禾本科　稻属

别名： 稻谷、糯、粳

分布： 全国各地

【形态特征】一年生水生草本。秆直立，高0.5～1.5 m。叶鞘松弛；叶舌披针形，长10～25 cm，两侧基部向下延长成叶鞘边缘，具2枚镰形抱茎的叶耳；叶片线状披针形，长40 cm左右，宽约1 cm，粗糙。圆锥花序大型疏展，长约30 cm，分枝多，棱粗糙，成熟期向下弯垂；小穗含1成熟花，两侧甚压扁；

长圆状卵形至椭圆形，长约10 mm，宽2～4 mm；颖极小，仅在小穗柄先端留下半月形的痕迹，退化外稃2枚，锥刺状；两侧孕性花外稃质厚，有方格状小乳状突起，厚纸质，遍布细毛端毛较密；内稃与外稃同质，先端尖而无喙。颖果长约5 mm，宽约2 mm，厚约1～1.5 mm；胚比小，约为颖果长的1/4。

水稻

【生长习性】喜温暖湿润环境，喜高温、多湿、短日照，对土壤要求不严。幼苗发芽最低温度10～12 ℃，最适28～32 ℃，穗分化适温30 ℃左右，抽穗适温25～35 ℃，开花最适温30 ℃左右，低于20 ℃或高于40 ℃，受精受严重影响。相对湿度50%～90%为宜。

【精油含量】水蒸气蒸馏稻秆的得油率为0.80%，金黄米种子的得油率为0.02%。

【芳香成分】茎：回瑞华等（2009）用水蒸气蒸馏法提取的茎秆精油的主要成分为：甘菊环（17.42%）、2-戊基呋喃（14.98%）、壬醛（7.06%）、(E)-2-癸烯醛（4.02%）、1,3-二甲基苯（3.58%）、辛醛（3.54%）、1-己醇（3.38%）、(E)-2-辛烯醛（2.60%）、2-十一烯醛（2.01%）、(Z)-2-庚烯醛（1.97%）、十六烷（1.89%）、庚醛（1.88%）、1-亚甲基-1H-苯并环戊二烯（1.84%）、癸醛（1.80%）、顺-3-甲基戊-3-烯-5-醇（1.72%）、1-辛烯-3-醇（1.68%）、乙酸辛酯（1.50%）、1-辛醇（1.32%）、苯乙醛（1.31%）、3-辛烯-2-酮（1.31%）、壬酸（1.29%）、2-正丁基呋喃（1.27%）、(E)-2-壬烯醛（1.25%）、庚醇（1.06%）、十五烷（1.05%）等。

种子：刘玉平等（2011）用水蒸气蒸馏法提取的黑龙江五常产稻种子精油的主要成分为：2,3-二甲基-2-丁烯（23.39%）、亚油酸（9.45%）、3-甲基-2-戊烯（8.76%）、苯（7.28%）、N,N-二甲基苯胺（6.90%）、油酸（6.77%）、十六酸（5.68%）、2-甲基-2-戊烯（4.80%）、甲基环戊烷（4.50%）、乙基异丁基醚（3.15%）、环己烯（3.12%）、乙酸乙酯（2.64%）、2,3-二甲基戊烷（2.19%）、苯并噻唑（1.77%）、3-甲基己烷（1.55%）、2-甲基己烷（1.50%）、三氯乙烯（1.21%）等。梁静等（2014）用同法分析的湖南永顺产'颗砂贡米'米粒（胚）精油的主要成分为：E-2-壬烯醛（17.77%）、2-乙基-2-[2-甲基]-2-甲基-2-丙烯酸（15.12%）、油酸（7.48%）、正己醇（4.82%）、N-1,1,3,3-四甲基丁基甲酰胺（4.29%）、二十八烷（4.17%）、5-乙基二氢-2(3H)呋喃酮（3.93%）、乙酸甲酸酐（3.76%）、癸醚（3.38%）、2-甲基十二烷（3.14%）、乙酸酐（2.98%）、5-正丁基-2(3H)-二氢呋喃酮（2.42%）、氯乙酸十五烷酯（2.26%）、正二十四烷（2.17%）、正十八烷（2.12%）、庚烯醛（2.06%）、正十一醛（1.66%）、8-己基十五烷（1.66%）、2,2'-亚甲基双-[6-(1,1-二甲基乙基)-4-甲基]苯酚（1.63%）、(E,E)-2,4-壬二烯醛（1.55%）、4-甲基十四烷（1.46%）、3-氧甲基丙二醇（1.37%）、正十七烷（1.34%）、3,7-二甲基癸烷（1.22%）、(E,E)-2,4-癸二烯醛（1.19%）、7-甲基十七烷（1.16%）、正十五烷（1.00%）、正十六烷（1.00%）等；米糠精油的主要成分为：3-氧甲基丙二醇（21.64%）、甲酸己酯（10.43%）、呋喃甲醛（9.09%）、2-甲醇呋喃（7.70%）、正己醇（7.28%）、正己醛（5.79%）、3,8-二甲基十一烷（2.75%）、3,7-二甲基壬烷（2.72%）、3-乙基-2-甲基-1,3-己二烯（2.57%）、正十四烷（2.46%）、丙酸乙烯酯（2.41%）、3,7-二甲基癸烷（1.56%）、2-甲基环戊烯-1-酮（1.51%）、1-辛烯-3-醇（1.39%）、苯酚（1.36%）、3-壬烯-2-酮（1.25%）、5-甲基-2-呋喃醛（1.20%）、5-正丁基-2(3H)-二氢呋喃酮（1.10%）等；稻谷（种子）精油的主要成分为：正己醇（14.21%）、2-乙基-2-[2-甲基]-2-甲基-丙烯酸（12.41%）、亚油酸（9.03%）、正二十四烷（6.60%）、油酸（5.65%）、5-正丁基-2(3H)-二氢呋喃酮（5.28%）、二十八烷（4.62%）、3-甲基-2-环氧基甲醇（2.36%）、正十八烷（2.32%）、氯乙酸十五烷酯（2.28%）、3,7-二甲基癸烷（2.24%）、正己醛（1.64%）、3,5-二叔丁基苯酚（1.53%）、正十一醛（1.49%）、正十五烷（1.47%）、2-甲氧基苯酚（1.43%）、5,6,7,8-四氢-噻唑-[5,4-c]-己内酰胺（1.41%）、3-壬烯-2-酮（1.30%）、4,5-二甲基十二烷（1.28%）、2-甲基-3-乙基庚烷（1.17%）、正十六烷（1.11%）、2-甲基十二烷（1.10%）、2,3-二氢苯并呋喃（1.06%）、8-己基十五烷（1.06%）等。梁静等（2014）用同法分析的湖南芷江产"芷江米"精油的主要成分为：2-氧乙基丙烷（27.83%）、正二十四烷（22.87%）、2-丙烯酸，2-甲基，2-乙基-2[2-甲基-1-氧-2-丙烯基]（21.27%）、3,5-二叔丁基苯酚（2.49%）、4-甲基十四烷（1.98%）、2,2'-亚甲基双-[6-(1,1-二甲基乙基)-4-甲基]苯酚（1.75%）、二十八烷（1.67%）、5,6,7,8-四氢-噻唑-[5,4-c]-己内酰胺（1.65%）、正十五烷（1.48%）、正十六烷（1.48%）、N-1,1,3,3-四甲基丁基甲酰胺（1.37%）、氯乙酸十五烷酯（1.27%）、二环己基甲酮（1.26%）等；湖南常德产"桃花香米"精油的主要成分为：2-氧乙基丙烷（37.79%）、2-丙烯酸，2-甲基，2-乙基-2[2-甲基-1-氧-2-丙烯基]（13.46%）、二十八烷（7.16%）、癸醚（6.98%）、正二十四烷（5.19%）、2,2'-亚甲基双-[6-(1,1-二甲基乙基)-4-甲基]苯酚（4.50%）、N-1,1,3,3-四甲基丁基甲酰胺（3.25%）、E-2-壬烯醛（2.39%）、2-庚烯醛（1.54%）、正二十二烷（1.43%）、正十八烷（1.37%）、氯乙酸十五烷酯（1.36%）、2-甲基十二烷（1.29%）、邻苯二甲酸二异丁酯（1.29%）、(Z)-9-十八烯酸（1.14%）、丙苯（1.02%）等。段力歆等（2012）用同法分析的北京产金黄米种子精油的主要成分为：9,12-十八碳二烯酸（63.90%）、十六烷酸（21.37%）、十四烷酸（2.46%）、2-羟基-1-羟甲基十六烷酸乙酯（1.03%）等。

【利用】是广泛种植的重要谷物，为重要粮食作物。果实除食用外，可制淀粉、酿酒、制醋，米糠可制糖、榨油、提取糠醛，供工业及医药用；碾米的副产品可用作饲料。稻壳可作燃料、填料、抛光剂，可用以制造肥料。稻秆为良好饲料、造纸原料、包装材料、编织材料，谷芽和稻根可供药用。

❀ 淡竹

Phyllostachys glauca McClure

禾本科　刚竹属

别名： 粉绿竹、花斑竹、红淡竹、淡竹叶、竹麦冬、长竹叶、山鸡米

分布： 黄河流域至长江流域各地

【形态特征】竿高5～12 m，粗2～5 cm，幼竿密被白粉，老竿灰黄绿色；节间最长可达40 cm，壁薄；竿环与箨环均稍隆起，同高。箨鞘背面淡紫褐色至淡紫绿色，常有深浅相同的纵条纹，具紫色脉纹及疏生的小斑点或斑块；箨舌暗紫褐色，截

形，边缘有波状裂齿及细短纤毛；箨片线状披针形或带状，绿紫色，边缘淡黄色。末级小枝具2或3叶；叶舌紫褐色；叶片长7～16 cm，宽1.2～2.5 cm。花枝呈穗状，长达11 cm，基部有3～5片逐渐增大的鳞片状苞片；佛焰苞5～7片，缩小叶狭披针形至锥状，每苞内有2～4枚假小穗，假小穗下方苞片披针形，先端有微毛。小穗长约2.5 cm，狭披针形，含1或2朵小花；小穗轴最后延伸成刺芒状，节间密生短柔毛；颖不存在或仅1片；外稃长约2 cm，常被短柔毛；内稃稍短于其外稃，脊上生短柔毛；鳞被长4 mm。笋期4月中旬至5月底，花期6月。

【生长习性】生长在海拔1200 m以下，怕强风，怕严寒，喜光。适宜年降雨量500 mm左右，年平均温度10 ℃以上，极端最低温度不得超过-20 ℃，适宜生长在中性或微酸、微碱性土壤。

【芳香成分】林凯（2009）用同时蒸馏萃取法提取的福建罗源产淡竹叶精油的主要成分为：十六酸（19.96%）、金合欢基丙酮（18.41%）、植醇（8.80%）、石竹烯（5.89%）、7,11-二甲基-3-亚甲基-1,6,10-十二碳三烯（5.54%）、亚麻酸乙酯（3.71%）、乙烯戊内酯（3.07%）、樟脑（2.96%）、α-蒎烯（2.61%）、3,4-二甲基-2-己酮（2.46%）、己醛（2.41%）、亚油酸乙酯（2.24%）、麝香草酚（2.16%）、壬醛（2.14%）、乙酸冰片酯（1.72%）、2-己烯醛（1.72%）、龙脑（1.59%）、苯乙醛（1.57%）、十四酸（1.50%）等。

【利用】竹材是竹编的很好用材，也可作农具柄、搭棚架等。笋可食用。

❀ 龟甲竹

Phyllostachys edueis (Carriere) J. Houzeau cv. Hetercycla

禾本科　刚竹属

别名： 南竹、猫头竹、毛竹

分布： 长江以南大部分地区有栽培

【形态特征】竿高达20余m，粗可达20余cm，幼竿密被细柔毛及厚白粉，箨环有毛，老竿由绿色渐变为绿黄色；节间向上渐长。箨鞘背面黄褐色或紫褐色，具黑褐色斑点及密生棕刺毛；箨耳微小，繸毛发达；箨舌宽短，边缘具粗长纤毛；箨片较短，长三角形至披针形，有波状弯曲，绿色，外翻。末级小枝具2～4叶；叶舌隆起；叶片较小较薄，披针形。花枝穗状，长5～7 cm，基部托以4～6片渐大的微小鳞片状苞片；佛焰苞通常在10片以上，常偏于一侧，呈整齐的复瓦状排列，缩小叶

小，披针形至锥状，每片孕性佛焰苞内具1～3枚假小穗。小穗仅有1朵小花；颖1片，长15～28 mm，顶端常具锥状缩小叶有如佛焰苞，常生毛茸；外稃长22～24 mm，上部及边缘被毛；鳞被披针形。颖果长椭圆形，长4.5～6 mm，直径1.5～1.8 mm。笋期4月，花期5～8月。

【生长习性】大都生长在山谷或流泉之间，土壤水分条件较优越。喜温暖湿润的气候，一般年平均温度为12～22℃，1月份平均气温为-5℃～10℃以上，极端最低气温可达-20℃，年降水量1000～2000 mm。喜肥沃疏松的土壤。

【精油含量】水蒸气蒸馏茎杆的得油率为0.002%～0.045%，叶的得油率为0.32%～0.39%；同时蒸馏萃取干燥叶的得油率为0.19%～0.42%；微波法提取的干燥叶的得油率为3.36%。

【芳香成分】茎：刘志明等（2011）用水蒸气蒸馏法提取的浙江富阳产龟甲竹茎杆精油的主要成分为：柏木醇（44.03%）、罗汉柏烯（13.88%）、花侧柏烯（11.48%）、马兜铃烯（4.82%）、α-杜松醇（3.66%）、8,9-脱氢新异长叶烯（2.84%）、9,10-脱氢环异长叶烯（2.07%）、雪松烯（2.06%）等。

叶：何跃君等（2010）用水蒸气蒸馏法提取的江西南昌产龟甲竹叶精油的主要成分为：3-甲基-2-丁醇（25.24%）、(Z)-3-己烯-1-醇（4.38%）、2-己醛（3.97%）、叶绿醇（3.02%）、2-甲氧基-4-乙烯基苯酚（2.87%）、6,10,14-三甲基-2-十五烷酮（2.17%）、6,10,14-三甲基-5,9,13-十五碳三烯-2-酮（2.15%）、5,6,7,7a-四氢-4,4,7-甲基-2(4H)苯并呋喃酮（1.86%）、异植醇（1.71%）、苯乙醛（1.58%）、正十六酸（1.51%）、(E)-6,10-二甲基-5,9-十一碳二烯-2-酮（1.50%）、1,2-苯二甲酸丁基-2-甲基丙酯（1.45%）、7,11-十六碳二烯醛（1.38%）、(E)-1-(2,6,6-三甲基-1,3-环己二烯-1-基)-2-丁烯-1-酮（1.37%）、4-(2,2,6-三甲基-7-氧杂双环[4.1.0]庚-1-基)-3-丁烯-2-酮（1.36%）、1-溴环丁烷羧酸甲酯（1.26%）、对-二甲苯（1.20%）、十七碳环氧乙烷（1.18%）、十八酸（1.12%）、1-甲基-3-[(2-甲基丙基)硫基]苯（1.06%）、2-二甲氨基-4-甲基-戊-4-烯腈（1.06%）、1-二十一基甲酯（1.02%）等。杨萍等（2015）用同时蒸馏萃取法提取的浙江桐庐产龟甲竹春季采收的干燥叶精油的主要成分为：叶绿醇（18.95%）、十六酸（12.56%）、亚麻酸（6.56%）、蒎烷（6.46%）、4-乙烯基-2-甲氧基苯酚（6.18%）、2,3-二氢苯并呋喃（5.00%）、苯甲醇（4.72%）、甲基异丙基乙炔（4.16%）、3,7,11,15-四甲基乙烯-1-醇（3.67%）、十二酸（2.46%）、十九烷（2.04%）、异丁香酚（1.74%）、大马士酮（1.68%）、5,6-二甲基-2-苯并咪唑啉酮（1.53%）、6,10,14-三甲基-2-十五烷酮（1.10%）、肉豆蔻酸（1.03%）、邻苯二甲酸异辛酯（1.02%）

等；冬季采收的干燥叶精油的主要成分为：蒎烷（23.39%）、叶绿醇（17.28%）、4-乙烯基-2-甲氧基苯酚（9.63%）、2,3-二氢苯并呋喃（6.10%）、十六酸（6.06%）、二十五烷（3.29%）、十二酸（2.20%）、2,3,4,5-甲四基-三环[3.2.1.0^{2,7}]辛-3-烯（1.78%）、亚麻酸（1.61%）、乙位紫罗兰酮（1.60%）、大马士酮（1.45%）、2,3,5,6-四氟茴香醚（1.38%）、3,7,11,15-四甲基乙烯-1-醇（1.18%）、香叶基丙酮（1.16%）、2,2,4-三甲基-1,3-戊二醇二异丁酸酯（1.15%）、苯甲醇（1.12%）、二氢猕猴桃内酯（1.00%）等。喻谨等（2014）用水蒸气蒸馏法提取的江西南昌产毛竹干燥叶精油的主要成分为：β-紫罗(兰)酮（4.83%）、六氢法呢基丙酮（4.37%）、(E)-2-己烯醛（4.28%）、α-紫罗(兰)酮（2.56%）、香叶基丙酮（2.41%）、棕榈酸乙基酯（1.84%）、(E)-大马酮（1.82%）、β-环柠檬醛（1.06%）等。

【利用】竿宜供建筑用，如梁柱、棚架、脚手架等；供编织各种粗细的用具及工艺品；枝梢作扫帚；嫩竹及竿箨作造纸原料。笋鲜食或加工制成玉兰片、笋干、笋衣等。园林观赏。

毛金竹

Phyllostachys nigra (Lodd. ex Lindl.) Munro var. *henonis* (Mitf.) Stapf ex Rendle

禾本科　刚竹属
别名：白竹、白夹竹、冬瓜皮竹、淡竹、毛巾竹、金毛竹、金花竹、金竹、小毛竹、灰竹、钓鱼竹、平竹、甘竹、光苦竹、水竹
分布：河南、浙江、江苏、山东、陕西、四川、湖南等地

【形态特征】紫竹变种。竿高7～18 m，直径可达5 cm，幼竿绿色，密被细柔毛及白粉，箨环有毛；中部节间长25～30 cm；竿环与箨环均隆起。箨鞘背面红褐或更带绿色，极少斑点；箨耳长圆形至镰形，紫黑色，边缘生有紫黑色繸毛；箨舌拱形至尖拱形，紫色，边缘生有长纤毛；箨片三角形至三角状披针形，绿色，脉为紫色，舟状。末级小枝具2或3叶；叶耳不明显，有脱落性鞘口繸毛；叶舌稍伸出；叶片质薄，长7～10 cm，宽约1.2 cm。花枝呈短穗状，长3.5～5 cm，基部托以4～8片逐渐增大的鳞片状苞片；佛焰苞4～6片，缩小叶细小，通常呈锥状或仅为一小尖头，亦可较大而呈卵状披针形，每片佛焰苞腋内有1～3枚假小穗。小穗披针形，长1.5～2 cm，具2或3朵小花；颖1～3片，偶可无颖，背面上部多少具柔毛；

外稃密生柔毛，长1.2～1.5 cm。笋期4月下旬。

【生长习性】海拔1400 m以下广为栽培。栽于村望而却附近坡地中。多为纯林，以泮水河、后河一带为多。阳性植物，喜温暖湿润环境。

【芳香成分】张英等（1997）用同时蒸馏萃取法提取的浙江杭州产毛金竹阴干叶精油的主要成分为：(Z)-3-己烯-1-醇（20.16%）、(E)-2-己烯醛（19.52%）、戊基-环丙烯（6.94%）、乙醛（5.26%）、1-己烯（2.83%）、4-(2,6,6-三甲基-1-环己烯-1-基)-3-丁烯-2-酮（1.96%）、环戊醇（1.89%）、(E)-6,10-二甲基-5,9-十一碳二烯-2-酮（1.76%）、3-甲基-1-丁醇（1.10%）、苯甲醛（1.09%）、4-(2,6,6-三甲基-7～0-双环[4.1.0]庚基)-3-丁烯-2-酮（1.08%）、3,6,6-三甲基-1-环己烯-1-醛（1.00%）等。

【利用】笋供食用。竿可供建筑用，可编制竹器。中药中的"竹茹""竹沥"一般取自本种，叶常入药。

🌸 水竹
Phyllostachys heteroclada Oliver

禾本科　刚竹属
分布： 产黄河流域及其以南各地

【形态特征】竿可高6 m，粗达3 cm，幼竿具白粉并疏生短柔毛；节间长达30 cm；竿环与箨环同高；箨鞘背面深绿带紫色，被白粉，边缘有纤毛；箨耳小，淡紫色，卵形或长椭圆形，有时呈短镰形，边缘有数条紫色繸毛；箨舌低，边缘生白色短纤毛；箨片直立，三角形至狭长三角形，绿色、绿紫色或紫色，背部呈舟形隆起。末级小枝具1～3叶；叶舌短；叶片披针形或线状披针形，长5.5～12.5 cm，宽1～1.7 cm。花枝呈紧密的头状，长16～22 mm，基部托以4～6片逐渐增大的鳞片状苞片，具叶嫩枝有1或2片佛焰苞，老枝上具佛焰苞2～6片，纸质或薄革质，广卵形或更宽；草质，先端具短柔毛，边缘生纤毛，顶端具小尖头，每片佛焰苞腋内有假小穗4～7枚；假小穗下方常托以形状、大小不一的苞片，长达12 mm，多少呈膜质。小穗含3～7朵小花；颖0～3片，大小、形状、质地与其下的苞片相同；外稃披针形，长8～12 mm；内稃多少短于外稃；鳞被菱状卵形。笋期5月，花期4～8月。

【生长习性】多生于河流两岸及山谷中。喜温暖湿润和通风透光、光照充足的环境，耐半阴，不耐寒，冬季温度不低于5 ℃。忌烈日曝晒。对土壤要求不严，以肥沃稍黏的土质为宜。

【芳香成分】喻谨等（2014）用水蒸气蒸馏法提取的江西南昌产水竹干燥叶精油主要成分为：香叶基丙酮（3.47%）、六氢法呢基丙酮（2.98%）、2-甲氧基-4-乙烯基苯酚（2.67%）、(E)-大马酮（2.23%）、β-紫罗(兰)酮（2.07%）、棕榈醛（1.79%）、壬醛（1.65%）、α-松油醇（1.24%）、石竹烯（1.03%）等。

【利用】竹笋可食。竹材可用于竹编各种生活及生产用具、器具和工艺品。燃烧后能产生竹油、竹炭，竹油可用作妆品的配料等；竹炭用于烤火、打铁、建筑涂料。园林栽培供观赏。

❀ 石茅

Sorghum halepense (Linn.) Pers.

禾本科　高粱属

别名： 假高粱、亚刺伯高粱、琼生草、詹森草
分布： 台湾、广东、四川、江苏、山东、河南、北京等地

【形态特征】多年生草本。秆高50～150 cm。叶舌硬膜质，顶端近截平；叶片线形至线状披针形，长25～70 cm，宽0.5～2.5 cm，先端渐尖细。圆锥花序长20～40 cm，宽5～10 cm，分枝细弱，斜升，1至数枚在主轴上轮生或一侧着生，基部腋间具灰白色柔毛；每一总状花序具2～5节；无柄小穗椭圆形或卵状椭圆形，长4～5 mm，宽1.7～2.2 mm，具柔毛，成熟后灰黄色或淡棕黄色，基盘钝，被短柔毛；颖薄革质，第一颖具5～7脉，延伸成3小齿；第二颖上部具脊，略呈舟形；第一外稃披针形，透明膜质；第二外稃顶端多少2裂或几不裂；鳞被2枚，宽倒卵形。花果期夏秋季。

【生长习性】生于山谷、河边、荒野或耕地中。喜温暖湿润气候，适合在热带和亚热带种植，在温带地区种植难以越冬。喜光照，极耐高温。对土壤的适应性较广，但在贫瘠、干燥、表面板结的土壤上生长不良，在盐渍化和重盐碱地上不能生长。适应的土壤pH为4.8～7.0。

【芳香成分】孟庆会等（2009）用水蒸气蒸馏法提取的北京产石茅全草精油的主要成分为：反式-α-佛手烯（21.95%）、4-己烯-1-醇（12.14%）、α-绿叶烯（10.77%）、异己醇（6.00%）、α-雪松烯（4.66%）、十六烷酸（4.14%）、α-金合欢烯（2.62%）、α-佛手烯（1.59%）、β-环柠檬醛（1.49%）、甘菊环（1.49%）、1,6-二甲基十氢化萘（1.33%）、硬脂酸（1.16%）、β-紫罗兰酮（1.15%）、7-十五炔（1.08%）、9-n-己基十六碳烷（1.02%）等。

【利用】秆、叶可作饲料，又可作造纸原料。根茎发达，可作水土保持的材料。种子可用作精饲料。

❀ 粱

Setaria italica (Linn.) Beauv.

禾本科　狗尾草属

别名： 狗尾草、黄粟、小米、谷子、稷、粟
分布： 我国黄河中上游为主要栽培区，其他地区也有少量栽种

【形态特征】一年生。秆粗壮，高0.1～1 m或更高。叶鞘松裹茎秆，密具疣毛或无毛，边缘密具纤毛；叶舌为一圈纤毛；叶片长披针形或线状披针形，长10～45 cm，宽5～33 mm，先端尖，基部钝圆，叶面粗糙，叶背稍光滑。圆锥花序呈圆柱状或近纺锤状，通常下垂，长10～40 cm，宽1～5 cm；小穗椭圆形或近圆球形，长2～3 mm，黄色、桔红色或紫色；第一颖长为小穗的1/3～1/2，具3脉；第二颖稍短于或长为小穗的3/4，先端钝，具5～9脉；第一外稃与小穗等长，具5～7脉，其内稃薄纸质，披针形，第二外稃等长于第一外稃，卵圆形或圆球形，质坚硬，平滑或具细点状皱纹，成熟后，自第一外稃基部和颖分离脱落。

【生长习性】适应性强、抗旱耐瘠。喜温暖气候，种子发芽最低温度是7～8 ℃，在24～25 ℃发芽最快。对土壤的选择不太严格，黏土、壤土、砂质壤土都可种植。

【芳香成分】刘敬科等（2012，2014）、李明哲等（2016）用同时蒸馏萃取法提取分析了河北石家庄产产不同品种粱种子的精油成分，'小米'的主要成分为：(E,E)-2,4-癸二烯醛（9.28%）、己醛（9.13%）、2-甲基-萘（9.08%）、十五酸（5.35%）、十五烷（4.99%）、2-戊基-呋喃（4.82%）、(E)-2-辛烯醛（3.89%）、十六酸甲酯（3.80%）、萘（3.70%）、2-庚烯醛

（3.18%）、3,7,11-三甲基-1,6,10-十二碳三烯-3-醇（2.88%）、己醇（2.35%）、1,3-二甲基-萘（2.10%）、6,10-二甲基-(E)-5,9-十一烷二烯-2-酮（2.08%）、(E)-2-壬烯醛（1.97%）、十四酸（1.91%）、1-十四烯（1.85%）、十六烷（1.75%）、1-十五烷烯（1.72%）、2,3-二甲基-萘（1.66%）、十五醛（1.59%）、2-十七酮（1.53%）、壬醛（1.43%）、2-十一烯醛（1.30%）、2-呋喃-甲醇（1.28%）、十二烷（1.19%）等；'张杂谷8号'的主要成分为：亚油酸（26.81%）、十六酸（14.54%）、己醛（12.13%）、2-戊基-呋喃（4.26%）、(E,E)-2,4-癸二烯醛（4.04%）、壬醛（3.00%）、十五醛（2.28%）、(E)-2-壬烯醛（2.22%）、3,7,11-三甲基-1,6,10-十二碳三烯-3-醇（2.09%）、1-己醇（2.05%）、庚醛（1.74%）、6,10,14-三甲基-5,9,13-十五碳三烯-2-酮（1.74%）、(E)-2-辛烯醛（1.41%）、萘（1.36%）、(Z)-6,10-二甲基-5,9-十一碳二烯-2-酮（1.16%）、十六烷（1.12%）、(E)-3-壬烯-2-酮（1.01%）等；'衡谷13号'的主要成分为：己醛（11.75%）、2-戊基-呋喃（10.84%）、壬醛（7.89%）、(E,E)-2,4-癸二烯醛（6.26%）、十五醛（4.31%）、(E,E)-6,10,14-三甲基-5,9,13-十五碳三烯-2-酮（4.29%）、苯乙醛（2.73%）、苯甲醛（2.66%）、(E)-2-壬烯醛（2.42%）、庚醛（2.29%）、十六烷（2.21%）、(E,E)-3,7,11-三甲基-2,6,10-十二碳三烯-1-醇（2.18%）、十四烷（2.18%）、(E)-2-辛烯醛（2.11%）、1-己醇（1.80%）、2,4-二叔丁基酚（1.65%）、2-十七酮（1.61%）、1-辛醇（1.54%）、(E)-6,10-二甲基-5,9-十一碳二烯-2-酮（1.41%）、十四醛（1.27%）、(E,E)-2,4-壬二烯醛（1.19%）、2-庚酮（1.06%）等；'衡白2号'的主要成分为：己醛（10.47%）、2-戊基-呋喃（9.78%）、壬醛（8.33%）、(E,E)-2,4-癸二烯醛（7.32%）、(E,E)-6,10,14-三甲基-5,9,13-十五碳三烯-2-酮（4.68%）、2-甲基-萘（4.08%）、苯甲醛（3.75%）、庚醛（3.03%）、苯乙醛（2.68%）、(E,E)-3,7,11-三甲基-2,6,10-十二碳三烯-1-醇（2.63%）、(E)-2-壬烯醛（2.47%）、十五醛（2.38%）、2,4-二叔丁基酚（1.94%）、十四烷（1.90%）、1-己醇（1.78%）、十六烷（1.76%）、(E)-2-辛烯醛（1.67%）、(E)-6,10-二甲基-5,9-十一碳二烯-2-酮（1.37%）、1-辛醇（1.36%）、1-辛烯-3-醇（1.30%）、辛醛（1.25%）、十四醛（1.11%）等；'衡绿1号'的主要成分为：2-戊基-呋喃（13.03%）、己醛（9.55%）、壬醛（6.60%）、庚醛（4.85%）、(E,E)-2,4-癸二烯醛（4.57%）、2,4-二叔丁基酚（4.39%）、十五醛（4.31%）、苯甲醛（3.70%）、(E,E)-6,10,14-三甲基-5,9,13-十五碳三烯-2-酮（3.66%）、十四烷（2.93%）、十六烷（2.50%）、(E)-2-壬烯醛（2.26%）、苯乙醛（2.12%）、2-十七酮（1.92%）、菲（1.84%）、(E)-2-辛烯醛（1.69%）、(E,E)-3,7,11-三甲基-2,6,10-十二碳三烯-1-醇（1.57%）、1-己醇（1.44%）、2-十五酮（1.35%）、十四醛（1.31%）、(E)-6,10-二甲基-5,9-十一碳二烯-2-酮（1.29%）、2-庚酮（1.26%）、1-辛醇（1.13%）等；'衡黑20号'的主要成分为：己醛（17.65%）、(E,E)-2,4-癸二烯醛（15.67%）、2-戊基-呋喃（11.89%）、壬醛（5.20%）、苯甲醛（4.40%）、十五醛（2.81%）、庚醛（2.61%）、(E)-2-辛烯醛（2.55%）、(E)-2-壬烯醛（2.16%）、1-己醇（2.08%）、2,4-二叔丁基酚（1.94%）、(E,E)-6,10,14-三甲基-5,9,13-十五碳三烯-2-酮（1.80%）、十四烷（1.68%）、(E,E)-2,4-壬二烯醛（1.59%）、2-甲基-萘（1.52%）、1-辛烯-3-醇（1.36%）、苯乙醛（1.32%）、十六烷（1.32%）、菲（1.18%）、1-辛醇（1.12%）、(E,E)-3,7,11-三甲基-2,6,10-十二碳三烯-1-醇（1.03%）等。

【利用】种子是我国北方人民的主要粮食之一，又可酿酒。种子入药，有清热、清渴、滋阴、补脾肾和肠胃、利小便、治水泻等功效。谷糠、茎叶是牲畜的优等饲料。

🌸 菰

Zizania latifolia (Griseb.) Stapf

禾本科　菰属

别名：茭儿菜、茭包、茭笋、茭白、茭瓜、菰笋、菰手、菰瓜、高瓜、高笋、雕胡、篙芭、水笋

分布：黑龙江、吉林、辽宁、内蒙古、河北、甘肃、陕西、四川、湖北、湖南、江西、福建、广东、台湾

【形态特征】多年生，具匍匐根状茎。秆高大直立，高1～2m，径约1cm，具多数节，基部节上生不定根。叶鞘长于其节间，肥厚，有小横脉；叶舌膜质，长约1.5cm，顶端尖；叶片扁平宽大，长50～90cm，宽15～30mm。圆锥花序长30～50cm，分枝多数簇生，上升伸长；雄小穗长10～15mm，两侧压扁，着生于花序下部或分枝上部，带紫色，外稃具5脉，顶端渐尖具小尖头，内稃具3脉，中脉成脊，具毛，雄蕊6枚，花药长5～10mm；雌小穗圆筒形，长18～25mm，宽1.5～2mm，着生于花序上部和分枝下方与主轴贴生处，外稃具5脉粗糙，芒长20～30mm，内稃具3脉。颖果圆柱形，长约12mm，胚小形，为果体之1/8。

【生长习性】水生或沼生。喜温性植物，生长适温10～25℃，不耐寒冷和高温干旱。对日照长短要求不严，对水肥条件要求高，需水量多，适宜水源充足、灌水方便、土层深厚松软、土壤肥沃、富含有机质、保水保肥能力强的黏壤土或壤土。

【芳香成分】胡西洲等（2018）有水蒸气蒸馏法提取的湖北武汉产菰新鲜嫩茎精油的主要成分为：n-十六烷酸（16.89%）、己二酸二（2-乙基己基）酯（6.39%）、(Z)-9-十八碳烯酰胺（5.64%）、(Z,Z)-9,12-十八碳二烯酸（3.84%）、油酸（3.64%）、(E,E)-2,4-癸二烯醛（2.91%）、二十八烷（2.65%）、棕榈酸（2.61%）、四氢-2-(2-十七碳炔氧基)-2H-吡喃（2.22%）、4,4-二甲基-胆甾-6,22,24-三烯（2.20%）、17-氯-7-十七碳炔（1.76%）、二十七烷（1.70%）、1,54-二溴-五十四烷（1.66%）、

十四烷酸（1.63%）、叔-十六烷硫醇（1.57%）、(E)-9-十八烯酸乙酯（1.40%）、亚油酸异丙酯（1.32%）、[1S-(1α(E),4aβ,8aα)]-5-(十氢-5,5,8a-三甲基-2-亚甲基-1-萘基)-3-甲基-2-戊烯酸（1.32%）、1-氯-十八烷（1.31%）、棕榈酸乙酯（1.23%）、亚油酸乙酯（1.10%）、3-(六氢-1H-氮杂卓-1-基)-1,1-二氧-1,2-苯并异噻唑（1.08%）等。

【利用】秆基嫩茎真菌寄生后，粗大肥嫩，是美味的蔬菜。颖果作饭食用。全草为优良的饲料，为鱼类的越冬场所，也是固堤造陆的先锋植物。在园艺中，是配置花坛、花境，点缀岩石园的好材料，也可用作切花、盆栽。花茎经茭白黑粉刺激而形成的纺锤形肥大菌瘿可药用，有解热毒、除烦渴、利二便的功效，治烦热、消渴、黄疸、痢疾、目赤、风疮。

❀ 沟叶结缕草
Zoysia matrella (Linn.) Merr.

禾本科　结缕草属
别名： 马尼拉草
分布： 台湾、广东、海南

【形态特征】多年生草本。具横走根茎，须根细弱。秆直立，高12～20 cm，基部节间短，每节具一至数个分枝。叶鞘长于节间，除鞘口具长柔毛外，其余无毛；叶舌短而不明显，顶端撕裂为短柔毛；叶片质硬，内卷，上面具沟，无毛，长可达3 cm，宽1～2 mm，顶端尖锐。总状花序呈细柱形，长2～3 cm，宽约2 mm；小穗柄长约1.5 mm，紧贴穗轴；小穗长2～3 mm，宽约1 mm，卵状披针形，黄褐色或略带紫褐色；第一颖退化，第二颖革质，具3(5)脉，沿中脉两侧压扁；外稃膜质，长2～2.5 mm，宽约1 mm；花药长约1.5 mm。颖果长卵形，棕褐色，长约1.5 mm。花果期7～10月。

【生长习性】生于海岸沙地上。喜温暖湿润气候，生长势和扩展性强，耐寒性稍弱。

【精油含量】水蒸气蒸馏干燥全草的得油率为0.54%。

【芳香成分】杨田田等（2013）用同时蒸馏萃取法提取的北京香山产沟叶结缕草干燥全草精油的主要成分为：十七烷（22.29%）、邻苯二甲酸异壬酯（21.52%）、十八烷（14.40%）、十九烷（3.10%）、反式-2-己烯醛（2.24%）、二十烷（2.14%）

等；北京玉渊潭产沟叶结缕草干燥全草精油的主要成分为：十七烷（36.47%）、2-己烯醛（23.51%）、二十七烷（15.95%）、二十烷（8.11%）、邻苯二甲酸二异丁酯（5.11%）、邻苯二甲酸异壬酯（4.25%）等；北京航天桥产沟叶结缕草干燥全草精油的主要成分为：邻苯二甲酸丁基-2-异丁酯（23.17%）、二十四烷（16.77%）、二十烷（14.03%）、1,19-二十碳二烯（13.09%）、二十七烷（6.07%）、植物醇（4.56%）十六碳三烯醛（4.00%）、十四烷醛（3.56%）、9,12,15-十八碳三烯酸甲酯（3.35%）等。

【利用】具观赏性，是铺建草坪的优良禾草。为牛、马、羊喜食的优等牧草。

❀ 白羊草
Bothriochloa ischaemum (Linn.) Keng

禾本科　孔颖草属
分布： 全国大部分地区

【形态特征】多年生草本。秆丛生，直立或基部倾斜，高25～70 cm，具3至多节；叶鞘多密集于基部而相互跨覆；叶舌膜质，具纤毛；叶片线形，长5～16 cm，宽2～3 mm，顶生者常缩短，先端渐尖，基部圆形。总状花序4至多数着生于秆顶呈指状，长3～7 cm，灰绿色或带紫褐色；无柄小穗长圆状披针形，基盘具髯毛；颖草质，脊上粗糙，边缘膜质，第一颖下部具丝状柔毛，边缘内卷成2脊；第二颖舟形，具纤毛；第一外稃长圆状披针形，边缘上部疏生纤毛；第二外稃退化成线形，先端延伸成一膝曲扭转的芒；第一内稃长圆状披针形；第二内稃退化；鳞被2，楔形。有柄小穗雄性。花果期秋季。

【生长习性】生于干旱河谷阶地、干旱荒坡、干旱山坡、沟边、河滩、路边草丛中，海拔40～3000 m。

【精油含量】水蒸气蒸馏干燥全草的得油率为0.20%。

【芳香成分】李兰芳等（2000）用水蒸气蒸馏法提取的白羊草干燥全草精油的主要成分为：苯甲酸（34.53%）、乙醛（7.05%）、乙酸乙酯（3.70%）、桉脑（2.78%）、菖蒲烯酮（2.47%）、甲酸乙酯（2.44%）、六氢化法呢酮（1.76%）、乙醇（1.74%）、乙酸（1.58%）、己酸（1.42%）、苯乙醛（1.39%）、壬酸（1.33%）、月桂酸（1.31%）、邻苯二甲酸二丁酯（1.27%）、癸酸（1.20%）、苯乙酮（1.00%）等。

【利用】可作牧草。根可制各种刷子。

龙头竹

Bambusa vulgaris Schrader ex Wendland

禾本科 箣竹属

别名：黄金间碧竹、泰山竹

分布：云南

【形态特征】竿高8～15 m，直径5～9 cm，尾梢下弯；节间长20～30 cm，幼时稍被白蜡粉，并贴生淡棕色刺毛；节处稍隆起，箨环上下方各环生一圈灰白色绢毛；每节数枝至多枝簇生。箨鞘早落；箨耳甚发达，长圆形或肾形，边缘具弯曲细繸毛；箨舌边缘细齿裂；箨片宽三角形至三角形，边缘内卷形成坚硬的锐尖头。叶耳不发达，叶舌截形，全缘；叶片窄披针形，长10～30 cm，宽13～25 mm，先端渐尖具粗糙钻状尖头，基部近圆形而两侧稍不对称。假小穗以数枚簇生于花枝各节；小穗稍扁，狭披针形至线状披针形，长2～3.5 cm，宽4～5 mm，含小花5～10朵，基部托以数片具芽苞片；颖1或2片，先端具硬尖头；外稃长8～10 mm，先端具硬尖头；内稃具2脊，脊上被短纤毛；鳞被3，边缘被长纤毛。

【生长习性】生于海拔1000～2300 m地区的阔叶树和铁杉林下，多生于河边或疏林中。喜温暖湿润气候和肥沃的土壤，不耐寒。

【精油含量】水蒸气蒸馏叶的得油率为0.87%。

【芳香成分】何跃君等（2010）用水蒸气蒸馏法提取的江西南昌产龙头竹叶精油的主要成分为：3-甲基-2-丁醇（15.30%）、2-甲氧基-4-乙烯基苯酚（6.93%）、2-二甲氨基-4-甲基-戊-4-烯腈（3.84%）、叶绿醇（3.35%）、3,7,11-三甲基-1,6,10-十二碳三烯-3-醇（3.31%）、正十六酸（2.84%）、6,10,14-三甲基-2-十五烷酮（2.45%）、5,6,7,7a-四氢-4,4,7-甲基-2(4H)苯并呋喃酮（2.33%）、2,3-二氢-呋喃（2.05%）、4-(2,6,6-三甲基-1-环己烯-1-基)-3-丁烯-2-酮（1.82%）、6,10,14-三甲基-5,9,13-十五碳三烯-2-酮（1.80%）、4-(2,2,6-三甲基-7-氧杂双环[4.1.0]庚-1-基)-3-丁烯-2-酮（1.79%）、2-己醛（1.78%）、壬醛（1.66%）、异植醇（1.64%）、1-异丙烯-3,3-二甲基-5-(3-甲基-1-氧代-2-丁烯基)环戊烷（1.60%）、十八酸（1.49%）、1,2-苯二甲酸丁基-2-甲基丙酯（1.43%）、(E)-4-(2,6,6-三甲基-2-环己烯-1-基)-3-丁烯-2-酮（1.42%）、(E)-6,10-二甲基-5,9-十一碳二烯-2-酮（1.31%）、对-二甲苯（1.24%）、(E)-1-(2,6,6-三甲基-1,3-环己二烯-1-基)-2-丁烯-1-酮（1.07%）、2-戊基呋喃（1.04%）、(Z)-3-己烯-1-醇（1.01%）等。

【利用】竿为建筑、造纸用材，也可作果园的香蕉支柱用材。宜作南方园林观赏竹种。为大熊猫的主要食物资源之一。

❀ 孝顺竹

Bambusa multiplex (Lour.) Raeuschel ex J. A. et J. H. Schult.

禾本科　簕竹属
别名：四季竹、凤凰竹
分布：东南、华南、西南至长江流域各地区

【形态特征】竿高4～7 m，直径1.5～2.5 cm；节间长30～50 cm；多枝簇生。箨鞘梯形；箨耳极微小；箨舌边缘呈不规则的短齿裂；箨片狭三角形，背面散生暗棕色脱落性小刺毛。末级小枝具5～12叶；叶鞘背部具脊；叶耳肾形，边缘具波曲状细长繸毛；叶舌圆拱形，边缘微齿裂；叶片线形，长5～16 cm，宽7～16 mm，叶背粉绿色，密被短柔毛，先端渐尖具粗糙细尖头，基部近圆形或宽楔形。假小穗单生或以数枝簇生于花枝各节，并在基部托有鞘状苞片，线形至线状披针形，长3～6 cm；先出叶长3.5 mm，具2脊，脊上被短纤毛；具芽苞片通常1或2片，卵形至狭卵形；小穗含小花3～13朵，中间小花为两性；外稃长圆状披针形；内稃线形；鳞被中两侧的2片呈半卵形，后方的1片细长披针形。

【生长习性】喜光，稍耐阴。喜温暖、湿润环境，不甚耐寒。喜深厚肥沃、排水良好的土壤。适应性强，可以引种北移。

【精油含量】水蒸气蒸馏叶的得油率为0.47%。

【芳香成分】何跃君等（2010）用水蒸气蒸馏法提取的江西南昌产孝顺竹叶精油的主要成分为：3-甲基-2-丁醇（22.89%）、2-甲氧基-4-乙烯基苯酚（5.19%）、叶绿醇（3.63%）、壬醛（3.02%）、3,7,11-三甲基-1,6,10-十二碳三烯-3-醇（2.45%）、6,10,14-三甲基-5,9,13-十五碳三烯-2-酮（2.25%）、6,10,14-三甲基-2-十五烷酮（2.19%）、(E)-6,10-二甲基-5,9-十一碳二烯-2-酮（1.91%）、5,6,7,7a-四氢-4,4,7-甲基-2(4H)苯并呋喃酮（1.91%）、2-二甲氨基-4-甲基-戊-4-烯腈（1.91%）、(E)-1-(2,6,6-三甲基-1,3-环己二烯-1-基)-2-丁烯-1-酮（1.67%）、十八酸（1.61%）、4-(2,2,6-三甲基-7-氧杂双环[4.1.0]庚-1-基)-3-丁烯-2-酮（1.57%）、苯乙醛（1.56%）、正十六酸（1.55%）、1,2-苯二甲酸丁基-2-甲基丙酯（1.41%）、异植醇（1.38%）、(E)-4-(2,6,6-三甲基-2-环己烯-1-基)-3-丁烯-2-酮（1.36%）、2,3-二氢-呋喃（1.27%）、对-二甲苯（1.24%）、(Z)-3-己烯-1-醇（1.23%）、1,2-苯二甲酸二（2-甲基丙基)酯（1.09%）、(1,2-丙二烯基)环己醇（1.05%）、二十八烷（1.03%）、1-异丙烯-3,3-二甲基-5-(3-甲基-1-氧代-2-丁烯基)环戊烷（1.01%）等。喻谨等（2014）用同法分析的江西南昌产孝顺竹干燥叶精油的主要成分为：六氢法呢基丙酮（5.67%）、苯乙醛（5.03%）、β-紫罗(兰)酮（3.27%）、α-紫罗(兰)酮（3.08%）、香叶基丙酮（2.91%）、(E)-大马酮（2.72%）、(E)-2-己烯醛（1.66%）、水杨酸甲酯（1.54%）等。

【利用】多作绿篱或栽培于庭院供观赏。竹竿可作编织、篱笆、造纸等用。叶常入药。开花后的"竹米"可以食用。

🌸 绿竹

Dendrocalamopsis oldhami (Munro) Keng

禾本科　绿竹属

别名： 坭竹、石竹、毛绿竹、乌药竹、长枝竹、效脚绿、甜竹、吊丝竹、马蹄笋、撑绿竹

分布： 浙江、福建、台湾、广东、广西、海南等地

【形态特征】竿高6～9 m，径粗5～8 cm，节间长20～35 cm。箨鞘长8～16 cm，宽8～28 cm，革质；箨耳近等大，椭圆形或近圆形，边缘生纤毛；箨叶三角状披针形；茎每节有多枝条，每小枝生叶7～15枚，叶鞘长7～15 cm，幼时生有小刺毛；叶耳半圆形，边缘有棕色繸毛；叶舌矮，截平或圆拱起；叶片披针状矩圆形，长12～30 cm，宽2.5～6.2 cm，先端长渐尖，基部钝圆或广楔形，叶面无毛，叶背被柔毛，边缘粗糙或有小刺毛。开花枝条细而坚硬，花枝无叶；假小穗单生或丛生于花枝各节，两侧扁，下部绿色，上部赤紫色；苞片3～5，小穗含5～9朵小花，下部绿色上部赤紫色，长20～35 mm，宽7～10 mm。笋期5～11月，花期多在夏季至秋季。

【生长习性】喜温暖湿润的气候环境，在土层深厚、土壤呈微酸性或中性的溪河岸畔、河滩、河洲以及海拔500 m以下的丘陵山脚均可生长。气温25 ℃时生长最佳。

【芳香成分】喻谨等（2014）用水蒸气蒸馏法提取的四川长宁产绿竹干燥叶精油的主要成分为：六氢法呢基丙酮（10.81%）、β-紫罗（兰）酮（4.99%）、α-紫罗（兰）酮（2.06%）、(E)-2-己烯醛（1.54%）、棕榈酸乙基酯（1.10%）等。

【利用】竿可作建筑用材、扎成竹筏或劈篾编制用具，亦为造纸原料。为最著名笋用竹种，除蔬食外，还可加工制笋干或罐头。园林栽培供观赏。中层竹材可入药，有解热之效。

🌸 毛鞘茅香

Hierochloe odorata (Linn.) Beauv. var. *pubescens* Kryl.

禾本科　茅香属

分布： 新疆、青海、陕西、山西、河北、四川等地

【形态特征】茅香变种。多年生。秆高50～60 cm，具3～4节，上部长裸露。叶鞘密生柔毛，长于节间；叶舌透明膜质，长2～5 mm，先端啮蚀状；叶片披针形，质较厚，叶面被微毛，长5 cm，宽7 mm，基生者可长达40 cm。圆锥花序长约10 cm；小穗淡黄褐色，有光泽，长3.5～5 mm；颖膜质，具1～3脉，等长或第一颖稍短；雄花外稃稍短于颖，顶具微小尖头，背部向上渐被微毛，边缘具纤毛；孕花外稃锐尖，长约3.5 mm，上部被短毛。花果期4～8月。

【生长习性】常生于海拔470～2450 m的山坡和湿润草地。适应性强，耐盐碱。

【芳香成分】根：Yoshitaka Ueyama等（1991）用乙醇萃取法提取的江苏产毛鞘茅香新鲜根精油的主要成分为：3-甲基丁醛（38.47%）、糠醛（4.97%）、3-甲基丁醇（3.28%）、辛酸乙酯（2.72%）、十二酸乙酯（1.63%）、异丁醇（1.57%）、庚酸

1.12%）、2-甲基丁酸（1.10%）、十二酸（1.00%）等。

　　全草：Yoshitaka Ueyama等（1991）用乙醇萃取法提取的江苏产毛鞘茅香新鲜地上部分精油的主要成分为：十六酸乙酯（9.10%）、亚油酸乙酯（4.81%）、亚麻酸乙酯（3.34%）、己酸（1.45%）、马索亚内酯（1.40%）、壬酸乙酯（1.17%）等。

　　【利用】 根状茎及花可入药，有凉血、止血、清热利尿的功效，主治吐血、急慢性肾炎浮肿、热淋等。全草浸膏可作烟草加香剂。

版纳甜龙竹

Dendrocalamus hamiltonii Nees et Arn. ex Munro

禾本科　牡竹属

别名： 甜竹、甜龙竹
分布： 云南

　　【形态特征】 竿高12～18 m，直径9～13 cm，梢端长而下垂，基部数节环生一圈气根；节间长30～50 cm；节内和各节下方均具一圈浓密的灰白色至黄褐色的绒毛环；主枝1。箨鞘革质，干后呈鲜黄色或枯草色；箨舌先端具波状齿裂；箨片长3～7 cm，腹面贴生以小刺毛。末级小枝具9～12叶；叶鞘被贴生的淡黄色小刺毛；叶片大小变异大，最大的长可达38 cm，宽达7 cm。花枝的节间长2～4 cm，每节丛生10～25枚假小穗，后者丛生成簇团，下方托附有数片黄褐色苞片；小穗略扁，黄褐色，含2～4朵能孕小花；颖1或2片；外稃先端具芒刺状小

尖头。

　　【生长习性】 生于海拔500～800 m的热带季雨林。喜生于潮湿、疏松土壤。

　　【芳香成分】 喻谨等（2014）用水蒸气蒸馏法提取的云南勐腊产版纳甜龙竹叶精油主要成分为：β-紫罗(兰)酮（7.59%）、六氢法呢基丙酮（6.81%）、2-甲氧基-4-乙烯基苯酚（4.94%）、α-紫罗(兰)酮（2.87%）、香叶基丙酮（1.29%）、棕榈酸乙基酯（1.16%）、藏花醛（1.05%）等。

　　【利用】 是最常见的笋用竹，常鲜食或腌制成酸笋。竹筒可作盛食品的容器。

麻竹

Dendrocalamus latiflorus Mnro

禾本科　牡竹属

别名： 甜竹
分布： 福建、台湾、广东、香港、广西、海南、四川、贵州、云南等地

　　【形态特征】 竿高20～25 m，直径15～30 cm，梢端长下垂；节间长45～60 cm，节内具一圈棕色绒毛环；每节分多枝。箨鞘厚革质，宽圆铲形；箨耳小；箨舌边缘微齿裂；箨片外翻，卵形至披针形，长6～15 cm，宽3～5 cm，腹面被淡棕色小刺毛。末级小枝具7～13叶，叶鞘长19 cm；叶舌突起，截平，边缘微齿裂；叶片长椭圆状披针形，长15～50 cm，宽2.5～13 cm，基部圆，先端渐尖。花枝大型，各节着生1～7枚

的假小穗，形成半轮生状态；小穗卵形，甚扁，成熟时红紫或暗紫色，含6～8朵小花，顶端小花常较大；颖2至数片，广卵形至广椭圆形，边缘生纤毛；外稃黄绿色，边缘上半部呈紫色；内稃长圆状披针形，上半部呈淡紫色。果实为囊果状，卵球形，长8～12 mm，粗4～6 mm，果皮薄，淡褐色。

【生长习性】生长要求土壤疏松、深厚、肥沃、湿润和排水良好。可选择退耕还林地或山谷地及山坡下部的缓坡地。零星栽培可选择在河流两旁、水沟两旁、水库和水塘周围以及村边宅旁。

【精油含量】水蒸气蒸馏叶的得油率为0.74%。

【芳香成分】何跃君等（2010）用水蒸气蒸馏法提取的江西南昌产麻竹叶精油主要成分为：3-甲基-2-丁醇（46.25%）、3,7,11-三甲基-3-月桂醇（4.53%）、(4-辛基十二烷基)环戊烷（3.10%）、4-(2,2,6-三甲基-7-氧杂双环[4.1.0]庚-1-基)-3-丁烯-2-酮（2.61%）、巨豆三烯酮（2.47%）、2-己醛（2.31%）、6,10,14-三甲基-2-十五烷酮（2.06%）、(E)-4-(2,6,6-三甲基-2-环己烯-1-基)-3-丁烯-2-酮（1.72%）、叶绿醇（1.64%）、(1S-顺)-1,2,3,4-四氢-1,6-二甲基-4-(1-甲基乙基)萘（1.35%）、10-二十一碳烯（1.33%）、17-三十五烯（1.33%）、苯乙醛（1.29%）、1,2-苯二甲酸丁基-2-甲基丙酯（1.27%）、壬醛（1.12%）、2-甲氧基-4-乙烯基苯酚（1.02%）等。

【利用】笋可鲜食或制成笋干和罐头。竿供建筑和篾用。庭园栽植供观赏。

❀ 拟金茅

Eulaliopsis binata (Retz.) C. E. Hubb.

禾本科　拟金茅属

别名： 蓑衣草、龙须草、蓑草、羊草、羊胡子草、山草

分布： 四川、陕西、云南、贵州、湖南、湖北、广西、广东、福建、河南、江西、甘肃、台湾

【形态特征】秆高30～80 cm，平滑无毛，在上部常分枝，一侧具纵沟，具3～5节。叶鞘除下部者外均短于节间，无毛但鞘口具细纤毛，基生的叶鞘密被白色绒毛以形成粗厚的基部；叶舌呈一圈短纤毛状，叶片狭线形，长10～30 cm，宽1～4 mm，卷折呈细针状，顶生叶片甚退化，锥形，上面及边缘稍粗糙。总状花序密被淡黄褐色的绒毛，2～4枚呈指状排列，长2～4.5 cm，小穗长3.8～6 mm，基盘具乳黄色丝状毛柔毛；第一颖中部以下密生乳黄色丝状柔毛；第二颖先端具小尖头，中部以下簇生长柔毛；第一外稃长圆形；第二外稃狭长圆形，全缘，先端有长2～9 mm的芒；第二内稃宽卵形，先端微凹，凹处有纤毛。

【生长习性】生于海拔1000 m以下向阳的山坡草丛中。

【精油含量】水蒸气蒸馏阴干全草的得油率为0.06%；乙醚浸提的全草的得油率为2.00%。

【芳香成分】郁浩翔等（2010）用水蒸气蒸馏法提取的贵州龙里产拟金茅阴干全草精油的主要成分为：1-二十六碳醛

14.99%）、烷基酰胺（9.41%）、二十七碳烷（7.47%）、二十五碳烷（7.39%）、亚油酸（7.23%）、穿贝海绵甾醇（6.29%）、棕榈酸（6.16%）、十八酸（5.75%）、维生素（5.33%）、二十九碳烷（4.74%）、植醇（1.57%）、正二十六碳烷（1.11%）等。

【利用】优良的纤维植物，是造纸、人造棉及人造丝的好原料。

巴山箬竹

Indocalamus bashanensis (C. D. Chu et C. S. Chao) H. R. Zhao et Y. L. Yang

禾本科　箬竹属

分布： 陕西、湖北

【形态特征】竿高2～3m，直径1～1.5cm，全株被白粉呈粉垢状；节间圆筒形，中空，长38～42cm，每节间中部以上密被易落的疣基刺毛；竿环较箨环略高。箨鞘干后黄棕色带红色，紧密贴生棕色疣基刺毛，基部有栓质圈；箨舌近截形，边缘有齿裂；箨片短，窄披针形。每枝有6～9叶；叶舌棕色，拱形，边缘近全缘或呈浅波状，无毛，背部被污粉；叶片椭圆状披针形或带状披针形，长25～35cm，宽3～8cm，先端渐尖，基部楔形或宽楔形，叶缘的一侧粗糙，另一侧平滑；叶背无毛，有粉状微小乳凸，叶面无毛；次脉10～13对，小横脉形成近方格状。

【生长习性】生于石灰岩山坡沟谷、路旁，海拔300～1400m。

【芳香成分】汪雨等（2012）用吹扫捕集法提取的陕西产巴山箬竹干燥叶精油的主要成分为：4-己烯-1-醇（28.44%）、2-己烯醛（18.28%）2-乙基呋喃（9.23%）、正己醛（9.07%）、2-己烯-1-醇（5.62%）1-戊烯-3-醇（4.90%）、乙醇（4.78%）、1-己醇（4.36%）、丙醛（2.42%）、反-2-戊烯（1.08%）等。

【利用】是理想的庭院观赏和园林绿化竹种，也适合盆栽。叶作铺垫可将饺子、包子、花卷、馒头等置于上蒸煮，可作为粽子的包装物。叶可作船篷覆盖、搭工棚、编斗笠、编衣等。叶可生产多糖饮料、添加剂、酒。

阔叶箬竹

Indocalamus latifolius (Keng) McClure

禾本科　箬竹属

别名： 寮竹、箬竹、壳箬竹

分布： 山东、安徽、浙江、江苏、江西、福建、湖北、湖南、广东、四川等地

【形态特征】竿高2m，直径0.5～1.5cm；节间长5～22cm，被微毛；竿环略高，箨环平；每节1枝，上部稀2或3枝。箨鞘硬纸质或纸质，下部竿箨紧抱竿，上部疏松抱竿，背部常具棕色疣基小刺毛或白色的细柔毛，边缘具棕色纤毛；箨舌截形；箨片线形或狭披针形。叶鞘质厚，坚硬；叶舌截形；叶片长圆状披针形，先端渐尖，长10～45cm，宽2～9cm，叶背灰白色或灰白绿色，叶缘有小刺毛。圆锥花序长6～20cm，基部为叶鞘所包裹；小穗常带紫色，几呈圆柱形，含5～9朵小花；颖质薄，上部和边缘生有绒毛；外稃先端渐尖呈芒状；鳞被长约2～3mm；花药紫色或黄带紫色，柱头2，羽毛状。笋期4～5月。

【生长习性】生于山坡、路旁、山谷、疏林下，海拔300～1400m。适应性强，较耐寒，喜湿耐旱，对土壤要求不严，在轻度盐碱土中也能正常生长，喜光，耐半阴。

【芳香成分】周熠等（2009）用同时蒸馏萃取法提取的广西产阔叶箬竹叶精油的主要成分为：棕榈酸酯（18.57%）、茴香脑（11.16%）、植酮（7.15%）、油酸（3.31%）、植醇（3.06%）、α-紫罗兰酮（3.04%）、对乙烯基愈创木酚（2.51%）、2-羟基肉桂酸（2.51%）、2,2'-亚甲基双-[(4-甲基-6-叔丁基)-苯酚]（1.27%）、

正壬醛（1.22%）、芥酸酰胺（1.22%）、2,6,6-三甲基-3-环己烯-1-乙醇（1.20%）、5,6,7,7a-四氢化-4,4,7a-三甲基-2(4H)-苯并呋喃酮（1.17%）、4-(2,6,6-三甲基-2-环己烯)-2-丁酮（1.16%）、1-甲氧基-4-(2-丙烯基)-苯（1.11%）、十八醛（1.08%）等。

【利用】竿宜作毛笔杆或竹筷。叶片巨大者可作斗笠以及船篷等防雨工具；可用来包裹粽子。园林中多用作地被植于疏林下，也可植于河边护岸，亦适合庭院栽培和盆栽。

🌸 箬竹

Indocalamus tessellatus (Munro) Keng f.

禾本科　箬竹属

别名： 箬竹

分布： 浙江、湖南等地

【形态特征】竿高0.75～2 m，直径4～7.5 mm；节间长约25 cm；竿环较箨环略隆起，下方有红棕色毛环。箨鞘上部宽松抱竿，下部紧密抱竿，密被紫褐色伏贴疣基刺毛；箨舌厚膜质，截形，背部有棕色伏贴微毛；箨片窄披针形，下部者较窄，上部者稍宽。小枝具2～4叶；叶鞘紧密抱竿；叶舌截形；叶片稍下弯，宽披针形或长圆状披针形，长20～46 cm，宽4～10.8 cm，先端长尖，基部楔形，叶背灰绿色，叶缘生有细锯齿。圆锥花序长10～14 cm，密被棕色短柔毛；小穗绿色带紫，长2.3～2.5 cm，几呈圆柱形，含5或6朵小花；颖3片，纸质；第一外稃长11～13 mm，背部具微毛；第一内稃背部有2脊。笋期4～5月，花期6～7月。

【生长习性】生于山坡路旁，海拔300～1400 m。属阳性竹类，喜温暖湿润气候，宜生长于疏松、排水良好的酸性土壤，耐寒性较差。生长要求深厚肥沃、疏松透气、微酸至中性土壤。

【精油含量】水蒸气蒸馏叶的得油率为0.11%。

【芳香成分】余爱农等（2002）用水蒸气蒸馏法提取的湖北恩施产野生箬竹新鲜叶精油的主要成分为：十六烷（8.06%）、棕榈酸（8.02%）、十五烷（7.61%）、油酰胺（6.64%）、十七烷（6.38%）、对-乙烯基苯酚（4.43%）、(E)-植醇（4.36%）、8-己基十五烷（3.61%）、7,3′，4′-三甲氧基槲皮素（2.86%）、十四烷（2.76%）、肉豆蔻酰胺（2.58%）、十九烷（2.57%）、2,6,10-三甲基十五烷（2.25%）、肉豆蔻酸（1.94%）、(Z)-植醇（1.36%）、3-甲基十五烷（1.29%）、硬脂酰胺（1.28%）、植醇（1.27%）、十八烷（1.14%）、2-甲基十五烷（1.05%）等。

【利用】秆可用作竹筷、毛笔杆、扫帚柄等。叶可用作粽子等食品包装物；大型叶片多用以衬垫茶篓或作各种防雨用品；可用来加工制造箬竹酒、饲料、造纸及提取多糖等。笋可作蔬菜鲜食或制成笋干或制罐头食用。可作园林绿化栽培。叶可药用，有清热解毒、止血、消肿的功效，用于吐衄、衄血、尿血、小便淋痛不利、喉痹、痈肿。

茶竿竹

Pseudosasa amabilis (McClure) Keng

禾本科　矢竹属

别名: 茶杆竹、青篱竹、沙白竹、亚白竹、厘竹、青厘竹、苦竹

分布: 江西、福建、湖南、广东、广西、江苏、浙江

【形态特征】竿高5~13 m，粗2~6 cm；节间长25~50 cm，具薄灰色蜡粉，中空；每节分1~3枝。箨鞘暗棕色，革质，背面密被栗色刺毛，边缘具较密纤毛；箨舌棕色、拱形，具睫毛；箨片狭长三角形，暗棕色，内卷。小枝顶端具2或3叶；叶鞘质厚；叶舌边缘密生短睫毛；叶片长披针形，长16~35 cm，宽16~35 mm，叶面深绿色，叶背灰绿色，先端渐尖，基部楔形。花序生于叶枝下部的小枝上，为3~15枚小穗所组成的总状花序或圆锥花序；小穗含5~16朵小花，披针形，长2.5~5.5 cm；颖2，第一颖披针形，第二颖长圆状披针形；外稃卵状披针形；内稃广披针形；鳞被3，匙状乃至披针形，边缘上部生纤毛。颖果成熟后呈浅棕色，长5~6 mm，直径约2 mm，具腹沟。笋期3~5月下旬，花期5~11月。

【生长习性】生于丘陵平原或河流沿岸的山坡。喜土层深厚、肥沃、湿润而排水良好的酸性土或中性砂质壤土。一般要求年平均温度8 ℃以上，但也能够耐受-12 ℃的低温。

【芳香成分】吴瑶等（2014）用水蒸气蒸馏法提取的浙江临安产茶竿竹干燥叶精油的主要成分为：反-2-己烯醛（19.88%）、二氢苯并呋喃（8.80%）、9,12-十八碳二烯酸（4.44%）、十六酸（3.72%）、2-己烯酸（3.47%）、叶醇（2.75%）、己酸（2.61%）、3-己烯酸（2.57%）、糠醇（2.31%）、己醛（2.05%）、3-甲基-4-羟基苯乙酮（1.93%）、1-壬烯（1.59%）、新植二烯（1.57%）、3,3,6-三甲基-1,5-庚二烯-4-酮（1.39%）、(4,5,7-三叔丁基-3,4-二氢-1,4-桥氧萘-1(2H)-基)甲醇（1.38%）、猕猴桃内酯（1.24%）、反-2-己烯醇（1.22%）、苯乙醛（1.19%）、5-氨基-2-甲氧基苯酚（1.18%）、2-戊烯-1-醇（1.03%）、苄醇（1.01%）等。

【利用】主竿是制作各种竹家具、花架、旗杆、笔杆、高级钓鱼竿、滑雪竿、晒竿、雕刻工艺美术品等的原材料。庭院或公园绿地中栽植供观赏。

矢竹

Pseudosasa japonica (Sieb. et Zucc.) Makino

禾本科　矢竹属

别名: 箭竹、篠竹

分布: 江苏、上海、浙江、台湾等地有栽培

【形态特征】竿高2~5 m，粗0.5~1.5 cm；节间长15~30 cm；竿环较平坦；箨环有箨鞘基部宿存的附属物；中部以上分枝，每节具1分枝，近顶部可分3枝。箨鞘草绿带黄色，背面常密生向下的刺毛，全缘；箨耳小，具少数短刺毛；箨舌圆拱形；箨片线状披针形，全缘。小枝具5~9叶；叶鞘在近枝顶部的无毛，枝下部的具密毛；叶耳不明显，具白色平滑而平行的鞘口繸毛数条；叶舌革质，全缘，背面有微毛；叶片狭长披针形，长4~30 cm，宽7~46 mm，边缘的一侧有锯齿状的小刺，先端长渐尖，基部楔形，叶面有光泽，叶背淡白色。

圆锥花序位于叶枝的顶端；小穗线形，含5~10朵小花，长1.5~4.5 cm，宽3~4 mm；颖2，第一颖较小；外稃卵形；鳞被3，膜质透明，椭圆形。笋期6月。

【生长习性】能耐严寒，适应在北方栽植。

【芳香成分】刘聪等（2010）用同时蒸馏萃取法提取的四川产矢竹叶精油的主要成分为：棕榈酸（44.00%）、亚油酸（24.40%）、(E)-2-己烯醛（4.10%）、饱和烷烃（3.70%）、苯并呋喃（2.48%）、十一烷酸（1.65%）、十三烷酸（1.27%）等。

【利用】宜用于庭园观赏绿化。

糖蜜草

Melinis minutiflora Beauv.

禾本科　糖蜜草属

分布: 台湾、四川有栽培

【形态特征】多年生牧草；植物体被腺毛，有糖蜜味。秆多分枝，基部平卧，上部直立，开花时高可达1 m，节上具柔毛。叶鞘短于节间，疏被长柔毛和瘤基毛；叶舌短，膜质，顶端具睫毛；叶片线形，长5~10 cm，宽5~8 mm，两面被毛，叶缘具睫毛。圆锥花序开展，长10~20 cm；小穗卵状椭圆形，两侧压扁；第一颖小，三角形，第二颖长圆形；第一小花退化，外稃狭长圆形，顶端2裂，裂齿间具1纤细的长芒，长可达10 mm，内稃缺；第二小花两性，外稃卵状长圆形，较第一小花外稃稍短，顶端微2裂，透明，内稃与外稃形状、质地相似；鳞被2。颖果长圆形。花果期7~10月。

【生长习性】在贫瘠土壤上生长良好，能够适应酸性黏土，竞争力强。适生于南北纬30°附近，降雨量800～1800 mm地区排水良好的土壤。最适生长温度20～30 ℃，最冷月平均温度不低于6 ℃。对霜冻敏感，持续霜冻会死亡。非常耐旱和耐酸瘦土壤，但不耐盐碱、火烧和连续重收。

【芳香成分】高广春等（2011）用顶空固相微萃取技术提取的浙江杭州产糖蜜草新鲜全草精油的主要成分为：紫苏烯（24.77%）、石竹烯（11.04%）、乙酸叶醇酯（6.16%）、十五烷（6.06%）、β-罗勒烯（5.72%）、吲哚（4.41%）、壬醛（3.71%）、芳樟醇（3.00%）、法呢烯（2.02%）、水杨酸甲酯（1.93%）、降植烷（1.80%）、正十四烷（1.77%）、α-荜草烯（1.62%）、邻苯二甲酸二异丁酯（1.58%）、α-雪松烯（1.42%）、乙酸己酯（1.39%）、癸醛（1.28%）、柏木脑（1.27%）、萘（1.16%）、正十七烷（1.13%）、植烷（1.11%）、苯甲酸苄酯（1.09%）等。

【利用】可栽培为牧草。是草地改良和水土保持的先锋草种。

🌸 细柄草

Capillipedium parviflorum (R. Br.) Stapf

禾本科 细柄草属	
别名：吊丝草、硬骨草	
分布：华东、华中、西南各地区	

【形态特征】多年生簇生草本。秆直立或基部稍倾斜，高50～100 cm。叶舌干膜质，边缘具短纤毛；叶片线形，长15～30 cm，宽3～8 mm，顶端长渐尖，基部收窄，近圆形。圆锥花序长圆形，长7～10 cm，分枝簇生，可具1～2回小枝，枝腋间具细柔毛，小枝为具1～3节的总状花序，边缘具纤毛。无柄小穗基部具髯毛；第一颖背腹扁，先端钝，背面稍下凹，被短糙毛，边缘狭窄，内折成脊，脊上部具糙毛；第二颖舟形，先端尖，脊上稍粗糙，上部边缘具纤毛，第一外稃长为颖的1/4～1/3，先端钝或呈钝齿状；第二外稃线形，先端具一膝曲的芒，芒长12～15 mm。有柄小穗中性或雄性，二颖均背腹扁。花果期8～12月。

【生长习性】常生长于山坡林缘、竹林边缘、灌丛下、草丛中等多种环境。喜温热，年平均温度10 ℃以上地区生长良好。喜生于中等湿润环境，也较耐旱、耐阴。

【精油含量】水蒸气蒸馏新鲜花序的得油率为0.82%。

【芳香成分】杨虎彪等（2010）用水蒸气蒸馏法提取的海南儋州产细柄草新鲜花序精油的主要成分为：1-壬烯-4-醇（31.91%）、4-十一烷酮（25.05%）、4-十一醇（11.04%）、2,4-二甲基-3-乙酸戊酯（6.87%）、己酸辛酯（4.87%）、α-杜松醇（3.87%）、4-十三烷酮（2.31%）、丁酸正辛酯（2.21%）、乙酸-辛醇酯（1.06%）等。

【利用】饲用牧草。

🌸 硬秆子草

Capillipedium assimile (Steud.) A. Camus

禾本科 细柄草属	
别名：硬秆细柄草、竹枝细柄草	
分布：华中、广东、广西、西藏等地	

【形态特征】多年生，亚灌木状草本。秆高1.8～3.5 m，坚硬似小竹，多分枝，分枝常向外开展而将叶鞘撑破。叶片线状披针形，长6～15 cm，宽3～6 mm，顶端刺状渐尖，基部渐窄。圆锥花序长5～12 cm，分枝簇生，枝腋内有柔毛，小枝顶端有2～5节总状花序。无柄小穗长圆形，长2～3.5 mm，背腹压扁，具芒，淡绿色至淡紫色，有被毛的基盘；第一颖顶端窄而截平，背部粗糙乃至疏被小糙毛，具2脊，脊上被硬纤毛，脊间有不明显的2～4脉；第二颖与第一颖等长，顶端钝或尖，具3脉；第一外稃长圆形，顶端钝，长为颖的2/3；芒膝曲扭转

长6～12 mm。具柄小穗线状披针形，常较无柄小穗长。花果期
8～12月。

【生长习性】常生长于山坡林缘、竹林边缘、灌丛下、草丛
中等环境中。喜温热，喜生于中等湿润环境，也较耐旱、耐阴。

【精油含量】水蒸气蒸馏新鲜花序的得油率为0.08%。

【芳香成分】杨虎彪等（2011）用水蒸气蒸馏法提取的海
南儋州产硬秆子草新鲜花序精油的主要成分为：4-十一烷酮
（18.52%）、(E)-己酸-2-己烯酯（8.04%）、4-壬醇（7.78%）、4-
十一醇（7.27%）、乙酸庚酯（6.79%）、1-(2-羟基-4,6-二甲氧
基苯丙酮)-乙酮（5.53%）、4-三癸酮（5.08%）、7-甲基-4-乙酸
辛酯（4.76%）、T-杜松醇（3.92%）、(Z)-金合欢醇（3.42%）、
3,7,11-三甲基-6,10-十二碳二烯醛-1-醇（3.17%）、2-羟基壬酸
甲酯（2.71%）、β-石竹烯（2.68%）、D-橙花醇（1.46%）、乙酸
癸酯（1.32%）、异丁酸癸酯（1.14%）等。

【利用】饲用牧草。

香根草

Vetiveria zizanioides (Linn.) Nash

禾本科　香根草属
别名： 岩兰草
分布： 江苏、广东、海南、四川、福建、台湾、浙江等地有栽
培

【形态特征】多年生粗壮草本。须根芳香。秆丛生，高
1～2.5 m，中空。叶鞘无毛，具背脊；叶舌短，边缘具纤
毛；叶片线形，直伸，扁平，下部对折，长30～70 cm，宽
5～10 mm，边缘粗糙，顶生叶片较小。圆锥花序大型顶生，长
20～30 cm；主轴粗壮，各节具多数轮生的分枝，长10～20 cm，
下部长裸露；无柄小穗线状披针形，长4～5 mm；第一颖革质，
背部圆形，边缘稍内折，近两侧压扁，疏生纵行疣基刺毛；第
二颖脊上粗糙或具刺毛；第一外稃边缘具丝状毛；第二外稃较
短，顶端2裂齿间伸出一小尖头；鳞被2，顶端截平；雄蕊3，
柱头帚状。有柄小穗背部扁平，等长或稍短于无柄小穗。花果
期8～10月。

【生长习性】栽培于平原、丘陵和山坡，喜生水湿溪流旁
和疏松黏壤土上。具有极强的生态适应性和抗逆（旱、湿、寒、
热、酸、碱等）能力，能抵抗贫瘠、强酸、强碱和金属污染，
能在长期干旱或渍水情况下存活。喜温暖，宜栽培在气候温暖
地区，最好种于终年无霜，能终年生长的地区，冬天最低气温
在4 ℃以上。

【精油含量】水蒸气蒸馏根的得油率为0.80%～3.02%；有
机溶剂萃取根的得油率为6.24%～6.64%；微波萃取根的得油率
为6.41%；超声波萃取根净油的得率为5.47%；超临界萃取干燥
根的得油率为7.76%。

【芳香成分】根：王飞生等（2009）用水蒸气蒸馏法提取
的广东清远产香根草根精油的主要成分为：3-甲基-N-苯基-吡

咯-2,4-二酮（8.39%）、杜松烯（7.52%）、岩兰草醇（7.09%）、1a-艾里莫芬烯-2-酮（6.69%）、1,2,4,5-四乙基苯（6.15%）、甲基环硅戊烷戊醚（5.24%）、N-乙酰胺-N-甲基-苯并咪唑-2-胺（3.57%）、6-甲氧基-α-萘醌（3.54%）、花柏烯（3.45%）、4-异丙烯基丁苯（2.35%）、α,β-二乙基苯并噻吩（2.23%）、依兰烯（2.19%）、2-胺基-5-(N-甲基)甲酰胺苯并咪唑（2.11%）、2-甲基-苯并噻唑乙酰胺（1.98%）、柏木烯（1.77%）、橄榄烯（1.72%）、生物碱（1.63%）、异丁香酚（1.60%）、5,10-二甲基-3-异丙烯基-1,2,4,6,7-五氢萘（1.54%）、1-甲基-8-胺基香豆素（1.52%）、5-甲氧基-1,4-萘二醌（1.40%）等。廖耀华等（2015）用超临界CO$_2$萃取法提取的河南南阳产香根草干燥根精油的主要成分为：柏木烯醇（13.34%）、3,3,8,8-三环化四甲基-5-丙酸（9.73%）、脱氢香橙烯（9.26%）、月桂烯酮（9.16%）、反式-4-乙基-(1,1-联二环己烷)-2,6-二醇（5.63%）、香根醇（5.62%）、香根酮（3.86%）、2-环氧丙烷古芸烯（3.06%）、β-桉叶油醇（2.69%）、螺[环丙烷-1,8-桥亚甲基-3ah-环辛烯]庚酮（2.59%）、4-异丙基-1,7-二甲基-双环化辛烷-6,8-二羧酸（1.43%）等。王赛丹等（2018）用超声波辅助萃取法提取的河南南阳产香根草新鲜根须精油的主要成分为：岩兰酸（12.87%）、客烯醇（11.48%）、异朱栾倍半萜醇（9.86%）、倍半萜烯酮（8.86%）、岩兰醇（4.81%）、δ-桉叶烯（4.32%）、β-桉叶醇（2.93%）、香柏酮（2.89%）、客素醇（2.76%）、α-岩兰酮（2.67%）、菖蒲螺烯酮（2.59%）、长叶松香芹酮（2.15%）、长叶烯（2.01%）、4αβ-甲基-反-3,4,4a,5,6,7,8,9-四氢-2H-苯并环丁烯-2-酮（1.89%）、α-异杜松醇（1.24%）、β-岩兰酮（1.23%）等。

全草：黄京华等（2004）用固相微萃取法提取的广东广州产香根草新鲜茎叶精油的主要成分为：9-十八烯酰胺（33.50%）、2,6,10,15,19,23-六甲基-2,6,10,14,18,22-二十四烯（27.46%）、1,2-二羧酸苯二异辛酯（19.85%）、十六酸（4.02%）、胆甾-5-烯-3-醇（3.98%）、E-柠檬醛（2.14%）、9-十六碳烯酸（1.49%）、香叶醇（1.37%）、十四酸（1.34%）等。

【利用】为重要的提取精油的芳香植物之一，根油是我国主要出口香料产品之一。精油常用于配制食品香精，特别是在烟用、酒用香精中有很好的定香能力，常作定香剂；广泛用于香水、化妆品和皂用香精当中；精油也可药用，用于预防或治疗疾病，也可作植物杀虫剂、消毒剂、驱虫剂、药茶、药酒等的原料。叶是良好饲料、优质手工编制材料和工业造纸的原料。用于保护公路、河堤、梯田等。全草药用，还可补血、强心。

🌸 枫茅
Cymbopogon winterianus Jowitt

禾本科　香茅属

别名： 爪哇香茅、香茅、香茅草

分布： 台湾、海南、福建、广东、广西、云南、贵州、四川等地有栽培

【形态特征】多年生大型丛生草本，具强烈香气。叶鞘宽大，基部者内面呈桔红色，向外反卷，上部具脊；叶舌长2～3 mm，顶端尖，边缘具细纤毛；叶片长40～100 cm，宽1～2.5 cm，下部渐狭，基部窄于其叶鞘，叶面具微毛，先端长渐尖，向下弯垂，边缘具锯齿状粗糙，叶背粉绿色。伪圆

锥花序大型，疏松，长20～50 cm，下垂；佛焰苞较小，长约1.5 cm；总状花序长1.5～2.5 cm，有3～5对小穗。无柄小穗长约5 mm，第一颖椭圆状倒披针形，背部扁平或下凹，上部具翼，边缘粗糙，第二外稃具芒尖，大多不伸出于小穗之外。有柄小穗长约5 mm，第一颖披针形，具7脉，边缘上部锯齿状粗糙。

【生长习性】喜温暖多雨气候条件，年平均气温18 ℃以上均可栽培，不耐寒。有较强的抗旱力，耐涝性差，阳性植物，对土壤要求不严，以肥沃、疏松、表土深厚、排水良好的土壤为宜。多栽培于向阳低山、浅丘、缓坡及平地。

【精油含量】水蒸气蒸馏的叶片或全草的得油率为0.62%～2.50%。

【芳香成分】杨欣等（2010）用水蒸气蒸馏法提取的云南产枫茅干燥全草精油的主要成分为：香叶醇（20.12%）、香茅醛（17.36%）、榄香醇（10.50%）、香茅醇（10.31%）、β-杜松烯（5.69%）、β-荜澄茄烯（4.48%）、α-杜松醇（3.81%）、β-榄香烯（3.49%）、α-桉叶油醇（3.14%）、t-依兰油醇（2.77%）、香紫苏醇（2.47%）、松油酯（1.63%）、α-依兰油烯（1.31%）、γ-桉叶油醇（1.28%）等。

【利用】全草可提取精油，可用于食品、药品、化妆品、香水等行业，可直接用作香皂香精；还可分离香茅醛、香叶醇，用于调配化妆品及食品香精；也可合成薄荷脑用于医药工业，以及制驱蚊剂等。民间用全草铺于储粮容器底部来防治害虫。

🌸 橘草
Cymbopogon goeringii (Steud.) A. Camus

禾本科　香茅属

别名： 桔草、野香茅、香茅、五香草、香茅草、高杆野香茅

分布： 河北、河南、山东、江苏、安徽、浙江、福建、台湾、湖北、湖南、云南、四川、江西

【形态特征】多年生。秆直立丛生，高60～100 cm，具3～5节，节下被白粉或微毛。叶鞘质地较厚，内面棕红色，老后向外反卷；叶片线形，扁平，长15～40 cm，宽3～5 mm，顶端渐尖成丝状，边缘微粗糙。伪圆锥花序长15～30 cm，狭窄，有间隔，具1～2回分枝；佛焰苞长1.5～2 cm，宽约2 mm，带紫色；总状花序长1.5～2 cm，向后反折。无柄小穗长圆状披针形，

第一颖背部扁平，下部稍窄，略凹陷，上部具宽翼，翼缘密生据齿状微粗糙；第二外稃芒从先端2裂齿间伸出，长约12 mm，中部膝曲。有柄小穗长4～5.5 mm，花序上部的较短，披针形，第一颖背部较圆，边缘具纤毛。花果期7～10月。

【生长习性】生于海拔1500 m以下的丘陵山坡草地、荒野和平原路旁。

【精油含量】水蒸气蒸馏全草或叶的得油率为0.14%～1.29%。

【芳香成分】丘雁玉等（2009）用水蒸气蒸馏法提取的广东平远产野生橘草新鲜叶片精油的主要成分为：香叶醇（26.56%）、香茅醛（23.49%）、Z-柠檬醛（19.65%）、E-柠檬醛（12.78%）、反式-石竹烯（2.95%）、依兰油烯（1.64%）、(Z)-3,7-二甲基-2,6-辛二烯-1-乙酸酯（1.49%）、芳樟醇（1.28%）、3,5,3',5'-四甲基联苯（1.23%）等。

【利用】全草可提取精油，为化妆品或食品工业原料。营养生长期可作牛羊饲料。缺柴地区有割取作柴薪的习惯。全草有止咳、平喘、消炎止痛功效。

🌸 卡西香茅
Cymbopogon khasianus (Munro ex Hack.) Bor

禾本科　香茅属
别名： 滇西香茅
分布： 云南、广西

【形态特征】多年生。秆高1.5～2 m。叶鞘无毛，基生者常具绒毛；叶舌干膜质，长约4 mm；叶片长40～60 cm，宽约1 cm，基部两侧与叶鞘连接处具绒毛，边缘微粗糙，两面平滑无毛。伪圆锥花序大型复合，长约50 cm，疏松，有间隔；佛焰苞较窄小，长1.2～2 cm；总状花序长约1.5～2 cm，较细弱；总状花序轴节间与小穗柄边缘生柔毛，背部无毛。无柄小穗长4.5～5 mm；第一颖近纸质，背部扁平，下面具1～2皱褶，上部具宽翼，脊间有5～7脉，中脉自基部达顶端；第二外稃之芒长12 mm。有柄小穗长4.5 mm；第一颖宽披针形，翼缘微粗糙，宽约1 mm，具7脉。花果期9～11月。

【生长习性】生于干燥山坡草地和松林下，海拔800～2000 m。

【芳香成分】张荣等（1992）用水蒸气蒸馏法提取的云南临沧产卡西香茅全草精油的主要成分为：甲基丁香酚（32.00%）、甲基异丁香酚（23.29%）、β-香叶烯（7.84%）、β-甜没药烯（6.46%）、莰烯（4.94%）、3,7-二甲基-1,3,6-辛三烯（4.15%）、α-蒎烯（3.31%）、β-石竹烯（2.98%）、柠檬烯（2.25%）、3,7-二甲基-1,3,7-辛三烯（1.77%）、α-石竹烯（1.60%）、Δ3-蒈烯（1.33%）等。

🌸 辣薄荷草
Cymbopogon jwarancusa (Jones) Schult.

禾本科　香茅属
分布： 西藏、四川、云南

【形态特征】多年生草本，具短根状茎。秆直立，具鞘内分蘖，丛生，高80～200 cm。叶鞘苍白色，干枯后反卷，草黄色；叶舌短；叶片线形，长20～80 cm，常内卷，秆生者较短小，先端长渐尖成丝形，基部狭窄，叶背及边缘微粗糙。伪圆锥花序长20～40 cm，狭窄，稠密，第二次分枝上部着生2～4花序；佛焰苞长1.5～2 cm，草黄色或带紫色；总状花序长1.5～2.2 cm。无柄小穗长4.5～5 mm，黄绿色，基盘具短柔毛；第一颖披针形，亚纸质，第二颖和第二外稃具纤毛；先端或裂齿间伸出一细直短芒，芒长6～8 mm，微粗糙。颖果长圆形，胚长约为果体之半。有柄小穗雄性。花果期第一次在3～5月，第二次为7～8月。

【生长习性】生于海拔1400m以下的山坡草地和砾石沙滩上。

【精油含量】水蒸气蒸馏全草的得油率为0.86%。

【芳香成分】张荣等（1994）用水蒸气蒸馏法提取的云南元谋产辣薄荷草全草精油的主要成分为：胡椒酮（65.10%）、γ-松油烯（12.20%）、α-松油烯（6.50%）、桉叶素（6.00%）、α-水芹烯（5.20%）等。

【利用】全草可提取精油，用于香料工业；精油具有很好的镇咳效果，供医药用。

柠檬草

Cymbopogon citratus (DC.) Stapf

禾本科　香茅属

别名：香茅、香茅草、柠檬香茅、香芭毛、菁茅、大风茅、祛风茅

分布：广东、广西、海南、福建、台湾、浙江、云南、四川等地

【形态特征】多年生密丛型具香味草本。秆高达2m，节下被白色蜡粉。叶鞘不向外反卷，内面浅绿色；叶舌质厚；叶片长30~90cm，宽5~15mm，顶端长渐尖，平滑或边缘粗糙。伪圆锥花序具多次复合分枝，长约50cm，疏散，顶端下垂；佛焰苞长1.5~2cm；总状花序不等长，具3~6节，长约1.5cm。无柄小穗线状披针形，长5~6mm，宽约0.7mm；第一颖背部扁平或下凹成槽，上部具窄翼，边缘有短纤毛；第二外稃狭小，长约3mm，先端具2微齿，无芒或具长约0.2mm之芒尖。有柄小穗长4.5~5mm。花果期夏季，少见有开花者。

【生长习性】喜温暖、多湿、全日照环境与排水良好的砂土地生长。产地平均温度18~29℃，平均年降雨量70~410mm，土壤pH 4.3~8.4。

【精油含量】水蒸气蒸馏全草或叶的得油率为0.08%~1.20%，干燥全草的得油率为0.58%~2.61%，新鲜叶的得油率为2.45%，干燥叶的得油率为1.30%~2.06%，风干茎的得油率为0.78%；超临界萃取全草的得油率为1.45%~2.25%。

【芳香成分】茎：尹学琼等（2012）用水蒸气蒸馏法提取的海南产柠檬草新鲜茎精油的主要成分为：香叶醛（40.06%）、橙花醛（29.52%）、香叶醇（8.98%）、β-月桂烯（4.57%）、香叶酸（4.04%）、芳樟醇（3.12%）、芹子烯内酯（2.93%）、2,2'-二糠基醚（1.18%）等。

叶：尹学琼等（2012）用水蒸气蒸馏法提取的海南产柠檬草新鲜叶精油的主要成分为：香叶醛（45.81%）、橙花醛（32.28%）、β-蒎烯（8.50%）、香叶醇（7.25%）、芳樟醇（2.71%）、香叶酸（2.02%）、乙烯基环己烷（1.43%）等。

全草：喻世涛等（2016）用水蒸气蒸馏法提取的广西产柠檬草干燥全草精油的主要成分为：香叶醇（30.65%）、香茅醛（19.48%）、香茅醇（14.80%）、α-榄香醇（8.84%）、桉叶油醇（4.13%）、柠檬烯（3.74%）、乙酸香茅酯（2.62%）、γ-荜澄茄烯（1.59%）、角鲨烯（1.43%）、异胡薄荷醇（1.36%）、α-榄香烯（1.33%）、乙酸香叶酯（1.19%）、杜松醇（1.00%）等；内蒙古产柠檬草干燥全草精油的主要成分为：香茅醛（36.15%）、香叶醇（21.49%）、香茅醇（14.93%）、α-榄香醇（5.50%）、桉叶油醇（4.07%）、柠檬烯（3.26%）、乙酸香茅酯（3.03%）、γ-荜澄茄烯（1.59%）、杜松醇（1.40%）、异胡薄荷醇（1.16%）、D-大根香叶烯（1.07%）、乙酸香叶酯（1.06%）等。欧阳婷等（2016）用同法分析的湖南长沙产柠檬草新鲜全草精油的主要成分为：(E)-柠檬醛（40.86%）、(Z)-柠檬醛（31.01%）、β-月桂烯（10.62%）、香叶醇（2.99%）、4,5-环氧菌烯（2.13%）、芳樟醇（1.16%）、3,7-二甲基-2-辛烯-1醇（1.07%）等。

【利用】全草提取精油，可直接用于各种食品的加香或配制各种香精；精油可直接作为香水、化妆品及肥皂、乳霜等产品香精；也可用于合成薄荷脑、消毒药剂、杀虫剂、驱蚊药等；可以提取柠檬醛作为合成高级香料的原料。嫩茎叶为制咖喱调香料的原料，作为蔬菜用于泰式料理中，也可泡茶饮用。台湾中部农民亦有将其干燥加工制成香茅草枕头贩售。全草在传统或民俗医疗上药用，有祛风除湿、消肿止痛、健胃利尿、防止贫血及滋润皮肤的功效，可减轻感冒症状，治胃痛、腹痛、头痛、发烧、疱疹等，可利尿解毒，消除水肿及多余脂肪。

扭鞘香茅

Cymbopogon hamatulus (Nees ex Hook. et Arn.) A Camus

禾本科　香茅属

别名：野香茅、芸香草、臭草、括花草、摘花草

分布：江西、福建、台湾、广东、海南、广西、贵州、云南、四川等地

【形态特征】多年生密丛型具香味草本。秆直立，高50~110cm。叶鞘基生者枯老后破裂向外反卷，露出红棕色的内面；叶舌膜质，截圆形；叶片线形，扁平，长30~60cm，宽3~5mm，边缘粗糙，顶端长渐尖。伪圆锥花序较狭窄，长20~35cm，具少数上举的分枝，第一回分枝具3~5节，第二回分枝多单生；佛焰苞长1.2~1.5cm，红褐色；无柄小穗长

.5～4 mm；第一颖背部扁平，脊缘具翼，顶端钝，具微齿裂；第二外稃2裂片间伸出长7～8 mm之芒；芒柱短，芒针钩状反曲，长4～5 mm。有柄小穗长3～3.5 mm，第一颖具7脉。花果期7～10月。

【生长习性】多生长于海拔200～1900 m的河谷两岸干热地带或阳坡草地。

【精油含量】水蒸气蒸馏新鲜叶的得油率为0.19%～0.55%。

【芳香成分】丘雁玉等（2009）用水蒸气蒸馏法提取的广东深圳野生扭鞘香茅新鲜叶片精油的主要成分为：甲基丁香酚（19.46%）、3,5,3',5'-四甲基联苯（16.88%）、甲基异丁香酚（12.90%）、3,4-二乙基-1,1'-联苯（8.63%）、十七碳烷（3.85%）、刺柏脑（3.75%）、异榄香素（3.65%）、1-氯代十八烷（2.97%）、(Z,E)-α-金合欢烯（2.88%）、榄香素（2.62%）、十九（碳）烷（2.40%）、表蓝桉醇（1.39%）等。

【利用】全草可提取精油，用于化妆品及皂用香精，又可用作杀虫剂和消毒剂；可单离柠檬醛，作调制食用、皂用、化妆品香精。提油后的草渣，可作造纸及人造棉原料，或作饲料。嫩时可为牧草。全草药用，有疏散风热、行气和胃的功效，常用于风热感冒、胸腹胀满、脘腹疼痛、呕吐泄泻、疮毒，还能驱蛇和治蛇咬。

青香茅

Cymbopogon caesius (Nees ex Hook. et Arn.) Stapf

禾本科　香茅属
分布： 广东、广西、云南等地

【形态特征】多年生草本。秆直立，丛生，高30～80 cm，具多数节，常被白粉。叶鞘短于其节间；叶舌长1～3 mm；叶片线形，长10～25 cm，宽2～6 mm，基部窄圆形，边缘粗糙，顶端长渐尖。伪圆锥花序狭窄，长10～20 cm，分枝单纯，宽2～4 cm；佛焰苞长1.4～2 cm，黄色或成熟时带红棕色；总状花序长约1.2 cm；下部总状花序基部与小穗柄稍肿大增厚。无柄小穗长约3.5 mm；第一颖卵状披针形，宽1～1.2 mm，脊上部具稍宽的翼，顶端钝，脊间无脉或有不明显的2脉，中部以下具一纵深沟；第二外稃长约1 mm，中下部膝曲，芒针长约9 mm。有柄小穗长3～3.5 mm，第一颖具7脉。花果期7～9月。

【生长习性】生于开旷干旱的草地上，海拔1000 m左右。

【精油含量】水蒸气蒸馏新鲜叶的得油率为0.27%。

【芳香成分】丘雁玉等（2009）用水蒸气蒸馏法提取的广东深圳野生青香茅新鲜叶片精油的主要成分为：甲基丁香酚（29.39%）、甲基异丁香酚（22.25%）、藜芦醛（6.58%）、龙脑（3.35%）、异榄香素（3.20%）、蛇床-6-烯-4-醇（2.84%）、芳樟醇（2.84%）、Z-柠檬醛（2.84%）、E-柠檬醛（2.72%）、表蓝桉醇（2.71%）、3,4-二乙基-1,1'-联苯（2.51%）、α-佛手柑油烯（2.40%）、醋酸冰片酯（1.73%）、β-榄香烯（1.61%）、芹子烯（1.40%）、α-萜品醇（1.33%）、E-金合欢烯（1.31%）、α-杜松醇（1.25%）、柠檬油精（1.23%）、香叶醇（1.14%）等。

【利用】全草可提取精油，作为香水原料。可作牛羊牧草。

🌸 曲序香茅
Cymbopogon flexuosus (Nees ex Steud.) Wats.

禾本科　香茅属

别名： 东印度柠檬草、柠檬香茅、柠檬草、包茅

分布： 云南、广东、福建、广西等地

【形态特征】多年生高大丛生草本。秆高达2.5 m，节常具短柔毛。叶鞘顶部两侧呈耳状；叶舌长约5 mm，纸质；叶片长达1 m，宽约1.5 cm，两面粗糙，边缘锯齿状粗糙，基部具密生绒毛的三角形叶颈。伪圆锥花序大型复合，分枝反折或下垂，小枝常成"之"字形曲折，主轴上部节间具绒毛，节生短髭毛，佛焰苞长12～16 mm。无柄小穗长4～4.5 mm；第一颖近纸质。披针形，宽约0.8 mm，顶端渐尖，具窄翼，边缘粗糙，背部扁平或下部具2～3皱褶，具不明显3脉；第二外稃之芒长8～10 mm。有柄小穗长约4 mm；第一颖窄披针形，顶端渐尖。花果期夏秋季。

【生长习性】生于海拔1000 m以下荒坡草地。

【精油含量】水蒸气蒸馏新鲜叶的得油率为0.21%～0.40%。

【芳香成分】周丽珠等（2017）用水蒸气蒸馏法提取的广西南宁6月份采收的曲序香茅新鲜叶片精油的主要成分为：香叶醛（40.01%）、橙花醛（30.10%）、β-月桂烯（16.75%）、2,7-二甲基-2,6-辛二烯-1-醇（2.74%）、乙酸香茅酯（1.63%）、橙花醛（1.32%）、顺式-马鞭草烯醇（1.19%）等。

【利用】叶精油可用作生产食品、香料、香精、化妆品的优质原料，也可应用于杀虫剂、驱蚊剂的配制。嫩叶作食用调料。

🌸 西昌香茅
Cymbopogon xichangensis R. Zhnag et C. H. Li

禾本科　香茅属

分布： 云南、四川

【形态特征】多年生草本。秆丛生，直立或基部膝曲，高100～250 cm，3～4节。叶鞘无毛，叶舌膜质，先端钝圆且齿状叶片线形，长达60 cm，宽5～12 mm。伪圆锥花序松展，广大长80～180 cm；总状花序孪生枝顶，长3～4 cm，4～6节，总梗托1叶状佛焰苞，成熟时红色，长4～5 cm。无柄小穗披针形，长7～9 mm，基盘钝圆，被毛，第一颖具两脊，中上部边缘具宽翼，间脉2～4；第二颖舟形，尖；第一外稃短于第二颖，膜质，披针形，边缘被毛；第二外稃线形，两裂至中部，芒长约12 mm，膝曲；鳞被2；花药3，长达2 mm。有柄小穗线状披针形，雄性或中性。

【生长习性】产于西昌海拔2000 m的山坡草地。

【精油含量】水蒸气蒸馏全草的得油率为0.60%。

【芳香成分】张荣等（1994）用水蒸气蒸馏法提取的四川西昌产西昌香茅全草精油的主要成分为：δ-杜松烯（9.66%）、依兰油烯（9.22%）、α-檀香醇（8.38%）、甲基丁香酚（7.23%）、反式-罗勒烯（6.92%）、b-红没药烯（5.06%）、b-桉叶油醇（4.91%）、异萜品油烯（4.48%）、α-珀珈烯（4.28%）、枞油烯（4.13%）、香叶醛（4.04%）、α-侧柏烯（3.44%）、顺式-石竹烯（3.30%）、1,8-桉叶油素（2.82%）、对-伞花烃（2.29%）、顺式罗勒烯（1.62%）、α-水芹烯（1.56%）、1-十一烯（1.53%）、白菖考烯（1.45%）、辣薄荷酮（1.44%）、莰烯（1.01%）等。

【利用】产地的草医将全草混作芸香草药用。

🌸 亚香茅
Cymbopogon nardus (Linn.) Rendle

禾本科　香茅属

别名： 香茅、枫茅、金桔草

分布： 云南、贵州、四川、广东、海南、广西、台湾、福建等地

【形态特征】密丛生大型草本；根系深。秆高达2.5 m，直径1～2 cm，直立或下垂，平滑，有时带紫红色，节部肿大。叶鞘先端具耳，基部叶鞘带紫红色；叶舌纸质；叶片长30～80 cm，基部狭窄，两侧三角区具绒毛，叶背微粗糙，边缘疏具钝齿，叶面平滑，侧脉细，干时暗绿色或暗褐色。伪圆锥花序大型，多次复合，长60～90 cm；佛焰苞长12～15 mm，

前叶脊上生纤毛；总状花序长 15～17 mm。无柄小穗长 ～4.5 mm，第一颖卵状披针形，背部扁平，红褐色或上部带紫色，具窄翼；第二外稃顶端全缘或 2 裂，裂口处有小尖头或短芒。有柄小穗披针形，长 3.5～7 mm，第一颖具 7 脉。花果期 11 至翌年 4 月。

【生长习性】喜温暖湿润气候，常栽培于阳光充足、土壤肥沃、排水良好的砂质土或壤质土。

【精油含量】水蒸气蒸馏全草的得油率为 0.37%～0.40%。

【芳香成分】朱亮锋等（1993）用水蒸气蒸馏法提取的广东雷州半岛产亚香茅全草精油的主要成分为：香茅醛（38.47%）、香叶醇（16.83%）、香茅醇（14.19%）、α-蒎烯（4.78%）、乙酸香茅酯（3.88%）、乙酸香叶酯（3.20%）、柠檬烯（2.81%）、愈创木醇（1.85%）、δ-杜松烯（1.60%）、β-荜澄茄烯（1.21%）等。

【利用】全草提取精油，用作肥皂、驱虫药和除蚊药水的香料，又为制薄荷脑的原料。

❀ 芸香草
Cymbopogon distans (Nees) Wats.

禾本科　香茅属

别名：诸葛草、香芳草、芳香草、臭草、细叶茅香、石灰草、山茅草、香茅筋、麝香草、韭叶芸香草

分布：广西、陕西、甘肃、四川、云南、甘肃、西藏等地

【形态特征】多年生草本，具短根状茎。秆直立丛生，高50～150 cm，带紫色。叶鞘柔软，老后不向外反卷，内面稍带浅红色；叶舌边缘下延；叶片狭线形，上部渐尖成丝形，长10～50 cm，宽1.5～5 mm，粉白色，基部狭窄或生有短纤毛，边缘微粗糙。伪圆锥花序狭窄，长15～30 cm；佛焰苞狭，长2～3.5 cm；总状花序长2～3 cm，具4～6节，腋间具黑色被毛的枕块，成熟后又开并向下反折。无柄小穗狭披针形，基盘具短毛；第一颖背部扁平，边缘微粗糙，顶端长渐尖，具2齿裂；第二外稃顶端裂齿间伸出长15～18 mm的芒，芒针微粗糙。有柄小穗长5～7 mm，宽约1 mm，上部脊粗糙。花果期6～10月。

【生长习性】生于海拔2000～3500 m的山地、丘陵、河谷、干旱开旷草坡，多生长于石灰岩阳坡草地上。宜生长在较温暖的气候环境中，以排水良好的坡地为佳。

【精油含量】水蒸气蒸馏的鲜叶的得油率为0.50%，干叶的得油率为1.50%，全草的得油率为1.20%。

【芳香成分】陈玲等（2009）用水蒸气蒸馏法提取的湖北神

农架产芸香草干燥全草精油的主要成分为：橙花醇（36.72%）、杜松醇（4.28%）、喇叭茶碱（3.89%）、芳樟醇（3.39%）、香叶醇醋酸酯（3.15%）、甲基丁香酚（2.74%）、榄香素（2.68%）、石竹烯（2.60%）、异丁香本酚甲醚（2.46%）、tau-依兰油醇（2.43%）、柠檬烯（2.32%）、δ-荜澄茄烯（2.29%）、香醇（2.28%）、β-桉醇（1.40%）、(+)-4-蒈烯（1.34%）、柠檬醛（1.31%）、右旋花侧柏烯（1.29%）、左旋乙酸龙脑酯（1.09%）等。

【利用】全草可提取精油，是香料及化妆品工业的重要原料；还可用于杀虫与消毒剂；精油可分离香草醛、香叶醇，用于日用化妆品或皂用香精。全草药用，有解表、利湿、止咳平喘的功效，主治风寒感冒、伤暑、吐泻腹痛、小便淋痛、风湿痹痛、咳嗽气喘。

🌸 长舌香竹

Chimonocalamus longiligulatus Hsueh et Yi

禾本科　香竹属

别名： 刺竹

分布： 云南

【形态特征】竿高2.5～3.5 m，粗1～1.8 cm，共有20～25节；圆筒形，绿色；箨环黑褐色；节内环生的刺状气生根长2～4 mm，彼此不愈合；竿每节分3～10枝，长35～55 cm，直径1～2.5 mm。箨鞘革质，向上渐变狭，背部贴生褐色细硬毛；箨舌极发达，高8～18 mm，紫黑色，先端略呈波浪状缺刻或具数深裂；箨片外翻，呈三角形或线状披针形，叶缘近全缘。末级小枝具3～6叶；叶鞘长2.5～4 cm，边缘平滑；鞘口具5～8条长为2.5～8 mm的繸毛，后者呈淡黄色；叶舌高1 mm，边缘初具纤毛；叶片为线状披针形，纸质，两面均无毛，长4.5～14 cm，宽4～11 mm，边缘微具粗糙的细锯齿。

【生长习性】生于海拔2000 m的山地。

【芳香成分】冯梅等（1991）用石油醚浸提法提取的云南双江产长舌香竹竹杆空腔精油的主要成分为：布藜醇（31.96%）、菖草烯（30.42%）、愈创木醇（11.71%）、β-没药烯（3.95%）、异愈创木醇（3.59%）、β-马榄烯（2.85%）、橙花叔醇（2.13%）、β-香柠檬烯（2.01%）、亚油酸（1.17%）等。

【利用】笋供食用。竿可供材用。

🌸 灰香竹

Chimonocalamus pallens Hsueh et Yi

禾本科　香竹属

别名： 灰竹

分布： 云南

【形态特征】竿高5～8 m，粗2～5 cm，共具40余节，新竿被白粉呈灰绿色；节间长12～29 cm，圆筒形，中空较大；竿环呈窄脊状隆起，上部分枝的节处常膨大呈扣盘状；竿芽桃形，先出叶先端与其边缘均密被淡棕色毡状柔毛，内含3芽；分枝较高，主枝长约70 cm，幼时常呈紫红色。箨鞘薄革质，鞘口中央显著突出呈"山"字形，两侧肩部不等高；箨舌暗褐色，其位于鞘口中央突起部分，边缘呈不规则波状齿裂，箨舌在肩部上端亦可增大而类似箨耳；箨片带状披针形，长4～16 cm，宽1～1.5 cm，边缘常内卷，基部作钳形镶嵌箨鞘顶端。末级小枝大都具6叶；叶鞘长4～5 cm；叶舌背面被垢状物；叶片长约13 cm，宽1.5 cm，基部楔形，先端之芒尖长约3 mm，两面均为绿色。笋期6～7月。

【生长习性】常在村旁栽培。

【芳香成分】项伟等（2001）用溶剂萃取法提取的云南金平产灰香竹新鲜竹节精油的主要成分为：愈创醇（31.91%）、α,α,4α,8-四甲基-2-萘基甲醇（11.98%）、9,12-十八碳二烯酸（10.90%）、α-石竹烯（9.53%）、琼脂螺醇（4.00%）、3-丁基-4-己基-[4.3.0]-二环壬烷（3.60%）、1,1,3a,7-四甲基-1-环丙萘（3.33%）、珀珀烯（2.74%）、5-(1,5-二甲基-4-己烯基)-2-甲基-1,3-环己二烯（2.41%）、4-乙烯基-α,α,4-三甲基-3-(1-甲基乙烯基)环己烷基甲醇（2.34%）、长叶薄荷酮（2.32%）、1,1,4,7-四甲基-1-环丙薁（2.15%）、马兜铃烯（1.96%）、4,7-二甲基-1-(1-甲乙基)-萘（1.90%）、苍术醇（1.29%）、1-甲基-4-(5-甲基-1-亚甲基-4-己烯基)-环己烯（1.17%）、乙酸-3,7-二甲基-1,6-辛二烯-3-醇酯（1.03%）等。

【利用】笋可食，是上好的调味品和食品。可盆栽观赏或作地被植物。

🌸 普通小麦
Triticum aestivum Linn.

禾本科　小麦属
别名：小麦
分布：全国各地

【形态特征】秆直立，丛生，具6～7节，高60～100 cm，径5～7 mm。叶鞘松弛包茎，下部者长于上部者短于节间；叶舌膜质，长约1 mm；叶片长披针形。穗状花序直立，长5～10 cm（芒除外），宽1～1.5 cm；小穗含3～9小花，上部者不发育；颖卵圆形，长6～8 mm，主脉于背面上部具脊，于顶端延伸为长约1 mm的齿，侧脉的背脊及顶齿均不明显；外稃长圆状披针形，长8～10 mm，顶端具芒或无芒；内稃与外稃几等长。

【生长习性】宜土层深厚，结构良好的土壤栽培，砂土、重黏土难以高产。冬型品种适期的日平均温度为16～18 ℃，半冬型为14～16 ℃，春型为12～14 ℃。为长日照作物（每天8～12h光照），日照条件不足，就不能通过光照阶段，不能抽穗结实。

【芳香成分】张玉荣等（2010）用顶空固相微萃取法提取的'郑麦004'小麦果实挥发油的主要成分为：己醛（6.39%）、十五烷（6.33%）、十六醛（4.00%）、2-辛酮（3.79%）、己醇（3.48%）、壬醛（2.62%）、2,3-辛二酮（1.93%）、1-十六醇（1.68%）等；'郑麦336'的主要成分为：己醛（12.78%）、2-庚烯醛（5.30%）、十六烷（4.09%）、壬醛（3.59%）、十六醛（3.21%）、己醇（3.08%）、十五烷（3.05%）、2-辛酮（2.18%）、2,3-辛二酮（2.15%）、1-十六醇（1.27%）等。王太军等（2016）用同法分析的小麦种皮（麸皮）香气的主要成分为：十二烷（31.71%）、十三烷（21.95%）、十一烷（11.28%）、左旋-β-蒎烯（6.47%）、萘（4.55%）、十四烷（3.96%）、2-戊基呋喃（3.56%）、1-甲基萘（3.02%）、3-甲基十一烷（2.79%）、(1R)-2,6,6-三甲基二环[3.3.1]庚-2-烯（1.96%）、正癸烷（1.86%）、正己醇（1.62%）等。

【利用】是主要的粮食作物之一，面粉除供人类食用外，还可用来生产淀粉、酒精、面筋等，加工后副产品均为牲畜的优质饲料。果实入药，有养心安神、除烦功效，治心神不宁、失眠、妇女脏躁、烦躁不安、精神抑郁、悲伤欲哭。未成熟果实（浮小麦）有益气、除热、止汗的功效，治自汗、盗汗、骨蒸劳热。小麦皮治疗脚气病。

🌸 薏苡
Coix lacryma-jobi Linn.

禾本科　薏苡属
别名：薏苡仁、薏仁米、苡米、六谷子、沟子米、药玉米、菩提子
分布：辽宁、河北、山西、山东、陕西、河南、江苏、安徽、浙江、江西、湖北、湖南、福建、台湾、广东、广西、海南、四川、贵州、云南等地

【形态特征】一年生粗壮草本。秆直立丛生，高1～2 m，具10多节，节多分枝。叶鞘短于其节间；叶舌干膜质；叶片扁平宽大，长10～40 cm，宽1.5～3 cm，基部圆形或近心形，边

缘粗糙。总状花序腋生成束，长4～10 cm。雌小穗位于花序下部，外面包以骨质念珠状总苞，总苞卵圆形，珐琅质，坚硬；第一颖卵圆形，顶端渐尖呈喙状；第二外稃短于颖，第二内稃较小。颖果小，雄小穗2～3对，着生于总状花序上部，长1～2 cm；无柄雄小穗长6～7 mm，第一颖草质，边缘内折成脊，具有不等宽之翼，顶端钝，第二颖舟形；外稃与内稃膜质；有柄雄小穗与无柄者相似，或较小而呈不同程度的退化。花果期6～12月。

【生长习性】多生于湿润的屋旁、池塘、河沟、山谷、溪涧或易受涝的农田等地方，海拔200～2000 m处常见。喜温暖，潮湿，适应性较强。所需≥10 ℃活动积温约3800 ℃，降水量约800 mm，日照约960h。

【精油含量】超临界萃取种子的得油率为2.24%。

【芳香成分】邹耀洪等（1992）用同时蒸馏萃取法提取的种仁精油的主要成分为：1,3-二氧杂环戊烷（10.20%）、2,4-二甲基-2-戊烯（10.10%）、2-甲基-2-己醇（9.70%）、4,8,8-三甲基-9-甲烯基十氢-1,4-亚甲基并薁（6.50%）、壬醛（3.75%）、十七烷（3.66%）、二十烷（3.42%）、己酸（3.36%）、十六烷（3.08%）、十八烷（2.99%）、十九烷（2.96%）、薄荷醇（2.59%）、2,6,10,14-四甲基十五烷（2.56%）、十五烷（2.56%）、十三烷（2.35%）、2-丁基-2-辛烯醛（2.20%）、十六酸（2.20%）、9-烯十八烯酸-2,3-二羟基丙酯（1.95%）、2-癸烯醛（1.83%）、3-壬烯-2-酮（1.83%）、苯并噻唑（1.68%）、十四烷（1.50%）、2,6-二甲基十七烷（1.25%）、3-甲基己烷（1.22%）、3-甲基-2-戊酮（1.22%）、5-丙基十三烷（1.04%）等。

【利用】种仁是中国传统的食品资源之一，可做成粥、饭、各种面食供人们食用。种子入药，具有清热利尿、化湿排脓、补胃健脾、强筋骨、缓解痉挛、降低血压等功效。

❀ 玉蜀黍
Zea mays Linn.

禾本科　玉蜀黍属

别名：玉米、包谷、珍珠米、玉茭、棒子、苞米、苞芦

分布：全国各地

【形态特征】一年生高大草本。秆直立，常不分枝，高1～4 m，基部各节具气生支柱根。叶鞘具横脉；叶舌膜质；叶片扁平宽大，线状披针形，基部圆形呈耳状，边缘微粗糙。顶生雄性圆锥花序大型；雄性小穗孪生，长达1 cm；两颖近等长，膜质；外稃及内稃透明膜质，稍短于颖。雌花序被多数宽大的鞘状苞片所包藏；雌小穗孪生，成16～30纵行排列于粗壮之序轴上，两颖等长，宽大，具纤毛；外稃及内稃透明膜质，雌蕊具极长而细弱的线形花柱。颖果球形或扁球形，成熟后露出颖片和稃片之外，其大小随生长条件不同产生差异，一般长5～10 mm，宽略过于其长，胚长为颖果的1/2～2/3。花果期秋季。

【生长习性】喜温，全生育期要求较高的温度，种子发芽最适温度为28～35 ℃，苗期能耐短期-2～-3 ℃的低温，拔节期要求15～27 ℃，开花期要求25～26 ℃，灌浆期要求20～24 ℃。短日照植物，需水量较多。对土壤要求不十分严格，土质疏松深厚，有机质丰富的黑钙土、栗钙土和砂质壤土都可以种植。适宜的土壤pH为5～8。耐盐碱能力差。

【精油含量】水蒸气蒸馏干燥叶的得油率为0.06%；超临界萃取干燥雄蕊（须）的得油率为4.44%～4.67%；超声萃取的干燥雄蕊（须）的得油率为0.70%。

【芳香成分】叶：刘银燕等（2011）用水蒸气蒸馏法提

取的吉林长春产玉蜀黍干燥叶精油的主要成分为：棕榈酸酐（19.36%）、3,7,11,15-四甲基十六碳-1,6,10,14-四烯-3-醇（14.12%）、正十九烷-1.2-二醇（13.71%）、十四烷酸酐（3.03%）、十八碳-9,10-二烯酸乙酯（2.19%）、植醇（1.56%）等。

花：任虹等（2013）用同时蒸馏萃取法提取分析了北京不同品种晾干须的精油成分，'东昌5号'甜玉米的主要成分为：二叔丁基对甲基苯酚（27.70%）、二苯胺（17.17%）、甲基萘（8.84%）、2,3-二甲基萘（5.05%）、萘（3.72%）、1,8-二甲基萘（3.69%）、邻苯二甲酸二乙酯（3.00%）、2,6-二叔丁基苯醌（2.21%）、五甲基苯（1.69%）、1,3-二甲基萘（1.29%）、四甲基苯（1.20%）、2,3,5-三甲基萘（1.17%）、四氢薰衣草醇（1.05%）、三甲基十二烷（1.05%）、甲基十七烷（1.01%）等；'京科糯2000号'糯玉米的主要成分为：邻苯二甲酸单(2-乙基己基)酯（64.58%）、二叔丁基对甲苯酚（9.99%）、邻苯二甲酸二乙酯（9.46%）、1,5-二甲基萘（6.65%）、二苯胺（4.33%）、1,8-二甲基萘（3.23%）、2-乙烯基萘（1.76%）等。

种子：刘春泉等（2010）用顶空固相微萃取法提取的江苏南京产'京甜紫花糯2号'乳熟期新鲜种子精油的主要成分为：乙醇（26.48%）、2-甲基呋喃（24.18%）、二甲基硫醚（9.54%）、3-羟基-2-丁酮（5.25%）、辛醛（3.84%）、3-甲基丁醇（3.32%）、庚醇（2.31%）、戊醇（1.58%）、乙酸乙酯（1.35%）、3-甲硫基丙醛（1.26%）、己醛（1.05%）等。马良等（2015）用同法分析的河南郑州产'郑单958'新鲜种子精油的主要成分为：壬醛（7.28%）、癸醛（3.70%）、十四烷（2.95%）、2-丁基-1-辛醇（2.83%）、十二烷（2.43%）、香叶基丙酮（1.94%）、二十烷（1.84%）、4-十八基吗啉（1.43%）、6,10,14-三甲基-2-十五烷酮（1.28%）、壬酸（1.25%）、4,6-二甲基十二烷（1.07%）等。

【利用】是我国的大宗粮食作物之一，种子除食用外，在食品、化工、饲料等行业得到广泛应用；嫩果实可煮食、煮汤；籽粒尚未隆起的幼嫩果穗作为蔬菜食用，商品名为玉米笋。全株均可药用，根利尿、祛痰；叶治小便淋漓；雄花治胆囊炎、黄疸型肝炎；花柱用于肾炎水肿、脚气、高血压、胆囊炎、胆结石、糖尿病、吐血、乳痈；须的提取物治疗鼻炎、哮喘、糖尿病、高血压、肝炎、胆结石等病症；果实可降血糖、利尿；果轴可健脾利湿，治口腔溃疡、小便不利、水肿、脚气、泄泻；玉米油可降血脂，治高血脂病。

🌸 黑三棱

Sparganium stoloniferum (Graebn.) Buch.-Ham. ex Juz.

黑三棱科　黑三棱属

别名：三棱

分布：黑龙江、吉林、辽宁、内蒙古、河北、山西、河南、陕西、宁夏、甘肃、山东、安徽、江苏、浙江、江西、湖南、湖北、贵州、四川、云南、西藏等地

【形态特征】多年生水生或沼生草本。块茎膨大；根状茎粗壮。茎直立，高0.7～1.2 m，或更高，挺水。叶片长20～90 cm，宽0.7～16 cm，上部扁平，下部背面呈龙骨状凸起，或呈三棱形，基部鞘状。圆锥花序开展，长20～60 cm，具3～7个侧枝，每个侧枝上着生7～11个雄性头状花序和1～2个雌性头状花序，主轴顶端通常具3～5个雄性头状花序，或更多，无雌性头状花序；花期雄性头状花序呈球形；雄花花被片匙形，膜质，先端浅裂，早落；雌花花被着生于子房基部。果实长6～9 mm，倒圆锥形，上部通常膨大呈冠状，具棱，褐色。花果期5～10月。

【生长习性】通常生于海拔1500 m以下的湖泊、河沟、沼泽、水塘边浅水处，仅在西藏见于3600 m的高山水域中。喜暖湿润气候，耐寒，不怕酷热，适应性强，宜在向阳、低湿的环境中生长。对土壤要求不严，以含腐殖质丰富的壤土为宜。

【精油含量】水蒸气蒸馏块茎的得油率为0.04%～3.19%，干燥根茎的得油率为0.13%。

【芳香成分】廖华军（2014）用水蒸气蒸馏法提取的干燥根茎精油的主要成分为：[4aR-(4aα,7α,8aβ)]-十氢化-4a-甲基-1亚甲基-7-(甲基乙烯基)-萘（32.09%）、雪松醇（30.40%）、(E,E)-10-(1-甲基乙烯基)-3,7-癸二烯-1-酮（6.54%）、11-十二烯-1-醇三氟醋酸酯（4.55%）、α,α,4-三甲基-3-环己烯-1-甲醇（4.31%）、[3R-(3α,3aβ,7β,8aα)]-2,3,4,7,8,8a-六氢-3,6,8,8-四甲基-1H-3a,7-亚甲基薁（4.05%）、[1aR-(1aα,3aα,7bα)]-1a,2,3,3a,4,5,6,7b-八氢-1,1,3a,7-四甲基-1H-环丙烷[a]萘（2.50%）、(Z,Z)-9,12-亚油酸（2.50%）、3-氯乙基亚油酸（2.04%）等。朱凤妹等（2010）用同时蒸馏萃取法提取的干燥块茎精油的主要成分为：3,5,6,7,8,8a-六氢-4,8α-二甲基-6-(11-甲基乙烯基)-2(1H)萘酮（12.95%）、2,4,6,7,8,8a-六氢-5(1H)-薁酮（10.72%）、十氢-4α-甲基-1-萘（5.78%）、3H-3a,7-甲醇薁（5.69%）、二苯胺（2.04%）、桉树脑（1.74%）、1,2,3,4,5,6-六氢-1,1,5,5-四甲基-(2S-顺式)-7H-2,4a-甲醇萘-7-酮（1.50%）、8,9-脱氢新异长叶烯（1.25%）、氧化石竹烯（1.21%）、十氢-4α-甲基-1-萘（1.20%）、6-甲氧基-2-(1-丁烯-3-基)萘（1.16%）、依兰烯（1.13%）、1-乙烯基-1-甲基-2,4-双（1-甲基乙基)-1-(1α,2β,4β)-环己烷（1.13%）、9-柏木烷酮（1.10%）等。

【利用】块茎是常用中药，具破瘀、行气、消积、止痛、通经、下乳等功效，用于血瘀气滞、腹部结块、肝脾肿大、经闭腹痛、食积胀痛。可作花卉观赏。

🌸 狭叶黑三棱
Sparganium stenophyllum Maxim. ex Meinsh.

黑三棱科　黑三棱属
别名: 细叶黑三棱
分布: 黑龙江、吉林、辽宁、河北等地

【形态特征】多年生沼生或水生草本。块茎较小，长条形；根状茎较短，横走。茎细弱，高20～36 cm，直立。叶片长25～35 cm，宽2～3 mm，先端钝圆，叶背中下部呈龙骨状凸起，或三棱形，基部鞘状。花序圆锥状，长7～15 cm，主轴上部着生5～7个雄性头状花序，中部具2～3个雌性头状花序，下部通常有1个侧枝，长约5～8 cm，着生2～3个雄性头状花序和1～2个雌性头状花序；雄花花被片长约2 mm，匙形，先端浅裂；雌花花被片长约2 mm，匙形，浅裂，花柱短粗，子房纺锤形，长约1.5 mm，通常无柄。果实倒卵形，长约4 mm，上部狭窄，褐色。花果期6～9月。

【生长习性】生于水泡子、河沟、湖边浅水处，亦见于沼泽和积水湿地等。

【精油含量】水蒸气蒸馏块茎的得油率为0.70%。

【芳香成分】崔炳权等（2007）用水蒸气蒸馏法提取的河北产狭叶黑三棱块茎精油的主要成分为：十六烷酸（33.23%）、9,12-十八碳二烯酸（14.94%）、邻苯二甲酸双（2-甲氧基)乙酯（13.48%）、邻苯二甲酸双（2-甲基)丙酯（12.38%）、二十六碳烷（9.14%）、二十五碳烷（5.05%）、α-雪松醇（2.71%）、4,6,10-三甲基-2-十五烷酮（2.43%）、十五烷（1.62%）等。

【利用】可用于水景绿化。

🌸 白豆杉
Pseudotaxus chienii (Cheng) Cheng

红豆杉科　白豆杉属
别名: 短水松
分布: 江西、浙江、湖南、广东、广西等地

【形态特征】灌木，高达4 m；树皮灰褐色，裂成条片状脱落；1年生小枝圆，近平滑，稀有或疏或密的细小瘤状突起，褐黄色或黄绿色，基部有宿存的芽鳞。叶条形，排列成两列，直或微弯，长1.5～2.6 cm，宽2.5～4.5 mm，先端凸尖，基部近圆形，有短柄，两面中脉隆起，叶面光绿色，叶背有两条白色气孔带，宽约1.1 mm，较绿色边带为宽或几等宽。种子卵圆形，长5～8 mm，径4～5 mm，上部微扁，顶端有凸起的小尖，成熟时肉质杯状假种皮白色，基部有宿存的苞片。花期3月下旬至5月，种子10月成熟。

【生长习性】为亚热带树种，垂直分布于海拔900～1400 m的陡坡、深谷、密林下或悬岩上。喜生于气候温和湿润、雨量充沛、云雾重、光照弱、湿度较高的酸性黄壤土。越冬温度5℃以上。年平均温12～15℃，年降水量1800～2000 mm，平均相对湿度80%以上。为阴性树种，一般喜生长在郁闭度高的

林阴下。土壤pH4.2～4.5。

【芳香成分】马忠武等（1991）用水蒸气蒸馏法提取的浙江龙泉产白豆杉新鲜叶片精油的主要成分为：柠檬烯（39.04%）、χ-蒎烯（21.74%）、δ-蒈烯-3（4.53%）、δ-杜松烯（3.91%）、反式-β-金合欢烯（2.76%）、α-依兰油烯（1.98%）、β-荜澄茄烯（1.90%）、反式-石竹烯（1.56%）、月桂烯（1.50%）、β-蒎烯（1.13%）、去氢白菖烯（1.02%）等。

【利用】木材可作雕刻及器具等的用材。可供庭园观赏或北方温室盆栽观赏。是第三纪残遗于我国的单种属植物。对研究红豆杉科植物系统发育有科学价值。枝、叶、皮可用于提取抗癌药物紫杉醇。

长叶榧树

Torreya jackii Chun.

红豆杉科　榧树属

别名：香榧、浙榧

分布：我国特有，浙江、安徽、福建

【形态特征】乔木，高达12 m，胸径约20 cm；树皮灰色或深灰色，裂成不规则的薄片脱落，露出淡褐色的内皮；小枝平展或下垂，1年生枝绿色，后渐变成绿褐色，2和3年生枝红褐色，有光泽。叶列成两列，质硬，条状披针形，上部多向上方微弯，镰状，长3.5～9 cm，宽3～4 mm，上部渐窄，先端有渐尖的刺状尖头，基部渐窄，楔形，有短柄，叶面光绿色，有两条浅槽及不明显的中脉，叶背淡黄绿色，中脉微隆起，气孔带灰白色。种子倒卵圆形，肉质假种皮被白粉，长2～3 cm，顶端有小凸尖，基部有宿存苞片，胚乳周围向内深皱。

【生长习性】产地夏季气温较高，多雨，冬季比较寒冷，全年基本湿润。年平均温17～20 ℃，极端最高温达40 ℃，极端最低温达-9.9 ℃，年降水量1350～1600 mm，相对湿度80%。土壤为红壤或山地黄壤强酸性，pH5～4.2。能耐暂时的干旱。

【精油含量】水蒸气蒸馏叶的得油率为0.09%～0.30%。

【芳香成分】陈振德等（1998）用水蒸气蒸馏法提取的浙江仙居产长叶榧树叶精油的主要成分为：γ-荜澄茄烯（16.23%）、丁子香烯（13.27%）、罗勒烯（8.41%）、反式-β-金合欢烯（6.05%）、(R)-2,4,5,6,7,8-六氢-3,5,5,9-四甲基-1H-苯并环庚烯（4.64%）、(1S-顺式)-1,2,3,5,6,8a-六氢-4,7-二甲基-1 -(1-甲基乙基)萘（4.53%）、[4R-(4α,4aα,6β)]-4,4,5,6,7,8-六氢-4,4a-二甲基-6-(1-甲基乙烯基)-2(3H)-萘（3.40%）、(1α,4aα,8aβ)-1,2,3,4,4a,5,6,8a-八氢-7-甲基-4-亚甲基1-(1-甲基乙基)萘（3.20%）、(E,E)-3,7,11-三甲基-2,6,10-十二碳三醛（2.80%）、[4R-(4α,4aβ,6β)]-4,4,5,6,7,8-六氢-4,4a-二甲基-6-(1-甲基乙烯基)-2(3H)-萘（2.70%）、1-亚甲基-4-(1-甲基乙基)-环己烯（2.48%）、左旋环烯庚烯醇（2.01%）、(1α,4aβ,8aα)-1,2,3,4,4,5,6,8a-八氢-7-甲基-4-亚甲基-(1-甲基乙基)萘（1.94%）、4-苯基-双环[2,2,2]辛-1-醇（1.92%）、(Z)-4-十六烯-6-炔（1.71%）、十六醛（1.52%）、4-(2,6,6-三甲基-2-环己烯-1-亚基)-2-丁酮（1.21%）、3,7,11-三甲基-1,6,10-十二碳三烯-3-醇（1.15%）、2,6-二甲基-6-(4-甲基-3-戊烯基)-双环[3,1,1]庚-2-烯（1.05%）、[1aR-(1aα,7α,7aα,7bα)]-1a,2,3,5,6,7,7a,7b-八氢-1,1,7,7a-四甲基-1H-环丙[a]萘（1.04%）等。

【利用】是中国特有的珍稀树种第三纪孑遗种，是古老的残存种，对于研究植物区系分布等问题都具有重要意义。木材是造船、建筑、农具、器具、家具和工艺品的优良用材。种子可榨油、炒熟可食，有驱除肠道寄生虫作用。是庭院观赏树种和制作盆景的良好素材。果壳精油是提取高级芳香油的特异天然原料。叶精油可用于制造环境清洁剂和男用化妆品。

榧树

Torreya grandis Fort. ex Lindl.

红豆杉科　科榧树属

别名：凹叶榧、榧、粗榧、大圆榧、钝叶榧树、栾泡榧、了木榧、米榧、木榧、香榧、细榧、细圆榧、玉山果、玉杉、野杉、圆榧、芝麻榧、药榧、小果榧树、小果榧

分布：我国特有，江苏、四川、湖南、福建、江西、安徽、浙江、贵州等地

【形态特征】乔木，高达25 m，胸径55 cm；树皮浅黄灰色、深灰色或灰褐色，不规则纵裂；1年生枝绿色，无毛，2和3年生枝黄绿色、淡褐黄色或暗绿黄色，稀淡褐色。叶条形，列成两列，通常直，长1.1～2.5 cm，宽2.5～3.5 mm，先端凸尖，叶面光绿色，无隆起的中脉，叶背淡绿色，气孔带常与中脉带等宽，绿色边带与气孔带等宽或稍宽。雄球花圆柱状，长约8 mm，基部的苞片有明显的背脊，雄蕊多数。种子椭圆形、卵圆形、倒卵圆形或长椭圆形，长2～4.5 cm，径1.5～2.5 cm，熟时假种皮淡紫褐色，有白粉，顶端微凸，基部具宿存的苞片，胚乳微皱；初生叶三角状鳞形。花期4月，种子翌年10月成熟。

【生长习性】生于海拔1400 m以下，温暖多雨，黄壤、红壤、黄褐土地区。喜温暖湿润，能耐寒，忌强烈日光，不耐旱涝，忌积水低洼地。

【精油含量】水蒸气蒸馏假种皮的得油率为0.50%～1.60%，外种皮的得油率为6.80%～7.70%，果壳的得油率为2.27%；微波辅助水蒸气蒸馏假种皮的得油率为1.58%；超临界萃取假种皮的得油率为4.56%～5.83%，外种皮的得油率为17.50%；石油醚萃取假种皮的得油率为3.70%。

【芳香成分】叶：何关福等（1986）用水蒸气蒸馏法提取的

浙江诸暨产榧树叶精油的主要成分为：柠檬烯（44.24%）、α-蒎烯（20.75%）、δ-3-蒈烯（4.00%）、α-依兰油烯（1.71%）、β-蒎烯（1.69%）、香叶烯（1.42%）、菲烯醇（1.27%）、反式-β-金合欢烯（1.18%）、δ-杜松烯（1.09%）、γ-依兰油烯（1.05%）等。

种子：朱亮锋等（1993）用水蒸气蒸馏法提取的种子精油的主要成分为：柠檬烯（15.92%）、β-杜松烯（15.80%）、β-金合欢烯（7.23%）、β-荜澄茄油烯异构体（5.44%）、δ-杜松醇（5.41%）、α-蒎烯（3.72%）、α-松油醇（2.31%）、松油烯-4（1.74%）、芳樟醇（1.47%）、β-荜澄茄烯（1.43%）、蒈烯-2（1.11%）、α-荜澄茄烯（1.09%）等。童晓青等（2011）用同法分析的浙江诸暨产榧树阴干假种皮精油的主要成分为：柠檬烯（30.12%）、α-蒎烯（19.72%）、β-月桂烯（3.52%）、蒈烯（3.40%）、香叶烯（2.57%）、异松油烯（2.14%）、β-杜松萜烯（1.97%）、β-蒎烯（1.88%）、二十氢（1.43%）、E-罗勒烯（1.27%）、1,2,3,4,4a,7-六氢-1,6-二甲基-4-(1-甲基乙基)萘（1.26%）、1-硝基-3,4-二甲基-3-环己烯基-新戊酸甲酯（1.20%）、二环香叶烯（1.20%）、α-依兰烯（1.11%）、τ-芘茄醇（1.04%）、1,5,9-三甲基-12-(1-甲基乙基)-4,8,13-杜法三烯-1,3-二醇（1.01%）等。刘丽花等（2012）用同法分析的浙江东阳产榧树新鲜外种皮精油的主要成分为：D-柠檬烯（39.38%）、1R-α-蒎烯（27.25%）、1R-α-蒎烯（4.36%）、β-水芹烯（4.29%）、(1S-顺)-1,2,3,5,6,8a-六氢-4,7-二甲基-1-(1-甲基乙基)萘（4.00%）、大根香叶烯（3.73%）、β-蒎烯（2.40%）、茨烯（2.11%）、反-β-金合欢烯（1.82%）、异松油烯（1.47%）、可巴烯（1.28%）、2-异丙基-5-甲基-9-亚甲基-二环[4,4,0]-1-癸烯（1.26%）等。常慧等（2017）用顶空固相微萃取法提取的安徽宁国产榧树阴干假种皮精油的主要成分为：柑橘柠烯（16.12%）、δ-杜松烯（13.46%）、金合欢烯（6.91%）、大牻牛儿烯（6.51%）、1-石竹烯（6.24%）、(+)-双环倍半水芹烯（5.32%）、α-荜澄茄油烯（3.15%）、左旋-α-蒎烯（3.02%）、α-依兰油烯（3.01%）、γ-依兰油烯（2.98%）、(+)-香橙烯（2.45%）、双环大牻儿烯（2.38%）、β-水芹烯（2.18%）、茨烯（1.85%）、(1S)-(+)-3-蒈烯（1.80%）、可巴烯（1.66%）、桉油烯醇（1.51%）等。

【利用】木材为建筑、造船、高级家具及浴室用等的优良用材。树皮可提工业栲胶。种子为著名的干果，可炒食，但不宜生食；亦可榨油，可食用，并可制润滑剂和制蜡。叶可提取精油，用于日用化工工业等。假种皮可提取精油。种子药用，有

化痰、消痔、驱除肠道寄生虫等功效，用于虫积腹痛、食积痞闷、便秘、痔疮、蛔虫病。根皮用于风湿肿痛。花可去水气、驱蛔虫。

🌸 日本榧树

Torreya nucifera (Linn.) Sieb. et Zucc.

红豆杉科　科榧树属
别名： 油榧、日榧
分布： 山东、江西、江苏、上海、浙江有栽培

【形态特征】乔木，在原产地高达25 m，胸径90 cm；树皮灰褐色或淡褐红色，老时裂成薄鳞片状脱落；1年生枝绿色，2年生枝绿色或淡红褐色，3和4年生枝呈红褐色或微带紫色，有光泽。叶条形，列成两列，直或微弯，长1.4～3.3 cm，宽2.5～3 mm，基部骤缩成短柄，中上部渐窄，先端有凸起的刺状长尖头，叶面微拱凸，深绿色，有光泽，叶背淡绿色，中脉平或微隆起，气孔带黄白色或淡褐黄色，较绿色中脉带稍窄或等宽。种子椭圆状倒卵圆形或倒卵圆形，成熟前假种皮暗绿色，熟时紫褐色，长2.5～3.2 cm，径1.3～1.7 cm，种皮骨质，两端尖，表面有不规则的浅槽，胚乳微内皱。花期4～5月，种子翌年10月成熟。

【生长习性】阴性树种，喜温暖湿润气候，喜酸性、土层深厚肥沃而排水良好的土壤，但也耐微碱性。具一定耐寒性，耐修剪，生长较慢。

【精油含量】水蒸气蒸馏叶的得油率为0.40%。

【芳香成分】金天大等（1997）用水蒸气蒸馏法提取的上海产日本榧树叶精油的主要成分为：[1aR-(1aα,4aβ,7α,7aβ,7bα)]-十氢-1,1,7-三甲基-4-甲亚基-1H-环丙[e]薁（18.54%）、(±)-1-甲基-4-(1-甲基乙基)-3-环己烯（13.00%）、罗勒烯（8.69%）、(1aβ,4aβ,8aβ)-1,2,3,4,4a,5,6,8a-八氢-7-甲基-4-甲亚基-1-(1-甲基乙基)-萘（5.73%）、(Z,E)-3,7,11-三甲基-2,6,10-十二碳醇（4.26%）、[1S-(1α,4α,4aβ,8aβ)]-1,2,3,4,4a,7,8,8a-八氢-二甲基-4-(1-甲基乙基)-萘酚（3.89%）、罗汉柏烯（3.57%）、(1α,4aα,8aα)]-1,2,3,4,4a,5,6,8,8a-八氢-7-甲基-4-甲亚基-1-(1-甲基乙基)-萘（3.17%）、(1α,4aβ,8aβ)-1,2,3,4,4a,5,6,8a-八氢-7-甲基-4-甲亚基-1-(1-甲亚基)-1-(1-甲基乙基)-萘（2.77%）、5α-雄甾烯-3,11-二酮（1.81%）、十六烷酸（1.62%）、[1S-(1α,4α,4aα,8aβ)]-1,2,3,4,4a,7,8,8a-八氢-1,6-二甲基-4-(1-甲基乙基)-1-萘酚（1.61%）、(1β,4aα,8aα)-1,2,3,4,4a,5,6,8a-六氢-4,7-二甲基-1-(1-甲基乙基)-萘（1.53%）、喇叭茶醇（1.47%）、[4aS-(4aβ,5α,8aβ)]-十氢-1,1,4a-三甲基-6-甲亚基-5-(3-甲亚基-4-戊烯基)-萘（1.44%）、[1aR-(1aα,4aα,7α,7aβ,7bα)]-十氢-1,1,7-三甲基-4-甲亚基-1H-环丙[e]薁（1.31%）、戊酸-1,3,3-三甲基双环[2,2,1]庚-2-酯（1.30%）、反-(-)-5-甲基-3-(1-甲基乙亚基)环己烯（1.23%）、(Z)-5α-胆甾-22-烯（1.14%）、对-蓋烯-9-醇（1.10%）等。

【利用】木材为建筑、造船、家具等的优良木材。种子炒熟可食，也可榨油供食用，或制润滑剂或蜡。枝、叶中可提取生物碱，可治肿瘤。假种皮可提取精油。园林绿化、工厂区绿化树种。

南方红豆杉

Taxus chinensis (Pilger) Rehd. var. *mairei* (Lemee et Levl.) Cheng et L. K. Fu

红豆杉科　红豆杉属

别名：美丽红豆杉、杉公子、赤椎、榧子木、海罗松、红叶水杉

分布：我国特有，台湾、福建、浙江、安徽、江西、湖南、湖北、陕西、甘肃、四川、云南、贵州、广西、广东、河南

【形态特征】红豆杉变种。乔木，高达30 m，胸径达60～100 cm；树皮褐色，裂成条片脱落；1年生枝绿色或淡黄绿色，秋季变成绿黄色或淡红褐色，2和3年生枝黄褐色、淡红褐色或灰褐色；冬芽黄褐色、淡褐色或红褐色，芽鳞三角状卵形。叶多呈弯镰状，通常长2～4.5 cm，宽3～5 mm，上部常渐窄，先端渐尖，叶背中脉带上无角质乳头状突起点，淡黄绿色或绿色。雄球花淡黄色，雄蕊8～14。种子较大，生于杯状红色肉质的假种皮中，间或生于近膜质盘状的种托之上，多呈倒卵圆形，稀柱状矩圆形，长7～8 mm，径5 mm，种脐常呈椭圆形。上部较宽，微扁，上部常具二钝棱脊，先端有突起的短钝尖头。

【精油含量】水蒸气蒸馏叶的得油率为0.13%～0.30%，种子的得油率为2.50%；超声辅助溶剂萃取干燥茎叶的得油率为2.34%。

【芳香成分】叶：曾慧英等（2011）用同时蒸馏萃取法提取的浙江温州产南方红豆杉干燥叶精油的主要成分为：十六烷酸（22.83%）、十四烷酸（9.20%）、十二烷酸（2.99%）、己酸（2.87%）、壬酸（2.56%）、辛酸（2.43%）、β-紫罗兰酮（2.32%）、二氢猕猴桃内酯（1.90%）、(E,Z)-2,4-庚二烯醛（1.86%）、苯甲醛（1.85%）、6,10,14-三甲基-2-十五烷酮（1.68%）、辛醇（1.53%）、1-辛烯-3-醇（1.36%）、2-己烯醛（1.33%）、3-己烯-1-醇（1.20%）、苯乙酮（1.15%）、(E,E)-2,4-庚二烯醛（1.10%）、辛醛（1.09%）、6-(5-甲基-2-呋喃)-6-甲基-3-庚烯-2-酮（1.03%）等。

种子：李俊等（2006）用水蒸气蒸馏法提取的广西龙胜产南方红豆杉种子精油的主要成分为：(Z,Z)-9,12-十八碳二烯酸（75.19%）、十四烷酸（4.21%）、2,2,3,5-四甲基-癸烷（4.02%）、2,2,4-三甲基庚烷（2.25%）、2,2,4,6,6-五甲基庚烷（1.37%）、(Z)-2-癸烯醛（1.19%）等。

【生长习性】常生于海拔1500 m以下的山谷、溪边、缓坡腐殖质丰富的酸性土壤中。耐阴树种，喜温暖湿润的气候，通常生长于山脚腹地较为潮湿处。要求肥力较高的黄壤、黄棕壤、中性土、钙质土也能生长。耐干旱瘠薄，不耐低洼积水。对气候适应力较强，年均温11～16℃，最低极值可达-11℃。

【利用】是国家一级保护的濒危珍稀植物。木材为建筑、造船、高级家具、室内装修、车辆、铅笔杆等用。树枝、树叶、树干都是提取抗癌新药——紫杉醇原料。种子榨油供食用，也可制皂及制润滑油。种子入药，有驱蛔虫、消积食作用。具有极高观赏价值。

曼地亚红豆杉
Taxus × media Rehder

红豆杉科　红豆杉属

别名：曼地亚紫杉、美国红豆杉、加拿大红豆杉

分布：云南、四川、贵州、安徽、甘肃、陕西、西藏、江西、湖北、福建、浙江、广东、广西

【形态特征】是一种天然杂交种，其母本为东北红豆杉，父本为欧洲红豆杉。多为灌木型，树皮灰色或赤褐色，有浅裂纹，枝条平展或斜上直立密生，1年生枝绿色，秋后呈淡红褐色，2～3年生枝呈红褐色或黄褐色，树冠倒卵形或广卵形。叶排成两列，条形，呈镰状弯曲，长1～3 cm，宽0.3～0.4 cm。浓绿色，中肋稍隆起，叶背灰绿色，有气孔带2条。种子广卵形，长0.5～0.7 cm，径0.35～0.5 cm，假种皮红紫色。4～5月开花，7～8月种子成熟。

【生长习性】适宜在海拔400～2000 m山地生长。喜浓雾笼罩、空气湿润、土壤肥沃疏松、兼有庇荫的地方生长。耐寒，能耐-25 ℃的低温。它生长速度快，对环境适应性强。

【精油含量】溶剂加热回流法提取阴干枝的得油率为4.21%，阴干叶的得油率为9.70%。

【芳香成分】徐蕊等（2013）用不同方法提取分析了江西萍乡产曼地亚红豆杉阴干枝叶的精油成分，微波辅助水蒸气蒸馏法提取的主要成分为：正二十烷（14.75%）、2,6-二叔丁基对甲酚（11.08%）、正十七烷（10.37%）、正四十三烷（8.05%）、一氯代二十七烷（7.25%）、正二十三烷（6.96%）、正十五烷（6.47%）、2,6,10,14-四甲基十六烷（5.05%）、正二十二烷（4.51%）、正十九烷（4.30%）、1-二十二碳烯（3.79%）、2-羟基乙烷基十八烷基醚（3.42%）、一溴代十四烷（3.19%）、正十八烷（2.54%）、乙二醇十二烷基醚（2.20%）、2-酮-1-(4-溴正丁基)哌啶（1.43%）、2,6,11-三甲基十二烷（1.35%）等；微波辅助溶剂法提取的主要成分为：6-甲基呋喃并[3,4-c]吡啶-3,4(1H,5H)-二酮（14.70%）、十八醛（10.71%）、(E)-9-二十碳烯（9.70%）、(+)-香茅醛（8.16%）、(1R)-(+)-顺-蒎烷（7.73%）、(E)-3,7,11,15-四甲基-2-十六碳烯醇（5.06%）、邻苯二甲酸二丁酯（4.84%）、孕烷醇酮（3.51%）、亚麻酸乙酯（3.17%）、2,15-二酮十六烷（3.04%）、5-丁基-6-己基-1H-茚（2.96%）、棕榈酸乙酯（2.85%）、二烯丙基二甲硅烷（2.83%）、1,2-环氧十二烷

（2.72%）、1,13-正十四碳二烯（2.71%）、2-酮十八酸（2.27%）、正二十烷（2.16%）、环己基葵酸（2.16%）、11,13-二甲基-12-十四烯醇乙酸酯（1.64%）、油酸（1.52%）、3,3-二甲基联苯胺（1.44%）、Z-17-十九碳烯醇乙酸酯（1.27%）、2,6,10,15-四甲基-十七烷（1.22%）、(E)-1-甲氧基-3,7-二甲基-2,6-辛二烯（1.13%）、亚油酸乙酯（1.08%）、1,3-二硬脂酸甘油酯（1.05%）等；超声辅助溶剂法提取的主要成分为：1,2-环氧十二烷（27.68%）、2-氨基-6-甲氧基嘌呤（13.82%）、1-(乙烯基氧基)十六烷（11.86%）、邻苯二甲酸二丁酯（9.33%）、叶绿醇（6.90%）、4,8,12,16-四甲基十七碳烷-4-交酯（5.90%）、5-丁基-6-己基-八氢化-1H-茚（4.51%）、乙酸十二烷基胍（4.18%）、正二十烷（3.56%）、曲洛斯坦（3.33%）、(1R)-(+)-顺-蒎烷（3.32%）、油酸（2.96%）、雌二醇-1,3,5(10)-三乙撑四胺-17-乙二醇（2.64%）等。

【利用】木材为建筑、造船、高级家具、室内装修、车辆、铅笔杆等用。枝、叶、根、茎是提取抗癌新药——紫杉醇原料。可用于营建水土保持林，水源涵养林，具有较高的园艺价值，适于室内盆栽观赏，有防尘、增氧、吸污作用。

穗花杉
Amentotaxus argotaenia (Hance) pilger

红豆杉科　穗花杉属

别名：华西穗花杉

分布：我国特有，江西、湖北、湖南、四川、西藏、甘肃、广西、广东等地

【形态特征】灌木或小乔木，高达7 m；树皮灰褐色或淡红褐色，裂成片状脱落；小枝斜展或向上伸展，圆或近方形，1年生枝绿色，2和3年生枝绿黄色、黄色或淡黄红色。叶基部扭转列成两列，条状披针形，直或微弯镰状，长3～11 cm，宽6～11 mm，先端尖或钝，基部渐窄，楔形或宽楔形，叶背白色，气孔带与绿色边带等宽或较窄；萌生枝的叶较长，通常镰状，稀直伸，先端有渐尖的长尖头，气孔带较绿色边带为窄。雄球花穗1～3穗，长5～6.5 cm，雄蕊有2～5。种子椭圆形，成熟时假种皮鲜红色，长2～2.5 cm，径约1.3 cm，顶端有小尖头露出，基部宿存苞片的背部有纵脊。花期4月，种子10月成熟。

【生长习性】生于海拔300～1100 m地带的阴湿溪谷两旁或林内。为阴性树种，产地气候温凉潮湿、雨量充沛，年平均温12～19 ℃，年降水量1300～2000 mm，年相对湿度在85%以上；光照较弱，多散射光，立地的土壤为黄壤、黄棕壤，pH4.5～5.5。

【精油含量】水蒸气蒸馏半干叶的得油率为0.50%。

【芳香成分】苏应娟等（1995）用水蒸气蒸馏法提取的广东韶关产穗花杉半干叶精油的主要成分为：(-)-form-贝壳杉希（14.46%）、(±)-(3aα,4β,7aα)-3a,4,5,7a-四氢化-4-羟基-3a,7a-二甲基-1(3H)-异苯并呋喃酮（9.73%）、β-古芸烯（5.63%）、1α,4aα,8aα)-1,2,4a,5,6,8a-六氢化-4,7-二甲基-1-(1-甲基乙基)萘（4.90%）、(1α,4aα,8aα)-1,2,3,4,4a,5,6,8a-八氢化-7-甲基-4-亚甲基-1-(1-甲基乙基)萘（4.30%）、α-珀杷烯（4.11%）、β-皮旁烯（3.78%）、4-甲基-1-(1-甲基乙基)-3-环己烯-1-醇（3.28%）、4-甲基-1-(1-甲基乙基)-3-环己烯-1-酮（3.07%）、1R-(1α,4β,4aα,8aα)]-1,2,3,4,4a,7,8,8a-八氢化-1,6-二甲基-4-(1-甲基乙基)-1-萘醇（3.04%）、3,3,7,7-四甲基-5-(2-甲基-1-正丙基)-三环[4.1.0.0^{2,4}]庚烷（2.44%）、1-(1,3a,4,5,6,7-六氢化-4-羟基-3,8-二甲基-5-薁)乙酮（2.27%）、1-甲基-3-(1-甲基乙基)-苯（2.10%）、1,2-苯二羧酸丁基-2-甲基丙基二酯（2.07%）、β-松油烯（1.90%）、2-丙烯酸-3-(6,6-二甲基-二环[3.1.1]-2-烯-2-庚央）甲酯（1.79%）、棕榈酸（1.75%）、β-荜澄茄油烯（1.72%）、1-苯-二环[3.3.1]壬烷（1.61%）、6,10,14-三甲基-2-十五烷酮（1.60%）、2-甲基-5-(1-甲基乙基)-二环[3.1.0]-2-己烯（1.53%）、1,2-苯二羧酸二异辛酯（1.46%）、金合欢醇（1.44%）、3,7,11,15-四甲基-2-十六烯-1-醇（1.37%）、1,3,3-三甲基-三环[2.2.1.0^{2,6}]庚烷（1.28%）、正丙基苯基醚（1.24%）、(13R)-form-8(17)、14-芳丹二烯-13-醇（1.20%）、1-甲基-4-甲黄酰基-二环[2.2.2]辛烷（1.18%）、3-乙基-4-甲基-1H-吡咯-2,5-二酮（1.10%）、6,9-十八二炔酸甲酯（1.08%）、4-(2,6,6-三甲基-2-环己烯)-3-丁烯-2-酮（1.08%）等。

【利用】木材可供桥梁、雕刻、器具、农具及细木加工等用。种子药用，有清积导滞、驱虫的功效，用于食滞胃肠、脘腹不舒、吐酸嗳腐、舌苔厚腻等食积症。茎皮纤维制人造棉和绳索。为优美的庭园观赏树种。

🌸 木榄

Bruguiera gymnorrhiza (Linn.) Poir.

红树科　木榄属

别名： 包罗剪定、鸡爪浪、剪定、枷定、大头榄、鸡爪榄、五脚里、五梨蛟

分布： 海南、香港、广东、广西、台湾、福建

【形态特征】乔木或灌木；树皮灰黑色，有粗糙裂纹。叶椭圆状矩圆形，长7～15 cm，宽3～5.5 cm，顶端短尖，基部楔形；叶柄暗绿色，长2.5～4.5 cm；托叶长3～4 cm，淡红色。花单生，盛开时长3～3.5 cm，有长1.2～2.5 cm的花梗；萼平滑无棱，暗黄红色，裂片11～13；花瓣长1.1～1.3 cm，中部以下密被长毛，上部无毛或几无毛，2裂，裂片顶端有2～4条刺毛，裂缝间具刺毛1条；雄蕊略短于花瓣；花柱3～4棱柱形，长约2 cm，黄色，柱头3～4裂。胚轴长15～25 cm。花果期几全年。

【生长习性】生于浅海盐滩。是我国红树林的优势树种之一，喜生于稍干旱、空气流通、伸向内陆的盐滩。

【精油含量】水蒸气蒸馏胚轴的得油率为0.48%；正己烷回流萃取的叶的得油率为0.52%。

【芳香成分】叶：范润珍等（2009）用正己烷回流法提取的广东湛江产木榄叶精油的主要成分为：二丁基羟基甲苯（14.07%）、羽扇醇（9.55%）、十六酸（7.14%）、二十烷（6.50%）、羽扇烯酮（6.49%）、十九烷（5.37%）、叶绿醇（4.85%）、己二酸二辛酯（3.04%）、角鲨烯（2.77%）、2,6,10,14-四甲基-十六烷（2.54%）、3,8-二甲基-十一烷（2.54%）、9,12-十八二烯酸（2.46%）、二十一烷（2.38%）、邻苯二甲酸二辛酯（2.32%）、三十五烷（1.82%）、十七烷（1.79%）、2,6,10,14-四甲基-十七烷（1.66%）、大根香叶烯D（1.57%）、α-石竹烯（1.55%）、2-己基正辛醇（1.51%）、异戊醛（1.36%）、石竹烯（1.21%）、三十四烷（1.15%）、10-甲基-十九烷（1.13%）、2,6,10,15-四甲基-十七烷（1.12%）、9-十八烯酸（1.00%）等。

胚轴：范润珍等（2009）用水蒸气蒸馏法提取的广东湛江产木榄胚轴精油的主要成分为：庚烷（42.30%）、二丁基羟基甲苯（10.35%）、全反2,6,10,15,19,23-六甲基-2,6,10,14,18,22-二十四碳六烯（5.25%）、二十八烷（5.04%）、三十六烷（4.19%）、二十一烷（3.75%）、四十四烷（2.59%）、叶绿醇（2.56%）、8-己基-十五烷（2.25%）、3-十二烷基环己酮（2.11%）、十七烯（1.90%）、十七酸（1.75%）、顺-1,3-二甲基-环戊烷（1.74%）、十六酸（1.47%）、9,12-十八二烯酸（1.44%）、二十烷（1.33%）、十九烷（1.14%）等。

【利用】木材多用作燃料。树皮药用，收敛止泻的功效，用于腹泻、脾虚、肾虚。

🌸 秋茄树

Kandelia candel (Linn.) Druce

红树科　秋茄树属

别名： 五黄树、水笔仔、茄行树、红浪、浪柴

分布： 广东、广西、福建、台湾

【形态特征】灌木或小乔木，高2～3 m；树皮平滑，红褐色；枝粗壮，有膨大的节。叶椭圆形、矩圆状椭圆形或近倒卵形，长5～9 cm，宽2.5～4 cm，顶端钝形或浑圆，基部阔楔形，全缘，叶脉不明显；叶柄粗壮，长1～1.5 cm；托叶早落，长1.5～2 cm。二歧聚伞花序，有花4～9朵；总花梗长短不一，1～3个着生上部叶腋，长2～4 cm；花具短梗，盛开时长1～2 cm，直径2～2.5 cm；花萼裂片革质，长1～1.5 cm，宽1.5～2 mm，短尖，花后外反；花瓣白色，膜质，短于花萼裂片；雄蕊无定数，长短不一，长6～12 mm；花柱丝状，与雄蕊等长。果实圆锥形，长1.5～2 cm，基部直径8～10 mm；胚轴细长，长12～20 cm。花果期几全年。

【生长习性】生于浅海和河流出口冲积带的盐滩，喜生于海湾淤泥冲积深厚的泥滩。适于生长在盐度较高的海滩，又能生长于淡水泛滥的地区，且能耐淹，往往在涨潮时淹没过半或几达顶端而无碍。

【精油含量】水蒸气蒸馏干燥根的得油率为0.05%，新鲜叶的得油率为0.20%，新鲜胚轴的得油率为3.60%。

【芳香成分】根：孟青等（2006）用水蒸气蒸馏法提取的广东连南产秋茄树干燥根精油的主要成分为：檀香醇

（13.89%）、α-石竹烯醇（4.46%）、1,2-邻苯二甲酸-双[2-甲基丙基]酯（3.95%）、1,2-邻苯二甲酸二丁酯（3.94%）、反式-石竹烯（3.07%）、β-芹子烯（2.96%）、1,2,3,4,4α,7-六氢-1,b-二甲基-4-(1-甲乙基)萘（2.75%）、δ-杜松烯（2.12%）、α-古芸烯（1.94%）、α-葎草烯（1.88%）、α-蛇床烯（1.49%）等。

叶：黄甫等（2005）用水蒸气蒸馏法提取的广东湛江产秋茄树新鲜叶精油的主要成分为：2,6-二叔丁基-4-甲基苯酚（35.20%）、大根香叶烯D（14.87%）、十七烷（5.17%）、石竹烯（4.48%）、十九烷（3.24%）、十五烷（3.16%）、贝壳杉-16烯（3.10%）、α-波旁老鹳草烯（2.16%）、二十烷（2.14%）、十六烷（1.78%）、二十一烷（1.45%）、2,6,11,15-四甲基十六烷（1.38%）、4-亚甲基-1-甲基-2-(2-甲基-1-丙烯基-1)-1-乙烯基环庚烷（1.24%）、2-己基癸醇（1.01%）等。

胚轴：黄甫等（2005）用水蒸气蒸馏法提取的广东湛江产秋茄树新鲜胚轴精油的主要成分为：二十四烷酸（12.74%）、1,2-环氧十九烷（10.05%）、二十六烷（6.67%）、二十碳烯酸（5.35%）、二十九烷（4.57%）、二十二碳二烯酸（4.40%）、十五烷基环己烷（3.38%）、二十五烷（2.64%）、十九烷（2.51%）、二十四烷（2.19%）、十七烷基环己烷（2.07%）、油酸（2.00%）、十八（烷）基乙烯基醚（1.85%）、十八酸（1.80%）、二十烷（1.62%）、2,6,10,14-四甲基十六烷（1.61%）、9,12-十八碳二烯酸（1.58%）、十四酸（1.56%）、十八烷（1.47%）、对二甲苯（1.45%）、十六酸（1.42%）、邻苯二甲酸二异丁酯（1.41%）、十二酸（1.40%）、2,6-二羟基-4-(2-丙烯基)-苯酚（1.33%）、羟基-4-(2-丙烯基)-苯酚（1.32%）、十五酸（1.28%）、2,3-二氢（化）茚（1.26%）、十七烷（1.24%）、2,5,6-三羟基-4-(2-丙烯基)-苯酚（1.21%）、2,5-二羟基-4-(2-丙烯基)-苯酚（1.19%）、1,3,5-三甲苯（1.17%）、1,2,3-三甲苯（1.15%）等。

【利用】树皮药用，有止血敛伤的功效，用于金创刀伤等外伤性出血或水火烫伤等。木材可作车轴、把柄等小件用材。

🌸 豆瓣绿

Peperomia tetraphylla (Forst. f.) Hook. et Arn.

胡椒科　草胡椒属

别名： 豆瓣菜、豆瓣如意、椒草、青叶碧玉

分布： 台湾、福建、广东、广西、贵州、云南、四川、甘肃、西藏

【形态特征】肉质、丛生草本；茎匍匐，多分枝，长

0～30 cm，下部节上生根，节间有粗纵棱。叶密集，大小近相等，4或3片轮生，带肉质，有透明腺点，干时变淡黄色，常有皱纹，略背卷，阔椭圆形或近圆形，长9～12 mm，宽～9 mm，两端钝或圆，无毛或稀被疏毛；叶脉3条，细弱，通常不明显；叶柄短，长1～2 mm，无毛或被短柔毛。穗状花序单生，顶生和腋生，长2～4.5 cm；总花梗被疏毛或近无毛，花序轴密被毛；苞片近圆形，有短柄，盾状；花药近椭圆形，花丝短；子房卵形，着生于花序轴的凹陷处，柱头顶生，近头状，被短柔毛。浆果近卵形，长近1 mm，顶端尖。花期2～4月及9～12月。

【生长习性】生于潮湿的石上或枯树上。喜温暖湿润的半阴环境，不耐高温，生长适温25 ℃左右，越冬温度不应低于℃。忌直射阳光，宜在半阴处生长，耐干旱。

【精油含量】水蒸气蒸馏干燥全草的得油率为0.08%。

【精油含量和主要成分】孙琦等（2013）用水蒸气蒸馏法提取的吉林长春产豆瓣绿干燥全草精油的主要成分为：γ-桉叶醇（32.49%）、(+)-γ-古芸烯（15.53%）、(-)-愈创醇（10.50%）、-杜松烯（9.39%）、[1S-(1α,4α,7α)]-1,2,3,4,5,6,7,8-八氢化-1,4-二甲基-7-(1-甲基乙烯基) 薁（5.69%）、β-榄香烯（3.46%）、(1aR,4R,7R,7bS)-1a,2,3,4,5,6,7,7b-八氢-1,1,4,7-四甲基-1H-环丙[e]薁（3.46%）、6-异丙烯基-4,8α-二甲基-1,2,3,5,6,7,8,8α-八氢萘-2-醇（3.42%）、2,5-二甲基-8-异丙基-1,2,8,8α-四氢化萘3.39%）、[3S-(3α,3αβ,5α)]-1,2,3,3α,4,5,6,7-八氢化-α,α-3,8-四甲基-5-薁甲醇（3.34%）、石竹烯（3.22%）、(-)-α-蒎烯（1.60%）、左旋乙酸冰片酯（1.57%）等。

【利用】全草药用，内服治风湿性关节炎、支气管炎；外敷治扭伤、骨折、痈疮疔肿等。嫩茎叶可作蔬菜食用。

荜拔
Piper longum Linn.

胡椒科 胡椒属

别名：荜茇、鼠尾、鸡屎芦子、哈蒌、布雅、毕毕林
分布：云南、广西、广东、福建、海南等地

【形态特征】攀缘藤本，长达数米；枝有粗纵棱和沟槽。叶纸质，有密细腺点，下部的卵圆形或几为肾形，向上渐次为卵形至卵状长圆形，长6～12 cm，宽3～12 cm，顶端骤然紧缩具短尖头或上部的短渐尖至渐尖，基部阔心形，有钝圆、相等的

两耳。花单性，雌雄异株，聚集成与叶对生的穗状花序。雄花序长4～5 cm，直径约3 mm；苞片近圆形，有时基部略狭，直径约1.5 mm，盾状；雄蕊2枚，花药椭圆形，花丝极短。雌花序长1.5～2.5 cm，直径约4 mm，于果期延长；苞片略小，直径0.9～1 mm；子房卵形。浆果下部嵌生于花序轴中并与其合生，上部圆，顶端有脐状凸起，直径约2 mm。花期7～10月。

【生长习性】生长在海拔200～1000 m的低谷、河谷和盆地边缘的湿热地区。多生长在竹林、芭蕉林下，村寨篱笆周围及河滩旷地。冬季绝对低温在-3 ℃时也能安全越冬。喜土壤肥沃、疏松的山坡。

【精油含量】水蒸气蒸馏干燥叶的得油率为0.50%，果穗的得油率为0.55%～1.19%；超临界萃取的果穗的得油率为4.36%～9.70%。

【芳香成分】叶：蔡毅等（2010）用水蒸气蒸馏法提取的广西南宁产荜拔干燥叶精油的主要成分为：荜草烯（16.36%）、2-亚甲基-4,8,8-三甲基-4-乙烯基-环[5.2.0]壬烷（12.83%）、桉叶(油)醇（9.74%）、β-蒎烯（8.01%）、反式-橙花叔醇（7.79%）、香叶基香叶醇丙酮（4.54%）、α-可巴烯（4.14%）、δ-荜澄茄烯（3.57%）、环化小茴香烯（3.31%）、2-十一烷酮（3.28%）、8-甲基-2-亚甲基-(1-甲基乙烯基)-双环[5.3.0]葵烷（2.47%）、匙叶桉油烯醇（2.39%）、2-十三酮（2.20%）、石竹烯环氧化物（1.74%）、δ-榄香烯（1.60%）、D-柠檬烯（1.54%）、荜草烯环氧化物（1.49%）等。

果穗：容蓉等（2010）用水蒸气蒸馏法提取的海南产荜拔干燥近成熟果穗精油的主要成分为：[S-(E,E)]-1-甲基-5-亚甲基-8-(1-甲基乙基)-1,6-环葵二烯（24.04%）、石竹烯（9.37%）、

8-十七烷烯（7.78%）、4(14)，11-桉叶油烯（6.23%）、十五烷（5.34%）、十七烷（5.15%）、(S)-1-甲基-4-(5-甲基-1-亚甲基-4-己烯基)环己烯（4.44%）、(-)-α-人参烯（2.86%）、[S-(R*,S*)]-5-(1,5-二甲基-4-己烯基)-2-甲基-1,3-环己二烯（2.73%）、(E)-5-十八烷烯（2.39%）、[2R-(2α,4aα,8aβ)]-1,2,3,4,4a,5,6,8a-八氢-4a,8-二甲基-2-(1-甲基乙烯基)萘（2.02%）、α-石竹烯（1.99%）、Z-5-十九烷烯（1.93%）、3,7-二甲基-1,3,7-辛三烯（1.43%）、(Z)-7,11-二甲基-3-亚甲基-1,6,10-十二烷三烯（1.17%）等。

【利用】未成熟果穗为镇痛健胃要药，用于胃寒引起的腹痛、呕吐、腹泻、冠心病心绞痛、神经性头痛及牙痛等。果穗为常用调味品。

变叶胡椒
Piper mutabile C. DC.

胡椒科　胡椒属
分布：广东、广西

【形态特征】攀缘藤本，除花序轴外全部无毛；枝纤细，有细纵棱。叶薄纸质，有细腺点，形状多变异，下部的卵圆形至狭卵形，长5～6 cm，宽4.5～5 cm，顶端短尖，基部心形，两侧相等，上部的叶卵状披针形、椭圆形或狭椭圆形，长5～9 cm，宽2～3.5 cm，顶端渐尖，基部钝或短狭。花黄色，单性，雌雄异株。雄花序长3～5 cm，直径约2 mm；苞片倒卵状长圆形，长2～2.2 mm，宽约1 mm，腹面贴生于花序轴上，边缘颇宽地与轴分离；雄蕊2～3枚，花药近球形。雌花序长1.5～2.5 cm，于果期延长达3～3.5 cm；苞片有时比雄花序的略短；柱头3～4。浆果椭圆状球形，长4～6 mm，直径3～4 mm，基部稍收缩。花期6～8月。

【生长习性】生于山坡或山谷水旁疏林中，海拔400～600 m。喜高温、潮湿、静风的环境。以选结构良好、易于排水、土层深厚、较为肥沃、微酸性或中性的砂壤土种植为佳。
【精油含量】水蒸气蒸馏茎叶得油率为0.09%。
【芳香成分】朱亮锋等（1993）用水蒸气蒸馏法提取的广东鼎湖山产变叶胡椒茎叶精油的主要成分为：β-石竹烯（24.09%）、α-蒎烯（9.49%）、β-榄香烯（7.96%）、α-芹子烯（7.38%）、雅槛蓝烯（5.50%）、β-蒎烯（5.17%）、β-榄香烯异构体（4.25%）、γ-芹子醇（3.27%）、松油醇-4(2.50%)、芳樟醇

（2.46%）、γ-杜松烯（2.31%）、β-芹子烯（2.27%）、乙酸龙脑酯（1.78%）、β-马榄烯（1.32%）、δ-杜松烯（1.15%）、柠檬烯（1.00%）等。

【利用】全草药用，有活血、消肿、止痛的功效，主治跌打损伤。

大叶蒟
Piper laetispicum C. DC.

胡椒科　胡椒属
别名：小肠风、山胡椒、野胡椒
分布：广东、海南

【形态特征】木质攀缘藤本，高可达10 m；枝无毛，干时变淡褐色。叶革质，有透明腺点，长圆形或卵状长圆形，稀椭圆形，长12～17 cm，宽4～9 cm，顶端短渐尖，基部两侧不等，斜心形，两耳圆，常覆瓦状重叠，背面疏被长柔毛；叶鞘长2～3 mm。花单性，雌雄异株，聚集成与叶对生的穗状花序。雄花序长约10 cm，直径约4 mm；苞片阔倒卵形，盾状，有缘毛，长约1.3 mm，宽约1 mm。雄蕊2枚。雌花序长达15 cm，直径15～22 mm；花序轴密被粗毛；苞片倒卵状长圆形，腹面贴生于花序轴上，仅边缘分离，盾状，有缘毛，子房卵形，柱头4，顶端短尖。浆果近球形，直径约5 mm，果柄与果近等长。花期8～12月。

【生长习性】生于密林中，攀缘于树上或石上。喜高温、潮湿、静风的环境，以选结构良好、易于排水、土层深厚、较为肥沃、微酸性或中性的砂壤土种植为佳。
【精油含量】水蒸气蒸馏地上部分的得油率为0.10%，茎出油率为0.19%。
【芳香成分】董栋等（2007）用水蒸气蒸馏法提取的大叶蒟茎精油的主要成分为：反式-石竹烯（12.54%）、1,1,4,8-四甲基-4,7,10-环十一碳三烯（8.86%）、δ-荜澄茄烯（7.74%）、γ-古芸烯（7.68%）、α-可巴烯（4.94%）、罗汉柏烯（3.21%）、1-甲基-1-乙烯基-2-烯丙基-4-异丙基-环己烷（3.13%）、α-愈创木烯（2.45%）、E,Z-5,7-十二碳二烯-1-醋酸酯（2.15%）、2-烯丙基环己酮（1.79%）、3,3,6,6,9,9-六甲基-四环[6.1.0.0^{2,4}0^{5,7}]壬烷（1.67%）、棕榈酸（1.59%）、β-蒎烯（1.43%）、环化小茴香烯（1.39%）、E-6-十八（碳）烯-1-醋酸酯（1.20%）、桉叶（油）醇

1.13%）等。

【利用】全株药用，有活血、消肿、止痛的功效，主治跌打损伤，瘀血肿痛。

风藤
Piper kadsura (Choisy) Ohwi

胡椒科　胡椒属

别名：细叶青蒌藤、海风藤、荖藤、大风藤
分布：福建、浙江、台湾等地

【形态特征】木质藤本；茎有纵棱，幼时被疏毛，节上生根。叶近革质，具白色腺点，卵形或长卵形，长6～12 cm，宽3.5～7 cm，顶端短尖或钝，基部心形，稀钝圆，背面通常被短柔毛。花单性，雌雄异株，聚集成与叶对生的穗状花序。雄花序长3～5.5 cm；总花梗略短于叶柄，花序轴被微硬毛；苞片圆形，近无柄，盾状，直径约1 mm，边缘不整齐，腹面被白色粗毛；雄蕊2～3枚，花丝短。雌花序短于叶片；总花梗与叶柄等长；苞片和花序轴与雄花序的相同；子房球形，离生，柱头3～4，线形，被短柔毛。浆果球形，褐黄色，直径3～4 mm。花期5～8月。

【生长习性】生于低海拔林中，攀缘于树上或石上。喜高温、潮湿、静风的环境，以选结构良好、易于排水、土层深厚、较为肥沃、微酸性或中性的砂壤土种植为佳。

【精油含量】水蒸气蒸馏茎的得油率为0.20%，叶的得油率为0.40%，茎及叶的得油率为0.22%～0.58%；超临界萃取藤茎的得油率为0.90%。

【芳香成分】茎：王贤亲等（2009）用水蒸气蒸馏法提取的浙江温州产风藤茎精油的主要成分为：喇叭茶萜醇（39.62%）、长叶蒎烯环氧化物（8.52%）、(Z,Z)-β-金合欢烯（6.19%）、广藿香烷（4.48%）、橙花叔醇（4.26%）、没药醇氧化物（3.97%）、4-萜品醇（3.78%）、9-十八碳烯（2.92%）、α-紫穗槐烯（2.81%）、α-红没药醇氧化物（2.67%）、α-石竹烯（2.53%）、n-十六酸（1.70%）、吉玛烯D（1.62%）、四甲基环癸二烯甲醇（1.48%）、Z-α-反式-香柠檬醇（1.42%）、α-波旁老鹳草烯（1.08%）、α-雪松烯（1.08%）等。李娜等（2013）用同法分析的福建福州产风藤茎精油的主要成分为：α-石竹烯（15.84%）、反-橙花叔醇（15.18%）、石竹烯（8.92%）、石竹烯氧化物（7.65%）、匙叶桉油烯醇（5.05%）、β-水芹烯（3.33%）、喇叭茶醇（2.35%）、β-

蒎烯（2.19%）、γ-芹子烯（1.98%）、胡椒烯（1.69%）、α-蒎烯（1.60%）、去氢白菖烯（1.50%）、3,7(11)-桉叶二烯（1.24%）、[1α,4aα,8aα]-1,2,4a,5,6,8a-六氢-4,7-二甲基-1-(1-甲基乙基)萘（1.05%）等。

叶：王贤亲等（2009）用水蒸气蒸馏法提取的浙江温州产风藤叶精油的主要成分为：喇叭茶萜醇（36.80%）、榄香醇（12.96%）、长叶蒎烯环氧化物（6.04%）、(Z,Z)-β-金合欢烯（4.57%）、α-紫穗槐烯（3.56%）、β-荜澄茄苦素（3.25%）、β-桉叶（油）醇（3.12%）、τ-榄香烯（2.96%）、橙花叔醇（2.86%）、α-波旁老鹳草烯（2.29%）、吉玛烯D（2.12%）、石竹烯氧化物（2.11%）、E-金合欢烯环氧化物（1.91%）、9,12,15-十八碳三烯醛（1.79%）、α-红没药醇氧化物（1.74%）、α-石竹烯（1.56%）、δ-杜松萜烯（1.03%）等。李娜等（2013）用同法分析的福建福州产风藤叶精油的主要成分为：反-橙花叔醇（28.16%）、α-石竹烯（15.64%）、石竹烯（9.26%）、3,7(11)-桉叶二烯（4.32%）、去氢白菖烯（3.36%）、内型-2-甲基双环[3.3.1]壬烷（2.13%）、石竹烯氧化物（1.18%）、β-蒎烯（1.08%）、α-荜澄茄油烯（1.02%）等。

【利用】藤茎药用，有祛风湿、通经络、止痹痛的功效，用于风湿痹痛、筋脉拘挛、屈伸不利。苗药根用于止痛、顺气。藏药果穗治胃寒疼痛、消化不良、气胀、腹泻，解热，消水肿，助消化。

🌸 光轴苎叶蒟

Piper boehmeriaefolium (Miq.) C. DC. var. *tonkinense* C. DC.

胡椒科　胡椒属

别名： 十八症、歪叶子兰、小麻疙瘩、大肠风

分布： 广东、广西、贵州、云南等地

【形态特征】苎叶蒟变种。直立亚灌木；枝通常无毛，干时有纵棱和疣状凸起。叶薄纸质，有密细腺点，椭圆形、卵状长圆形或有时近卵形，顶端短尖至渐尖，基部偏斜不等，一侧圆，另一侧狭短尖，背面沿脉上或在脉的基部被疏毛，间有两面均无毛者。花单性，雌雄异株，聚集成与叶对生的穗状花序。雄花序短于叶片，长10～15 cm；总花梗略长于叶柄，长2～3.5 cm；苞片圆形，具短柄，盾状，直径约1.2 mm，无毛；雄蕊2枚，花药肾形，2裂，花丝短。雌花序长10～12 cm；总花梗与雄花序的相同，花序轴无毛；苞片直径达1.5 mm或有时更大。浆果近球形，离生，直径约3 mm，密集成长的柱状体。花期2～5月。

【生长习性】生于疏林、密林下或溪旁，海拔500～1900 m。

【精油含量】水蒸气蒸馏干燥藤茎的得油率为0.20%。

【芳香成分】茎：刘建华等（2003）用水蒸气蒸馏法提取的广西产光轴苎叶蒟干燥藤茎精油的主要成分为：δ-杜松烯（8.08%）、L-龙脑（8.08%）、β-水芹烯（7.72%）、T-紫穗槐醇（7.53%）、莰烯（7.14%）、萜品烯-4-醇（4.67%）、β-蒎烯（4.56%）、α-蒎烯（2.83%）、乙酸龙脑酯（2.24%）、α-崖柏烯（2.07%）、β-月桂烯（2.05%）、β-雪松烯（1.87%）、斯杷土烯醇（1.45%）、α-杜松醇（1.43%）、香榧醇（1.39%）、δ-荜澄茄烯（1.29%）、表二环倍半水芹烯（1.08%）等。

全草：苏玲等（2014）用水蒸气蒸馏法提取的广西荔浦产光轴苎叶蒟全草精油的主要成分为：(-)-β-榄香烯（17.64%）、1,5,5-三甲基-6-亚甲基-环己烯（15.37%）、(+)-β-蛇床烯（14.26%）、斯巴醇（6.97%）、石竹烯（6.86%）、α-荜澄茄油烯（5.55%）、α-石竹烯（3.91%）、石竹烯氧化物（3.41%）、δ-杜松烯（1.93%）、蓝桉烯（1.83%）、6,10-二甲基-5,9-十一双烯-2-酮（1.48%）、γ-古云烯（1.26%）、珂杷烯（1.20%）、莰烯（1.19%）等。

【利用】茎、叶药用，有祛风散寒、舒筋活络、散瘀消肿、镇痛等效能，治胃寒痛、经痛、闭经、风湿骨痛、跌打损伤。

🌸 胡椒

Piper nigrum Linn.

胡椒科　胡椒属

别名： 浮椒、玉椒、昧履支、白胡椒（成熟去果皮的干燥果实）、黑胡椒（未成熟带果皮的干燥果实）

分布： 台湾、福建、海南、广东、广西、云南有栽培

【形态特征】木质攀缘藤本；茎、枝无毛，节显著膨大，常生小根。叶厚，近革质，阔卵形至卵状长圆形，稀有近圆形，长10～15 cm，宽5～9 cm，顶端短尖，基部圆，常稍偏斜，两面均无毛。花杂性，通常雌雄同株；花序与叶对生，短于叶或与叶等长；总花梗与叶柄近等长，无毛；苞片匙状长圆形，长

3～3.5 cm，中部宽约0.8 mm，顶端阔而圆，与花序轴分离，互浅杯状，狭长处与花序轴合生，仅边缘分离；雄蕊2枚，花药肾形，花丝粗短；子房球形，柱头3～4，稀有5。浆果球形，无柄，直径3～4 mm，成熟时红色，未成熟时干后变黑色。花期6～10月。

【生长习性】生长于荫蔽的树林中。适于高温潮湿环境生活，耐热、耐寒、耐旱、耐风、耐剪、易移植。不耐水涝。对土壤的要求不严，以肥沃的砂质壤土为佳，排水、光照需良好。

【精油含量】水蒸气蒸馏根及根茎的得油率为0.30%～3.10%，新鲜叶的得油率为0.86%，新鲜花的得油率为0.10%，果实的得油率为1.00%～4.70%；超临界萃取干燥根的得油率为2.30%～2.31%，果实的得油率为3.01%～7.80%；石油醚萃取新鲜叶的得油率为1.00%，新鲜花的得油率为0.18%，溶剂萃取果实的得油率为3.70%～12.90%，果实油树脂的得率为7.88%～12.06%。

【芳香成分】根：敖平等（1998）用水蒸气蒸馏法提取的海南产胡椒根精油的主要成分为：反式-石竹烯（51.20%）、顺式-石竹烯（6.76%）、δ-3-蒈烯（6.00%）、葎草烯（3.67%）、柠檬烯（2.97%）、β-蒎烯（1.35%）等。

叶：穆晗雪等（2017）用水蒸气蒸馏法提取的海南文昌产胡椒新鲜叶精油的主要成分为：环己烷（46.76%）、3-甲基己烷（16.14%）、1,2-二甲基环戊烷（14.59%）、1,3-二甲基环戊烷（8.84%）、庚烷（3.24%）、3,3-二甲基戊烷（2.26%）、石竹

希（2.25%）等。张伟等（2017）用顶空固相微萃取法提取的海南万宁产胡椒新鲜叶精油的主要成分为：β-石竹烯（15.72%）、宁檬烯（9.39%）、3-蒈烯（9.32%）、β-蒎烯（6.80%）、α-萜品烯（4.98%）、1R-α-蒎烯（3.86%）、D-杜松烯（3.36%）、β-芹子烯（2.03%）、1,7,7-三甲基-2-乙烯基二环[2.2.1]庚-2-烯（1.96%）等。

花：穆晗雪等（2017）用水蒸气蒸馏法提取的海南文昌产胡椒新鲜花精油的主要成分为：环己烷（29.11%）、3-甲基己烷（9.87%）、1,2-二甲基环戊烷（9.17%）、高香兰酸乙酯（7.13%）、δ-榄香烯（6.49%）、1,3-二甲基环戊烷（5.33%）、1,7,7-三甲基-2-乙烯基二环[2.2.1]庚-2-烯（3.84%）、6-氨基-2,4-二甲苯粉（2.97%）、γ-榄香烯（2.55%）、庚烷（1.95%）、β-瑟林烯（1.43%）、3,3-二甲基戊烷（1.35%）、α-松油烯（1.21%）、石竹烯（1.11%）、3,7,11-三甲基-2,6,10-十二烷三烯-1-醇（1.10%）、2,5-二丁基呋喃（1.09%）等。

果实：邱丽丽等（2010）用水蒸气蒸馏法提取的海南产白胡椒果实精油的主要成分为：(1S)-3,7,7-三甲基-双环[4.1.0]庚-3-烯（24.62%）、石竹烯（23.95%）、D-柠檬烯（17.65%）、β-蒎烯（6.87%）、α-水芹烯（6.34%）、1S-α-蒎烯（3.00%）、(3R-反式)-4-乙烯基-4-甲基-3-(1-甲基乙烯基)-1-(1-甲基乙基)-环己烯（2.46%）、1-甲基-4-(1-甲基乙基)-1,3-环己二烯（2.42%）、β-月桂烯（2.22%）、1-甲基-4-(甲基亚乙基)-环己烯（1.75%）、α-荜澄茄油烯（1.26%）、α-石竹烯（1.22%）、1-甲基-4-(甲基乙基)-苯（1.11%）等。侯冬岩等（2005）用同法分析的海南三亚产野生胡椒（黑胡椒）果实精油的主要成分为：石竹烯（31.66%）、蒈烯-3（8.60%）、柠檬烯（8.05%）、1,7,7-三甲基-2-乙烯基双环[2.2.1]庚-2-烯（7.08%）、1,2-间苯甲酸双（2-甲基丙基）酯（5.13%）、可巴烯（4.89%）、β-蒎烯（4.14%）、氧化石竹烯（4.08%）、蒈烯-4（3.73%）、1,1,4,8-四甲基-4,7,10-环十一三烯（3.28%）、4,7-二甲基-1-异丙基-1,2,3,5,6,8a-六氢化萘（2.56%）、α-水芹烯（1.80%）、1-甲基-4-异丙基苯（1.46%）、3,7-二甲基-1,6-辛二烯-3-醇（1.31%）、4-甲基-1-异丙基双环[3.1.1]己-2-烯（1.05%）、4,8-二甲基-2-(1-甲基乙烯基)八氢化萘（1.03%）等。王延辉等（2016）用同时蒸馏萃取法提取的海南产胡椒冷冻干燥果实精油的主要成分为：柠檬醛（22.99%）、β-柠檬醛（18.38%）、D-柠檬烯（7.89%）、芫荽醇（2.63%）、(+)-香茅醛（2.37%）、顺马鞭草烯醇（2.36%）、石竹烯（2.29%）、L-松油醇（2.21%）、左旋-β-蒎烯（2.03%）、桉树醇（1.97%）、香叶醇（1.55%）、(S)-顺马鞭草烯醇（1.40%）、β-榄香烯（1.20%）、顺-香叶醇（1.05%）等。张伟等（2017）用顶空固相微萃取法提取的海南万宁产胡椒新鲜果实精油的主要成分为：1,7,7-三甲基-2-乙烯基二环[2.2.1]庚-2-烯（10.45%）、匙桉醇（8.28%）、氧化石竹烯（4.81%）、α-愈创木烯（2.79%）、胡椒烯（1.95%）、1,4-二甲基-8-亚异丙基三环[5.3.0.0^{4,10}]癸烷（1.44%）、植酮（1.27%）、α-芹子烯（1.25%）等。王延辉等（2016）用同时蒸馏萃取法提取的海南产胡椒冷冻干燥果柄精油的主要成分为：柠檬醛（15.62%）、β-柠檬醛（12.35%）、桉树醇（8.89%）、L-松油醇（7.52%）、(+)-香茅醛（5.96%）、D-柠檬烯（4.91%）、石竹烯（2.99%）、芫荽醇（2.25%）、松油烯-4-醇（2.22%）、β-榄香烯（2.03%）、β-松油烯（1.77%）、石竹烯氧化物（1.62%）、左旋-β-蒎烯（1.55%）、香茅醇（1.29%）、β-

蒎烯（1.24%）、香叶醇（1.24%）、顺马鞭草烯醇（1.14%）、松油醇（1.10%）等。杨继敏等（2015）用顶空固相微萃取法提取的海南万宁产胡椒冷冻干燥果柄精油的主要成分为：石竹烯（52.55%）、珀拍烯（8.42%）、δ-榄香烯（8.21%）、葎草烯（5.76%）、D-柠檬烯（4.69%）、3-蒈烯（2.79%）、芳樟醇（2.33%）、杜松烯（1.89%）、β-蛇麻烯（1.25%）、β-榄香烯（1.23%）、α-榄香烯（1.08%）、α-荜澄茄油烯（1.06%）、α-蛇床烯（1.06%）等。

【利用】果实为我国广泛应用的调味品。果实入药，有温中散寒、下气止痛、止泻、开胃、戒毒的功效，治脘腹冷痛、呕吐、泄泻、食欲不振、反胃、呕吐、消化不良、寒痰食积、鱼虾中毒等症；外用可治小儿哮喘、龋齿疼痛、湿疹、冻疮等。茎叶为健胃驱风药，对腹痛、齿痛有效；也能治虚胀、冷积、牙齿热浮作痛等症。果实精油是我国允许使用的食用香料、调味料，用于食品、医药工业和香料工业。

❀ 华南胡椒

Piper austrosinense Tseng

胡椒科　胡椒属
分布：广东、海南、广西

【形态特征】木质攀缘藤本，除苞片腹面中部、花序轴和柱头外无毛；枝有纵棱，节上生根。叶厚纸质，无明显腺点，花枝下部叶阔卵形或卵形，长8.5~11 cm，宽6~7 cm，顶端短尖，基部通常心形，两侧相等，上部叶卵形、狭卵形或卵状披针形，长6~11 cm，宽1.5~4.5 cm，顶端渐尖，基部钝或略狭，两侧常不等齐。花单性，雌雄异株，聚集成与叶对生的穗状花序。雄花序圆柱形，顶端钝，白色，长3~6.5 cm，直径约2 mm；苞片圆形，盾状，腹面中央和花序轴同被白色密毛；雄蕊2枚。雌花序白色，长1~1.5 cm，直径约3 mm，苞片与雄花序的相同。浆果球形，直径约3 mm，基部嵌生于花序轴中。花期4~6月。

【生长习性】生于密林或疏林中，攀缘于树上或石上。喜高温、潮湿、静风的环境，以选结构良好、易于排水、土层深厚、较为肥沃、微酸性或中性的砂壤土种植为佳。

【精油含量】水蒸气蒸馏茎的得油率为0.90%，枝叶的得油率为0.40%~0.60%。

【生长习性】生于山谷密林中或村旁湿润处。

【精油含量】水蒸气蒸馏地上部分的得油率为0.06%～0.54%，干燥叶的得油率为1.50%。

【芳香成分】根：刘雯露等（2014）用二氯甲烷回流萃取法提取的广西南宁产假蒟干燥根精油的主要成分为：α-细辛脑（30.71%）、氢化肉桂酸（22.36%）、γ-谷甾醇（5.22%）、β-荜澄茄油烯（2.14%）、3-苯基丙酰胺（1.78%）、豆甾醇（1.70%）等。

叶：蔡毅等（2010）用水蒸气蒸馏法提取的广西南宁产假蒟干燥叶精油的主要成分为：α-细辛脑（40.33%）、2-亚甲基-4,8,8-三甲基-4-乙烯基-环[5.2.0]壬烷（12.65%）、α-可巴烯（8.47%）、8-甲基-2-亚甲基-(1-甲基乙烯基)-双环[5.3.0]癸烷（5.89%）、β-蛇床烯（4.24%）、δ-荜澄茄烯（3.78%）、反式-甲基异丁香酚（3.65%）、桉双烯（2.75%）、β-荜澄茄素（2.61%）、反式-橙花叔醇（2.45%）、莳草烯（2.21%）、反-异榄香脂素（1.67%）等。

【芳香成分】朱亮锋等（1993）用水蒸气蒸馏法提取的广东鼎湖山产华南胡椒枝叶精油的主要成分为：枞油烯（22.70%）、桧烯（14.72%）、松油醇-4（9.35%）、蒈烯-3（6.98%）、β-石竹烯（3.29%）、β-蒎烯（3.16%）、α-蒎烯（2.49%）、β-月桂烯（2.37%）、γ-松油烯（2.32%）、γ-榄香烯（2.20%）、α-石竹烯（1.91%）、β-荜澄茄烯（1.85%）、α-水芹烯（1.55%）、β-雪松烯（1.35%）、芳樟醇（1.14%）、α-松油烯（1.03%）等。

【利用】果实为民间芳香草药，有消肿、止痛的功效，治牙痛、跌打损伤。

❀ 假蒟

Piper sarmentosum Roxb.

胡椒科　胡椒属

别名：荜拨子、蛤蒟、大柄蒌、马蹄蒌、钻骨风、叶子藤、芦子藤

分布：福建、广东、广西、云南、贵州、西藏

【形态特征】多年生、匍匐、逐节生根草本，长数至10余m；小枝近直立。叶近膜质，有细腺点，下部叶阔卵形或近圆形，长7～14cm，宽6～13cm，顶端短尖；上部叶小，卵形或卵状披针形，基部浅心形、圆、截平或稀有渐狭。花单性，雌雄异株，聚集成与叶对生的穗状花序；雄花序长1.5～2cm，直径2～3mm；花序轴被毛；苞片扁圆形，盾状，直径0.5～0.6mm；雄蕊2枚。雌花序长6～8mm；花序轴无毛；苞片近圆形，盾状，直径1～1.3mm。浆果近球形，具4角棱，无毛，直径2.5～3mm，基部嵌生于花序轴中并与其合生。花期4～11月。

【利用】叶或全草入药，具有祛风散寒、行气止痛、活络消肿的功能，主治风寒咳喘、风湿痹痛、脘腹胀满、泄泻痢疾、产后脚肿、跌打损伤等病症。根治风湿骨痛、跌打损伤、风寒咳嗽、妊娠和产后水肿。果序治牙痛、胃痛、腹胀、食欲不振等。嫩茎叶可作调味品或蔬菜食用。在海南叶、果穗或根做汤料。

蒌叶
Piper betle Linn.

胡椒科　胡椒属

别名: 蒌酱、婆叶、蒟叶、槟叶、青荖叶、青蒌叶、青蒌、芦子、大芦子、槟榔蒟、槟榔蒌

分布: 东起台湾,经东南至西南部各地区均有栽培

【形态特征】攀缘藤本;枝稍带木质,节上生根。叶纸质至近革质,叶背及嫩叶脉上有密细腺点,阔卵形至卵状长圆形,上部的有时为椭圆形,长7～15cm,宽5～11cm,顶端渐尖,基部心形、浅心形或上部的有时钝圆,叶背沿脉上被极细的粉状短柔毛。花单性,雌雄异株,聚集成与叶对生的穗状花序。雄花序开花时几与叶片等长;苞片圆形或近圆形,稀倒卵形,盾状,直径1～1.3mm;雄蕊2枚,花药肾形。雌花序长3～5cm,于果期延长,直径约10mm;花序轴密被毛;苞片与雄花序的相同。浆果顶端稍凸,有绒毛,下部与花序轴合生成一柱状、肉质、带红色的果穗。花期5～7月。

【生长习性】为热带雨林中常见的附生藤本,多附生于雨量多、湿度大、土壤肥沃、无霜的低凹河谷林中树干上。喜高温、潮湿、静风的环境,以选结构良好、易于排水、土层深厚、较为肥沃、微酸性或中性的砂壤土种植为佳。

【精油含量】水蒸气蒸馏干燥叶的得油率为2.96%;同时蒸馏萃取的干燥叶的得油率为2.19%。

【芳香成分】吕纪行等(2017)用水蒸气蒸馏法提取的海南万宁产蒌叶干燥叶精油的主要成分为:2-甲氧基-4-(1-丙烯基)-苯酚(67.14%)、胡椒酚(13.45%)、2-甲氧基-4-丙烯基乙酸酚酯(9.62%)、乙酸丁香酯(3.28%)、异丁香酚甲醚(1.17%)等。苏彦利等(2016)用同时蒸馏萃取法提取的海南万宁产蒌叶干燥叶精油的主要成分为:异丁香酚(70.03%)、对烯丙基苯酚(10.52%)、乙酰基丁香酚(7.04%)、芳樟醇(1.61%)、大根香叶烯(1.41%)等。尹震花等(2012)用顶空固相微萃取法提取的海南产蒌叶叶挥发油的主要成分为:2-甲氧基-5-甲基苯甲醛(42.89%)、异丁香酚(13.42%)、胡椒酚醋酸酯(12.49%)、4-烯丙基-1,2-二乙酰氧基苯(9.47%)、胡椒酚(2.89%)、γ-荜澄茄烯(2.74%)、丁香酚(2.66%)、乙酸异丁香酚酯(2.06%)、石竹烯(1.95%)、δ-荜澄茄烯(1.51%)、乙酸(1.16%)等。

【利用】全草可提取的精油,称为蒌酱油,作调香原料。东南亚不少民族喜以其叶包石灰与槟榔作咀嚼嗜好品;广东阳江等地用以包裹粽子。茎、叶、果实入药,有温中行气、祛风散寒、消肿止痛、化痰止痒的功效,用于风寒咳嗽、胃寒痛、消化不良、腹胀、疮疖、湿疹。

毛蒟
Piper puberulum (Benth.) Maxim.

胡椒科　胡椒属

别名: 小毛蒌、毛蒌、小墙风、野芦子

分布: 广西、广东、海南

【形态特征】攀缘藤本,长达数米;幼枝被柔软的短毛,老时脱落。叶硬纸质,卵状披针形或卵形,长5～11cm,宽2～6cm,顶端短尖或渐尖,基部浅心形或半心形,两侧常不对称,两面被柔软的短毛,毛少部分分枝,老时腹面近无毛。花单性,雌雄异株,聚集成与叶对生的穗状花序。雄花序纤细,长约7cm,直径约3mm;总花梗比叶柄稍长,其与花序轴同被疏柔毛;苞片圆形,有时基部略狭,盾状,无毛;雄蕊通常3枚,花药肾形,2裂,花丝极短。雌花序长4～6cm;苞片、总花梗和花序轴与雄花序的无异;子房近球形,柱头4。浆果球形,直径约2mm。花期3～5月。

【生长习性】生于疏林或密林中,攀缘于树上或石上,海拔1100～1300m。喜高温、潮湿、静风的环境,以选结构良好、易于排水、土层深厚、较为肥沃、微酸性或中性的砂壤土种植为佳。

【精油含量】水蒸气蒸馏地上部分的得油率为0.11%～1.64%,干燥叶的得油率为1.09%。

【芳香成分】叶:蔡毅等(2010)用水蒸气蒸馏法提取的广西南宁产毛蒟干燥叶精油的主要成分为:2-亚甲基-4,8,8-三甲基-4-乙烯基-环[5.2.0]壬烷(33.55%)、3,7,11,15-四甲基-1,6,10,14-四烯-十六-3-醇(15.00%)、正十五烷(7.02%)、植物醇(5.33%)、β-榄香烯(5.24%)、反式-橙花叔醇(5.20%)、鲨烯(3.36%)、葎草烯(2.79%)、正十七烷(2.58%)、石竹烯环氧化物(1.63%)、1-异丙基-4,7-二甲基-1,2,3,4,4a,7-六氢萘(1.52%)、β-蛇床烯(1.45%)、棕榈酸(1.44%)、月桂醛(1.42%)、正-癸醛(1.34%)等。

全草:蔡毅等(2015)用水蒸气蒸馏法提取的广西不同产地毛蒟干燥全草的精油成分不同,金秀产的主要成分为:吉玛酮(34.23%)、γ-榄香烯(15.93%)、β-榄烯酮(7.25%)、橙

花叔醇（4.27%）、荜澄茄烯（4.10%）、β-榄香烯（2.75%）、石竹烯（2.49%）、(-)-α-蛇床烯（1.08%）等；平南产的主要成分为：1S,2S,5R-1,4,4-三甲基三环[6.3.1.0²·⁵]-十二碳-8(9)-烯（14.61%）、2-十三烷酮（13.06%）、荜澄茄烯（8.56%）、β-倍半水芹烯（5.73%）、橙花叔醇（4.11%）、δ-杜松烯（4.06%）、(-)-姜烯（2.53%）、甲基十七烷基甲酮（2.45%）、1-β-红没药烯（2.25%）、石竹烯（1.98%）、β-榄香烯（1.74%）、2-十一酮（1.38%）、姜黄烯（1.18%）、γ-马榄烯（1.11%）等；荔浦产的主要成分为：石竹烯（16.91%）、β-榄香烯（16.79%）、肉豆蔻醚（16.46%）、双环吉玛烯（8.85%）、吉玛酮（4.66%）、β-桉叶烯（2.51%）、橙花叔醇（2.40%）、橙花叔醇（2.09%）、石竹烯氧化物（1.99%）、吉玛烯（1.49%）、(+)-4-蒈烯（1.26%）、γ-榄香烯（1.11%）、斯巴醇（1.05%）等；钦北产的主要成分为：D-柠檬烯（25.30%）、异石竹烯（18.85%）、石竹烯（15.84%）、癸醛（7.17%）、十五烷（3.37%）、α-石竹烯（2.55%）、橙花叔醇（2.45%）、2,5-二甲基-3-亚甲基-1,5-庚二烯（2.43%）、月桂醛（2.40%）、1-乙烯基-1-甲基-2,4-(1-甲基乙基)-双环己烷（2.07%）、橙花叔醇（2.01%）、环辛烷（1.93%）、石竹烯氧化物（1.24%）、(-)-4-萜品醇（1.21%）、斯巴醇（1.12%）、异松油烯（1.00%）等。杨艳等（2016）用同法分析的贵州黔东南产毛蒟干燥全草精油的主要成分为：γ-榄香烯（11.86%）、4-乙烯基-α,α,4-三甲基-3-(1-甲基乙烯基)-环己烷甲醇（8.70%）、石竹烯（8.44%）、α-石竹烯（6.22%）、1,2,3,5,6,7,8,8a-八氢-1,4-二甲基-7-(1-甲基乙烯基)-奠（4.65%）、1,1-亚5,10-十五二炔-1-醇乙基八氢-7α-甲基-1H-茚（4.48%）、榄香烯（3.67%）、β-人参烯（1.80%）、α-可巴烯（1.79%）、3,7,11-三甲基-1,6,10-十二烷三烯-3-醇（1.78%）、石竹烯氧化物（1.72%）、(1S-顺式)-1,2,3,5,6,8a-六氢-4,7-二甲基-1-(1-甲基乙基)-富马酸二酯（1.71%）、1,2,3,4,5,6,7,8-八氢-4,4-二甲基-7-(1-甲基乙烯基)-奠（1.61%）、1-甲基-4-(5-甲基-1-亚甲基-4-己烯基)-环己烯（1.33%）、4(14)-桉叶烷-3,11-二烯（1.30%）、正十六烷酸（1.22%）、1,2,3,4,4a,5,6,7-八氢-2-萘甲醇（1.19%）、3,4-二甲基-3-环己烯-1-甲醛（1.15%）、十氢-1,1,7-三甲基-4-亚甲基-1H-环丙[e]奠-7-醇（1.05%）等。

【利用】干燥全草为广西民间常用中草药，具有祛风散寒除湿、行气活血止痛的功效，主治风湿痹痛、风寒头痛、脘腹疼痛、疝痛、痛经、跌打肿痛。

毛山蒟
Piper martinii C. DC.

胡椒科　胡椒属
分布：广东、广西、云南、四川、贵州

【形态特征】攀缘藤本；枝通常被微硬毛，有纵棱，干时常变黑色。叶纸质，无明显腺点，卵状披针形或狭椭圆形，下部的稀有为卵形，长5～14 cm，宽2～5 cm，顶端渐尖，基部短狭，稍不等，叶背被微硬毛。花单性，雌雄异株，聚集成与叶对生的穗状花序。雄花序通常远长于叶片，有时可达叶片的倍；苞片圆形，近无柄，盾状，直径1～1.2 mm；雄蕊3枚，花药肾形，2裂。雌花序长1.5～3 cm，于果期延长可达6 cm；苞片和花序轴与雄花序的无异，苞片柄在果期不延长，被疏毛；子房离生，顶端尖，柱头3～4，线形。浆果幼时顶端锥尖，成熟时近球形，直径约3 mm，无毛，有疣状凸起。花期2～6月。

【生长习性】生于密林或疏林中溪涧边，攀缘于树上或石上，海拔350～1250 m。

【精油含量】水蒸气蒸馏新鲜叶的得油率为17.3 μl/g。

【芳香成分】李谦等（2006）用水蒸气蒸馏法提取的贵州贵阳产毛山蒟新鲜叶精油的主要成分为：双环杜鹃烯（22.42%）、桧烯（12.08%）、δ-3-蒈烯（11.94%）、橙花叔醇（5.06%）、(+)-匙叶桉油烯醇（4.55%）、4-萜品烯醇（3.15%）、反-石竹烯（3.02%）、β-榄香烯（2.95%）、α-胡椒烯（2.12%）、蓝桉醇（2.08%）、β-蛇床烯（1.81%）、β-月桂烯（1.67%）、α-蒎烯（1.36%）、α-葎草烯（1.33%）、τ-依兰醇（1.24%）、δ-桉叶醇（1.08%）、双环榄香烯（1.03%）等。

【利用】全株入药，用于风湿、跌打、肿痛、关节痛、疳积等。

毛叶树胡椒
Piper hispidinervium C. DC.

胡椒科　胡椒属
别名：巴西树胡椒、树胡椒、阿克里克树胡椒
分布：云南、海南有栽培

【形态特征】丛生状灌木，枝叶芳香，高4～4.2 m。多分枝，分枝级数3～4；枝圆柱形，绿黄色，节间膨大，红色，幼枝茎略偏，具皮孔。叶互生，纸质，椭圆形至长椭圆形，长

～18 cm，宽3～6 cm，先端尾尖或渐尖；基部不等侧，一侧下延，两边各呈半心形，全缘，叶面具短毛，较粗糙，叶背浅绿色，具短毛。花序与叶对生或顶生，幼时具包片，被短毛，之后脱落；花序穗状，长7～15 cm，径0.2～0.4 cm。花两性，小，淡黄白色，呈环状着生于花序轴上。果为肉质、不开裂的小浆果，排列紧密呈圆柱状；成熟时变为黑绿色，且变软。种子近球形，细小，红褐色至深褐色，干后略扁呈正方体。

【生长习性】为典型的热带植物，原产地为高温多雨的热带雨林气候，对海南的湿热气候适应性较强。生长需要20 ℃以上的月均气温，以日均温24 ℃以上时生长较快。

【精油含量】水蒸气蒸馏叶的得油率为0.68%～4.07%，新鲜枝叶的得油率为1.06%～1.20%，干燥茎的得油率为0.16%，果实的得油率为1.32%。

【芳香成分】程必强等（1998）用水蒸气蒸馏法提取的云南西双版纳产毛叶树胡椒新鲜叶精油的主要成分为：黄樟油素（80.88%）、异松油烯（9.25%）、t-β-罗勒烯（2.56%）、γ-木罗烯（1.85%）、莰烯-3（1.50%）等。

【利用】全株精油中天然黄樟素含量高，可作为提取黄樟素及转化生产多种香料物质的重要来源。

🌸 山蒟

Piper hancei Maxim.

胡椒科　胡椒属

分布：浙江、云南、贵州、福建、湖南、江西、广东、广西

【形态特征】攀缘藤本，长数至10余米，除花序轴和苞片柄外，余均无毛；茎、枝具细纵纹，节上生根。叶纸质或近革质，卵状披针形或椭圆形，少有披针形，长6～12 cm，宽2.5～4.5 cm，顶端短尖或渐尖，基部渐狭或楔形，有时钝，通常相等或有时略不等。花单性，雌雄异株，聚集成与叶对生的穗状花序。雄花序长6～10 cm，直径约2 mm；花序轴被毛；苞片近圆形，直径约0.8 mm，近无柄或具短柄，盾状，向轴面和柄上被柔毛；雄蕊2枚，花丝短。雌花序长约3 cm，于果期延长；苞片与雄花序的相同，但柄略长；子房近球形，离生，柱头4或稀有3。浆果球形，黄色，直径2.5～3 mm。花期3～8月。

【生长习性】生于山地溪涧边、密林或疏林中，攀缘于树上或石上。喜高温、潮湿、静风的环境，以选结构良好、易于排水、土层深厚、较为肥沃、微酸性或中性的砂壤土种植为佳。

【精油含量】水蒸气蒸馏茎叶的得油率为0.06%～0.32%，干燥叶的得油率为1.82%。

【芳香成分】叶：蔡毅等（2010）用水蒸气蒸馏法提取的广西南宁产山蒟干燥叶精油的主要成分为：2-异丙基-4a,8-二甲基-1,2,3,4,4a,5,6,8a-八氢萘（17.49%）、β-蛇床烯（13.12%）、葎草烯（8.54%）、喜巴辛（6.83%）、α-荜澄茄醇（6.68%）、2-亚甲基-4,8,8-三甲基-4-乙烯基-环[5.2.0]壬烷（5.03%）、β-榄香烯（5.00%）、α-姜黄烯（3.43%）、甜没药醇（3.10%）、β-水茴香萜（3.04%）、匙叶桉油烯醇（2.43%）、δ-荜澄茄烯（2.25%）、β-蒎烯（1.51%）、α-可巴烯（1.49%）、α-雪松烯（1.49%）、β-倍半水芹烯（1.19%）、姜烯（1.06%）等。

全草：苏玲等（2014）用水蒸气蒸馏法提取的广西贵港产山蒟全草精油的主要成分为：吉玛烯D（18.15%）、愈创醇（15.95%）、α-榄香醇（6.73%）、(1S-顺)-1,2,3,5,6,8a-六氢-4,7-二甲基-1-(1-甲基乙基)-萘（3.01%）、石竹烯（2.67%）、4(14),11-桉叶二烯（2.58%）、δ-柠檬烯（2.33%）、异喇叭烯（2.16%）、β-水芹烯（1.93%）、珀珇烯（1.73%）、α-石竹烯（1.61%）、β-桉叶醇（1.28%）、β-波旁烯（1.10%）、(-)-α-蛇床烯（1.07%）等。

【利用】全草药用，有祛风湿、强腰膝、止咳、止痛的功

效，用于风湿痹痛、扭挫伤、风寒感冒、咳嗽、跌打损伤。苗药用根治月经不调、胃痛、痛经、消化不良、咳嗽、哮喘、跌打损伤、风湿疼痛。

❀ 石南藤
Piper wallichii (Miq.) Hand.-Mazz.

胡椒科　胡椒属

别名: 丁公藤、搜山虎、风藤、蒌叶、毛蒟、爬岩香
分布: 甘肃、湖北、湖南、广西、四川、贵州、云南

【形态特征】攀缘藤本；枝干时呈淡黄色，有纵棱。叶硬纸质，干时变淡黄色，无明显腺点，椭圆形，或向下渐次为狭卵形至卵形，长7～14 cm，宽4～6.5 cm，顶端长渐尖，有小尖头，基部短狭或钝圆，两侧近相等，有时下部的叶呈微心形；叶鞘长8～10 mm。花单性，雌雄异株，聚集成与叶对生的穗状花序。雄花序于花期几与叶片等长；苞片圆形，稀倒卵状圆形，边缘不整齐，盾状，直径约1 mm；雄蕊2枚，间有3枚，花药肾形，2裂。雌花序比叶片短；花序轴和苞片与雄花序的相同，密被白色长毛；子房离生，柱头3～4，稀有5，披针形。浆果球形，直径3～3.5 mm，无毛，有疣状凸起。花期5～6月。

【生长习性】生于林中阴处或湿润地，爬登于石壁上或树上，海拔310～2600 m。

【精油含量】水蒸气蒸馏全草或全株的得油率为0.32%～1.04%。

【芳香成分】茎：顾怀章等（2014）用超声波法提取的贵

州产石南藤干燥茎精油的主要成分为：β-桉叶油醇（11.12%）、2,5,9-三甲基环十一烷-4,8-二烯酮（9.54%）、6-芹子烯-4-醇（6.97%）、匙叶桉油烯醇（6.40%）、α-杜松醇（6.03%）、氧化石竹烯（5.77%）、石竹烯（4.96%）、姜黄新酮（4.50%）、橙花叔醇（3.73%）、榄香醇（3.30%）、β-杜松萜烯（3.14%）、胡木烷-1,6-二烯-3-醇（3.06%）、Z-α-反式-香柠檬醇（2.67%）、2-十一酮（2.42%）、细辛脑（2.30%）、β-倍半水芹烯（1.59%）、α-石竹烯（1.36%）等。

全草：陈青等（2007）用同时蒸馏萃取法提取的贵州贵阳产石南藤全株精油的主要成分为：α-桉叶醇（20.14%）、香桧烯（7.34%）、γ-桉叶醇（6.71%）、δ-荜澄茄烯（6.16%）、β-丁香烯（5.44%）、4-松油醇（4.64%）、二环大根香叶烯（3.94%）、榧烯醇（3.03%）、α-蒎烯（2.65%）、γ-松油烯（2.42%）、α-松油烯（1.85%）、橄榄醇（1.83%）、β-蒎烯（1.73%）、β-榄香烯（1.72%）、α-玷理烯（1.63%）、(-)-蓝桉醇（1.62%）、大根香叶烯D（1.33%）、橙花叔醇（1.16%）等。吴连花等（2013）用同法分析的贵州相思河产石南藤干燥茎叶精油的主要成分为：双环大牻牛儿烯（8.85%）、α-荜草烯（6.23%）、δ-荜澄茄烯（5.41%）、β-桉叶醇（5.25%）、(1S)-1,2,3,4,4aβ,7,8,8aβ-八氢-1,6-二甲基-4β-异丙基-1-萘酚（4.56%）、绿花醇（4.46%）、β-石竹烯（3.89%）、(+)-匙叶桉油烯醇（3.48%）、β-榄香烯（3.27%）、α-玷理烯（2.69%）、β-松油烯（1.95%）、α-桉藦烯（1.79%）、香桧烯（1.71%）、蓝桉醇（1.42%）、橄榄醇（1.30%）、β-芹子烯（1.26%）、β-没药烯（1.00%）等；贵州赤水产石南藤干燥茎叶精油的主要成分为：β-细辛醚（24.35%）、双环大牻牛儿烯（9.98%）、β-石竹烯（7.63%）、香桧烯（5.75%）、δ-荜澄茄烯（4.37%）、β-松油烯（4.30%）、橄榄醇（3.73%）、β-桉叶醇（3.36%）、反式-细辛醚（3.08%）、α-桉醇（2.65%）、(+)-匙叶桉油烯醇（2.50%）、β-蒎烯（2.11%）、α-蒎烯（1.82%）、α-荜草烯（1.73%）、α-玷理烯（1.37%）、β-芹子烯（1.25%）、γ-桉叶醇（1.06%）等。

【利用】茎入药，有祛风寒、强腰膝、补肾壮阳的功效，常治风湿痹痛、腰腿痛等。茎叶精油是一种很好的定香剂；与玳玳油调制橙香油香精，广作香精香料。有少数民族用全草治风湿骨痛、跌打内伤、骨折。

小叶爬崖香

Piper arboricola C. DC.

胡椒科　胡椒属

分布：台湾、东南至西南各地区

【形态特征】藤本，长达数米；茎、枝平卧或攀缘，节上生根，幼时密被锈色粗毛，老时变稀疏。叶薄，膜质，有细腺点，匍匐枝的叶卵形或卵状长圆形，长3.5～5 cm，宽2～3 cm，顶端短尖或钝，基部心形，两侧稍不等，两面被粗毛；小枝的叶长椭圆形、长圆形或卵状披针形，长7～11 cm，宽3～4.5 cm，顶端短渐尖，基部偏斜或半心形。花单性，雌雄异株，聚集成与叶对生的穗状花序。雄花序纤细，长5.5～13 cm，直径2～3 mm；苞片圆形，具短柄，盾状，腹面与花序轴着生处被束毛；雄蕊2枚，花药近球形。雌花序长4～5.5 cm，苞片、花序轴与雄花序的无异。浆果倒卵形，离生，直径约2 mm。花期3～7月。

【生长习性】生于疏林或山谷密林中，常攀缘于树上或石上，海拔100～2500 m。喜高温、潮湿、静风的环境，以选结构良好、易于排水、土层深厚、较为肥沃、微酸性或中性的砂壤土种植为佳。

【精油含量】水蒸气蒸馏地上部分的得油率为0.10%～0.28%。

【芳香成分】朱亮锋等（1993）用水蒸气蒸馏法提取的广东鼎湖山产小叶爬崖香茎叶精油的主要成分为：β-石竹烯（18.61%）、癸醛（8.76%）、十二醛（5.20%）、3-(4,8-二甲基-3,7-壬二烯基)呋喃（3.58%）、癸醇（3.49%）、植醇（2.78%）、橙花叔醇（2.59%）、β-榄香烯（2.29%）、β-榄香烯异构物（2.08%）、α-石竹烯（1.97%）、2-十三酮（1.75%）、柠檬烯（1.41%）、γ-杜松烯（1.37%）、2-十一酮（1.22%）、松油醇-4(1.12%)、β-月桂烯（1.08%）等。

【利用】全株入药，有颇好的止痛疗效，亦能健胃、祛痰。民间作芳香草药，用于治疗偏头痛。

芝麻

Sesamum indicum Linn.

胡麻科　胡麻属

别名：油麻、胡麻、乌麻、麻仔、脂麻、巨胜

分布：全国各地

【形态特征】一年生直立草本。高60～150 cm，分枝或不分枝，中空或具有白色髓部，微有毛。叶矩圆形或卵形，长3～10 cm，宽2.5～4 cm，下部叶常掌状3裂，中部叶有齿缺，上部叶近全缘；叶柄长1～5 cm。花单生或2～3朵同生于叶腋内。花萼裂片披针形，长5～8 mm，宽1.6～3.5 mm，被柔毛。花冠长2.5～3 cm，筒状，直径约1～1.5 cm，长2～3.5 cm，白色而常有紫红色或黄色的彩晕。雄蕊4，内藏。子房上位，4室（云南西双版纳栽培植物可至8室），被柔毛。蒴果矩圆形，长2～3 cm，直径6～12 mm，有纵棱，直立，被毛，分裂至中部或至基部。种子有黑白之分。花期夏末秋初。

【生长习性】原产于热带，是喜温作物，怕寒冷，怕水淹。

【芳香成分】陈俊卿等（2005）用顶空萃取法提取的芝麻种子挥发油的主要成分为：戊烷（16.52%）、丙酮（12.17%）、乙醛（10.97%）、庚醛（9.51%）、甲基吡嗪（7.32%）、己醛（5.61%）、2,6-二氢吡嗪（3.16%）、乙酸（3.12%）、噻吩（2.54%）、乙酸甲酯（2.32%）、2-甲基丙醛（2.06%）、二硫碳化合物（1.99%）、(Z)-2-庚醛（1.74%）、3-甲基丁醛（1.73%）、2-甲基呋喃（1.67%）、戊醛（1.59%）、2-丁酮（1.11%）、1-戊醇（1.01%）等。

【利用】是我国主要油料作物之一。种子榨油供食用；还可以供工业制作润滑油、肥皂和化妆品；亦供药用，作为软膏基础剂、粘滑剂、解毒剂；糖制的芝麻油可制造奶油和化妆品；热榨的芝麻油可用于制造复写纸；芝麻油燃烧所生的油烟，可以制造高级墨汁。种子可用作烹饪原料、加工食品的原料和菜肴辅料。芝麻饼粕是很好的精饲料，也是很好的肥料。花和茎可获取制造香水所用的香料。茎杆可作燃料。种子药用，有补肝肾、益精血、润肠燥、通乳的功效，可用于治疗身体虚弱头晕耳鸣、高血压、高血脂、咳嗽、身体虚弱、头发早白、贫血萎黄、津液不足、大便燥结、乳少、尿血等症。患有慢性肠炎、便溏腹泻者，男子阳痿、遗精者忌食。茎用于哮喘、浮肿疔耳出脓。叶有益气、补脑髓、坚筋骨的功效，用于五脏邪气风寒湿痹。花用于秃发、冻疮。果壳用于半身不遂、烫伤。榨油后的渣滓用于揩牙乌须、疽疮有虫。

🌸 枫杨

Pterocarya stenoptera C. DC.

胡桃科　枫杨属

别名： 枰柳、溪杨、水麻柳、小鸡树、枫柳、蜈蚣柳、平杨柳、燕子树、元宝树、麻柳

分布： 陕西、河南、山东、安徽、江苏、浙江、江西、福建、台湾、广东、广西、湖北、湖南、四川、贵州、云南等地

【形态特征】大乔木，高达30 m，胸径达1 m；幼树树皮平滑，浅灰色，老时深纵裂；小枝具灰黄色皮孔；芽具柄，密被锈褐色盾状腺体。叶多为偶数或稀奇数羽状复叶，长8～25 cm，叶轴具翅；小叶10～25枚，对生或稀近对生，长椭圆形至长椭圆状披针形，长约8～12 cm，宽2～3 cm，顶端常钝圆或稀急尖，基部歪斜。雄性菜荑花序长约6～10 cm。雄花常具1～3枚花被片，雄蕊5～12枚。雌性菜荑花序顶生，长约10～15 cm，具2枚不孕性苞片。雌花苞片及小苞片密被腺体。果序长20～45 cm，果实长椭圆形，长约6～7 mm；果翅狭，条形或阔条形。花期4～5月，果熟期8～9月。

【生长习性】生于海拔1500 m以下的沿溪涧河滩、阴湿山坡地的林中。喜光性树种，不耐庇荫。耐水湿、耐寒、耐旱，喜深厚肥沃湿润的土壤，以温度不太低，雨量比较多的暖温带和亚热带气候较为适宜。对二氧化硫、氯气等抗性强。喜光树种，不耐庇荫。

【精油含量】水蒸气蒸馏叶的得油率为0.16%～0.50%，枝叶的得油率为0.25%。

【芳香成分】姜志宏等（1995）用水蒸气蒸馏法提取的江苏南京产枫杨叶精油的主要成分为：β-芹子烯（7.71%）、α-佛手烯（7.36%）、γ-芹子烯（7.29%）、β-榄香烯（7.01%）、γ-古芸烯（5.86%）、2-侧柏醇（5.61%）、雅槛蓝烯（5.26%）、别香树

稀（5.12%）、柠檬烯（4.77%）、α-榄香醇（4.77%）、α-蛇麻烯（4.21%）、喇叭茶萜醇（2.88%）、β-榄香烯（2.59%）、喇叭茶烯（2.45%）、反式-(-)-蒎葛缕（2.24%）、β-雪松烯（1.96%）、4-香苇醇（1.54%）、1,2,3,4,4a,5,6,8a-八氢-7-甲基-4-亚甲基-异丙基萘（1.26%）、长松针烯（1.26%）、β-石竹烯（1.12%）等。

【利用】广泛栽植作园庭树或行道树。木材可制作箱板、家具、农具、火柴杆等。树皮和枝皮可提取栲胶，亦可作纤维原料。果实可作饲料和酿酒。种子可榨油。树皮和叶药用，有祛风止痛、杀虫、敛疮的功效，治慢性气管炎、关节痛、疮疖节肿、疥癣风痒、皮炎湿疹、汤火伤。叶有毒，可作农药杀虫剂。可作胡桃之砧木。

🌸 胡桃

Juglans regia Linn.

胡桃科　胡桃属

别名：核桃
分布：华北、西北、西南、华中、华东、华南各地区

【形态特征】乔木，高达20～25 m；树皮幼时灰绿色，老时灰白色纵向浅裂；小枝被盾状腺体。奇数羽状复叶长25～30 cm；小叶通常5～9枚，稀3枚，椭圆状卵形至长椭圆形，长约6～15 cm，宽约3～6 cm，顶端钝圆或急尖、短渐尖，基部歪斜、近于圆形，叶面深绿色，叶背淡绿色。雄性柔荑花序下垂，长约5～10 cm，稀达15 cm。雄花的苞片、小苞片及花被片均被腺毛。雌性穗状花序通常具1～4雌花，总苞被极短腺毛，柱头浅绿色。果序短，杞俯垂，具1～3果实；果实近于球状，直径4～6 cm；果核稍具皱曲，有2条纵棱，顶端具短尖头；内果皮壁内具不规则的空隙或无空隙而仅具皱曲。花期5月，果期10月。

【生长习性】生于海拔400～1800 m的山坡及丘陵地带，我国平原及丘陵地区常见栽培。喜温暖湿润环境，较耐干冷，不耐湿热。适于阳光充足、排水良好、湿润肥沃的微酸性至弱碱性壤土或黏质壤土。抗旱性较弱，不耐盐碱。抗风性较强，不耐移植，不耐水淹。

【精油含量】水蒸气蒸馏叶的得油率为0.27%～0.48%。

【芳香成分】**树皮：**卓志航等（2016）用顶空固相微萃取法提取的四川罗江产胡桃新鲜树皮挥发油的主要成分为：桉叶油醇（17.37%）、左旋-β-蒎烯（12.31%）、p-伞花烃（12.00%）、2-正戊基呋喃（9.28%）、胡桃醌（7.03%）、(1R)-(+)-α-蒎烯（6.50%）、b-绿叶烯（5.55%）、萜品烯（4.90%）、异松油烯（4.42%）、1-石竹烯（3.94%）、罗勒烯（2.08%）、顺-2-(2-戊烯基)呋喃（2.00%）、α-萜品烯（1.48%）、百里醌（1.34%）、反-2,6-壬二醛（1.18%）、反式蒎茨酮（1.14%）、苯乙烯（1.12%）等。

叶：巩江等（2010）用水蒸气蒸馏法提取的叶精油的主要成分为：反-(+)-橙花叔醇（45.14%）、叶醇（8.62%）、金合欢醇（5.54%）、4-乙烯基-2-甲氧基-苯酚（3.84%）、壬醛（1.91%）、香豆满（1.79%）、4-己烯-1-醇（1.78%）、正二十一烷（1.69%）、β-芳樟醇（1.68%）、环己酮（1.35%）等。卓志航等（2016）用顶空固相微萃取法提取的四川罗江产胡桃新鲜叶精油的主要成分为：1-石竹烯（20.48%）、β-蒎烯（16.40%）、(3aS,3bR,4S,7R,7aR)-7-甲基-3-乙叉-4-异丙基八氢-1H-盐酸环戊醇乙胺酯[1,3]环丙烷[1,2]苯（11.12%）、(1R)-(+)-α-蒎烯（9.68%）、右旋萜二烯（7.48%）、蘑菇醇（7.06%）、胡桃醌（6.16%）、(Z)-3,7-二甲基-1,3,6-十八烷三烯（2.96%）、芳樟醇（2.21%）、5-丁香酚（1.78%）、Z,Z,Z-1,5,9,9-四甲基-1,4,7-环十一碳三烯（1.69%）、二环大根香叶烯（1.61%）、反式-2-己烯醛（1.39%）、左旋-β-蒎烯（1.26%）、(E)-β-金合欢烯（1.22%）等。

花：吕玉年等（2011）用水蒸气蒸馏法提取的干燥花序精油的主要成分为：邻苯二甲酸丁酯（25.24%）、二十四烷（22.62%）、二十三烷（22.61%）等。

种子：王影等（2016）用顶空固相微萃取法提取分析了陕

西不同品种胡桃种子（仁）的香气成分，'优种'的主要成分为：己醛（4.60%）、苯甲醛（4.41%）、柠檬烯（4.04%）、壬醛（2.64%）、苯甲醇（2.53%）、异戊醇（2.46%）、甲酸丁酯（1.51%）、苯甲醛丙二醇缩醛（1.29%）、乙酸叔丁酯（1.26%）、2-甲基-2-丁烯醛（1.14%）等；'北方白三'的主要成分为：异戊醇（5.20%）、苯甲醛（2.62%）、柠檬烯（1.84%）、3-辛醇（1.28%）、异丁醇（1.17%）、甲酸芳樟酯（1.13%）等；'杂果仁白二'的主要成分为：己醛（29.01%）、苯甲醛（3.34%）、戊醛（1.11%）、柠檬烯（1.09%）等。安冉等（2016）用同法分析的新疆新和产胡桃新鲜种子香气的主要成分为：4-羟基-丁酸（29.22%）、α-蒎烯（22.02%）、苄基异戊基醚（11.58%）、香芹烯（4.21%）、α-水芹烯（3.81%）、对伞花烃（3.30%）、邻伞花烃（2.81%）、己醛（2.78%）、邻二甲苯（2.45%）、琥珀酸苯氧基乙酸乙酯（2.23%）、β-蒎烯（2.09%）、乙酸桃金娘烯酯（1.23%）、2,2,3,4-四甲基-戊烷（1.18%）、5,6,7-三甲氧基-1-茚酮（1.17%）等。

【利用】种仁可生食，是糕点、糖果等原料，亦可榨油食用，或用于制药、油漆等工业。木材是很好的硬木材料。种仁入药，具有补气养血、润燥化痰、温肺肾益命门的功效，对于肾虚耳鸣、遗精、阳痿、腰痛、尿频、遗尿、咳喘和便秘等有一定疗效；也用于血滞经闭、血瘀腹痛、蓄血发狂、跌打瘀能等病症。树皮、叶及果皮均可提制鞣酸。果壳可制活性炭。果外壳可制作工艺品。是良好的庭荫树。

🌸 胡桃楸

Juglans mandshurica Maxim.

胡桃科　胡桃属
别名：核桃楸、楸树皮
分布：黑龙江、吉林、辽宁、河北、山东

【形态特征】乔木，高达20余米；树皮灰色，浅纵裂。奇数羽状复叶生于萌条条上者长可达80 cm，小叶15～23枚，长6～17 cm，宽2～7 cm；生于孕性枝上者集生于枝端，长达40～50 cm，小叶9～17枚，椭圆形至长椭圆状披针形，边缘具细锯齿，被贴伏的短柔毛及星芒状毛。雄性茎黄花序长9～20 cm；雄花苞片顶端钝，小苞片2枚，花被片1枚位于顶端与苞片重叠、2枚位于花的基部两侧。雌性穗状花序具4～10

雌花；雌花长5～6 mm，下端被腺质柔毛，花被片披针形或纰状披针形。果序长约10～15 cm，具5～7果实；果实球状、卵状或椭圆状，顶端尖，密被腺质短柔毛，长3.5～7.5 cm，径3～5 cm；果核长2.5～5 cm，表面具8条纵棱，顶端具尖头。花期5月，果期8～9月。

【生长习性】多生于土质肥厚、湿润、排水良好的沟谷两旁或山坡的阔叶林中。为喜光、喜湿润生境的阳性树种。喜冷凉干燥气候，耐寒，能耐-40 ℃严寒。不耐阴，以向阳、土层深厚、疏松肥沃、排水良好的沟谷栽培为好。

【精油含量】水蒸气蒸馏干燥树皮的得油率为0.07%，新鲜叶的得油率为0.09%。

【芳香成分】树皮：李金凤等（2013）用水蒸气蒸馏法提取的辽宁辽中产胡桃楸干燥树皮精油的主要成分为：β-桉叶醇（13.24%）、2,5-二甲基-3-乙基-1,3-己二烯（8.05%）、顺-11,14-二十碳二烯酸甲酯（7.96%）、己烯基环己烷（5.10%）、正十六烷（4.52%）、正十九烷（4.48%）、氧化石竹烯（4.29%）、2,3,5,8-四甲基癸烷（4.16%）、2,6,10,14-四甲基十七烷（3.42%）、3-溴癸烷（2.92%）、花生醇（2.18%）、1-碘癸烷（1.79%）、1-甲基-4-(甲磺酰基)-二环[2.2.2]辛烷（1.71%）、2-甲基-4-庚酮（1.08%）等。

叶：王淑萍（2015）用水蒸气蒸馏法提取的吉林辉南产胡桃楸新鲜叶精油的主要成分为：叶绿醇（14.00%）、石竹烯（7.49%）、α-卡达醇（5.39%）、α-红没药醇（4.09%）、1,2-苯二羧酸顺(2-甲丙基)酯（3.73%）、(1S-顺)-1,2,3,5,6,8a-六氢-4,7-二甲基-1-(1-异丙基)萘（3.58%）、[S-(R*,S*)]-5-(1,5-二甲基-4-己烯基)-2-甲基-1,3-环己烯（3.53%）、2,3,4,7,8,8a-六氢-3,6,8,8-四甲基-[3R-(3α,3aβ,7β,8aα)]-1氢-3a,7-亚甲基薁（3.31%）、二十四烷（2.46%）、二十二碳烷（2.25%）、1,1,5,9-四甲基环十一碳-2,6,9-三烯（1.90%）、22,23-双氢豆甾醇（1.71%）、[3S-(3α,4aα,6aβ,19aα,10bα)]-3-乙烯基十二氢-3,4a,7,7,10a-五基-氢萘[2,1-b]吡喃（1.45%）、(Z)-4-十六碳烯-6-炔（1.39%）、顺-(2-乙基己基)邻苯二甲酸酯（1.28%）、2,6,10,15,19,23-六甲基-(全-E)-2,6,10,14,18,22-二十四己烯（1.27%）、(E)-7,11-二甲基-3-亚甲基-1,6,10-十二碳三烯（1.24%）、溴化乙酸异酯（1.24%）、3,7,11-三甲基-3-羟基-6,10-十二碳二烯-1-乙酯（1.20%）、氧化石竹烯（1.17%）、二十三烷（1.14%）、(Z,E)-3,7,11-三甲基-1,3,6,10-十二碳四烯（1.05%）等。

果皮：王宏歌等（2013）用减压蒸馏法提取的黑龙江哈尔滨产胡桃楸干燥外果皮精油的主要成分为：棕榈酸甲酯（9.44%）、氧化石竹烯（5.82%）、植醇（4.46%）、1,4-二甲氧基苯（4.41%）、苯甲醇（4.15%）、β-桉叶醇（3.85%）、1-(1,5-二甲基-4-己烯基)-4-甲苯（3.82%）、γ-古芸烯环氧化物（3.76%）、乙酸-2-乙基丁酯（3.35%）、邻苯二甲酸二丁酯（3.31%）、橙花叔醇（3.10%）、邻苯二甲酸二异丁酯（2.89%）、2,4-二叔丁基苯酚（2.78%）、乙酸龙脑酯（2.43%）、γ-杜松烯（2.37%）、4-巯基苯甲腈（2.32%）、珀杷烯（2.15%）、1-环己烯-1-甲醇-2,2,6,6-三甲基（1.93%）、植酮（1.91%）、柏木脑（1.89%）、4-羟基-3-甲基苯乙酮（1.83%）、依兰烯（1.82%）、莰烯（1.73%）、正二十四烷（1.71%）、3,5-二甲氧基苯乙酮（1.52%）、1-十二烯（1.46%）、α-杜松醇（1.37%）、1,2,3,5,6,8a-六氢-4,7-二甲基-1-(1-甲基乙基)-萘（1.36%）、4-丙烯基-2-甲氧基苯酚（1.33%）、丁香酚（1.20%）、二十七烷（1.17%）、苯并噻唑（1.01%）等。

【利用】种仁可食，也可榨油供食用。木材可作枪托、车轮、建筑等重要材料。树皮、叶及外果皮可提取栲胶；树皮纤维可作造纸等原料。枝、叶、皮可作农药。种仁、青果和树皮入药。种仁有敛肺定喘、温肾润肠的功效，用于体质虚弱、肺虚咳嗽、肾虚腰痛、便秘、遗精、阳痿、尿路结石、乳汁缺少。青果可止痛，用于胃、十二指肠溃疡，胃痛；外用治神经性皮炎。树皮可清热解毒，用于细菌性痢疾、骨结核、麦粒肿。可栽作庭荫树。

🌸 泡核桃
Juglans sigillata Dode

胡桃科 胡桃属

别名：漾濞泡核桃、漾濞核桃、茶核桃、铁核桃

分布：云南、贵州、四川、西藏

【形态特征】乔木，树皮灰色，浅纵裂；小枝青灰色，有白色皮孔，2年生枝色稍深。冬芽卵圆形，芽鳞有短柔毛。单数羽状复叶，稀顶生小叶退化，长15～50cm，叶轴及叶柄有黄褐色短柔毛；小叶9～15枚，卵状披针形或椭圆状披针形，长6～18cm，宽3～7cm，顶端渐尖，基部歪斜，侧脉17～23对，叶背脉腋簇生柔毛；雄花序粗壮，长13.5～19cm，雌花序具1～3雌花，花序轴密生腺毛。果倒卵圆形或近球形，长3.4～6cm，径3～5cm，幼时有黄褐色绒毛，成熟时变无毛；果核倒卵形，长2.5～5cm，径2～3cm，两侧稍扁，表面具皱曲。花期3～4月，果期9月。

【生长习性】生于海拔1300～3300m山坡或山谷林中。喜光果树，要选择背风向阳的缓坡地、平地或河谷地。要求排水良好，土壤厚度1m以上，土质疏松，pH7.0～7.5的壤土和砂壤土较为适宜。

【芳香成分】李寅珊等（2011）用水蒸气蒸馏法提取的云南漾濞产泡核桃干燥果壳精油的主要成分为：棕榈酸（25.46%）、蒽（4.41%）、亚油酸（4.38%）、二苯并呋喃（2.50%）、二十七烷（2.27%）、二十五烷（2.16%）、二十六烷（1.98%）、二十三烷（1.87%）、二十九烷（1.79%）、二十四烷（1.68%）、二十八烷（1.66%）、柠檬烯（1.56%）、十五烷酸（1.42%）、芴（1.41%）、三十烷（1.31%）、十七烷（1.29%）、三十一烷（1.14%）、4-乙基-2-甲氧基苯酚（1.09%）、4-甲基二苯并呋喃（1.04%）等。

【利用】种子榨油供食用。藏药以果仁入药，治咳嗽、痰喘、腰膝酸痛、便秘、乳少、手足不能曲伸、四肢萎缩；果仁油治风病，外擦治脱发；外果皮捣烂擦头治白发。具有较强的拦截灰尘，吸收二氧化碳和净化空气的能力，可作为四旁绿化树种。

🌸 化香树
Platycarya strobilacea Sieb. et Zucc.

胡桃科 化香树属

别名：花果儿树、花香、花木香、花龙树、栲花树、栲香、栲蒲、山麻柳、还香树、换香树、皮杆条、麻柳树、板香树、化树

分布：甘肃、陕西、河南、山东、安徽、江苏、浙江、江西、福建、台湾、广东、广西、湖南、湖北、四川、贵州、云南

【形态特征】落叶小乔木，高2～6m；树皮灰色，不规则纵裂。芽卵形或近球形，芽鳞阔。叶长约15～30cm，具7～23枚小叶；小叶纸质，对生或偶互生，卵状披针形至长椭圆状披针形，长4～11cm，宽1.5～3.5cm，不等边，基部歪斜，顶端长渐尖，边缘有锯齿，顶生小叶基部对称，圆形或阔楔形。

两性花序和雄花序在小枝顶端排列成伞房状花序束；两性花序长5～10 cm，雌花序长1～3 cm；雄花序通常3～8条，长4～10 cm。雄花：苞片阔卵形。雌花：苞片卵状披针形；花被2。果序球果状，卵状椭圆形至长椭圆状圆柱形，长2.5～5 cm，直径2～3 cm；果实小坚果状，背腹压扁状，两侧具狭翅，长4～6 mm，宽3～6 mm。种子卵形，种皮黄褐色，膜质。5～6月开花，7～8月果成熟。

【生长习性】常生长在海拔600～1300 m、有时达2200 m的向阳山坡及杂木林中。喜光树种，喜温暖湿润气候和深厚肥沃的砂质土壤。在酸性、中性、钙质土壤中均可生长。耐干旱贫瘠，深根性，萌芽力强。

【精油含量】水蒸气蒸馏干燥果序的得油率为0.10%～0.12%。

【芳香成分】王茂义等（2011）用水蒸气蒸馏法提取的陕西商洛产化香树干燥果序精油的主要成分为：β-桉叶醇（18.74%）、γ-桉叶醇（18.06%）、五十四烷（8.64%）、正十六酸（7.87%）、十六酰胺（5.07%）、十八酰胺（4.84%）、三十二烷（3.99%）、香木兰烯（3.06%）、6,10,14-三甲基-2-十五酮（2.84%）、4α,8-二甲基-2-(1-甲乙烯基)-1,2,3,4,4a,5,6,8a-十氢化萘（2.26%）、十六酸乙酯（1.99%）、二丁基邻苯二甲酸酯（1.77%）、十四烷酸（1.26%）、愈创（木）醇（1.24%）、香木兰烯（1.17%）、1,6-二甲基-4-(1-甲乙基)-萘烯（1.13%）、壬酸（1.05%）、脱氢香橙烯（1.04%）等。邓燚等（2013）用同法分析的陕西商洛产化香树干燥果序精油的主要成分为：油酸（44.48%）、十六烷酸（23.30%）、(-)-斯巴醇（3.20%）、β-桉叶油醇（2.54%）、4-异丙-1,6-二甲萘（2.37%）、橙花叔醇（1.89%）、α-桉叶油醇（1.78%）、(1S)-1,2,3,4,4aβ,7,8,8aβ-八氢-1,6-二甲基-4β-异丙基-1-萘酚（1.46%）、异香树烯环氧化物

（1.46%）、α-愈创烯（1.28%）、香橙烯环氧化物（1.24%）、十四烷酸（1.22%）、植酮（1.01%）等。

【利用】树皮、根皮、叶和果序可作为提制栲胶的原料，可作天然染料用；树皮亦能剥取纤维。树皮、叶、果序均可药用，具有理气活血、燥湿、杀虫等功效，用于筋骨酸痛、牙痛、跌伤作痛、头疮、癣疥、湿疹。叶可作农药。种子可榨油。老干烧之有香气，可以驱蚊蝇。可作为胡桃、山核桃等的砧木。在园林绿化中可作为点缀树种应用。

黄杞

Engelhardtia roxburghiana Wall.

胡桃科　黄杞属

别名: 黑油换、黄泡木、假玉桂

分布: 台湾、广东、广西、湖南、贵州、四川、云南

【形态特征】半常绿乔木，高达10余米，全体无毛，被有橙黄色盾状圆形腺体。偶数羽状复叶长12～25 cm，小叶3～5对，近于对生，叶片革质，长6～14 cm，宽2～5 cm，长椭圆状披针形至长椭圆形，全缘，顶端渐尖或短渐尖，基部歪斜。雌雄同株或稀异株。雌花序1条及雄花序数条长而俯垂，生疏散之花，常形成一顶生的圆锥状花序束，顶端为雌花序，下方为雄花序。雄花花被片4枚，兜状。雌花苞片3裂而不贴于子房，花被片4枚。果序长达15～25 cm。果实坚果状，球形，直径约mm，外果皮膜质，内果皮骨质，3裂的苞片托于果实基部；矩圆形，顶端钝圆。5～6月开花，8～9月果实成熟。

【生长习性】生于海拔200～1500 m的林中。喜光，不耐阴，适生于温暖湿润的气候，对土壤要求不严，耐干旱瘠薄，但以在深厚肥沃的酸性土壤上生长较好。

【精油含量】水蒸气蒸馏新鲜叶的得油率为0.35%。

【芳香成分】胡东南等（2011）用水蒸气蒸馏法提取的广西平南产黄杞新鲜叶精油的主要成分为：十六烷酸（44.73%）、叶绿醇（14.71%）、十八碳-9,12,15-三烯醛（12.24%）、十八碳-9,12-二烯酸（2.91%）、丁子香烯（2.86%）、α-蛇床烯（2.27%）、β-蛇床烯（1.57%）、肉豆蔻酸（1.29%）、二十五烷（1.21%）、δ-杜松烯（1.08%）等。

【利用】木材适作上等家具、高级箱板及建筑用材。树皮可提栲胶和纤维，纤维可制人造棉。叶有毒，制成溶剂能防治农作物病虫害，亦可毒鱼。树皮药用，有行气、化湿、导滞的功效，用于脾胃湿滞、胸腹胀闷、湿热泄泻。叶有清热止痛的功效。适宜在园林绿地中栽植，尤其适宜用作山地风景区绿化的先锋树种。

青钱柳

Cyclocarya paliurus (Batal.) Iljinsk.

胡桃科　青钱柳属

别名: 青钱李、山麻柳、山化树、甜茶树、一串钱

分布: 安徽、江苏、浙江、江西、福建、台湾、湖北、湖南、四川、贵州、广西、广东、云南

【形态特征】乔木，高达10～30 m；树皮灰色；枝条黑褐色，具灰黄色皮孔。芽密被锈褐色腺体。奇数羽状复叶长约20 cm，具5～11小叶；小叶纸质；近于对生或互生，长椭圆状卵形至阔披针形，长5～14 cm，宽2～6 cm，基部歪斜，阔楔形至近圆形，顶端钝或急尖、稀渐尖；顶生小叶长椭圆形至长椭圆状披针形，长约5～12 cm，宽约4～6 cm，基部楔形，顶端钝或急尖；叶缘具锐锯齿。雄性葇荑花序长7～18 cm。雄花具长约1 mm的花梗。雌性葇荑花序单独顶生，下端有被锈褐色毛的鳞片。果序轴长25～30 cm。果实扁球形，径约7 mm，密被短柔毛，中部有革质圆盘状翅，果实及果翅全部被腺体。花期4～5月，果期7～9月。

【生长习性】常生长在海拔500～2500 m的山地湿润的森林中。喜光，幼苗稍耐阴。喜深厚、风化岩湿润土质。耐旱，萌芽力强，生长中速。

【芳香成分】陈玮玲等（2016）用顶空固相微萃取法提取分析了不同产地青钱柳干燥叶的挥发油成分，江西修水野生的主要成分为：β-瑟林烯（18.52%）、石竹烯（8.11%）、β-甜没药烯（6.01%）、β-榄香烯（5.36%）、顺-香叶基丙酮（4.02%）、长叶烯-(V4)（3.08%）、(反,反)-2,4-庚二烯醛（2.82%）、正己醇（2.51%）、β-杜松烯（2.38%）、雅榄蓝烯（2.23%）、壬醛（2.08%）、α-紫罗兰酮（1.95%）、β-桉叶烯（1.92%）、异长叶醇（1.72%）、1-乙基-环己烯（1.69%）、3,5-辛二烯-2-酮（1.40%）、2,6,11-三甲基十二烷（1.13%）、苯甲醇（1.09%）、β-波旁烯（1.09%）、醋酸（1.04%）、3-乙基-2-甲基-1-庚烯（1.00%）等；浙江文成栽培的主要成分为：β-波旁烯（11.05%）、β-瑟林烯（10.91%）、石竹烯（7.03%）、苯甲醇（7.01%）、2,6-二甲基-6-(4-甲基-3-戊烯基)-双环[3.1.1]庚-2-烯（5.36%）、2,6,11-三甲基十二烷（5.16%）、壬醛（3.29%）、(+)-泪柏醚（2.87%）、β-榄香烯（2.75%）、顺-香叶基丙酮（2.70%）、正十二烷（2.54%）、异长叶醇（2.38%）、β-杜松烯（2.37%）、珀珀烯（2.03%）、大根香叶烯 D（2.00%）、水菖蒲烯（1.68%）、1-乙基-环己烯

（1.66%）、长叶烯-(V4)（1.60%）、苯甲醛（1.59%）、β-甜没药烯（1.43%）、5-丙基十三烷（1.32%）、2,6,10-三甲基十二烷（1.20%）、γ-依兰油烯（1.10%）、4,11,11-三甲基-8-亚甲基-双环[7.2.0]十一-4-烯（1.02%）等。

【利用】可作为园林绿化观赏树种和用材树种。木材可作家具及工业用材。树皮可提制栲胶，亦可作纤维原料。叶可泡茶饮用。树皮、叶药用，有清热消肿、止痛的功效，用于顽癣。

🌸 山核桃
Carya cathayensis Sarg.

胡桃科　山核桃属

别名： 胡桃楸、小核桃、胡桃、山蟹、核桃、野漆树
分布： 浙江、安徽

【形态特征】乔木，高达10～20 m，胸径30～60 cm；树皮灰白色；新枝密被橙黄色腺体。复叶长16～30 cm，小叶5～7枚；边缘有细锯齿；小叶披针形或倒卵状披针形，有时稍成镰状弯曲，基部楔形或略成圆形，顶端渐尖，长10～18 cm，宽2～5 cm。雄性葇荑花序3条成1束。雄花苞片狭，长椭圆状线形，小苞片三角状卵形，均被有毛和腺体。雌性穗状花序具1～3雌花。雌花卵形或阔椭圆形，密被橙黄色腺体。果实倒卵形，向基部渐狭，密被橙黄色腺体；外果皮干燥后革质，沿纵棱裂开成4瓣；果核倒卵形或椭圆状卵形，顶端急尖，长20～25 mm，直径15～20 mm；内果皮硬，淡灰黄褐色；4～5月开花，9月果成熟。

【生长习性】适生于山麓疏林中或腐殖质丰富的山谷，海拔400～1200 m。要求土壤深厚肥沃，喜温湿气候，属半阳性植物，pH5.5～7.0。

【芳香成分】刘元慧等（2009）用固相微萃取法提取的浙江临安产山核桃青果皮挥发油的主要成分为：(反式)-1-(2,6-二羟基-4-甲氧苯基)-3-苯基-2-丙烯-1-酮（36.69%）、β-谷甾醇（11.84%）、十六酸（10.76%）、(Z,Z)-9,12-十八烷二酸（6.64%）、2,3-二羟丙-反-油酸丙酯（6.54%）、(Z,Z)-9,12-十八烷二烯酸-2,3-二羟基丙酯（2.93%）、5-羟基-7-甲氧黄酮（1.33%）、氮-(4-氟苯基)-5-(3-甲氧基苯基)-1,3-唑-2-胺（1.32%）、α-杜松醇（1.24%）、十八碳烷酸（1.20%）、3-羟基癸酸（1.17%）、植物醇（1.06%）、4,8-二羟基-1-四氢萘酮（1.04%）、二（苯基甲基）甲苯（1.00%）等。胡玉霞等（2011）用同法分析的果仁挥发油的主要成分为：壬醛（15.23%）、D-柠檬烯（13.64%）、己醛（10.11%）、辛醛（8.38%）、2-甲基-丁醇（3.51%）、己醇（2.85%）、4-氯苯基-草酸（2.81%）、3-羟基-2-丁烯基己酸（2.63%）、十三烷（2.14%）、辛醇（2.05%）、辛酸（2.01%）、丁酸己酯（1.99%）、庚醇（1.94%）、正十四烷（1.92%）、辛酸乙酯（1.91%）、十二烷（1.88%）、薄荷醇（1.49%）、莰烯（1.45%）、1-戊醇（1.30%）、庚醛（1.26%）、辛酸乙酯（1.24%）、四氢-6-(2-戊烯基)-2H-2-吡喃酮（1.17%）、2-乙基己基-乙酸（1.09%）、苯基-2-己酮（1.01%）等。

【利用】果仁可直接食用，或作制糖果及糕点的佐料，可榨油供食用，也可配制假漆。果壳可制活性炭。木材可制作家具及供军工用。皮、枝、叶及外果皮可提制栲胶及染料。果仁药用，有补肾固精、湿肺定喘、润肠通便的功效，可以治疗肾虚咳嗽、腰痛脚弱、阳痿、遗精、小便濒数、石淋、大便燥结等病。外果皮和根皮也可供药用，鲜根皮煎汤浸洗，治脚痔；外果皮捣取汁擦治皮肤癣症。果壳、果皮、枝叶可生产天然植物燃料。总苞可提取单宁。宜作庭荫树，行道树。

🌸 胡颓子
Elaeagnus pungens Thunb.

胡颓子科　胡颓子属

别名： 斑椹、半春子、半含春、鸡卵子树、羊奶子、三月枣、蒲颓子、卢都子、雀儿酥、甜棒子、牛奶子根、石滚子、四枣、柿模

分布： 江苏、浙江、福建、安徽、江西、湖北、湖南、贵州、广东、广西

【形态特征】常绿直立灌木，高3～4 m，具刺，长20～40 mm，深褐色；幼枝微扁棱形，密被锈色鳞片，老枝色。叶革质，椭圆形或阔椭圆形，长5～10 cm，宽1.8～5 cm

两端钝形或基部圆形，边缘微反卷或皱波状，叶面干燥后褐绿色或褐色，叶背密被银白色和少数褐色鳞片。花白色或淡白色，下垂，密被鳞片，1～3花生于叶腋锈色短小枝上；萼筒圆筒形或漏斗状圆筒形，长5～7 mm，裂片三角形或矩圆状三角形，顶端渐尖，内面疏生白色星状短柔毛。果实椭圆形，长12～14 mm，幼时被褐色鳞片，成熟时红色，果核内面具白色丝状棉毛。花期9～12月，果期翌年4～6月。

【生长习性】生于海拔1000 m以下的向阳山坡或路旁。适应性强，喜光，耐半荫，喜温暖湿润气候。对土壤要求不严，中性土，微酸性土均可生长。耐干旱亦耐水湿，生长强健。能忍耐-8 ℃左右的绝对低温，生长适温为24～34 ℃，耐高温酷暑。

【精油含量】水蒸气蒸馏干燥叶的得油率为0.30%。

【芳香成分】贾献慧等（2009）用水蒸气蒸馏法提取的干燥叶精油的主要成分为：十六碳酸（30.97%）、亚油酸（26.76%）、十二碳酸（7.83%）、5,6,7,7a-四氢化-4,4,7a-三甲基-2(4H)苯并呋喃（5.44%）、十四碳酸（3.03%）、壬酸（2.15%）等。

【利用】种子、叶和根均可入药。根有祛风利湿、行瘀止血的功效，用于传染性肝炎、小儿疳积、风湿关节痛、咯血、吐血、便血、崩漏、白带、跌打损伤；煎洗疥疮。叶有止咳平喘的功效，用于支气管炎、咳嗽、哮喘。果有消食止痢的功效，用于肠炎、痢疾、食欲不振。果实可生食，也可酿酒和熬糖。有观赏价值，适于草地丛植，也用于林缘、树群外围作自然式绿篱。茎皮纤维可造纸和人造纤维板。

🌸 角花胡颓子

Elaeagnus gonyanthes Benth.

胡颓子科　胡颓子属

别名：假甜酸

分布：广东、广西、湖南、云南、海南

【形态特征】常绿攀缘灌木，长达4 m以上，通常无刺；幼枝密被棕红色或灰褐色鳞片，老枝灰褐色或黑色。叶革质，椭圆形或矩圆状椭圆形，长5～13 cm，宽1.2～5 cm，顶端钝形或钝尖，基部圆形或近圆形，稀窄狭，边缘微反卷，叶面干燥后多少带绿色，叶背棕红色，稀灰绿色，具锈色或灰色鳞片。花白色，被银白色和散生褐色鳞片，单生新枝基部叶腋，每花下有1苞片，花后发育成叶片；萼筒四角形或短钟形。果实阔椭圆形或倒卵状阔椭圆形，长15～22 mm，直径约为长的一半，幼时被黄褐色鳞片，成熟时黄红色，顶端常有干枯的萼筒宿存；果梗长12～25 mm，直立或稍弯曲。花期10～11月，果期翌年2～3月。

【生长习性】生于海拔1000 m以下的热带和亚热带地区。

【芳香成分】魏娜等（2008）用石油醚萃取法提取的海南万宁产角花胡颓子新鲜全草精油的主要成分为：角鲨烯（24.55%）、植醇（18.84%）、二十五烷（13.17%）、亚麻酸甲酯（9.22%）、十八碳-9-烯酸（9.07%）、豆蔻酸（6.35%）、正二十烷醇（4.37%）、硬脂酸（3.88%）、1-二十二醇（2.61%）、环癸烯（2.43%）、2-羟基-4-甲氧基-6-甲基-苯甲醛（2.17%）、1-十九烯（2.02%）、1,3-环辛二烯（1.31%）等。

【利用】果实可食。全株均可入药，全株治痢疾、跌打、瘀积；叶治肺病、支气管哮喘、感冒咳嗽。根用于风湿关节痛、腰腿痛、河豚中毒、狂犬咬伤、跌打肿痛。果实用于泄泻。

❀ 密花胡颓子
Elaeagnus conferta Roxb.

胡颓子科　胡颓子属
别名: 羊奶果、南胡颓子、藤胡颓子、大果胡颓子
分布: 云南、广西

【形态特征】常绿攀缘灌木，无刺；幼枝银白色或灰黄色，密被鳞片，老枝灰黑色。叶纸质，椭圆形或阔椭圆形，长6～16 cm，宽3～6 cm，顶端钝尖或骤渐尖，尖头三角形，基部圆形或楔形，全缘，叶面干燥后深绿色，叶背密被银白色和散生淡褐色鳞片。花银白色，外面密被鳞片或鳞毛，多花簇生叶腋短小枝上成伞形短总状花序；每花基部具一小苞片，苞片线形，黄色，长2～3 mm；萼筒短小，坛状钟形；花药细小，矩圆形。果实大，长椭圆形或矩圆形，长达20～40 mm，直立，成熟时红色；果梗粗短。花期10～11月，果期翌年2～3月。

【生长习性】生于海拔50～1500 m的热带密林中。

【芳香成分】张虹娟等（2013）用乙醇浸提后顶空萃取的方法提取的云南西双版纳产密花胡颓子新鲜果实挥发油的主要成分为：5-羟甲基糠醛（16.73%）、二十二烷醇（12.90%）、肌醇（10.12%）2,3-二氢-3,5-二羟基-6-甲基-4H-吡喃-4-酮（7.24%）、十八醛（6.80%）、棕榈酸（3.16%）、苹果酸（1.85%）、麦芽酚（1.30%）等。

【利用】果实可鲜食，也可加工成果汁、汽水、罐头、蜜饯等食品。根、叶、果均可入药，用于治消化不良、咳嗽气喘、咳血、腰部扭伤、痔疮、疝气等。

❀ 披针叶胡颓子
Elaeagnus lanceolata Warb.

胡颓子科　胡颓子属
别名: 大披针叶胡颓子、红枝胡颓子
分布: 陕西、甘肃、湖北、湖南、四川、贵州、云南、广西等地

【形态特征】常绿直立或蔓状灌木，高4 m，幼枝淡黄白色或淡褐色，密被银白色和淡黄褐色鳞片，老枝灰色或灰黑色；芽锈色。叶革质，披针形或椭圆状披针形至长椭圆形，长5～14 cm，宽1.5～3.6 cm，顶端渐尖，基部圆形，稀阔楔形，边缘全缘，反卷，叶面干燥后褐色，叶背银白色，密被银白色鳞片和鳞毛，散生少数褐色鳞片。花淡黄白色，下垂，密被银白色和散生少褐色鳞片和鳞毛，常3～5花簇生叶腋短小枝上成伞形总状花序；萼筒圆筒形，长5～6 mm；花药椭圆形，淡色。果实椭圆形，长12～15 mm，直径5～6 mm，密被褐色或银白色鳞片，成熟时红黄色；果梗长3～6 mm。花期8～10月，果期翌年4～5月。

【生长习性】生于海拔600～2500 m的山地林中或林缘。耐寒、耐旱。

【精油含量】水蒸气蒸馏新鲜花的得油率为0.53%。

【芳香成分】王长青等（2013）用自制压力共沸水蒸气蒸馏法提取的甘肃天水产披针叶胡颓子新鲜花精油的主要成分为：4-甲氧基肉桂酸辛酯（19.05%）、二十四烷（8.66%）、二十五烷（8.19%）、壬酸（6.78%）、亚油酸（6.21%）、二十六烷（5.90%）、二十七烷（4.96%）、二甲氧基苯（4.70%）、乙酸乙酯（3.57%）、对甲基苯酚（3.52%）、棕榈酸（3.50%）、大根香叶烯D（3.24%）、棕榈酸甲酯（3.24%）、二十八烷（2.61%）、二十烷（2.58%）、γ-榄香烯（2.49%）、三十烷（1.43%）等。

【利用】果实可作为饮料、果茶、食品资源开发利用。果叶、根均可入药，具有祛风除湿、止咳平喘、行瘀止血、止泻等功效，根用于小便失禁、外感风寒；果实用于痢疾。可栽培作观赏。

❀ 沙地沙枣
Elaeagnus moorcroftii Wall. ex Schlecht.

胡颓子科　胡颓子属
分布: 新疆

【形态特征】灌木或矮乔木，高2～4 m，多分枝，具刺。叶椭圆形、长椭圆形、披针形或宽披针形，长2～6 cm，宽0.5～2 cm，基部楔形，顶端尖锐，两面被银白色盾状鳞片，正面银灰色。花小，钟状或漏斗状，1～3个着生于花腋，长0.4～0.6 cm；萼外部被鳞片，里面为金黄色，萼4裂，裂片外部渐尖，近于三角形，具白毛；雄蕊4个，花药卵形，花盘宽，圆柱形，延长包围着花柱达三分之一，上具白毛，花柱长于花药，顶端弯曲呈钩状。果实小，长圆形或卵形，黄色或褐色，外具白色鳞片；果实长圆形，顶端钝，基部尖，具深浅条纹。花期5月，果期8～9月。

【生长习性】适应性广，能在盐碱很重而且干旱的地区生长。具抗旱、抗风沙、耐盐碱、耐贫瘠等特点。

【精油含量】水蒸气蒸馏鲜花的得油率为0.20%～0.30%；石油醚浸提的鲜花净油的得油率为0.60%～0.70%。

【芳香成分】阎鸿建等（1988）用水蒸气蒸馏法提取的新疆产沙地沙枣新鲜花精油的主要成分为：反式-肉桂酸乙酯（84.40%）、肉桂酸甲酯（7.37%）、9-十八烯醛（1.07%）等；石油醚浸提法提取新鲜花净油的主要成分为：反式-肉桂酸乙酯（32.79%）、油酸乙酯（13.59%）、苯乙醇（9.35%）、棕榈酸乙酯

6.24%）、棕榈酸（4.23%）、肉桂酸甲酯（1.90%）、1-十二烯（1.17%）、十九酸（1.02%）等。

【利用】可用作庭院和农田的篱笆。是重要的蜜源。木材适于制作家具和修建房屋。枝叶可作饲料。

沙枣
Elaeagnus angustifolia Linn.

胡颓子科　胡颓子属

别名：七里香、尖果沙针、桂香柳、香柳、银柳、刺柳、银柳胡颓子

分布：辽宁、内蒙古、河北、山西、河南、陕西、甘肃、宁夏、新疆、青海等地

【形态特征】落叶乔木或小乔木，高5～10 m，棕红色，发亮；幼枝密被银白色鳞片，老枝鳞片脱落，红棕色，光亮。叶薄纸质，矩圆状披针形至线状披针形，长3～7 cm，宽1～1.3 cm，顶端钝尖或钝形，基部楔形，全缘，叶面带绿色，叶背灰白色，密被白色鳞片，有光泽。花银白色，密被银白色鳞片，芳香，常1～3花簇生新枝基部最初5～6片叶的叶腋；萼筒钟形，裂片宽卵形或卵状矩圆形，顶端钝渐尖，内面被白色星状柔毛；花药淡黄色，矩圆形；花盘明显，圆锥形。果实椭圆形，长9～12 mm，直径6～10 mm，粉红色，密被银白色鳞片；果肉乳白色，粉质。花期5～6月，果期9月。

【生长习性】生于海拔1500 m以下山地、平原、沙滩、荒漠、半荒漠地带。适应力强，对土壤、气温、湿度要求不甚严格。喜光，较耐盐碱。具有抗旱、抗风沙、耐盐碱、耐贫瘠等特点。分布在降水量低于150 mm的荒漠和半荒漠地区。在≥10 ℃积温3000 ℃以上地区生长发育良好，积温低于2500 ℃时，结实较少。

【精油含量】水蒸气蒸馏干燥茎的得油率为0.24%，干燥叶的得油率为0.43%，花的得油率为0.10%～1.58%；超声波辅助水蒸气蒸馏新鲜花的得油率为0.50%；超临界萃取花的得油率为0.24%～1.38%。

【芳香成分】叶：林枫等（2014）用超临界CO_2萃取法提取的宁夏银川产沙枣新鲜叶解析釜Ⅰ精油的主要成分为：3,7,11,15-四甲基十六烯-1-醇（24.40%）、四十烷（12.60%）、2,6,10,14,18-五甲基-2,6,10,14,18-二十碳五烯（12.58%）、3-甲基丁酸十六酯（10.70%）、9,12,15-十八三烯酸甲酯（5.77%）、肉桂酸乙酯（4.52%）、1-二十一基甲酸（3.25%）、邻苯二甲酸甲酯（2.35%）、1,2-二烯丙基环己烷（1.88%）、十二酸苯乙基酯（1.85%）、9-甲基十九烷（1.81%）、十六酸乙酯（1.59%）、十一酸乙酯（1.35%）、月桂酸苄酯（1.30%）、邻苯二甲酸乙酯（1.22%）等；解析釜Ⅱ精油的主要成分为：肉桂酸乙酯（42.56%）、3,7,11,15-四甲基十六烯-1-醇（35.88%）、9,12,15-十八碳三烯酸甲酯（4.70%）、1-二十一基甲酸（2.57%）、三十四烷（1.44%）等。

花：乔海军等（2011）用水蒸气蒸馏法提取的甘肃兰州产沙枣新鲜花精油的主要成分为：反式肉桂酸乙酯（77.36%）、(E)-4-丙烯-2-甲氧基苯酚（3.03%）、乙缩醛（2.70%）、油酸乙酯（1.58%）、亚油酸（1.54%）、顺肉桂酸乙酯（1.09%）、苯乙酸乙酯（1.06%）、苯甲酸乙酯（1.03%）、反式橙花椒醇

（1.03%）、植酮（1.02%）等。林枫等（2014）用超临界 CO_2 萃取法提取的宁夏银川产沙枣新鲜花苞解析釜 I 精油的主要成分为：3,7,11,15-四甲基十六烯醇-1-醇（31.73%）、二十五烷（7.77%）、邻苯二甲酸甲酯（6.82%）、十九烯（5.12%）、二十四烷（5.05%）、3-甲基丁酸十六酯（4.80%）、二十一烷（4.56%）、四十三烷（3.34%）、邻苯二甲酸乙酯（3.23%）、十五酸乙酯（2.87%）、十六酸乙酯（2.41%）、乙醇（9E,12E）-十八二烯醇醚（1.50%）、甲酸二十一酯（1.49%）、6,10,14-三甲基-2-十五酮（1.45%）、3,7-二甲基-6-辛烯（1.39%）、2,4,6-三甲基环己烷甲醇（1.12%）、9-十四烯-1-醇（1.09%）等；解析釜 II 精油的主要成分为：3,7,11,15-四甲基十六烯-1-醇（25.49%）、二十五烷（16.33%）、肉桂酸乙酯（9.63%）、二十一烷（6.40%）、1-二十一基甲酸（5.42%）、十六酸乙酯（2.87%）、甘二酸乙酯（2.74%）、四十烷（2.43%）、1-十九烯（2.35%）、6,10,14-三甲基-2-十五烷酮（2.26%）、邻苯二甲酸十一烷基酯（2.00%）、(Z)-3,7,11-三甲基-2,10-十二碳二烯-1-醇（1.71%）、黄葵内酯（1.52%）、3-甲基丁酸十六酯（1.42%）、邻苯二甲酸甲酯（1.38%）、2,6,10,14,18-五甲基-2,6,10,14,18-二十五碳五烯（1.35%）、15-甲基十七酸乙酯（1.24%）等。

【利用】叶和果是优质饲料。果肉可以生食或熟食，新疆地区将果实打粉掺在面粉内代主食，亦可酿酒、制醋酱、糕点等食品。果实和叶可作牲畜饲料。花可提芳香油，作调香原料，用于化妆、皂用香精中。树液可提制沙枣胶，为阿拉伯胶的代用品。木材可作家具、农具，亦可作燃料。是蜜源植物。花、果、枝、叶可入药，果汁可作泻药；果实健脾止泻，用于消化不良；根煎汁可洗恶疥疮和马的瘤疗；叶对治肺炎、气短有效；树皮用于慢性气管炎、胃痛、肠炎、白带；外用治烧烫伤，止血；花用于胸闷气短、胃腹胀痛、咳嗽、食欲不佳。是很好的造林、绿化、防风、固沙树种。

❀ 宜昌胡颓子
Elaeagnus henryi Warb.

胡颓子科　胡颓子属

别名：红鸡踢香、羊奶奶

分布：陕西、浙江、安徽、江西、湖北、湖南、四川、云南、贵州、福建、广东、广西

【形态特征】常绿直立灌木，高3～5 m，具刺，生叶腋，长8～20 mm，略弯曲；幼枝淡褐色，被鳞片，老枝黑色或灰黑色。叶革质至厚革质，阔椭圆形或倒卵状阔椭圆形，长

6～15 cm，宽3～6 cm，顶端渐尖或急尖，尖头三角形，基部钝形或阔楔形，稀圆形，边缘有时稍反卷，叶面深绿色，干燥后黄绿色或黄褐色，叶背银白色、密被白色和散生少数褐色鳞片。花淡白色；质厚，密被鳞片，1～5花生于叶腋短小枝上成短总状花序；萼筒圆筒状漏斗形。果实矩圆形，多汁，长18 mm，幼时被银白色和散生少数褐色鳞片，淡黄白色或黄褐色，成熟时红色；果核内面具丝状棉毛。花期10～11月，果期翌年4月。

【生长习性】生于海拔450～2300 m的疏林或灌丛中。

【芳香成分】吴彩霞等（2010）用固相微萃取法提取的贵州都匀产宜昌胡颓子根挥发油的主要成分为：菜油甾醇（7.09%）、4,6,6-三甲基-2-(3-甲基-1,3-二丙烯)-3-氧三环[5.1.0.0^{2,4}]辛烷（6.67%）、十七烷（4.86%）、蒲公英甾醇（4.55%）、5-溴-4-氯代-4,5,6,7-四氢苯并呋喃（3.94%）、羽扇豆醇（3.15%）、苯并[b]萘并[2,3-d]呋喃（2.26%）、2,6,10,14-四甲基十六烷（2.19%）、十八烷（2.11%）、Z-5-十九碳烯（2.06%）、(3β)-麦角甾-5-烯-3-醇（1.87%）、棕榈酸甲酯（1.63%）、24-甲基-5-胆甾烯-3-醇（1.44%）、棕榈酸（1.24%）、十六烷（1.20%）、十九烷（1.16%）等。

【利用】果实可生食和酿酒、制果酱。茎叶药用，有驳骨消积、清热利湿、消肿止痛、止咳止血的功效，用于痢疾、痔血、血崩、吐血、咳喘、骨髓炎、消化不良。四川草医用果止痢疾，叶治肺虚短气，根治吐血或煎水洗恶疮疥。

❀ 肋果沙棘
Hippophae neurocarpa S. W. Liu et T. N. He

胡颓子科　沙棘属

别名：黑刺

分布：西藏、四川、青海、甘肃

【形态特征】落叶灌木或小乔木，高0.6～5 m；幼枝黄褐色，密被银白色或淡褐色鳞片和星状柔毛，老枝灰棕色，先端刺状；冬芽紫褐色，小，卵圆形，被深褐色鳞片。叶互生，线形至线状披针形，长2～8 cm，宽1.5～5 mm，顶端急尖，基部楔形或近圆形，叶面蓝绿色，叶背密被银白色鳞片和星状毛，灰白色或黄褐色。花序生于幼枝基部，簇生成短总状，花小，黄绿色，雌雄异株；雄花花萼2深裂，雌花花萼上部2浅裂，具银白色与褐色鳞片。果实为宿存的萼管所包围，圆柱形，弯曲

具5～7纵肋，长6～9 mm，直径3～4 mm，成熟时褐色，肉质，密被银白色鳞片；种子圆柱形，长4～6 mm，黄褐色。

【生长习性】生于海拔3400～4300 m的河谷、阶地、河漫滩，常形成灌木林。

【精油含量】水蒸气蒸馏新鲜果实的得油率为0.10%～0.14%。

【芳香成分】孙丽艳等（1991）用同时蒸馏萃取法提取的青海祁连产肋果沙棘新鲜果实精油的主要成分为：里那醇（10.11%）、γ-榄香烯（9.32%）、十二二烯-2,4-醛（5.69%）、E-辛烯-4（3.46%）、癸醇-1（3.39%）、癸二烯-2,4-醛（2.92%）、α-榄香烯（2.92%）、6-甲基-庚烯-5-酮-2（2.83%）、6-甲基-庚烯-5-醇-2（2.44%）、壬醛（2.23%）、辛酸-3-甲基正丁酯（1.50%）、2-庚烯醛（1.48%）、异莰烷酮-5（1.41%）、白菖油烯（1.25%）、β-橄榄烯（1.04%）、罗勒烯（1.01%）等。

【利用】高海拔地区常作燃料。

🌸 沙棘

Hippophae rhamnoides Linn. subsp. *sinensis* Rousi

胡颓子科　沙棘属

别名：沙棘、醋柳、酸刺柳、酸枣树、黑刺、沙枣、醋柳果、酸刺、戚阿艾

分布：山西、陕西、甘肃、青海、新疆、内蒙古、宁夏、河北、四川、云南、西藏等地

【形态特征】落叶灌木或乔木，高1～5 m，高山沟谷可达18 m，棘刺较多，粗壮；嫩枝褐绿色，密被银白色而带褐色鳞片或有时具白色星状柔毛，老枝灰黑色，粗糙；芽大，金黄色或锈色。单叶通常近对生，与枝条着生相似，纸质，狭披针形或矩圆状披针形，长30～80 mm，宽4～13 mm，两端钝形或基部近圆形，基部最宽，叶面绿色，初被白色盾形毛或星状柔毛，叶背银白色或淡白色，被鳞片，无星状毛。果实圆球形，直径4～6 mm，橙黄色或桔红色；果梗长1～2.5 mm；种子小，阔椭圆形至卵形，有时稍扁，长3～4.2 mm，黑色或紫黑色，具光泽。花期4～5月，果期9～10月。

【生长习性】常生于海拔800～3600 m温带地区向阳的山嵴、谷地、干涸河床地或山坡，砾石或砂质土壤或黄土上。喜光，能耐严寒、干旱、酷热，能耐土壤贫瘠和轻度盐碱。喜透气性良好的土壤。

【精油含量】水蒸气蒸馏果实的得油率为0.02%～0.04%，去籽果实的得油率为1.23%～1.69%；超临界萃取种子的得油率为6.10%～11.54%。

【芳香成分】胡兰等（2009）用水蒸气蒸馏法提取的新疆伊犁尼勒克县产野生沙棘干燥成熟果实精油的主要成分为：3-甲基丁醇-2（35.48%）、2,4-二甲基辛烷（16.25%）、苯乙醇（4.02%）、癸烷（3.37%）、1,2-二甲基苯（2.54%）、壬烷（2.34%）、糠醛（1.94%）、3-甲基丁醇-1（1.88%）、二十烷（1.77%）、二十二烷（1.74%）、二十一烷（1.65%）、十二烷（1.53%）、4-甲基-辛烷（1.50%）、二十三烷（1.35%）、十三烷（1.20%）、4-甲基十九碳烷（1.19%）、壬醛（1.18%）、辛烷（1.08%）、二十五烷（1.08%）、苯乙醛（1.02%）等。

【利用】果实可食，也可做成果子羹、果酱、软果糖、果冻、果泥、果脯及露汁等多种食品。果实入药，有显著的抗肿瘤活性和滋补肝肾、补脾健胃、高经活血、化痰宽胸的功效，主治气管炎、十二指肠溃疡、肠胃炎、咽喉肿痛、跌打损伤、瘀血肿痛、肺结核。果实精油可治烧伤、湿疹、体表溃疡愈合不良、胃和十二指肠溃疡，有抗辐射作用。幼嫩枝叶、秋季的落叶、成熟的果实可饲用。

🌸 赤瓟

Thladiantha dubia Bunge

葫芦科　赤瓟属

别名： 赤雹、气雹、赤包、山屎瓜

分布： 黑龙江、吉林、辽宁、河北、山西、陕西、山东、甘肃、宁夏等地

【形态特征】攀缘草质藤本，全株被黄白色的长柔毛状硬毛；根块状；茎有棱沟。叶片宽卵状心形，长5～8 cm，宽4～9 cm，边缘浅波状，有大小不等的细齿，先端急尖或短渐尖，基部心形，弯缺深，两面粗糙。卷须被长柔毛。雌雄异株；雄花单生或聚生于短枝的上端呈假总状花序；花萼筒极短，近辐状，裂片披针形，向外反折；花冠黄色，裂片长圆形，上部向外反折。雌花单生；花萼和花冠同雄花。果实卵状长圆形，长4～5 cm，径2.8 cm，顶端有残留的柱基，基部稍变狭，表面橙黄色或红棕色，有光泽，被柔毛。种子卵形，黑色，平滑无毛，长4～4.3 mm，宽2.5～3 mm，厚1.5 mm。花期6～8月，果期8～10月。

【生长习性】常生于海拔300～1800 m的山坡、河谷及林缘湿处。

【精油含量】水蒸气蒸馏干燥茎叶的得油率为0.05%，果实的得油率为0.03%～0.23%。

【芳香成分】茎叶：崔凤侠等（2014）用水蒸气蒸馏法提取的河北承德产赤瓟干燥茎叶精油的主要成分为：3,7,11,15-四甲基-2-十六碳烯-1-醇（25.62%）、2,7(14),10-甜没药三烯-1-醇-4-酮（23.05%）、α-顺-香柠檬烯（10.35%）、邻苯二甲酸二丁酯（6.41%）、正十七烷（4.55%）、顺-罗汉柏烯酸（2.84%）、异丁酸香茅酯（2.74%）、(5E,9E)-金合欢基丙酮（2.59%）、正二十七烷（1.69%）、正十六烷（1.45%）、正二十五烷（1.38%）、

丁酸香茅酯（1.25%）、正十八烷（1.21%）等。

果实：李兰芳等（2006）用水蒸气蒸馏法提取的河北丰宁产赤瓟果实精油的主要成分为：十六烷酸（34.65%）、9-十六碳烯酸（11.22%）、4,4,7α-三甲基，5,6,7,7α-四氢化-2(4H)苯并呋喃（8.73%）、十六烷酸乙酯（2.51%）、5～6-环氧化-β-紫罗兰酮（2.37%）、亚油酸乙酯（1.75%）、十六烷酸甲酯（1.47%）、反式-β-紫罗兰酮（1.24%）、3,5,3′，5′-四甲基联苯（1.11%）等。

【利用】果实入药，有降逆止呕、祛痰止咳、行气化瘀的功效，主治反胃吐酸、肺结核咳嗽、吐血胸痛、腰部扭伤。根入药，有活血去瘀、清热解毒、通乳之效。

🌸 冬瓜

Benincasa hispida (Thunb.) Cogn.

葫芦科　冬瓜属

别名： 白瓜、枕瓜

分布： 全国各地

【形态特征】一年生蔓生或架生草本；茎有棱沟。叶片肾状近圆形，宽15～30 cm，5～7裂，裂片宽三角形或卵形，先端急尖，边缘有小齿，基部深心形，叶面深绿色，稍粗糙；叶背灰白色，有粗硬毛。雌雄同株；花单生。雄花具一苞片，卵形或宽长圆形，有短柔毛；花萼筒宽钟形，密生刚毛状长柔毛，

裂片披针形；花冠黄色，辐状，裂片宽倒卵形，长3～6 cm，宽2.5～3.5 cm，两面有稀疏的柔毛，雌花子房卵形或圆筒形，密生土黄褐色茸毛状硬毛，长2～4 cm。果实长圆柱状或近球状，大型，有硬毛和白霜，长25～60 cm，径10～25 cm。种子卵形，白色或淡黄色，压扁，有边缘，长10～11 mm，宽5～7 mm，厚2 mm。

【生长习性】喜温耐热，以在20～25℃时生长良好。大多数品种对日照要求不严格。喜肥沃、阳光充足的环境。对土壤要求不严格，砂壤土或枯壤土均可栽培，但需避免连作。

【芳香成分】杨敏（2010）固相微萃取法提取的甘肃产冬瓜新鲜果实香气的主要成分为：己醛（21.23%）、3-甲基戊烷（3.41%）、2,4,4-三乙基-1-己烯（3.36%）、3-十二烯醇（1.91%）、十七烷（1.58%）、花生酸（1.49%）、樟脑（1.48%）、癸醛（1.17%）、2-丁烯醇（1.12%）、甲酸辛酯（1.04%）等。

【利用】果实是常用蔬菜，也可浸渍为各种糖果，还可以制成冬瓜干，脱水冬瓜。果皮和种子药用，有消炎、利尿、消肿的功效，治水肿、胀满、脚气、咳喘、暑热烦闷、泻痢、痈肿、腹泻、痈肿、淋病、痔疮等，可解鱼毒、酒毒等。

🌸 绞股蓝
Gynostemma pentaphyllum (Thunb.) Makino

葫芦科　绞股蓝属
别名： 七叶参、小苦药、玉爪金龙、五叶参、神仙草
分布： 陕西南部和长江以南各地

【形态特征】草质攀缘植物；茎具分枝，具纵棱及槽。叶膜质或纸质，鸟足状，3～9小叶；小叶卵状长圆形或披针形，中央小叶长3～12 cm，宽1.5～4 cm，侧生小叶较小，先端急尖或短渐尖，基部渐狭，边缘具波状齿或圆齿状牙齿，叶面深绿色，叶背淡绿色，两面均疏被短硬毛。花雌雄异株。雄花圆锥花序，长10～30 cm；具钻状小苞片；花萼筒极短，5裂；花冠淡绿色或白色，5深裂。雌花圆锥花序较短小，花萼及花冠似雄花。果实肉质，球形，径5～6 mm，成熟后黑色，内含倒垂种子2粒。种子卵状心形，灰褐色或深褐色，顶端钝，基部心形，压扁，两面具乳突状凸起。花期3～11月，果期4～12月。

【生长习性】生于海拔300～3200 m的山谷密林、山坡疏林、灌丛或路旁草丛中。喜温暖湿润气候，喜生于荫蔽环境，富含腐殖质壤土的沙地、砂壤土或瓦砾处。中性微酸性土或微碱性土都能生长。

【精油含量】水蒸气蒸馏的新鲜嫩枝叶的得油率为2.41%。

【芳香成分】刘存芳（2013）用水蒸气蒸馏法提取的陕西秦巴山产绞股蓝新鲜嫩枝叶精油的主要成分为：3-己烯-1-醇（22.00%）、1-己醇（14.78%）、3,7-二甲基-1,6-辛二烯-3-醇（9.90%）、石竹烯（9.06%）、十六酸（7.20%）、乙酸丙酯（5.00%）、[2.2.2]-2.3-二羟基十八碳三烯酸丙酯（3.20%）、苯乙醇（3.15%）、异何帕烷（2.60%）、[2R-(2α.4a2α.8αβ)]-十氢-α,α,4a-三甲基-8-亚甲基-2-萘醇（2.10%）、α-萜品醇（1.85%）、十二酸（1.65%）、苯乙醛（1.50%）、噻唑（1.50%）、植醇（1.36%）、香叶醇（1.02%）等。牛俊峰等（2012）用同法分析的重庆缙云山产绞股蓝干燥全草精油的主要成分为：安息香醛（63.16%）、(S)-1-甲基-4-(1-甲基乙基)-环己烯（7.79%）、正十三烷（3.78%）、3-辛酮（3.14%）、β-紫罗酮（3.09%）、2-十一烷酮（1.46%）、香叶基丙酮（1.22%）、3,6-二甲基辛烷（1.20%）等；陕西平利山产绞股蓝干燥全草精油的主要成分为：3-辛酮（14.93%）、香叶基丙酮（9.39%）、3,7-二甲基-1,6-辛二烯-3-醇（4.53%）、(1α,4aα,8aα)-1,2,4a,5,6,8a-六氢-4,7-

二甲基-1-(1-甲基乙基)-萘（4.30%）、β-紫罗酮（4.17%）、2,2,3,3,5,6,6-庚甲基庚烷（3.64%）、1-壬醇（2.69%）、正十二烷（2.68%）、正十三烷（2.31%）、4,6-二甲基十二烷（2.22%）、

反-2,4-壬二醛（2.17%）、正十四烷（2.04%）、环氧丁香烯（1.95%）、水杨酸甲酯（1.58%）、癸醛（1.57%）、α-紫罗酮（1.56%）、萘（1.54%）、6,10,14-三甲基-2-十五烷酮（1.48%）、2,6-二甲基-2-辛烯（1.43%）、4,11,11-三甲基-8-亚甲基-二环[7.2.0]-4-十一烯（1.38%）、3,6-二甲基辛烷（1.21%）等。周宝珍（2015）用顶空固相微萃取法提取分析了不同产地不同叶型绞股蓝干燥全草的挥发油成分，云南德宏产3叶型的主要成分为：香叶基丙酮（18.98%）、4-(2,6,6-三甲基-1-环己烯-1-基)-3-丁烯-2-酮（11.91%）、正十六烷（6.14%）、癸醛（5.95%）、1-壬醇（5.58%）、(E)-4-(2,6,6-三甲基-2-环己烯-1-基)-3-丁烯-2-酮（4.45%）、6,10,14-三甲基-2-十五烷酮（4.03%）、二氢猕猴桃内酯（3.93%）、萘（3.75%）、1-甲基萘（3.03%）、正十四烷（2.63%）、2,6,10,14-四甲基十六烷（2.53%）、2,6,10-三甲基十二烷（2.08%）、4,4-二甲基-1-戊烯（1.84%）、正丙基环戊烷（1.47%）、邻苯二甲酸二异丁酯（1.37%）、2,4,4-三甲基-己烷（1.26%）等；四川都江堰产5叶型的主要成分为：苯甲醛（53.54%）、3-辛醇（8.49%）、苯甲醇（4.16%）、(E)-4-(2,6,6-三甲基-1-环己烯-1-基)-3-丁烯-2-酮（3.82%）、(Z)-6,10-二甲基-5,9-十一烷二烯-2-酮（3.41%）、正十五烷（3.41%）、苯基乙醇（2.58%）、棕榈酸（1.62%）、(E)-4-(2,6,6-三甲基-2-环己烯-1-基)-3-丁烯-2-酮（1.60%）、正十四烷（1.38%）、2,6,10,14-四甲基十五烷（1.36%）、二氢猕猴桃内酯（1.17%）、6,10,14-三甲基-2-十五烷酮（1.11%）、芳樟醇（1.08%）等；湖南衡山产7叶型的主要成分为：芳樟醇（40.11%）、石竹烯（8.23%）、4-(2,6,6-三甲基-1-环己烯-1-基)-3-丁烯-2-酮（6.98%）、(E)-4-(2,6,6-三甲基-2-环己烯-1-基)-3-丁烯-2-酮（5.32%）、香叶基丙酮（2.98%）、2,6,6-三甲基-1-环己烯-1-甲醛（2.74%）、萘（1.60%）、(1α,4aβ,8aα)-1,2,3,4,4a,5,6,8a-八氢-7-甲基-4-亚甲基-1-(1-甲基乙基)-萘（1.35%）、[2R-(2α,4aα,8aβ)]-1,2,3,4,4a,5,6,8a-八氢化-4a,8-二甲基-2-(1-甲基乙基)-萘（1.28%）、6,10,14-三甲基-2-十五烷酮（1.20%）等；四川都江堰产9叶型的主要成分为：芳樟醇（15.45%）、香叶基丙酮（12.29%）、(E)-4-(2,6,6-三甲基-1-环己烯-1-基)-3-丁烯-2-酮（8.37%）、丁羟甲苯（5.03%）、(E)-4-(2,6,6-三甲基-2-环己烯-1-基)-3-丁烯-2-酮（4.82%）、2,6,10,14-四甲基十五烷（4.20%）、

1-壬醇（2.79%）、6,10,14-三甲基-2-十五烷酮（2.39%）、(1α,4aβ,8aα)-1,2,3,4,4a,5,6,8a-八氢-7-甲基-4-亚甲基-1-(1-甲基乙基)-萘（2.33%）、正十六烷（2.15%）、正十七烷（2.00%）、2,6,10-三甲基十二烷（1.91%）、邻苯二甲酸二异丁酯（1.23%）、2-丁基-1-辛醇（1.20%）、酞酸二丁酯（1.05%）、α-荜澄茄油烯（1.03%）等。

【利用】全草药用，有益气健脾、化痰止咳、清热解毒的功效，主治体虚乏力、虚劳失精、白细胞减少症、高脂血症、病毒性肝炎、慢性胃肠炎、慢性气管炎。嫩芽可泡茶喝。嫩茎叶可作蔬菜食用。

❀ 苦瓜

Momordica charantia Linn.

葫芦科　苦瓜属
别名：癞瓜、凉瓜、锦荔枝、癞葡萄
分布：全国各地

【形态特征】一年生攀缘状柔弱草本，多分枝；茎、枝被柔毛。卷须长达20cm，不分歧。叶片轮廓卵状肾形或近圆形，膜质，长宽均为4～12cm，叶面绿色，叶背淡绿色，5～7深裂，裂片卵状长圆形，边缘具粗齿或有不规则小裂片，先端多半钝圆形稀急尖，基部弯缺半圆形。雌雄同株。雄花：单生叶腋，长3～7cm，具1苞片；苞片绿色，肾形或圆形，全缘；花萼裂片卵状披针形，被白色柔毛，急尖；花冠黄色，裂片倒卵形。雌花：单生，具1苞片；子房纺锤形，密生瘤状突起。果实纺锤形或圆柱形，多瘤皱，长10～20cm，成熟后橙黄色，由顶端3瓣裂。种子多数，长圆形，具红色假种皮，两端各具3小齿，两面有刻纹，长1.5～2cm，宽1～1.5cm。花果期5～10月。

【生长习性】喜温，较耐热，不耐寒。属于短日性植物，但对光照长短的要求不严格。喜光不耐阴，喜湿不耐涝。耐瘠而不耐瘠，一般以在肥沃疏松、保土保肥力强的土壤上生长良好。

【精油含量】超临界萃取干燥果实的得油率为2.50%。

【芳香成分】张银堂等（2010）用水蒸气蒸馏法提取的新鲜果实精油的主要成分为：（SS）或(RR)-4-甲基-2,3-戊二醇

9.30%）、3-甲氧基-3-甲基-2-丁酮（8.27%）、2-己基-1-辛醇 7.50%）、1-丙氧基正己烷（6.24%）、邻癸基羟胺（6.07%）、1-烯丙基-环己烷-1,2-戊二醇（4.82%）、DL-2,3-丁二醇（3.82%）、,3-反式-5-反式辛三烯（3.17%）、亚硫酸异丁基戊酯（2.93%）、RS-2,3-己二醇（2.32%）、3,3-二甲基正庚烷（2.08%）、草酸癸烯酯（1.25%）等。

【利用】果实主作蔬菜，也可糖渍；成熟果肉和假种皮也可食用。根、藤、叶、花及果实入药，有清热解毒的功效，用于热病烦渴、中暑、痢疾、咽喉炎、糖尿病；外用治疮疖。

🌸 木鳖子

Momordica cochinchinensis (Lour.) Spreng.

葫芦科　苦瓜属
别名：番木鳖、糯饭果、老鼠拉冬瓜
分布：江苏、安徽、江西、福建、台湾、广东、广西、湖南、四川、贵州、云南、西藏

【形态特征】粗壮大藤本，长达15 m，具块状根。叶片卵状心形或宽卵状圆形，质稍硬，长宽均10～20 cm，3～5中裂至深裂或不分裂，中间的裂片最大，侧裂片较小。雌雄异株。雄花：单生于叶腋或有时3～4朵着生在总状花序轴上；苞片兜状，圆肾形，全缘；花萼筒漏斗状，裂片宽披针形或长圆形；花冠黄色，裂片卵状长圆形，基部有齿状黄色腺体，腺体密被长柔毛。雌花：单生于叶腋，苞片兜状；花冠、花萼同雄花。果实卵球形，顶端有1短喙，长12～15 cm，成熟时红色，密生具刺尖的突起。种子多数，卵形或方形，干后黑褐色，长26～28 mm，宽18～20 mm，边缘有齿。花期6～8月，果期8～10月。

【生长习性】常生于海拔450～1100 m的山沟、林缘及路旁。喜温暖湿润的气候和向阳的环境。略耐阴，不耐寒。对土壤要求不严。宜选择排水良好、肥沃深厚的砂质壤土栽培。

【精油含量】水蒸气蒸馏干燥成熟种子的得油率为0.23%。

【芳香成分】邢炎华等（2016）用水蒸气蒸馏法提取的干燥成熟种子精油的主要成分为：3-甲氧基-1,2-丙二醇（27.05%）、2,3-二氢-3,5-二羟基-6-甲基-4(H) 吡喃-4-酮（8.17%）、4-甲基-1,3-二氧己环（6.65%）、戊醛（5.57%）、乳酸（4.56%）、甘油缩甲醛（3.63%）、2-甲氧基-1,3-二氧戊烷（3.43%）、2-乙

氧基丁烷（3.24%）、1,1-二乙氧基戊烷（2.94%）、丁二酸单甲酯（2.47%）、乙酸乙酯（2.07%）、1-(1-甲基乙氧基)-2-丙醇（2.01%）、戊酸乙酯（1.95%）、乙酸戊酯（1.41%）、丙二醇甲醚醋酸酯（1.38%）、1-戊醇（1.20%）、2-甲基-1-丁醇（1.16%）、甲酸戊酯（1.05%）等。林杰等（2014）用顶空固相微萃取法提取的干燥成熟种子香气的主要成分为：2-丙基-2-庚烯醛（15.54%）、戊酸戊酯（7.52%）、戊酸（6.00%）、己酸（5.32%）、(E,E)-2,4-壬二烯醛（5.13%）、糠（基）硫醇（2.73%）、2,6-二叔丁基对甲苯酚（2.68%）、5-癸酮（2.39%）、侧柏酮（1.87%）、5-壬酮（1.84%）、己酸戊酯（1.56%）、1-戊醇（1.31%）、4-羟基辛酸γ-内酯（1.27%）等。

【利用】种子药用，有散结消肿、攻毒疗疮的功效，用于疮疡肿毒、乳痈、瘰疬、痔漏、干癣、秃疮，为外科要药，有毒，内服慎用。

🌸 长萼栝楼

Trichosanthes laceribractea Hayata

葫芦科　栝楼属
别名：苦瓜蒌、湖北栝楼
分布：湖北、湖南、江西、四川、台湾、广西、广东

【形态特征】攀缘草本；茎具纵棱及槽。单叶互生，叶片纸质，近圆形或阔卵形，长5～19 cm，宽4～18 cm，常3～7裂，裂片三角形、卵形或菱状倒卵形，先端渐尖，边缘具波状齿或再浅裂，叶面密被短刚毛状刺毛，后变为鳞片状白色糙点。花雌雄异株。雄花：总状花序腋生；小苞片阔卵形，边缘具长细裂片；花萼筒狭线形，裂片卵形，边缘具狭的锐尖齿；花冠白色，裂片倒卵形，边缘具纤细长流苏。雌花单生，具1线状披针形的苞片；花萼筒圆柱状；花冠同雄花。果实球形至卵状球形，径5～8 cm，成熟时橙黄色至橙红色。种子长方形或长方状椭圆形，灰褐色，两端钝圆或平截。花期7～8月，果期9～10月。

【生长习性】生于海拔200～1020 m的山谷密林中或山坡路旁。

【芳香成分】巢志茂等（1996）用水蒸气蒸馏法提取的湖北蒲圻产长萼栝楼干燥成熟果皮精油的主要成分为：棕榈酸乙酯（26.67%）、亚油酸乙酯（9.34%）、棕榈酸甲酯（6.40%）、

亚麻酸乙酯（5.06%）、亚麻酸甲酯（3.89%）、亚油酸甲酯（3.74%）、十六醛（3.49%）、棕榈油酸乙酯（2.14%）、十四烷酸乙酯（1.68%）、十五烷酸乙酯（1.39%）、六氢金合欢基丙酮（1.37%）、硬脂酸乙酯（1.35%）等。

【利用】根药用，可生津止渴、降火润燥。果实药用，有润肺、化痰、散结、滑肠的功效，用于痰热咳嗽、结胸、消渴、便秘。种子用于燥咳痰粘、肠燥便秘。

🌸 大方油栝楼

Trichosanthes dafangensis N. G. Ye et S. J. Li

葫芦科　栝楼属
别名： 油瓜
分布： 贵州

【形态特征】多年生雌雄异株攀缘植物。块根为不规则圆柱形，长可超过40 cm，直径可超过5 cm，略具棱槽。茎五棱形，中空。叶心形，掌状5~7裂，长约20 cm，宽约18 cm，两面均被短毛和稀疏的硬毛，边缘疏生小尖锯齿。花白色。雄花单生，或几朵簇生，或为短总状花序；花萼管漏斗状，萼片5，线状披针形；花冠直径约3 cm，花瓣5，扇形，先端的两侧分裂成细线状。雌花单生，花萼、花瓣同雄花。果圆柱形，长可达20 cm，直径约7 cm，先端具短喙，熟时黄色。种子卵形，扁平，长约1.5 cm，灰褐色，两面的中央有小疣状微粒，边缘有沟槽，呈羽皱状雕纹。花在6、7月份开放。

【生长习性】分布区域窄，海拔1500~1760 m，地形略有起伏，较陡。土壤为山地黄棕壤，土层疏松、肥沃、偏酸性，pH 5.0~6.5。该地年平均温度为12.3 ℃，最热月20.3 ℃，最冷月3 ℃，年降雨量141.7 mm。

【精油含量】水蒸气蒸馏果皮的得油率为0.12%。

【芳香成分】周涛等（2007）用水蒸气蒸馏法提取的果皮精油的主要成分为：棕榈酸（44.79%）、醋酸丙酯（4.62%）、(Z,Z,Z)-9,12,15-十八碳三烯酸乙酯（4.47%）、9,12-十八碳三烯酸乙酯（4.23%）、棕榈酸乙酯（3.13%）、3-甲基-丁醛（3.03%）、(Z,Z)-9,12,15-十八碳三烯酸甲酯（1.79%）、2-甲基-丁醛（1.42%）、6,10,14-三甲基-2-十五烷酮（1.35%）、苯乙醛（1.32%）、棕榈酸甲酯（1.22%）、(Z,Z)-9,12-十八碳二烯酸甲酯（1.21%）等。

【利用】种仁可以生食，也可榨油供食用。

🌸 截叶栝楼

Trichosanthes truncata C. B. Clarke

葫芦科　栝楼属
别名： 大子栝楼、广西大栝楼子、大栝楼
分布： 广西、广东、云南

【形态特征】攀缘草质藤本；块根纺锤形或长条形，径6~10 cm。茎具纵棱及槽，有淡黄褐色皮孔。叶片革质，卵形，不分裂或3裂，长7~12 cm，宽5~9 cm，先端渐尖，边缘具齿，叶基截形，叶面深绿色，叶背淡绿色。花雌雄异株。雄花组成总状花序，有15~20花；苞片革质，近圆形或长圆形，具突尖；萼筒狭漏斗状，裂片线状披针形；花冠白色，裂片扇形，先端具流苏。雌花单生；萼筒圆筒状，裂片较雄花短；花冠同雄花。果实椭圆形，长12~18 cm，径5~10 cm，光滑，橙黄色。种子多数，卵形或长圆状椭圆形，长18~23 mm，宽约12 mm，厚4~6 mm，浅棕色或黄褐色，种脐端钝或偏斜，偶尔微凹，另端钝圆，沿边缘有一圈棱线。花期4~5月，果期7~8月。

【生长习性】生于海拔300~1600 m的山地密林中或山坡灌丛中。

【芳香成分】巢志茂等（1992）水蒸气蒸馏法提取的广西百色产截叶栝楼干燥果皮精油的主要成分为：棕榈酸（44.27%）、亚油酸+亚麻酸（29.06%）、正十五烷酸（1.79%）、硬脂酸（1.79%）、棕榈油酸（1.35%）、歧链十五烷酸（1.11%）等。

【利用】在广西等华南地区习惯用其替代栝楼入药，果实具有润肺止咳、清热化痰之功效。种子可炒制食用。在广西百色的靖西、德保、那坡等县居民还有在春夏季采集野生细嫩芽苗作为瓜苗菜食用的传统。

栝楼

Trichosanthes kirilowii Maxim.

葫芦科　栝楼属

别名：杜瓜、大肚瓜、瓜蒌、瓜楼、地楼、果裸、王白、天瓜、黄瓜、天圆子、柿瓜、野苦瓜、药瓜、鸭屎瓜、泽巨、泽姑、泽冶

分布：辽宁、华北、华东、中南、陕西、甘肃、四川、贵州、云南

【形态特征】攀缘藤本，长达10 m；块根圆柱状。茎多分枝，具纵棱及槽，被白色柔毛。叶片纸质，轮廓近圆形，长宽均约5～20 cm，常3～7浅裂至中裂，裂片菱状倒卵形、长圆形，先端钝，急尖，边缘常再浅裂，叶基心形，叶面深绿色，粗糙，叶背淡绿色。花雌雄异株。雄总状花序单生，有5～8花，小苞片倒卵形或阔卵形，具粗齿；花萼筒筒状，裂片披针形；花冠白色，裂片倒卵形，顶端中央具1绿色尖头，两侧具丝状流苏，被柔毛。雌花单生；花萼筒圆筒形，裂片和花冠同雄花。果实椭圆形或圆形，长7～10.5 cm，成熟时黄褐色或橙黄色；种子卵状椭圆形，压扁，长11～16 mm，宽7～12 mm，淡黄褐色，近边缘处具棱线。花期5～8月，果期8～10月。

【生长习性】生于海拔200～1800 m的山坡林下、灌丛中、草地和村旁田边。喜温暖湿润，阳光充足环境，较能耐寒、耐阴、耐瘠。对土壤要求不严，在排水良好的砂质壤土中生长良好。忌水涝和通风不良。

【精油含量】水蒸气蒸馏干燥成熟种子的得油率为1.97%。

【芳香成分】根：胡合姣等（2005）用石油醚萃取后再通过水蒸气蒸馏提取的浙江余杭产栝楼根精油的主要成分为：十六酸乙酯（24.49%）、9,12-二烯十八酸乙酯（11.70%）、9-烯十八酸乙酯（9.45%）、丁二酸二乙酯（7.60%）、十四酸乙酯（2.97%）、十二烷酸乙酯（2.81%）、己酸乙酯（2.47%）、苯丙酸乙酯（2.20%）、3,5-二烯-6-辛酮（1.76%）、2,6-二叔丁基-4-甲基苯酚（1.52%）、2-二乙氧基-3-甲基-丁醛（1.37%）、9-烯十六酸乙酯（1.18%）等。

花：孙文等（2012）用顶空固相微萃取法提取的北京产栝楼新鲜雄花香气的主要成分为：苯甲醇（22.52%）、(Z)-2-甲基丁醛肟（11.14%）、芳樟醇（8.51%）、α-金合欢烯（7.11%）、乙醇（5.90%）、苯甲腈（3.28%）、正己醇（2.76%）、2-硝基戊烷（2.62%）、(Z)-3-己烯醇（2.31%）、苯甲醛（1.78%）、2-甲基丁腈（1.71%）、2-甲基-1-丁醇（1.69%）、(E)-3-甲基丁醛肟（1.37%）、(E)-2-甲基丁醛肟（1.33%）、β-金合欢烯（1.04%）、丙酮（1.03%）等；新鲜雌花香气的主要成分为：芳樟醇（39.84%）、(Z)-2-甲基丁醛肟（6.89%）、乙醇（2.80%）、β-月桂烯（2.14%）、β-罗勒烯（2.14%）、2-硝基戊烷（2.02%）、2-甲基丁腈（1.63%）、β-金合欢烯（1.47%）、乙醛（1.22%）、α-罗勒烯（1.12%）等。

果实：巢志茂等（1992）用水蒸气蒸馏法提取的山东长清产栝楼干燥果皮精油的主要成分为：棕榈酸（53.65%）、亚油油+亚麻酸（22.06%）、肉豆蔻酸（7.91%）、月桂酸（4.93%）、正十五烷酸（2.21%）、棕榈油酸（2.13%）、歧链十五烷酸（1.45%）等。

种子：徐礼英等（2009）用水蒸气蒸馏法提取的安徽潜山产栝楼干燥成熟种子精油的主要成分为：2-金刚烷基-间甲氧基苯甲酸酯（15.07%）、邻苯二甲酸二丁酯（11.25%）、棕榈酸（8.88%）、己二酸二乙酯（7.60%）、己二酸异丁酯（5.72%）、戊二酸二丁酯（3.42%）、戊二酸二乙酯（3.10%）、二十七烷（2.96%）、苯乙醛（1.98%）、甘油（1.20%）、乙酸-7-甲基-Z-十四碳烯-1-酯（1.11%）、乙基胆酯（1.11%）、2,4,7,14-四甲基-4-乙烯基三环[5.4.3.0^{1,8}]十四烷-6-醇（1.09%）、环十二酮（1.08%）、1,6-二甲基-4-异丙基萘（1.04%）等。

【利用】根、果实、果皮和种子为传统的中药，根有清热生津、解毒消肿的功效，根中蛋白称天花粉蛋白，有引产作用，是良好的避孕药。果实、种子和果皮有清热化痰、润肺止咳、滑肠的功效。块根可食用。

🌸 王瓜

Trichosanthes cucumeroides (Ser.) Maxim.

葫芦科　栝楼属

分布： 华东、华中、华南、西南各地

【形态特征】多年生攀缘藤本；块根纺锤形。茎多分枝，具纵棱及槽。叶片纸质，轮廓阔卵形或圆形，长5～19 cm，宽5～18 cm，常3～5浅裂至深裂，或有时不分裂，裂片三角形、卵形至倒卵状椭圆形，先端钝或渐尖，边缘具细齿或波状齿，叶基深心形，叶面深绿色，被短绒毛及疏散短刚毛，叶背淡绿色，密被短茸毛。花雌雄异株。雄花组成总状花序；小苞片线状披针形；花萼筒喇叭形，长6～7 cm；花冠白色，裂片长圆状卵形，长14～20 mm，宽约6～7 mm，具极长的丝状流苏。雌花单生，花萼及花冠与雄花相同。果实卵圆形、卵状椭圆形或球形，长6～7 cm，径4～5.5 cm，成熟时橙红色，两端圆钝，具喙。种子横长圆形，长7～12 mm，宽7～14 mm，深褐色，近圆形，表面具瘤状突起。花期5～8月，果期8～11月。

【生长习性】生于海拔250～1700 m的山谷密林中或山坡疏林中或灌丛中。

【芳香成分】巢志茂等（1992）用水蒸气蒸馏法提取的江苏武进产王瓜干燥果皮精油的主要成分为：棕榈酸（32.90%）、硬脂酸（6.60%）、亚麻酸（6.20%）、亚油酸（3.72%）、棕榈油酸（2.27%）、肉豆蔻酸（1.20%）等。

【利用】果实、种子、根药用，有清热、生津、消瘀、通乳的功效，主治消渴、黄疸、噎膈反胃、经闭、乳汁不通、痈肿、慢性咽喉炎。

🌸 中华栝楼

Trichosanthes rosthornii Harms

葫芦科　栝楼属

别名： 双边栝楼

分布： 重庆、四川、甘肃、陕西、贵州、湖北、江西、云南

【形态特征】攀缘藤本；块根条状。茎具纵棱及槽。叶片纸质，轮廓阔卵形至近圆形，长6～20 cm，宽5～16 cm，3～7深裂，裂片线状披针形、披针形至倒披针形，先端渐尖，边缘具短尖头状细齿，叶基心形，叶面深绿色，疏被短硬毛，叶背淡绿色，密具颗粒状突起。花雌雄异株。雄花单生或为总状花序，或两者并生；具5～10花；小苞片菱状倒卵形；花萼筒狭喇叭形，裂片线形，被短柔毛；花冠白色，裂片倒卵形，被短柔毛，顶端具丝状长流苏。雌花单生；花萼筒圆筒形，被微柔毛，裂片和花冠同雄花。果实球形或椭圆形，长8～11 cm，径7～10 cm，成熟时果皮及果瓤均呈橙黄色。种子卵状椭圆形，扁平，长15～18 mm，宽8～9 mm，厚2～3 mm，褐色，距边缘稍远处具一圈明显的棱线。花期6～8月，果期8～10月。

【生长习性】生于海拔400～1850 m的山谷密林中、山坡灌丛中及草丛中。喜温暖潮湿气候。较耐寒，不耐干旱。选择向阳、土层深厚、疏松肥沃的砂质壤土地块栽培为好。不宜在低洼地及盐碱地栽培。

【精油含量】水蒸气蒸馏干燥成熟果皮的得油率为0.09%。

【芳香成分】巢志茂等（1996）用水蒸气蒸馏法提取的四川峨眉山产中华栝楼干燥成熟果皮精油的主要成分为：邻苯二甲酸二丁酯（17.37%）、棕榈酸甲酯（7.56%）、菲（4.96%）、萤蒽（3.91%）、3-甲基菲（3.32%）、蒽（2.56%）、3-甲基-1-丁醇（2.50%）、芘（2.44%）、亚麻酸乙酯（2.34%）、β-芹子烯（2.15%）、2,3-二甲基菲（2.01%）、亚油酸乙酯（1.97%）、植物醇（1.92%）、六氢金合欢基丙酮（1.84%）、棕榈酸乙酯（1.82%）、4-羟基-4-甲基-2-戊酮（1.42%）、十五烷酸乙酯（1.41%）、亚麻酸甲酯（1.38%）、糠醛（1.30%）、二十二烷

1.27%）、亚油酸甲酯（1.14%）等。

【利用】根和果实均作天花粉和栝楼入药，有生津止渴，降
火润燥，排脓消肿的功能，用于肺热咳嗽、胸痹、消渴、便
秘、痈肿疮毒。

黄山栝楼

Trichosanthes rosthornii Harms var. *huangshanensis* S. K. Chen

葫芦科　栝楼属
分布：安徽

【形态特征】中华栝楼变种。与原变种的主要区别在于叶片
5深裂至基部，裂片具1～2线形细裂片。

【生长习性】生长于海拔600～800 m的山坡灌丛和乱石
堆中。

【精油含量】水蒸气蒸馏干燥种子的得油率为1.85%。

【芳香成分】徐礼英等（2009）用水蒸气蒸馏法提取的安
徽黄山产黄山栝楼干燥种子精油的主要成分为：邻苯二甲酸
二丁酯（12.56%）、己二酸二乙酯（9.13%）、己二酸二异丁酯
（6.08%）、戊二酸二丁酯（4.57%）、2-(4,8-二甲基-3,7-二烯环十
烷基)-2-丙醇（4.21%）、正二十七烷（3.97%）、戊二酸二乙酯
（3.86%）、1,1,4a,6-四甲基-8a-乙基十四氢萘（3.25%）、邻苯二

甲酸十二酯（3.25%）、2-甲基-2-丁基-1,3-二氧戊烷（3.10%）、
檀香脑（2.59%）、二氢-反-α-玷珧烯-8-醇（2.46%）、1,3-双
环己基-2-甲基丙烷（1.92%）、3,5-二叔丁基-4-羟基-2,4-环己
二烯-1-酮（1.74%）、4-(1-苯乙基)苯酚（1.44%）、3,5,24-三甲
基四十烷（1.41%）、环十二酮（1.20%）、1-甲基-9,10-二氢菲
（1.12%）、丙二酸甲基二丁酯（1.01%）等。

【利用】是重要的野生药用植物与天然保健食用植物。根
药用，有清热解毒、生津和止渴的功效，根中的天花粉蛋白有
抗病毒、抗肿瘤的作用。果实、果皮和种子药用，有宽胸散结、
清热化痰、润肺止咳等功效。

罗汉果

Siraitia grosvenorii (Swingle) C. Jeffrey ex Lu et Z. Y. Zhang

葫芦科　罗汉果属
别名：光果木鳖
分布：江西、湖南、贵州、广东、广西

【形态特征】攀缘草本；根纺锤形或近球形。茎、枝有棱
沟。叶片膜质，卵形、心形、三角状卵形或阔卵状心形，长
12～23 cm，宽5～17 cm，先端渐尖，基部心形，边缘微波状，
叶面绿色，叶背淡绿，被短柔毛和混生黑色疣状腺鳞。雌雄异
株。雄花序总状，6～10朵花；花萼筒宽钟状，喉部常具3枚膜
质鳞片，裂片5，三角形；花冠黄色，被黑色腺点，裂片5，长
圆形。雌花单生或2～5朵集生；花萼和花冠比雄花大。果实
近球形，长6～11 cm，径4～8 cm，果梗着生处残存一圈茸毛，
果皮较薄。种子多数，淡黄色，近圆形或阔卵形，扁压状，长
15～18 mm，宽10～12 mm，基部钝圆，顶端稍稍变狭，两面
中央稍凹陷，周围有放射状沟纹，边缘有微波状缘檐。花期
5～7月，果期7～9月。

【生长习性】常生于海拔400～1400 m的山坡林下及河边湿
地、灌丛。喜热怕寒，宜湿润气候。喜半阴半阳的环境，忌高
温、长日照、干旱，忌积水受涝。宜疏松肥沃、排水良好、深
厚且湿润的土壤。

【精油含量】水蒸气蒸馏果实的得油率为0.03%～0.65%；
超临界萃取的得油率为10.08%。

润肠通便的功能，用于百日咳、痰火咳嗽、口腔溃疡、喉痛失音、血燥便秘。果实可作清凉饮料，煎汤代茶，能润解肺燥。果实是饮料、糖果行业的名贵原料，是蔗糖的最佳替代品。叶药用，治慢性咽炎、慢性支气管炎等；捣烂调醋外搽牛皮癣。可用于棚架、篱垣、廊亭绿化，可作观赏绿植。

🌸 南瓜
Cucurbita moschata (Duch.) Poiret

葫芦科　南瓜属
别名：中国南瓜、番瓜、番蒲、倭瓜、北瓜、饭瓜、东瓜、番南瓜
分布：全国各地

【芳香成分】花：梁志远等（2014）用水蒸气蒸馏法提取的广西产罗汉果干燥花精油的主要成分为：棕榈酸（15.12%）、L-沉香醇（14.83%）、3,7,11-三甲基-1,6,10-十二碳三烯-3-醇（10.11%）、棕榈酸甲酯（5.51%）、(Z)-9-二十三碳烯（5.29%）、亚麻酸甲酯（4.56%）、亚油酸（4.03%）、二十五烷（2.82%）、二十三烷（2.23%）、(1S)-1,2,3,4,4aβ,7,8,8aβ-八氢-1,6-二甲基-4β-异丙基-1-萘酚（2.19%）、α-杜松醇（2.01%）、亚油酸甲酯（1.77%）、α-异松油烯（1.69%）、二十七烷（1.52%）、α-萜品醇（1.44%）、(E)-3-苯甲酸己烯酯（1.33%）、二十九烷（1.30%）、石竹烯氧化物（1.11%）、二十四烷（1.08%）、苯甲酸苄酯（1.05%）、(E)-芳樟醇氧化物（1.01%）、十八碳酸（1.01%）等。

果实：陈海燕等（2011）用水蒸气蒸馏法提取的广西产无籽罗汉果新鲜成熟果实精油的主要成分为：乙二醇异丙醚（27.21%）、1,2-苯二甲酸丁基-2-乙基己酯（13.51%）、邻苯二甲酸二异丁酯（10.85%）、天竺葵醛（10.22%）、(E)-3-癸烯酸（6.52%）、丁酸丁酯（4.99%）、乙酸-2-十三烷酯（4.86%）、十九烷（2.68%）、十八烷（2.39%）、9-癸烯酸（2.20%）、2-庚酮（2.01%）、月桂醛（1.99%）、2-十三烷醇（1.63%）、3-羟基-丁酸丁酯（1.27%）、肉豆蔻醛（1.20%）、二十一烷（1.12%）、己酸丁酯（1.11%）等。

【形态特征】一年生蔓生草本。叶片宽卵形或卵圆形，质稍柔软，有5角或5浅裂，稀钝，长12～25cm，宽20～30cm，侧裂片较小，中间裂片较大，三角形，叶面密被黄白色刚毛和茸毛，常有白斑，叶背色较淡，边缘有小而密的细齿，顶端稍钝。雌雄同株。雄花单生；花萼筒钟形，长5～6mm，裂片条形，上部扩大成叶状；花冠黄色，钟状，长8cm，径6cm，5中裂，裂片边缘反卷，具皱褶，先端急尖。果梗粗壮，有棱和槽，长5～7cm，瓜蒂扩大成喇叭状；瓠果形状多样，因品种而异，外面常有数条纵沟或无。种子多数，长卵形或长圆形，灰白色，边缘薄，长10～15mm，宽7～10mm。

【利用】果实入药，有清热润肺、止咳、消炎、清暑解渴、

【生长习性】喜温暖，能耐干旱和瘠薄，不耐寒，须于无霜季节栽培。适应性强，无论山坡平地，或零星间隙，都可种植。属短日照作物，在10～12h的短日照下很快通过光照阶段。

对旱性强，对土壤要求不严格，以肥沃、中性或微酸性砂壤土为好。

【芳香成分】茎：卢引等（2013）用固相微萃取法提取的河南开封产超甜蜜本南瓜新鲜嫩茎尖香气的主要成分为：植酮（10.14%）、丁羟甲苯（9.24%）、(-)-香叶烯D（8.07%）、邻苯二甲酸二丁酯（7.89%）、棕榈酸甲酯（6.86%）、十四醛（5.42%）、癸醛（5.24%）、邻苯二甲酸二异丁酯（5.09%）、反油酸甲酯（4.71%）、乙酸（4.11%）、脱氢-β-紫罗酮（3.03%）、二氢猕猴桃内酯（3.01%）、二甲基硫醚（2.99%）、月桂醛（2.66%）、β-波旁烯（2.22%）、斯巴醇（2.05%）、2-甲基丙醛（2.01%）、十六烷（1.96%）、δ-荜澄茄烯（1.92%）、β-紫罗兰酮（1.79%）、六甲基环三硅氧烷（1.58%）、双环吉玛烯（1.58%）、十一醛（1.42%）、壬醛（1.24%）、十四酸甲酯（1.20%）等。张伟等（2013）用同法分析的干燥茎尖香气的主要成分为：癸醛（28.77%）、壬醛（8.97%）、香叶烯D（7.15%）、3-甲基丁醛（3.59%）、十一醛（3.38%）、植酮（3.35%）、2-甲基丁醛（3.31%）、十三醛（3.01%）、二甲基硫醚（2.99%）、丁羟甲苯（2.95%）、十四醛（2.95%）、棕榈酸甲酯（2.71%）、邻苯二甲酸二丁酯（2.68%）、β-波旁烯（2.58%）、二氢猕猴桃内酯（2.19%）、邻苯二甲酸异丁基辛酯（2.15%）、庚醛（2.02%）、辛醛（1.82%）、6,6-二甲基庚烷-2,4-二烯（1.41%）、2-戊基呋喃（1.26%）等。

花：卢引等（2013）用固相微萃取法提取的新鲜雄花香气的主要成分为：β-波旁烯（21.68%）、香叶烯D（9.80%）、二甲基硫醚（9.16%）、癸醛（5.52%）、壬醛（5.36%）、二十一烷（4.45%）、植酮（3.99%）、β-荜澄茄烯（3.32%）、2-甲基丁醛（3.18%）、十四烷（2.85%）、甘香烯（2.53%）、己醛（2.35%）、十五烷（2.24%）、3-甲基丁醛（2.06%）、藏花醛（1.97%）、α-波旁烯（1.94%）、辛醛（1.84%）、2-甲基丙醛（1.72%）、十六烷（1.71%）、十三烷（1.37%）、1-辛烯-3-醇（1.34%）、二氢猕猴桃内酯（1.25%）、2-正戊基呋喃（1.09%）、2-乙基-6-甲基吡嗪（1.05%）、十七烷（1.03%）等。张伟等（2012）用同法分析的金钩南瓜新鲜雄花香气的主要成分为：α-佛手柑油烯（21.71%）、姜黄烯（7.18%）、癸醛（3.87%）、植酮（3.87%）、二十一烷（3.53%）、壬醛（3.35%）、D-柠檬烯（2.97%）、β-倍半菲兰烯（2.68%）、β-波旁烯（2.63%）、十四烷（1.62%）、香基丙酮（1.56%）、十五烷（1.48%）、十三烷（1.41%）、β-紫

罗兰酮（1.40%）、藏花醛（1.37%）、二氢猕猴桃内酯（1.36%）、β-蒎烯（1.35%）、十六烷（1.25%）、Z-α-反式佛手柑油烯（1.15%）、2-甲基-5-(1,1,5-三甲基-5-己烯)-呋喃（1.10%）、丁香油烯氧化物（1.08%）、罗汉柏烯（1.06%）等。

果实：车瑞香等（2003）用同时蒸馏萃取法提取的果实精油的主要成分为：醋酸冰片酯（21.23%）、樟脑（19.22%）、4-甲基苯酚（12.24%）、4,6,6-三甲基-双环[3.1.1]-3-庚烯-2-酮（6.19%）、龙脑（5.78%）、α,α,4-三甲基-3-环己烯-1-甲醇（5.61%）、樟树脑（4.46%）、反,顺-2,6-壬二烯-1-醇（4.01%）、3,7-二甲基-1,6-辛二烯-3-醇（3.51%）、1-壬醇（3.07%）、4-甲基-1-(1-甲乙基)-3-环己烯-1-醇（2.76%）、环辛基乙醇（2.74%）、壬醛（2.13%）、丁香烷（1.95%）、十五烷（1.21%）等。周春丽等（2015）用固相微萃取法提取的北京产'蜜本'南瓜新鲜果肉香气的主要成分为：乙酸乙酯（19.72%）、乙醚（10.90%）、乙醇（7.07%）、乙酸（4.04%）、β-紫罗兰酮（2.35%）、甲基庚烯酮（2.19%）、1-(1,5-二甲基-4-己烯基)-4-甲基-苯（1.89%）、己基甲酸氯（1.82%）、α-柏木烯（1.82%）、龙脑或茨醇（1.76%）、吡喃酮（1.47%）等。李昌勤等（2013）用同法分析的超甜蜜本南瓜瓜瓤香气的主要成分为：棕榈酸乙酯（22.68%）、亚麻酸乙酯（15.57%）、亚油酸乙酯（10.16%）、棕榈酸（4.43%）、[R,R]-2,3-丁二醇（4.32%）、2-甲基丁醛（4.14%）、二氢猕猴桃内酯（4.06%）、2,3-丁二醇（3.60%）、β-紫罗兰酮（3.39%）、β-紫罗酮环氧化物（2.55%）、吡喃酮（2.12%）、3-甲基丁醛（2.10%）、乙酸（2.00%）、棕榈酸甲酯（1.84%）、E-11-十六烯酸乙基酯（1.48%）、1-乙烷基-1H-吡咯-2-甲醛（1.32%）、1-二氢-5-戊基-2(3H)-呋喃酮（1.27%）、α-紫罗兰酮（1.26%）、亚麻酸甲酯（1.19%）、十四烷（1.12%）、十六烷（1.09%）、2,5-二甲基吡嗪（1.04%）等。张伟等（2013）用同法分析的蜜本南瓜瓜瓤香气的主要成分为：棕榈酸乙酯（18.64%）、二氢猕猴桃内酯（12.05%）、β-紫罗兰酮（10.95%）、亚麻酸乙酯（10.13%）、β-紫罗酮环氧化物（9.54%）、亚油酸乙酯（6.34%）、[R,R]-2,3-丁二醇（3.93%）、棕榈酸（3.46%）、2,3-丁二醇（3.38%）、α-紫罗兰酮（2.22%）、棕榈酸甲酯（1.87%）、2-甲基丁醛（1.57%）、2,6-二甲基环己醇（1.57%）、十五烷（1.40%）、3-甲基丁醛（1.36%）、β-环柠檬醛（1.31%）、十六烷（1.14%）、脱氢紫罗酮（1.00%）等。

种子：张伟等（2013）用固相微萃取法提取的种子香气的主要成分为：棕榈酸乙酯（24.52%）、[R,R]-2,3-丁二醇（14.30%）、亚油酸乙酯（11.67%）、2,3-丁二醇（8.09%）、亚麻酸乙酯（6.33%）、乙酸（3.49%）、贝壳杉-16-烯（3.41%）、二甲基硫醚（2.90%）、棕榈酸甲酯（2.37%）、甲-[o-氨基苯]-4-柠檬酸（1.76%）、长叶薄荷酮（1.53%）、2-甲基丁醛（1.44%）、棕榈酸（1.19%）、十四烷（1.09%）等。

【利用】果实和花可作蔬菜食用，果实亦可代粮食。全株各部供药用，根治牙痛；叶治疗痢疾、创伤；花治黄疸、咳嗽、痢疾；藤可清肺、和胃、通络，治疗肺结核、低热、胃痛、月经不调、烫伤；种子有清热除湿、驱虫的功效，对血吸虫有控制和杀灭的作用，治疗滴虫、产后手足肿痛、百日咳、痔疮；瓜蒂有补中益气、健脾暖胃的作用，还可治胸膜炎、肋间神经病，还有安胎的功效；瓤敷于患处可治火烫伤；果实有补中益气、消炎止痛、解毒杀虫的功效。

🌸 笋瓜

Cucurbita maxima Duch. ex Lam.

葫芦科　南瓜属
别名: 印度南瓜、北瓜、搅丝瓜、饭瓜
分布: 全国各地

【形态特征】一年生粗壮蔓生藤本；茎具白色的短刚毛。叶片肾形或圆肾形，长15～25 cm，近全缘或仅具细锯齿，顶端钝圆，基部心形，叶面深绿色，叶背浅绿色，两面有短刚毛。雌雄同株。雄花单生；花萼筒钟形，裂片线状披针形，长1.8～2 cm，密被白色短刚毛；花冠筒状，5中裂，裂片卵圆形，先端钝，长宽均为2～3 cm，边缘皱褶状，向外反折。雌花单生；子房卵圆形。果梗短，不具棱和槽，瓜蒂不扩大或稍膨大；瓠果的形状和颜色因品种而异；种子丰满，扁压，边缘钝或多少拱起。

【生长习性】喜光，喜温但不耐高温。短日照植物，耐旱性强，对土壤要求不严格，但以肥沃、中性或微酸性砂壤土为好。

【芳香成分】周春丽等（2015）用顶空固相微萃取法提取的北京产'锦粟'笋瓜新鲜果肉香气的主要成分为：己醛（21.32%）、壬醛（7.70%）、3-甲基丁醛（7.34%）、3-己烯醇（5.27%）、N-甲基-1-辛胺（4.79%）、戊醛（4.52%）、1-己醇（3.87%）、辛醛（3.36%）、1-戊醇（2.73%）、1-辛醇（2.40%）、1-辛烯-3-醇（2.39%）、(Z)-6-壬烯醛（2.15%）、1,1,3-三甲基环戊

烷（1.83%）、环丁醇（1.74%）、3-甲基-1-己烯（1.44%）、甲基-丙基肟（1.43%）、环庚烷（1.40%）、(E)-2-壬烯醛（1.29%）、2-(甲氨基)-乙醇（1.29%）、(E)-2-癸烯醛（1.27%）、1～1'-二环庚烷（1.17%）、11,14-二十碳二烯酸甲酯（1.04%）等。

【利用】嫩果实作蔬菜供食用，也可作饲料。种子可炒食或加工成干香食品。

🌸 西葫芦

Cucurbita pepo Linn.

葫芦科　南瓜属
别名: 美洲南瓜、角瓜
分布: 全国各地

【形态特征】一年生蔓生草本；茎有棱沟，有短刚毛和半透明的糙毛。叶片质硬，挺立，三角形或卵状三角形，先端锐尖，边缘有不规则的锐齿，基部心形，弯缺半圆形，叶面深绿色，叶背颜色较浅。雌雄同株。雄花单生；花萼筒有明显5角，花萼裂片线状披针形；花冠黄色，常向基部渐狭呈钟状，长5 cm，径3 cm，分裂至近中部，裂片直立或稍扩展，顶端锐尖；雄蕊3，花丝长15 mm，花药靠合，长10 mm。雌花单生，子房卵形，1室。果梗粗壮，有明显的棱沟，果蒂变粗或稍扩大，但不成喇叭状。果实形状因品种而异；种子多数，卵形，白色，长约20 mm，边缘拱起而钝。

【生长习性】较耐寒而不耐高温，生长期最适宜温度为20～25 ℃，15 ℃以下生长缓慢，8 ℃以下停止生长。光照强度要求适中，较能耐弱光。喜湿润，不耐干旱。对土壤要求不严格，砂土、壤土、黏土均可栽培。

【芳香成分】叶：郝树芹等（2010）用顶空固相萃取法提取的'硕丰早玉'西葫芦新鲜叶片精油的主要成分为：乙醇（90.13%）、氨基甲磺酸（2.98%）、硼烷二甲硫醚络合物（2.77%）等。

果实：周春丽等（2015）用顶空固相萃取法提取的北京产西葫芦新鲜果肉香气的主要成分为：乙酸乙酯（35.63%）、乙醇（16.24%）、乙醇（7.86%）、2-庚酮（2.50%）、己烷（1.55%）、苯（1.38%）、3-甲基正丁醇（1.11%）等。

【利用】嫩果实作蔬菜供食用。

丝瓜

Luffa cylindrica (Linn.) Roem.

葫芦科　丝瓜属
别名：天罗瓜、水瓜、布瓜、天吊瓜
分布：全国各地

【形态特征】一年生攀缘藤本；茎、枝粗糙，有棱沟。叶片三角形或近圆形，长宽约10～20cm，通常掌状5～7裂，裂片三角形，中间的较长，顶端急尖或渐尖，边缘有锯齿，基部深心形，叶面深绿色，粗糙，有疣点，叶背浅绿色，有短柔毛。雌雄同株。雄花：通常15～20朵花，生于总状花序上部；花萼筒宽钟形，被短柔毛，裂片卵状披针形或近三角形，上端向外反折；花冠黄色，辐状，开展时直径5～9cm，裂片长圆形。雌花：单生。果实圆柱状，长15～30cm，直径5～8cm，表面平滑，通常有深色纵条纹，未熟时肉质，成熟后干燥，由顶端盖裂。种子多数，黑色，卵形，扁，平滑，边缘狭翼状。花果期夏秋季。

【生长习性】喜阳光充足，而且较耐弱光。温暖湿润环境，较耐高温，生长发育的适宜温度为20～30℃。不耐干旱，在土壤湿润，富含有机质的砂质壤土中生长良好。

【芳香成分】李培源等（2010）用水蒸气蒸馏法提取的广西玉林产丝瓜新鲜叶精油的主要成分为：植醇（42.02%）、二十烷（4.72%）、二十六烯（3.02%）、植酮（2.50%）、棕榈醛

（2.47%）、二十七烷（2.31%）、二十二烷（2.16%）、β-紫罗酮（1.24%）、芳樟醇（1.07%）、六十九烷酸（1.02%）等。

【利用】嫩果实为夏季蔬菜。全株均可药用，根有活血、通络、消肿的功效，用于鼻塞流涕；藤可通经络、止咳化痰，用于腰痛、咳嗽、鼻塞流涕；叶可止血、化痰止咳、清热解毒，用于顿咳、咳嗽、暑热口渴、创伤出血、疥癣、天疱疮、痱子；果实维管束（丝瓜络）可清热解毒、活血通络、利尿消肿，用于筋骨痛、胸胁痛、经闭、乳汁不通、乳痈、水肿；果柄用于小儿痘疹、咽喉肿痛；果皮用于金疮、疔疮、臀疮；种子可清热化痰、润燥、驱虫，用于咳嗽痰多、驱虫、便秘。成熟果实内的网状纤维可代替海绵用于洗刷灶具及家具。种子油可供食用。

西瓜

Citrullus lanatus (Thunb.) Matsum. et Nakai

葫芦科　西瓜属
别名：寒瓜
分布：全国各地

【形态特征】一年生蔓生藤本；茎、枝具明显的棱沟，被长而密的长柔毛。叶片纸质，轮廓三角状卵形，带白绿色，长8～20cm，宽5～15cm，两面具短硬毛，3深裂，中裂片较长，倒卵形、长圆状披针形或披针形，顶端急尖或渐尖，裂片又羽状或二重羽状浅裂或深裂，边缘波状或有疏齿。雌雄同株。雌、雄花均单生于叶腋。雄花：花萼筒宽钟形，密被长柔毛；花冠淡黄色，外面带绿色，被长柔毛。雌花：花萼和花冠与雄花同。果实大型，近于球形或椭圆形，肉质多汁，果皮光滑，色泽及纹饰各式。种子多数，卵形，黑色、红色，有时为白色、黄色、淡绿色或有斑纹，两面平滑，基部钝圆，通常边缘稍拱起，长1～1.5cm，宽0.5～0.8cm，厚1～2mm，花果期夏季。

【生长习性】喜温暖、干燥的气候，不耐寒，生长发育的最适温度24～30℃，需较大的昼夜温差。耐旱、不耐湿。喜光照。适应性强，以土质疏松、土层深厚、排水良好的砂质土最佳。喜弱酸性，pH5～7。

【精油含量】水蒸气蒸馏干燥果皮的得油率为1.31%，无壳种仁的得油率为20%～30%；超临界萃取干燥果皮的得油率为1.60%。

【芳香成分】果实：郭华等（2009）用同时蒸馏萃取法提取的辽宁鞍山产'打瓜'西瓜干燥果皮精油的主要成分为：异丙醇（15.84%）、亚油酸（8.52%）、1,3,11-三甲基环十四烷（5.98%）、十七烷（4.41%）、二十碳烷（2.55%）、苯甲酮（2.07%）、十六烷（2.03%）、十二烷（2.00%）、十八烷（1.94%）、己酸（1.92%）、十六酸甲酯（1.76%）、α-杜松醇（1.38%）、壬酸（1.32%）、2-甲氧基-4-乙烯基苯酚（1.28%）、2,6,10,14-四甲基十五烷（1.21%）等。肖守华等（2014）用顶空固相微萃取法提取分析了山东济南产不同品种西瓜果肉的香气成分，'京兰黄瓤'的主要成分为：己醛（35.05%）、壬醛（11.33%）、(E)-3-壬烯-1-醇（9.78%）、2,4-壬二烯-1-醇（5.64%）、(E)-2-壬烯醛（5.47%）、2-戊基-呋喃（5.12%）、(E)-己醛（4.39%）、1-己醇（2.64%）、3-乙基-2-甲基-1,3-己二烯（2.35%）、戊氟代丙酸壬酯（1.56%）、(E)-2-辛烯醛（1.51%）、(E)-2-戊烯（1.39%）等；'春凤黄瓤'的主要成分为：己醛（26.53%）、壬醛（17.27%）、(E)-3-壬烯-1-醇（11.15%）、(E)-2-壬烯醛（8.20%）、2-戊基-呋喃（7.08%）、(E)-己醛（4.05%）、1-己醇（2.35%）、3-乙基-2-甲基-1,3-己二烯（2.21%）、(E)-2-辛烯醛（1.69%）、(Z)-3-己烯（1.35%）、戊氟代丙酸壬酯（1.32%）、辛醛（1.04%）等；'178号'的主要成分为：壬醛（24.51%）、己醛（23.88%）、(E)-3-壬烯-1-醇（9.42%）、2-戊基-呋喃（5.98%）、(E)-2-壬烯醛（5.47%）、6-甲基-5-庚烯-2-酮（5.17%）、(E)-己醛（2.49%）、1-辛醇（2.10%）、辛醛（2.02%）、(E)-2-十二烯醛（2.02%）、1-己醇（1.83%）、1-壬醇（1.65%）、(E)-6,10-二甲基-5,9-十一二-2-酮（1.51%）、(E)-2-戊烯（1.39%）、(6Z)-壬烯-1-醇（1.12%）等；'177号'的主要成分为：己醛（28.08%）、壬醛（15.58%）、(E)-3-壬烯-1-醇（8.56%）、2-甲基-1-庚烯-6-酮（7.50%）、(E)-己醛（3.13%）、辛醛（3.07%）、2-戊基-呋喃（2.57%）、(E)-2-壬烯醛（2.41%）、(E)-6,10-二甲基-5,9-十一二-2-酮（2.30%）、1-辛醇（2.01%）、庚醛（1.92%）、1-己醇（1.85%）、(E)-2-辛烯醛（1.52%）、3-乙基-2-甲基-1,3-己二烯（1.39%）、(E)-2-庚醛（1.27%）、(E,E)-2,4-庚二烯醛（1.12%）等；'126号'的主要成分为：己醛（29.22%）、壬醛（21.00%）、2-戊基-呋喃（7.45%）、(E)-3-壬烯-1-醇（6.62%）、2-甲基-1-庚烯-6-酮（3.62%）、辛醛（3.60%）、(E)-2-壬烯醛（3.12%）、(E)-己醛（2.04%）、庚醛（2.04%）、1-壬醇（1.87%）、1-己醇（1.85%）、(E)-6,10-二甲基-5,9-十一二-2-酮（1.53%）、1-辛醇（1.41%）、(E)-2-辛烯醛（1.32%）等；'192号'的主要成分为：己醛（29.99%）、壬醛（13.99%）、(E)-3-壬烯-1-醇（8.72%）、2,4-壬二烯-1-醇（6.60%）、2-戊基-呋喃（5.01%）、6-甲基-5-庚烯-2-酮（4.91%）、(E)-己醛（3.52%）、1-己醇（3.20%）、(E)-2-壬烯醛（2.90%）、1-壬醇（2.56%）、2,5,5-三甲基-1,6-庚二烯（1.73%）、1-辛醇（1.59%）、(E)-6,10-二甲基-5,9-十一二-2-酮（1.44%）、辛醛（1.17%）、(E)-2-辛烯醛（1.09%）等。黄远等（2016）用同法分析了湖北武汉产'早佳'西瓜果实香气的主要成分为：6-甲基-5-庚烯-2-酮（19.26%）、(Z)-3-壬烯醇（13.87%）、己醛（13.03%）、(E)-2-壬烯醛（8.36%）、青叶醛（6.14%）、香叶基丙酮（5.27%）、壬醛（4.20%）、右旋萜二烯（3.86%）、柠檬醛（3.52%）、(S)-1,2-丙二醇（3.32%）、正己醇（2.82%）、(Z)-3,7-二甲基-2,6-辛二烯醛（1.81%）、(E)-2-辛烯醛（1.77%）、(E)-2-

庚烯醛（1.19%）等。

种子：朴金哲等（2010）用水蒸气蒸馏法提取的吉林□榆产'打瓜'西瓜种子精油的主要成分为：2-软脂酸甘油酯（9.29%）、2-硬脂酸甘油酯（7.32%）、丁羟甲苯（5.52%）、十四烷酸（5.38%）、硬脂酸（5.27%）、二十二烷（4.13%）、7,9-□叔丁基-2,8-二氧代-1-氧杂螺[4,5]-6,9-癸二烯（3.63%）、亚油酸（3.05%）、十九烷（3.00%）、8,11-十八碳二烯酸甲酯（2.93%）、n-十六酸（2.89%）、角鲨烯（2.37%）、3-甲氧基-1,2-丙二醇（1.73%）、三十烷（1.68%）、二十烷（1.67%）、十八□（1.48%）、E-8-十八碳烯酸甲酯（1.39%）、N,N-二苯基肼甲酰□（1.10%）、3-甲基-3-乙基庚烷（1.08%）等。

【利用】果实主要水果之一。种子可作消遣食品。果皮药用，有清热、利尿、降血压之效，用于暑热烦渴、水肿、口舌生疮。果肉药用，有清热解暑、解烦止渴、利尿的功效，用□暑热烦渴、热盛津伤、小便淋痛。种皮药用，用于吐血、肠风下血。种仁药用，可清热润肠。未成熟的果实与皮硝的加工品（西瓜霜）用于热性咽喉肿痛。内果皮可作蔬菜食用，还可腌渍后食用。

❀ 黄瓜
Cucumis sativus Linn.

葫芦科　黄瓜属

别名：王瓜、胡瓜、青瓜
分布：全国各地

【形态特征】一年生蔓生或攀缘草本；茎、枝有棱沟，被白色的糙硬毛。叶片宽卵状心形，膜质，长宽均7～20 cm，两面被糙硬毛，3～5个角或浅裂，裂片三角形，有齿，先端急尖或渐尖，基部弯缺半圆形。雌雄同株。雄花：常数朵在叶腋簇生；花萼筒狭钟状或近圆筒状，密被白色的长柔毛，花萼裂片钻形；花冠黄白色，裂片长圆状披针形，急尖。雌花：单生或稀簇生；子房纺锤形，粗糙，有小刺状突起。果实长圆形或圆柱形，长10～50 cm，熟时黄绿色，表面粗糙，有具刺尖的瘤状突起，极稀近于平滑。种子小，狭卵形，白色，无边缘，两端急尖，长约5～10 mm。花果期夏季。

【生长习性】喜光，喜温暖气候。不耐高温，不耐寒冷。喜湿不耐涝，喜肥不耐肥。对土壤条件要求不严，宜选富含有机质、肥沃、保水保肥力强的黏质壤土栽培。

【精油含量】水蒸气蒸馏种子的得油率为0.78%～0.81%；同时蒸馏萃取的干燥果实的得油率为0.60%～1.00%。

【芳香成分】果实：贾昊玺等（2008）用减压蒸馏-冷冻浓缩、微波-超声波萃取的新鲜果实精油的主要成分为：(2E,6Z)-2,6-壬二烯醛（47.84%）、(E)-2-壬烯醛（17.21%）、(Z)-6-壬烯醛（12.02%）、(E)-6-壬烯醛（8.20%）、(E)-3-壬烯-1-醇（7.26%）、(E)-2-壬烯-1-醇（1.22%）、2,6-壬二烯-1-醇（1.13%）等。侯冬岩等（2007）用同时蒸馏萃取法提取的水果黄瓜干燥果实精油的主要成分为：3,7-二甲基-1,6-辛二烯-3-醇（10.09%）、2-乙基-1-己醇（8.67%）、1,5-二甲基-1,5-环辛二烯（8.22%）、2-戊基呋喃（6.88%）、4-(2,6,6-三甲基-1-环己烯)-3-丁烯-2-酮（6.49%）、丁基化羟基甲苯（6.12%）、1-亚甲基螺[4.4]壬烷（5.62%）、十六烷（4.92%）、6-壬烯-1-醇（4.10%）、十二烷（3.50%）、8-甲基-9-十四烯-1-醇醋酸酯（3.43%）、二十一烷（3.31%）、十五烷（3.06%）、3-甲基-环辛烯（2.71%）、1-(2,6,6-三甲基-1,3-环己二烯)-2-丁烯-1-酮（2.13%）、4-甲基-4-氢-1,2,4-三唑-3-胺（1.82%）、α-萜品醇（1.81%）、1-(1-甲基乙氧基)-丁烷（1.69%）、2,6,6-三甲基-1-环己烯-1-乙醛（1.56%）、龙脑（1.38%）、5-甲基-4-庚烯-3-酮（1.23%）、2,6-二甲基吡嗪（1.14%）、1,1,1-二环己基-2-酮（1.14%）、十四烷（1.04%）、3,5-二甲氧基苯乙酮（1.01%）。

种子：孙志忠等（1994）用水蒸气蒸馏法提取的黑龙江产'五常白'黄瓜种子精油的主要成分为：2,3-二氰基吡啶（36.12%）、亚油酸（35.29%）、棕榈酸（12.30%）、二十烷（3.69%）、邻苯二甲酸二丁酯（2.66%）、2,6,10,14-四甲基十七烷（1.48%）等。

【利用】果实为主要蔬菜之一，亦可生食。茎藤药用，能消炎、祛痰、镇痉。果实药用，有除热、利水、解毒功效，治烦渴、咽喉肿痛、火眼、烫火伤。瓜蒂有去湿热、抗癌作用。果实精油可用于洗面奶、洗发香波等化妆品，也可用于食品添加剂。

❀ 甜瓜

Cucumis melo Linn.

葫芦科　黄瓜属
别名：香瓜、果瓜、哈密瓜、白兰瓜、华莱士瓜
分布：全国各地

【形态特征】一年生匍匐或攀缘草本；茎、枝有棱，有黄褐色或白色的糙硬毛和疣状突起。叶片厚纸质，近圆形或肾形，长宽均8～15 cm，叶面粗糙，被白色糙硬毛，背面沿脉密被糙硬毛，边缘不分裂或3～7浅裂，裂片先端圆钝，有锯齿，基部截形或具半圆形的弯缺。花单性，雌雄同株。雄花：数朵簇生于叶腋；花萼筒狭钟形，密被白色长柔毛，裂片近钻形；花冠黄色，裂片卵状长圆形，急尖。雌花：单生；子房长椭圆形。果实的形状、颜色因品种而异，通常为球形或长椭圆形，果皮平滑，有纵沟纹或斑纹，果肉白色、黄色或绿色，有香甜味；种子污白色或黄白色，卵形或长圆形，先端尖，基部钝，表面光滑，无边缘。花果期夏季。

【生长习性】喜光。喜温耐热，极不抗寒，植株生长温度以25～30℃为宜。需要较低的空气湿度，耐旱，不耐涝。对土壤要求不严格，但以土层深厚、通透性好、不易积水的砂壤土最适合，砂质土壤宜作早熟栽培，黏重土壤宜作晚熟栽培，适宜土壤为pH5.5～8.0。

【芳香成分】不同研究者用固相微萃取法提取分析了不同品种甜瓜果实的香气成分。王宝驹等（2008）分析的辽宁沈阳产薄皮甜瓜'玉美人'成熟果实的果肉挥发油的主要成分为：乙酸-2-甲基-1-丁醇酯（21.25%）、乙酸己酯（17.21%）、乙酸苯甲酯（11.89%）、乙酸-2-甲基丙酯（2.88%）、苯丁酸乙酯（2.35%）、乙酸丁酯（2.28%）等；瓜瓤挥发油的主要成分为：乙酸-2-甲基-1-丁醇酯（26.40%）、乙酸己酯（23.75%）、乙酸

苯甲酯（3.84%）、苯丁酸乙酯（3.59%）、己酸乙酯（2.87%）、(Z)-乙酸-3-己烯-1-醇酯（2.16%）、十六酸乙酯（1.95%）、2,3-丁二醇二乙酯（1.70%）、丁酸-2-甲基乙酯（1.04%）、十六酸甲酯（1.04%）等。肖守华等（2010）分析的厚皮甜瓜'鲁厚甜2号'果实香气的主要成分为：乙酸苯甲酯（18.93%）、n-软脂酸（5.94%）、2-苯基乙酸乙酯（5.41）、2-甲基乙酸-1-丁醇（5.04%）、硬脂酸（4.78%）、异丙氧基氨基甲酸乙酯（3.85%）、乙酸己酯（2.77%）、2-甲基乙酸丙酯（2.48%）、(Z)-乙酸-3-己烯-1-醇（2.03%）、(E,E,E)-1,4,8-十二碳三烯（1.78%）、(E,Z)-3,6-壬二烯-1-醇（1.52%）、烯丙基硫甲酯（1.43%）、邻苯二甲酸二丁酯（1.37%）、2-氨基-5-苯甲酸（1.22%）、二乙酰酸-1,2,3-丙三醇（1.19%）、(E)-乙酸-6-壬烯-1-醇（1.01%）等。张娜等（2014）分析的甘肃民勤产'玉金香'甜瓜果实香气的主要成分为：正戊烷（17.49%）、乙醇（16.30）、环丁醇（9.35%）、N-羟基乙酰胺（9.09%）、苯甲醛（10.27%）、乙酸乙酯（9.21%）、乙酸苯甲酯（5.57%）、(Z)-乙酸-3-己烯-1-醇酯（3.15%）、2,3-丁二醇二乙酸酯（2.52%）、丙酸苯甲酯（2.01%）、乙酸异丁酯（1.85%）、正己醛（1.41%）、2-丁酮（1.23%）、乙酸丙酯（1.12%）等。张悦凯等（2013）分析的浙江东阳产'中甜2号'甜瓜新鲜果肉香气的主要成分为：3Z-壬烯醇（26.14%）、乙酸异丙酯（15.24%）、乙醇（9.91%）、乙醛（6.66%）、壬醇（4.48%）、6Z-壬二烯醇（2.93%）、壬醛（2.53%）、乙酸（2.30%）、壬-3-烯乙酸酯（2.13%）、乙酸-2-丁酯（1.85%）、乙酸甲酯（1.43%）、己醛（1.17%）等。赵光伟等（2014；2015）分析的河南郑州产'白玉糖'薄皮甜瓜新鲜果肉香气的主要成分为：乙酸苯甲酯（36.66%）、2,3-丁二醇二乙酸酯（9.29%）、乙酸己酯（5.64%）、乙酸丁酯（5.43%）、乙酸-2-甲基-1-丁酯（4.66%）、烯丙基甲基硫醚（4.30%）、乙酸-2-苯基乙酯（3.83%）、2-乙基丁酸烯丙酯（3.62%）、(Z)-乙酸-3-己烯-1-醇酯（3.19%）、甲基硫丙杂环（2.73%）、(E)-壬烯醛（2.06%）、α-法呢烯（1.70%）、(6Z)-壬-1-醇（1.60%）、己酸乙酯（1.48%）、2-羟基-2,3-二甲基琥珀酸（1.01%）等；厚皮甜瓜'C51'果肉香气的主要成分为：乙酸苯甲酯（42.59%）、氯乙酸-2-苯乙酯（16.58%）、(Z)-乙酸-3-己烯-1-醇酯（10.47%）、乙酸-2-甲基丁酯（7.92%）、乙酸己酯（5.01%）、丙酸-2-甲基-3-苯乙酯（2.09%）、乙酸丁酯（1.82%）、桉叶油醇（1.12%）、(E)-6,10-二甲基-5,9-十一烷二烯-2-酮（1.03%）等；厚皮甜瓜'C52'果肉香气的主要成分为：乙酸苯甲酯（28.42%）、乙酸-2-甲基丁酯（10.88%）、乙酸-2-苯基乙酯（9.50%）、乙酸己酯（7.60%）、(E,Z)-2,6-壬二烯醛（7.04%）、(Z)-乙酸-3-己烯-1-醇酯（4.49%）、(E)-2-壬烯醛（4.29%）、2,4-壬二烯-1-醇（3.16%）、(E,Z)-3,6-壬二烯-1-醇（3.14%）、(Z)-3-壬烯-1-醇（2.57%）、乙酸丁酯（2.01%）、丙酸-2-甲基丙酯（1.19%）等；薄皮甜瓜'白玉满堂'果肉香气的主要成分为：乙酸苯甲酯（36.66%）、2,3-丁二醇二乙酸酯（9.29%）、乙酸己酯（5.64%）、乙酸丁酯（5.43%）、乙酸-2-甲基丁酯（4.66%）、烯丙基甲硫醚（4.30%）、乙酸-2-苯基乙酯（3.83%）、2-乙基丁酸烯丙酯（3.62%）、(Z)-乙酸-3-己烯-1-醇酯（3.19%）、甲基硫丙杂环（2.73%）、(E)-壬烯醛（2.06%）、α-法呢烯（1.70%）、(6Z)-壬-1-醇（1.60%）、己酸乙酯（1.48%）、2-羟基-2,3-二甲基琥珀酸（1.01%）等。王硕硕等（2017）分析的山东泰安产野

生型甜瓜'马泡'新鲜果肉香气的主要成分为：E,Z-4-乙基亚环己烯（20.31%）、3-甲基-4-氧代戊酸（9.82%）、2-甲基丁酸乙酯（6.78%）、丁酸丁酯（5.75%）、1,8-二甲基-全反式-1,3,5-己烯（4.83%）、乙酸异丁酯（4.60%）、丙酸乙酯（3.40%）、α-环氧蒎烷（2.92%）、二甲基丙烷硫代酸（2.86%）、壬醛（2.84%）、(Z)-6-壬烯-1-醇乙酸盐（2.74%）、乙酸己酯（2.24%）、螺环[4]菲-1（2.23%）、1-乙基-1,4-环己二烯（2.14%）、乙酸丁酯（2.01%）、正己酸乙酯（1.78%）、顺-3-烯基乙酸酯（1.74%）、异丁酸乙酯（1.49%）、戊酸乙酯（1.25%）、4-甲基苯甲酸，2-甲基丁酯（1.13%）、乙酸叶醇酯（1.06%）、顺-3-壬烯-1-（1.05%）等；山东泰安产网纹厚皮甜瓜新鲜果肉香气的主要成分为：乙酸己酯（17.77%）、乙酸异丁酯（17.55%）、2-甲基丁基乙酸酯（9.41%）、乙酸壬酯（5.25%）、二甲基丙烷硫代酸（4.43%）、反式-2-癸烯醛（3.99%）、丙酸异丁酯（3.25%）、顺-3-烯基乙酸酯（3.05%）、1,2-二甲苯（2.41%）、2-甲基丁基甲酯（2.19%）、乙酸庚酯（2.13%）、丙酸乙酯（1.97%）、丁酸乙酯（1.74%）、乙酸叶醇酯（1.68%）、乙酸异丙酯（1.60%）、乙酸戊酯（1.52%）、壬醛（1.47%）、乙酸丁酯（1.44%）、二苯并五环（1.13%）、正己烷（1.13%）、2-甲基呋喃（1.06%）等。

【利用】果实为重要水果，除生食外，还可制成瓜干、瓜脯、瓜汁、罐头、瓜酒、瓜酱、腌甜瓜等。全草药用，有祛炎败毒、催吐、除湿、退黄疸等功效。蒂供药用，治宿食不化、欲吐不出、中风、癫痫、黄疸、息肉。种子具有驱虫作用，还有散结消瘀、清肺润肠、杀虫的功能。种子油供食用及制肥皂。

黑茶藨子
Ribes nigrum Linn.

虎耳草科　茶藨子属

别名：茶藨子、旱葡萄、黑豆、黑加仑、黑果茶藨、黑穗醋栗、黑豆果

分布：黑龙江、辽宁、内蒙古、新疆

【形态特征】落叶直立灌木，高1～2 m；小枝暗灰色或灰褐色，被黄色腺体；芽长卵圆形或椭圆形，具数枚黄褐色或宗色鳞片，被短柔毛和黄色腺体。叶近圆形，长4～9 cm，宽4.5～11 cm，基部心脏形，叶面暗绿色，叶背被短柔毛和黄色腺体，掌状3～5浅裂，裂片宽三角形，先端急尖，边缘具不规则粗锐锯齿。花两性，开花时直径5～7 mm；总状花序具花4～12朵；苞片小，披针形或卵圆形，具短柔毛；花萼浅黄绿色或浅粉红色，具短柔毛和黄色腺体；萼筒近钟形，萼片舌形，开展或反折；花瓣卵圆形或卵状椭圆形，先端圆钝。果实近圆形，直径8～10 mm，熟时黑色，疏生腺体。花期5～6月，果期7～8月。

【生长习性】生于湿润谷底、沟边或坡地。喜光、耐寒。适宜在北方寒冷地区培植。

【芳香成分】于泽源等（2012）用固相微萃取法提取的黑龙江哈尔滨产'布劳德'黑茶藨子新鲜果实香气的主要成分为：α-蒎烯（16.32%）、△3-蒈烯（15.24%）、石竹烯（12.96%）、乙酸龙脑酯（6.94%）、(-)-β-蒎烯（6.44%）、顺式-β-罗勒烯（3.67%）、β-水芹烯（2.69%）、乙酸（1.86%）、4-异亚丙基-1-乙烯基-氧-薄荷-8-烯（1.57%）、(+)-4-蒈烯（1.07%）、4,6-二甲基十二烷（1.02%）等。贾青青等（2014）用同法分析的黑龙江哈尔滨产黑茶藨子新鲜果实香气的主要成分为：3-甲基-4-壬酮（9.08%）、2-甲基-3-丁烯-2-醇（7.25%）、双戊烯（6.07%）、4-甲基-1-戊醇（5.58%）、2-氨基丁烷（5.28%）、N-甲基-1,3-丙二胺（4.50%）、壬醛（3.86%）、(E)-3-吡啶甲醛-O-乙酰基肟（3.49%）、乙醇（2.50%）、戊醛（2.44%）、2,3-环氧-4,4-二甲基戊烷（2.24%）、1-戊醇（2.02%）、辛酸乙酯（1.97%）、己醛（1.94%）、4-萜烯醇（1.79%）、2,4-二甲基苯乙烯（1.59%）、2,6-二叔丁基苯醌（1.57%）、癸酸乙酯（1.49%）、乙烯基乙醚（1.31%）、正辛醛（1.33%）、3-蒈烯（1.19%）、正己酸乙酯（1.10%）、(E)-2-庚烯醛（1.07%）、3,5-二羟基苯甲醚（1.04%）等。

【利用】果实供制作果酱、果酒及饮料等。

红茶藨子
Ribes rubrum Linn.

虎耳草科　茶藨子属

别名：红醋栗、红穗醋栗、红果茶藨、欧洲红穗醋栗

分布：黑龙江

【形态特征】落叶灌木，高1～1.5 m；小枝灰褐色或灰紫色；芽长卵圆形或长圆形，具数枚紫褐色鳞片，外被短柔毛。叶近圆形，长3～7 cm，宽4～9 cm，基部心脏形，稀近截形，叶面深绿色，叶背色较浅，掌状3～5浅裂，裂片卵状宽三角形，边缘具粗锐锯齿。花两性，开花时直径6～8 mm；总状花序长2～6 cm，具花5～15朵；苞片小，宽卵圆形，稀近圆形，先端微尖或圆钝；花萼浅绿色或浅绿褐色，萼筒盆形；萼片匙状圆形，常具红色或褐色条纹；花瓣小，近匙形或近扇形，先端平截或圆钝，浅紫红色。果实圆形，稀椭圆形，直径8～11 mm，红色，无毛，味酸。花期5～6月，果期7～8月。

【生长习性】喜寒冷气候。

【芳香成分】于泽源等（2012）用固相微萃取法提取的黑龙江哈尔滨产'红十字'红茶藨子新鲜果实香气的主要成分为：石竹烯（21.85%）、乙酸龙脑酯（8.49%）、苯甲酸苄酯（7.36%）、柠檬烯（4.09%）、2,3,7-三甲基癸烷（3.73%）、3,7-二甲基癸烷（3.67%）、橙花基酮（3.30%）、2,6,11-三甲基十二烷

（3.11%）、4-异亚丙基-1-乙烯基-氧-薄荷-8-烯（2.38%）、2-己烯醛（2.15%）、罗勒烯（1.49%）、萘（1.29%）等。

【利用】是优良的绿化观赏植物。

❀ 冠盖藤

Pileostegia viburnoides Hook. f. et Thoms.

虎耳草科　冠盖藤属
别名：旱禾树、青棉花
分布：安徽、浙江、江西、福建、台湾、湖北、湖南、广东、广西、四川、贵州、云南

【形态特征】常绿攀缘状灌木，长达15 m；小枝圆柱形，灰色或灰褐色。叶对生，薄革质，椭圆状倒披针形或长椭圆形，长10～18 cm，宽3～7 cm，先端渐尖或急尖，基部楔形或阔楔形，边全缘或稍波状，常稍背卷，有时近先端有稀疏蜿蜒状齿缺，叶面绿色或暗绿色，叶背干后黄绿色。伞房状圆锥花序顶生，长7～20 cm，宽5～25 cm，苞片和小苞片线状披针形，长4～5 cm，宽1～3 mm，褐色；花白色；萼筒圆锥状，裂片三角形；花瓣卵形，长约2.5 mm，雄蕊8～10。蒴果圆锥形，长2～3 mm，5～10肋纹或棱，具宿存花柱和柱头；种子连翅长约2 mm。花期7～8月，果期9～12月。

【生长习性】生于海拔600～1000 m的山谷林中。

【精油含量】水蒸气蒸馏干燥根茎和叶的得油率均为0.60%。

【芳香成分】根茎：杨丹丹等（2012）用水蒸气蒸馏法提取的湖南沅陵产冠盖藤干燥根茎精油的主要成分为：茉烯酮B（24.01%）、棕榈酸（13.04%）、5,6-二甲基癸烷（9.66%）、棕榈酸乙酯（2.56%）、2,3-二甲基庚烷（2.48%）、4,5-二乙基-辛烷（2.31%）、十五烷酸（2.05%）、肉豆蔻酸（1.87%）、硬脂醛（1.50%）、反式氧化芳樟醇（1.36%）、α-甲基-α-(4-甲基-3-戊烯基)-十八氢菲（1.26%）、3,4,5-三甲基庚烷（1.22%）、4-乙基-辛烷（1.09%）等。

叶：杨丹丹等（2012）用水蒸气蒸馏法提取的湖南沅陵产冠盖藤干燥叶精油的主要成分为：反式-2-己烯-1-醇（8.18%）、2-羟基-2-二甲基丁酸（5.97%）、异丁基异硫氰酸盐（5.46%）、

苯酚（3.73%）、2-羟基-2-甲基-丁酸甲酯（2.52%）、柠檬酸酯乙酯（2.14%）、顺式-3-己烯-1-醇（2.06%）、2,5-酒石酸二甲酯-环己醇（2.01%）、2-羟基-2-甲基丁酸甲酯（2.00%）、5,5-三甲基-2-环己烯-1-酮（1.61%）、2-羟-2-甲基丁酸甲酯（1.52%）、6,10,14-三甲基-2-十五烷酮（1.42%）、5,6,7,7a-四氢-4,7,7a-三甲基-2-(4H)-苯并呋喃酮（1.15%）、棕榈酸（1.06%）等。

【利用】全株为苗族常用药材，有祛风除湿、散瘀止痛、舒筋活络、消肿解毒的功效，用于治疗风湿麻木、跌打损伤、骨伤、肾虚腰痛、外伤出血、多发性脓肿、多年烂疮。

❀ 柔毛冠盖藤

Pileostegia viburnoides Hook. f. et Thoms. var. *glabrescens* (C. C. Yan) S. M. Hwang

虎耳草科　冠盖藤属
别名：青棉花藤、红大一枝花、棉毛藤、大藤、猴头痛
分布：海南

【形态特征】冠盖藤变种。与原变种不同点在于小枝、叶背、苞片和花序各部均疏被柔毛。花期5月。

【生长习性】生于林谷中。

【芳香成分】根茎：邹菊英等（2012）用水蒸气蒸馏法提取的湖南沅陵产柔毛冠盖藤干燥根茎精油的主要成分为：n-十六酸（31.31%）、茴香脑（30.37%）、黄葵内酯（14.33%）、1-(3-甲基-2-叔丁基)-4-(1-丙烯基)-苯（4.96%）、2-甲基-3-苯基丙醛（2.60%）、芳樟醇（2.53%）、十四烷酸（1.92%）、邻苯二甲酸异丁基十一酯（1.55%）、6,10,14-三甲基-2-十五烷酮（1.10%）等。

叶：邹菊英等（2012）用水蒸气蒸馏法提取的湖南沅陵产柔毛冠盖藤干燥叶精油的主要成分为：n-十六酸（65.41%）、亚油酸（7.12%）、(Z,Z,Z)-9,12,15-十八碳三烯酸甲酯（5.84%）、十四烷酸（4.48%）、邻苯二甲酸二异丁酯（2.56%）、叶绿醇（2.46%）、四十四烷（1.87%）、6,10,14-三甲基-2-十五烷酮（1.13%）、反式-鱼鲨烯（1.06%）等。

【利用】根与枝叶入药，根具有祛风除湿、散瘀止痛、解毒消肿的功效，临床主要用于骨折损伤、关节酸痛、多发性脓肿、风湿麻木等；枝叶能解毒消肿、敛疮止血，对脓肿、烂疮、外伤出血有很好的疗效。

❀ 七叶鬼灯檠

Rodgersia aesculifolia Batal.

虎耳草科　鬼灯檠属
别名：鬼灯檠、慕荷、辫合山、索骨丹、黄药子、猪屎七、秤杆七、金毛狗、红骡子、山藕、宝剑叶、水五龙
分布：甘肃、陕西、宁夏、四川、河南、湖北、云南

【形态特征】多年生草本，高0.8～1.2 m。根状茎圆柱形，横生，直径3～4 cm。茎具棱。掌状复叶具长柄，基部扩大呈鞘状，具长柔毛；小叶片5～7，草质，倒卵形至倒披针形，长7.5～30 cm，宽2.7～12 cm，先端短渐尖，基部楔形，边缘具重锯齿，腹面沿脉疏生近无柄之腺毛，背面沿脉具长柔毛。多歧聚伞花序圆锥状，长约26 cm；萼片5，近三角形，先端短渐

尖，背面和边缘具柔毛和短腺毛。蒴果卵形，具喙；种子多数，褐色，纺锤形，微扁，长1.8～2 mm。花果期5～10月。

【生长习性】生于海拔1100～3400 m的林下、灌丛、草甸和石隙。

【精油含量】水蒸气蒸馏根的得油率为0.02%～0.03%。

【芳香成分】郑尚珍等（1988）用水蒸气蒸馏法提取的七叶鬼灯檠根精油的主要成分为：苯酚（19.40%）、1-芳樟醇（16.60%）、甲苯（13.90%）、3-甲基苯酚（4.36%）、甲基-异-丁香酚（3.70%）、2-甲基苯酚（3.38%）、丁酸（3.30%）、苯基乙醇（3.26%）、丁香酚（3.10%）、香叶醇（2.37%）、β-蒎烯（2.30%）、香茅醛（2.24%）、间-二甲苯（1.58%）、2,3,6-三甲基茴香醚（1.48%）、莰烯（1.39%）、月桂烯（1.39%）、茴香脑（1.32%）、棕榈酸（1.18%）等。

【利用】根状茎可制酒、醋、酱油。叶可制栲胶。根茎为民族药，用于感冒头痛、痢疾、肠炎、风湿骨痛、外伤出血。

❀ 虎耳草
Saxifraga stolonifera Curt.

虎耳草科　虎耳草属

别名： 石荷叶、金线吊芙蓉、金丝荷叶、老虎耳、天荷叶、丝棉吊梅、耳朵草、通耳草、天青地红

分布： 河北、陕西、甘肃、江苏、安徽、浙江、江西、福建、台湾、河南、湖北、湖南、广东、广西、四川、贵州、云南

【形态特征】多年生草本，高8～45 cm。枝密被卷曲长腺毛，具鳞片状叶。茎被长腺毛，具1～4枚苞片状叶。叶片近心形、肾形至扁圆形，长1.5～7.5 cm，宽2～12 cm，先端钝或急尖，基部近截形、圆形至心形，5～11浅裂，裂片边缘具不规则齿牙和腺睫毛，叶面绿色，被腺毛，叶背通常红紫色，被腺毛，有斑点；茎生叶披针形，长约6 mm，宽约2 mm。聚伞花序圆锥状，长7.3～26 cm，具7～61花；被腺毛；花两侧对称；萼片卵形，边缘具腺睫毛，背面被褐色腺毛；花瓣白色，中上部具紫红色斑点，基部具黄色斑点，5枚，卵形，基部具爪，披针形至长圆形。花盘半环状，边缘具瘤突。花果期4～11月。

【生长习性】生于海拔400～4500 m的林下、灌丛、草甸和阴湿岩隙。

【精油含量】水蒸气蒸馏干燥全草的得油率为0.71%。

【芳香成分】张知侠等（2016）用水蒸气蒸馏法提取的四川产虎耳草干燥全草精油的主要成分为：十五烷酸（27.93%）、(2E,5E)-3,4,5,6-四甲基-2,5-辛二烯（6.28%）、邻苯二甲酸丁酯辛酯（5.54%）、9-十六碳烯酸（5.01%）、十六烷酸（4.69%）、叶绿醇（3.92%）、十八碳烷（3.63%）、2-甲基十三烷（3.58%）、6-甲庚基乙烯基醚（3.34%）、亚油酸（2.96%）、琥珀酸（2.86%）、辛烷（2.68%）、α-没药醇（2.62%）、4,8-二甲基十三碳烷（2.00%）、反式-2-烯-十二烷酸（1.86%）、10-甲基十九烷（1.79%）、十二烷基乙烯基醚（1.77%）、虎耳草素（1.59%）、1-碘-十二烷（1.55%）、六氢假紫罗兰酮（1.53%）、氯代十六烷（1.53%）、顺式-1-乙基-2-甲基-环戊烷（1.36%）、2,3,5,8-四甲基癸烷（1.33%）、硬脂醛（1.31%）等。

【利用】全草入药，有小毒，有祛风清热、凉血解毒的功效，治风疹、湿疹、中耳炎、丹毒、咳嗽吐血、肺痈、崩漏、痔疾。

❀ 黄水枝

Tiarella polyphylla D. Don

虎耳草科　黄水枝属

别名：博落、水前胡、防风七

分布：陕西、甘肃、江西、台湾、湖北、湖南、广东、广西、四川、贵州、云南、西藏

【形态特征】多年生草本，高20～45 cm；根状茎横走。茎密被腺毛。基生叶心形，长2～8 cm，宽2.5～10 cm，先端急尖，基部心形，掌状3～5浅裂，边缘具不规则浅齿，两面密被腺毛；叶柄基部扩大呈鞘状，密被腺毛；托叶褐色；茎生叶通常2～3枚，与基生叶同型，叶柄较短。总状花序长8～25 cm，密被腺毛；萼片卵形，先端稍渐尖，腹面无毛，背面和边缘具短腺毛；无花瓣；花丝钻形。蒴果长7～12 mm；种子黑褐色，椭圆球形，长约1 mm。染色体2n=14,18。花果期4～11月。

【生长习性】生于海拔980～3800 m的林下、灌丛和阴湿地。耐寒性强，不耐高温，较耐旱，为阴性植物，对土壤要求不严。

【精油含量】水蒸气蒸馏根的得油率为0.10%，茎的得油率为0.15%，叶的得油率为0.20%。

【芳香成分】根：刘向前等（2010）用水蒸气蒸馏法提取的云南产黄水枝根精油的主要成分为：棕榈酸（31.48%）、Z,Z-11,13-十六碳二烯-1-醇乙酸酯（17.54%）、蒽（11.52%）、二苯[a,e]7,8-二氮杂[2.2.2]八-2,5-二烯（3.98%）、Z,Z,Z-9,12,15-十八碳三烯酸甲酯（2.76%）、9-十六碳烯酸（2.41%）、花生酸（2.17%）、2-羟基-环十五酮（1.96%）、10-(2-己基环丙基)-1芘癸酸（1.93%）、芴（1.42%）、6,10,14-三甲基-2-十五烷酮（1.34%）、豆蔻酸（1.20%）、柏木脑（1.16%）、4-甲基二苯并呋喃（1.12%）等。

茎：刘向前等（2010）用水蒸气蒸馏法提取的云南产黄水枝茎精油的主要成分为：棕榈酸（48.06%）、Z,Z-11,13-十六碳二烯-1-醇乙酸酯（23.07%）、Z,Z,Z-9,12,15-十八碳三烯酸甲酯（6.11%）、蒽（5.06%）、二苯[a,e]-7,8-二氮杂[2.2.2]八-2,5-二烯（2.51%）、Z-13-十八烯醛（2.00%）、1a,9b-二氢-1H-环丙[l]戊-萘（1.83%）、2-羟基-环十五酮（1.53%）、R-(-)-14-甲基-8十六-1-醇（1.17%）等。

叶：刘向前等（2010）用水蒸气蒸馏法提取的云南产黄水枝叶精油的主要成分为：棕榈酸（50.63%）、亚油酸（8.22%）、蒽（7.45%）、植醇（5.60%）、Z,Z,Z-9,12,15-十八碳三烯酸甲酯（3.66%）、六氢金合欢烯酰丙酮（2.07%）、反-δ-9-十八碳烯酸（1.45%）、柏木脑（1.31%）等。

【利用】全草入药，有清热解毒、活血祛瘀、消肿止痛的功效，主治痈疖肿毒、跌打损伤及咳嗽气喘等。供观赏。嫩茎叶供食用。

❀ 大叶金腰

Chrysosplenium macrophyllum Oliv.

虎耳草科　金腰属

别名：马耳朵草、龙蛇草、岩窝鸡、岩乌金菜、龙香草

分布：陕西、安徽、浙江、江西、湖北、湖南、广东、四川、贵州、云南

【形态特征】多年生草本，高17～21 cm；叶面疏生褐色柔毛。不育枝上叶互生，叶片阔卵形至近圆形，长0.3～1.8 cm，宽0.4～1.2 cm，边缘具11～13圆齿。基生叶数枚，叶片革质，倒卵形，长2.3～19 cm，宽1.3～11.5 cm，全缘或具微波状小圆齿，基部楔形；茎生叶通常1枚，叶片狭椭圆形，长1.2～1.7 cm，宽0.5～0.75 cm，边缘通常具13圆齿。多歧聚伞花序长3～4.5 cm；苞叶卵形至阔卵形，先端钝状急尖，边缘通常具9～15圆齿；萼片近卵形至阔卵形，先端微凹；无花盘。

蒴果长4～4.5 mm，先端近平截而微凹，2果瓣近等大，喙长～4 mm；种子黑褐色，近卵球形，长约0.7 mm，密被微乳头突起。花果期4～6月。

【生长习性】生于海拔1000～2236 m的林下或沟旁阴湿处。

【芳香成分】窦全丽等（2010）用水蒸气蒸馏法提取的贵州绥阳产大叶金腰带根全株精油的主要成分为：邻苯二甲酸二（2-乙基己）酯（10.91%）、二十七烷（7.29%）、二十五烷（7.14%）、十六烷酸（6.63%）、二十六烷（6.11%）、植醇（6.08%）、二十八烷（5.29%）、二十四烷（5.11%）、二十九烷（4.99%）、邻苯二甲酸二甲氧乙酯（4.11%）、二十三烷（3.86%）、三十烷（3.81%）、三十一烷（3.50%）、三十二烷（2.57%）、三十三烷（2.05%）、二十二烷（1.88%）、新植二烯（1.54%）、三十四烷（1.13%）、β-紫罗酮（1.06%）、肉豆蔻酸（1.00%）等。

【利用】全草入药，有止咳止带的功效，治头晕、耳鸣、咳嗽、浮肿、腰前、白带、无名肿毒，也治小儿惊风和肺、耳部疾病。

滇黔金腰
Chrysosplenium cavaleriei Lévl. et Vant.

虎耳草科　金腰属

分布：湖北、湖南、四川、贵州、云南

【形态特征】多年生草本，高9～32 cm。叶、苞叶边缘具钝齿，齿间弯缺处具褐色乳头突起，基部宽楔形。不育枝叶对生，阔卵形，长1.1～1.9 cm，宽1～1.9 cm，两面疏生盾状腺毛；顶生者近阔卵形至近椭圆形，长0.8～3 cm，宽0.9～2.1 cm，先端钝；茎生叶对生，阔卵形至近扇形，长0.9～1.3 cm，宽1～1.35 cm，叶面疏生褐色乳头突起。多歧聚伞花序长1.7～6.5 cm，具多花；苞叶阔卵形，先端钝，叶面疏生褐色乳头突起；花黄绿色，直径3.8～6.5 mm；萼片在花期开展，阔卵形、近阔椭圆形至扁圆形，先端钝。蒴果长约5.4 mm，2果瓣不等大；种子黑褐色，近卵球形，长0.8～0.9 mm，密生微乳头突起。花果期4～7月。

【生长习性】生于海拔1300～3000 m的林下湿地或山谷石隙。

【芳香成分】窦全丽等（2010）用水蒸气蒸馏法提取的贵州绥阳产滇黔金腰带根全株精油的主要成分为：十六烷酸（10.29%）、月桂酸（7.54%）、二十七烷（6.30%）、新植二烯（5.57%）、二十八烷（5.00%）、二十九烷（4.63%）、顺-13-二十二烯酸酰胺（4.60%）、二十六烷（4.20%）、二十五烷（4.11%）、顺-9,11-十八碳二烯醛（3.21%）、三十烷（3.20%）、氰化苄（3.07%）、2-乙烯酸（2.97%）、二十四烷（2.91%）、穿贝海绵甾醇（2.28%）、三十一烷（2.08%）、肉豆蔻酸（1.98%）、植醇（1.92%）、二十三烷（1.62%）、2-硝基间苯二酚（1.61%）、十八酸（1.54%）、三十二烷（1.51%）、N-苯基-2-萘胺（1.26%）、邻苯二酸二异辛酯（1.17%）、三十三烷（1.09%）、二十二烷（1.04%）等。

裸茎金腰
Chrysosplenium nudicaule Bunge

虎耳草科　金腰属

分布：青海、新疆、甘肃、西藏、云南

【形态特征】多年生草本，高4.5～10 cm。茎疏生褐色柔毛或乳头突起，通常无叶。基生叶肾形，革质，长约9 mm，宽约13 mm，边缘具7～15浅齿，齿间弯缺处具褐色柔毛或乳头突起。聚伞花序密集呈半球形，长约1.1 cm；苞叶革质，阔卵形至扇形，长3～6.8 mm，宽2.8～8.1 mm，具3～9浅齿，齿间弯缺处具褐色柔毛；托杯外面疏生褐色柔毛；萼片在花期直立，相互多少叠接，扁圆形，先端钝圆，弯缺处具褐色柔毛和乳头突起。蒴果先端凹缺，长3.4 mm，2果瓣近等大，喙长约0.7 mm；种子黑褐色，卵球形，长1.3～1.6 mm，光滑无毛，有光泽。花果期6～8月。

【生长习性】生于海拔2500～4800 m的石隙。

【芳香成分】杨云裳等（2004）用水蒸气蒸馏法提取的青海产裸茎金腰干燥全草精油的主要成分为：二十烷（7.91%）、十六烷酸乙酯（7.91%）、2,6-二叔丁基-对甲苯酚（5.65%）、(Z,Z,Z)-9,12,15-十八烯酸乙酯（4.94%）、邻苯二甲酸二丁酯（4.18%）、1,2-苯甲酸二（2-甲基丙基）酯（2.17%）、正十六烷（1.81%）、5,6,7,7α-四氢-4,4,7α-三甲基-2(4H)-苯并呋喃酮（1.52%）、2,6,10,14-四甲基-正十五烷（1.38%）、丁酸二乙酯（1.22%）、9,12-二烯十八烯酸乙酯（1.00%）等。

【利用】全草入药，藏医用以治胆病引起之发烧、头痛，急性黄疸型肝炎，急性肝坏死等，亦可催吐胆汁。

锈毛金腰

Chrysosplenium davidianum Decne. ex Maxim.

虎耳草科　金腰属

分布： 四川、云南

【形态特征】多年生草本，高1～19 cm，丛生；根状茎横走。茎被褐色卷曲柔毛。基生叶阔卵形至近阔椭圆形，长0.5～4.2 cm，宽0.7～3.7 cm，先端钝圆，边缘具7～17圆齿，基部近截形至稍心形，两面和边缘具褐色长柔毛；茎生叶1～5枚，互生，向下渐变小，叶片阔卵形至近扇形，先端钝圆，边缘具7～9圆齿，两面和边缘均疏生褐色柔毛。聚伞花序具多花；苞叶圆状扇形，边缘具3～7圆齿，基部宽楔形；花黄色；萼片通常近圆形，先端钝圆或微凹。蒴果长约3.8 mm，先端近平截而微凹，2果瓣近等大且水平状叉开；种子黑棕色，卵球形，长约1 mm，被微乳头突起。花果期4～8月。

【生长习性】生于海拔1500～4100 m的林下阴湿草地或山谷石隙。

【芳香成分】窦全丽等（2010）用水蒸气蒸馏法提取的贵州绥阳产锈毛金腰带根全株精油主要成分为：十六烷酸（12.66%）、三十二烷（8.15%）、邻苯二甲酸二丁酯（6.83%）、三十一烷（6.65%）、三十四烷（6.26%）、三十烷（6.17%）、三十三烷（5.27%）、二十九烷（4.56%）、二十八烷（3.46%）、顺-9,11-十八碳二烯醛（3.42%）、二十三烷（2.75%）、十八酸（2.42%）、二十七烷（2.31%）、7,9-二丁基-1-氧杂螺[4,5]-6,9-二烯-2,8-二酮（2.07%）、亚油酸（1.69%）、二十六烷（1.51%）、植醇（1.30%）、肉豆蔻酸（1.27%）、10-二十一碳烯（1.22%）、邻苯二甲酸二（2-乙基己）酯（1.16%）、十六烷（1.15%）、二十五烷（1.12%）、二十四烷（1.09%）等。

落新妇

Astilbe chinensis (Maxim.) Franch. et Sav.

虎耳草科　落新妇属

别名： 阿根八、小升麻、术活、马尾参、山花七、铁火钳、金毛三七、阴阳虎、金毛狗、红升麻

分布： 黑龙江、吉林、辽宁、河北、山西、陕西、甘肃、青海、山东、浙江、江西、河南、湖北、湖南、四川、云南等地

【形态特征】多年生草本，高50～100 cm。根状茎暗褐色。

基生叶为二至三回三出羽状复叶；顶生小叶片菱状椭圆形，侧生小叶片卵形至椭圆形，长1.8～8 cm，宽1.1～4 cm，先端短渐尖至急尖，边缘有重锯齿，基部楔形、浅心形至圆形，叶面沿脉生硬毛，叶背沿脉疏生硬毛和小腺毛；茎生叶2～3，较小。圆锥花序长8～37 cm，宽3～12 cm；苞片卵形；花密集；萼片5，卵形，长1～1.5 mm，宽约0.7 mm，边缘中部以上有微腺毛；花瓣5，淡紫色至紫红色，线形，长4.5～5 mm，宽0.5～1 mm；雄蕊10；心皮2，仅基部合生，长约1.6 mm。蒴果长约3 mm；种子褐色，长约1.5 mm。花果期6～9月。

【生长习性】生于海拔390～3600 m的山谷、溪边、林下、林缘和草甸等处。喜半阴，在湿润的环境下生长良好。性强健、耐寒，对土壤适应性较强，喜微酸、中性排水良好的砂质壤土，也耐轻碱土壤。

【精油含量】水蒸气蒸馏根的得油率为0.10%。

【芳香成分】田阳等（2011）用水蒸气蒸馏法提取的吉林临江产落新妇根精油的主要成分为：邻苯二甲酸二丁酯（8.73%）、十六甲基八环硅氧烷（8.42%）、十八甲基环壬硅氧烷（6.95%）、十六烷（4.76%）、十七烷（4.54%）、乙二酸二异丁酯（3.67%）、二十烷（3.49%）、2,6,10,14-四甲基十五烷（3.25%）、双（1-甲基丙基）-琥珀酸甲酯（3.07%）、邻苯二甲酸丁苄酯（2.88%）、十八烷（2.60%）、十五烷（2.60%）、2,6,10-三甲基十五烷（2.53%）、1-十六烯（2.38%）、十三烷（2.12%）、2,6,10,14-四甲基十六烷（2.04%）、十六酸（1.67%）、1-氯十八烷（1.62%）、十九烷（1.42%）、顺-8-十六烯（1.33%）、邻苯二甲酸二正辛酯（1.25%）、环十五烷（1.23%）、2,6,10-三甲基十二烷（1.22%）、十六酸乙酯（1.17%）、2-甲基十六烷（1.11%）等。

【利用】根状茎入药，可散瘀止痛、祛风除湿、清热止咳。根状茎、茎、叶可提制栲胶。可作花坛、花境、盆栽和切花观赏。

虎榛子

Ostryopsis davidiana Decne.

桦木科　虎榛子属

别名： 棱榆

分布： 辽宁、内蒙古、河北、山西、陕西、甘肃、四川

【形态特征】灌木，高1～3 m，树皮浅灰色；枝条褐色，具条棱，有皮孔；芽卵状，细小，具数枚膜质、被短柔毛、覆

式状排列的芽鳞。叶卵形或椭圆状卵形，长 2～6.5 cm，宽
.5～5 cm，顶端渐尖或锐尖，基部心形、斜心形或几圆形，边
缘具重锯齿，中部以上具浅裂；叶面绿色，多少被短柔毛，叶
背淡绿色，密被褐色腺点，疏被短柔毛。雄花序单生于小枝
叶腋，短圆柱形，长 1～2 cm；苞鳞宽卵形，外面疏被短柔毛。
果 4 枚至多枚排成总状，着生于当年生小枝顶端；果苞厚纸质，
长 1～1.5 cm，下半部紧包果实，上半部延伸呈管状，外面密
被短柔毛，具条棱，绿色带紫红色，成熟后一侧开裂，顶端 4
浅裂。小坚果宽卵圆形或几球形，长 5～6 mm，直径 4～6 mm，
褐色，有光泽，疏被短柔毛，具细肋。

【生长习性】常见于海拔 800～2400 m 的山坡，为黄土高原
的优势灌木。耐旱、耐寒、耐贫瘠。

【芳香成分】靳泽荣等（2016）用顶空固相微萃取法提取
的山西太谷产虎榛子新鲜叶精油的主要成分为：顺 -3- 己烯酯
（73.77%）、丁酸叶醇酯（6.36%）、丙酸叶醇酯（4.26%）、2- 丁
烯酸 -3- 己烯酯（3.30%）、3,7- 二甲基 -1,3,6- 辛三烯（2.57%）、
顺 -3- 己烯醇（1.61%）、异戊酸叶醇酯（1.49%）等。

【利用】树皮及叶可提取栲胶。种子油供食用和制肥皂。枝
条可编农具。

🌸 白桦

Betula platyphylla Suk.

桦木科　桦木属
别名：桦木、臭桦
分布：黑龙江、吉林、辽宁、河北、山西、内蒙古、宁夏、甘
肃、陕西、青海、西藏、云南等地

【形态特征】乔木，高可达 27 m；树皮灰白色，成层剥裂；
枝条暗灰色或暗褐色。叶厚纸质，三角状卵形、三角状菱形、
三角形，少有菱状卵形和宽卵形，长 3～9 cm，宽 2～7.5 cm，
顶端锐尖、渐尖至尾状渐尖，基部截形、宽楔形或楔形，有时
微心形或近圆形，边缘具重锯齿，叶背密生腺点。果序单生，
圆柱形或矩圆状圆柱形，长 2～5 cm，直径 6～14 mm；果苞长
5～7 mm，边缘具短纤毛，基部楔形或宽楔形，中裂片三角状
卵形，顶端渐尖或钝，侧裂片卵形或近圆形。小坚果狭矩圆形、
矩圆形或卵形，长 1.5～3 mm，宽约 1～1.5 mm，背面疏被短柔
毛，膜质翅较果长 1/3，较少与之等长，与果等宽或较果稍宽。

【生长习性】生于海拔 400～4100 m 的山坡或林中。强阳性，
喜光，不耐阴。耐严寒。对土壤适应性强，在沼泽地、干燥阳
坡及湿润坡均能生长，尤喜湿润土壤，喜酸性土 pH5～6，耐瘠
薄。

【精油含量】水蒸气蒸馏干燥树皮的得油率为 0.28%，干
燥叶的得油率为 0.50%；同时蒸馏萃取的新鲜叶的得油率为
0.48%。

【芳香成分】树皮：郝文辉等（1997）用水蒸气蒸馏法提
取的黑龙江伊春产白桦干燥树皮精油的主要成分为：2- 氧代丙
酸（53.54%）、α- 金合欢烯（11.76%）、长叶烯（5.13%）、甲苯
（2.84%）、2-(2- 乙氧基乙氧基) 乙酸乙酯（2.36%）、1- 甲基 -3- 异
丙基苯（2.19%）、苯并噻唑（1.78%）、2,6- 二甲基 -6-(4- 甲基 -3-
戊烯基) 双环 [3.1.1] 庚 -2- 烯（1.65%）、1- 甲氧基丁烷（1.59%）、
硝基苯（1.39%）、2- 乙氧基丙烷（1.32%）、2- 十五碳炔 -1- 醇

（1.28%）、β-丁香烯（1.09%）、正十八烷（1.00%）等。

叶：郝文辉等（1997）用水蒸气蒸馏法提取的黑龙江伊春产白桦干燥叶精油的主要成分为：正十八烷（5.50%）、正十七烷（4.77%）、2-氧代丙酸（4.72%）、正十九烷（4.54%）、7-己基十三烷（3.82%）、1-十七碳烯（3.57%）、正二十烷（3.50%）、2,6,10,14-四甲基十六烷（3.36%）、4-甲基十七烷（3.18%）、2,6,10,14-四甲基十五烷（3.02%）、正十六烷（2.44%）、2,6,10,15-四甲基十六烷（2.31%）、2-甲基-7-乙基-4-十一碳醇（2.27%）、1-十六碳醇（2.20%）、2-甲基十七烷（2.15%）、2-甲基二十烷（2.03%）、8-甲基十七烷（1.98%）、正二十一烷（1.89%）、6-甲基十八烷（1.80%）、10-十一碳烯酸辛酯（1.79%）、十四碳酸-2-氧代甲酯（1.76%）、1-十六碳烯（1.61%）、6,10,14-三甲基-2-十五碳酮（1.58%）、环氧十五烷-2-酮（1.55%）、正十五烷（1.47%）、2-十五碳炔-1-醇（1.44%）、4-乙基十四烷（1.43%）、2-甲基十六烷（1.35%）、(Z)-6,10-二甲基-5,9-十一碳二烯-2-酮（1.34%）、1-氯十四烷（1.32%）、正二十二烷（1.25%）、β-榄香烯（1.21%）、2,6,10-三甲基十四烷（1.20%）、苯并噻唑（1.08%）、硝基苯（1.05%）、2-甲基-1-十六碳醇（1.03%）等。段晓玲等（2014）用同时蒸馏萃取法提取的黑龙江哈尔滨产白桦新鲜叶精油的主要成分为：十一烷（58.02%）、硬脂酸甲酯（6.97%）、棕榈酸甲酯（5.14%）、3,3-二甲氧基-2-丁酮（4.22%）、萘（2.64%）、(Z)-3-己烯基-碳酸乙酯（2.43%）、2,4-二叔丁基苯酚（2.17%）、十四甲基-环七硅氧烷（1.77%）、十二甲基-环六硅氧烷（1.64%）、2-苯基-1,3-二噁烷-5-醇（1.39%）等。

【利用】树汁饮料具有抗疲劳、抗衰老的保健作用，被欧洲人称为"天然啤酒"和"森林饮料"。树皮药用，有清热利湿、祛痰止咳、解毒消肿的功效，治急性扁桃体炎、支气管炎、肺炎、肠炎、肝炎、急性乳腺炎；外用治烧烫伤。木材可供建筑及用作木器、胶合板、细木工、家具、单板、防止线轴、鞋楦、车辆、运动器材、乐器、造纸原料等。树皮可提取栲胶。叶可作染料。树皮在民间常用以编制日用器具。叶精油可供化妆品香料用。树皮精油可用于治风湿病和作消毒剂。植于庭园、公园、道旁供观赏。

亮叶桦
Betula luminifera H. Winkl.

桦木科　桦木属
别名： 光皮桦、亮皮桦、铁桦子
分布： 云南、贵州、四川、陕西、甘肃、湖北、江西、浙江、广东、广西

【形态特征】乔木，高可达20 m，胸径可达80 cm；树皮红褐色或暗黄灰色；枝条有蜡质白粉；芽鳞边缘被短纤毛。叶矩圆形、矩圆披针形或卵形，长4.5～10 cm，宽2.5～6 cm，顶骤尖或呈细尾状，基部圆形，边缘具不规则的刺毛状重锯齿，叶背密生树脂腺点。雄花序2～5枚簇生于小枝顶端或单生于小枝上部叶腋；苞鳞边缘具短纤毛。果序大部单生，长圆柱形，长3～9 cm，直径6～10 mm；果苞长2～3 mm，背面疏被短柔毛，边缘具短纤毛，中裂片矩圆形、披针形或倒披针形，顶端圆或渐尖，侧裂、片小，卵形，有时不甚发育而呈耳状或齿状。小坚果倒卵形，长约2 mm，背面疏被短柔毛，膜质翅宽为果的1～2倍。

【生长习性】生于海拔500～2500 m的阳坡杂木林内。多生于向阳山坡，喜温暖气候及肥沃土壤，耐干旱瘠薄。

【精油含量】水蒸气蒸馏树皮的得油率为0.20%～0.50%，枝叶的得油率为0.25%，嫩芽的得油率为3.5%～8.0%，叶的得油率为0.12%。

【芳香成分】叶：陈思伶等（2016）用水蒸气蒸馏法提取的重庆缙云山产亮叶桦阴干叶精油的主要成分为：水杨酸甲酯（84.99%）、芳樟醇（2.24%）、植物醇（1.62%）、香叶醇（1.04%）等。杨再波等（2012）用微波辅助固相微萃取法提取的贵州黔南产亮叶桦叶精油的主要成分为：十六烷（6.54%）、十五烷（5.50%）、(E)-1,2,3-三甲基-4-丙烯基-苯（5.13%）、雪松烯（4.94%）、4-(乙酰苯基)苯甲烷（4.71%）、十七烷（4.63%）、2,6,10,14-四甲基十五烷（3.93%）、香叶基丙酮（3.72%）、异辛醇（2.94%）、十四烷（2.68%）、γ-雪松烯（2.63%）、β-紫罗兰酮（2.51%）、花侧柏烯（2.40%）、β-雪松烯（2.21%）、壬醛（2.10%）、2,2',5,5'-四甲基-1,1'-联苯（1.91%）、2,6,10-三甲基十五烷（1.78%）、8-甲基庚烷（1.69%）、氢猕猴桃内酯（1.67%）、2,6,10,14-四甲基庚烷（1.43%）、十八烷（1.43%）、(+)-γ-古芸烯（1.41%）、2-(1-环戊烯基-1-异丙基)环戊烯酮（1.38%）、双表-α-柏木烯（1.36%）、(Z)-1,2,3-三甲基-4-丙烯基-萘（1.34%）、植酮（1.33%）、邻苯二甲酸二异丁酯（1.33%）、2,6,10,14-四甲基十六烷（1.29%）、1,1'-(2-甲基-1-亚丙烯基)联苯（1.24%）、邻苯二甲酸二乙酯（1.23%）、法呢基丙酮（1.22%）、二十碳烷（1.21%）、2-甲基-十五烷（1.08%）、3-(对-巯基苯基)丙酸（1.06%）等。

全株：杨桦等（2011）用Tenax-TA吸附剂吸附法提取的全株挥发物的主要成分为：异十二烷（27.60%）、十三烷（6.90%）、十六烷（6.30%）、肉桂醛（3.80%）、丁间醇醛（3.00%）、3,4-二甲基苯乙酮（2.10%）、新己烷（1.90%）、3-癸炔-2-醇（1.70%）、植醇（1.50%）、2-甲基-1-戊醇（1.40%）、2-辛炔酸（1.30%）、(Z)-3-己烯-1-醇（1.10%）、薄荷醇（1.00%）等。

果实：杨再波等（2012）用微波辅助固相微萃取法提取的贵州黔南产亮叶桦果实精油的主要成分为：石竹烯（25.61%）、β-甜没药烯（24.81%）、α-甜没药醇（16.42%）、顺式-β-金合欢烯（10.04%）、α-佛手柑油烯（5.79%）、丁香酚（2.57%）、香叶醇（2.29%）、β-倍半水芹烯（1.19%）等。

【利用】木材是航空、建筑、家具、造纸的上等原料。树皮、木材、叶、芽是提取精油的原料，树皮精油入药可治关节炎，也可用于配制化妆品香精、食品香料和代替松节油。树皮可提拷胶。树干是农村极好的薪炭材。是退耕还林理想的造林对种。

西桦
Betula alnoides Buch.-Ham. ex D. Don

桦木科　桦木属

别名：西南桦木

分布：云南、广西、贵州、广东、海南

【形态特征】乔木，高达16 m；树皮红褐色；枝条暗紫褐色，小枝密被白色长柔毛和树脂腺体。叶厚纸质，披针形或卵状披针形，长4～12 cm，宽2.5～5.5 cm，顶端渐尖至尾状渐尖，基部楔形、宽楔形或圆形，边缘具内弯的刺毛状不规则重锯齿。果序长圆柱形，2～5枚排成总状，长5～10 cm，直径4～6 mm；果苞甚小，长约3 mm，背面密被短柔毛，边缘具纤毛，基部楔形，上部具3枚裂片，侧裂不甚发育，呈耳突状，

中裂片矩圆形，顶端钝。小坚果倒卵形，长1.5～2 mm，背面疏被短柔毛，膜质翅大部分露于果苞之外，宽为果的两倍。

【生长习性】生于海拔700～2100 m的山坡杂林中。

【芳香成分】王慧等（2012）用顶空固相微萃取法提取的云南产西桦木材精油的主要成分为：壬醛（5.29%）、苯乙烯（4.68%）、癸醛（4.42%）、己醛（3.83%）、雪松醇（2.63%）、丁酸丁酯（2.52%）、邻二甲苯（1.71%）、辛醛（1.57%）、2-乙基-2-甲基-十三醇（1.55%）、萘（1.46%）、乙酸（1.24%）、甲苯（1.05%）等。

【利用】树皮可提取拷胶。叶或树皮入药，有解毒、敛疮的功效，用于疮毒，溃后久不收口。

榛
Corylus heterophylla Fisch.

桦木科　榛属

别名：榛子

分布：黑龙江、吉林、辽宁、河北、山西、陕西

【形态特征】灌木或小乔木，高1～7 m；树皮灰色；小枝黄褐色，密被短柔毛兼被疏生的长柔毛。叶的轮廓为矩圆形或宽倒卵形，长4～13 cm，宽2.5～10 cm，顶端凹缺或截形，中央具三角状突尖，基部心形，边缘具不规则的重锯齿，中部以上具浅裂。雄花序单生，长约4 cm。果单生或2～6枚簇生成头状；果苞钟状，外面具细条棱，密被短柔毛兼有疏生的长柔

毛，密生刺状腺体，很少无腺体，较果长但不超过1倍，很少较果短，上部浅裂，裂片三角形，边缘全缘，很少具疏锯齿；序梗长约1.5 cm，密被短柔毛。坚果近球形，长7～15 mm，无毛或仅顶端疏被长柔毛。

【生长习性】生于海拔200～1000 m的山地阴坡灌丛中。抗寒性强，喜欢湿润的气候，较喜光。

【芳香成分】白玉华等（2010）用石油醚回流法提取的吉林长白山产榛干燥雄花精油的主要成分为：羽扇豆醇（43.60%）、正十六烷酸（8.53%）、9,12,15-反式十八三烯-1-醇（6.78%）、1-(2-羟基-4-甲氧基苯基)-乙酮（6.22%）、2-己基-正癸醇（5.36%）、8,11-十八碳二烯酸甲酯（4.45%）、9,12-十八碳二烯酸甲酯（4.27%）、十八烷基乙酸酯（3.37%）、邻苯二甲酸二丁酯（2.71%）、9,12,15-顺式十八三烯酸乙酯（2.48%）、正十八烷（1.76%）、十六烷酸乙酯（1.67%）、正十八醇（1.29%）、5-甲基-5-(4,8,12-三甲基十三烷基)-2(3H)二氢-呋喃酮（1.21%）、顺-9-二十三烯（1.02%）等。高健等（2017）用气流吹扫微注射器萃取技术萃取的吉林延吉产榛干燥雄花精油的主要成分为：亚油酸甲酯（11.49%）、十六烷酸（10.92%）、9,12-十八碳二烯酸（9.75%）、9,12,15-十八碳三烯酸乙酯（8.80%）、十六烷酸甲酯（7.37%）、正四十烷（6.02%）、二十四烷醇（5.70%）、2-己基-1-癸醇（5.49%）、山嵛醇（4.25%）、9,12,15-十八碳三烯酸（3.99%）、十八烷基乙酸酯（2.57%）、二十六烷醇（2.31%）、正二十五烷（1.76%）、十八烷酸甲酯（1.30%）、邻苯二甲酸二丁酯（1.26%）、1-十九烯（1.01%）等。

【利用】种子可食，并可榨油。花药用，可用于治疗外伤，有止血、消炎和促进伤口愈合等作用；还具有收缩血管、抗大出血、抗痢疾、抗真菌等作用，民间多用于治疗静脉曲张和痔疮等疾病。

❀ 白刺

Nitraria tangutorum Bobr.

蒺藜科　白刺属

别名：唐古拉特白刺、唐古特白刺、酸胖

分布：陕西、新疆、内蒙古、宁夏、甘肃、青海、西藏

【形态特征】灌木，高1～2 m。多分枝，弯、平卧或开展；

不孕枝先端刺针状；嫩枝白色。叶在嫩枝上2～4片簇生，宽倒披针形，长18～30 mm，宽6～8 mm，先端圆钝，基部渐成楔形，全缘，稀先端齿裂。花排列较密集。核果卵形，有时椭圆形，熟时深红色，果汁玫瑰色，长8～12 mm，直径6～9 mm。果核狭卵形，长5～6 mm，先端短渐尖。花期5～月，果期7～8月。

【生长习性】生于荒漠和半荒漠的湖盆沙地、河流阶地、山前平原积沙地、有风积沙的黏土地。

【精油含量】石油醚萃取干燥果实的得油率为5.19%～5.32%；超临界萃取的得油率为6.38%。

【芳香成分】茎：王金梅等（2009）用固相微萃取技术提取的内蒙古额济纳旗产白刺茎挥发油的主要成分为：十五烷（14.41%）、棕榈酸甲酯（11.04%）、十六烷（8.56%）、6,10,14-三甲基-2-十五烷酮（6.15%）、十四烷（4.64%）、桉油精（3.61%）、(E)-6,10-二甲基-5,9-十一二烯-2-酮（3.57%）、十七烷（3.02%）、二十烷（2.44%）、10,13-十八二烯酸甲酯（2.35%）、十九烷（2.06%）、(E)-4-(2,6,6-三甲基-1-环己烯基)-3-丁烯-2-酮（2.02%）、棕榈酸（1.91%）、十八烷（1.69%）、茴香脑（1.68%）、二十一烷（1.42%）、壬醛（1.40%）、二氢猕猴桃内酯（1.40%）、肉豆蔻酸甲酯（1.36%）、2-戊基-呋喃（1.07%）、2-甲基十五烷（1.04%）、苯甲醛（1.03%）、(R)-4-基-1-(1-甲乙基)-3-环己-1-醇（1.01%）等。

叶：王金梅等（2011）用固相微萃取技术提取的内蒙古额济纳旗产白刺阴干叶精油的主要成分为：(E)-6,10-二甲基-5,9-十一二烯-2-酮（13.96%）、十五烷（8.25%）、十六烷（5.41%）、6,10,14-三甲基-2-十五烷酮（4.94%）、苯甲醛（3.95%）、二氢猕猴桃内酯（3.85%）、十四烷（3.55%）、6-甲基-5-庚烯-2-酮（3.22%）、棕榈酸甲酯（2.98%）、茴香脑（2.71%）、苯乙醇（2.40%）、苯甲醇（2.10%）、壬醛（1.93%）、4-(2,6,6-三甲基-1,3-环己二烯)-3-丁烯-2-酮（1.91%）、(E)-4-(2,6,6-三甲基-1-环己烯-1-基)-3-丁烯-2-酮（1.82%）、6,10,14-三甲基-5,9,13-十五三烯-2-酮（1.72%）、十七烷（1.58%）、4-甲基十五烷（1.54%）、6-甲基-3,5-庚二烯-2-酮（1.38%）、松油醇（1.26%）、棕榈酸（1.11%）、二十烷（1.11%）、(E)-1-(2,6,6-三甲基-1,3-环己二烯-1-基)-2-丁基-1-酮（1.05%）等。

果实：朱芸等（2007）用超临界CO₂萃取法提取的新疆

石河子产白刺果实精油的主要成分为：二十七烷（16.40%）、二十九烷（14.33%）、三十五烷（13.89%）、亚油酸乙酯（11.10%）、二十五烷（7.49%）、(E)-9-十八碳烯酸乙酯（3.86%）、γ-谷甾醇（3.26%）、(E,E)-2,4-癸二烯醛（1.63%）、β-生育酚（1.56%）、豆甾4-烯-3-酮（1.36%）、二十一烷（1.20%）、二十八烷（1.09%）、羽扇醇（1.07%）、α-生育酚（1.01%）等。

种子：索有瑞等（2007）用超临界CO_2萃取法提取的新疆石河子产白刺种子精油的主要成分为：(Z,Z)-9,12-十八碳二烯酸（65.85%）、双环[10.1.0]十三碳-1-烯（6.09%）、γ-谷甾醇（4.91%）、7-十五炔（2.11%）、γ-生育酚（1.56%）、1,E-8,Z-10-十六碳三烯（1.27%）、9,12-十八碳二烯醛（1.15%）、24-甲基-5-豆甾烯-3-醇（1.05%）等。

【利用】果实可食。果实入药，有健脾胃、滋补强壮、调经活血、催乳的功效，用于脾胃虚弱、消化不良、神经衰弱、高血压头晕、感冒、乳汁不下。枝、叶、果实可作家畜饲料。为优良固沙植物。

小果白刺

Nitraria sibirica Pall.

蒺藜科　白刺属

别名：西伯利亚白刺、白刺、酸胖、卡密

分布：新疆、内蒙古、甘肃、宁夏等沙漠地区

【形态特征】灌木，高0.5～1.5 m，弯，多分枝，枝铺散，不直立。小枝灰白色，不孕枝先端刺针状。叶近无柄，在嫩枝上4～6片簇生，倒披针形，长6～15 mm，宽2～5 mm，先端锐尖或钝，基部渐窄成楔形，无毛或幼时被柔毛。聚伞花序长1～3 cm，被疏柔毛；萼片5，绿色，花瓣黄绿色或近白色，矩圆形，长2～3 mm。果椭圆形或近球形，两端钝圆，长6～8 mm，熟时暗红色，果汁暗蓝色，带紫色，味甜而微咸；果核卵形，先端尖，长4～5 mm。花期5～6月，果期7～8月。

【生长习性】生于湖盆边缘沙地、盐渍化沙地、沿海盐化沙地。耐盐碱和沙埋。

【芳香成分】茎：王金梅等（2009）用固相微萃取技术提取的内蒙古额济纳旗产小果白刺茎精油的主要成分为：乙酸（15.25%）、十五烷（10.50%）、十六烷（5.65%）、十四烷（4.85%）、桉油精（3.87%）、十七烷（3.76%）、棕榈酸（3.36%）、(E)-4-(2,6,6-三甲基-1-环己烯-1-基)-3-丁烯-2-酮（3.07%）、棕榈酸甲酯（2.71%）、4-甲基十五烷（2.67%）、6,10,14-三甲基-2-十五烷酮（2.11%）、二氢猕猴桃内酯（2.10%）、(1R)-α-蒎烯（1.80%）、茴香脑（1.72%）、(E)-6,10-二甲基-5,9-十一二烯-2-酮（1.72%）、10,13-十八二烯酸甲酯（1.62%）、顺式-2-甲基-5-(1-甲基乙烯基)-2-环己烯-1-醇（1.62%）、2-甲基十五烷（1.48%）、2,6,10-三甲基十五烷（1.43%）、十九烷（1.22%）、壬醛（1.16%）、α-依兰油烯（1.07%）等。

叶：王金梅等（2011）用固相微萃取技术提取的内蒙古额济纳旗产小果白刺阴干叶精油的主要成分为：乙酸（20.52%）、(E)-6,10-二甲基-5,9-十一二烯-2-酮（7.94%）、棕榈酸（6.34%）、二氢猕猴桃内酯（4.37%）、6-甲基-3,5-庚二烯-2-酮（3.77%）、棕榈酸甲酯（3.27%）、十五烷（3.01%）、6,10,14-三甲基-2-十五烷酮（2.92%）、(E)-4-(2,6,6-三甲基-1-环己烯-1-基)-3-丁烯-2-酮（2.62%）、苯乙醇（2.51%）、亚麻酸甲酯（2.22%）、二十二烷（2.11%）、十四烷（2.04%）、茴香脑（1.67%）、十六烷（1.55%）、苯甲醛（1.53%）、安息香酸甲酯（1.35%）、苯乙酸甲酯（1.24%）、6,10,14-三甲基-5,9,13-十五三烯-2-酮（1.18%）、肉桂酸甲酯（1.03%）、二十一烷（1.02%）、4-(2,2,6-三甲基-7-氧杂双环[4.1.0]庚烯-1-基)-3-丁烯-2-酮（1.00%）等。

果实：朱芸等（2007）用超临界CO_2萃取法提取的新疆石河子产小果白刺果实精油的主要成分为：二十八碳烷（22.71%）、二十九烷（17.73%）、γ-谷甾醇（9.12%）、亚油酸乙酯（8.75%）、γ-生育酚（7.25%）、二十七烷（4.32%）、油酸乙酯（3.96%）、菜油甾醇（2.57%）、三十一烷（2.16%）、(E,E)-2,4-癸二烯醛（2.08%）、α-生育酚（1.94%）、5,22-二烯-3-豆甾醇（1.77%）、(Z)-2-庚烯醛（1.22%）等。

【利用】果实可食，能酿酒，可制糖，制作果子露等饮料。种子可榨油，供食用。果实入药，有调经活血、消食健脾的功效，用于身体虚弱、气血两亏、脾胃不和、消化不良、月经不调、腰酸腿痛。枝、叶、果实可做饲料。有良好的固沙作用。

蒺藜
Tribulus terrester Linn.

蒺藜科　蒺藜属
别名：白蒺藜
分布：全国各地

【形态特征】一年生草本。茎平卧，无毛，被长柔毛或长硬毛，枝长20～60 cm，偶数羽状复叶，长1.5～5 cm；小叶对生，3～8对，矩圆形或斜短圆形，长5～10 mm，宽2～5 mm，先端锐尖或钝，基部稍偏科，被柔毛，全缘。花腋生，花梗短于叶，花黄色；萼片5，宿存；花瓣5；雄蕊10，生于花盘基部，基部有鳞片状腺体，子房5棱，柱头5裂，每室3～4胚珠。果有分果瓣5，硬，长4～6 mm，无毛或被毛，中部边缘有锐刺2枚，下部常有小锐刺2枚，其余部位常有小瘤体。花期5～8月，果期6～9月。

【生长习性】生于沙地、荒地、山坡、居民点附近。全球温带地区都有分布。

【芳香成分】霍昕等（2014）用水蒸气蒸馏法提取的蒺藜干燥成熟果实精油的主要成分为：(E,E)-2,4-癸二烯醛（9.16%）、香芹烯（7.95%）、反式-茴香烯（7.63%）、肉桂酸乙酯（6.69%）、己醛（5.85%）、α-松油醇（4.46%）、科绕魏素（4.05%）、2-戊烷基-呋喃（3.53%）、(E)-2-庚烯醛（3.51%）、芳樟醇（3.31%）、2,4-癸二烯醛（3.06%）、雪松醇（2.66%）、(-)-4-萜品醇（2.59%）、1-辛醇（2.04%）、龙脑（2.04%）、苯乙醛（1.93%）、2-羟基-4-甲氧基苯甲醛（1.72%）、胡椒酮（1.68%）、4-甲氧基肉桂酸乙基酯（1.58%）、桉树脑（1.48%）、十五烷（1.39%）、异龙脑（1.25%）、肉豆蔻醚（1.21%）、(E)-2-辛烯醛（1.12%）等。杨立梅等（2016）用同法分析的干燥成熟果实精油的主要成分为：邻苯二甲酸单（2-乙基己基）酯（87.93%）、

1,1,3,3,5,5,7,7,9,9,11,11,13,13,15,15-十六甲基-八硅烷（1.85%）正二十烷（1.77%）、正十六烷（1.48%）、正二十四烷（1.22%）正二十八烷（1.01%）等。

【利用】果实入药，能平肝解郁，活血祛风，明目，止痒青鲜时可作饲料。

多裂骆驼蓬
Peganum multisectum (Maxim.) Bobr.

蒺藜科　骆驼蓬属
别名：匐根骆驼蓬
分布：我国特有。陕西、内蒙古、宁夏、甘肃、青海

【形态特征】多年生草本，嫩时被毛。茎平卧，30～80 cm。叶2～3回深裂，基部裂片与叶轴近垂直，裂片6～12 mm，宽1～1.5 mm。萼片3～5深裂。花瓣淡黄色，倒状矩圆形，长10～15 mm，宽5～6 mm；雄蕊15，短于花瓣基部宽展。蒴果近球形，顶部稍平扁。种子多数，略成三角形长2～3 mm，稍弯，黑褐色，表面有小瘤状突起。花期5～7月果期6～9月。

【生长习性】生于半荒漠带沙地、黄土山坡、荒地。

【芳香成分】蔡振利等（1994）用水蒸气蒸馏法提取的宁夏同心产多裂骆驼蓬盛花期阴干地上部分精油的主要成分为：十六酸（22.34%）、十二烷酸（13.93%）、十四酸（8.24%）、己醇（7.74%）、苯胺（7.44%）、2-辛醇（6.91%）、1-辛烯-3-醇（3.77%）、5,6,7,7a-四氢-4,4,7a-三甲基-2(4H)-苯并呋喃酮（3.57%）、N-苯基-甲酰胺（3.03%）、3,5,5-三甲基-2-环戊烷-1-酮（2.68%）、6,10,14-三甲基-十五烷酮（2.51%）、(-)-(R)-5-乙基-2(5H)-呋喃酮（2.46%）、6-甲基-5-庚烯-2-酮（2.39%）、2-十七碳炔-1-醇（2.14%）、乙酸香叶酯（1.88%）、甲基环己烷（1.75%）、(E)-2-己醇（1.74%）、3,7,11,15-四甲基-2-己烯-1-醇（1.68%）、1,2,3,3,4-五甲基环戊烯（1.62%）、2-甲基庚烷（1.09%）等。

【利用】全草药用，有宣肺止咳、祛湿消肿、祛湿止痛的功效，治风热咳嗽、气喘、舌尖红、口渴、无名肿毒、风湿痹痛等。种子油可供轻工业用。青绿时为家畜骆驼饲料。可作绿肥。

🌼 驼驼蒿

Peganum nigellastrum Bunge

蒺藜科　骆驼蓬属

别名：匍根骆驼蓬

分布：内蒙古、陕西、甘肃、宁夏

【形态特征】多年生草本，高10~25 cm，密被短硬毛。茎直立或开展，由基部多分枝。叶2~3回深裂，裂片条形，长7~10 mm，宽不到1 mm，先端渐尖。花单生于茎端或叶腋，

花梗被硬毛；萼片5，披针形，长达1.5 cm，5~7条状深裂，裂片长约1 cm，宽约1 mm，宿存；花瓣淡黄色，倒披针形，长1.2~1.5 cm；雄蕊15，花丝基部扩展；子房3室。蒴果近球形，黄褐色。种子多数，纺锤形，黑褐色，表面有瘤状突起。花期5~7月，果期7~9月。

【生长习性】生于砂质或砾质地，山前平原、丘间低地、固定或半固定沙地。

【芳香成分】蔡振利等（1994）用水蒸气蒸馏法提取的宁夏中卫产驼驼蒿盛花期阴干地上部分精油的主要成分为：1-辛烯-3-醇（9.96%）、十六酸（9.95%）、2-辛醇（8.58%）、十二烷酸（5.02%）、苯胺（4.85%）、(E)-2-己醇（4.05%）、2-甲基庚烷（3.73%）、3-羟基-3-甲基-2-丁醇（3.69%）、3-甲基己烷（3.61%）、3,5,5-三甲基-2-环戊烷-1-酮（3.27%）、2-乙氧基丙烷（3.14%）、1-乙氧基-2-甲基丙烷（2.98%）、2-甲基己烷（2.89%）、甲基环戊烷（2.84%）、十四酸（2.78%）、(-)-(R)-5-乙基-2(5H)-呋喃酮（2.53%）、甲基环己烷（2.43%）、3-甲基庚烷（2.38%）、乙酸香叶酯（2.04%）、12-十七碳炔-1-醇（1.80%）、辛烷（1.79%）、3,7,11,15-四甲基-2-己烯-1-醇（1.75%）、己醇（1.60%）、5,6,7,7a-四氢-4,4,7a-三甲基-2(4H)-苯并呋喃酮（1.59%）、2,4-二甲基己烷（1.59%）、N-苯基-甲酰胺（1.17%）、1,3-二甲苯（1.11%）等。

【利用】有毒。全草入药，能祛湿解毒、活血止痛、宣肺止咳。种子能活筋骨、祛风湿。

❀ 骆驼蓬

Peganum harmala Linn.

蒺藜科　骆驼蓬属

别名： 臭蓬、臭草、臭古朵、臭古都、臭牡丹、大骆驼蓬、苦苦菜、沙蓬豆豆、老哇瓜

分布： 新疆、甘肃、宁夏、内蒙古、西藏

【形态特征】多年生草本，高30～70 cm，无毛。根多数，粗达2 cm。茎直立或开展，由基部多分枝。叶互生，卵形，全裂为3～5条形或披针状条形裂片，裂片长1～3.5 cm，宽1.5～3 mm。花单生枝端，与叶对生；萼片5，裂片条形，长1.5～2 cm，有时仅顶端分裂；花瓣黄白色，倒卵状矩圆形，长1.5～2 cm，宽6～9 mm；雄蕊15，花丝近基部宽展；子房3室，花柱3。蒴果近球形，种子三棱形，稍弯，黑褐色、表面被小瘤状突起。花期5～6月，果期7～9月。

【生长习性】生于荒漠地带干旱草地、绿洲边缘轻盐渍化沙地、壤质低山坡或河谷沙丘，海拔可达3600 m。是典型的旱生植物，喜生于较干旱的地带。

【精油含量】水蒸气蒸馏的干燥全草的得油率为0.04%；超临界萃取的干燥全草的得油率为3.67%。

【芳香成分】艾力·沙吾尔等（2009）用水蒸气蒸馏法提取的新疆产骆驼蓬干燥全草精油的主要成分为：四氯乙烯（29.87%）、十二烷（16.44%）、十一烷（12.34%）、二（2-甲基丙基)邻苯二甲酸酯（9.09%）、1,3-二甲苯（7.57%）、乙苯（5.84%）、1,2-二甲苯（2.81%）、丙酸乙酯（2.38%）、乙酸丙酯（2.38%）、2,5-二甲基十一烷（1.95%）、十五烷（1.73%）、2-甲基十氢化萘（1.51%）、2-甲基十一烷（1.51%）、1,2-二羧酸苯，二（2-乙基己基)酯（1.30%）等。

【利用】全草、种子入药，有毒，多用于治疗咳嗽气喘、无名肿痛、风湿痹痛等症；又可做杀虫剂。种子可作红色染料；榨油可供轻工业用。叶子揉碎能代肥皂用。可作为干旱地区在绿化，水土保持等方面的一种备选植物。可列为低等牧草。

❀ 四合木

Tetraena mongolica Maxim.

蒺藜科　四合木属

别名： 油柴

分布： 我国特有。内蒙古

【形态特征】灌木，高40～80 cm。茎由基部分枝，老枝弯曲，黑紫色或棕红色，光滑，1年生枝黄白色，被叉状毛。托叶卵形，膜质，白色；老枝叶近簇生，当年枝叶对生；叶片倒披针形，长5～7 mm，宽2～3 mm，先端锐尖，有短刺尖，两面密被伏生叉状毛，呈灰绿色，全缘。花单生于叶腋；萼片4，卵形，长约2.5 mm，表面被叉状毛，呈灰绿色；花瓣4，白色，长约3 mm；雄蕊8。果4瓣裂，果瓣长卵形或新月形，两侧扁，长5～6 mm，灰绿色，花柱宿存。种子矩圆状卵形，表面被小疣状突起，无胚乳。花期5～6月，果期7～8月。

【生长习性】为一种强旱生植物，只生于草原化荒漠黄河阶地、低山山坡和草原化荒漠区。生长的土壤环境为多石和多碎石的漠钙土且土壤干燥、瘠薄。分布区内≥10 ℃活动积温均在3000 ℃以上，接近于暖温型气候，而分布区周围则是中温气候。适应冬季的严寒，又有趋温特性。

【芳香成分】胡佳续等（2009）用石油醚热回流法提取的内蒙古乌海产四合木阴干花精油的主要成分为：四十四碳烷

18.08%）、二十烷（15.77%）、二十九烷（13.43%）、二十四
烷（9.96%）、二十一烷（4.77%）、1,2-苯二羧酸（3.33%）、
十六酸（3.25%）、1,2,4a,6b,9,9,12a-七甲基-10-羟基（2.21%）、
(Z,Z,Z)-9,12,15-十八碳三烯酸（2.07%）、á-谷甾醇（2.07%）、
香树脂醇（1.75%）、二十八烷（1.21%）、山萮酸（1.18%）、
十九烷（1.17%）等。

【利用】为低等饲用植物。是研究古生物、古地理及全球变化的极好素材。

🌸 大叶白麻
Poacynum hendersonii (Hook. f.) Woodson

夹竹桃科　白麻属

别名：野麻、罗布麻、大花罗布麻

分布：新疆、青海、甘肃

【形态特征】直立半灌木，高0.5～2.5 m。叶坚纸质，互生，椭圆形至卵状椭圆形，顶端具短尖头，基部楔形或浑圆，两面有颗粒状突起，长3～4 cm，宽1～1.5 cm，叶缘具细牙齿。圆锥状的聚伞花序一至多歧，顶生；总花梗、花梗、苞片及花萼外面均被白色短柔毛；苞片披针形，反折；花萼5裂，梅花式排列，裂片卵状三角形；花冠骨盆状，下垂，花张开直径1.5～2 cm，外面粉红色，内面稍带紫色，两面均具颗粒状凸起，裂片反折，宽三角形，每裂片具有三条深紫色的脉纹；副花冠裂片5枚，宽三角形，顶端长尖凸起；花盘肉质环状。蓇葖2枚，倒垂，长而细，圆筒状，顶端渐尖，成熟后黄褐色，长10～30 cm，直径0.3～0.4 cm；种子卵状长圆形，顶端具一簇白色绢质的种毛。花期4～9月，果期7～12月。

【生长习性】野生在盐碱荒地和沙漠边缘及河流两岸冲积平原水田和湖泊周围。

【精油含量】水蒸气蒸馏花的得油率为0.04%～0.10%。

【芳香成分】叶：张冠东等（2009）用水蒸气蒸馏法提取的山西运城产大叶白麻干燥叶精油的主要成分为：(Z)-3-己烯-1-醇-苯甲酸（10.43%）、6,10,14-三甲基-2-十五烷酮（5.74%）、4-(2,6,6-三甲基-1-环己烯)-3-丁烯-2-酮（4.24%）、二十三烷（4.16%）、11-癸烷基-二十一烷（3.90%）、2,6,10,14-四甲基-十六烷（3.07%）、(Z)-6,10-二甲基-5,9-十一双烯-2-酮（2.15%）、2,6,10,15-四甲基-十七烷（2.14%）、1-十八烷烯（2.09%）、6,10,14-三甲基-5,9,13-十五碳三烯-2-酮（1.87%）、3-甲基-十七烷（1.87%）、1,5-二甲基-萘（1.85%）、1-甲基-萘（1.84%）、2,7-二甲基-萘（1.70%）、十六烷（1.62%）、1-(2,6,6-三甲基-1,3-环己二烯)-2-丁烯-1-酮（1.58%）、芴（1.56%）、植醇（1.53%）、4-(1,1-二甲基乙基)-苯乙醛（1.44%）、2,3,6-三甲基-萘（1.31%）、(E)-6-甲基-3,5-辛二烯-2-醇（1.29%）、十七烷（1.25%）、二十七烷（1.16%）、4-甲基-联苯（1.12%）等。

花：赵小亮等（2007）用水蒸气蒸馏法提取的新疆塔里木产大叶白麻花精油的主要成分为：9,12-十八碳双烯酸乙酯（24.21%）、(Z,Z,Z)-9,12,15-十八碳三烯酸乙酯（11.43%）、二十八烷（6.27%）、软脂酸乙酯（5.98%）、正软脂酸（5.48%）、α-金合欢烯（4.99%）、二十五烷（4.27%）、二十三烷（3.86%）、邻苯二甲酸单（2-乙基己基）酯（2.97%）、8,11-十八碳双烯酸甲酯（1.04%）、(E,E)-2,4-癸二烯醛（1.02%）、软脂酸甲酯（1.01%）等。

【利用】是良好的蜜源植物。为低等饲用植物。茎皮是一种良好的纤维原料。叶可以制药，也可以制保健茶。

🌸 海杧果
Cerbera manghas Linn.

夹竹桃科　海杧果属

别名：海芒果、黄金茄、牛金茄、牛心荔、黄金调、山杭果、香军树、山样子、猴欢喜

分布：广东、广西、海南、台湾

【形态特征】乔木，高4～8 m，胸径6～20 cm；树皮灰褐色；全株具乳汁。叶厚纸质，倒卵状长圆形或倒卵状披针形，顶端钝或短渐尖，基部楔形，长6～37 cm，宽2.3～7.8 cm，叶面深绿色，叶背浅绿色。花白色，直径约5 cm，芳香；花萼裂片长圆形或倒卵状长圆形，长1.3～1.6 cm，宽4～7 mm，不等大，向下反卷，黄绿色，花冠筒圆筒形，外面黄绿色，喉部染红色，具5枚被柔毛的鳞片，裂片白色，背面左边染淡红色，倒卵状镰刀形，顶端具短尖头。核果阔卵形或球形，长5～7.5 cm，直径4～5.6 cm，顶端钝或急尖，外果皮纤维质或木

质，成熟时橙黄色；种子通常1颗。花期3～10月，果期7月至翌年4月。

【生长习性】生于海边或近海边湿润的地方。

【精油含量】水蒸气蒸馏新鲜叶的得油率为1.74%，阴干叶的得油率为2.30%，果实的得油率为1.74%。

【芳香成分】根：李海燕等（2010）用石油醚萃取法提取的海南文昌产海杧果干燥根精油的主要成分为：油酸（11.22%）、亚油酸（10.30%）、棕榈酸（8.10%）、α-香树脂醇（7.95%）、β-香树脂醇（6.17%）、钝叶大戟甾醇（5.56%）、油酸乙酯（4.80%）、亚油酸乙酯（3.60%）、穿孔海绵甾醇（2.21%）、乙基棕榈酸（1.71%）、4-异丙基-5,24-二烯-3-β-醇（1.02%）、14-甲基粪甾酯（1.00%）等。

茎：李海燕等（2010）用石油醚萃取法提取的海南文昌产海杧果干燥茎精油的主要成分为：亚油酸（10.34%）、棕榈酸（8.48%）、熊果烷（8.17%）、油酸（7.65%）、钝叶大戟甾醇（7.53%）、油酸乙酯（4.31%）、亚油酸乙酯（3.64%）、穿孔海绵甾醇（3.17%）、乙基棕榈酸（2.61%）、环阿廷醇（1.88%）、14-甲基-5-麦角甾-8,24(28)-二烯-3β-醇（1.50%）、δ-5-麦角甾烯醇（1.17%）等。

叶：庄礼珂等（2010）用水蒸气蒸馏法提取的海南海口产海杧果新鲜叶精油的主要成分为：4-甲基-2,6-二叔丁基苯酚（71.63%）、1,3-丙二醇-4-甲基苯硼酸酯（5.51%）、苯酚（4.27%）、苯并呋喃（3.76%）、丙苯（2.81%）、肉豆蔻酸（2.71%）、苯甲醇（2.38%）、2-己基-1-辛醇（2.00%）、长叶烯（1.86%）、4-氨基苯并-2,3-二氢-2-呋喃酮（1.14%）等。

果实：庄礼珂等（2009）用水蒸气蒸馏法提取的海南海口产海杧果果实精油的主要成分为：(E)-反油酸（31.21%）、n-十六烷酸（24.50%）、硬脂酸（7.82%）、邻苯二甲酸二异丁酯（6.24%）、4-甲基-2,6-二叔丁基苯酚（5.92%）、菲（4.73%）、2-羟基吡啶（3.33%）、1H-吲唑（2.91%）、邻苯二甲酸丁基环己酯（2.65%）、(Z,Z)-亚油酸（2.64%）、苯酚（1.84%）、羟甲香豆素（1.80%）、对羟基苯甲酸乙酯（1.79%）、邻苯二甲酸二辛酯（1.59%）、角鲨烯（1.01%）等。

【利用】果皮毒性强烈，人、畜误食能致死。树皮、叶、乳汁能制药剂，有催吐、下泻、堕胎效用，但用量需慎重，多服能致死。是一种较好的防潮树种。可作道路绿化或于庭园、公园、湖旁栽植观赏。

❀ 红鸡蛋花
Plumeria rubra Linn.

夹竹桃科　鸡蛋花属

别名：缅栀子、鸡蛋花、鹿角树、蛋黄花、擂捶花、大季花、鸭脚木

分布：华南各地

【形态特征】小乔木，高达5 m；枝条带肉质，具乳汁。叶厚纸质，长圆状倒披针形，顶端急尖，基部狭楔形，长14～30 cm，宽6～8 cm，叶面深绿色。聚伞花序顶生，长22～32 cm，直径10～15 cm；花萼裂片小，阔卵形，顶端圆，不张开而压紧花冠筒；花冠深红色，冠筒圆筒形，长1.5～1.7 cm，直径约3 mm；裂片狭倒卵圆形或椭圆形。蓇葖双

主，广歧，长圆形，顶端急尖，长约20 cm，淡绿色；种子长圆形，扁平，长约1.5 cm，宽7~9 mm，浅棕色，顶端具长圆形膜质的翅，翅的边缘具不规则的凹缺，翅长2~2.8 cm，宽约mm。花期3~9月，果期栽培极少结果，一般为7~12月。

【生长习性】喜生于石灰岩山地。阳性树种，喜光，喜阳光充足的环境，也能在半阴的环境下生长。喜高温，喜湿热气候，耐寒性差，最适宜生长的温度为20~26℃，越冬期间长时间低于8℃易受冷害。耐干旱，忌涝渍，抗逆性好。土壤以深厚肥沃、通透良好、富含有机质的酸性砂壤土为佳。

【精油含量】水蒸气蒸馏花的得油率为0.02%~0.15%。

【芳香成分】朱亮锋等（1993）用树脂吸附法收集的广东广州产红鸡蛋花新鲜花头香的主要成分为：芳樟醇（18.56%）、α-柠檬醛（17.30%）、香茅醇（10.06%）、香叶醇（8.27%）、苯甲酸苯甲酯（7.74%）、β-柠檬醛（6.86%）、2-羟基苯甲酸苯甲酯（5.86%）、苯甲醇（5.66%）、金合欢醛（4.71%）、苯甲醛（2.28%）、橙花叔醇（2.17%）、(Z,E)-金合欢醇（1.66%）、α-羟基苯甲酸甲酯（1.34%）等。张丽霞等（2010）用水蒸气蒸馏法提取的广西南宁产红鸡蛋花新鲜花精油的主要成分为：苯甲酸香叶酯（23.34%）、十六酸（11.21%）、二-羟基苯甲酸甲基酯（10.76%）、苦橙油醇（6.91%）、十四烷酸（6.02%）、苄基苯甲酸酯（5.87%）、橙花叔醇（3.57%）、3,7,11-三甲基-1,6,10-十二碳三烯-3-醇（3.22%）、3,7,11-三甲基-2,6,10-十二碳三烯-1-醇（1.93%）、正二十三烷（1.81%）等。彭勇等（2013）用同法分析

的广东产红鸡蛋花干燥花精油的主要成分为：棕榈酸（18.81%）、3,7,11-三甲基-1,6,10-十二烷三烯-3-醇（11.39%）、正十四碳酸（10.71%）、水杨酸苄酯（6.89%）、法呢醇（6.37%）、十六烯酸（2.58%）、橙花叔醇（2.56%）、月桂酸（1.76%）、香叶酸（1.67%）、红没药醇（1.16%）、正二十一烷（1.00%）等。朱亮锋等（1993）用大孔树脂法吸附的新鲜花头香的主要成分为：芳樟醇（38.97%）、橙花叔醇（14.27%）、苯甲酸甲酯（7.29%）、香叶醇（4.28%）、三环[3.2.1.0^{1,5}]辛烷（2.97%）、萘（2.30%）、苯甲醛（2.24%）、水杨酸甲酯（1.41%）、柠檬醛（1.30%）、苯甲酸苯甲酯（1.10%）等。

【利用】具有极高的观赏价值，被广泛应用于公园、庭院、绿带、草坪等的绿化、美化，也可用于盆栽观赏。花可提取精油，供制造高级化妆品、香皂和食品添加剂之用。在广东地区常将白色的鸡蛋花晾干作凉茶饮料。木材可制乐器、餐具或家具。花药用，有清热解暑、利湿、润肺止咳的功效，用于肺热咳喘、肝炎、消化不良、咳嗽痰喘、小儿疳积、痢疾、感冒发热、肺虚咳嗽、贫血、预防中暑。树皮药用，用于痢疾、感冒高热、哮喘。

❀ 糖胶树
Alstonia scholaris (Linn.) R. Br.

夹竹桃科　鸡骨常山属

别名： 阿根木、大树理肺散、大矮陀陀、大树矮陀陀、大枯树、灯架树、灯台树、肥猪叶、九度叶、金瓜南木皮、黑板树、理肺散、面盆架、面条树、面架木、鹰爪木、英台木、鸭脚木、橡皮树、乳木、魔神树

分布： 云南、广西、湖南、广东、台湾

【形态特征】乔木，高达20 m，径约60 cm；枝轮生，具乳汁。叶3~8片轮生，倒卵状长圆形、倒披针形或匙形，稀椭圆形或长圆形，长7~28 cm，宽2~11 cm，顶端圆形，钝或微凹，稀急尖或渐尖，基部楔形。花白色，多朵组成稠密的聚伞花序，顶生，被柔毛；花冠高脚碟状，花冠筒长6~10 mm，中部以上膨大，内面被柔毛，裂片在花蕾时或裂片基部向左覆盖，长圆形或卵状长圆形，长2~4 mm，宽2~3 mm。蓇葖2，细长，线形，长20~57 cm，外果皮近革质，灰白色，直径2~5 mm；种子长圆形，红棕色，两端被红棕色长缘毛，缘毛长1.5~2 cm。花期6~11月，果期10月至翌年4月。

【生长习性】生于海拔650 m以下的低丘陵山地疏林中、路旁或水沟边。喜湿润肥沃土壤。喜生长在空气湿度大，土壤肥沃潮湿的环境。在水边、沟边生长良好。

【芳香成分】叶：孔杜林等（2017）用水蒸气蒸馏法提取的海南海口产糖胶树新鲜叶精油的主要成分为：α-蒎烯（16.62%）、2-丙烯酸丁酯（15.86%）、大根香叶烯D（13.37%）、棕榈酸（7.14%）、荜澄茄油烯（4.89%）、大根香叶烯B（4.41%）、环己酮（3.67%）、2,2,4,6,6-五甲基庚烷（3.44%）、香榧醇（3.04%）、δ-杜松烯（2.93%）、t-依兰油醇（2.68%）、1-辛烯-3-醇（2.36%）、α-杜松醇（%1.77）、α-荜澄茄油烯（1.71%）、棕榈酸乙酯（1.24%）等。

花：张宏意等（2010）用乙醚超声萃取法提取的广东广州产糖胶树干燥花精油的主要成分为：角鲨烯（39.44%）、二十九烷（18.37%）、二十八烷（9.93%）、3,7-二甲基-1,6-辛二烯-3-醇苯甲酸酯（5.43%）、氧化芳樟醇（5.05%）、桉油精（4.59%）、二十一烷（4.32%）、十九烷（2.79%）、6-乙烯基-2,2,6-三甲基-二氢吡喃醇（2.01%）、环二十四烷（1.95%）、二十烯（1.56%）、顺-9-二十三烯（1.06%）、β-水芹烯（1.01%）等。

【利用】民间用树皮入药，有清热解毒、祛痰止咳、止血消肿的功效，主治感冒发热、肺热咳喘、百日咳、黄疸、胃痛、吐泻、疟疾、疮疡痈肿、跌打肿痛、外伤出血。枝、叶也可药用，主治感冒发热、支气管炎、百日咳、扁桃体炎等。全株乳汁可提制口香糖原料。南方常作行道树或公园栽培观赏。树皮和叶有毒。

🌸 罗布麻

Apocynum venetum Linn.

夹竹桃科　　罗布麻属
别名： 茶叶花、茶棵子、红麻、红花草、吉吉麻、女儿茶、奶流、野麻、泽漆麻、羊肚拉角、牛茶、野茶、披针叶茶叶花
分布： 新疆，甘肃，青海，陕西，山西，河北，江苏，山东，内蒙古，辽宁

【形态特征】直立半灌木，高1.5～3 m，具乳汁；枝条紫红色或淡红色。叶对生，椭圆状披针形至卵圆状长圆形，长1～5 cm，宽0.5～1.5 cm，顶端具短尖头，基部急尖至钝，叶缘具细牙齿。圆锥状聚伞花序一至多歧，通常顶生，有时腋生；苞片膜质，披针形；花萼5深裂，裂片披针形或卵圆状披针形，两面被短柔毛；花冠圆筒状钟形，紫红色或粉红色，两面密被颗粒状突起，裂片基部向右覆盖，卵圆状长圆形，具3条明显紫红色的脉纹。蓇葖2，下垂，箸状圆筒形，长8～20 cm，直径2～3 mm，顶端渐尖，基部钝，外果皮棕色，有纸纵纹；种子多数，卵圆状长圆形，黄褐色，长2～3 mm，直径0.5～0.7 mm，顶端有一簇白色绢质的种毛；种毛长1.5～2.5 cm。花期4～9月，果期7～12月。

【生长习性】野生在盐碱荒地、沙漠边缘、河流两岸、冲积平原、河泊周围及戈壁荒滩上。对土壤要求不严，以地势较高排水良好、土质疏松、透气性砂质壤土为宜。

【精油含量】水蒸气蒸馏叶的得油率为0.02%～1.51%，花的得油率为0.02%～0.11%。

【芳香成分】叶：张冠东等（2009）用水蒸气蒸馏法提取的山西运城产罗布麻干燥叶精油的主要成分为：十三烷酸（6.28%）、7-甲基-6,9-二烯-氧杂环十二烷-2-酮（6.04%）、6,10,14-三甲基-2-十五烷酮（5.49%）、(Z)-3-己烯-1-醇-苯甲酸（3.85%）、1,5-二甲基-萘（2.95%）、植醇（2.81%）、香叶基丙酮（2.44%）、氧化石竹烯（2.34%）、4-(2,6,6-三甲基-1-环己烯)-3-丁烯-2-酮（2.27%）、2,7-二甲基-萘（1.78%）、十七烷（1.78%）、十三烷（1.64%）、2,6,10,14-四甲基-十六烷（1.61%）、2-甲基-萘（1.50%）、芴（1.37%）、2-甲酰基-1-乙醛-2-环戊烯（1.37%）、2-十二烷基-1,3-丙二醇（1.25%）、3-甲基-十七烷（1.13%）、5-甲基-2-(1-甲基)-2-环己醇-1-酮（1.12%）、3-叔丁基-4-羟基茴香醚（1.05%）等。

花：吕建荣等（2007）用水蒸气蒸馏法提取的宁夏银川产罗布麻新鲜花精油的主要成分为：乙酸乙酯（37.83%）、(Z)-3-己烯-1-醇（15.49%）、苯乙醇（14.25%）、15-二十九烷酮（4.76%）、1,1-二乙氧基-乙烷（3.06%）、苯甲醇（2.74%）、(S)-

乙基-4-甲基戊醇（1.51%）等。陈龙等（2006）用同法分析的新疆蠡县产罗布麻干燥花精油的主要成分为：正十六烷酸（26.61%）、（Z）6，（Z）9-二烯-1-十五醇（13.07%）、三十碳烷（7.03%）、二十九碳烷（6.79%）等。

【利用】纤维植物，茎皮纤维为高级衣料、渔网丝、皮革线、高级用纸等原料，在国防工业、航空、航海、车胎帘布带、机器传动带、橡皮艇、高级雨衣等方面均有用途。叶作轮胎原料。嫩叶蒸炒揉制后当茶叶饮用。种毛可作填充物。麻秆刮皮后可作保暖建筑材料。是一种良好的蜜源植物。叶入药或用于制药，有显著的降压功能，还有抗癌抗衰、降血脂、镇静安神、抗惊厥、抗菌消炎、强心利尿、平肝安神、清热利水等作用，用于肝阳眩晕，心悸失眠，浮肿尿少，高血压病，神经衰弱，肾炎浮肿。根部也可供药用。

🌸 大纽子花

Vallaris indecora (Baill.) Tsiang et P.T. Li

夹竹桃科　纽子花属
别名：糯米饭花
分布：我国特有种。四川、贵州、云南、广西

【形态特征】攀缘灌木，具乳汁；茎皮淡灰色，具皮孔。叶纸质，宽卵圆形或倒卵圆形，顶端渐尖，基部圆形，长9～12 cm，宽4～8 cm，具有透明的腺体，叶背被短柔毛。花序为腋生伞房状聚伞花序，通常着花3朵，稀达6朵；小苞片长圆状披针形，长0.5～0.7 cm；花土黄色，花萼裂片长圆状卵圆形，长1～1.5 cm，被柔毛；花冠筒被短柔毛，冠簷展开，裂片圆形，顶端具细尖头；花盘杯状，顶端具缘毛。蓇葖2，平行，披针状圆柱形，顶端锐尖，暗灰色，长7～9 cm，直径约1 cm；种子黄褐色，线状长圆形，基部截形，长1.5 cm，直径2 mm，顶端具丝质种毛；种毛长2.2 cm。花期3～6月，果期秋季。

【生长习性】生于山地密林沟谷中。喜生长在湿度较大、土壤肥沃和有攀缘支撑物的环境。

【精油含量】水蒸气蒸馏的干燥花的得油率为2.73%。

【芳香成分】李静晶等（2013）用水蒸气蒸馏法提取的云南华宁产大纽子花干燥花精油的主要成分为：苯乙醇（10.67%）、顺-呋喃型芳樟醇氧化物（6.30%）、香叶醇（4.30%）、6,10,14-三甲基-2-十五烷酮（4.14%）、壬醛（4.12%）、Tau-杜松醇（3.60%）、匙叶桉油烯醇（2.82%）、反-呋喃型芳樟醇氧化物（2.81%）、β-羟基柏脂海松烯（2.69%）、水杨酸甲酯（2.27%）、金合欢醇（1.98%）、Tau-木罗醇（1.73%）、石竹烯氧化物（1.71%）、橙花叔醇+(1S,8aα)-十氢-4,8-环氧-3aα-甲基-7-亚甲基-1α-(1-甲基乙基)奠（1.61%）、5-甲基-2-异丙烯基-4-己烯-1-醇（1.38%）、莳草烯氧化物（1.38%）、β-紫罗兰酮+β-芹子烯（1.33%）、δ-杜松烯（1.31%）、芳樟醇（1.29%）、反-吡喃型芳樟醇氧化物（1.28%）、α-胡椒烯-8-醇（1.28%）、香叶基丙酮+α-石竹烯（1.27%）、十五烷醛（1.26%）、别芳萜烯

（1.22%）、β-榄香烯（1.17%）、苯甲醇（1.15%）等。

【利用】植株供药用，可治血吸虫病。种子有毒。

❀ 盆架树

Winchia calophylla A. DC.

夹竹桃科　盆架树属

别名： 阿斯通木、白叶糖胶、盆架子、灯架树、面盆架、面条树、岭刀柄、山苦常、糖胶树、鸭脚常、粉叶鸭脚树、摩那、列驼牌、马灯盆、亮叶面盆架子

分布： 海南、云南、广东

【形态特征】常绿乔木，高达30 m，直径达1.2 m；树皮淡黄色至灰黄色，具纵裂条纹，含乳汁。叶3～4片轮生，间有对生，薄草质，长圆状椭圆形，顶端渐尖呈尾状或急尖，基部楔形或钝，长7～20 cm，宽2.5～4.5 cm，叶面亮绿色，叶背浅绿色稍带灰白色。花多朵集成顶生聚伞花序，长约4 cm；花萼裂片卵圆形，具缘毛；花冠高脚碟状，冠筒圆筒形，外面被柔毛，裂片广椭圆形，白色，被微毛。蓇葖合生，长18～35 cm，直径1～1.2 cm，外果皮暗褐色，有纵浅沟；种子长椭圆形，扁平，长约1 cm，宽约4 mm，两端被棕黄色的缘毛。花期4～7月，果期8～12月。

【生长习性】生于热带和亚热带山地常绿林中或山谷热带雨林中，也有生于疏林中，垂直分布可至1100 m，常生长于海拔500～800 m的山谷和山腰，以静风湿度大的缓坡地环境为多。喜阳光，喜温暖至高温环境，越冬不得低于15 ℃。喜湿润怕干燥，环境湿度宜保持在50%以上。有一定抗风能力，适生于深厚肥沃疏松的酸性砂壤土。

【芳香成分】梁振益等（2008）用乙醚萃取浓缩法提取的海南海口产盆架树新鲜花精油的主要成分为：十六碳酸（22.50%）、二十九烷（17.41%）、二十二烷（14.07%）、N-苯基-1-萘胺（9.05%）、三十五烷（5.60%）、三十六烷（2.70%）、1,2-苯二甲酸丁酯-8-甲基壬酯（2.65%）、三十二碳-1-醇（2.25%）、三十二烷（2.14%）、3-甲基丁酸-2-苯乙基酯（2.05%）、11-(1-乙基丙基)-二十一烷（1.95%）、4,4,6-三甲基-2-环己烯-1-酮（1.60%）、2,6,10-三甲基十四烷（1.47%）、二十八烷（1.45%）、二十一烷（1.27%）、苯乙基乙醇（1.10%）、二十七烷（1.09%）等。

【利用】木材适于作家具隐背部分及胶合板的芯板等用材没有乳汁迹的部分可做包装箱、盒、雕刻、火柴杆、盒；房屋建筑上用作天花板、隔板、百叶窗等；还可用作木屐、机模床板、绝缘材料等，并可制普通铅笔杆。适宜公园及路旁栽培观赏。叶、树皮、乳汁可药用，治急慢性气管炎等；乳汁外用止血。

❀ 白豆蔻

Amomum kravanh Pierre ex Gagnep.

姜科　豆蔻属

别名： 豆蔻、圆豆蔻、波蔻、柬埔寨小豆蔻、泰国白豆蔻

分布： 广东、海南、云南有栽培

【形态特征】茎丛生，株高3 m，茎基叶鞘绿色。叶片卵状披针形，长约60 cm，宽12 cm，顶端尾尖；叶舌圆形，长7～10 mm；密被长粗毛。穗状花序自近茎基处的根茎上发出，圆柱形，稀为圆锥形，长8～11 cm，宽4～5 cm，密被覆瓦状排列的苞片；苞片三角形，长3.5～4 cm，麦秆黄色；小苞片管状，一侧开裂；花萼管状，白色微透红，外被长柔毛，顶端三齿，裂片白色；唇瓣椭圆形，中央黄色，内凹，边黄褐色，基部具瓣柄。蒴果近球形，直径约16 mm，白色或淡黄色，略具钝三棱，有7～9条浅槽及若干略隆起的纵线条，顶端及基部有黄色粗毛，果皮木质，易开裂为三瓣；种子为不规则的多面体，直径约3～4 mm，暗棕色，种沟浅，有芳香味。花期5月，果期6～8月。

【生长习性】生于气候温暖、潮湿、富含腐殖质的林下。生于排水及保肥性良好的热带林下。

【精油含量】水蒸气蒸馏叶的得油率为1.50%～2.10%，果实的得油率为2.60%～7.84%，种子的得油率为3.00%～6.30%，果壳的得油率为3.60%；超临界萃取干燥成熟果实的得油率为4.23%。

【芳香成分】叶：朱亮峰等（1993）水蒸气蒸馏法提取的叶精油的主要成分为：对-伞花烃（59.91%）、α-蛇麻烯（10.69%）等。

果实：季晓燕等（2010）用水蒸气蒸馏法提取的广东产白豆蔻干燥成熟果实精油的主要成分为：百里酚甲醚（9.88%）、香茅醇乙酸酯（9.17%）、石竹烯（7.43%）、环氧石竹烯（5.50%）、百里酚乙酸（5.37%）、4-羟基-3-甲基乙酰苯酚（3.35%）、对-聚伞花烯（3.00%）、β-没药烯（2.78%）、百里氢醌二甲醚（1.17%）、β-倍半水芹烯（1.04%）等。王少军等（2005）用同法分析的果皮精油的主要成分为：桉油精（40.81%）、β-蒎烯（5.89%）、α-水芹烯（4.88%）、顺-β-萜品醇（3.57%）、3,7,7-三甲基-双环[4.1.0]七亚甲基四胺-2-烯（3.24%）、1R-α-蒎烯（3.23%）、6,6-二甲基-双环[3.1.1]七亚甲基四胺-2-烯-2-甲醇（2.65%）、β-水芹烯（1.61%）、4aR-(4aa,7a,8ab)]-十氢-4a-甲基-1-亚甲基-7-(1-甲乙基)-萘（1.40%）、[1aS-(1aa,3aa,7ab,7ba)]-十氢-1,1,3a-三甲基-7-亚甲基-1氢-环丙烷基[a]萘（1.23%）、2-甲基-5-(1-甲乙基)-酚

（1.21%）、三甲苯基-硅烷（1.18%）等。

种子：段启等（2004）用水蒸气蒸馏法提取的种子精油的主要成分为：桉油精（52.97%）、(+)-α-萜品醇（12.96%）、β-蒎烯（12.04%）、1R-α-蒎烯（5.15%）、4-甲基-1-(1-甲乙基)-3-环己烯-1-醇（3.74%）、1-甲基-4-(1-甲乙基)-1,4-环戊二烯（2.47%）、(S)-α,α,4-三甲基-3-环己烯-1-甲醇（1.88%）、3,7-二甲基-1,6-辛二烯-3-醇（1.77%）、3-烯丙基-6-甲氧基苯（1.36%）、(+)-4-蒈烯（1.18%）等。

【利用】果实入药，有化湿行气、温中止呕、开胃消食的功效，用于湿阻气滞、脾胃不和、脘腹胀满、不思饮食、湿温初起、胸闷不饥、胃寒呕吐、食积不消。果实精油为食用香料，可供各种食品调味调香使用。

❀ 波翅豆蔻
Amomum odontocarpum D. Fang

姜科	豆蔻属
别名	阪姜、小豆蔻、野薄荷
分布	广西

【形态特征】株高0.5～1.2 m。叶5～6片；叶片披针形，长38～60 cm，宽7～12 cm，顶端长渐尖，基部楔形，边缘疏被短刚毛；叶舌长1.5～3 cm，2裂。花序近卵形，宽约4 cm，有花约15～30朵；苞片长圆形至线形，长3.3～4 cm，宽5～7 mm，上部和边缘有短毛，紫色；花萼紫色，长2.5～3 cm，外被短柔毛，顶端3齿裂，一侧浅裂；花冠白色，上部疏被短柔毛，裂片长椭圆形，长2.4 cm，宽8 mm；唇瓣白色，倒卵形，中脉橙色，下部内面被短柔毛，基部与花丝连成一长2～4 mm的短管。蒴果成熟时暗紫色，近卵状球形，长3 cm，直径2.5～2.7 cm，具9翅，翅上有疏齿，顶端具残存的花被管。花期5月，果期8～9月。

【生长习性】生于山坡疏林下，海拔1550 m。

【精油含量】水蒸气蒸馏种子的得油率为1.20%～1.40%。

【芳香成分】朱亮峰等（1993）用水蒸气蒸馏法提取的种子精油的主要成分为：1,8-桉叶油素（81.16%）、β-蒎烯（7.76%）、α-松油醇（4.16%）、α-蒎烯（1.14%）等。

🌸 草果

Amomum tsaoko Crevost et Lemaire.

姜科 豆蔻属
别名: 草果仁、草果子
分布: 云南、广西、贵州等地

【形态特征】茎丛生,高达3m,全株有辛香气。叶片长椭圆形或长圆形,长40～70cm,宽10～20cm,顶端渐尖,基部渐狭,边缘干膜质,叶舌全缘,顶端钝圆,长0.8～1.2cm。穗状花序不分枝,长13～18cm,宽约5cm,有花5～30朵;鳞片长圆形或长椭圆形,长5.5～7cm,宽2.3～3.5cm,顶端圆形,革质,干后褐色;苞片披针形,顶端渐尖;小苞片管状,一侧裂至中部,顶端2～3齿裂,具钝三齿;花冠红色,管长2.5cm,裂片长圆形;唇瓣椭圆形,顶端微齿裂。蒴果密生,熟时红色,干后褐色,不开裂,长圆形或长椭圆形,长2.5～4.5cm,宽约2cm,干后具皱缩的纵线条,基部常具宿存苞片,种子多角形,直径4～6mm,有浓郁香味。花期4～6月,果期9～12月。

【生长习性】生于疏林下,海拔1100～1800m。喜温暖而阴凉的山区气候环境,怕热,怕霜冻,年均气温15～20℃。喜湿润,怕干旱。阴生植物,不耐强烈日光照射,喜有树木庇荫的环境,一般郁闭度50%～60%为宜。土壤以山谷疏林阴湿处,腐殖质丰富,质地疏松的微酸性沃土为宜。

【精油含量】水蒸气蒸馏茎秆的得油率为0.20%,果实的得油率为0.74%～4.00%,种子的得油率为0.68%～3.74%,果皮的得油率为0.38%～0.70%;超临界萃取果实的得油率为1.00%～5.40%;微波萃取果实的得油率为2.37%～4.50%;溶剂萃取果实的得油率为2.17%;超声波萃取果实的得油率为3.82%。

【芳香成分】茎:杨庆宽等(1994)用水蒸气蒸馏法提取的云南腾冲产草果新鲜茎精油的主要成分为:1,8-桉叶油素(74.86%)、α-蒎烯(5.54%)、芳樟醇(5.54%)、β-蒎烯(4.76%)、α-松油醇(2.45%)、橙花叔醇(2.11%)、桧烯(1.02%)等。

叶:杨庆宽等(1994)用水蒸气蒸馏法提取的云南腾冲产草果新鲜叶精油的主要成分为:1,8-桉叶油素(47.04%)、α-水芹烯-8-醇(7.39%)、α-蒎烯(4.36%)、芳樟醇(3.89%)、松香芹醇(3.60%)、α-龙脑烯醛(2.52%)、马鞭草烯酮(2.49%)、枯茗醇(2.27%)、乙酸龙脑酯(2.20%)、龙脑(2.07%)、顺

式-香芹醇(1.75%)、α-松油醇(1.69%)、橙花叔醇(1.54%)、桃金娘烯醛(1.39%)、正己醛(1.34%)、乙酸-2-十二碳烯酯(1.15%)等。

果实:丁艳霞等(2009)用水蒸气蒸馏法提取的云南马关产草果果实精油的主要成分为:1,8-桉叶油素(28.36%)、(E)-2-癸烯醛(14.08%)、香叶醇(9.88%)、基苯甲醛(9.29%)、反-2-十二烯醛(6.33%)、4-丙柠檬醛(6.22%)、α-菲兰烯(5.54%)、α-蒎烯(3.26%)、橙花叔醇(2.12%)、β-蒎烯(2.01%)、苯甲醛(1.05%)等。杨庆宽等(1994)分析的云南腾冲产草果新鲜果穗精油的主要成分为:1,8-桉叶油素(61.23%)、β-蒎烯(16.92%)、α-蒎烯(5.88%)、芳樟醇(3.41%)、对-聚伞花素(2.72%)、(E)-2-辛烯醛(2.72%)、α-松油醇(2.51%)、橙花叔醇(2.41%)、松油烯-4-醇(1.15%)、桧烯(1.08%)等;干燥果皮精油的主要成分为:1,8-桉叶油素(41.71%)、β-蒎烯(23.92%)、α-蒎烯(5.27%)、橙花叔醇(4.15%)、反式-2-十一碳烯醛(4.08%)、α-松油醇(2.43%)、芳樟醇(1.27%)、2,4,5-三甲基苯甲醛(1.27%)、松油烯-4-醇(1.24%)、桧烯(1.03%)等。

种子:杨庆宽等(1994)用水蒸气蒸馏法提取的云南腾冲产草果干燥种子精油的主要成分为:1,8-桉叶油素(40.86%)、香叶醛(8.28%)、α-水芹烯(7.52%)、反式-2-十一碳烯醛(7.36%)、2,4,5-三甲基苯甲醛(6.17%)、橙花醇(5.22%)、香叶醇(2.28%)、柠檬烯(2.27%)、α-蒎烯(2.00%)、α-松油醇(1.89%)、反式-2-十二碳烯醛(1.70%)、(E)-2-辛烯醛(1.58%)、4-丙基苯甲醛(1.45%)、橙花叔醇(1.27%)、乙酸叶酯(1.21%)、对-聚伞花素(1.20%)等。

【利用】果实入药,有温中健胃、消食顺气的功能,用于痰饮痞、寒湿内阻、心腹疼痛、脘腹胀痛、疟疾寒热、反胃、恶心呕吐、咳嗽多痰等症;还能解酒毒,去口臭。果实作调味料。全株可提取精油,精油可作调味品,也可用于医药和香料工业。叶柄可作造纸原料和麻类袋用品。

🌸 长果砂仁

Amomum dealbatum Roxb.

姜科 豆蔻属
分布: 云南

【形态特征】株高1～3.5m;根茎芳香。叶片披针形,长50～70cm,宽5.5～14cm,顶端渐尖,基部楔形,叶背被淡褐色绒毛;叶舌膜质,二裂,顶端钝圆,被锈色疏柔毛,长

.4～1.6 cm。穗状花序近球形，直径3～5 cm；萼管状，顶部三裂，裂片顶端增厚且又二裂；花冠管与花萼管近等长，白色，裂片披针形，长2～3 cm；唇瓣椭圆形，长2.5 cm，顶端微缺，白色，中脉被黄色条纹。蒴果椭圆形，不开裂，长2.5～3 cm，宽1～1.2 cm，紫绿色，果梗长1～2 cm，果皮具9翅；种子无香味。花期5～6月；果期6～9月。

【生长习性】生于海拔600～1000 m的林下阴湿处。

【芳香成分】陆碧瑶等（1986）用水蒸气蒸馏法提取的干燥成熟果实中种子精油的主要成分为：金合欢醇（22.62%）、α-蒎烯（5.93%）、丁香烯（1.99%）等。

长序砂仁

Amomum thyrsoideum Gagnep.

姜科　豆蔻属
分布： 广西

【形态特征】茎丛生；根膨大呈块状。叶片长圆状披针形，长20～25 cm，宽约6 cm，顶端渐尖，基部圆形，叶面光滑；叶舌圆形，长4～5 mm；叶鞘具条纹。鳞片披针状卵形，长3 cm；总状花序圆柱状，长8～13 cm，花排列疏散，具褐色腺点；苞片披针形，长2～2.3 cm，覆瓦状排列，紫红色；小苞片筒状，长0.9～1.2 cm，顶端2裂，一侧深裂，被短绒毛；花萼管近圆柱形，外被长柔毛，顶端三裂，裂齿三角形；花冠被疏柔毛，裂片黄色，长1.4 cm，宽6 mm，后方的一枚裂片宽9 mm，顶端兜状；唇瓣扇状匙形，中脉黄色，具紫红色脉纹，顶端二裂，基部收窄成柄。蒴果近圆形或卵形，长2.5 cm，宽1.2～1.8 cm；果皮密被柔刺，刺尖细而弯，刺基增厚，顶有残萼；种子具棱，直径3～4 mm。花期5月，果期7月。

【生长习性】生于密林中。幼苗怕阳光直射，郁闭度80%～90%。

【精油含量】水蒸气蒸馏果实的得油率为4.21%。

【芳香成分】果实：丁平等（2001）用水蒸气蒸馏法提取的广西产长序砂仁干燥成熟果实精油的主要成分为：樟脑（33.89%）、醋酸龙脑酯（13.24%）、冰片（13.23%）、枸橼烯（4.58%）、β-月桂烯（2.99%）、芳樟醇（2.92%）、异石竹烯（2.88%）、β-没药烯（2.09%）、α-杜松醇（2.04%）、莰烯（1.94%）、δ-荜澄茄烯（1.58%）、tau-依兰油醇（1.51%）、橙花叔醇（1.00%）等。

种子：陆碧瑶等（1986）用水蒸气蒸馏法提取的种子精油的主要成分为：樟脑（30.30%）、乙酸龙脑酯（26.90%）、棕榈酸乙酯（2.30%）、β-蒎烯（1.12%）、1,8-桉叶油素（1.12%）等。

【利用】果实民间当砂仁用，但品质较次。根茎能祛风散瘀。

海南砂仁

Amomum longiligulare T. L. Wu.

姜科　豆蔻属
别名： 海南壳砂仁、壳砂、海南壳砂、长舌砂仁
分布： 海南、广东

【形态特征】株高1～1.5 m，具匍匐根茎。叶片线形或线状披针形，长20～30 cm，宽2.5～3 cm，顶端具尾状细尖头，基部渐狭；叶舌披针形，长2～4.5 cm，薄膜质；苞片披针形，长2～2.5 cm，褐色，小苞片长约2 cm，包卷住萼管，萼管长2～2.2 cm，白色，顶端3齿裂；花冠管较萼管略长，裂片长圆形，长约1.5 cm；唇瓣圆匙形，长和宽约2 cm，白色，顶端具突出、二裂的黄色小尖头，中脉隆起，紫色。蒴果卵圆形，具钝三棱，长1.5～2.2 cm，宽0.8～1.2 cm，被片状、分裂的短柔刺，刺长不逾1 mm；种子紫褐色，被淡棕色、膜质假种皮。花期4～6月，果期6～9月。

【生长习性】生于山谷密林中，野生或栽培林下阴湿处。

【精油含量】水蒸气蒸馏果实的得油率为1.12%～4.12%，种子的得油率为1.47%～2.83%；超临界萃取干燥叶的得油率为3.01%。

【芳香成分】叶：南垚等（2012）用超临界CO_2萃取法提取的海南琼中产海南琼中产海南砂仁干燥叶精油的主要成分为：1-甲雄烯醇酮（35.07%）、棕榈酸（6.27%）、正三十一烷（3.69%）、生育酚（3.32%）、β-蒎烯（2.89%）、法呢基丙酮（2.63%）、亚油酸（2.30%）、石竹烯（1.81%）、植酮（1.66%）、α-蒎烯（1.33%）、叶绿醇（1.15%）等。

果实：吴忠等（2000）用超临界CO_2萃取法提取的干燥成熟果实精油解析釜Ⅰ中的主要成分为：左旋乙酸龙脑酯（37.90%）、油酸（11.80%）、十六烷酸（10.31%）、樟脑（4.61%）、乙酸（4.41%）、14-十五烷酸（3.81%）、龙脑（3.08%）、7,10,13-十六碳三烯酸（2.47%）、(+)-橙花叔醇（2.18%）、9,12-十八碳二烯酸（1.93%）、11,14-二十一碳二烯酸甲酯（1.54%）、9-十六烷酸（1.48%）、3-十二烯-1-炔（1.32%）、9,12,15-十八碳三烯酸（1.11%）等；解析釜Ⅱ的精油主要成分为：左旋乙酸龙脑酯（28.13%）、樟脑（14.80%）、α-乙酸金合欢酯（8.11%）、莰烯（7.11%）、柠檬烯（6.17%）、龙脑（5.61%）、月桂烯（3.18%）、油酸（2.96%）、α-蒎烯（2.79%）、β-石竹烯（1.82%）、3-甲基-apo蒎烯（1.64%）等。

种子：陆碧瑶等（1986）用水蒸气蒸馏法提取的海南产海南砂仁种子精油的主要成分为：樟脑（35.52%）、乙酸龙脑酯（27.32%）、龙脑（9.33%）、橙花叔醇（3.36%）、异龙脑（1.60%）、甜没药烯（1.03%）、柠檬烯（1.00%）等。

【利用】种子药用，有理气开胃，消食的功效，用于脘腹胀痛、食欲不振、呕吐。

🌸 海南假砂仁

Amomum chinense Chun ex T. L.Wu.

姜科　豆蔻属
别名：海南土砂仁
分布：海南、广东

【形态特征】株高1～1.5 m；根茎匍匐状，节上被鞘状鳞片。叶片长圆形或椭圆形，长16～30 cm，宽4～8 cm，顶端尾状渐尖，基部急尖；叶舌膜质，紫红色，微二裂，长约3 mm；叶鞘有非常明显网纹。鳞片宿存。穗状花序陀螺状，直径约3 cm，有花20余朵；苞片卵形，长1～2 cm，紫色；小苞片管状，长约2 cm；花萼管长约1.7 cm，顶端具三齿，基部被柔毛，染红；花冠管稍突出，裂片倒披针形，长约1.5 cm，顶端

兜状；唇瓣白色，三角状卵形，长1.5 cm，宽约1 cm，中脉黄绿色，两边有紫色的脉纹，瓣柄长5～6 mm。蒴果椭圆形，长2～3 cm，宽1.5 cm，被短柔毛及片状、分枝柔刺。花期4～月；果期6～8月。

【生长习性】生于海拔1000 m以下林中。

【芳香成分】陆碧瑶等（1986）用水蒸气蒸馏法提取的干燥成熟果实中的种子精油的主要成分为：乙酸龙脑酯（23.60%）、樟脑（4.70%）、棕榈酸甲酯（2.02%）、棕榈酸乙酯（1.82%）等。

【利用】果实民间作砂仁用。

🌸 红壳砂仁

Amomum aurantiacum H. T. Tsai et S. W. Zhao.

姜科　豆蔻属
别名：红砂仁、红壳砂
分布：云南

【形态特征】株高2～2.5 m。茎被黄褐色短柔毛。叶片狭披针形，长28～32 cm，宽5～6.5 cm，顶端尾尖，基部楔形，叶面疏被平贴、黄褐色短毛，叶背密被淡绿色柔毛；叶舌6～7 mm，浅二裂，顶端圆形，密被黄色柔毛。穗状花序椭圆形；鳞片三角形，紫红色，被毛；花冠黄红色；苞片长椭圆

形，长1.2 cm，宽5 mm，紫红色；萼管顶端3裂，裂片狭三角形；唇瓣圆形，白色，顶端急尖，二齿裂，中脉黄色，有紫红色斑点。蒴果近球形或卵圆形，长1.3～1.8 cm，宽0.7～1.1 cm，枯红色，果皮被锈色毛及稀疏柔刺；花萼宿存，被毛；种子多立，方形或多角形，红褐色，具香气，味微苦。花期5～6月；果期8～9月。

【生长习性】生于海拔600 m的林下。

【精油含量】水蒸气蒸馏种子的得油率为0.08%～4.33%。

【芳香成分】果实：章淑隽等（1989）用水蒸气蒸馏法提取的云南产红壳砂仁果实精油的主要成分为：橙花叔醇（53.54%）、芳樟醇（32.37%）等。

种子：朱亮锋等（1993）用水蒸气蒸馏法提取的云南腊纳产红壳砂仁种子精油的主要成分为：橙花叔醇（32.66%）、芳樟醇（28.47%）、香叶醇（6.03%）、广藿香醇（3.09%）等。王柳萍等（2013）用同法分析的干燥种仁精油的主要成分为：乙酸龙脑酯（48.23%）、樟脑（14.76%）、右旋萜二烯（2.23%）、樟脑萜（1.24%）等。

【利用】民间以果实入药，具芳香健胃功效，治腹痛、腹胀、消化不良、恶心呕吐。根茎用于腹胀，不思饮食。

九翅豆蔻
Amomum maximum Roxb.

姜科　豆蔻属

别名： 九翅砂仁

分布： 西藏、云南、广西、广东

【形态特征】株高2～3 m，茎丛生。叶片长椭圆形或长圆形，长30～90 cm，宽10～20 cm，顶端尾尖，基部渐狭，下延，叶背被白绿色柔毛；叶舌2裂，长圆形，长约1.2～2 cm，被稀疏的白色柔毛，边缘干膜质，淡黄绿色。穗状花序近圆球形，直径约5 cm，鳞片卵形；苞片淡褐色，被短柔毛；花萼管长约2.3 cm，膜质，管内被淡紫红色斑纹，裂齿3，披针形；花冠白色，裂片长圆形；唇瓣卵圆形，全缘，顶端稍反卷，白色，中脉两侧黄色，基部两侧有红色条纹。蒴果卵圆形，长2.5～3 cm，宽1.8～2.5 cm，成熟时紫绿色，三裂，果皮具明显的九翅，被稀疏的白色短柔毛，顶具宿萼，果梗长7～10 mm；种子多数，芳香，干时变微。花期5～6月；果期6～8月。

【生长习性】生于海拔350～800 m的林中阴湿处。

【精油含量】水蒸气蒸馏种子的得油率为0.50%；同时蒸馏萃取干燥茎叶的得油率为1.60%。

【芳香成分】茎叶：韩智强等（2013）用同时蒸馏萃取法提取的云南西双版纳产九翅豆蔻干燥茎叶精油的主要成分为：β-蒎烯（65.29%）、α-蒎烯（11.12%）、桃金娘烯醇（3.79%）、反式-松香芹醇（2.79%）、甲酸-(E)-2-甲基-4-(2,6,6-三甲基-1-环己烯基)-1-丁烯-1-醇酯（1.82%）、6,6-二甲基-2-亚甲基-双环[2.2.1]庚-3-酮（1.67%）、2,3-二氢苯并呋喃（1.02%）、2-甲氧基-4-乙烯基苯酚（1.00%）等。

种子：朱亮锋等（1993）用水蒸气蒸馏法提取的广东广州产九翅豆蔻种子精油的主要成分为：乙酸龙脑酯（17.40%）、桃金娘烯醇（5.57%）、樟脑（4.05%）、龙脑（3.47%）、α-松油醇（3.32%）、植醇（2.81%）、枯茗醇（2.61%）、芳樟醇（1.63%）、蒎葛缕醇（1.39%）等。王柳萍等（2013）用同法分析的干燥种仁精油的主要成分为：乙酸龙脑酯（32.81%）、樟脑（26.89%）、冰片（16.21%）、石竹烯氧化物（3.02%）、右旋萜二烯（2.23%）等。

【利用】果实供药用，有开胃、消食、行气、止痛的功效，用于脘腹冷痛，腹胀，不思饮食，嗳腐吞酸。果实可食。

🌸 拟草果

Amomum paratsaoko S. Q. Tong et Y. M. Xia

姜科　豆蔻属
别名：白草果、广西草果
分布：广西

【形态特征】直立草本，高1.5～3 m。叶片狭长圆状披针形或狭椭圆状披针形，长38～83 cm，宽13～18 cm，先端渐尖，基部楔形或狭楔形，叶面绿色，叶背淡绿色；叶舌全缘，长2.5～3 cm，淡褐色，膜质；叶鞘绿色，具明显的纵条纹。穗状花序卵圆形或头状，长4.5～6.5 cm，宽5～6 cm，从根茎抽出1～2枚，鳞片淡褐色，革质；苞片卵形或椭圆形，长4.5～6 cm，宽5～5.5 cm，先端圆形，革质；小苞片管状，先端具2齿，白色，膜质；花萼佛焰苞状，长4～4.5 cm，先端具3齿，膜质，白色；花冠管白色，裂片披针形，白色，膜质；唇瓣椭圆形，白色，中央密被红色斑点，边缘皱波状。花期5～6月，果期7～8月。

【生长习性】生于海拔400～1600 m的林下。

【精油含量】水蒸气蒸馏干燥果实的得油率为0.80%。

【芳香成分】黄云峰等（2014）用水蒸气蒸馏法提取的广西

那坡产拟草果干燥果实精油的主要成分为：癸醛（20.96%）、乙酸辛酯（12.67%）、乙酸癸酯（9.95%）、辛醇（8.15%）、癸醛（5.36%）、癸醇（4.36%）、2-癸烯醛（4.32%）、辛醛（3.96%）、2-壬醛-2-十一碳烯酸（2.86%）、7-甲基-8,10-十二碳二烯醛或乙酸11-十三碳烯酯（2.18%）、癸酸甲酯（1.85%）、壬醛（1.06%）等。

【利用】果实是壮族常用草药之一，用于脘腹胀满冷痛、反胃、呕吐、积食、痰饮、疟疾等。果实常用作中餐调味料。

🌸 三叶豆蔻

Amomum austrosinense D. Fang.

姜科　豆蔻属
别名：土砂仁、白豆蔻、钻骨风、天公锥
分布：广西、湖南

【形态特征】多年生草本，高达50 cm。叶1～3片，椭圆形至长圆形，长10～40 cm，宽3.5～11 cm，两面除中脉被微柔毛外几无毛；叶舌2裂，被微柔毛。花莛自根茎上抽出，长7～22 cm；穗状花序长3～6 cm；花冠白色稍带红色；唇瓣倒卵形，长1.3 cm；药隔附属体细小，2裂。蒴果圆球形，直径0.8～1.4 cm，被短柔毛。

【生长习性】生于海拔450～1000 m的山谷林下、山坡竹木混交林中、石地。

【精油含量】水蒸气蒸馏种子的得油率为0.60%～0.80%。

【芳香成分】朱亮锋等（1993）用水蒸气蒸馏法提取的湖南南部产三叶豆蔻种子精油的主要成分为：1,8-桉叶油素

58.68%）、α-松油醇（6.41%）、橙花叔醇（2.64%）、柠檬烯（2.27%）、β-蒎烯（1.06%）等。

【利用】民间全草入药，治风湿骨痛、跌打肿痛、胃寒等症。

砂仁

...momum villosum Lour.

姜科　豆蔻属

别名：阳春砂仁、长泰砂仁、缩砂仁、缩砂密、春砂仁

分布：福建、广东、广西、四川、云南

【形态特征】株高1.5～3 m，茎散生；根茎匍匐地面，节上被褐色膜质鳞片。中部叶片长披针形，长37 cm，宽7 cm，上部叶片线形，长25 cm，宽3 cm，顶端尾尖，基部近圆形；叶舌半圆形，长3～5 mm。穗状花序椭圆形，鳞片膜质，椭圆形，褐色或绿色；苞片披针形，膜质；小苞片管状，一侧有一斜口，膜质；花萼管顶端具三浅齿，白色，基部被稀疏柔毛；花冠裂片倒卵状长圆形，白色；唇瓣圆匙形，白色，顶端具二裂、反卷、黄色的小尖头，中脉凸起，黄色而染紫红，基部具二个紫色的痂状斑，具瓣柄。蒴果椭圆形，长1.5～2 cm，宽1.2～2 cm，成熟时紫红色，干后褐色，表面被柔刺；种子多角形，有浓郁的香气，味苦凉。花期5～6月，果期8～9月。

【生长习性】栽培或野生于山地阴湿之处。喜温暖，阴湿，多雾的气候，适宜年均温20～30 ℃，有覆盖林或荫蔽的环境。喜热带南亚热带季雨林温暖湿润气候，不耐寒，能耐短暂低温，-3 ℃受冻死亡。怕干旱，忌水涝。喜漫射光。宜上层深厚、疏松、保水保肥力强的壤土和砂壤土上栽培，不宜在黏土、砂土栽种。

【精油含量】水蒸气蒸馏根及根茎的得油率为0.06%～0.71%，茎的得油率为0.07%，新鲜叶的得油率为0.06%～0.69%，干燥叶的得油率为0.93%，果实的得油率为1.24%～6.80%，种子的得油率为1.27%～6.00%，干燥果皮的得油率为0.85%；同时蒸馏萃取的干燥茎叶的得油率为1.15%；有机溶剂萃取干燥果实的得油率为3.00%～8.00%；超临界萃取果实的得油率为3.89%。

【芳香成分】根（根茎）：许文学等（2012）用水蒸气蒸馏法提取的广东阳春产砂仁根精油的主要成分为：β-蒎烯（12.03%）、4-萜醇（9.37%）、匙叶桉油烯醇（7.14%）、α-蒎烯（6.96%）、冬青油烯（4.82%）、α-松油醇（3.58%）、十六烷酸（3.48%）、柠檬烯（3.18%）、花姜酮（3.05%）、对-聚伞花素（2.84%）、α-萜品烯（2.59%）、荜草烯环氧化物（2.45%）、喇叭烯（2.30%）、松香芹醇（2.12%）、α-蛇麻烯（2.05%）、樟脑（1.81%）、蓝桉醇（1.80%）、α-萜品烯（1.79%）、乙酸异冰片酯（1.34%）、α-龙脑烯醛（1.29%）、石竹烯（1.17%）、乌药醇（1.15%）、芳樟醇（1.13%）、松香芹酮（1.10%）、β-紫罗兰酮（1.08%）等。范新等（1992）用水蒸气蒸馏法提取的广东阳春引种到云南西双版纳种植的砂仁根及根茎精油的主要成分为：香桧烯（40.26%）、β-蒎烯（25.41%）、α-蒎烯（15.20%）、松油烯-4-醇（4.32%）、δ-4-菁烯（1.75%）等。

茎：范新等（1992）用水蒸气蒸馏法提取的广东阳春引种到云南西双版纳种植的砂仁茎精油的主要成分为：β-蒎烯（19.20%）、香桧烯（18.85%）、吉玛酮（17.55%）、α-蒎烯（8.03%）、蛇麻烯（3.91%）、棕榈酸（2.01%）、松油烯-4-醇（1.77%）、γ-榄香烯（1.14%）等。

叶：陈新荣等（1988）用水蒸气蒸馏法提取的云南景洪产砂仁新鲜叶精油的主要成分为：β-蒎烯（42.29%）、α-蒎烯（32.94%）、6,6-二甲基-双环[3.1.1]-2-庚烯-3-醇（6.66%）、柠檬烯（3.61%）、6,6-二甲基-双环[3.1.1]-2-庚烯-2-甲醇（2.62%）、6,6-二甲基-双环[3.1.1]-2-庚烯-2-甲醛（1.55%）等。

果实：曾志等（2010）用水蒸气蒸馏法提取的广东阳春产砂仁干燥成熟果实精油的主要成分为：乙酸龙脑酯（59.60%）、樟脑（27.81%）、莰烯（4.12%）、柠檬烯（3.73%）、龙脑（2.11%）等。张生潭等（2011）用同法分析的广东产砂仁干燥果皮精油的主要成分为：乙酸龙脑酯（8.90%）、斯巴醇（7.90%）、β-蒎烯（4.23%）、樟脑（3.95%）、桃金娘烯醇（3.45%）、4-

松油烯醇（3.41%）、龙脑（3.28%）、棕榈酸（3.15%）、3,7-二甲基-1,6-辛二烯-3-醇（2.47%）、(Z,Z)-9,12-十八碳二烯酸（2.34%）、α-蒎烯（2.26%）、石竹烯醇-II（2.03%）、反式松香芹醇（1.99%）、反式石竹烯（1.98%）、9-十八碳烯酸（1.67%）、(+/-)-(1RS,4aRS,8aRS)-十氢-5,5,8a-三甲基-2-亚甲基-1-萘基甲醇（1.47%）、桃金娘烯醛（1.32%）、α-可巴烯（1.19%）、γ-松油烯（1.05%）、1-甲基-2-(1-甲基乙基)苯（1.03%）等。陈璐等（2014）用同法分析的干燥果皮精油的主要成分为：β-蒎烯（21.63%）、樟脑（8.67%）、α-蒎烯（8.43%）、桧烯（6.18%）、芳樟醇（5.78%）、石竹烯氧化物（4.98%）、顺式-9-十八烯醛（4.82%）、油酸（4.35%）、乙酸龙脑酯（3.87%）、龙脑（2.36%）、十九烷（1.91%）、桃金娘烯醛（1.64%）、6,6-二甲基二环[3.1.1]庚-2-烯-2-甲醇（1.43%）、侧柏烯（1.26%）、二十一烷（1.19%）、邻异丙基甲苯（1.17%）、(-)-4-萜品醇（1.12%）、右旋萜二烯（1.09%）、β-萜品烯（1.01%）等。

种子：张生潭等（2011）用水蒸气蒸馏法提取的广东产砂仁干燥成熟种子精油的主要成分为：乙酸龙脑酯（46.08%）、樟脑（15.40%）、龙脑（5.54%）、反式石竹烯（3.02%）、α-荜澄茄油烯（2.85%）、双环大根香叶烯（2.18%）、α-佛手柑油烯（1.77%）、2,6-二甲基-6-(4-甲基-3–戊烯基)-二环[3.1.1]庚-2-烯（1.58%）、莰烯（1.48%）、α-白檀油烯醇（1.42%）、δ-杜松烯（1.24%）、大根香叶烯D（1.15%）等。

【利用】果实为调味料。果实入药，有行气调中、和胃、醒脾的功效，治腹痛痞胀、胃呆食滞、噎膈呕吐、寒泻冷痢、妊娠胎动。果实可提取精油，用于食品调香。叶可提取精油，用于食品调香和制药。

缩砂密

Amomum villosum Lour. var. *xanthioides* (Wall. ex Bak.) T. L. Wu et Senjen.

姜科　豆蔻属
别名：绿壳砂仁、广宁绿壳砂仁
分布：云南、广东

【形态特征】砂仁变种。多年生草本，高1.5～3 m。根茎匍匐地面。叶片披针形至线形，长20～35 cm，宽3～7 cm，两面光滑无毛；叶舌半圆形，长0.3～0.5 cm。穗状花序椭圆形；苞片披针形，膜质；小苞片管状，膜质；花白色，顶端具3浅齿；

花冠管长1.8 cm，裂片长16～2 cm，白色；唇瓣白色，中脉凸起，黄色而染紫红，基部具2个紫色的闸状斑；药隔附属体裂，两侧耳状；子房被柔毛。蒴果成熟时绿色，果皮上的柔刺较扁。花期5～6月；果期8～9月。

【生长习性】生于海拔600～800 m的林下潮湿处。
【精油含量】水蒸气蒸馏新鲜叶的得油率为0.05%，干燥果实的得油率为1.67%～4.25%，种子的得油率为3.00%～3.50%，果壳的得油率为1.72%；超临界萃取果壳的得油率为3.93%。
【芳香成分】叶：朱亮峰等（1983）用水蒸气蒸馏法提取的广东广州产缩砂密新鲜叶精油的主要成分为：β-蒎烯（38.00%）、α-蒎烯（14.20%）、松油-4-醇（14.10%）、枞油烯（3.40%）、顺式-丁香烯（3.10%）、α-松油醇（2.40%）、β-松油烯（1.60%）、异蒎樟脑酮（1.60%）、桃金娘醇（1.20%）、三环[2.2.1.0²·⁶]-1,3,3-三甲基庚烷（1.00%）、γ-松油烯（1.00%）等。

果实：曾志等（2010）用水蒸气蒸馏法提取的云南产缩砂密果实精油的主要成分为：樟脑（63.02%）、乙酸龙脑酯（12.55%）、龙脑（8.74%）、柠檬烯（5.34%）、莰烯（4.32%）、月桂烯（1.47%）等。叶强等（2014）用同法分析的云南沧产缩砂密干燥成熟果实精油的主要成分为：乙酸龙脑酯（41.90%）、樟脑（23.42%）、1,7,7-三甲基-双环[2.2.1]己烷-2-醇（13.18%）、右旋萜二烯（2.03%）、莰烯（1.98%）、邻苯二甲酸单(2-乙基己基)酯（1.98%）、芳樟醇（1.46%）、月桂烯（1.05%）等。黄业玲等（2015）用同法分析的果壳精油的主要成分为：氧化石竹烯（13.80%）、τ-杜松醇（8.96%）、反式橙花叔醇（5.87%）、α-杜松醇（4.58%）、α-桉叶醇（4.34%）、枯茗醛（4.32%）、石竹烯（3.55%）、龙脑（3.50%）、β-松烯（3.38%）、β-桉叶醇（3.28%）、4,7-二甲基-1-异丙基-1,2,4a,5,6,8a-六氢萘（2.67%）、榄香醇（2.22%）、α-2-丙基-苄醇（2.20%）、麝香草酚（1.90%）、樟脑（1.71%）、α-品醇（1.35%）、桉叶醇（1.31%）、芳樟醇（1.23%）、α-石竹烯（1.03%）等。

种子：朱亮锋等（1993）用水蒸气蒸馏法提取的广东广宁产缩砂密种子精油的主要成分为：乙酸龙脑酯（58.53%）、樟脑（31.75%）、龙脑（1.54%）、柠檬烯（1.07%）等。
【利用】果实供药用，有和胃醒脾、行气宽中、安胎主治的功效，用于脾胃气滞、宿食不消、腹痛痞胀、噎膈呕吐、寒湿冷痢、大便下血、小儿脱肛等症。

香豆蔻

Amomum subulatum Roxb.

姜科　豆蔻属

别名：印度砂仁、波蔻、大果印度小豆蔻、尼泊尔小豆蔻
分布：西藏、云南、广西

【形态特征】粗壮草本，株高1～2 m。叶片长圆状披针形，长27～60 cm，宽3.5～11 cm，顶端具长尾尖，基部圆形或楔形；叶舌膜质，长约3～4 mm，微凹，顶端浑圆。鳞片褐色，穗状花序近陀螺形，直径约5 cm；苞片卵形，长约3 cm，淡红色，顶端钻状；小苞片管状，长3 cm，裂至中部，裂片顶端急尖而微凹；花萼管状，无毛，三裂至中部，裂片钻状；花冠管与萼管等长，裂片黄色，近等长，后方的一枚裂片顶端钻状；唇瓣长圆形，长3 cm，顶端向内卷折，有明显的脉纹，中脉黄色，被白色柔毛。蒴果球形，直径2～2.5 cm，紫色或红褐色，不开裂，具10余条波状狭翅，顶具宿萼。花期5～6月，果期8～9月。

【生长习性】生于海拔300～1300 m的阴湿林中。喜暖湿，耐阴。

【利用】种子入药，有散寒行气、健胃消食之功效，用于脘腹胀痛、食积不化、肺寒咳嗽。果实可用作调味品。种子精油可用于食品香料。

银叶砂仁

Amomum sericeum Roxb.

姜科　豆蔻属

分布：云南

【精油含量】水蒸气蒸馏果实的得油率为4.32%。

【芳香成分】果实：丁平等（2002）用水蒸气蒸馏法提取的果实精油的主要成分为：油酸（32.61%）、醋酸龙脑酯（4.21%）、桉油醇（3.81%）、冰片（2.69%）、樟脑（1.38%）等。

种子：陆碧瑶等（1986）用水蒸气蒸馏法提取的广西产香豆蔻干燥成熟果实中的种子精油的主要成分为：1,8-桉叶油素（40.56%）、α-松油醇（4.06%）、橙花叔醇（2.43%）、桃金娘烯醇（1.97%）、松油醇-4（1.86%）等。

【形态特征】粗壮草本，株高1~3 m。叶片披针形，长48~65 cm，宽7~15 cm，顶端渐尖，基部楔形，叶背被紧贴的银色绢毛；叶舌膜质，不裂或浅二裂，被短柔毛，顶端钝，长0.5~1.5 cm。穗状花序近球形，直径3.5~5 cm；鳞片卵形，近革质，顶端微缺；苞片长圆形，长3.5 cm，膜质，早落；花萼管白色，棒状，长2.2~3 cm，被小柔毛，顶端具三齿，裂片渐尖；花冠管短，白色，裂片长圆形，长2.5~3 cm，宽0.8~1 cm；唇瓣长圆形，长2~3 cm，中脉黄色，有红色条纹，上被白色柔毛。蒴果倒圆锥形或倒卵圆形，长2.5 cm，宽1.5~2 cm，具3~5棱，干时淡褐色，顶具宿萼；种子无香味。花期5~6月；果期7~9月。

【生长习性】生于海拔600~1200 m的密林潮湿处。

【芳香成分】陆碧瑶等（1986）用水蒸气蒸馏法提取的银叶砂仁干燥成熟果实中的种子精油的主要成分为：橙花叔醇（19.77%）、β-金合欢烯（1.35%）、芳樟醇（0.99%）等。

🌸 疣果豆蔻
Amomum muricarpum Elm.

姜科　豆蔻属
别名：瘤果豆蔻、牛牯缩砂
分布：广东、广西

【形态特征】植株高大；根茎粗壮。叶片披针形或长圆状披针形，长26~36 cm，宽6~8 cm，顶端尾状渐尖，基部楔形；叶舌长7~9 mm。穗状花序卵形，长6~8 cm；总花梗长5~7 cm，基部被覆瓦状排列的鳞片，下面的鳞片较小，向上渐渐变大；小苞片筒状，长2~2.5 cm，褐色，一侧开裂至近基部；花萼管长2.5 cm，顶端二裂，红色；花冠管与萼管近等长，裂片长2~3 cm，杏黄色，有显著的红色脉纹；唇瓣倒卵形，长2.5~3 cm，杏黄色，中脉有紫色脉纹及紫斑，顶端二裂，边缘皱波状。蒴果椭圆形或球形，直径约2.5 cm，红色，被黄色茸毛及分枝的柔刺，刺长3~6 mm。花期5~9月，果期6~12月。

【生长习性】生于海拔300~1000 m的密林中。喜高温、高湿环境，忌霜冻和干旱。宜在土壤疏松、肥沃、湿润和稍荫蔽的环境中生长。

【精油含量】水蒸气蒸馏叶的得油率为0.08%。

【芳香成分】叶：朱亮锋等（1993）用水蒸气蒸馏法提取的广东广州产疣果豆蔻叶精油的主要成分为：乙酸龙脑酯

（14.81%）、α-蒎烯（3.84%）、桃金娘烯醇（3.42%）、蒎葛缕醇（3.39%）、马鞭草烯酮（2.61%）、β-蒎烯（1.42%）、喇叭茶醇（1.39%）、α-龙脑烯醛（1.38%）等。

种子：王柳萍等（2013）用水蒸气蒸馏法提取的干燥种仁精油的主要成分为：乙酸龙脑酯（25.14%）、樟脑（16.76%）、石竹烯（8.83%）、冰片（4.37%）、金合欢烯（1.44%）等。

【利用】果实入药，能开胃消食、行气和中、止痛安胎，民间有作砂仁用。可作为园林观赏或盆栽室内观赏。

🌸 爪哇白豆蔻
Amomum compactum Soland ex Maton

姜科　豆蔻属
别名：白豆蔻、圆豆蔻、原豆蔻、扣米
分布：海南、云南、广西、福建有栽培

【形态特征】株高1~1.5 m，茎基叶鞘红色。叶片披针形，长25~50 cm，宽4~9 cm，顶端有长2.5~3 cm的尾尖，具缘毛；叶舌二裂，圆形，长5~7 mm。穗状花序圆柱形，长约5 cm，宽约2.5 cm，花后逐渐延长；苞片卵状长圆形，长2~2.5 cm，宽7~10 mm，麦秆色，具纵条纹及缘毛，宿存

小苞片管状，顶端三裂，被毛；花萼管与花冠管等长，长
～1.2 cm，被毛；花冠白色或稍带淡黄，裂片长圆形；唇瓣椭
圆形，稍凹入，淡黄色，中脉有带紫边的桔红色带，被毛。果
□球形，直径1～1.5 cm，干时具9条槽，被疏长毛，鲜时淡黄
□；种子为不规则多面体，宽约4 mm；种沟明显。花期2～5
月，果期6～8月。

【生长习性】宜栽种于排水及保肥性能良好的林下环境。适
□在年平均温度22～23℃地区生长，耐寒能力较差，0℃时则
□上部分全部死亡。要求充沛的雨量，年降雨量在1500 mm以
□。要求全天散射光和一定的郁闭度。要求土层深厚、肥沃湿
□、排水良好的砂壤土。

【精油含量】水蒸气蒸馏干燥叶的得油率为2.40%，新鲜
□叶的得油率为0.31%～0.52%；果实的得油率为3.31%～5.40%，
□皮的得油率为0.47%～0.62%，种子的得油率为6.26%～
□64%。

【芳香成分】果实：丁平等（1996）用水蒸气蒸馏法提
□的海南产爪哇白豆蔻果实精油的主要成分为：1,8-桉叶油
□（76.84%）、β-蒎烯（6.55%）、α-松油醇（5.69%）、α-蒎烯
□41%）、小茴香酮（1.11%）、松油醇-4（1.08%）、β-月桂烯
□03%）等；果皮精油的主要成分为：1,8-桉叶油素（19.35%）、
□-芹子烯（13.62%）、雅槛蓝烯（9.42%）、小茴香酮（8.11%）、
□-松油醇（6.02%）、芳樟醇（4.90%）、间-伞花烃（3.34%）、橙
□叔醇（1.52%）、麝香草酚（1.16%）、松油醇-4（1.14%）、丁香
□（1.02%）等。

种子：丁平等（1996）用水蒸气蒸馏法提取的海南产爪哇
□豆蔻种子精油的主要成分为：1,8-桉叶油素（73.93%）、β-蒎
□（7.53%）、α-松油醇（7.03%）、α-蒎烯（2.34%）、β-月桂烯
□27%）等。

【利用】果实药用，有行气、暖胃、消食、化湿、、镇呕、
□酒毒等功效。

喙花姜
Rhynchanthus beesianus W. W. Smith

姜科　喙花姜属
别名：滇高良姜、良姜
分布：云南

【形态特征】株高0.5～1.5 m，具肉质、增厚的根茎；茎中

部以下被张开的鳞片状鞘。叶片3～6枚，椭圆状长圆形，长
1.5～3 cm，宽4.5～9 cm，顶端尾状渐尖，基部圆形或急尖，
干时边缘褐色；叶舌膜质，长约2 mm，鞘部张开，具紫色斑
纹。穗状花序顶生，长10～15 cm，有花约12朵；苞片线状披
针形，长3～7 cm，鲜时红色，干时紫红色，薄膜质；花萼管长
约3 cm，红色，上部一侧开裂，顶端具2个绿色的小尖头；花
冠管长2～4.5 cm，红色，上部稍扩大，裂片卵状披针形，长
1.5～3 cm，直立，上部淡黄色，基部淡红色，无唇瓣及侧生
退化雄蕊；花丝舟状，黄色，披针形；花柱线形；子房被短柔
毛。花期，7月。

【生长习性】生于疏林、灌丛或草地上或附生于树上，海拔
1500～1900 m。

【精油含量】水蒸气蒸馏块根的得油率为1.50%。

【芳香成分】周露（2006）用水蒸气蒸馏法提取的云南瑞丽
产喙花姜块根精油的主要成分为：α-松油烯（64.42%）、异龙
脑（11.81%）、丁香酚（8.07%）、甲酸龙脑酯（5.16%）、α-蒎烯
（1.89%）、松油-4-醇（1.42%）、胡椒烯酮（1.17%）等。

火炬姜
Etlingera elationr (Jack) R. M. Sm.

姜科　火炬姜属
别名：瓷玫瑰、菲律宾蜡姜花
分布：引进种，主要种植在广东、福建、云南等地

【形态特征】多年生大型草本植物，一般茎枝成丛生长，高
可达10 m以上，一般2～5 m。地上茎节为叶鞘包裹不外露；地
下茎匍匐状生长。叶互生，二行排列，线形至椭圆形或椭圆状
披针形，叶长30～60 cm，宽15 cm左右。花为基生的头状花序，
圆锥形球果状，似熊熊燃烧的火炬；花序在春夏秋三季从地下
茎抽出，高可达1～2 m，有50～100瓣不等，排列整齐，花柄
粗壮；苞片粉红色，肥厚，瓷质或蜡质，层层交叠；花上部唇
瓣金黄色。盛花期为5～10月。常见品种有深红、大红和粉红
等。

【生长习性】喜高温高湿，生长适温25～30℃，低于15℃
时生长停滞，越冬温度一般应不低于5℃。喜阳光充足环境，
但在半阴环境下植株仍能正常生长。对基质选择要求不严，一

般疏松壤土都能适宜其生长，但以微酸性、富含腐殖质的砂质土壤生长最佳。

【芳香成分】根：李尚秀等（2013）用同时蒸馏萃取法提取的云南西双版纳产火炬姜阴干根精油的主要成分为：月桂醇（32.14%）、反式-2-十二烯-1-醇（14.97%）、月桂酸（5.30%）、莰烯（4.79%）、十四醇（4.64%）、α-蒎烯（4.27%）、β-蒎烯（4.12%）、桉油精（2.97%）、Z,Z-2,5-十五二烯-1-醇（2.00%）、醋酸冰片酯（1.80%）、古芸烯（1.76%）、顺式-9-十四烯-1-醇（1.44%）、莰酮（1.39%）、癸醇（1.26%）、冰片（1.10%）等。

茎：李尚秀等（2013）用同时蒸馏萃取法提取的云南西双版纳产火炬姜阴干茎叶精油的主要成分为：α-蒎烯（21.80%）、月桂醇（20.44%）、反式-2-十二烯-1-醇（10.05%）、孕甾烷（4.06%）、氧化丁香烯（3.05%）、十四醇（2.58%）、顺式-9-十四烯-1-醇（2.32%）、月桂酸十二酯（2.30%）、酞酸二辛酯（2.14%）、β-蒎烯（1.60%）、9-二十六烯（1.34%）、(+)-4-莰烯（1.30%）等。

种子：李尚秀等（2013）用同时蒸馏萃取法提取的云南西双版纳产火炬姜阴干种子精油的主要成分为：1,4-二叔丁基苯（16.29%）、2-甲基庚醛（8.76%）、油酰胺（4.77%）、己醛（4.28%）、棕榈酸（3.76%）、1-异丁基-4-含氧烯丙基苯（3.63%）、壬醛（3.58%）、苯乙醇（2.83%）、2,2-二甲基十二烷（2.65%）、辛醛（2.10%）、顺式-2-甲基环戊醇乙酯（1.81%）、反式-2-十二烯-1-醇（1.78%）、2,6-二甲基-2,7-辛二烯-1,6-二醇（1.75%）、月桂醇（1.73%）、1,2,4-三丙基苯（1.51%）、苯乙醛（1.37%）、3-甲氧基-5-甲基苯酚（1.31%）、3-甲基-2-戊酮（1.11%）、庚醇（1.10%）、棕榈醇（1.08%）、1,2-苯二羧酸二异丁酯（1.06%）、二十烷（1.03%）等。

【利用】主要用于庭园观赏和高档时尚切花。

❀ 黄斑姜

Zingiber flavomaculosum S. Q. Tong

姜科　姜属

分布：云南

【形态特征】直立草本，高1～1.5 m。叶片狭披针形或狭椭圆形，长40～53 cm，宽9～11 cm，先端短渐尖，基部楔形或宽楔形，叶面绿色，叶背淡绿色，被白色短柔毛；叶舌2裂，长4～5 cm，膜质；叶鞘淡绿色。穗状花序头状，长约6 cm，宽4.6 cm，从根茎基部抽出1～2枚；花序梗长2～5 cm，具淡红色鳞片；苞片长圆形或卵圆形，长3～3.2 cm，宽1.7～2 cm，淡红色，具短柔毛；小苞片管状，近白色，疏被白色柔毛，侧裂至基部；花萼管状，先端具3齿，膜质，疏被柔毛；花冠管长约3.5 cm，裂片等长，淡黄色；唇瓣中裂片舌状，长约2.5 cm，宽1 cm，先端全缘，顶部具黄色斑点，侧裂片耳状，灰色，顶部具黄色斑点。花期7～8月。

【生长习性】生于海拔580～1500 m的常绿阔叶林下。

【芳香成分】田倩等（2014）用同时蒸馏萃取法提取的云南西双版纳产黄斑姜阴干茎叶精油的主要成分为：β-蒎烯（34.00%）、顺式罗勒烯（6.47%）、反式石竹烯（5.38%）、(-)-石竹烯氧化物（4.81%）、桃金娘烯醇（3.66%）、橙花叔醇（3.34%）、6,10,14-三甲基-2-十五酮（2.61%）、反式松香芹醇（2.49%）、莰烯（2.37%）、1,8-桉树脑（1.77%）、绿叶醇（1.45%）、β-月桂烯（1.41%）、β-桧烯（1.39%）、2(10)-蒎烯-3-酮（1.30%）、角鲨烯（1.13%）、顺式甜没药烯氧化物（1.10%）、异斯巴醇（1.08%）、柠檬烯（1.06%）等。

姜
Zingiber officinale Rosc.

姜科　姜属

别名：生姜、山姜

分布：中部，东南部至西南部各地区栽培

【形态特征】株高0.5～1 m；根茎肥厚，多分枝，有芳香及辛辣味。叶片披针形或线状披针形，长15～30 cm，宽2～2.5 cm，无毛，无柄；叶舌膜质，长2～4 mm。总花梗长达25 cm；穗状花序球果状，长4～5 cm；苞片卵形，长约2.5 cm，淡绿色或边缘淡黄色，顶端有小尖头；花萼管长约1 cm；花冠黄绿色，管长2～2.5 cm，裂片披针形，长不及2 cm；唇瓣中

央裂片长圆状倒卵形，短于花冠裂片，有紫色条纹及淡黄色斑点，侧裂片卵形，长约6 mm；雄蕊暗紫色，花药长约9 mm；药隔附属体钻状，长约7 mm。花期秋季。

【生长习性】喜温暖、湿润的气候，耐寒和抗旱能力较弱，不耐霜，植株只能无霜期生长，生长最适宜温度是25～28 ℃。发芽需黑暗，幼苗期需要中等的光照强度而不耐强光，在花阴状态下生长良好，旺盛生长期需要较强的光照，根茎膨大需要黑暗。抗涝性能差，对于水分的要求严格，土壤过干或过湿对姜块的生长膨大均不利。喜欢肥沃疏松的壤土或砂壤土，在黏重潮湿的低洼地生长不良。

【精油含量】水蒸气蒸馏根茎的得油率为0.04%～5.02%，新鲜枝叶的得油率为0.11%～0.12%；微波辅助水蒸气蒸馏新鲜根茎的得油率为0.87%；超声波辅助水蒸气蒸馏新鲜根茎的得油率为0.94%；超临界萃取根茎的得油率为0.30%～8.00%；有机溶剂萃取根茎的得油率为1.33%～5.00%。

【芳香成分】战琨友等（2009）用水蒸气蒸馏法提取的山东莱芜产'莱芜大姜'新鲜根茎精油的主要成分为：α-姜烯（25.92%）、β-倍半水芹烯（10.34%）、β-蒎烯（7.48%）、莰烯（6.10%）、顺-柠檬醛（5.34%）、α-姜黄烯（4.91%）、β-没药烯（4.55%）、α-法呢烯（4.49%）、乙酸香叶酯（3.43%）、反-柠檬醛（2.21%）、γ-杜松烯（1.65%）、龙脑（1.58%）、α-蒎烯（1.55%）、乙酸橙花叔醇（1.51%）、香叶醛（1.34%）、(+)-α-没药烯（1.33%）、o-乙烯基-α,α,4-三甲基-3-(1-甲乙烯基)-环己烷甲醇（1.23%）、2,6-二甲基-2,6-辛二烯-1,8-二醇（1.22%）、4,11,11-三甲基-8-亚甲基-二环[7.2.0]-4-十一烯（1.20%）等。周露等（2016）用同法分析的云南产姜新鲜根茎精油的主要成分为：β-水芹烯（14.80%）、2-十一烷酮（12.65%）、莰烯（12.35%）、香叶醛（8.36%）、龙脑（6.99%）、柠檬烯（6.34%）、香茅醇（2.90%）、β-红没药烯（2.84%）、α-蒎烯（2.82%）、6-甲基-5-庚烯-2-酮（2.60%）、玫瑰呋喃（1.71%）、α-布藜烯（1.47%）、月桂烯（1.27%）、顺-倍半水合桧烯（1.02%）等。熊运海等（2015）用同法分析的河北产姜干燥根茎精油的主要成分为：姜烯（30.74%）、D-柠檬烯（12.78%）、β-倍半水芹烯（12.26%）、α-金合欢烯（7.29%）、姜黄烯（2.41%）、珀伲烯（1.39%）、(E)-柠檬醛（1.28%）、(E,E)-金合欢醇乙酸酯（1.25%）、茅术醇（1.25%）、十三酸（1.25%）、2-异丙烯基-5-甲基-己烯-4-醛（1.16%）、β-丁香精油（1.11%）、莰烯（1.08%）、荜澄茄油烯醇（1.01%）等。杨欣等（2015）用同法分析的干燥根茎精油的主要成分为：4-甲基-1-(1-甲基乙基)-二环[3.1.0]己-2-烯（9.93%）、桉叶油醇（9.83%）、冰片（9.13%）、莰烯（8.19%）、[S-(R*,S*)]-2-甲基-5-(1,5-二甲基-4-己烯基)-1,3-环己二烯（6.28%）、(E)-柠檬醛（3.69%）、α-松油醇（3.49%）、芳樟醇（2.72%）、(1R)-(+)-α-蒎烯（2.54%）、β-倍半水芹烯（2.54%）、1-甲基-4-(1-亚甲基-5-甲基-4-己烯基)环己烯（2.50%）、右旋柠檬烯（2.43%）、α-姜黄烯（2.21%）、β-桉叶醇（1.61%）、香茅油（1.40%）、(R)-4-甲基-1-(1-甲基乙基)-3-环己烯-1-醇（1.36%）、1-甲基-4-(1-甲基乙基)-1,4-环己二烯（1.06%）等。赵宏冰等（2015）用同法分析的干燥根茎精油的主要成分为：α-柠檬醛（40.58%）、β-水芹烯（10.38%）、姜烯（7.81%）、樟脑萜（7.39%）、桉叶油醇（7.04%）、β-倍半水芹烯（3.47%）、α-姜黄烯（3.12%）、反式-橙花叔醇（2.04%）、α-

松油醇（2.02%）、甲基庚烯酮（1.79%）、α-金合欢烯（1.74%）、α-蒎烯（1.67%）、1-甲基-4-(5-甲基-1-亚甲基-4-己烯基)-环己烯（1.51%）、4-乙烯基-4-三甲基-3-(1-甲基乙烯基)-环己甲醇（1.36%）、β-芳樟醇（1.19%）、乙酸香叶酯（1.18%）等。钟凌云等（2015）用同法分析的新鲜根茎精油的主要成分为：α-柏木烯（47.42%）、α-荜澄茄油烯（15.07%）、罗汉柏烯（9.28%）、姜黄烯（8.03%）、(S)-甜没药烯（5.79%）、依兰烯（3.09%）、艾蒿三烯（1.46%）、愈创木烯（1.10%）、2,6-二甲基-6-(4-甲基-3-戊烯基)-二环[3.1.1]庚-2-烯（1.00%）等。史先振等（2015）用顶空固相微萃取法提取的安徽铜陵产'铜陵白姜'新鲜根茎精油的主要成分为：姜烯（27.64%）、β-倍半水芹烯（12.66%）、γ-姜黄烯（7.26%）、β-甜没药烯（7.09%）、α-姜黄烯（6.97%）、桉叶醇（6.93%）、莰烯（3.41%）、β-水芹烯（2.65%）、α-金合欢烯（2.23%）、D-柠檬烯（2.17%）、β-月桂烯（1.57%）、α-松油醇（1.46%）、1,2,4a,5,6,8a-六氢-4,7-二甲基-1-(1-甲基乙基)萘（1.27%）、α-蒎烯（1.13%）、(Z)-柠檬醛（1.09%）、6-甲基-2-对甲苯基-庚烷（1.03%）、大根香叶烯D（1.00%）等。霍文兰等（2015）用超临界CO$_2$萃取法提取的新鲜根茎精油的主要成分为：丁基乙醛酸（37.74%）、α-姜烯（20.04%）、β-倍半水芹烯（7.22%）、β-红没药烯（3.27%）、2-丁醇（2.99%）、α-姜黄烯（2.83%）、正二十烷（2.75%）、正十四烷（2.64%）、α-法呢烯（2.03%）、正十八烷（1.90%）、异丙基乙醚（1.73%）、异丙基乙醚（1.73%）、1-苯基-1,3-丙二醇（1.36%）、2,4,5-三甲基-1,3-二氧戊环（1.26%）、2-乙氧基戊烷（1.24%）、1-甲氧基-4-丙烯基苯（1.12%）等。

【利用】根茎为药食同源的保健品，除作为蔬菜和调味品鲜食外，可加工成姜片、甜姜、姜酱、姜汁、浓缩姜乳、淀粉、精油等产品，有发汗解表、温中止呕、温肺止咳、解毒的食疗作用。根茎入药，有解表散寒、温中止呕、温肺止咳的功效，常用于脾胃虚寒，食欲减退，恶心呕吐，或痰饮呕吐，胃气不和的呕吐，风寒或痰寒咳嗽，感冒风寒，恶风发热，鼻塞头痛；还能解生半夏、生南星等药物中毒以及鱼蟹等食物中毒。姜油广泛用于食用香料、药用、日化生产。

🌸 珊瑚姜

Zingiber corallinum Hance

姜科　姜属
别名： 阴姜、黄姜、臭姜
分布： 云南、贵州、广西、广东、海南等地

【形态特征】株高近1m。叶片长圆状披针形或披针形，长20～30 cm，宽4～6 cm，叶面无毛，叶背及鞘上被疏柔毛或无毛；无柄；叶舌长2～4 mm。总花梗长15～20 cm，被紧接的长4～5 cm的鳞片状鞘；穗状花序长圆形，长15～30 cm；苞片卵形，长3～4 cm，顶端急尖，红色；花萼长1.5～1.8 cm，沿一侧开裂几达中部；花冠管长2.5 cm，裂片具紫红色斑纹，长圆形，长1.5 cm，顶端渐尖，后方的一枚较宽；唇瓣中央裂片倒卵形，长1.5 cm，侧裂片长8 mm，顶端尖；花丝缺，花药长1 cm，药隔附属体喙状，长约5 mm，弯曲；子房被绢毛，长2～2.5 mm。种子黑色，光亮，假种皮白色，撕裂状。花期5～□月，果期8～10月。

【生长习性】生于密林中。喜湿热，适应性广，热带、亚热带均能生长。对光照要求不严，但以散射光下生长良好。抗旱抗涝力强，以土壤水分含量60%～80%生长良好。

【精油含量】水蒸气蒸馏根茎的得油率为1.89%～6.20%；超临界萃取根茎的得油率为1.10%～12.00%。

【芳香成分】张俊巍等（1988）用水蒸气蒸馏法提取的贵州镇宁产珊瑚姜干燥根茎精油的主要成分为：松油醇-4（25.05%）、β-松油烯（15.82%）、顺式-β-金合欢烯（10.78%）、香桧烯（7.95%）、姜酮（5.85%）、对-聚伞花素（5.04%）、月桂烯（4.60%）、β-蒈烯（3.19%）、柠檬烯（2.88%）、肉豆蔻迷（2.14%）、4-蒈烯（2.02%）、1-(3',4'-二甲氧基苯基)-丁二烯（1.65%）、反式-β-金合欢烯（1.61%）、2-(1'-甲基丙基)-环戊酮（1.59%）、2-莰醇（1.51%）、α-金合欢烯（1.28%）等。宋欢等（2014）用同法分析的重庆荣昌产珊瑚姜干燥根茎精油的主要成分为：松油烯-4-醇（18.94%）、2,3,3-三甲基-吲哚（12.27%）、4,7-三甲氧基-三戊并烯（4.18%）、γ-松油烯（3.77%）、(+)-蒈烯（3.19%）、β-倍半水芹烯（3.15%）、β-蒎烯（2.87%）、蒎烯（2.71%）、月桂烯（2.70%）、β-松油烯（2.40%）、2-甲基-5-硝基-2H-吲唑（2.14%）、D-柠檬烯（1.89%）、萜品油烯（1.23%）、3-(2-甲氧基-5-甲苯基)-丙烯酸（1.03%）等。罗世京等（2013）用同法分析的贵州清镇产珊瑚姜新鲜块茎精油的主要成分为：香桧烯（54.07%）、松油烯-4-醇（23.74%）、1,4-又（甲氧基）三戊并烯（6.47%）、γ-松油烯（4.60%）、α-松油希（2.65%）、月桂烯（1.40%）、β-倍半水芹烯（1.36%）、蒎烯（1.13%）等。

【利用】根茎入药，有平喘、去痰止咳、解痉镇痛等作用，治疗急性胃腹疼痛，皮肤癣疾，瘙痒等。制剂外抹治跌打损伤所致的软组织损伤，抑制水肿发生，缓解冻疮引起的皮肤瘙痒。根茎精油为天然抗真菌及防晒原料，可供日化、医药用。

❀ 蘘荷

Zingiber mioga (Thunb.) Rosc.

姜科　姜属

别名：瓣姜、观音花、猴姜、嘉草、芋渠、阳藿、阳荷、山姜、土里开花、莲花姜、茗荷、蘘草、野姜、野老姜、野生姜、苴蓴

分布：安徽、江苏、湖南、江西、浙江、贵州、四川、广东、广西

【形态特征】株高0.5～1 m；根茎淡黄色。叶片披针状椭圆形或线状披针形，长20～37 cm，宽4～6 cm，叶面无毛，叶背无毛或被稀疏的长柔毛，顶端尾尖；叶舌膜质，2裂，长0.3～1.2 cm。穗状花序椭圆形，长5～7 cm；总花梗从没有到长达17 cm，被长圆形鳞片状鞘；苞片覆瓦状排列，椭圆形，红绿色，具紫脉；花萼长2.5～3 cm，一侧开裂；花冠管较萼为长，裂片披针形，长2.7～3 cm，宽约7 mm，淡黄色；唇瓣卵形，3裂，中裂片长2.5 cm，宽1.8 cm，中部黄色，边缘白色，侧裂片长1.3 cm，宽4 mm；花药、药隔附属体各长1 cm。果倒卵形，熟时裂成3瓣，果皮里面鲜红色；种子黑色，被白色假种皮。花期8～10月。

【生长习性】生于山谷中阴湿处，部分地区也有栽培。喜温怕寒，喜阳光充足，怕干旱，也不耐水涝。对土质要求不严，但以含有机质多、疏松、中性或微酸性土壤为宜。

【精油含量】水蒸气蒸馏新鲜花穗的得油率为0.10%。

【芳香成分】茎：谭志伟等（2008）用水蒸气蒸馏法提取的湖北恩施产蘘荷干燥嫩茎精油的主要成分为：正十六烷酸（17.39%）、石竹烯氧化物（11.21%）、4-异丙基-2-环己烯-1-

酮（10.93%）、二十三烷（7.81%）、桃金娘烯醇（4.54%）、三环[5.4.0.0^{1,3}]十一烷（3.55%）、松香芹醇（3.05%）、1,2～15,16-二环氧十六烷（2.77%）、9,12-十八碳二烯酸（2.41%）、对-1-薄荷烯-8-醇（2.34%）、9-油酸酰胺（2.20%）、对二甲苯（1.85%）、冰片（1.56%）、1,7-二甲基-4-异丙基-螺[4,5]-6-癸烯-8-酮（1.49%）、2(10)-蒎烯-3-酮（1.42%）、枯茗醇（1.28%）、4,6,6-三甲基-双环[3.1.1]-3-庚烯-2-醇（1.21%）、1-甲基-4-(2-甲基环氧乙烷基)-7-氧杂双环[4.1.0]庚烷（1.21%）、7,11-十六碳二烯醛（1.21%）、角鲨烯（1.12%）、环氧香茅醇（1.06%）、4,6,6-三甲基-双环[3.1.1]-3-庚烯-2-酮（1.00%）、4-异丙基-1-环己烯-1-甲醛（1.00%）等。

　　花穗：吕晴等（2004）用水蒸气蒸馏法提取的贵州安顺产蘘荷新鲜花穗精油的主要成分为：β-水芹烯（34.96%）、α-葎草烯（13.09%）、β-榄香烯（7.31%）、(-)-β-榄香烯（6.83%）、β-蒎烯（6.50%）、α-水芹烯（6.07%）、α-蒎烯（3.87%）、β-石竹烯（3.18%）、吉玛烯B（2.84%）、月桂烯（2.72%）、α-杜松醇（2.26%）、反式-β-罗勒烯（1.49%）、γ-萜品烯（1.23%）等。

　　【利用】根茎药用，有温中理气、祛风止痛、消肿、活血散淤的功效，治腹痛气滞、痈疽肿毒、跌打损伤、颈淋巴结核、大叶性肺炎、指头炎、腰痛、荨麻疹、并解草乌中毒。花序可治咳嗽。嫩花序、嫩叶、嫩芽可当蔬菜食用。可用于园林绿化或室内盆栽观赏。

🌸 阳荷
Zingiber striolatum Diels

姜科　姜属

分布：四川、贵州、广西、湖北、湖南、江西、广东

　　【形态特征】株高1～1.5m；根茎白色，微有芳香味。叶披针形或椭圆状披针形，长25～35cm，宽3～6cm，顶端具尾尖，基部渐狭，叶背被极疏柔毛至无毛；叶柄长0.8～1.2cm，叶舌2裂，膜质。总花梗长1～5-2cm，被2～3枚鳞片；花序近卵形，苞片红色，宽卵形或椭圆形，长3.5～5cm，被疏柔毛；花萼长5cm，膜质；花冠管白色，长4～6cm，裂片长圆状披针形，白色或稍带黄色，有紫褐色条纹；唇瓣倒卵形，长3cm，宽2.6cm，浅紫色；花丝极短，花药室披针形，长1.5cm。蒴果长3.5cm，熟时开裂成3瓣，内果皮红色；种子黑色，被白色假种皮。花期7～9月，果期9～11月。

　　【生长习性】生于林阴下、溪边，海拔300～1900m。适应性强，耐涝抗干旱，耐热耐寒性强，对气候要求不严。较耐阴不耐强光。以土层深厚肥沃、保肥、保水性好的砂壤土栽培较好。

　　【精油含量】水蒸气蒸馏新鲜花的得油率为2.61%。

　　【芳香成分】王军民等（2012）用水蒸气蒸馏法提取的云南西畴产阳荷新鲜花精油的主要成分为：柠檬烯（26.70%）、4-异丙基-2-环己烯-1-酮（11.31%）、α-石竹烯（5.33%）、磷酸三丁酯（4.73%）、β-蒎烯（4.29%）、紫苏醛（4.15%）、α-蒎烯（3.68%）、葎草烯氧化物（3.21%）、对-聚伞花烃（1.85%）、顺-1-甲基-4-异丙基-2-环己烯-1-醇（1.78%）、桃金娘烯醇（1.72%）、对-异丙基苯甲醇（1.71%）、松油-4-醇（1.55%）、β-澄椒烯（1.36%）、对-异丙基苯甲醛（1.32%）、α-水芹烯（1.26%）、反香芹醇（1.20%）、石竹烯氧化物（1.04%）、β-石竹烯（1.02%）等。

　　【利用】枝叶、根茎、花果有治血调经、镇咳祛痰、消肿解毒、消积健胃等功效，对治疗便秘、糖尿病有特效，具有较高的药用价值。根茎、嫩芽、花苞、茎果均可作蔬菜食用。用于庭院种植及盆栽观赏。根茎可提取芳香油，用于低级皂用香精中。

圆瓣姜
Zingiber orbiculatum S. Q. Tong

姜科　姜属
分布：云南

（3.45%）、绿叶醇（3.26%）、香橙烯（2.79%）、β-倍半水芹烯（2.55%）、(-)-石竹烯氧化物（2.27%）、α-蛇麻烯（1.88%）、白千层醇（1.60%）、斯巴醇（1.31%）、橙花叔醇A（1.24%）、吉玛烯（1.23%）、β-甜没药烯（1.20%）、α-愈创木烯（1.18%）、1-甲基-8-异丙基三环[4.4.0.0$^{2.7}$]葵烷-3-烯-3-甲基醇（1.13%）、α-玷珝烯（1.09%）、β-月桂烯（1.07%）等。

【形态特征】穗状花序卵形或头状，长5～8 cm，宽3.5～6 cm，红色，从根茎基部抽出1～2枚；花序梗被淡白色鳞片；苞片卵形或宽卵形，长3～4 cm，宽2.8～3.6 cm，先端具短尖头或短渐尖；小苞片管状，上部红色，下部淡白色，具白色短柔毛；花萼管状，先端具3齿，基部密被短柔毛，其余疏被柔毛；花冠管长3.4～3.6 cm，裂片等长，顶部红色，其余白色，疏被短柔毛；唇瓣圆形，白色，中裂片近半圆形，先端微凹，边缘皱波状，侧裂片耳形。蒴果三棱状长圆形，长4～5 cm，宽2～2.5 cm，基部淡褐色，其余黑红色，被短柔毛；种子倒卵形，长约6 mm，宽5 mm，黑色，包以白色膜质假种皮。花期7月，果期10月。

【生长习性】生于海拔620～800 m的林下或路边灌草丛中，林中。

【芳香成分】田倩等（2014）用同时蒸馏萃取法提取的云南西双版纳产圆瓣姜阴干茎叶精油的主要成分为：反式石竹烯（11.59%）、6,10,14-三甲基十五烷酮（5.96%）、1,8-桉树脑（5.91%）、榄香烯（5.45%）、桧脑（4.81%）、α-蒎烯（4.18%）、3-蛇麻烯（3.87%）、β-蒎烯（3.50%）、(Z)-3-十六烯-7-炔

紫色姜
Zingiber purpureum Rosc.

姜科　姜属
分布：广西、云南

【形态特征】直立草本，高达1.5 m；根茎苍白黄色，具香味。叶片长圆状披针形，长20～40 cm，宽3～5 cm，先端渐尖，基部圆形，叶背被短柔毛；叶舌短，2裂，被短柔毛；叶鞘被短柔毛。穗状花序长圆形或流线形，长10～16 cm，宽3～4.5 cm，先端锐尖，从根茎基部抽出；花序梗被有短柔毛的鳞片；苞片宽卵形，长3～3.5 cm，紫褐色，具狭窄的边缘与缘毛，被短柔毛；小苞片较短于苞片，卵形，先端具3齿；花萼先端截形，一侧开裂；花冠苍白黄色，背裂片披针形，侧裂片较狭；唇瓣与花冠裂片同色，中裂片近圆形，先端微凹，侧裂片长圆形，长约1 cm。蒴果卵形，长约1.5 cm。花期6～8月，果期10月。

【生长习性】喜温暖不耐霜冻，茎叶生长的适温为25～28℃。幼苗期要求中等光照强度，不耐强光。根茎膨大要求黑暗的地下环境。适宜栽培在土层深厚、土质疏松肥沃、富含有

机质、排水良好的砂壤土上。在中性或微碱性土壤中生长良好，以pH5～7为宜。

【精油含量】水蒸气蒸馏干燥块茎的得油率为0.10%；超临界萃取的干燥块茎的得油率为3.05%。

【芳香成分】块茎：彭霞等（2007）用水蒸气蒸馏法提取的干燥块茎精油的主要成分为：4-甲基-1-(1-甲基乙基)-3-环己烯-1-醇（36.42%）、2-噻吩甲醛（24.76%）、1-[5-(2-呋喃甲基)-2-呋喃]乙酮（15.30%）、β-倍半水芹烯（6.69%）、2-(2,5-二甲基苯基)丙烯酸（3.01%）、1-(1,5-二甲基-4-己烯基)-4-甲基苯（1.33%）、3',4'-二氢-螺[1,3-二氧戊环-2,2'(1'H)-萘]（1.12%）等。

茎叶：田倩等（2014）用同时蒸馏萃取法提取的云南西双版纳产紫色姜阴干茎叶精油的主要成分为：β-蒎烯（10.42%）、水芹烯（9.45%）、1,4,7-三甲氧基三戊并烯（8.71%）、β-倍半水芹烯（6.94%）、2,6,10,15-四甲基十七烷（5.83%）、β-桉烯（5.28%）、二十三烷（5.23%）、顺式罗勒烯（4.19%）、7-己基十九烷（2.97%）、2,6,10,15-四甲基十八烷（2.92%）、11-丁基二十二烷（2.13%）、9-丁基二十二烷（2.09%）、6,10,14-三甲基-2-十五酮（1.98%）、反式-金合欢烯（1.77%）、11-十一基二十二烷（1.24%）、β-月桂烯（1.03%）等。

【利用】块茎药用，具有发表、散寒、止呕、解毒、行气破瘀等功效，用于治疗食积胀满、肝脾肿大、食滞发呕等。根茎磨醋外擦可以治疗皮肤顽癣等症，并在治疗多种真菌皮肤疾病及皮肤保健护理方面颇具独特疗效。无解毒作用，也作姜的代用品，用以食用。

🌼 滇姜花
Hedychium yunnanense Gagnep.

姜科　姜花属
分布：云南、广西

【形态特征】茎粗壮。叶片卵状长圆形至长圆形，长20～40 cm，宽约10 cm，两面均无毛，顶端具尾状尖头，基部渐狭成槽状的短柄；叶舌长圆形，长1.5～2.5 cm，膜质。穗状花序长达20 cm；苞片披针形，长1.5～2.5 cm，内卷，内生一花；花萼管状，长1.7～2.8 cm，顶端具不明显的钝三齿，有缘毛；花冠管纤细，长3.5～5 cm，裂片线形，长2.5～3 cm；侧生退化雄蕊长圆状线形，基部收窄，较花冠裂片稍短，但较

阔；唇瓣倒卵形，长约2 cm，2裂至中部，基部具瓣柄；花丝长3.5～4 cm，花药长1～1.2 cm；柱头具缘毛；子房被疏柔毛蒴果具钝三棱，直径12～14 cm，无毛；种子多数，具红色、裂状假种皮。花期9月。

【生长习性】生于山地密林中。喜欢温暖、潮湿的环境。宜栽种在塘边、湖畔、涌头。

【精油含量】水蒸气蒸馏花的得油率为0.70%。

【芳香成分】谢小燕等（2012）用水蒸气蒸馏法提取的云南勐腊产滇姜花花精油的主要成分为：(2E,6E)-3,7,11-三甲基-苯磺酰-2,6,10-十二烷基三烯-1-醇（20.64%）、(1R)-(+)-α-蒎烯（5.91%）、莰烯（4.13%）、桧烯（3.96%）、1,7,7-三甲基二环[2.2.1]-2-庚酸乙酯（2.05%）、α-石竹烯（1.79%）、(E)-β-金合欢烯（1.74%）、2-茨醇（1.57%）、α-法呢烯（1.15%）、(2S,4R)-[1(7),8]-薄荷二烯-2-过氧化氢（1.12%）等。

【利用】民间以根入药，具有驱风除湿、舒筋活络、调经止痛的功效，主要用于风湿痹痛、慢性腰腿痛、跌打损伤、月经不调、虚寒不孕等症。

🌼 红姜花
Hedychium coccineum Buch.-Ham.

姜科　姜花属
分布：西藏、云南、广西

【形态特征】茎高1.5～2 m。叶片狭线形，长25～50 cm，宽3～5 cm，顶端尾尖，基部渐狭或近圆形；叶舌长1.2～2.5 cm。穗状花序稠密，稀较疏，圆柱形，长15～25 cm，径6～7 cm，花序轴粗壮，无毛或被稀疏的长柔毛；苞片草质，内卷或在稠密的花序上较扁平，长圆形，急尖或钝，长3～3.5 cm，顶端被疏柔毛，稀无毛，内有3花；花红色，花萼长2.5 cm，具3齿，特别是顶部被疏柔毛；花冠管稍超过萼，裂片线形，反折，长3 cm；侧生退化雄蕊披针形，长2.3 cm，唇瓣圆形，径约2 cm或较小，深2裂，基部具瓣柄；花药干时弯曲，长7～8 mm；子房被绢毛。蒴果球形，直径2 cm；种子红色。花期6～8月，果期10月。

【生长习性】生于林中。半阴生植物，喜温暖、湿润的气候，最适生长温度为25～30 ℃，能耐-3 ℃低温。耐热、抗病

耐瘠瘦。对土壤适应性强，以有机质丰富、肥沃、排水良好的壤土或砂性土壤土种植最好。

【芳香成分】范艳萍等（2007）用固相微萃取法提取的广东广州产红姜花花瓣香气的主要成分为：α-石竹烯（0.53 μg·h⁻¹·g⁻¹FM）、石竹烯（0.30 μg·h⁻¹·g⁻¹FM）等。

【利用】栽培供观赏，宜作新型鲜切花。

🌸 黄姜花
Hedychium flavum Roxb.

姜科　姜花属
分布： 西藏、四川、云南、贵州、广西

【形态特征】茎高1.5～2 m；叶片长圆状披针形或披针形，长25～45 cm，宽5～8.5 cm，顶端渐尖，并具尾尖，基部渐狭；叶舌膜质，披针形，长2～5 cm。穗状花序长圆形，长约0 cm，宽约5 cm；苞片覆瓦状排列，长圆状卵形，长4～6 cm，宽1.5～3 cm，顶端边缘具髯毛，每一苞片内有花3朵；小苞片长约2 cm，内卷呈筒状；花黄色，花萼管长4 cm，外被粗长毛，顶端一侧开裂；花冠管较萼管略长，裂片线形，长约3 cm；侧生退化雄蕊倒披针形，长约3 cm，宽约8 mm；唇瓣倒心形，长为4 cm，宽约2.5 cm，黄色，当中有一个橙色的斑，顶端微凹，基部有短瓣柄；柱头漏斗形，子房被长粗毛。花期8～9月。

【生长习性】生于山谷密林中，海拔900～1200 m。耐寒耐旱，耐瘠，喜温暖湿润气候。宜选择肥沃疏松，排水良好的壤土或砂质土壤种植。生长最适温度为25～32 ℃，喜光照，能耐霜冻，冬季温度低于-3 ℃以下时地上部分开始枯萎，但地下根茎能耐较强低温。

【芳香成分】根茎：周露等（2017）用水蒸气蒸馏法提取的云南西双版纳产黄姜花干燥根茎精油的主要成分为：β-蒎烯（20.29%）、柠檬烯（19.60%）、芳樟醇（10.04%）、α-蒎烯（9.14%）、1,8-桉叶油素（8.40%）、对聚伞花素（5.45%）、γ-松油烯（3.68%）、松油烯-4-醇（2.98%）、桃金娘烯醇（2.57%）、龙脑（2.18%）、莰烯（1.80%）、α-水芹烯（1.76%）、月桂烯（1.19%）等。

全株：芦燕玲等（2013）用同时蒸馏萃取法提取的云南西双版纳产黄姜花阴干全株精油的主要成分为：α-蒎烯（19.64%）、β-蒎烯（18.86%）、橙花叔醇A（11.94%）、1,8-桉油素（5.41%）、异石竹烯（4.98%）、榄香醇（4.00%）、α-桉叶醇（3.78%）、芳樟醇（3.43%）、γ-萜品烯（2.57%）、(-)-石竹烯氧化物（1.97%）、柠檬烯（1.81%）、斯巴醇（1.47%）、10S,11S-雪松-3(12),4-二烯（1.32%）、香叶烯（1.18%）、龙脑（1.12%）、冰片乙酸酯（1.07%）、(-)-香橙烯（1.04%）等。

花：范燕萍等（2003）用固相微萃取法提取的新鲜花瓣精油的主要成分为：1,8-桉油醇（35.71%）、沉香醇（35.37%）、金合欢烯（17.70%）、香叶烯（3.39%）、蒎烯（2.94%）、橙花叔烯（2.85%）等；新鲜花花柱精油的主要成分为：1,8-桉油醇（37.19%）、沉香醇（26.45%）、金合欢烯（13.71%）、异法呢醇（5.31%）、吲哚（4.52%）、子丁香烯（4.46%）、橙花叔醇（3.75%）等。

【利用】多用作鲜切花、庭院绿化、园林景观点缀植物等。花药用，具有温中健胃的功效，治胃寒腹痛、腹泻、食积停滞、消化不良、脾虚食少。傣药根茎用于治疗头晕，心慌，胸闷欲吐，腹痛腹胀，腮颈肿大，咽喉疼痛，妇女乳部炎肿，风湿疼痛，跌打损伤。花可浸提浸膏，用于调合香精中。

🌸 姜花
Hedychium coronarium Koen.

姜科　姜花属
别名： 蝴蝶花、白蝴蝶、白草果、白姜花、夜寒苏
分布： 广东、台湾、湖南、广西、云南、四川、海南

【形态特征】茎高1～2m。叶片长圆状披针形或披针形，长20～40 cm，宽4.5～8 cm，顶端长渐尖，基部急尖，叶面光滑，叶背被短柔毛；无柄；叶舌薄膜质，长2～3 cm。穗状花序顶生，椭圆形，长10～20 cm，宽4～8 cm；苞片呈覆瓦状排列，卵圆形，长4.5～5 cm，宽2.5～4 cm，每一苞片内有花2～3朵；花芬芳，白色，花萼管长约4 cm，顶端一侧开裂；花冠管纤细，长8 cm，裂片披针形，长约5 cm，后方的1枚呈兜状，顶端具小尖头；侧生退化雄蕊长圆状披针形，长约5 cm；唇瓣倒心形，长和宽约6 cm，白色，基部稍黄，顶端2裂；花丝长约3 cm，花药室长1.5 cm；子房被绢毛。花期8～12月。

【生长习性】生于林中或栽培。喜高温多湿稍阴的环境，生性强健，生育期适宜温度约22～28 ℃。在微酸性的肥沃砂质土壤

土中生长良好。

【精油含量】水蒸气蒸馏根茎的得油率为0.09%；同时蒸馏萃取新鲜花的得油率为0.53%～0.84%。

【芳香成分】根茎：周汉华等（2008）用水蒸气蒸馏法提取的贵州普安产姜花干燥根茎精油的主要成分为：β-蒎烯（30.10%）、桉油精（24.93%）、α-蒎烯（16.54%）、3-崖柏烯（6.61%）、α-萜品醇（5.63%）、4-松油醇（2.99%）、β-松油烯（1.69%）、龙脑（1.38%）、樟脑（1.22%）等。

全株：芦燕玲等（2013）用同时蒸馏萃取法提取的云南西双版纳产姜花阴干全株精油的主要成分为：β-蒎烯（29.31%）、1,8-桉油素（20.86%）、α-蒎烯（14.17%）、(-)-石竹烯氧化物（4.04%）、柠檬烯（1.72%）、香桧烯（1.70%）、异石竹烯（1.56%）、反式-松香芹醇（1.29%）、反式香桧烯氢化物（1.08%）、顺芳樟醇氧化物（1.07%）、桃金娘烯醇（1.03%）等。

花：戴素贤等（1991）用连续蒸馏萃取法提取的广东广州产姜花新鲜花精油的主要成分为：香叶烯醇（19.02%）、顺式-石竹烯（19.02%）、芳樟醇（6.59%）、烷烃（5.81%）、β-萜品醇（3.17%）、苯甲酸苯甲酯（2.95%）、2-甲氧基-4-(1-丙烯基)苯酚（2.88%）、β-木罗烯（2.52%）、癸烷（2.50%）、2,6-二叔丁基-4-甲基苯酚（2.35%）、萘（2.28%）、甲基萘（1.68%）、壬烷（1.57%）、苯甲酸（1.51%）、(Z)-β-法呢烯（1.35%）、α-蒎烯（1.12%）、α-萜品醇（1.00%）等。朱亮锋等（1993）用树脂吸附收集的广东广州产姜花新鲜花头香的主要成分为：芳樟醇（29.90%）、1,8-桉叶油素（23.13%）、β-罗勒烯（14.62%）、苯甲酸甲酯（6.13%）、3-(4,8-二甲基-3,7-壬二烯基)呋喃（2.25%）、β-月桂烯（1.42%）等。

【利用】根茎入药，中药名为路边姜，具温中健胃、解表、祛风散寒、温经止痛、散寒等功效，主治风寒表证、风温痹痛、外感头痛、身痛、风湿痛、脘腹冷痛、跌打损伤等。果实入药，具温中健胃、解表发汗、温中散寒、止痛等功效，主治脘腹胀痛、寒湿郁滞等。苗药全草治跌打内伤。傣药全株治便秘、尿黄、尿血、尿痛、腰部疼痛、尿道炎、咳嗽、气管炎、全身发肿；花序治疗大便秘结。是盆栽和切花的好材料，也可配植于小庭院内。根状茎和花可食，是一种新兴的绿色保健食用蔬菜。花可提取精油或浸膏，用以制备高级化妆品，也可以作为食品添香剂。

🌸 金姜花
Hedychium gardnerianum Griff

姜科　姜花属
分布： 广东有栽培

【形态特征】金姜花叶形酷似食用姜，株高1.5 m左右。地下根茎发达，横向呈匍匐生长，粗壮，淡黄色似食用姜。叶片绿色，全缘，光滑，长椭圆状披针形，长40 cm，宽5～6 cm，顶端尾状渐尖，基部渐狭；叶柄短，叶鞘绿色。初花期为5月下旬，6～10月为盛花期，11月花量骤减。穗状花序顶生，苞片绿色，卵形或倒卵形，先端圆形或渐尖，每一苞片内一般有3～5朵小花。小花密生，花瓣3枚，边缘浅黄色，心部金黄色，花柱伸长外露；自下部逐渐向上绽开，每株可连续开放达80朵小花，在植株上开花期可长达1个月以上。

【生长习性】喜半阳环境，稍遮阴对生长有利。生长适温25～30 ℃，抗逆性强，能耐夏季的高温和冬季的较低温度，低于0 ℃时，叶片稍受冻害，但地上部分仍不枯萎。

【芳香成分】范艳萍等（2007）用固相微萃取法提取的广东广州产金姜花花瓣香气的主要成分为：顺式-罗勒烯酯（8.65 μg・h^{-1}・g^{-1}FM）、α-蒎烯（2.32 μg・h^{-1}・g^{-1}FM）、石竹烯（2.24 μg・h^{-1}・g^{-1}FM）、苯甲酸甲酯（1.06 μg・h^{-1}・g^{-1}FM）等。

【利用】为新型鲜切花，也可用于园林中。花可食，是一种新兴的绿色保健食用蔬菜。

🌸 小花姜花
Hedychium sinoaureum Stapf.

姜科　姜花属
分布： 云南、西藏

【形态特征】茎高60～90 cm。叶片披针形，长15～35 cm，宽3～6 cm，顶端具尾状细尖头，基部渐狭，两面均无毛；无柄至有长1.5 cm的柄；叶舌膜质，长0.5～1 cm。穗状花序密生多花，长10～20 cm，宽3～3.5 cm；苞片长圆形，包卷住萼管，长1.3～1.5 cm，内生单花，花小，黄色；萼管较苞片略长，顶端具钝3齿；花冠裂片线形，长8～11 mm；侧生退化雄蕊斜披针形；唇瓣近圆形；花丝长约1 cm，花药长5～6 mm。花期7～8月。

【生长习性】生于海拔1900～2800 m的空旷石头山上。喜欢在温暖、潮湿的环境里安居，适宜栽种在塘边、湖畔、涌头。

【芳香成分】芦燕玲等（2013）用同时蒸馏萃取法提取的云南西双版纳产小花姜花阴干全株精油的主要成分为：β-蒎烯（35.37%）、α-蒎烯（17.10%）、1,8-桉油素（9.74%）、桃金娘烯醇（4.79%）、反式-松香芹醇（3.29%）、(-)-石竹烯氧化物（2.41%）、6,6-二甲基-2-亚甲基-二环[2.2.1]庚-3-酮（1.84%）、6,10,14-三甲基-2-十五烷酮（1.22%）、莰烯（1.07%）、叶绿醇（1.04%）等。

【利用】根状茎药用，有温中散寒、止痛消食的功效。

圆瓣姜花
Hedychium forrestii Diels

姜科　姜花属
别名：夜寒苏
分布：西藏、四川、云南、贵州、重庆、广西等地

【形态特征】茎高1～1.5 m。叶片长圆形，披针形或长圆状披针形，长35～50 cm，宽5～10 cm，顶端具尾尖，基部渐狭，两面均无毛；无柄或具短柄；叶舌长2.5～3.5 cm。穗状花序圆柱形，长20～30 cm，花序轴被短柔毛；苞片长圆形，长4.5～6 cm，宽约1.5 cm，边内卷，被疏柔毛，每一苞片内有花2～3朵；花白色，有香味，花萼管较苞片为短，花冠管长4～5.5 cm，裂片线形，长3.5～4 cm；侧生退化雄蕊长圆形，长

约3.5 cm，宽1.5 cm；唇瓣圆形，径约3 cm，顶端2裂，基部收缩呈瓣柄；花丝长3.5～4 cm，花药长约1.2 cm。蒴果卵状长圆形，长约2 cm。花期8～10月；果期10～12月。

【生长习性】生于山谷密林或疏林、灌丛中，海拔200～900 m。生活环境为有荫蔽环境的阳坡或林中空地。喜欢温暖、潮湿的环境，适宜在塘边、湖畔、涌头栽种。

【精油含量】水蒸气蒸馏干燥根茎的得油率为0.60%～0.67%。

【芳香成分】根茎：纳智（2006）用水蒸气蒸馏法提取的云南西双版纳产圆瓣姜花干燥根茎精油的主要成分为：芳樟醇（34.21%）、β-蒎烯（12.72%）、(±)-反式-橙花叔醇（9.35%）、桉叶油素（5.94%）、α-蒎烯（5.21%）、α-松油醇（5.06%）、γ-松油烯（4.17%）、4-松油醇（3.60%）、冰片（2.93%）、对-聚伞花素（2.89%）、莰烯（1.57%）、柠檬烯（1.54%）等。杨秀泽等（2011）用同法分析的贵州凯里产圆瓣姜花干燥根茎精油的主要成分为：β-蒎烯（27.21%）、桉油精（19.54%）、α-萜品醇（18.24%）、1S-α-蒎烯（13.98%）、4-松油醇（5.76%）、龙脑（3.49%）、γ-松油烯（2.11%）、β-芳樟醇（1.72%）、α-松油醇酯（1.60%）、D-柠檬烯（1.30%）、石竹烯（1.16%）、小茴香醇（1.12%）等。

全株：芦燕玲等（2013）用同时蒸馏萃取法提取的云南西双版纳产圆瓣姜花阴干全株精油的主要成分为：β-蒎烯（27.78%）、α-蒎烯（19.76%）、芳樟醇（13.04%）、1,8-桉油素

（7.28%）、反式-松香芹醇（1.91%）、橙花叔醇A（1.69%）、桃金娘烯醇（1.53%）、斯巴醇（1.53%）、柠檬烯（1.19%）、1-甲基-3-异丙基苯（1.18%）、α-松油醇（1.16%）、龙脑（1.03%）等。

【利用】根茎是云南西双版纳地区傣族群众民间常用药物，有祛风散寒、敛气止汗之效，治虚弱自汗、胃气寒痛、消化不良、风寒痹痛。根茎去纤维根，可炖食。

❀ 莪术

Curcuma zedoaria (Berg.) Rosc.

姜科 姜黄属	
别名：	蓬莪术、山姜黄、臭屎姜
分布：	台湾、福建、江西、广东、广西、云南、四川等地

【形态特征】株高约1 m；根茎圆柱形，肉质，具樟脑般香味，淡黄色或白色；根细长或末端膨大成块根。叶直立，椭圆状长圆形至长圆状披针形，长25~60 cm，宽10~15 cm，中部常有紫斑。花葶由根茎单独发出，常先叶而生，长10~20 cm，被疏松、细长的鳞片状鞘数枚；穗状花序阔椭圆形，长10~18 cm，宽5~8 cm；苞片卵形至倒卵形，稍开展，顶端钝，下部的绿色，顶端红色，上部的较长而紫色；花萼长1~1.2 cm，白色，顶端3裂；花冠管长2~2.5 cm，裂片长圆形，黄色，不相等，后方的1片较大，长1.5~2 cm，顶端具小尖头；侧生退化雄蕊比唇瓣小；唇瓣黄色，近倒卵形，顶端微缺。花期：4~6月。

【生长习性】栽培或野生于林荫下。亚热带植物，喜温暖湿润的环境。对生态环境要求比较严格，适宜种植区域狭窄。土壤以土层深厚、排水良好、上层疏松肥沃、下层紧密的壤土或砂壤土为好，涝洼地不宜种植。

【精油含量】水蒸气蒸馏根茎的得油率为0.35%~2.31%，新鲜叶的得油率为0.83%，干燥叶的得油率为1.63%；超临界萃取根茎的得油率为2.16%~8.44%；微波萃取干燥根茎的得油率为2.77%。

【芳香成分】根茎：Nuriza Rahmadini等（2016）用水蒸气蒸馏法提取的干燥根茎精油的主要成分为：吉玛酮（14.63%）、樟脑（3.84%）、芳姜黄酮（3.68%）、β-榄香烯（1.75%）、α-松油醇（1.24%）等。成晓静等（2009）用同法分析的广西南宁产莪术根茎精油的主要成分为：呋喃二烯酮（34.86%）、樟

脑（8.43%）、吉玛酮（5.86%）、莪术烯（4.66%）、莪术醇（2.75%）、β-榄香烯（2.20%）、β-蒎烯（1.81%）、呋喃二烯（1.77%）、桉油精（1.70%）、异莪术烯醇（1.66%）、吉玛烯B（1.11%）等。郑勇凤等（2016）用同法分析的四川产莪术干燥根茎精油的主要成分为：环庚三烯酚酮（34.06%）、三环[5.1.0.0²,⁴]辛-5-烯-5-丙酸（12.22%）、吉玛酮（10.48%）、莪术烯（9.32%）、2-甲氧基-4-(2-丙烯基)-1-(1-丙炔氧基)（5.96%）、β-榄香烯（5.21%）、巴西菊内酯（4.83%）、桉油烯醇（3.57%）、凤蝶醇（1.27%）、莪术酮（1.01%）等。

叶：成晓静等（2009）用水蒸气蒸馏法提取的广西南宁产莪术叶精油的主要成分为：桉油精（16.90%）、呋喃二烯酮（12.62%）、α-石竹烯（7.48%）、吉玛酮（6.61%）、β-榄香烯（4.69%）、莪术烯（4.08%）、樟脑（3.62%）、β-芳樟醇（2.96%）、石竹烯（2.51%）、吉玛烯B（1.98%）、吉玛烯D（1.53%）、α-萜品醇（1.45%）、γ-榄香烯（1.14%）、异龙脑（1.04%）等。王茜等（2015）用同法分析的四川双流产莪术新鲜叶精油的主要成分为：姜黄二酮（21.33%）、姜黄酮（11.73%）、蓬莪术环二烯（9.26%）、α-蒎烯（6.47%）、β-榄香烯（4.69%）、莰烯（2.67%）、β-蒎烯（2.49%）、氧化石竹烯（2.44%）、4(14),11-桉叶二烯（2.40%）、异冰片醇（1.69%）、3-蒈烯（1.30%）、松油醇（1.30%）、β-月桂烯（1.25%）、2-蒈烯（1.24%）、β-罗勒烯（1.04%）、萜品烯（1.02%）等。

【利用】根茎供药用，有破血行气、消积止痛的功效，主

气血凝滞、心腹胀痛、症瘕、积聚、宿食不消、妇女血瘀经口、跌打损伤作痛。根茎精油具有行气破血、消积止痛等功效口抗肿瘤、抗菌、抗病毒、抗氧化和保肝等活性，用于治疗瘀口经闭、食积胀痛、早期宫颈癌；可制莪术油软膏，抗病毒制口，莪术油葡萄糖注射液等。

广西莪术

Curcuma kwangsiensis S. G. Lee et C. F. Liang

姜科 姜黄属

别名：毛莪术、桂莪术

分布：广西、云南、广东

【形态特征】根茎卵球形，长4～5 cm，直径约2.5～3.5 cm，口上有残存叶鞘。块根纺锤形，直径1.4～1.8 cm。春季抽口，叶基生，2～5片；叶片椭圆状披针形，长14～39 cm，宽口5～9.5 cm，先端短渐尖至渐尖，尖头边缘向腹面微卷，基口渐狭，下延，两面被柔毛；叶舌边缘有长柔毛；叶鞘长约口～33 cm，被短柔毛。穗状花序从根茎抽出；花序长约15 cm；口部的苞片阔卵形，淡绿色，上部的苞片长圆形，淡红色；花口于苞片腋内；花萼白色，一侧裂至中部，先端有3钝齿；花口管喇叭状，花冠裂片3片，卵形，后方的1枚较宽，略成兜口，两侧的稍狭；唇瓣近圆形，淡黄色。花期5～7月。

【生长习性】生于向阳，土壤湿润，肥厚的水沟边、林缘、口坡地上，海拔700 m左右。喜温暖湿润的环境，耐旱，怕严口霜冻，生育适温23～30 ℃。一般在潮湿的土壤上种植。忌积口，忌连作。

【精油含量】水蒸气蒸馏根茎的得油率为0.20%～3.80%，口或茎叶的得油率为0.37%～0.80%；超临界萃取根茎的得油率口1.97%～5.90%；微波萃取根茎的得油率为3.36%；共沸精馏口合工艺提取干燥根茎的得油率为0.92%。

【芳香成分】根茎（块根）：刘喜华等（2014）用水蒸气蒸口法提取的广西灵山产广西莪术块根精油的主要成分为：莪二口（23.04%）、吉玛酮（13.28%）、表莪术酮（9.56%）、莪术烯口7.34%）、β-榄香烯（4.82%）、吉玛烯B（2.50%）、莪术呋喃二口（2.26%）、新莪二酮（1.96%）、吉玛烯D（1.86%）、α-荜草口（1.66%）、(1R)-(+)-樟脑（1.65%）、石竹烯（1.58%）、桉树口（1.16%）、L-乙酸冰片酯（1.03%）等。罗星云（2014）用口法分析的广西南宁产广西莪术块根精油的主要成分为：芳樟

醇（5.07%）、反式-6-乙烯基-4,5,6,7-四氢-3,6-二甲基-5-异丙烯基-苯并呋喃（4.70%）、桉油精（4.10%）、樟脑（3.40%）、樟脑萜（1.80%）、γ-榄香烯（1.42%）等；根茎精油的主要成分为：表莪术酮（13.53%）、樟脑（5.04%）、异冰片（2.06%）、樟脑萜（2.01%）、桉油精（1.54%）等。叶永浩等（2016）用同法分析的广东阳山产广西莪术新鲜根茎精油的主要成分为：环庚三烯酚酮（35.28%）、吉玛酮（10.54%）、莪术烯（8.42%）、桉油精（4.66%）、α-荜草烯（3.10%）、1-乙烯基-1-甲基-2-(1-甲基乙烯基)-4-(1-甲基亚乙基)环己烯（2.50%）、萜品油烯（1.89%）、β-桉叶醇（1.07%）、δ-瑟林烯（1.00%）等。杨妮等（2015）用同法分析的广西南宁产广西莪术'玉18/B97'新鲜根茎精油的主要成分为：莪术二酮（34.76%）、β-蒎烯（21.61%）、莪术烯（4.42%）、樟脑（3.94%）、异龙脑（2.20%）、β-榄香烯（2.20%）、沉香醇（1.76%）、β-榄烯酮（1.44%）等；'玉14/C29'新鲜根茎精油的主要成分为：桉树脑（26.87%）、莪术二酮（25.13%）、樟脑（7.11%）、β-榄香烯（5.08%）、异龙脑（2.95%）、石竹烯（2.14%）、沉香醇（2.02%）、莰烯（1.99%）、β-榄烯酮（1.16%）、香树烯（1.08%）、4-萜烯醇（1.01%）等；'玉13/C106'新鲜根茎精油的主要成分为：新莪术二酮（34.44%）、桉树脑（24.66%）、莪术烯（4.86%）、异龙脑（2.09%）、β-桉叶醇（1.47%）、樟脑（1.08%）等；'广城1'新鲜根茎精油的主要成分为：樟脑（18.83%）、桉树脑（8.13%）、莰烯（4.82%）、α-石竹烯（2.41%）、β-桉叶醇（1.53%）、异龙脑（1.44%）、莪术烯（1.40%）、α-蒎烯（1.08%）等。潘小姣等（2011）用同法分析的广西钦州产广西莪术干燥根茎精油的主要成分为：莪术呋喃烯（25.23%）、吉玛酮（11.13%）、β-榄香烯（6.53%）、1-甲基-1-乙烯基-2-(1-甲乙烯基)-4-(1-甲基亚乙基)-环己烷（3.47%）、β-榄香烯酮（2.97%）、β-蛇麻烯（2.22%）、石竹烯（2.05%）、(4aR-反式)-十氢-4a-甲基-1-亚甲基-7-(1-甲基亚乙基)-萘（2.01%）、[1S-(1α,7α,8aβ)]-1,2,3,5,6,7,8,8a-八氢-1,4-双甲基-7-(1-甲乙烯基)-甘菊环烃（1.58%）、α-石竹烯（1.50%）、异香橙烯环氧化物（1.27%）、6-异丙烯基-4,8a-双甲基-1,2,3,5,6,7,8,8a-八氢-萘醇-2(1.24%）、樟脑（1.23%）、佛术烯（1.15%）等。

叶：罗星云（2014）用水蒸气蒸馏法提取的广西南宁产广西莪术叶精油的主要成分为：桉油精（32.95%）、β-蒎烯（4.83%）、樟脑（4.11%）、芳樟醇（3.31%）、表莪术酮（3.19%）、β-榄烯酮（2.93%）、α-蒎烯（2.80%）、柠檬烯（2.52%）、(Z)-7,11-二甲基-3-甲烯基-1,6,10-十二碳三烯（2.31%）、樟脑萜（2.19%）、石竹烯氧化物（1.46%）、α-松油醇（1.32%）、异冰片（1.05%）等。

茎叶：潘小姣等（2011）用水蒸气蒸馏法提取的广西钦州产广西莪术干燥茎叶精油的主要成分为：愈创木烯（11.71%）、1-甲基-1-乙烯基-2-(1-甲乙烯基)-4-(1-甲基亚甲基)环己烷（10.34%）、(E,E)-10-(1-甲乙烯基)-3,7-环奎二烯酮-1(7.09%）、莪术呋喃烯（6.96%）、石竹烯氧化物（4.73%）、[2R-(2α,4aα,8aβ)]-1,2,3,4,4a,5,6,8a-八氢-4a,8-二甲基-2-(1-甲乙烯基)-萘（4.36%）、β-榄香烯（3.82%）、莪二酮（3.65%）、异龙脑（3.61%）、γ-榄香烯（3.51%）、樟脑（2.81%）、石竹烯（2.71%）、顺式-1,1,4,8-四甲基-4,7,10-环十一三烯（2.61%）、5-甲基-9-亚甲基-2-异丙基双环[4.4.0]十烯-1(2.49%）、(1S-顺式)-1,2,3,5,6,8a-六氢-4,7-双甲基-1-(1-甲基乙基)-萘(2.40%)、6-异丙烯基-4,8a-二甲基-1,2,3,5,6,7,8,8a-八氢-萘醇-2(1.89%)、(4aR-反式)-1,2,3,4,4a,5,6,8a-八氢-4a,8-二甲基-2-(1-甲基亚乙基)-萘(1.29%)、大根香叶烯D(1.23%)、(4aR-反式)-十氢-4a-甲基-1-亚甲基-7-(1-甲基亚乙基)-萘(1.21%)、1,7,7-三甲基-2-乙烯基双环[2.2.1]庚烯-2(1.17%)、吉玛酮(1.16%)、[1aR-(1aα,7α,7aβ,7bα)]-1a,2,3,5,6,7,7a,7b-八氢-1,1,4,7-四甲基-1H-环丙烷[e]甘菊环烃(1.05%)等。陆树萍等(2016)用同法分析的广西产广西莪术干燥茎叶精油的主要成分为:桉叶油醇(36.90%)、莪二酮(19.27%)、吉玛酮(12.43%)、莪术烯(4.49%)、1-石竹烯(3.70%)、新莪术二酮(3.53%)、β-榄香烯(2.34%)、异龙脑(2.29%)、芳樟醇(1.18%)等。

【利用】根茎供药用,有破瘀行气、消积止痛的功效,主治气血凝滞、心腹胀痛、症瘕、积聚、宿食不消、妇女血瘀经闭、跌打损伤作痛。可用于园林观赏。

🌸 姜黄
Curcuma longa Linn.

姜科　姜黄属

别名: 郁金、黄姜、毛姜黄、黄丝郁金

分布: 四川、广东、广西、云南、福建、贵州、西藏、台湾等地

【形态特征】株高1~1.5 m,根茎很发达,成丛,分枝很多,椭圆形或圆柱状,橙黄色,极香;根粗壮,末端膨大呈块根。叶5~7片,叶片长圆形或椭圆形,长30~90 cm,宽15~18 cm,顶端短渐尖,基部渐狭,绿色。花葶由叶鞘内抽出;穗状花序圆柱状,长12~18 cm,直径4~9 cm;苞片卵形或长圆形,长3~5 cm,淡绿色,顶端钝,上部无花的较狭,顶端尖,白色,边缘染淡红晕;花萼长8~12 mm,白色,具不等的钝3齿,被微柔毛;花冠淡黄色,管长达3 cm,上部膨大,裂片三角形,长1~1.5 cm,后方的1片稍较大,具细尖头;唇瓣倒卵形,淡黄色,中部深黄。花期8月。

【生长习性】喜生于向阳的地方。不耐寒,喜温暖湿润、阳光充足的气候,怕严寒霜冻,一般在湿润的土壤上种植为好,怕干旱积水。以土层深厚、排水良好、疏松肥沃的砂质壤土为佳。

【精油含量】水蒸气蒸馏根茎或块根的得油率为0.36%~8.10%,干燥茎叶的得油率为0.55%;超临界萃取根茎的得油率为4.00%~5.50%;微波辅助水蒸气蒸馏干燥根茎的得油率为1.63%~4.52%;有机溶剂萃取根茎的得油率为6.89%~17.18%。

【芳香成分】根茎:陈丛瑾等(2009)用水蒸气蒸馏法提取的广西南宁产姜黄新鲜根茎精油的主要成分为:β-姜黄酮(13.57%)、芳-姜黄酮(13.55%)、1,8-桉叶油素(13.52%)、姜黄酮(11.19%)、β-倍半水芹烯(10.08%)、表-α-绿叶烯(6.26%)、芳-姜黄烯(5.43%)、大根香叶酮(5.02%)、α-姜黄酮(2.68%)、γ-松油烯(2.38%)、β-红没药醇(1.88%)、3,4,5,六四甲基-2,5-辛二烯(1.86%)、α-红没药醇(1.71%)、α-松油醇(1.13%)等。樊钰虎等(2012)用同法分析的干燥根茎精油的主要成分为:α-姜黄酮(26.43%)、α-姜烯(15.34%)、芳姜黄酮(11.82%)、β-倍半水芹烯(11.52%)、姜黄新酮(9.78%)、α-姜黄烯(3.44%)、β-甜没药烯(2.23%)、β-石竹烯(2.05%)、8-羟甲基-反-双环[4.3.0]壬-3-烯(1.39%)、桉树脑(1.10%)、双表雪松烯(1.03%)等。羊青等(2016)用同法分析的四川产姜黄干燥根茎精油的主要成分为:芳姜黄酮(56.00%)、(+)-大西洋(萜)酮(2.01%)、α-姜黄酮(1.86%)、(6R,1'R)-6-(5'-二甲基-4'-己烯基)-3-甲基-环己烯-2-酮(1.83%)、β-红没药烯(1.73%)、2-表-α-雪松烯(1.71%)、姜醇(1.47%)、4-(1,5二甲基-4-己烯基)-环己烯-2-酮(1.43%)等。

茎叶:陆树萍等(2016)用水蒸气蒸馏法提取的四川产姜黄干燥茎叶精油的主要成分为:桉叶油醇(34.03%)、吉玛酮(10.84%)、莪二酮(7.02%)、莪术烯(5.39%)、新莪术二酮(3.93%)、(1R,2R)-rel-1,2-双(1-甲基乙烯基)-环丁烷(2.94%)、芳樟醇(2.40%)、β-榄香烯(1.93%)、1-石竹烯(1.71%)等。

【利用】根茎供药用,能行气破瘀、通经止痛,主治胸腹胀痛、肩臂痹痛、月经不调、闭经、跌打损伤。根茎可提取黄色食用染料,所含姜黄素可作分析化学试剂。根茎精油可用于医药、食品、日化等行业中。根茎可作香辛料、咖喱、泡菜的颜色配料。可作切花。

🌸 郁金
Curcuma aromatica Salisb.

姜科　姜黄属

别名: 姜黄、玉金、毛姜黄、广西姜黄、毛郁金,药用部位主根茎称温莪术、侧根茎称姜黄、块根称温郁金

分布: 东南至西南各地

【形态特征】株高约1 m;根茎肉质,肥大,椭圆形或长圆形,黄色,芳香;根端膨大呈纺锤状。叶基生,叶片长圆形,长30~60 cm,宽10~20 cm,顶端具细尾尖,基部渐狭,叶背被短柔毛。花葶单独由根茎抽出,与叶同时发出或先叶而出;穗状花序圆柱形,长约15 cm,直径约8 cm,有花的苞片淡绿色,卵形,长4~5 cm,上部无花的苞片较狭,长圆形,白色而染淡红色,顶端常具小尖头,被毛;花葶被疏柔毛,顶端3裂;花冠管漏斗形,喉部被毛,裂片长圆形,白色而带粉红色,后方的一片较大,顶端具小尖头,被毛;侧生退化雄蕊淡黄色,倒卵状长圆形,长约1.5 cm;唇瓣黄色,倒卵形。花期4~6月。

醇（2.94%）、吉玛酮（2.89%）、松油烯醇-4(1.34%)、石竹烯氧化物（1.11%）、莪术二酮（1.10%）、β-榄香烯（1.05%）、β-桉叶醇（1.01%）等。郑勇凤等（2016）用同法分析的浙江产郁金干燥根茎精油的主要成分为：环庚三烯酚酮（27.73%）、吉玛酮（14.21%）、莪术烯（8.52%）、巴西菊内酯（7.18%）、桉油烯醇（6.90%）、三环[5.1.0.0^{2,4})]辛-5-烯-5-丙酸（5.34%）、2-甲氧基-4-(2-丙烯基)-1-(1-丙炔氧基)苯（3.71%）、β-榄香烯（2.87%）、姜黄酮（2.11%）、喇叭茶醇（1.45%）、γ-榄香烯酮（1.35%）、β-桉叶醇（1.22%）、1H-环戊[1,3]环丙[1,2]苯（1.08%）、环氧马兜铃烯（1.05%）、凤蝶醇（1.04%）等。

叶：成晓静等（2009）用水蒸气蒸馏法提取的广西荔浦产郁金叶精油的主要成分为：莪术二酮（37.23%）、吉玛酮（13.68%）、莪术烯（6.28%）、新莪术二酮（6.15%）、β-榄香烯（4.16%）、桉油精（2.92%）、吉玛烯B（2.65%）、γ-榄香烯（2.58%）、氧化石竹烯（2.39%）、异莪术烯醇（2.35%）、石竹烯（2.20%）、呋喃二烯（1.62%）、α-石竹烯（1.61%）、呋喃二烯酮（1.53%）、吉玛烯D（1.02%）等。

茎叶：陆树萍等（2016）用水蒸气蒸馏法提取的浙江永嘉产郁金干燥茎叶精油的主要成分为：桉叶油醇（40.22%）、莪二酮（25.27%）、吉玛酮（8.19%）、新莪术二酮（5.17%）、莪术烯（3.83%）、(1R,2R)-rel-1,2-双（1-甲基乙烯基)-环丁烷（3.12%）、芳樟醇（2.58%）、异龙脑（2.25%）、α-松油醇（1.74%）、莰烯（1.31%）等；浙江乐清产郁金干燥茎叶精油的主要成分为：莪术烯（24.20%）、吉玛酮（12.73%）、桉叶油醇（10.74%）、莪二酮（9.61%）、新莪术二酮（3.11%）、β-榄香烯（2.21%）、γ-榄香烯（2.17%）、α-松油醇（1.80%）、1-石竹烯（1.28%）等。

【生长习性】栽培或野生于林下。喜温，耐旱，喜湿怕渍水，怕霜冻。要求温暖、潮湿、半阴和深厚肥沃的土壤环境。

【精油含量】水蒸气蒸馏根茎或块根的得油率为0.19%～1.00%，茎叶的得油率为0.43%～2.61%；超临界萃取根茎的得油率为0.39%～9.30%。

【芳香成分】根茎：王丽丽等（2010）用水蒸气蒸馏法提取的浙江温州产郁金干燥根茎精油的主要成分为：莪术二酮（33.17%）、环异长叶烯（14.83%）、吉玛酮（13.34%）、莪术烯（8.05%）、β-榄香烯（4.17%）、莪术醇（3.17%）、新莪术二酮（2.93%）、α-石竹烯（2.65%）、τ-古芸烯（2.55%）、异龙脑（1.99%）、β-芹子烯（1.26%）、β-榄香烯酮（1.22%）、桉油精（1.15%）、樟脑（1.08%）等。杨先国等（2014）用同法分析的湖南益阳产郁金干燥根茎精油的主要成分为：莪术烯（27.57%）、莪术二酮（25.50%）、吉玛酮（10.41%）、1,8-桉叶油素（5.39%）、β-榄香烯（5.11%）、新莪术二酮（3.50%）、α-环氧柏木烷（2.83%）、吉玛烯B（2.29%）、樟脑（2.18%）、吉玛烯D（2.02%）、δ-榄香烯（1.92%）、呋喃二烯（1.63%）、β-桉叶醇（1.26%）等。柴玲等（2012）用同法分析的广西横县产郁金干燥根茎精油的主要成分为：桉叶素（53.86%）、新莪术二酮（9.89%）、芳樟醇（4.24%）、樟脑（3.14%）、α-松油醇

【利用】根茎供药用，有活血止痛、行气解郁、清心凉血、利胆退黄的功效，用于胸胁刺痛、胸痹心痛、经闭痛经、乳房胀痛、热病神昏、癫痫发狂、血热吐衄、黄疸尿赤。根茎精油具有消炎、止痛、活血化瘀、去腐生肌、增强机体免疫能力的功能。

🌸 草豆蔻

Alpinia katsumadai Hayata

姜科　山姜属
别名：豆蔻、草寇仁、假麻树、偶子
分布：福建、云南、贵州、广东、广西、海南

【形态特征】株高达3 m。叶片线状披针形，长50～65 cm，宽6～9 cm，顶端渐尖，有一短尖头，基部渐狭，两边不对称，边缘被毛；叶舌长5～8 mm，外被粗毛。总状花序顶生，直立，长达20 cm，花序轴淡绿色，被粗毛；小苞片乳白色，阔椭圆形，长约3.5 cm，基部被粗毛；花萼钟状，长2～2.5 cm，顶端不规则齿裂，复又一侧开裂，外被毛；花冠管长约8 mm，花冠裂片边缘稍内卷，具缘毛；无侧生退化雄蕊；唇瓣三角状卵形，长3.5～4 cm，顶端微2裂，具自中央向边缘放射的彩色条纹；子房被毛，直径约5 mm；腺体长1.5 mm。果球形，直径约3 cm，熟时金黄色。花期4～6月，果期5～8月。

【生长习性】生于山地疏阴处或密林中。喜湿润，忌干旱。
【精油含量】水蒸气蒸馏叶的得油率为0.04%，果实的得油率为0.60%～1.20%，种子的得油率为0.23%～0.80%，新鲜果皮的得油率为0.10%。
【芳香成分】叶：晏小霞等（2013）用水蒸气蒸馏法提取的海南儋州产草豆蔻新鲜叶精油的主要成分为：1,8-桉叶油素（9.36%）、对-聚伞花素（8.94%）、α-侧柏酮（8.35%）、β-

蒎烯（6.35%）、γ-松油烯（5.42%）、α-松油醇（4.70%）、胡萝卜醇（2.75%）、α-蒎烯（2.53%）、τ-依兰油醇（2.02%）、L-芳樟醇（1.92%）、檀香烯（1.75%）、β-芹子烯（1.47%）、小茴香醇（1.36%）、2-庚醇（1.25%）、薄荷酮（1.16%）、左旋龙脑（1.13%）等。

果实：黄天来等（1990）用水蒸气蒸馏法提取的广东湛江产草豆蔻果实精油的主要成分为：法呢醇（13.75%）、桉叶油素（12.17%）、p-聚伞花烃（9.21%）、α-松油醇（8.85%）、葎草烯（6.62）、松油醇-4（6.61%）、3-苯基-丁酮-2（5.32%）、α-蒎兰烯（3.98%）、癸炔-3（3.35%）、1-甲基-4-异丙烯基-环己醇（3.19%）、4-苯基-3-丁烯酮-2（2.22%）、桧醇（2.10%）、柠檬烯（1.90%）、肉桂酸甲酯（1.88%）、β-蒎烯（1.47%）、δ-3-蒈烯（1.34%）、香叶醇（1.27%）、百里香酚（1.16%）等。晏小霞等（2013）用同法分析的海南儋州产草豆蔻新鲜果皮精油的主要成分为：1,8-桉叶素（19.18%）、β-蒎烯（11.76%）、松油烯-4醇（10.42%）、α-侧柏酮（10.01%）、对-聚伞花素（9.28%）、α-蒎烯（6.22%）、丙酸芳樟酯（2.97%）、γ-松油烯（2.76%）、茴香醇（1.96%）、樟脑（1.88%）、L-芳樟醇（1.85%）、内龙脑（1.84%）、2-庚醇（1.49%）、β-月桂烯（1.15%）、胡萝卜醇（1.03%）等。

种子：晏小霞等（2013）用水蒸气蒸馏法提取新鲜种子精油的主要成分为：法呢醇（18.02%）、1,8-桉叶素（13.94%）、月桂酸（9.25%）、棕榈酸（8.58%）、肉豆蔻酸（7.37%）、L-芳樟醇（5.59%）、丙酸芳樟酯（5.50%）、胡萝卜醇（4.34%）、油酸（3.79%）、τ-依兰油醇（2.35%）、α-

水芹烯（2.23%）、癸酸（1.50%）、苄基丙酮（1.37%）、薄荷酮（1.29%）、内龙脑（1.03%）等。曾志等（2012）用同法分析的广东产草豆蔻干燥成熟种子精油的主要成分为：1,8-桉叶素（45.03%）、α-蛇麻烯（10.19%）、1-甲基-4-(1-甲基乙基)-（8.92%）、α-松油醇（4.69%）、4-苯基-2-丁酮（3.54%）、α-合欢烯（2.85%）、龙脑（2.04%）、α-水芹烯（1.69%）、石竹烯（1.62%）、[3R-(3α,3aα,8aα)]-6,8a-二甲基-3-(1-甲基乙基)-3a(1H)-2,3,4,5,8,8a-六氢甘菊醇（1.61%）、α-蒎烯（1.60%）、3-苯基-2-丙烯酸甲酯（1.43%）、4-松油醇（1.34%）、水芹烯环氧化物（1.31%）、香桧烯（1.19%）、芳樟醇（1.06%）、β-金合欢烯（1.00%）等。

【利用】种子药用，有燥湿行气、温中止呕的功效，用于寒湿内阻、脘腹胀满冷痛、嗳气呕逆、不思饮食等症。果实为调味品，多用于调制卤料，复合香料等。

长柄山姜

Alpinia kwangsiensis T. L.Wu et Senjen

姜科　山姜属
分布：广东、广西、贵州、云南

【形态特征】株高1.5～3 m。叶片长圆状披针形，长40～60 cm，宽8～16 cm，顶端具旋卷的小尖头，基部渐狭或心形，稍不等侧，叶背密被短柔毛；叶舌长8 mm，顶端2裂，被长硬毛。总状花序长13～30 cm，果时略延长，粗5～7 mm，密被黄色粗毛；花序上的花很稠密。小苞片壳状包卷，长圆形，长3.5～4 cm，宽1.5 cm，褐色，顶端2裂，顶部及边缘被黄色长粗毛；果时宿存；花萼筒状，长约2 cm，淡紫色，顶端3裂，复又一侧开裂，被黄色长粗毛；花冠白色，花冠管长12 mm；花冠裂片长圆形，长约2 cm，宽14 mm，边缘具缘毛；唇瓣卵形，长2.5 cm，白色，内染红。果圆球形，直径约2 cm，被疏长毛。花果期4～6月。

【生长习性】生于山谷中林下阴湿处，海拔580～680 m。喜温暖湿润环境，宜选择疏林下、排水良好、土壤肥沃、土质疏松的地块作为圃地。

【精油含量】水蒸气蒸馏干燥根茎的得油率为0.58%。

【芳香成分】纳智（2006）用水蒸气蒸馏法提取的云南西双版纳产长柄山姜干燥根茎精油主要成分为：肉桂酸甲酯（94.54%）。

【利用】根状茎及果实药用，用于脘腹冷痛、呃逆、寒湿吐泻。根茎精油的主要成分肉桂酸甲酯可作为制造香水香精、皂用香精的常用定香剂，也可用于食用香精。栽培供观赏。

多花山姜

Alpinia polyantha D. Fang

姜科　山姜属
分布：云南、广西

【形态特征】茎高达4.6 m，直径达2.5 cm；根茎粗，匍匐。叶约达9片，叶片披针形至椭圆形，长达1 m，宽24 cm，顶端渐尖，基部楔形，边被长缘毛；叶舌长1～2 cm，2裂，质厚，密被茸毛；叶鞘具粗条纹，密被茸毛。圆锥花序长37～61 cm，宽7～9 cm，直立；分枝长0.5～3 cm，分枝上的花5～8朵；总苞片长圆状披针形，长达27 cm，宽达5.5 cm；小苞片倒披针形至长圆形，膜质；花萼红色，具3钝齿，一侧浅裂；花冠裂片长圆形；唇瓣近圆形至长圆形，顶端具2枚尖齿，中脉淡黄色，近基部两侧有少数紫色条纹。蒴果球形，直径0.9～1.4 cm，被毛，顶端具宿存的花被管。花期5～6月，果期10～11月。

【生长习性】生于山坡林中，海拔130～300 m。喜温暖湿润环境，选择疏林下、排水良好、土壤肥沃、土质疏松的地块作为圃地。

【精油含量】水蒸气蒸馏种子的得油率为0.21%。

高良姜

Alpinia officinarum Hance

姜科 山姜属

别名: 良姜、小良姜、凤姜、海良姜

分布: 广东、广西、云南、台湾、海南

【形态特征】株高40～110cm，根茎延长，圆柱形。叶片线形，长20～30cm，宽1.2～2.5cm，顶端尾尖，基部渐狭，两面均无毛，无柄；叶舌薄膜质，披针形，长2～3cm，有时可达5cm，不2裂。总状花序顶生，直立，长6～10cm，花序轴被绒毛；小苞片极小，长不逾1mm，小花梗长1～2mm；花萼管长8～10mm，顶端3齿裂，被小柔毛；花冠管较萼管稍短，裂片长圆形，长约1.5cm，后方的一枚兜状；唇瓣卵形，长约2cm，白色而有红色条纹，花丝长约1cm，花药长6mm；子房密被绒毛。果球形，直径约1cm，熟时红色。花期4～9月，果期5～11月。

【芳香成分】朱亮锋等（1993）用水蒸气蒸馏法提取的广东广州产多花山姜种子精油的主要成分为：间伞花烃（20.28%）、β-蒎烯（13.21%）、异丙基-2-环己酮（9.51%）、芳樟醇（3.03%）、乙酸龙脑酯（2.81%）、α-松油烯（2.49%）、乙酸苯丙酯（2.48%）、柠檬烯（2.42%）、樟脑（2.28%）、顺式-氧化芳樟醇（呋喃型）（1.59%）、金合欢烯（1.57%）、反式-氧化芳樟醇（呋喃型）（1.51%）、喇叭茶醇（1.45%）、α-姑耙烯（1.38%）等。

【利用】根状茎及种子药用，治疗胸腹满闷、反胃呕吐、宿食不消、咳嗽。栽培供观赏。

【生长习性】野生于荒坡灌丛或疏林中，或栽培。喜温暖湿润的气候条件，耐干旱，怕涝。年降雨量1100～1803mm生长

好。不适应强光照，要求一定的荫蔽条件。对土壤要求不严，以土壤疏松肥厚、富含腐殖质的红壤土或砂壤土为宜。

【精油含量】水蒸气蒸馏根茎的得油率为0.22%～1.65%，地上茎的得油率为0.80%，叶的得油率为0.50%；超临界萃取根茎的得油率为1.20%～16.23%；溶剂萃取的根茎的得油率为1.00%～6.60%；超声辅助溶剂萃取干燥根茎的得油率为4.00%。

【芳香成分】根茎：容蓉等（2010）用水蒸气蒸馏法提取的广东徐闻产高良姜根茎精油的主要成分为：1,8-桉叶油素（26.76%）、α,α,4-三甲基-3-环己烯-1-甲醇（6.88%）、2,6-二甲基-6-(4-甲基-3-戊烯基)-双环[3.1.1]庚-2-烯（3.94%）、石竹烯（3.19%）、(S)-6-乙烯基-6-甲基-1-(1-甲基乙基)-3-(1-甲基亚乙基)-环己烯（3.06%）、(1S-顺)-1,2,3,5,6,8a-六氢-4,7-二甲基-1-(1-甲基乙基)-环己烯萘（2.85%）、β-蒎烯（2.05%）、[2R-(2α,4aα,8aβ)]-1,2,3,4,4a,5,6,8a-八氢-4a,8-二甲基-2-(1-甲基乙炔基)-萘（1.88%）、D-柠檬烯（1.66%）、莰烯（1.57%）、(1R)-1,7,7-三甲基-双环[2.2.1]庚-2-酮（1.48%）、1R-α-蒎烯（1.44%）、4-甲基-1-(1-甲基乙基)-3-环己烯-1-醇（1.37%）、[4aR-(4aα,7α,8aβ)]-十氢-4a-甲基-1-亚甲基-7-(1-甲基乙炔基)-萘（1.29%）、4(14),11-桉叶二烯（1.22%）、[1aR-1aα,7bα)]-1a,2,3,5,6,7,7a,7b-八氢-1,1,4,7-四甲基-1H-环丙并[e]薁（1.19%）、6-氨基-1-萘酚（1.11%）等。熊运海等（2015）用气相分析的广东产高良姜干燥根茎精油的主要成分为：桉叶醇（20.03%）、α-金合欢烯（9.18%）、松油醇（7.67%）、α-柏木烯（3.56%）、α-荜澄茄醇（2.49%）、β-石竹烯（2.34%）、D-柠檬烯（2.32%）、十三酸（2.11%）、异丁子酚（2.08%）、樟脑（1.80%）、萜烯醇（1.75%）、1S-六氢化-4,7-二甲基-1-(1-甲基乙基)-萘（1.73%）、莰烯（1.72%）、石竹烯（1.52%）、八氢化-7-甲基-4-亚甲基-1-(1-甲基乙基)-萘（1.44%）、八氢化-1,4-二甲基-7-(1-甲基乙基)-甘菊蓝（1.40%）、八氢化-1,8a-二甲基-7-(1-甲基乙烯基)-萘（1.36%）、龙脑（1.34%）、4(14),11-桉叶二烯（1.20%）、δ-荜澄茄醇（1.19%）等。翟红莉等（2013）用气相分析的海南海口产高良姜新鲜根茎精油的主要成分为：樟脑萜（12.93%）、β-蒎烯（10.09%）、α-松油醇（8.20%）、α-蒎烯（5.43%）、柠檬烯（1.78%）、4-苯基-2-丁酮（1.60%）、冰片（1.38%）、E-柠檬醛（1.36%）、6-甲基-5-己烯-2-酮（1.31%）、3-甲烯基-6-己烯-2-酮（1.15%）等。

茎：阮薇儒等（2007）用水蒸气蒸馏法提取的广东徐闻产高良姜茎精油的主要成分为：α-法呢烯（56.04%）、β-丁香烯（19.46%）、(-)-β-蒎烯（6.51%）、β-杜松烯（6.09%）、α-丁香烯（4.72%）、1R-α-蒎烯（3.00%）、1,8-桉叶油素（2.17%）、α-佛手柑油烯（1.11%）等。

叶：阮薇儒等（2007）用水蒸气蒸馏法提取的广东徐闻产高良姜叶精油的主要成分为：β-丁香烯（25.72%）、α-法呢烯（16.41%）、氧化丁香烯（12.38%）、α-松油醇（7.48%）、(-)-β-蒎烯（6.25%）、4,4-二甲基四环[6.3.2.0²·⁵.0¹·⁸]十三烷-9-醇（5.84%）、α-丁香烯（5.41%）、1R-α-蒎烯（2.48%）、1,5,5,8-四甲基-12-氧杂二环[9.1.0]十二碳-3,7-二烯（2.37%）、芳樟醇（2.14%）、顺-β-环氧红没药烯（2.11%）、植醇（1.77%）、1,8-桉叶油素（1.21%）、苄基丙酮（1.10%）等。李光勇等（2015）用顶空固相微萃取法提取的海南万宁产高良姜阴干叶精油的主要成分为：4-氨基-1-萘酚（13.97%）、3-氯苯基-β-苯丙酸酯（10.38%）、石竹烯（9.85%）、苄丙酮（8.26%）、β-蒎烯（7.63%）、植酮（3.67%）、棕榈酸（3.44%）、邻苯二甲酸异丁基壬酯（2.27%）、(1R)-α-蒎烯（2.20%）、环二十烷（2.14%）、α-金合欢烯（1.91%）、石竹烯氧化物（1.91%）、α-石竹烯（1.89%）、苯丙醛（1.78%）、β-水芹烯（1.51%）、十七烷（1.41%）、降植烷（1.20%）、植醇（1.14%）、α-罗勒烯（1.08%）、十六烷（1.00%）等。

花：翟红莉等（2013）用水蒸气蒸馏法提取的海南海口产高良姜花精油的主要成分为：石竹烯氧化物（40.63%）、β-石竹烯（11.41%）、蛇麻烯环氧化物（7.32%）、二十三烷（4.29%）、α-蛇麻烯（3.47%）、δ-荜澄茄醇（2.23%）、二十一烷（1.38%）、二十五烷（1.27%）等。李光勇等（2015）用顶空固相微萃取法提取的海南万宁产高良姜阴干花精油的主要成分为：4-氨基-1-萘酚（20.61%）、石竹烯（10.93%）、棕榈酸（9.15%）、3-苯基-2-丁酮（5.92%）、苯丙醛（2.74%）、β-水芹烯（2.71%）、芳樟醇（2.28%）、α-石竹烯（2.09%）、苯酚（1.53%）、亚油酸（1.45%）、石竹烯氧化物（1.31%）、α-罗勒烯（1.23%）、肉豆蔻酸（1.08%）等。

果实：翟红莉等（2013）用水蒸气蒸馏法提取的海南海口产高良姜果实精油的主要成分为：α-荜澄茄醇（41.20%）、τ-荜澄茄醇（22.88%）、δ-荜澄茄烯（6.52%）、δ-荜澄茄醇（4.52%）、β-石竹烯（3.51%）、1,6-大根香叶-5-醇（2.46%）、α-蛇麻烯（1.71%）、喇叭茶醇（1.26%）、α-依兰油烯（1.10%）、γ-荜澄茄烯（1.07%）、大根香叶烯D（1.05%）等。

【利用】根茎供药用，有温中散寒、止痛消食的功效，用于脘腹冷痛、胃寒呕吐、暖气吞酸。根茎精油用于医药、香精香料等行业。

❀ 桂南山姜
Alpinia guinanensis D. Fang et X. X. Chen.

姜科　山姜属
分布：广西

【形态特征】多年生草本，高达3 m。叶片长圆形，长10～88 cm，宽7.5～18 cm；叶柄长2.5～6 cm。圆锥花序顶生，分枝长3～14 mm；苞片扁平，长圆形，长2～5 mm；小苞片壳状，包裹花蕾，长2～3.3 cm，脱落；唇瓣卵形，长4 cm，宽3 cm；侧生退化雄蕊线形，长5～9 mm。

金合欢醇（11.90%）、桃金娘烯醇（10.43%）、龙脑（3.84%）、2癸醇（3.07%）、环癸醇（2.59%）、乙酸龙脑酯（2.13%）、间4花烃（1.02%）等。

🌸 红豆蔻
Alpinia galanga (Linn.) Willd.

姜科　山姜属
别名：大高良姜、山姜子、红扣
分布：广东、广西、云南、海南、台湾、四川等地

【形态特征】株高达2 m；根茎块状，稍有香气。叶片长圆形或披针形，长25～35 cm，宽6～10 cm，顶端短尖或渐尖，基部渐狭，干时边缘褐色；叶舌近圆形，长约5 mm。圆锥花序密生多花，长20～30 cm，分枝多而短，每一分枝上有花3～朵；苞片与小苞片均迟落，小苞片披针形，长5～8 mm；花绿白色，有异味；萼筒状，长6～10 mm，果时宿存；花冠管长约6～10 mm，裂片长圆形，长1.6～1.8 cm；侧生退化雄蕊细状至线形，紫色；唇瓣倒卵状匙形，白色而有红线条，深2裂果长圆形，长1～1.5 cm，宽约7 mm，中部稍收缩，熟时棕色或枣红色，平滑或略有皱缩，质薄，内有种子3～6颗。花期5～8月，果期9～11月。

【生长习性】生于石灰岩山坡灌木丛中。

【精油含量】水蒸气蒸馏的种子的得油率为0.20%。

【芳香成分】茎叶：杨超等（2014）用同时蒸馏萃取法提取的云南西双版纳产桂南山姜阴干茎叶精油的主要成分为：桉油精（25.66%）、莰酮（17.74%）、β-蒎烯（4.77%）、β-蒈醇（3.93%）、二氢异水菖蒲二醇（3.89%）、莰烯（3.77%）、异冰片（3.50%）、香橙烯（3.23%）、桉叶烯（2.57%）、水芹烯（2.49%）、蓝桉烯（2.39%）、芳樟醇（2.20%）、杜松醇（1.60%）、白菖酮（1.37%）、β-月桂烯（1.16%）、3,7,11-三甲基-1,6,10-十二三烯-3-醇（1.13%）、4-萜品醇（1.02%）、Tau-杜松醇（1.00%）等。

种子：朱亮锋等（1993）用水蒸气蒸馏法提取的广东广州产桂南山姜种子精油的主要成分为：反式-葛缕醇（23.57%）、

【生长习性】生于山野沟谷阴湿林下或灌木丛中和草丛中，海拔100～1300 m。

【精油含量】水蒸气蒸馏干燥根茎的得油率为1.17%，果实的得油率为0.17%～0.98%；超临界萃取干燥根茎的得油率为0.60%～4.90%。

【芳香成分】根茎：刘磊等（2012）用水蒸气蒸馏法提取的广西上思产红豆蔻干燥根茎精油的主要成分为：桉叶油醇（29.93%）、α-香柠檬烯（7.30%）、蒎烯（4.06%）、4-萜烯醇（2.18%）、β-榄香烯（2.14%）、石竹素（1.02%）等。

果实：刘晓爽等（2009）用水蒸气蒸馏法提取的山东郓城产红豆蔻干燥成熟果实精油的主要成分为：α-法呢烯（13.18%）、1,7,7-三甲基双环[2.2.1]-2-乙酸庚内酯（8.85%）、5,5-二甲基-4-(3-甲基-1,3-丁二烯基)-1-氧杂螺[2,5]辛烷（5.65%）、桉油精（4.98%）、双-表-α-柏木烯（3.46%）、8-十七碳烯（3.25%）、α,α,4-三甲基-3-环己烯甲醇（3.22%）、2,5,9-三甲基环十一化-4,8-二烯酮（2.28%）、(R)-1,7,7-三甲基双环[2.2.1]-2-庚酮（2.21%）、4,4-二甲基四环[6.3.2.0²ˑ⁵.0¹ˑ⁸]-9-十三醇（1.90%）、十七烷（1.82%）、5,5-二甲基-4-(3-甲基-1,3-丁二烯基)-1-氧杂螺[2,5]辛烷（1.68%）、[3R-(3α,3aβ,7β,8aα)]-八氢化-3,8,8-三甲基-6-亚甲基-1H-3a,7-亚甲基薁（1.66%）、十五烷（1.65%）、1)-氧化别香橙烯（1.52%）、(E)-3,7-二甲基-2,6-乙酸辛二烯酯（1.45%）、石竹烯基醇（1.45%）、β-石竹烯（1.44%）、1-(1,5-二甲基-4-己烯基)-4-甲基苯（1.39%）、1,5,9-三甲基-12-异丙基-4,8,13-环十四碳三烯-1,3-二醇（1.35%）、可巴烯（1.19%）、Z)-3-十七碳烯（1.14%）、顺-2,3,4,4a,5,6,7,8-八氢化-1,1,4a,7-四甲基-1H-苯并环庚烯醇（1.12%）、葎草烯（1.08%）、α-石竹烯（1.08%）、(E,E)-3,7,11-三甲基-2,6,10-乙酸十二碳三烯醇基酯（1.04%）、2,6-二甲基-6-(4-甲基-3-戊烯基)双环[3.3.1]-2-庚烯（1.02%）等。曾志等（2012）用同法分析的广东产红豆蔻干燥成熟果实精油的主要成分为：十五烷（27.14%）、8-十七碳烯（7.60%）、1,8-桉叶油素（5.97%）、3,7,11-三甲基-2E,6E,10-十二烷三烯-1-醇乙酸酯（5.65%）、石竹烯（5.17%）、乙酸癸酯（4.93%）、1,5Z,7E-十二烷三烯（4.14%）、斯巴醇（2.79%）、2-甲氧基-4-(2-丙烯基)苯乙酸酯（2.66%）、柠檬烯（2.62%）、α-蒎烯（2.40%）、榄香烯（1.98%）、3,7-二甲基-1,6-辛二烯-3-醇（1.61%）、1,2-二甲氧基-4-(2-丙烯基)苯（1.34%）、十七碳烯（1.34%）、β-倍半水芹烯（1.32%）、金合欢烯（1.29%）、乙酸香叶酯（1.22%）、姜黄烯（1.19%）、十七烷（1.13%）、[1aR-(1aα,4aβ,7α,7aβ,7bα)]-1,1,7-三甲基-4-亚甲基-1H-十氢环丙烷甘菊环烃（1.09%）等。

【利用】果实药用，有散寒燥湿、醒脾消食的功效，用于脘腹冷痛、食积胀满、呕吐泄泻、饮酒过多。根茎供药用，能散寒、暖胃、止痛，用于胃脘冷痛、脾寒吐泻。根茎和果实均可作调味品。

❀ 花叶山姜
Alpinia pumila Hook. f.

姜科　山姜属
别名：野姜黄、竹节风
分布：云南、广东、广西、湖南

【形态特征】多年生草本，无地上茎；根茎平卧。叶2～3片一丛自根茎生出；叶片椭圆形，长圆形或长圆状披针形，长达15 cm，宽约7 cm，顶端渐尖，基部急尖，叶面绿色，叶背浅绿；叶舌短，2裂；叶鞘红褐色。总状花序自叶鞘间抽出；花成对生于长圆形的苞片内；花萼管状，长1.3～1.5 cm，顶端具3齿，紫红色，被短柔毛；花冠白色，管长约1 cm，裂片长圆形，钝，稍较花冠管为长，侧生退化雄蕊钻状；唇瓣卵形，顶端短2裂，反折，边缘具粗锯齿，白色，有红色脉纹；花药长5～8 mm；腺体2枚，披针形，顶端急尖。果球形，径约1 cm，顶端有长约1 cm的花被残迹。花期4～6月，果期6～11月。

【生长习性】生于山谷阴湿之处，海拔500～1100 m。喜温暖湿润环境，选择疏林下、排水良好、土壤肥沃、土质疏松的地块作为圃地。

【芳香成分】根茎：危英等（2012）用水蒸气蒸馏法提取的贵州贵阳产花叶山姜干燥根茎精油的主要成分为：α-莰基醋酸酯（13.0%）、β-芹子烯（10.07%）、10-表-γ-桉叶油醇（3.95%）、β-莰基醋酸酯（3.80%）、桃金娘烯醇（3.62%）、桃金娘烯醛（3.56%）、(E)-松香芹醇（3.26%）、醋酸外龙脑酯（2.93%）、8-氧-新异长叶烯（2.63%）、6,10,14-三甲基-2-十五烷酮（2.26%）、β-桉叶油醇（2.19%）、松香芹酮（2.03%）、荜澄茄烯（1.83%）、α-雪松醇（1.82%）、呋喃天竺葵酮A（1.78%）、α-檀香萜（1.60%）、γ-荜澄茄烯（1.59%）、α-人参烯（1.42%）、内型-龙脑（1.41%）、L-芳樟醇（1.21%）、瓦伦烯（1.11%）、紫苏醛（1.07%）、β-朱栾（1.07%）等。

茎叶：危英等（2012）用水蒸气蒸馏法提取的贵州贵阳产花叶山姜干燥地上部分精油的主要成分为：α-莳基醋酸酯（22.04%）、β-莳基醋酸酯（7.71%）、醋酸外龙脑酯（6.43%）、1,8-桉叶油素（5.30%）、L-莳酮（3.76%）、β-芹子烯（3.06%）、L-莳醇（2.94%）、β-桉叶油醇（2.51%）、(E)-松香芹醇（2.07%）、呋喃天竺葵酮A（2.02%）、β-蒎烯（1.99%）、樟脑（1.92%）、桃金娘烯醛（1.48%）、内型-莳酮（1.29%）、异龙脑（1.21%）、10-表-γ-桉叶油醇（2.16%）、L-龙脑（1.15%）、莰烯（1.11%）、桃金娘烯醇（1.04%）、8-氧-新异长叶烯（1.04%）、α-莎草酮（1.03%）等。

【利用】是著名的观叶植物，可盆栽于室内观赏。根状茎药用，有除湿消肿、行气止痛的功效，用于风湿痹痛、脾虚泄泻、跌打损伤。

华山姜
Alpinia chinensis (Retz.) Rosc.

姜科　山姜属
别名： 华良姜、廉姜、山姜、土砂仁
分布： 东南至西南各地

【形态特征】株高约1 m。叶披针形或卵状披针形，长20～30 cm，宽3～10 cm，顶端渐尖或尾状渐尖，基部渐狭，两面均无毛；叶柄长约5 mm；叶舌膜质，长4～10 mm，2裂，具缘毛。花组成狭圆锥花序，长15～30 cm，分枝短，长3～10 mm，其上有花2～4朵；小苞片长1～3 mm，花时脱落；

花白色，萼管状，长5 mm，顶端具3齿；花冠管略超出，花冠裂片长圆形，长约6 mm，后方的1枚稍较大，兜状；唇瓣卵形，长6～7 mm，顶端微凹，侧生退化雄蕊2枚，钻状，长约1 mm；花丝长约5 mm，花药长约3 mm；子房无毛。果球形，直径5～8 mm。花期5～7月，果期6～12月。

【生长习性】为林阴下常见的一种草本，海拔100～2500 m。喜温暖湿润环境，宜选择疏林下、排水良好、土壤肥沃土质疏松的地块作为圃地。

【精油含量】水蒸气蒸馏块茎的得油率为0.10%～0.20%，果实的得油率为0.33%～1.00%，种子的得油率为0.08%～1.10%。

【芳香成分】**果实：**归筱铭等（1985）用水蒸气蒸馏法提取的福建漳平产华山姜果实精油的主要成分为：邻-烯丙基甲苯（20.50%）、乙酸橙花酯（15.80%）、β-蒎烯（15.20%）、p-缴花烃（6.60%）、α-萜品醇（4.80%）、α-蒎烯（4.20%）、α-葎草烯（3.90%）、樟脑（3.60%）、乙酸龙脑酯（3.00%）、沉香醇（2.50%）、桃金娘烯醛（2.30%）、α-愈创烯（2.30%）、1-苯基-2-丁烯（2.20%）、顺苇-香蒎烯（2.10%）、桃金娘烯醇（2.00%）、α-古芸香烯（1.50%）、α-柠檬烯（1.40%）、乙酸紫苏酯（1.20%）、β-榄香烯或榄香醇（1.20%）、乙酸肉桂酯（1.10%）、莰烯（1.00%）、牻牛儿醇（1.00%）等。

种子：朱亮锋等（1993）用水蒸气蒸馏法提取的广东广州产华山姜种子精油的主要成分为：乙酸香叶酯（28.80%）、邻-烯丙基甲苯（13.55%）、香叶醇（10.30%）、β-蒎烯（8.03%）、芳樟醇（4.07%）、金合欢醇（3.99%）、罗勒烯（3.98%）、α-蒎烯（3.43%）、柠檬烯（2.71%）、橙花叔醇（2.60%）、蛇麻烯

2.52%）、α-柠檬醛（2.20%）、β-柠檬醛（2.15%）、乙酸金合欢酯（1.06%）等。

【利用】根茎可供药用，能温中暖胃、散寒止痛、治胃寒冷痛、噎膈呕吐、腹痛泄泻、消化不良等症。叶鞘纤维可制人造棉。根茎精油可用于食品和化妆品香精，亦供药用。

🌸 滑叶山姜

Alpinia tonkinensis Gagnep.

姜科 山姜属

别名：白蔻
分布：广西、云南

【形态特征】茎较粗壮。叶片线状披针形，长达60 cm，宽约7 cm，顶端渐尖，基部渐狭，革质；叶舌长1.5～2 cm，钝，革质；叶鞘具条纹。圆锥花序直立，长40～50 cm，宽约4 cm，上部密被长柔毛；花3～5朵聚生；苞片卵形，革质，脱落，长1.5 cm；小苞片与苞片相似，仅较小；花萼近钟状，长9～10 mm，顶端不规则齿裂，一侧开裂至中部；花冠管长7～8 mm，裂片长圆形，长1.5～1.8 cm，内凹，背面被柔毛，后方的一枚顶端有小尖头，下部具缘毛；唇瓣卵形或圆形，长1.4 cm，宽1～1.2 cm，顶端微凹，基部略收缩；侧生退化雄蕊线形，极短，花丝长4～5 mm，花药长6 mm；子房球形，被绢质长柔毛。花期2月。

【生长习性】生于林下、田野边阴湿处。喜温暖湿润环境，选择疏林下、排水良好、土壤肥沃、土质疏松的地块作为圃地。

【精油含量】水蒸气蒸馏根茎得油率为2.80%，果实的得油率为1.80%，种子的得油率为0.14%。

【芳香成分】根茎：秦民坚等（1999）用水蒸气蒸馏法提取的广西宁明产滑叶山姜根茎精油的主要成分为：1,8-桉叶油素（18.76%）、(Z)-3-苯基-2-丙烯酸甲酯（10.21%）、异香茅烯（4.78%）、1-β-蒎烯（4.34%）、1-α-萜品醇（3.49%）、α-蒎烯（2.56%）、绿花倒提壶醇（1.71%）、松香芹醇（1.21%）、4-甲基-1-(甲基乙基)-3-环己烯-1-醇（1.14%）、桃金娘烯醇（1.02%）等。

果实：秦民坚等（1999）用水蒸气蒸馏法提取的广西宁明产滑叶山姜果实精油的主要成分为：反式-松香芹醇（22.74%）、6,6-二甲基二环[3.1.1]庚-2-烯-2-羧醛（17.09%）、(+)-诺蒎酮（12.02%）、1-β-蒎烯（6.84%）、1,8-桉叶油素（6.37%）、桃金娘烯醇（5.29%）、(Z)-3-苯基-2-丙烯酸甲酯（2.82%）、α-蒎烯（2.64%）、乙酸苯酯（1.33%）等。

种子：朱亮锋等（1993）用水蒸气蒸馏法提取的广东广州产滑叶山姜种子精油的主要成分为：反式-蒎葛缕醇（21.81%）、β-蒎烯（21.57%）、桃金娘烯醛（13.39%）、α-蒎烯（6.85%）、桃金娘醇（4.60%）、柠檬烯（1.76%）、麝香草酚（1.18%）、2,6-龙脑二醇（1.01%）等。

【利用】果实药用，有行气开胃的功效，用于胃脘胀满。根茎药用，能理气止痛、祛湿、消肿、活血通络，治风湿性关节炎、胃气痛、跌打损伤。根茎作调味香料。种子民间入药，为山姜代用品。

🌸 假益智
Alpinia maclurei Merr.

姜科　山姜属
分布： 广东、广西、云南

【形态特征】株高1~2 m。叶片披针形，长30~80 cm，宽8~20 cm，顶端尾状渐尖，基部渐狭，叶背被短柔毛；叶舌2裂，长1~2 cm，被绒毛。圆锥花序直立，长30~40 cm，多花，被灰色短柔毛，分枝长1.5~3 cm，稀更长；花3~5朵聚生于分枝的顶端；小苞片长圆形，兜状，长约8 mm，被短柔毛；花萼管状，长6~10 mm，被短柔毛，顶端具3齿，齿近圆形；花冠管长1.2 cm，裂片长圆形，兜状，长10 mm；侧生退化雄蕊长5 mm；唇瓣长圆状卵形，长10~12 mm，宽6~7 mm，花时反折；子房卵形，直径1.5~1.8 mm，被绒毛。果球形，直径约1 cm，果皮易碎。花期3~7月，果期4~10月。

【生长习性】生于山地疏阴处或密林中。喜温暖湿润环境，宜选择疏林下、排水良好、土壤肥沃、土质疏松的地块作为圃地。

【精油含量】水蒸气蒸馏新鲜果实的得油率为0.17%，种子的得油率为0.09%。

【芳香成分】果实：肖文琳等（2015）用水蒸气蒸馏法提取的海南尖峰岭产假益智新鲜果实精油的主要成分为：(-)-β-蒎烯（31.03%）、正二十三烷（12.24%）、α-水芹烯（9.75%）、α-榄香醇（9.03%）、[3S-(3α,5α,8α)]-1,2,3,4,5,6,7,8-八氢化-α,α,3,8-四甲基-5-薁甲醇（3.59%）、(1R)-(+)-α-蒎烯（3.52%）、[3S-(3α,3aβ,5α)]-1,2,3,3a,4,5,6,7-八氢化-α,α,3,8-四甲基-5-薁醇（2.63%）、3,7,11-三甲基-2,6,10-十二烷三烯-1-醇（2.05%）、α-桉叶醇（1.45%）、月桂烯（1.38%）、二十烷（1.28%）、β-桉叶醇（1.08%）、芳樟醇（1.06%）等。

种子：朱亮锋等（1993）用水蒸气蒸馏法提取的广东广州产假益智种子精油的主要成分为：5-(1-甲基乙基)二环[3.1.0]己-2-酮（26.77%）、间伞花烃（9.72%）、蒎葛缕醇（9.71%）、β-蒎烯（5.68%）、乙酸龙脑酯（4.69%）、对异丙基苯甲醛（4.03%）、2-丙烯基-3-亚甲基-4-环己烯醇（3.32%）、苯丙酸乙酯（3.28%）、α-玷珥烯（3.02%）等。

【利用】根茎与果实具行气的功能，用于腹胀、呕吐等症，民间用作益智代用品。

🌸 箭秆风
Alpinia stachyoides Hance

姜科　山姜属
别名： 一支箭
分布： 广东、广西、湖南、江西、云南、贵州、四川

【形态特征】株高约1 m。叶片披针形或线状披针形，长20~30 cm，宽2~6 cm，顶端具细尾尖，基部渐狭，顶部边缘具小刺毛，余无毛；叶舌长约2 mm，2裂，具缘毛。穗状花序直立，长10~20 cm，小花常每3朵一簇生于花序轴上，花序轴被绒毛，小苞片极小；花萼筒状，顶端3裂，外被短柔毛；花冠管约和萼管等长或稍长；花冠裂片长圆形，长8~10 mm，外被长柔毛；侧生退化雄蕊线形，长约2 mm；唇瓣倒卵形，长7~13 mm，皱波状，2裂；雄蕊较唇瓣为长，花药长4 mm；子房球形，被毛。蒴果球形，直径7~8 mm，被短柔毛，顶冠以宿存的萼管；种子5~6颗。花期4~6月，果期6~11月。

【生长习性】多生于林下阴湿处。喜温暖湿润环境，宜选择疏林下、排水良好、土壤肥沃、土质疏松的地块作为圃地。

【精油含量】水蒸气蒸馏根及根茎的得油率为0.43%~0.93%，茎叶的得油率为0.16%，果实的得油率为0.22%，种子的得油率为1.25%；超临界萃取根茎的得油率为1.00%。

【芳香成分】根茎：危英等（2010）用水蒸气蒸馏法提取的贵州产箭秆风根茎精油的主要成分为：α-醋酸莳酯（16.80%）、L-小茴香酮（11.84%）、邻-伞花素（6.74%）、1,8-桉树脑（5.13%）、樟脑（4.47%）、天竺葵酮（3.14%）、(E)-松香芹醇（2.85%）、L-小茴香醇（2.48%）、桃金娘醛（2.11%）、内-龙脑（2.11%）、β-蒎烯（1.74%）、β-桉叶烯（1.55%）、β-醋酸莳酯（1.42%）、对-伞花-8-醇（1.30%）、α-蒎烯（1.25%）、β-桉叶油醇（1.11%）、桃金娘醇（1.08%）等。

茎叶：危英等（2010）用水蒸气蒸馏法提取的贵州产箭秆风茎叶精油的主要成分为：α-醋酸莳酯（6.61%）、β-桉叶烯（4.76%）、天竺葵酮（3.90%）、樟脑（3.61%）、L-小茴香酮（3.41%）、对-二甲苯（2.82%）、去氢白菖蒲烯（2.38%）、瓦伦烯（2.03%）、十六醇（1.99%）、反亚油酸甲酯（1.91%）、10-表-γ-桉叶油（1.84%）、亚麻酸甲酯（1.84%）、7-表-α-安叶烯（1.81%）、邻-伞花素（1.76%）、香叶草基芳樟基酯（1.73%）、桃金娘醛（1.71%）、酮基-α-依兰烯（1.66%）、β-桉叶油醇（1.64%）、14-去甲杜松-5-烯-4-酮（1.48%）、(E)-松香芹醇（1.39%）、马兜铃烯（1.36%）、荜澄茄烯（1.33%）、卡拉烯（1.30%）、β-榄香烯（1.20%）、1,8-桉树脑（1.19%）、γ-杜松烯（1.18%）、氧化石竹烯（1.17%）、α-玷珥烯（1.14%）、橙花叔醇（1.14%）、卡达萘（1.13%）、邻-二甲苯（1.10%）、β-蒎烯

（1.00%）等。

种子：何仁远等（1995）用水蒸气蒸馏法提取的云南马关产箭秆风种子精油的主要成分为：金合欢醇（62.20%）、乙酸香叶酯（8.96%）、乙酸金合欢酯（7.81%）、香叶醇（4.26%）、蛇麻烯（2.86%）、芳樟醇（2.17%）、β-蒎烯（1.56%）、橙花叔醇（1.24%）、α-胡椒烯（1.14%）、乙酸桂酯（1.01%）等。

【利用】果实药用，有祛风除湿、行气止痛的功效，用于风湿痹痛、腹泻、胃痛、跌打损伤。

❀ 节鞭山姜
Alpinia conchigera Griff.

姜科　山姜属
分布： 云南

【形态特征】丛生草本，高1.2~2m。叶片披针形，长20~30cm，宽7~10cm，顶端急尖，基部钝，干时侧脉极显露，致密，边缘及叶背中脉上被短柔毛，余无毛；叶舌全缘。圆锥花序长20~30cm，通常仅有1~2个分枝，第二级分枝多且短，上有4~5枚小苞片；小苞片漏斗状，口部斜截形；花呈蝎尾状聚伞花序排列；萼杯状，淡绿色，3裂；花冠白色或淡青绿，外被毛，花冠管裂片长5~7mm；唇瓣倒卵形，内凹，淡黄或粉红而具红条纹，基部具紫色痂状体遮住花冠管的喉部；侧生退化雄蕊正方形，红色。果鲜时球形，干时长圆形，宽0.8~1cm，枣红色，内有种子3~5颗，芳香。花期5~7月，果期9~12月。

【生长习性】生于山坡密林下或疏阴处，海拔620～1100 m。喜温暖湿润环境，宜选择疏林下、排水良好、土壤肥沃、土质疏松的地块作为圃地。

【精油含量】水蒸气蒸馏根茎的得油率为0.80%。

【芳香成分】谢小燕等（2013）用水蒸气蒸馏法提取的云南勐腊产节鞭山姜根茎精油的主要成分为：桉树脑（19.07%）、3-甲基-1H-吲唑（12.23%）、β-石竹烯（8.90%）、β-蒎烯（5.68%）、(1E,6E,8S)-1-甲基-5-亚甲基-8-(1-甲基乙基)-1,6-环癸二烯（2.62%）、3-(4-乙酰氧基苯基)-1-丙烯（2.47%）、β-榄香烯（2.40%）、胡椒酚（2.35%）、β-红没药烯（1.79%）、(1R)-(+)-α-蒎烯（1.41%）、α-人参烯（1.17%）、δ-榄香烯（1.14%）等。

【利用】根茎可作香料和酿酒的赋香材料。果实可食。果实药用，可作红豆蔻的代用品，有芳香健胃、驱风的功能，用于胃寒腹痛、食滞等症。根茎药用，有健胃、通气止痛、化食消胀、解毒等功效，可治疗腹痛腹胀、不思饮食、消化不良、虫蛇咬伤等病症。

🌸 宽唇山姜

Alpinia platychilus K. Schum.

姜科　山姜属
分布： 云南

【形态特征】株高2 m。叶片披针形，长约60 cm，宽约16 cm，顶端急尖，基部渐狭，叶背被近丝质的绒毛；叶舌长1 cm，被黄色长柔毛。总状花序长25 cm或过之；花序轴被金黄色丝质绒毛，极粗壮；小苞片阔椭圆形，长4～5 cm，宽7.5 cm，顶端钝，微红，无毛；萼长3～3.7 cm，具不等大的3裂片，一侧开裂几达基部；花冠白色，管短而宽，长5 mm，薄被近丝质的长柔毛，花冠裂片宽椭圆形，长3.5～4.5 cm；侧生退化雄蕊钩状，长7 mm；唇瓣黄色染红，倒卵形，长4.5～7 cm，宽8～9 cm，顶端2裂，基部被极密绢毛的痂状体；花丝嗓毛宽，长1.5 cm，基部被长柔毛；花药室椭圆形，长1.7 cm；子房宽椭圆形，被丝质长柔毛。

【生长习性】生于林中湿润之处，海拔750～1600 m。喜温暖湿润环境，宜选择疏林下、排水良好、土壤肥沃、土质疏松的地块作为圃地。

【精油含量】水蒸气蒸馏根茎的得油率为0.70%，种子的得油率为0.64%；同时蒸馏萃取阴干茎叶的得油率为0.87%。

【芳香成分】根茎：谢小燕等（2013）用水蒸气蒸馏法提取的云南勐腊产宽唇山姜根茎精油的主要成分为：2-丙烯酸-3-苯基-甲基酯（77.72%）、β-蒎烯（3.49%）、(1R)-(+)-α-蒎烯（3.36%）、1-环丁烯基苯（2.67%）、双环[3.1.0]-4-甲基-1-(1-甲基乙基)-己-2-烯（2.54%）、α-水芹烯（2.44%）、吲哚（1.46%）等。

茎叶：赵升逵等（2013）用同时蒸馏萃取法提取的云南西双版纳产宽唇山姜阴干茎叶精油的主要成分为：杜松醇（27.89%）、β-蒎烯（16.69%）、蛇麻二烯酮（4.45%）、6,10,14-三甲基-2-十五酮（3.49%）、罗勒烯（3.41%）、草烯（3.35%）、(-)-石竹烯氧化物（3.24%）、(-)-斯巴醇（2.67%）、蛇麻烯（2.33%）、(1S)-1,2,3,4,4aβ,7,8,8aβ-八氢-1,6-二甲基-4β-异丙基-1-萘酚（1.98%）、甜没药烯环氧化合物（1.84%）、芳樟醇（1.76%）、亚麻酸（1.47%）、桃金娘烯醇（1.33%）、异水菖蒲二醇（1.27%）、1-甲基-8-异丙基三环[4.4.0.0^{2,7}]十-3-烯-3-甲醇（1.13%）、反式-石竹烯（1.10%）等。

种子：何仁远等（1995）用水蒸气蒸馏法提取的云南盈江产宽唇山姜种子精油主要成分为：金合欢醇（55.60%）、β-丁香烯（8.78%）、乙酸金合欢酯（5.61%）、香叶醇（4.10%）、α-古芸烯（3.03%）、β-甜没药烯（1.71%）、香叶基丙酮（1.67%）、α-香柠檬烯（1.12%）、γ-杜松烯（1.06%）、α-胡椒烯（1.02%）等。

【利用】果实常作为民间草药入药，具有燥湿健脾、温胃止呕的功能，用于寒湿内阻、脘腹胀满冷痛、嗳气呕逆、不思饮食。

🌸 绿苞山姜

Alpinia bracteata Roxb.

姜科　山姜属
分布： 云南、四川

【形态特征】株高通常不超过1 m。叶片披针形，长15～40 cm，宽3～5 cm，顶端渐尖，基部渐狭，叶背被绒毛，稀无毛；叶柄长达2 cm；叶舌短而钝，无毛，叶鞘被短柔毛。总状花序长8～20 cm，花序轴密被金色粗长毛；小苞片绿色，椭圆形，长2.2 cm，边内卷，包裹花蕾，外被短柔毛，小花梗长2～4 mm，被金色粗长毛；花萼椭圆形，长1.2 cm，无毛，顶端2裂，复又一侧开裂；花冠管长8 mm，裂片长圆形，长1.2 cm，具缘毛，纯白色；侧生退化雄蕊钻状；唇瓣卵形，长1 cm，紫红色；子房被金色长毛。蒴果球形，直径1.5～2 cm，红色，被粗毛；种子多数。花期4～5月，果期10～11月。

【生长习性】生于林中阴湿处，海拔750～1600 m。喜温暖显润环境，宜选择疏林下、排水良好、土壤肥沃、土质疏松的地块作为圃地。

【精油含量】水蒸气蒸馏种子的得油率为0.25%。

【芳香成分】何仁远等（1995）用水蒸气蒸馏法提取的云南端丽产绿苞山姜种子精油的主要成分为：β-丁香烯（41.70%）、蛇麻烯（4.50%）、棕榈酸（4.06%）、亚油酸（3.48%）、檀香醇（3.14%）、金合欢醇（3.13%）、β-甜没药烯（2.50%）、白千层醇（1.71%）、乙酸檀香酯（1.32%）、δ-杜松烯（1.11%）、乙酸金合欢酯（1.01%）等。

❀ 毛瓣山姜
Alpinia malaccensis (Burm.) Rosc.

姜科　山姜属
分布：西藏、云南、广东

【形态特征】株高3 m或过之。叶片长圆状披针形或披针形，长达90 cm，宽达15 cm，顶端渐尖，基部急尖，叶面绿色，叶背被绒毛状长柔毛；叶舌长达1 cm，2裂，稍被茸毛。总状花序直立，长达35 cm，花序轴粗壮，密被黄色茸毛；小花梗长7 mm，密被黄色茸毛；小苞片宽椭圆形，白色，于蕾时包围花蕾；花萼钟状，长1.5 cm，密被绢毛；花冠白色，被绢毛，管长1 cm，裂片长圆状披针形，长2.5～3 cm；唇瓣卵形，长3.5 cm，黄色，具红色彩纹，基部二侧具痂及粗硬毛；无侧生退化雄蕊；雄蕊长2.4 cm，无药隔附属体；蜜腺2，平坦；子房被长柔毛。蒴果球形，直径约2 cm，黄色，不规则开裂。花期春季。

【生长习性】生于常绿阔叶林下。喜温暖湿润环境，宜选择疏林下、排水良好、土壤肥沃、土质疏松的地块作为圃地。

【精油含量】水蒸气蒸馏种子的得油率为0.03%。

【芳香成分】朱亮锋等（1993）用水蒸气蒸馏法提取的广东广州产毛瓣山姜种子精油的主要成分为：α-金合欢醇（33.77%）、十二酸（12.59%）、棕榈酸（11.48%）、肉豆蔻酸（11.41%）、癸酸（5.53%）、橙花叔醇（1.70%）、4-苯基-3-丁烯-2-酮（1.63%）、乙酸香叶酯（1.45%）、香茅醇（1.41%）等。

【利用】种子民间入药，具止痛、消食、催吐之功效，常用于治疗胃肠疾病。

🌸 山姜

Alpinia japonica (Thunb.) Miq.

姜科　山姜属
别名：箭杆风、九姜连、九龙盘、鸡爪莲、九节莲、姜叶淫羊藿
分布：东南、华南至西南各地

【形态特征】株高35～70 cm，具横生、分枝的根茎；叶两面、叶舌、花序轴、花萼、花冠、果实被短柔毛。叶片通常2～5片，叶片披针形，倒披针形或狭长椭圆形，长25～40 cm，宽4～7 cm，两端渐尖，顶端具小尖头；叶舌2裂。总状花序顶生，长15～30 cm；总苞片披针形，长约9 cm；小苞片极小；花通常2朵聚生；花萼棒状，长1～1.2 cm，顶端3齿裂；花冠裂片长圆形，后方的一枚兜状；唇瓣卵形，白色而具红色脉纹，顶端2裂，边缘具不整齐缺刻。果球形或椭圆形，直径

1～1.5 cm，熟时橙红色，顶有宿存的萼筒；种子多角形，长约5 mm，径约3 mm，有樟脑味。花期4～8月，果期7～12月。

【生长习性】生于林下阴湿处。喜散射光，亦耐半阴。喜温暖湿润环境，宜选择疏林下、排水良好、土壤肥沃、土质疏松的地块作为圃地。

【精油含量】水蒸气蒸馏根茎的得油率为0.95%，叶的得油率为0.26%，果实的得油率为0.60%～1.05%，种子的得油率为0.10%。

【芳香成分】根（根茎）：蔡进章等（2014）用水蒸气蒸馏法提取的浙江温州产山姜新鲜根精油的主要成分为：蒈醇（24.67%）、[2R-(2à,4aà,8aá)]-à,à,4a,8-四甲基-1,2,3,4,4a,5,6,8a-八氢-2-萘甲醇（17.18%）、(2R-顺式)à,à,4a,8-四甲基-1,2,3,4,4a,5,6,7-八氢-2-萘甲醇（15.26%）、(-)-花柏烯（7.74%）、1,3,3-三甲基-二环[2.2.1]庚-2-酮（7.19%）[1R-(1à,4aá,8aà)]-十氢-1,4a-二甲基-7-(1-甲基乙烯基)-1-萘甲醇（2.01%）、[1R-(1à,7á,8aà)]-1,2,3,5,6,7,8,8a-八氢-1,8a-二甲基-7-(1-甲基乙烯基)-萘（1.88%）、1,7,7-三甲基-二环[2.2.1]庚-2-酮（1.79%）、β-水芹烯（1.36%）、桉油醇（1.25%）等；新鲜根茎精油的主要成分为：β-蒎烯（12.92%）、[2R-(2à,4aà,8aá)]-à,à,4a,8-四甲基-1,2,3,4,4a,5,6,8a-八氢-2-萘甲醇（8.87%）、十氢-1,4a-二甲基-7-(1-甲基亚乙基)-1-萘甲醇（8.82%）、1,7,7-三甲基-二环[2.2.1]庚-2-酮（7.56%）、邻-异丙基苯（5.61%）、(2R-顺式)-à,à,4a,8-四甲基-1,2,3,4,4a,5,6,7-八氢-2-萘甲醇（4.07%）、(-)-花柏烯（2.76%）、[1R-(1à,7á,8aà)]-1,2,3,5,6,7,8,8a-八氢-1,8a-二甲基-7-(1-甲基乙烯基)-萘（2.14%）、石竹素（1.67%）、α-蒎烯（1.45%）、莰烯（1.37%）、桉油醇（1.23%）

-水芹烯（1.06%）等。刘磊等（2012）福建三明产山姜干燥根茎精油的主要成分为：桉叶油醇（6.29%）、莰烯（2.90%）、蒎烯（2.05%）、石竹素（1.18%）等。

茎：蔡进章等（2014）用水蒸气蒸馏法提取的浙江温州产山姜新鲜茎精油的主要成分为：β-蒎烯（5.61%）、[4aR-4aà,7à,8aá)]-十氢-4a-甲基-1-亚甲基-7-(1-甲基乙烯基)-萘（5.61%）、β-水芹烯（5.43%）、[1S-[1à(R*)，4aá,8aà]]-à-乙烯基十氢-à,5,5,8a-四甲基-2-亚甲基-1-萘丙醇（5.42%）、[1S-(1à,7à,8aà)]-1,2,3,5,6,7,8,8a-八氢-1,8a-二甲基-7-(1-甲基乙基)-萘（5.36%）、石竹烯（4.49%）、十氢-1,4a-二甲基-7-(1-甲基亚乙基)-1-萘甲醇（3.22%）、石竹素（1.99%）、邻-异丙基（1.90%）、α-蒎烯（1.48%）等。

叶：蔡进章等（2014）用水蒸气蒸馏法提取的浙江温州产山姜新鲜叶精油的主要成分为：β-蒎烯（10.65%）、[1S-[1à(R*)，4aá,8aà]]-à-乙烯基十氢-à,5,5,8a-四甲基-2-亚甲基-1-萘丙醇（5.52%）等。危英等（2010）用同法分析的贵州产山姜叶精油的主要成分为：10-表-γ-桉叶醇（5.79%）、7-表-α-桉叶烯（5.69%）、氟天竺葵酮（5.64%）、β-桉叶醇（5.54%）、γ-桉叶烯（5.49%）、马兜铃烯（3.76%）、14-去甲杜松-5-烯-4-酮（2.98%）、十六烷醇甲酸酯（2.27%）、α-乙酸萜酯（2.27%）、二氢白菖（蒲）烯（2.26%）、β-二氢沉香呋喃（2.07%）、反油酸甲酯（1.84%）、荜澄茄烯（1.57%）、10-表-α-莎草酮（1.47%）、α-去氢白菖（蒲）烯（1.33%）、石竹烯氧化物（1.30%）、茅苍术醇（1.28%）、亚麻酸甲酯（1.27%）、α-沉香呋喃（1.14%）、α-莎草酮（1.13%）、β-朱栾（1.12%）、瓦伦烯（1.09%）、桃金娘烯醛（1.08%）、γ-桉叶烯（1.03%）等。

果实：归筱铭等（1985）用水蒸气蒸馏法提取的福建武平产山姜果实精油的主要成分为：1,8-桉树脑（48.30%）、β-蒎烯（8.10%）、α-萜品醇（6.80%）、α-柠檬烯（6.40%）、α-蒎烯（5.90%）、邻-烯丙基甲苯（5.30%）、萜品-4-醇（3.90%）、β-芹子烯（2.50%）、甲基乙烯（2.50%）、△3-蒈烯（1.50%）、顺-萘烯（1.50%）、香叶烯（1.00%）等。

种子：朱亮锋等（1993）用水蒸气蒸馏法提取的广东广州产山姜种子精油的主要成分为：1,8-桉叶油素（30.87%）、α-松油醇（11.44%）、蛇麻烯（7.08%）、邻烯苯基甲苯（6.71%）、β-烯（4.50%）、松油醇-4（3.35%）、乙酸龙脑酯（2.32%）、橙花醇（2.16%）、樟脑（2.06%）、石竹烯（1.63%）等。

【利用】具有极高的园艺观赏价值，也可盆栽观赏。根状茎药用，有理气通络、止痛的功效，用于风湿关节痛、跌打损伤、牙痛、胃痛。花药用，有调中下气、消食、解酒毒的作用。果实药用，有祛寒燥湿、温胃止呕的功效，用于胃寒腹泻、反胃吐酸、食欲不振。

四川山姜
Alpinia sichuanensis Z. Y. Zhu

姜科　山姜属
分布： 广东、广西、湖南、江西、四川、贵州、云南

【形态特征】株高约 1 m。叶片披针形或线状披针形，长 20～30 cm，宽 2～6 cm，顶端具细尾尖，基部渐狭，顶部边缘具小刺毛，余无毛；叶舌长约 2 mm，2 裂，具缘毛。穗状花序直立，长 10～20 cm，小花常每 3 朵一簇生于花序轴上，花序轴被绒毛，小苞片极小；花萼筒状，顶端 3 裂，外被短柔毛；花冠管约和萼管等长或稍长；花冠裂片长圆形，长 8～10 mm，外被长柔毛；侧生退化雄蕊线形，长约 2 mm；唇瓣倒卵形，长 7～13 mm，皱波状，2 裂；雄蕊较唇瓣为长，花药长 4 mm；子房球形，被毛。蒴果球形，直径 7～8 mm，被短柔毛，顶冠以宿存的萼管；种子 5～6 颗。花期 4～6 月，果期 6～11 月。

【生长习性】多生于林下阴湿处。

【芳香成分】刘丹等（2017）用水蒸气蒸馏法提取的四川峨眉山产四川山姜干燥叶精油的主要成分为：桉叶油素（41.86%）、α-蒎烯（8.55%）、香芹醇（8.51%）、樟脑（5.13%）、马鞭草烯酮（2.55%）、喇叭烯氧化物Ⅱ（2.48%）、(-)-异酒剔烯（2.24%）、莰烯（1.84%）、可巴烯（1.63%）、龙脑（1.46%）、1,5,5-三甲基-3-亚甲基-1-环己烯（1.17%）、反式蒎烯醇（1.14%）、桃金娘烯醛（1.02%）等。

【利用】在四川峨眉等地民间以全株入药，具有祛风除湿、散寒解表、止痛等功效。

【生长习性】生于密林中。喜温暖湿润环境，宜选择疏林下、排水良好、土壤肥沃、土质疏松的地块作为圃地。

【精油含量】水蒸气蒸馏果实的得油率为0.75%，种子的得油率为0.09%。

🌸 小草蔻

Alpinia henryi K. Schum.

姜科　山姜属
别名：直穗山姜
分布：海南、广东、广西、湖南

【形态特征】株高达2m。叶片线状披针形，长35~40cm，宽3.5~6cm，顶端渐尖并具小尖头，基部渐狭，边缘被毛；叶舌长7~8mm，钝，革质。总状花序直立，长10~12cm，花序轴被绢毛；小苞片长圆形，长约2.5cm，蕾时包卷花蕾，花时脱落；花乳白色；花萼钟状，长1.5~2cm，顶端具2齿，齿端具缘毛，一侧开裂至中部以下；花冠无毛，管长11mm，裂片披针形，长约3cm；侧生退化雄蕊近钻状；唇瓣倒卵形，长约3.5cm，顶端2裂；子房圆球形，被丝质长柔毛，直径4~5mm。果圆球形，直径2~2.5cm，被短柔毛，顶端有宿萼。花期4~6月，果期5~7月。

【芳香成分】果实：秦华珍等（2011）用水蒸气蒸馏法提取的广西上思产小草蔻果实精油的主要成分为：金合欢醇（30.22%）、D-(+)-茴香酮（4.63%）、左旋樟脑（4.22%）、1,3,3-三甲基双环[2.2.1]-庚-2-醇（3.67%）、桉叶油醇（3.09%）、芳樟醇（2.96%）、莰烯（2.79%）、反式，反式-法呢醛（2.48%）、香叶醇（2.32%）、石竹素（1.94%）、(+)-柠檬烯（1.78%）、1,2,3,4,4a,7-六氢-1,6-二甲基-4-(1-异丙基)-萘（1.59%）、左旋-α-蒎烯（1.50%）、1,3,3-三甲基-二环[2.2.1]庚-2-醇乙酸酯（1.47%）、4-萜烯醇（1.30%）、癸醛（1.25%）、柠檬醛（1.20%）、γ-杜松烯（1.20%）、S-(Z)-3,7,11-三甲基-1,6,10-十二烷三烯-3-醇（1.19%）、δ-杜松烯（1.06%）等。

种子：朱亮锋等（1993）用水蒸气蒸馏法提取的广东广州产小草蔻种子精油的主要成分为：4-苯基-2-丁酮（18.52%）、金合欢醇（14.72%）、间伞花烃（10.14%）、δ-杜松烯（5.18%）、1,8-桉叶油素（3.61%）、月桂烯（1.65%）、龙脑（1.58%）、4-苯基-3-丁烯-2-酮（1.55%）、α-珂珞烯（1.20%）、芳樟醇（1.15%）等。

【利用】果实药用，用于胃寒腹痛胀满。

艳山姜

Alpinia zerumbet (Pers.) Burtt et Smith.

姜科　山姜属

别名：大草蔻、草豆蔻、花叶艳山姜、斑叶月桃、金条叶山姜、彩叶姜、花叶良姜

分布：东南至西南各地

【形态特征】株高2~3 m。叶片披针形，长30~60 cm，宽~10 cm，顶端渐尖而有一旋卷的小尖头，基部渐狭，边缘具柔毛；叶舌外被毛。圆锥花序呈总状花序式，长达30 cm，花序轴紫红色，被绒毛，在每一分枝上有花1~3朵；小苞片椭圆形，白色，顶端粉红色，蕾时包裹住花；花萼近钟形，长约2 cm，白色，顶粉红色，一侧开裂，顶端又齿裂；花冠裂片长圆形，后方的1枚较大，乳白色，顶端粉红色，唇瓣匙状宽卵形，顶端皱波状，黄色而有紫红色纹彩；腺体长约2.5 mm。蒴果卵圆形，直径约2 cm，被稀疏的粗毛，具显露的条纹，顶端冠以宿萼，熟时朱红色；种子有棱角。花期4~6月，果期：7~10月。

【生长习性】生于林阴。喜高温湿润，半荫蔽的气候环境，耐阴但不耐寒，生长适温为22~30℃，一般只能耐8℃左右的低温。喜疏松肥厚、呈微酸性的腐殖土。忌阳光直射，忌干旱，忌涝。

【精油含量】水蒸气蒸馏根茎的得油率为0.41%，茎的得油率为0.31%~0.35%，新鲜叶的得油率为0.22%，果实的得油率为0.11%~1.47%，种子的得油率为0.18%~0.50%，果皮的得油率为0.11%；超临界萃取新鲜叶的得油率为5.07%。

【芳香成分】**根茎：**沈祥春等（2010）用水蒸气蒸馏法提取的根茎精油的主要成分为：樟脑（11.82%）、β-水芹烯（11.24%）、莰烯（9.92%）、o-伞花烃（8.95%）、L-芳樟醇（7.47%）、L-龙脑（5.64%）、α-蒎烯（4.80%）、α-水芹烯（4.79%）、1,8-桉叶油素（3.89%）、β-蒎烯（3.11%）、4-萜烯

醇（2.91%）、油酸（2.38%）、β-月桂烯（2.18%）、α-蒈基丙酮（1.80%）、α-松油醇（1.68%）、金合欢醇（1.38%）、亚油酸（1.34%）、β-石竹烯（1.23%）、硬脂酸（1.21%）、石竹素（1.00%）等。

茎：沈祥春等（2010）用水蒸气蒸馏法提取的茎精油的主要成分为：β-水芹烯（16.75%）、o-伞花烃（11.80%）、莰烯（10.18%）、α-水芹烯（9.51%）、L-芳樟醇（6.54%）、α-蒎烯（6.44%）、樟脑（5.48%）、油酸（2.95%）、β-月桂烯（2.89%）、1,8-桉叶油素（2.24%）、硬脂酸（2.02%）、亚油酸（1.92%）、石竹素（1.70%）、β-石竹烯（1.59%）、4-萜烯醇（1.45%）、棕榈酸（1.26%）、β-蒎烯（1.06%）等。

叶：沈祥春等（2010）用水蒸气蒸馏法提取的叶精油的主要成分为：o-伞花烃（19.12%）、β-水芹烯（11.93%）、L-芳樟醇（9.85%）、石竹素（8.09%）、莰烯（6.24%）、樟脑（6.19%）、α-蒎烯（5.79%）、L-龙脑（3.91%）、1,8-桉叶油素（2.58%）、β-月桂烯（2.41%）、金合欢醇（2.23%）、4-萜烯醇（1.84%）、β-蒎烯（1.53%）、隐品酮（1.44%）、油酸（1.33%）、β-石竹烯（1.25%）、α-松油醇（1.00%）等。

果实：刘易等（2016）用水蒸气蒸馏法提取的广东广州产'花叶'艳山姜果实精油的主要成分为：桉油精（35.73%）、三环烯（7.46%）、2-莰酮（5.74%）、4-蒈烯（5.64%）、p-伞花烃（4.98%）、γ-桉叶醇（4.30%）、肉桂酸甲酯（4.27%）、(3R,4aS,5R,8aS)-5,8a-二甲基-3-(丙烷-2-基)-1,2,3,4,4a,5,6,8a-八氢萘（3.69%）、α-蒎烯（3.24%）、α-石竹烯（2.62%）、柠檬烯（2.53%）、橙花油醇（2.00%）、2-莰烯（1.83%）、4-萜烯

醇（1.55%）、γ-萜品烯（1.06%）等。张旭等（2017）用同法分析的贵州贞丰产艳山姜干燥果实精油的主要成分为：α-松油烯（24.89%）、1,8-萜二烯（15.53%）、α-蒎烯（6.98%）、乙烯（3.06%）、M-异丙基甲苯（2.95%）、莰烯（2.44%）、樟脑（1.61%）、冰片（1.51%）、2-甲氧基苯酚（1.10%）等。吴林菁等（2017）用同法分析的贵州贞丰产艳山姜干燥成熟果实精油的主要成分为：β-蒎烯（28.48%）、柠檬烯（10.05%）、α-蒎烯（9.73%）、α-松油醇（5.65%）、莰烯（4.24%）、石竹烯氧化物（4.12%）、邻异丙基苯（3.92%）、1,8-桉树脑（3.92%）、内-龙脑（2.88%）、樟脑（2.33%）、松油烯-4-醇（1.78%）、乙酸异丁酯（1.75%）、沉香醇（1.69%）、d-橙花叔醇（1.39%）、松香芹醇（1.10%）、β-石竹烯（1.07%）等。陶玲等（2009）用同法分析的贵州贞丰产艳山姜干燥成熟果皮精油的主要成分为：1,8-桉叶油素（17.05%）、石竹烯氧化物（8.64%）、β-水芹烯（7.89%）、樟脑萜（6.46%）、樟脑（6.42%）、L-龙脑（5.86%）、L-芳樟醇（5.34%）、α-蒎烯（4.85%）、P-牡荆油（3.55%）、β-榄香烯（3.36%）、苦橙油醇（3.32%）、β-蒎烯（3.06%）、萜品烯-4-醇（2.52%）、α-松油醇（2.24%）、α-桉醇（2.20%）、β-月桂烯（1.49%）、(-)-葎草烯环氧化物（1.25%）、β-桉醇（1.25%）、γ-桉醇（1.23%）、艾蒿脑B（1.14%）、δ-荜澄茄烯（1.02%）、榄香醇（1.01%）等。

种子：陶玲等（2009）用水蒸气蒸馏法提取的干燥成熟果实中的种子精油的主要成分为：β-蒎烯（22.78%）、β-水芹烯（11.07%）、α-蒎烯（7.28%）、α-松油醇（7.12%）、T-依兰油醇（4.80%）、α-杜松醇（4.22%）、P-牡荆油（3.06%）、隐酮（2.87%）、桃金娘烯醛（2.69%）、水芹醛（1.92%）、萜品烯-4-醇（1.89%）、棕榈酸（1.71%）、石竹烯氧化物（1.40%）、γ-荜澄茄烯（1.39%）、L-龙脑（1.35%）、榧叶醇（1.23%）、对-薄荷-2-烯-1-醇（1.21%）、桃金娘醇（1.21%）、(-)-葎草烯环氧化物（1.11%）、δ-荜澄茄烯（1.09%）、龙涎醛（1.07%）等。

【利用】根状茎和果实药用，有燥湿祛寒、除痰截疟、健脾暖胃的功效，用于脘腹冷痛、胸腹胀满、痰湿积滞、消化不良、呕吐腹泻、咳嗽。叶鞘可提取纤维以编织成绳索、置物蓝、盘、篓、凉席或草席等编织品。常栽培于园庭供观赏。

🌸 益智

Alpinia oxyphylla Miq.

姜科　山姜属
别名：摘芋子
分布：海南、广东、广西、云南、福建

【形态特征】株高1～3m；茎丛生；根茎短，长3～5cm。叶片披针形，长25～35cm，宽3～6cm，顶端渐狭，具尾尖，基部近圆形，边缘具脱落性小刚毛；叶舌膜质，2裂；被淡棕色疏柔毛。总状花序在花蕾时全部包藏于一帽状总苞片中，花时整个脱落，花序轴被极短的柔毛；大苞片极短，膜质，棕色；花萼筒状，一侧开裂至中部，先端具3齿裂，外被短柔毛；花冠裂片长圆形，后方的1枚稍大，白色，外被疏柔毛；侧生退化雄蕊钻状；唇瓣倒卵形，粉白色而具红色脉纹，先端边缘皱波状。蒴果鲜时球形，干时纺锤形，长1.5～2cm，宽约1cm，被短柔毛；种子不规则扁圆形，被淡黄色假种皮。花期3～5月，

果期4～9月。

【生长习性】生于林下阴湿处。喜温暖，年平均温度24～28℃最适宜，20℃以下则不开花或不完全开花。喜湿润的环境，要求年降雨量为1700～2000mm，空气相对湿度80%～90%，土壤湿度在25%～30%最适宜植株生长。半阴植物。要求土壤疏松、肥沃、排水良好、富含腐殖质的森林土、砂土或壤土。

【精油含量】水蒸气蒸馏果实的得油率为0.003%～1.70%；种子的得油率为0.65%～1.77%，果皮的得油率为0.38%～1.25%；超临界萃取果实的得油率为3.20%～3.96%；索氏法提取果实的得油率为3.80%。

【芳香成分】茎：易美华等（2004）用水蒸气蒸馏法提取的海南万宁产益智茎精油的主要成分为：9,12-十八烷二烯酸（24.04%）、十六酸（19.47%）、6,6-二甲基-二环[3,1,1]庚烯-2-羧醛（4.53%）、6,6-二甲基-二环[3,1,1]庚-2-烯-2-甲醛（1.15%）等。

叶：李婷等（2010）用水蒸气蒸馏法提取的新鲜叶精油的主要成分为：巴伦西亚桔烯（6.77%）、3-蒈烯-10-醛（6.59%）、β-红没药烯（5.79%）、芳姜黄烯（4.85%）、β-倍半水芹烯（4.49%）、桃金娘烯醛（4.00%）、2-(4-甲基苯基)-6-甲基-5-庚烯-2-醇（3.41%）、7-表-α-芹子烯（2.74%）、α-甜没药烯（2.28%）、3-羟基-顺-菖蒲烯（1.90%）、α-香柠檬烯（1.84%）、紫苏醛（1.72%）、刺柏脑（1.64%）、乙酰金合欢酮（1.63%）

大根香叶烯D（1.43%）、枯茗醛（1.38%）、(-)-表-α-香柠檬醇（1.35%）、5-表-十氢二甲基甲乙烯基萘酚（1.31%）、Z-α-反式-香柠檬醇（1.27%）、姜烯醇（1.15%）、植物醇（1.15%）、(E)-α-红没药烯（1.11%）、β-芹子烯（1.09%）、桃金娘烯醇（1.03%）、(+)-(4S,8R)-8-表-β-甜没药醇（1.00%）等。

果实：陈少东等（2011）用水蒸气蒸馏法提取的海南产益智果实精油的主要成分为：圆柚酮（15.51%）、γ-榄香烯（10.71%）、瓦伦烯（8.69%）、α-芹子烯（6.71%）、马兜铃酮（5.48%）、β-紫罗兰酮（5.37%）、螺[4.5]癸烷（5.23%）、喇叭烯氧化物（5.15%）、2,6-二-叔丁基-苯醌（4.92%）、γ-古芸烯（4.81%）、α-人参烯（3.90%）、对甲氧基肉桂酸乙酯（3.38%）、γ-依兰油烯（2.22%）、石竹烯氧化物（2.14%）、α-长叶蒎烯（1.82%）、γ-芹子烯（1.57%）、4-丁基苯甲酸（1.45%）等。余辉等（2014）用同法分析的干燥成熟果实精油的主要成分为：1,2,4,5-四甲苯（42.96%）、桃金娘烯醛（4.66%）、芳樟醇（4.34%）、(-)-4-萜品醇（2.96%）、萜品烯（2.21%）、圆柚酮（1.48%）、β-蒎烯（1.32%）、右旋萜二烯（1.25%）、(1S)-(+)-3-蒈烯（1.02%）等。阳波等（2010）用同法分析的果皮精油的主要成分为：对伞花素（58.49%）、崖柏烯（4.46%）、芳樟醇（2.80%）、分散花酮（1.86%）、柠檬烯（1.80%）、3-蒈烯（1.61%）、β-水芹烯（1.29%）、γ-古芸烯（1.16%）等。

种子：阳波等（2010）用水蒸气蒸馏法提取的种子精油的主要成分为：诺卡酮（12.35%）、艾里莫芬烯（10.86%）、对伞花素（6.72%）、丁香烯（2.80%）、γ-古芸烯（1.84%）、β-榄香烯（1.07%）等。

【利用】果实供药用，有益脾胃、理元气、补肾虚滑沥的功用，治脾胃（或肾）虚寒所致的泄泻、腹痛、呕吐、食欲不振、垂液分泌增多、遗尿、小便频数等症。

云南草蔻
Alpinia blepharocalyx K. Schum.

姜科　山姜属

别名：小草蔻

分布：云南

【形态特征】株高1～3 m。叶片披针形或倒披针形，长45～60 cm，宽4～15 cm，顶端具短尖头，基部渐狭，叶面深绿色，叶背淡绿色，密被长柔毛；叶舌长约6 mm，顶端具长柔毛。总状花序下垂，长20～30 cm，花序轴被粗硬毛；小苞片椭圆形，脆壳质，内包1花蕾，花时脱落；花萼椭圆形，长2～2.5 cm，顶端具3齿，复又一侧开裂至近基部处，顶部及边缘具睫毛；花冠肉红色，管长约1 cm，喉部被短柔毛；后方的1枚花冠裂片近圆形，二侧的裂片阔披针形；侧生退化雄蕊钻状；唇瓣卵形，红色。果椭圆形，长约3 cm，宽约2 cm，被毛；种子团圆球形，直径1.2～1.6 cm，表面灰黄至暗棕色。花期4～6月，果期7～12月。

【生长习性】生于海拔100～1000 m的疏林中。喜温暖湿润环境，宜选择疏林下、排水良好、土壤肥沃、土质疏松的地块作为圃地。

【精油含量】水蒸气蒸馏根茎的得油率为1.21%，果实的得油率为0.63%，种子的得油率为0.11%～0.36%。

【芳香成分】根茎：纳智（2006）用同时蒸馏萃取法提取的云南西双版纳产云南草蔻阴干根茎精油的主要成分为：肉桂酸甲酯（90.88%）、冰片（3.26%）、α-松油醇（1.08%）等。

种子：何仁远等（1995）用水蒸气蒸馏法提取的云南西双版纳产云南草蔻种子精油的主要成分为：γ-杜松烯（18.70%）、芳樟醇（5.45%）、乙酸香叶酯（3.86%）、δ-杜松烯（3.08%）、β-丁香烯（1.98%）、橙花叔醇（1.98%）、芳萜烯（1.45%）、檀香醇（1.25%）、δ-杜松醇（1.16%）等。

【利用】种子团供药用，有燥湿、暖胃、健脾的功用，用于心腹冷痛、痞满吐酸、噎膈、反胃、寒湿吐泻。

🌸 光叶云南草蔻
Alpinia blepharocalyx K. Schum. var. *glabrior* (Hand.-Mazz.) T. L. Wu

姜科　山姜属
分布: 云南、广西、广东

【形态特征】云南草蔻变种。与原变种不同之处在于叶背及花冠管喉部均无毛。花期3～7月，果期4～11月。

【生长习性】生于山地密林或灌丛中，海拔380～1200 m。

【精油含量】水蒸气蒸馏种子的得油率为0.31%。

【芳香成分】何仁远等（1995）用水蒸气蒸馏法提取的云南马关产光叶云南草蔻种子精油的主要成分为：金合欢醇（29.20%）、蛇麻烯（23.50%）、金合欢醛（7.89%）、芳樟醇（5.05%）、香叶酸甲酯（3.64%）、β-丁香烯（3.24%）、乙酸金合欢酯（2.39%）、δ-杜松烯（2.18%）、胡薄荷酮（2.12%）、橙花叔醇（2.11%）、α-胡椒烯（2.02%）、香叶醛（1.42%）、香茅醇（1.27%）等。

【利用】种子团在云南作草豆蔻使用。

🌸 海南三七
Kaempferia rotunda Linn.

姜科　山柰属
别名: 山田七、圆山奈、羽花姜
分布: 云南、广西、广东、台湾

【形态特征】根茎块状，根粗。先开花，后出叶；叶片长椭圆形，长17～27 cm，宽7.5～9.5 cm，叶面淡绿色，中脉两侧深绿色，叶背紫色；叶柄短，槽状。头状花序有花4～6朵，春季直接自根茎发出；苞片紫褐色，长4.5～7 cm；花萼管长4.5～7 cm，一侧开裂；花冠管约与萼管等长，花冠裂片线形，白色，长约5 cm，花时平展，侧生退化雄蕊披针形，长约5 cm，宽约1.7 cm，白色，顶端急尖，直立，稍靠叠；唇瓣蓝紫色，近圆形，深2裂至中部以下成2裂片，裂片长约3.5 cm，宽约2 cm，顶端急尖，下垂；药隔附属体2裂，呈鱼尾状，直立于药室的顶部，边缘具不整齐的缺刻，顶端尖。花期4月。

【生长习性】可栽培或自然生于草地阳处。喜高温、湿润和阳光充足的环境。宜排水良好、腐殖质丰富、疏松的砂质壤土。生长适温为20～28 ℃。

【精油含量】同时蒸馏萃取阴干花期全株的得油率为2.45%。

【芳香成分】徐世涛等（2012）用同时蒸馏萃取法提取的云南西双版纳产海南三七阴干花期全株精油的主要成分为

-蒎烯（18.97%）、茨烯（13.00%）、α-蒎烯（6.83%）、茨酮5.80%）、沉香醇氧化物（5.11%）、1,8-桉油素（3.70%）、苯甲酸苄酯（3.59%）、石竹烯氧化物（3.51%）、6,10,14-三甲基-2-十五烷酮（3.44%）、乙酸冰片（3.12%）、异石竹烯（2.92%）、十绿醇（2.90%）、香桧烯（2.80%）、D-柠檬烯（2.24%）、棕榈酸（1.66%）、冰片（1.63%）、苯乙醛（1.55%）、橙花叔醇1.27%）等。

【利用】栽培供观赏或盆栽室内观赏。根茎供药用，有小毒，有消肿止痛的功效，能治跌打损伤及胃痛。

苦山柰
Kaempferia marginata Carey ex Roscoe

姜科　山柰属
分布：云南、海南。

【形态特征】多年生低矮草本，具块状根茎，须根常膨大；根茎形似姜，直径2～4 cm，黄棕色，质较坚硬，有须根及鳞片。味辛凉而苦。无明显的地上茎。叶基生，2列；叶柄短；叶舌不显著。花通常1至数朵组成头状或穗状花序；苞片披针形或长圆形，多数，螺旋排列；小苞片膜质，顶端具2齿裂；花萼管状，上部一侧开裂，顶端具不等的2～3裂齿；花冠裂片披针形，近相等；侧生退化雄蕊花瓣状；唇瓣阔，通常2裂；雄蕊着生于花冠管的喉部；腺体2枚，圆柱状。蒴果球形或椭圆形，3瓣裂，果皮薄；种子近球形，假种皮小，撕裂状。

【生长习性】喜温暖湿润气候，不耐寒。

【精油含量】水蒸气蒸馏根茎的得油率为0.55%～1.10%。

【芳香成分】吴润等（1994）用水蒸气蒸馏法提取的云南耿马产苦山柰根茎精油的主要成分为：1,8-桉叶油素（24.56%）、十五烷（22.67%）、δ-荜烯（11.32%）、对-伞花烃（5.70%）、樟烯（4.95%）、反-对甲氧基桂酸乙酯（4.46%）、β-蒎烯（3.37%）、α-蒎烯（2.36%）、优香芹酮（1.70%）、十七烷（1.70%）、反-桂酸乙酯（1.23%）、百里香酚（1.11%）等。

【利用】市场上有将根茎作山柰出售，为有毒植物，不可内服。

山柰
Kaempferia galanga Linn.

姜科　山柰属
别名：沙姜、三柰、三奈、山辣
分布：台湾、广东、海南、广西、四川、云南、福建等地

【形态特征】根茎块状，单生或数枚连接，淡绿色或绿白色，芳香。叶通常2片贴近地面生长，近圆形，长7～13 cm，宽4～9 cm，无毛或于叶背被稀疏的长柔毛，干时于叶面可见红色小点，几无柄；叶鞘长2～3 cm。花4～12朵顶生，半藏于叶鞘中；苞片披针形，长2.5 cm；花白色，有香味，易凋谢；花萼约与苞片等长；花冠管长2～2.5 cm，裂片线形，长1.2 cm；侧生退化雄蕊倒卵状楔形，长1.2 cm；唇瓣白色，基部具紫斑，长2.5 cm，宽2 cm，深2裂至中部以下；雄蕊无花丝，药隔附属体正方形，2裂。果为蒴果。花期8～9月。

【生长习性】喜温暖湿润气候，不耐寒，喜阳光，较耐旱，忌积水。对土壤要求不严，以排水良好、疏松、富含腐殖质的砂质壤土为好。

【精油含量】水蒸气蒸馏根茎的得油率为0.64%～3.68%；超临界萃取根茎的得油率为3.10%～10.12%；微波辅助水蒸气蒸馏根茎的得油率为2.55%。

【芳香成分】陈福北等（2009）用水蒸气蒸馏法提取的广西南宁产山柰新鲜根茎精油的主要成分为：反式对甲氧基肉桂酸

乙酯（54.42%）、反式肉桂酸乙酯（14.14%）、十五烷（8.20%）、2,3-二甲基-5-己烯-3-醇（6.14%）、顺式对甲氧基肉桂酸乙酯（5.46%）、γ-谷甾醇（3.99%）、蓝桉醇（1.64%）、四氢月桂烯醇（1.10%）等。

【利用】根茎药用，有温中除湿、行气消食、止痛的功效，用于脘腹冷痛、寒湿吐泻、霍乱、胸腹胀满、饮食不消、牙痛、风湿痹痛。根茎可作调味香料。根茎精油可作调香原料。

🌸 土田七

Stahlianthus involucratus (King ex Baker) Craib ex Loes.

姜科　土田七属

别名： 姜三七、姜叶三七、姜田七、三七姜、小田七、竹田七、毛七

分布： 云南、广东、广西、福建

【形态特征】株高15～30 cm；根茎块状，径约1 cm，棕褐色，粉质，芳香而有辛辣味，根末端膨大成球形的块根。叶片倒卵状长圆形或披针形，长10～18 cm，宽2～3.5 cm，绿色或染紫。花10～15朵聚生于钟状的总苞中，总苞长4～5 cm，宽2～2.5 cm，顶2～3裂，总苞及花的各部常有棕色、透明的小腺点；小苞片线形，膜质；花白色，萼管长9～11 mm，顶端浅3裂；花冠管长2.5～2.7 cm，裂片长圆形，后方的一片稍较大，顶端具小尖头；侧生退化雄蕊倒披针形；唇瓣倒卵状匙形，白色，中央有杏黄色斑，内被长柔毛，生活时唇瓣与侧生退化雄蕊卷成筒状，露出于总苞之上。花期5～6月。

【生长习性】可栽培或野生于林下、荒坡。

【精油含量】水蒸气蒸馏新鲜根茎的得油率为1.15%～3.78%。

【芳香成分】方洪钜等（1984）用水蒸气蒸馏法提取的新鲜根茎精油的主要成分为：莰烯（22.69%）、姜三七醌（19.85%）、樟脑（10.70%）、α-胡椒烯（8.75%）、α-蒎烯（5.38%）、莒烯（4.23%）、香树烯（4.19%）、二氢姜三七酮（3.16%）、柠檬烯（1.31%）、γ-依兰油烯（1.05%）等。焦爱军等（2014）用同法分析的广西武鸣产土田七干燥块根及根茎精油的主要成分为：依兰烯（23.42%）、莰烯（14.05%）、α-石竹烯（10.56%）、

姜三七醌（9.65%）、α-蒎烯（5.81%）、樟脑（5.04%）、3-蒈烯（3.69%）、β-杜松烯（2.88%）、1-异亚丙基-4-亚甲基-7-甲基-1,2,3,4,4a,5,6,8a-八氢萘（2.15%）、氧化石竹烯（1.83%）、去氢白菖烯（1.47%）、二氢姜三七酮（1.34%）、β-芹子烯（1.22%）、葎草烯环氧化物 II（1.21%）等。曾立威等（2017）用同法分析的广西产土田七新鲜块根及根茎精油的主要成分为：3,6,7,8-四氢化-3,3,6,6-四甲基环戊二烯并[e]茚-1(2H)-酮（25.75%）、莰烯（13.54%）、1,7,7-三甲基-二环[2.2.1]庚-2-酮（11.93%）、可巴烯（9.95%）、1R-α-蒎烯（4.94%）、香树烯（4.76%）、1,3,3-三甲基-三环[2.2.1.0²·⁶]庚烷（3.50%）、氧化石竹烯（3.26%）、1,2,4a,5,6,8a-六氢-4,7-二甲基-1-(1-甲基乙基)萘（2.65%）、6-坎福诺耳（1.21%）、甲基庚基甲酮（1.05%）、萘（1.00%）等。

【利用】块根和根茎药用，具有散瘀消肿、活血止血之功效，主治跌打损伤痛、虫蛇咬伤、风湿骨痛、吐血、衄血。

🌸 舞花姜

Globba racemosa Smith

姜科　舞花姜属

别名： 甘败、午花姜、午姜花、云南小草蔻

分布： 四川、贵州、广西、广东、湖南、江西、福建等地

【形态特征】株高0.6~1 m；茎基膨大。叶片长圆形或卵状披针形，长12~20 cm，宽4~5 cm，顶端尾尖，基部急尖，叶片二面的脉上疏被柔毛或无毛，无柄或具短柄；叶舌及叶鞘口具缘毛。圆锥花序顶生，长15~20 cm，苞片早落，小苞片长约2 mm；花黄色，各部均具橙色腺点；花萼管漏斗形，长约5 mm，顶端具3齿；花冠管长约1 cm，裂片反折，长约mm；侧生退化雄蕊披针形，与花冠裂片等长；唇瓣倒楔形，长约7 mm，顶端2裂，反折，生于花丝基部稍上处，花丝长0~12 mm，花药长4 mm，两侧无翅状附属体。蒴果椭圆形，直径约1 cm，无疣状凸起。花期6~9月。

【生长习性】生于林下阴湿处，海拔400~1300 m。喜温暖、湿润环境，宜在半荫蔽、土壤疏松肥沃的环境中生长。不耐高温，不耐干旱，忌阳光直射，畏寒冷，生长适温为18~25 ℃。

【芳香成分】根：李洪德等（2017）用水蒸气蒸馏法提取的贵州都匀产舞花姜新鲜根精油的主要成分为：β-蒎烯（14.26%）、芳樟醇（14.06%）、γ-松油烯（12.64%）、莰烯（11.67%）、α-蒎烯（9.51%）、橙花叔醇（9.51%）、柠檬烯（6.08%）、左旋乙酸龙脑酯（4.18%）、对甲基异丙基苯（4.01%）、4-松油醇（1.85%）、月桂烯（1.35%）等。

茎：李洪德等（2017）用水蒸气蒸馏法提取的贵州都匀产舞花姜新鲜茎精油的主要成分为：植醇（14.96%）、6,10,14-三甲基-2-十五烷酮（12.93%）、龙涎酮（12.00%）、橙花叔醇（7.67%）、辛辣木-8-烯-11-醛（5.57%）、β-芹子烯（3.52%）、(-)-β-榄香烯（2.24%）、硫化薄荷（2.00%）、桉油烯醇（1.04%）等。

叶：李洪德等（2017）用水蒸气蒸馏法提取的贵州都匀产舞花姜新鲜叶精油的主要成分为：(-)-β-榄香烯（25.83%）、α-法呢烯（13.37%）、橙花叔醇（10.89%）、大根香叶烯D（6.84%）、β-蒎烯（4.74%）、大根香叶烯B（2.73%）、β-芹子烯（2.02%）、植醇（2.00%）等。

【利用】可作室内盆栽观赏，花亦可作切花观赏。根与果实在民间药用，具有健胃、消炎的功效，主要用于治疗胃炎、消化不良、急慢性肾炎等。

❀ 小豆蔻
Elettaria cardamomum (Linn.) Maton

姜科	小豆蔻属
别名：	三角豆蔻、印度豆蔻
分布：	云南、广东、广西、福建

【形态特征】多年生草本。根茎粗壮，棕红色。叶两列，叶片狭长披针状，叶鞘具棕黄色柔毛。穗状花序由茎基部抽出。花序显着伸长，花排列稀疏，花冠白色。果实长卵圆形，果皮质韧，不易开裂。种子团分3瓣，每瓣种子5~9枚，种子气味芳香而峻烈。

【生长习性】生于山坡边阴凉潮湿的地方。栽培小豆蔻只能在排水良好且适当的阴凉处，而不能在贫瘠的或有强风的土地上。

【精油含量】水蒸气蒸馏干燥果实的得油率为4.70%，种子的得油率为3.78%。

【芳香成分】丁平等（2002）用水蒸气蒸馏法提取的种子精油的主要成分为：α-松油醇（32.92%）、桉油醇（12.31%）等。

【利用】种子作调味料，为咖喱粉的原料之一。还可用作消食驱风及芳香兴奋剂，有治晕车、失眠、口臭、肥胖和增强性功能的功效。

🌸 半枫荷
Semiliquidambar cathayensis Chang

金缕梅科 半枫荷属
分布： 江西、广东、广西、湖南、贵州、海南

【形态特征】常绿乔木，高约17 m，胸径达60 cm，树皮灰色，稍粗糙；芽体长卵形，略有短柔毛。叶簇生于枝顶，革质，异型，不分裂的叶片卵状椭圆形，长8～13 cm，宽3.5～6 cm；先端渐尖，尾部长1～1.5 cm；基部阔楔形或近圆形，稍不等侧；叶面深绿色，叶背浅绿色；或为掌状3裂，中央裂片长3～5 cm，两侧裂片卵状三角形，长2～2.5 cm，斜行向上，有时为单侧叉状分裂；边缘有具腺锯齿。雄花的短穗状花序常数个排成总状，长6 cm，花被全缺。雌花的头状花序单生，萼齿针形，长2～5 mm，有短柔毛，花柱先端卷曲，有柔毛。头状果序直径2.5 cm，有蒴果22～28个，宿存萼齿比花柱短。

【生长习性】产地多属亚热带低山至中山，向南楔入热带，分布点的年均温在18 ℃以上，极端低温可达-5 ℃，年降水量1200～1300 mm。喜生于土层深厚、肥沃、疏松、湿润排水良好的酸性土壤。为中性树种，幼年期较耐阴。

【精油含量】水蒸气蒸馏枝叶的得油率为0.50%～0.60%。

【芳香成分】朱亮锋等（1993）用水蒸气蒸馏法提取的广东鼎湖山产半枫荷枝叶精油的主要成分为：柠檬烯（50.22%）、2-己烯醛（6.72%）、3-己烯醇（6.26%）、β-蒎烯（5.17%）、α-罗勒烯（5.07%）、己醛（3.93%）、丙基环丙烷（3.49%）、α-松油醇（3.40%）、苯甲醛（3.26%）、α-蒎烯（3.10%）、松油醇-4（2.26%）、β-月桂烯（1.14%）、对伞花烃（1.04%）等。

【利用】根供药用，有祛风除湿、舒筋活血的功效，用于风湿痹痛、跌打损伤、腰腿痛、痢疾；外用于刀伤出血。

🌸 北美枫香
Liquidambar styraciflua Linn.

金缕梅科 枫香树属
别名： 胶皮枫香树、胶皮糖香树
分布： 华东、中南、西南、台湾

【形态特征】落叶乔木。树高15～30 m，主干高耸。树皮为棕色，有深裂纹。小枝红褐色，通常有木栓质翅。叶互生，宽卵形，叶长10～18 cm，掌状5～7裂，每个裂片边缘都有细锯齿，叶柄长6.5～10 cm。春夏叶色暗绿，秋季颜色有桔黄、红色和紫色。

【生长习性】亚热湿润气候树种。喜光照，适应性强，耐部分遮阴。以肥沃、潮湿、冲积性黏土和江河底部肥沃的黏性微酸土壤最好，不耐污染。

【精油含量】水蒸气蒸馏1年生新鲜枝条的得油率为0.04%。

【芳香成分】陈友地等（1991）用水蒸气蒸馏法提取的江苏南京产1年生北美枫香树新鲜枝条精油的主要成分为：α-蒎烯（45.25%）、β-蒎烯（12.51%）、柠檬烯（6.36%）、顺-石竹烯（5.93%）、β-荜澄茄烯（5.50%）、7,7-二甲基-3-亚甲基二环[0.1.1]庚烷（1.79%）、γ-松油烯（1.49%）、2,4(8)-对-蓋二烯（1.40%）、紫苏烯（1.13%）等。

【利用】是常用的庭园观赏树之一，宜作行道树、庭园、防护林和湿地生态林。

枫香树
Liquidambar formosana Hance

金缕梅科　枫香树属

别名： 枫树、红枫、大叶枫、香枫、鸡爪枫、路路通、枫仔树、三角枫

分布： 秦岭及淮河以南各地

【形态特征】落叶乔木，高达30 m，胸径最大可达1 m，树皮灰褐色，方块状剥落；小枝干后灰色，被柔毛，略有皮孔；芽体卵形，长约1 cm，略被微毛，鳞状苞片敷有树脂，干后棕黑色。叶薄革质，阔卵形，掌状3裂，中央裂片较长，先端尾状渐尖；两侧裂片平展；基部心形；边缘有锯齿，齿尖有腺状突；托叶线形，红褐色，被毛。雄性短穗状花序常多个排成总状。雌性头状花序有花24～43朵，萼齿4～7个，针形，长～8 mm，子房下半部藏在头状花序轴内，上半部游离，有柔毛。头状果序圆球形，木质，直径3～4 cm；蒴果下半部藏于花序轴内，有宿存花柱及针刺状萼齿。种子多数，褐色，多角形或有窄翅。

【生长习性】多生于平地，村落附近及低山的次生林。喜阳光，幼树梢耐阴。耐火烧，萌生力极强。喜温暖湿润气候及深厚湿润土壤，也能耐干旱瘠薄，但较不耐水湿，不耐寒。黄河以北不能露地越冬，不耐盐碱。

【精油含量】水蒸气蒸馏叶得油率为0.10%～2.81%，新鲜枝条的得油率为0.05%，果实的得油率为0.07%～0.38%，树脂的得油率为10.00%～23.12%。

【芳香成分】枝：陈友地等（1991）用水蒸气蒸馏法提取的江苏南京产1年生枫香树新鲜枝条精油的主要成分为：α-蒎烯（34.60%）、β-蒎烯（24.20%）、柠檬烯（9.20%）、顺-石竹烯（7.55%）、β-荜澄茄烯（2.80%）、γ-木罗烯（1.72%）、7,7-二甲基-3-亚甲基二环[0.1.1]庚烷（1.70%）、萜品-4-醇（1.52%）、α-萜品醇（1.47%）、1,2,3,4,4a,7-六氢-1,6-二甲基-4-(1-甲乙基)萘（1.20%）等。

叶：刘亚敏等（2009）用水蒸气蒸馏法提取的重庆产枫香树叶精油的主要成分为：β-蒎烯（21.18%）、α-蒎烯（20.70%）、(E)-2-己烯醛（7.64%）、柠檬烯（7.59%）、β-石竹烯（6.08%）、α-萜品醇（4.59%）、(E)-β-罗勒烯（3.56%）、(E)-植醇（3.42%）、叶醇（2.68%）、L-芳樟醇（2.38%）、4-萜品醇（2.33%）、依兰油醇（1.27%）、4-异丙基甲苯（1.24%）、γ-桉叶醇（1.18%）、己醛（1.08%）、香叶醇（1.05%）等。张韵慧等（2012）用同法分析的广西产枫香叶精油的主要成分为：α-蒎烯（34.48%）、柠檬烯（26.97%）、β-蒎烯（19.25%）、β-石竹烯（2.57%）、β-月桂烯（1.62%）、萜品油烯（1.45%）等。

果实：刘玉民等（2010）用水蒸气蒸馏法提取的重庆产枫香树干燥成熟果序精油的主要成分为：β-蒎烯（21.96%）、α-蒎烯（21.32%）、柠檬烯（8.43%）、(E)-2-己烯醛（8.04%）、β-石竹烯（5.67%）、α-松油醇（4.39%）、(E)-β-罗勒烯（4.31%）、(E)-植醇（3.53%）、叶醇（2.78%）、百里香酚（2.47%）、4-松油醇（2.15%）、α-松油烯（1.53%）、γ-桉叶醇（1.35%）、依兰油醇（1.22%）、安息香醛（1.15%）等。蔡爱华等（2012）用同法分析的广西桂林产枫香树果实精油的主要成分为：β-蒎烯（16.69%）、1S-α-蒎烯（15.22%）、石竹烯（12.54%）、(1α,4aβ,8aα)-1,2,3,4,4a,5,6,8a-八氢-7-甲基-4-亚甲基-1-(1-甲基乙基)-萘（5.16%）、(-)-异喇叭烯（4.93%）、柠檬烯（4.87%）、(1S-顺式)-1,2,3,4-四氢-1,6-二甲基-4-(1-甲基乙基)-萘（4.44%）、表蓝桉醇（4.27%）、α-依兰油烯（3.03%）、[S-(E,E)]-1-甲基-5-亚甲基-8-(1-甲基乙基)-1,6-环癸二烯（2.76%）、(+)-表-双环倍半菲兰烯（2.65%）、[1aR-(1aα,7α,7aα,7bα)]-1a,2,3,5,6,7,7a,7b-八氢-1,1,7,7a-四甲基-1H-环丙[a]萘（2.19%）、[1aR-(1aα,4aβ,7α,7aβ,7bβ)]-十氢-1,1,7-三甲基-4-乙烯基-1H-环丙[e]薁（1.58%）、τ-依兰油醇（1.56%）、1,2,4a,5,6,8a-六氢-4,7-二甲基-1-(1-甲基乙基)-萘（1.50%）、[1S-(1α,2β,4β)]-1-乙烯基-1-甲基-2,4-二(1-甲基乙烯基)-环己烷（1.45%）、Z,Z,Z-1,5,9,9-四甲基-1,4,7-环十一碳三烯

（1.28%）、石竹烯氧化物（1.19%）、(1S-内)-1,7,7-三甲基-双环[2.2.1]庚-2-醇醋酸酯（1.09%）、α-荜澄茄油萜（1.03%）等。

树脂：宋晓等（2010）用水蒸气蒸馏法提取的江西宁都产枫香树树脂精油的主要成分为：α-蒎烯（34.10%）、β-蒎烯（21.40%）、莰烯（14.13%）、苧烯（7.86%）、β-石竹烯（7.80%）、左旋樟脑（2.73%）、桧烯（2.32%）、乙酸冰片酯（1.84%）、β-荜澄茄油烯（1.30%）、侧柏烯（1.00%）等。李建明等（2014）用同法分析的云南产枫香树新鲜树脂精油的主要成分为：莰烯（21.48%）、β-石竹烯（18.44%）、蒎烯（13.75%）、莰烯（11.35%）、乙酰苯（4.88%）、β-荜澄茄油烯（3.00%）、石竹烯素（1.77%）、β-水芹烯（1.70%）、伞花烃（1.54%）、1,2,3,4,4a,7,8,8a-八氢化-1,6-二甲基-4-(甲基乙基)蒽（1.44%）、α-荜澄茄油烯（1.34%）、β-月桂烯（1.33%）、(2E,4E)-3,7-二甲基-2,4-辛二烯（1.32%）、蓝桉烯（1.22%）等。

【利用】木材可制家具及贵重商品的装箱。全株均可药用，根有解毒消肿、祛风止痛的功效；树皮有除湿止泻、祛风止痒的功效；叶有行气止痛、解毒、止血的功效；果序有祛风除湿、疏肝活络、利水的功效；树脂有解毒止痛、止血生肌的功效。叶精油可作香料定香剂，并可用于配制皂用、牙膏香精或香精。树皮可制栲胶。在园林中栽作庭荫树。

缺萼枫香树
Liquidambar acalycina H. T. Chang

金缕梅科　枫香树属
分布： 广西、四川、贵州、广东、江西、安徽、湖北、江苏、浙江等地

【形态特征】落叶乔木，高达25 m，树皮黑褐色；小枝无毛，有皮孔，干后黑褐色。叶阔卵形，掌状3裂，长8～13 cm，宽8～15 cm，中央裂片较长，先端尾状渐尖，两侧裂片三角卵形；边缘有锯齿，齿尖有腺状突；托叶线形，长3～10 mm，有褐色绒毛。雄性短穗状花序多个排成总状花序，花丝长1.5 mm，花药卵圆形。雌性头状花序单生于短枝的叶腋内，有雌花15～26朵，花序柄长约3～6 cm，略被短柔毛；萼齿不存在，或为鳞片状，有时极短，花柱长5～7 mm，被褐色短柔毛，先端卷曲。头状果序宽2.5 cm，干后变黑褐色，疏松易碎，宿存花柱粗而短，稍弯曲，不具萼齿；种子多数，褐色，有棱。

【生长习性】多生于海拔600 m以上的山地和常绿树混交。

【芳香成分】叶：陈海珊等（2009）用水蒸气蒸馏法提取的广西猫儿山产缺萼枫香树叶精油的主要成分为：n-棕榈酸（27.03%）、9,12,15-十八酸（13.35%）、1,2,4a,5,6,8a-六氢-4,7-二甲基-1-(1-甲乙基)-萘（7.64%）、石竹烯（5.28%）、(1S-顺式)-1,2,3,4-四氢-1,6-二甲基-4-(1-甲乙基)-萘（4.35%）、植醇（2.55%）、[3R-(3α,4aβ,6aα,10aβ,10bα)]-3-乙烯基十二氢-3,4a,7,7,10a-五甲基-1H-萘并[2,1-b]吡喃（2.30%）、十四酸（2.14%）、[4aR-(4aα,7α,8aβ)]-十氢-4a-甲基-1-亚甲基-7-(1-甲基乙烯基)-萘（1.80%）、α-杜松醇（1.64%）、α,α,4-三甲基-3-环己烯-1-甲醇（1.53%）、τ-木罗烯（1.29%）、香树烯（1.24%）、[1R-(1α,3aβ,4α,7β)]-1,2,3,3a,4,5,6,7-八氢-1,4-二甲基-7-(1-甲基乙烯基)-奥（1.06%）、6,10,14-三甲基-2-十五烷酮（1.03%）等。

果实：蔡爱华等（2012）用水蒸气蒸馏法提取的广西兴安产缺萼枫香树果实精油的主要成分为：β-蒎烯（22.10%）、1R-α-蒎烯（21.93%）、石竹烯（11.41%）、[1S-(1α,2β,4β)]-1-乙烯基-1-甲基-2,4-二（1-甲基乙烯基）-环己烷（4.46%）、[1aR-(1aα,7α,7aα,7bα)]-1a,2,3,5,6,7,7a,7b-八氢-1,1,7,7a-四甲基-1H-环丙[a]萘（3.54%）、(1S-顺式)-1,2,3,5,6,8a-六氢-4,7-二甲基-1-(1-甲基乙基)-萘（2.06%）、1,5,5-三甲基-6-亚甲基-环己烯（2.05%）、(E,E)-1,5-二甲基-8-(1-甲基亚乙基)-1,5-环癸二烯（1.96%）、[S-(E,E)]-1-甲基-5-亚甲基-8-(1-甲基乙基)-1,6-环壬二烯（1.61%）、(1S-顺式)-1,2,3,4-四氢-1,6-二甲基-4-(1-甲基乙基)-萘（1.54%）、α-杜松醇（1.50%）、(-)-蓝桉醇（1.42%）、[S-(Z)]-3,7,11-三甲基-1,6,10-十二碳三烯-3-醇（1.21%）、(+)-表双环倍半菲兰烯（1.16%）等。

【利用】木材供建筑及家具用材。

苏合香
Liquidambar orientalis Miller

金缕梅科　枫香树属
分布： 广西有栽培

【形态特征】乔木，高10～15 m。托叶小；叶互生；掌状5裂，偶为3或7裂，裂片卵形或长方卵形，先端急尖，基部心形，边缘有锯齿。花小，单性，雌雄同株，多数成圆头状花序黄绿色。雄花的花序成总状排列；仅有苞片。雌花的花序单生；花被细小；雌蕊多数，基部愈合。果序圆球状，直径约2.5 cm，聚生多数蒴果，有宿存刺状花柱；蒴果先端喙状，成熟时顶端开裂。种子1或2枚，狭长圆形，扁平，顶端有翅。

【生长习性】喜生于湿润肥沃的土壤。

【精油含量】水蒸气蒸馏1年生新鲜枝条的得油率为0.08%，树脂的得油率为1.80%。

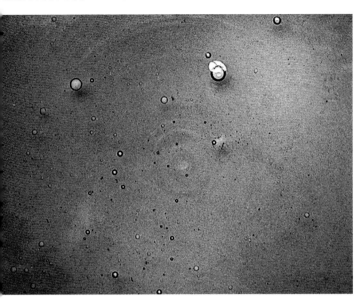

【芳香成分】枝：陈友地等（1991）用水蒸气蒸馏法提取的江苏南京产1年生苏合香新鲜枝条精油的主要成分为：α-蒎烯（25.95%）、反-石竹烯（10.47%）、β-蒎烯（8.70%）、萜品-4-醇（8.14%）、α-松油烯（5.65%）、珀珇烯（5.11%）、柠檬烯（4.36%）、β-水芹烯（2.87%）、δ-杜松烯（1.80%）、α-萜品醇（1.45%）、γ-松油烯（1.37%）等。

树脂：彭颖等（2013）用水蒸气蒸馏法提取的苏合香树脂精油的主要成分为：α-蒎烯（18.00%）、莰烯（15.83%）、β-蒎烯（14.41%）、柠檬烯（6.37%）、樟脑（5.87%）、反式石竹烯（3.36%）、4-异丙基甲苯（2.84%）、马苄烯酮（2.76%）、长叶烯（2.57%）、合成右旋龙脑（1.83%）、(-)-桃金娘烯醛（1.62%）、石竹烯氧化物（1.54%）、苯乙酮（1.51%）、左旋肉桂酸龙脑酯（1.27%）、3,7二甲基-1,6-辛二烯-3-醇丙酸酯（1.21%）、桃金娘烯醇（1.10%）、反式松香芹醇（1.00%）等。

【利用】树脂入药，有开窍辟秽、开郁豁痰、行气止痛的功效，为刺激性祛痰药，可用于各种呼吸道感染；局部可缓解炎症，如湿疹和瘙痒，并能促进溃疡与创伤的愈合；与橄榄油混合后外用可治疥疮。

🌸 檵木
Loropetalum chinense (R. Br.) Oliver

金缕梅科　檵木属

别名：白花檵木
分布：中部、南部、西南各地区

【形态特征】灌木，有时为小乔木，多分枝，小枝有星毛。叶革质，卵形，长2～5 cm，宽1.5～2.5 cm，先端尖锐，基部钝，不等侧，叶面干后暗绿色，叶背被星毛，稍带灰白色，全缘；托叶膜质，三角状披针形，长3～4 mm，宽1.5～2 mm。花3～8朵簇生，白色，比新叶先开放，或与嫩叶同时开放；苞片线形，长3 mm；萼筒杯状，被星毛，萼齿卵形，长约2 mm，花后脱落；花瓣4片，带状，长1～2 cm，先端圆或钝。蒴果卵圆形，长7～8 mm，宽6～7 mm，先端圆，被褐色星状绒毛，

萼筒长为蒴果的2/3。种子圆卵形，长4～5 mm，黑色，发亮。花期3～4月。

【生长习性】喜生于向阳的丘陵及山地，喜阳，但也具有较强的耐阴性。

【芳香成分】叶：唐华等（2011）用同时蒸馏萃取法提取的江西南昌产檵木叶精油的主要成分为：顺-3-己烯-1-醇（38.79%）、9,12-十八碳二烯醛（6.39%）、棕榈酸（5.31%）、2-乙基-3-乙烯基环氧乙烷（4.39%）、1-辛烯-3-醇（3.10%）、油酸（2.63%）、乙酸叶醇酯（2.24%）、硬脂酸（1.99%）、十六烷（1.17%）、十五烷（1.09%）、顺-3-己烯醇丁酸酯（1.07%）等。

花：杨鑫宝等（2010）用水蒸气蒸馏法提取的江西景德镇产檵木干燥花精油的主要成分为：醋酸乙酯（46.56%）、十五烷（21.12%）、二十烷（4.82%）、乙酸异丙酯（4.47%）、6,10,14-三甲基十五烷酮（3.23%）、醋酐（3.04%）、顺式-2,3-二甲基环氧乙烷（2.72%）、二十一烷（2.34%）、1-乙氧基丁烷（2.27%）、正己醛（1.72%）、十六烷酸（1.46%）等。

【利用】常用作篱笆、绿化带的绿化。根、叶、花果均能入药，能解热止血、通经活络、收敛止血、清热解毒、止泻；叶用于止血；根及叶用于跌打损伤，可去瘀生新。

❀ 红花檵木

Loropetalum chinense (R. Br.) Oliver. var. *rubrum* Yieh

金缕梅科　檵木属
别名: 红木、红桎木
分布: 湖南、江西

【形态特征】檵木变种。叶与原种相同。花紫红色, 长2 cm。

【生长习性】喜光, 稍耐阴。适应性强, 耐旱。喜温暖, 耐寒冷。耐瘠薄, 但适宜在肥沃、湿润的微酸性土壤中生长。

【芳香成分】叶: 唐华等 (2011) 用同时蒸馏萃取法提取的江西南昌产红花檵木的绿叶精油的主要成分为: 油酸 (33.31%)、棕榈酸 (17.47%)、顺-3-己烯-1-醇 (12.73%)、硬脂酸 (5.03%)、三甲基硅酯棕榈酸 (1.94%)、2-乙基-3-乙烯基环氧乙烷 (1.90%)、十六烷 (1.79%)、反,反-9,12-十八碳双烯酸 (1.60%)、1-庚烯 (1.39%)、十七烷 (1.19%)、十五烷 (1.09%) 等; 红叶精油的主要成分为: 顺-3-己烯-1-醇 (30.47%)、油酸 (9.13%)、2-乙基-3-乙烯基环氧乙烷 (8.42%)、棕榈酸 (6.02%)、1-庚烯 (2.89%)、十六烷 (2.69%)、硬脂酸 (2.55%)、十七烷 (2.09%)、十五烷 (1.84%)、反,反-9,12-十八碳双烯酸 (1.63%)、2,6-二甲基十七烷 (1.19%) 等。

花: 王金梅等 (2013) 用固相微萃取法提取的河南商城产红花檵木花精油的主要成分为: 十五烷 (18.21%)、6,10,14-三甲基-2-十五烷酮 (7.10%)、邻苯二甲酸丁基异丁酯 (6.86%)、二十碳烷 (6.25%)、壬醛 (5.33%)、正十八烷 (4.83%)、2,6,10,15-四甲基-十七烷 (4.49%)、十九烷 (3.83%)、1-辛烯-3-醇 (3.64%)、正十六烷 (3.50%)、庚醛 (3.09%)、邻苯二甲酸二异丁酯 (2.90%)、壬酸 (2.77%)、十七烷 (2.54%)、二氢猕猴桃内酯 (2.27%)、β-芳樟醇 (2.20%)、2,6,10,14-四甲基-十五烷 (2.06%)、2,6,10-三甲基-十五烷 (1.87%)、庚酸 (1.79%)、正二十一碳烷 (1.76%)、雪松醇 (1.19%)、正辛醇 (1.17%) 等。

【利用】彩叶观赏植物, 可用于绿篱、制作树桩盆景等。

❀ 蕈树

Altingia chinensis (Champ.) Oliv. ex Hance

金缕梅科　蕈树属
别名: 山荔枝、亚丁枫、半边枫、老虎斑、阿丁枫
分布: 贵州、广西、广东、湖南、江西、浙江、福建、江苏、云南

【形态特征】常绿乔木, 高20 m, 胸径达60 cm, 树皮灰色, 稍粗糙; 芽体卵形, 有短柔毛, 有多数鳞状苞片。叶革质或厚革质, 二年生, 倒卵状矩圆形, 长7~13 cm, 宽3~4.5 cm; 先端短急尖, 有时略钝, 基部楔形; 叶面深绿色干后稍发亮; 叶背浅绿色; 边缘有钝锯齿; 托叶细小, 早落。雄花短穗状花序长约1 cm, 常多个排成圆锥花序, 雄蕊多数, 花药倒卵形。雌花头状花序单生或数个排成圆锥花序, 有花15~26朵, 苞片4~5片, 卵形或披针形, 长1~1.5 cm; 萼管与子房连合, 萼齿乳突状; 子房藏在花序轴内。头状果序近于球形, 基底平截, 宽1.7~2.8 cm, 不具宿存花柱; 种子多数褐色有光泽。

【生长习性】生于海拔600~1000 m的亚热带常绿林里。

【精油含量】水蒸气蒸馏新鲜叶的得油率为0.05%~0.18%。

【芳香成分】彭华贵等 (2007) 用水蒸气蒸馏法提取的广东韶关产蕈树新鲜叶精油的主要成分为: 异丁香烯 (11.42%)、双环大根香叶烯 (10.71%)、(E)-丁香烯 (9.96%)、α-依兰油烯 (8.92%)、依兰油烯愈创烷-1(5), 11-二烯 (6.36%)、桉叶油-4(14), 7(11)-二烯 (4.04%)、反式罗勒烯 (3.92%)、δ-榄香烯 (3.52%)、1-表橙椒烯 (3.12%)、β-蒎烯 (3.07%)、α-蒎烯 (2.99%)、5-羟基白菖蒲烯 (2.97%)、反式-杜松萜烷-(2), 4-二烯 (2.43%)、白檀油烯醇 (2.12%)、(E)-9-表丁香烯 (2.09%)、顺式罗勒烯 (2.04%)、对-薄荷-1-烯-4-醇 (1.59%)、2-己醛 (1.35%)、桉叶油-7(11)-烯-4-醇 (1.11%) 等。

【利用】根药用, 有消肿止痛的功效, 主治风湿痹症。无论寒热皆宜, 可治肢体肿胀、挛急疼痛、关节屈伸不利, 或跌仆闪扭、筋骨被伤、局部青瘀、活动不能。木材可提取精油, 供药用及香料用。木材供建筑及制家具用, 亦常被砍倒作放养香菇的母树。

细青皮

Altingia excelsa Noronha

金缕梅科　蕈树属

别名：青皮树、高阿丁枫

分布：云南、西藏

【形态特征】常绿乔木高20m。叶薄，干后近于膜质，卵形或长卵形，长8～14cm，宽4～6.5cm，先端渐尖或尾状渐尖，基部圆形或近于微心形，叶面干后暗绿色，叶背在脉腋间有柔毛；边缘有钝锯齿，托叶线形，长2～6mm，早落。雄花头状花序常多个再排成总状花序，雄蕊多数，花丝极短，花药比花丝略长。雌花头状花序生于当年枝顶的叶腋内，通常单生，有花14～22朵，萼筒完全与子房合生，藏在花序轴内，无萼齿，花柱长3～4mm，被柔毛；花序柄长2～4cm，花后稍伸长，有短柔毛。头状果序近圆球形，宽1.5～2cm，蒴果完全藏于果序轴内，无萼齿，不具宿存花柱；种子多数，褐色。

【生长习性】主要生长于海拔1500～2100m的常绿阔叶林中。

【精油含量】水蒸气蒸馏叶的得油率为0.10%。

【芳香成分】李玉媛等（1995）用水蒸气蒸馏法提取的新鲜叶精油的主要成分为：庚烷（22.14%）、α-蒎烯（12.39%）、β-水芹烯（11.65%）、2,4-二甲基戊烷（7.45%）、β-蒎烯（7.42%）、α-水芹烯（5.90%）、柠檬烯（5.18%）、乙烷（3.39%）、β-丁香烯（2.48%）、γ-木罗烯（2.26%）、乙酸龙脑酯（2.13%）、月桂烯（2.04%）等。

【利用】枝，叶可食用，成熟叶揉碎有宜人香气。

草珊瑚

Sarcandra glabra (Thunb.) Nakai

金粟兰科　草珊瑚属

别名：九节、九节风、九节茶、九节花、九节兰、肿节风、肿骨风、节骨茶、接骨莲、接骨金粟兰、满山香、竹节草、竹节茶

分布：四川、云南、贵州、浙江、安徽、福建、江西、台湾、湖北、湖南、广西、广东

【形态特征】常绿半灌木，高50～120 cm；茎与枝均有膨大的节。叶革质，椭圆形、卵形至卵状披针形，长6～17 cm，宽2～6 cm，顶端渐尖，基部尖或楔形，边缘具粗锐锯齿，齿尖有一腺体，两面均无毛；叶柄长0.5～1.5 cm，基部合生成鞘状；托叶钻形。穗状花序顶生，通常分枝，多少成圆锥花序状，连总花梗长1.5～4 cm；苞片三角形；花黄绿色；雄蕊1枚，肉质，棒状至圆柱状，花药2室，生于药隔上部之两侧，侧向或有时内向；子房球形或卵形，无花柱，柱头近头状。核果球形，直径3～4 mm，熟时亮红色。花期6月，果期8～10月。

【生长习性】生于山坡、沟谷林下阴湿处，海拔420～1500 m。适宜温暖湿润气候，喜阴凉环境，忌强光直射和高温干燥。喜腐殖质层深厚、疏松肥沃、微酸性的砂壤土，忌贫瘠、板结、易积水的黏重土壤。

【精油含量】水蒸气蒸馏根的得油率为0.32%～0.63%，全草的得油率为0.15%～0.34%，茎的得油率为0.04%～0.06%，叶的得油率为0.20%～0.89%。

【芳香成分】根：林培玲等（2012）用水蒸气蒸馏法提取的福建三明产草珊瑚干燥根精油的主要成分为：苯甲酸-2-环戊烯酯（19.73%）、6-乙烯基-3,6-二甲基-5-异丙基-4,5,6,7-四氢苯并呋喃（6.89%）、6,7-二甲基-1,2,3,5,8,8a-六氢萘（6.87%）、4-异丙基-4,7-二甲基-1,2,3,5,6,8a-六氢萘（5.73%）、3,7,11-三甲基-1,6,10-十二烷三烯-1-醇（5.37%）、1-甲基-2,4-二（丙-1-烯-2-基）-1-乙烯基环己烷（4.58%）、胡椒烯（4.31%）、β-蒎烯（3.13%）、10-(1-甲基乙烯基)-3,7-环癸二烯酮（2.97%）、γ-榄香烯（2.69%）、1,1,4,7-四甲基-1H-八氢环丙烯并[e]薁（2.66%）、油酸（2.06%）、α-蒎烯（1.99%）、α-依兰油烯（1.61%）、4-蒈烯（1.22%）、4(14),11-桉双烯（1.17%）、1,7,7-三甲基-二环[2.2.1]庚基醋酸酯（1.12%）、棕榈酸（1.12%）、匙叶桉油烯醇（1.06%）、蓝桉醇（1.06%）等。

茎：林培玲等（2012）用水蒸气蒸馏法提取的福建三明产草珊瑚干燥茎精油的主要成分为：α-蒎烯（9.11%）、6-乙烯基-3,6-二甲基-5-异丙基-4,5,6,7-四氢苯并呋喃（8.69%）、1-甲基-2,4-二（丙-1-烯-2-基）-1-乙烯基环己烷（7.43%）、γ-榄香烯（7.08%）、4(14),11-桉双烯（4.53%）、4-异丙基-4,7-二甲基-1,2,3,5,6,8a-六氢萘（4.47%）、3,7,11-三甲基-1,6,10-十二烷三烯-1-醇（4.26%）、10-(1-甲基乙烯基)-3,7-环癸二烯酮

（3.89%）、3-蒈烯（3.66%）、胡椒烯（2.96%）、1,2,4-三乙基苯（2.68%）、匙叶桉油烯醇（2.27%）、蓝桉醇（2.12%）、1,7,7-甲基-二环[2.2.1]庚基醋酸酯（1.88%）、β-蒎烯（1.61%）、喇叭茶萜醇（1.52%）、丁香烯（1.47%）、2-((2R,4aR,8aS)-4a-甲基-8-亚甲基十氢萘-2-基)丙烷-2-醇（1.44%）、D-柠檬烯（1.40%）、香木兰烯（1.23%）、p-薄荷烯醇（1.06%）、2-异丙基-5-甲基-9-亚甲基-二环[4.4.0]-1-癸烯（1.02%）等。

叶：林培玲等（2012）用水蒸气蒸馏法提取的福建三明产草珊瑚干燥叶精油的主要成分为：6-乙烯基-3,6-二甲基-5-异丙基-4,5,6,7-四氢苯并呋喃（15.83%）、1-甲基-2,4-二（丙-1-烯-2-基）-1-乙烯基环己烷（13.12%）、γ-榄香烯（12.25%）、10-(1-甲基乙烯基)-3,7-环癸二烯酮（6.95%）、4-异丙基-4,7-二甲基-1,2,3,5,6,8a-六氢萘（5.45%）、4-蒈烯（5.13%）、胡椒烯（4.39%）、2-异丙基-5-甲基-9-亚甲基-二环[4.4.0]-1-癸烯（3.38%）、4(14),11-桉双烯（3.35%）、3,7,11-三甲基-1,6,10-十二烷三烯-1-醇（2.83%）、丁香烯（2.45%）、α-杜松醇（2.35%）、3-蒈烯（1.53%）、4-异丙基-1,6-二甲基-1,2,3,4,4a,六氢萘（1.29%）、匙叶桉油烯醇（1.27%）、α-丁香烯（1.23%）、β-榄香烯（1.14%）、2-((2R,4aR,8aS)-4a-甲基-8-亚甲基十氢萘-2-基)丙烷-2-醇（1.13%）、蓝桉醇（1.11%）等。

全草：黄晶玲等（2018）用水蒸气蒸馏法提取的干燥全草精油的主要成分为：桉油烯醇（15.19%）、苦橙花醇（10.14%）、芹子烯（7.83%）、α-荜澄茄醇（6.10%）、蓝桉醇（5.00%）、双环[2.2.1]庚-2-醇-1,7,7-三甲基-2-乙酸酯（4.93%）、荜澄醇（4.49%）、愈创木烯（4.04%）、棕榈酸（2.67%）、(Z)-石竹烯（2.04%）、脱氢阿片烯（1.85%）、α-蒎烯（1.68%）、卡拉林（1.60%）、α-石竹烯（1.19%）等；用顶空固相微萃取法提取的干燥全草精油的主要成分为：左旋乙酸龙脑酯（16.63%）、α-荜澄茄油烯（5.68%）、喇叭茶醇（4.30%）、反式-橙花叔醇（4.11%）、α-石竹烯（3.54%）、桉油烯醇（3.30%）、1-石竹烯（2.54%）、b元素（2.49%）、1,1,4,7-四甲基十氢-4aH-环丙并[e]薁-4-醇（2.30%）、3-蒈烯（2.06%）、角鲨烯（1.21%）、芳樟醇（1.09%）、莰烯（1.07%）、[1aR-(1α,4aα,7α,7α)]-4-亚甲基-1,1,7-三甲基-十氢-1H-环丙并[e]薁（1.01%）等。

【利用】全株供药用，能清热解毒、祛风活血、消肿止痛、抗菌消炎，主治流行性感冒、流行性乙型脑炎、肺炎、阑尾炎、盆腔炎、跌打损伤、风湿关节痛、闭经、创口感染、菌痢等；还用以治疗胰腺癌、胃癌、直肠癌、肝癌、食管癌等恶性肿瘤，有缓解或缩小肿块、延长寿命、改善自觉症状等功效，无副作用。全草精油用于调配化妆品和香皂香料。

❀ 多穗金粟兰
Chloranthus multistachys Pei

金粟兰科　金粟兰属

别名：四大天王、四块瓦、大四块瓦、四叶细辛、白毛七
分布：河南、陕西、甘肃、安徽、江苏、浙江、福建、江西、湖南、湖北、广东、广西、贵州、四川

【形态特征】多年生草本，高16～50 cm，根状茎粗壮，生多数细长须根；茎直立，单生，下部节上生一对鳞片叶。叶对生，通常4片，坚纸质，椭圆形至宽椭圆形、卵状椭圆形或宽

形，长10～20 cm，宽6～11 cm，顶端渐尖，基部宽楔形至圆形，边缘具粗锯齿或圆锯齿，齿端有一腺体，叶面亮绿色，叶背沿叶脉有鳞屑状毛，有时两面具小腺点。穗状花序多条，粗壮，顶生和腋生，单一或分枝；苞片宽卵形或近半圆形；花小，白色，排列稀疏。核果球形，绿色，长2.5～3 mm，具长1～2 mm的柄，表面有小腺点。花期5～7月，果期8～10月。

【生长习性】生于山坡林下阴湿地和沟谷溪旁草丛中，海拔300～1650 m。

【精油含量】水蒸气蒸馏全草的得油率为0.06%；索氏法提取干燥全草的得油率4.45%。

【芳香成分】喻庆禄等（2002）用水蒸气蒸馏法提取的江西井冈山产多穗金粟兰全草精油的主要成分为：α-松油醇（4.40%）、香叶醇（3.80%）、柠檬烯（3.30%）、香橙烯（3.10%）、α-愈创木烯（2.90%）、乙酸冰片酯（2.80%）、δ-杜松烯（2.60%）、β-芹子烯（2.20%）、异松油烯（2.10%）、芳樟醇（2.10%）、α-玷理烯-8-醇（2.00%）、玷理烯（2.00%）、β-丁香烯（1.90%）、α-蒎烯（1.80%）、榄香烯（1.70%）、α-檀香醇（1.70%）、石竹烯（1.60%）、苯甲酸（1.60%）、α-杜松烯（1.50%）、1-甲基-4-异丙烯基环己醇醋酸酯（1.30%）、苯甲醛（1.30%）、5-菖醇（1.30%）、β-月桂烯（1.20%）、邻苯二甲酸二酯（1.10%）、2-庚酮（1.00%）等。

【利用】根及根状茎供药用，能祛湿散寒、理气活血、散瘀解毒，有毒。

及己

Chloranthus serratus (Thunb.) Roem. et Schalt.

金粟兰科　金粟兰属

别名： 牛细辛、老君须、獐耳细辛、四大天王、四叶细辛、四大王、四叶金、四叶箭、四大金刚、四叶对、四块瓦

分布： 安徽、江苏、浙江、江西、福建、广东、广西、湖南、湖北、四川

【形态特征】多年生草本，高15～50 cm；根状茎横生，粗壮；茎直立，单生或数个丛生，具明显的节，下部节上对生2片鳞状叶。叶对生，4～6片生于茎上部，纸质，椭圆形、倒卵形或卵状披针形，偶有卵状椭圆形或长圆形，长7～15 cm，宽

3～6 cm，顶端渐窄成长尖，基部楔形，边缘具锐而密的锯齿，齿尖有一腺体；鳞状叶膜质，三角形；托叶小。穗状花序顶生，偶有腋生，单一或2～3分枝；苞片三角形或近半圆形，通常顶端数齿裂；花白色；雄蕊3枚，药隔下部合生；药隔长圆形，3药隔相抱，柱头粗短。核果近球形或梨形，绿色。花期4～5月，果期6～8月。

【生长习性】生于山地林下湿润处和山谷溪边草丛中，海拔280～1800 m。

【精油含量】水蒸气蒸馏干燥根的得油率为0.40%。

【芳香成分】郭晓玲等（2006）用水蒸气蒸馏法提取的广东连南产及己干燥根精油的主要成分为：喇叭茶烯（26.90%）、α-古芸香烯（13.12%）、愈创木醇（12.51%）、榄香醇（5.95%）、α-荜澄茄烯（5.74%）、呋喃二烯（3.59%）、小茴香乙酯（3.36%）、蒜头素（2.79%）、双环-2-异丙基-5-甲基-9-甲烯基双环[4,4,0]癸烯（2.05%）、1,2,3,4-四氢-1,6-二甲基-1-丙基萘（2.01%）、β-桉叶油醇（1.96%）、α-愈创木烯（1.71%）、δ-愈创木烯（1.70%）、吉玛烯B（1.70%）、2,4-二异丙烯基-1-甲乙烯基环己烷（1.54%）、壬基苯（1.42%）、白菖烯（1.10%）等。

【利用】全草供药用，有舒筋活络、祛风止痛、消肿解毒的功效，用于跌打损伤、风湿腰腿痛、疔疮肿毒、毒蛇咬伤，有毒，内服宜慎。

✿ 金粟兰

Chloranthus spicatus (Thunb.) Makino

金粟兰科　金粟兰属

别名： 珍珠兰、珠兰、鱼仔兰

分布： 云南、四川、贵州、广东、福建

【形态特征】半灌木，直立或稍平卧，高30～60 cm；茎圆柱形。叶对生，厚纸质，椭圆形或倒卵状椭圆形，长5～11 cm，宽2.5～5.5 cm，顶端急尖或钝，基部楔形，边缘具圆齿状锯齿，齿端有一腺体，叶面深绿色，光亮，叶背淡黄绿色，侧脉6～8对，两面稍凸起；叶柄长8～18 mm，基部多少合生；托叶微小。穗状花序排列成圆锥花序状，通常顶生，少有腋生；苞片三角形；花小，黄绿色，极芳香；雄蕊3枚，药隔合生成一卵状体，上部不整齐3裂，中央裂片较大，有时末端又浅3裂，有

1个2室的花药，两侧裂片较小，各有1个1室的花药；子房倒卵形。花期4～7月，果期8～9月。

【生长习性】生于山坡、沟谷密林下，海拔150～990 m。喜温暖，潮湿和通风的环境，一般能忍耐5～10℃的低温。喜阴，忌烈日。要求疏松肥沃、腐殖质丰富、排水良好的土壤，怕水渍。碱性土壤不适宜种植。

【精油含量】水蒸气蒸馏茎叶的得油率为0.18%～0.30%。

【芳香成分】全草：李松林等（1992）用水蒸气蒸馏法提取的全草精油的主要成分为：β-桉油醇（9.70%）、十六烷酸（5.00%）、金合欢醇（3.88%）、11,14-二烯二十酸甲酯（2.04%）、香榧醇（1.89%）、乙酸龙脑酯（1.87%）等。

花：陈志慧等（2006）用水蒸气蒸馏法提取的花精油的主要成分为：反-罗勒烯（5.71%）、3,6-二甲基-4,5-二乙基-3,5-辛二烯（4.61%）、1-(1,4-二甲基-3-环己烯基)乙酮（3.53%）、2,6-二甲基-2,4,6-辛三烯（1.45%）、大根香叶烯B（1.44%）、顺-罗勒烯（1.43%）、大根香叶烯D（1.40%）、3-蒈烯（1.25%）、杜松醇（1.02%）等。

【利用】全株入药，根状茎捣烂可治疗疔疮；叶可治跌打损伤，接骨，有毒，用时宜慎。为南方常见庭院栽培芳香花卉，供观赏。花与根状茎可提取精油、浸膏，可配制皂用和化妆品香精。花可薰茶。

🌸 宽叶金粟兰
Chloranthus henryi Hemsl.

金粟兰科　金粟兰属
别名：四大天王、四大金刚、大叶金刚、大叶及己、四块瓦、四叶细辛、四叶对
分布：陕西、甘肃、安徽、浙江、福建、江西、湖南、湖北、广东、广西、贵州、四川

【形态特征】多年生草本，高40～65 cm；根状茎粗壮，黑褐色，具多数细长的棕色须根；茎直立，单生或数个丛生，有6～7个明显的节，下部节上生一对鳞状叶。叶对生，通常4片生于茎上部，纸质，宽椭圆形、卵状椭圆形或倒卵形，长9～18 cm，宽5～9 cm，顶端渐尖，基部楔形至宽楔形，边缘具锯齿，齿端有一腺体，叶背中脉、侧脉有鳞屑状毛；鳞状叶卵状三角形，膜质。托叶小，钻形。穗状花序顶生，通常两歧或总状分枝，连总花梗长10～16 cm，总花梗长5～8 cm；苞片通

常宽卵状三角形或近半圆形；花白色。核果球形，长约3 mm具短柄。花期4～6月，果期7～8月。

【生长习性】生于山坡林下阴湿地或路边灌丛中，海拔750～1900 m。

【精油含量】水蒸气蒸馏根的得油率为1.00%，地上部分的得油率为0.30%～0.38%。

【芳香成分】根：匡蕾等（2007）用水蒸气蒸馏法提取的江西樟树产宽叶金粟兰根精油的主要成分为：银线草内酯（31.10%）、乙酸龙脑（16.40%）、3-乙酰辛醇（9.37%）、莰烯（5.02%）、α-水芹烯（4.92%）、α-蒎烯（2.49%）、吉玛酮（2.27%）、1-辛烯-3-醇（2.24%）、呋喃二烯酮（2.01%）、乙酰辛烯-1-醇（2.00%）、β-蒎烯（1.69%）、1,3,8-对薄荷三烯（1.65%）、3,9-杜松二烯（1.34%）等。

全草：匡蕾等（2007）用水蒸气蒸馏法提取的江西樟树产宽叶金粟兰地上部分精油的主要成分为：呋喃二烯酮（21.07%）、3,9-杜松二烯（11.51%）、脱氢香橙烯（9.73%）、银线草内酯（7.81%）、1,3,5-杜松三烯（7.60%）、δ-杜松烯（4.54%）、吉玛烯D（2.75%）、1(5),7(10)-愈创木二烯（2.41%）、α-芹子烯（1.95%）、丁香烯-II（1.61%）、1(10),3,8-杜松三烯（1.49%）、9,10-脱氢异长叶烯（1.43%）、β-杜松烯（1.34%）、τ-依兰油烯（1.33%）、(14),11-桉叶油二烯（1.33%）、原蒿素（1.28%）、珀耙烯（1.13%）等。许海棠等（2014）用同法分析的干燥全草精油的主要成分为：乙酸冰片酯（45.43%）、亚甲基-2-降冰片酮（12.36%）、莰烯（8.74%）、3-乙酸辛酯（3.60%）、冰片（2.74%）、(3E,5E)-2,6-二甲基-1,3,5,7-辛四烯（2.20%）、肉桂醛（1.32%）等。

【利用】根、根状茎或全草供药用，能舒筋活血、消肿止痛、杀虫，主治跌打损伤、痛经。外敷治癫痫头、疔疮、毒蛇咬伤，有毒。

🌸 湖北金粟兰
Chloranthus henryi Hemsl. var. *hupehensis* (Pamp.) K. F. Wu

金粟兰科　金粟兰属
别名：四叶七
分布：湖北、陕西、甘肃

【形态特征】宽叶金粟兰变种。与原种不同之处在于：叶宽卵形或近圆形，边缘具粗圆齿，两面无毛；穗状花序顶生和腋生，总花梗较短，长2.5～5cm。花期5～6月。

【生长习性】生于山谷林下，海拔750～1950m。

【精油含量】水蒸气蒸馏的全草的得油率为0.25%。

【芳香成分】李松林等（1992）用水蒸气蒸馏法提取的全草精油的主要成分为：乙酸龙脑酯（32.34%）、十六烷酸（2.77%）、枯酸（2.74%）、α-珂杷烯（2.25%）、α-愈创烯（1.95%）、β-愈创烯（1.47%）、β-古香油烯（1.38%）、β-红没药醇（1.25%）、辛醇-3（1.20%）、γ-木罗烯（1.03%）等。

【利用】根状茎或全草供药用。

全缘金粟兰
Chloranthus holostegius (Hand.-Mazz.) PeietShan

金粟兰科　金粟兰属

别名：四块瓦、四叶金、黑细辛、对叶四块瓦、土细辛

分布：云南、四川、贵州、广西

【形态特征】多年生草本，高25～55cm；茎直立，通常不分枝，下部节上对生2片鳞状叶。叶对生，通常4片生于茎顶，呈轮生状，坚纸质，宽椭圆形或倒卵形，长8～15cm，宽5～10cm，顶端渐尖，基部宽楔形，边缘有锯齿，齿端有一腺体，两面无毛；鳞状叶宽卵形或三角形；托叶微小。穗状花序顶生和腋生，通常1～5聚生，连总花梗长5～12cm；苞片宽卵形或近半圆形，不分裂；花白色；雄蕊3枚，药隔基部连合，着生于子房顶部柱头外侧，中央药隔具1个2室的花药，两侧药隔各具1个1室的花药，药隔伸长成线形；子房卵形。核果近球形或倒卵形，长3～4mm，绿色。花期5～6月，果期7～8月。

【生长习性】生于山坡、沟谷密林下或灌丛中，海拔700～1600m。

【精油含量】水蒸气蒸馏全草的得油率为0.40%。

【芳香成分】李松林等（1992）用水蒸气蒸馏法提取的贵州镇宁产全缘金粟兰全草精油的主要成分为：乙酸龙脑酯（11.69%）、愈创醇（6.06%）、松油醇-4（4.51%）、β-橙椒烯（4.36%）、十六烷酸（4.32%）、α-榄香烯（2.70%）、β-桉油醇（1.74%）、11,14,17-三烯二十酸甲酯（1.47%）、β-石竹烯（1.09%）等。

【利用】全草供药用，有解毒消肿、活血散瘀、祛风通络的功效，治风湿性关节炎、菌痢，有毒。

丝穗金粟兰
Chloranthus fortunei (A. Gray) Solms-Laub.

金粟兰科　金粟兰属

别名：水晶花、四对草、银线草、四大金刚、四大天王、四块瓦、四子莲

分布：山东、江苏、安徽、浙江、台湾、江西、湖南、湖北、广东、广西、四川

【形态特征】多年生草本，高15～40cm，全部无毛；根状茎粗短；茎直立，单生或数个丛生，下部节上对生2片鳞状叶。叶对生，通常4片生于茎上部，纸质，宽椭圆形、长椭圆形或倒卵形，长5～11cm，宽3～7cm，顶端短尖，基部宽楔形，边缘有圆锯齿或粗锯齿，齿尖有一腺体，近基部全缘，嫩叶叶背密生细小腺点，老叶不明显；鳞状叶三角形；托叶条裂成钻形。穗状花序单一，由茎顶抽出，连总花梗长4～6cm；苞片倒卵形，通常2～3齿裂；花白色，有香气；中央药隔具1个2室的花药，两侧药隔各具1个1室的花药。核果球形，淡黄绿色，有纵条纹，长约3mm。花期4～5月，果期5～6月。

【生长习性】生于山坡或低山林下阴湿处和山沟草丛中，海拔170～340m。阴性植物，忌烈日直晒，喜温暖阴湿环境，不耐寒，宜生长于疏松、腐殖质丰富、湿润而排水良好的酸性壤土上。

【精油含量】水蒸气蒸馏全草的得油率为0.20%～0.45%。

【芳香成分】李松林等（1992）用水蒸气蒸馏法提取的江苏南京产丝穗金粟兰全草精油的主要成分为：乙酸龙脑酯（15.70%）、α-榄香醇（14.72%）、金粟兰-菖蒲二烯醛（9.70%）、愈创醇（8.64%）、β-榄香醇（4.28%）、α-蒎烯（3.93%）、十六烷酸（2.94%）、龙脑烯（2.36%）、γ-木罗烯（2.25%）、β-罗勒烯（2.03%）、β-蒎烯（1.76%）、枯酸（1.59%）、柠檬烯

（1.09%）、β-桉油醇（1.01%）等。

【利用】全草入药，能抗菌消炎、活血散瘀，治妇女干血痨、跌打损伤、胃痛或内伤疼痛以及疥疮等，有毒，内服宜慎。适作地被植物，也可盆栽供观赏。

🌼 银线草

Chloranthus japonicus Sieb.

金粟兰科 金粟兰属

别名： 鬼督邮、独摇草、四块瓦、灯笼花、四叶七、白毛七、四叶细辛、四大天王、鬼独摇草、鬼都邮、四叶金、四叶对、四叶草、分叶芹、苏叶蒿、山油菜、杨梅草、胡荽眼、四大金刚、四季香、四匹瓦、四代草

分布： 黑龙江、吉林、河北、山西、山东、陕西、甘肃

【形态特征】多年生草本，高20～49 cm；根状茎多节，横走，分枝，有香气；茎直立，单生或数个丛生，不分枝，下部节上对生2片鳞状叶。叶对生，通常4片生于茎顶，成假轮生，纸质，宽椭圆形或倒卵形，长8～14 cm，宽5～8 cm，顶端急尖，基部宽楔形，边缘有齿牙状锐锯齿，齿尖有一腺体，近基部或1/4以下全缘；鳞状叶膜质，三角形或宽卵形，长4～5 mm。穗状花序单一，顶生，连总花梗长3～5 cm；苞片三角形或近半圆形；花白色；雄蕊3枚；中央药隔无花药，两侧药隔各有1个1室的花药；药隔延伸成线形。核果近球形或倒卵形，长2.5～3 mm，绿色。花期4～5月，果期5～7月。

【生长习性】生于山坡或山谷杂木林下阴湿处或沟边草丛中，海拔500～2300 m。宜湿润、肥沃、松软的壤土。

【精油含量】水蒸气蒸馏阴干根的得油率为0.26%，全草的得油率为0.25%～0.61%；超临界萃取干燥全草的得油率为0.83%；索氏法提取干燥全草的得油率为4.65%。

【芳香成分】根：杨炳友等（2010）用水蒸气蒸馏法提取的黑龙江绥棱产银线草阴干根精油的主要成分为：莪术呋喃烯（27.37%）、三环[8.6.0.0²·⁹]-3,15-十六碳二烯（6.81%）、酰冰片（6.72%）、1a,2,3,4,4a,5,6,7b-八氢化-1,1,4,7-四甲基-1H-环丙薁（5.21%）、芳樟醇（4.84%）、β-恰米烯（4.73%）、2-异亚丙基-5-甲基茴香醚（4.25%）、榄香烯（4.13%）、4(14),11-桉叶二烯（4.05%）、4-甲基-8-亚甲基-7-[1-甲基乙烯基]-1,4-亚甲基-1H-茚（3.76%）、1-乙烯基-1-甲基-2,4-双-(1-甲基乙烯基)环己烷（3.28%）、1,7-二甲基-7-(4-甲基-3-戊烯基)三环[2.2.1.0²·⁶]庚烷（2.26%）、7,11-双甲基-3-亚甲基-1,6,10-十二碳三烯（2.07%）、1,2,3,4,5,6,7,8,8a-八氢化-1,4-二甲基-7-(1-甲基乙烯基)薁（1.54%）、丁香烯（1.50%）、1,1,7-三甲基-4-亚甲基十氢化-1H-环丙薁（1.29%）、十四醇（1.19%）、8,9-脱氢-9-甲酸-环异长叶烯（1.13%）、龙脑（1.06%）、3-辛醇（1.03%）等。

全草：杨炳友等（2010）用水蒸气蒸馏法提取的黑龙江绥棱产银线草阴干全草精油的主要成分为：环氧丁香烯（8.49%）、崖柏烯（8.21%）、α-檀香萜烯（5.89%）、3-辛醇（5.71%）、花叔醇（5.05%）、丁香烯（3.53%）、醋酸橙花酯（3.15%）、银线草内酯（2.20%）、乙酰冰片（2.18%）、7,11-二甲基-3-亚甲基-1,6,10-十二碳三烯（2.17%）、长松香芹醇（2.06%）、乙酸酯（2.01%）、4-甲基-1-(1-甲基乙基)-3-环己烯-1-醇（1.83%）、花生酸（1.76%）、蒎烯（1.70%）、莰烯（1.43%）、2,6-二甲基-6-[4-甲基-3-戊烯基]二环[3.1.1]庚-2-烯（1.43%）、1,5,5,8-四甲基-12-氧杂二环[9.1.0]-3,7-十二碳二烯（1.30%）、莪术呋喃烯（1.28%）、1-甲基-4-(1-甲基乙基)-1,4-环己二烯（1.18%）、檀香醇（1.17%）、柠檬醛（1.09%）、4a,8a-二甲基-4a,5,6,7,8,8a-六氢化-2[1H]萘酮（1.08%）、右旋烯（1.04%）、β-檀香萜烯（1.00%）等。

【利用】全株供药用，能祛湿散寒、活血止痛、散瘀解毒，主治风寒咳嗽、风湿痛、闭经；外用治跌打损伤、瘀血肿痛、毒蛇咬伤等，有毒。根状茎可提取芳香油，为除四害药。嫩叶可食用，有毒，不宜多食。

雪香兰

Iedyosmum orientale Merr. et Chun

金粟兰科　雪香兰属
分布：海南

【形态特征】草本或半灌木，高0.8~2 m。叶膜质或纸质，狭披针形，长10~23 cm，宽1.5~4 cm，顶端渐狭成长尾尖，基部楔形，边缘具细密锯齿，齿尖有一腺体，干后腹面榄绿色，背面淡黄色；叶柄基部合生成一膜质的鞘，鞘杯状或筒状，顶端截形。花单性，雌雄异株；雄花序成密穗状，3~5个聚生于枝顶；苞片长8~12 mm，花药长圆形，药隔顶端有突出的急尖附属物；雌花序顶生或腋生，少分枝，长1.5~5 cm，宽约1 cm；苞片大，有多数橙黄色小点；雌花有与子房贴生的3齿裂萼管。核果近椭圆状三棱形，绿色，长约4 mm，紧贴于果上的苞片上部延伸成一长喙。花期12月至翌年3月，果期2~6月。

【生长习性】生于山坡、谷地湿润的密林下或灌丛中，海拔约540 m。

【芳香成分】梁振益等（2008）用水蒸气蒸馏法提取的海南产雪香兰干燥全草精油的主要成分为：斯巴醇（19.81%）、α-石竹烯（14.80%）、1-乙烯基-1-甲基-2-(1-甲基乙烯基)-4-(1-甲基二乙烯基)-环己烷（9.28%）、3,7,11-三甲基-1,6,10-十二碳三烯-3-醇（8.91%）、1-羟基-4-(2-丙烯基)-苯（4.23%）、大根香叶烯B（4.16%）、胡萝卜醇（3.68%）、1,7,7-三甲基-2-乙烯基二环[2.2.1]庚-2-烯（2.62%）、十氢-1,1,7-三甲基-4~1H-环丙基[e]甘菊环-7-醇（2.35%）、二环[6.1.0]壬-1-烯（2.30%）、环氧白菖油（2.19%）、1-乙烯基-1-甲基-2,4-双（1-甲基乙烯基)-环己烷（1.86%）、1,2-二羟基-4-(1-丙烯基)-苯（1.59%）、4-甲基-2-亚甲基-1-(1-甲基乙缩醛)-环己烷（1.58%）、2-甲基-2-(4-甲基-3-戊烯基)-环己烷甲醇（1.55%）、8-亚甲基-二环[5.1.0]辛烷（1.53%）、1,5-二甲基-1,5-环辛二烯（1.31%）、8-异丙烯基-1,5-二甲基-1,5-二烯-环癸烷（1.28%）、1,Z-5,E-7-十二碳三烯（1.23%）、正十六碳酸（1.22%）、2-亚甲基-6,8,8-三甲基-三环[5.2.2.0^{1,6}]十一碳-3-醇（1.19%）、2-羟基-4-(1-丙烯基)-苯甲酸乙酯（1.13%）、3-n-丙基-金刚醇（1.07%）、白檀油烯醇（1.02%）、1,7-二甲基-7-(4-甲基-3-戊烯基)-三环[2.2.1.0^{2,6}]庚烷（1.01%）等。

【利用】盆栽供观赏。

华南毛蕨

Cyclosorus parasiticus (Linn.) Farw.

金星蕨科　毛蕨属
别名：密毛毛蕨
分布：浙江、福建、台湾、广东、广西、海南、湖南、江西、重庆、云南

【形态特征】植株高达70 cm。根状茎横走，连同叶柄基部有深棕色披针形鳞片。叶近生；叶片长35 cm，长圆披针形，先端羽裂，尾状渐尖头，二回羽裂；羽片12~16对，顶部略向上弯弓或斜展，中部以下的对生，向上的互生，中部羽片长10~11 cm，中部宽1.2~1.4 cm，披针形，先端长渐尖，基部平截，略不对称，羽裂达1/2或稍深；裂片20~25对，基部上侧一片特长，约6~7 mm，其余的长4~5 mm，长圆形，钝头或急尖头，全缘。叶草质，干后褐绿色，脉间疏生短糙毛，叶背脉上饰有橙红色腺体。孢子囊群圆形，生侧脉中部以上，每裂片1~6对；囊群盖小，膜质，棕色，上面密生柔毛，宿存。

【生长习性】生山谷密林下或溪边湿地，海拔90~1900 m。

【芳香成分】任立云等（2004）用水蒸气蒸馏法提取的广东广州产华南毛蕨新鲜地上部分精油的主要成分为：棕榈酸（11.93%）、邻苯二甲酸二异丁酯（8.92%）、二苯胺（8.20%）、2-甲氧基苯酚（7.17%）、2-呋喃甲醇（5.82%）、邻苯二甲酸二丁酯（5.37%）、苯甲醛（4.07%）、苯酚（3.70%）、植醇（3.66%）、亚油酸（3.18%）、糠醛（2.94%）、异植醇（2.10%）、油酸（2.09%）、二氢猕猴桃醇酸内酯（2.01%）、戊二酸二丁酯（1.96%）、新植二烯（1.96%）、4-苯基-3-丁烯-2-酮（1.92%）、2-乙酰基呋喃（1.85%）、己二酸二异丁酯（1.48%）、香豆素（1.33%）、4-乙基-2-甲氧基苯酚（1.20%）、5-二十烯（1.19%）、丁二酸二异丁酯（1.13%）等。

【利用】全草药用，有清热除湿的功效，用于治疗风湿筋骨痛、风寒感冒、痢疾发热诸症。

❀ 长萼堇菜

Viola inconspicua Blume

堇菜科　堇菜属

别名：犁头草、紫金锁、紫花地丁、小甜水茄、瘩背草、三角草、犁头尖、烙铁草、地丁草、紫地丁

分布：陕西、甘肃、江苏、安徽、浙江、江西、福建、台湾、湖北、湖南、广东、海南、广西、四川、贵州、云南

【形态特征】多年生草本。根状茎节密生，通常被残留的褐色托叶所包被。叶基生，呈莲座状；叶片三角形、三角状卵形或戟形，长1.5~7 cm，宽1~3.5 cm，先端渐尖或尖，基部宽心形，弯缺呈宽半圆形，两侧垂片发达，稍下延于叶柄成狭翅，边缘具圆锯齿，叶面密生乳头状小白点；托叶3/4与叶柄合生，分离部分披针形，先端渐尖，边缘疏生流苏状短齿，有褐色锈点。花淡紫色，有暗色条纹；有2枚线形小苞片；萼片卵状披针形或披针形，基部附属物伸长，具狭膜质缘；花瓣长圆状倒卵形，末端钝。蒴果长圆形，长8~10 mm。种子卵球形，长1~1.5 mm，直径0.8 mm，深绿色。花果期3~11月。

【生长习性】生于林缘、山坡草地、田边及溪旁等处。

【精油含量】水蒸气蒸馏干燥全草的得油率为1.65%。

【芳香成分】根：李咏梅等（2017）用顶空固相微萃取法提取的贵州都匀产长萼堇菜新鲜根精油的主要成分为：1-壬醇（24.07%）、1-辛烯-3-醇（20.94%）、(Z)-2-壬烯醛（11.49%）、(E)-2-壬烯基-1-醇（10.74%）、水杨酸甲酯（9.80%）、2-甲基苯酚（4.14%）、(E,Z)-2,6-壬二烯-1-醇（2.50%）、癸醛（2.17%）、(Z)-3-壬烯基-1-醇（1.88%）、十六烷（1.69%）、羟基乙酸（1.68%）、二甲基硫醚（1.22%）、桃金娘烯醇（1.07%）等。

叶：李咏梅等（2017）用顶空固相微萃取法提取的贵州都匀产长萼堇菜新鲜叶精油的主要成分为：(Z)-3-己烯-1-醇（24.98%）、水杨酸甲酯（10.32%）、(Z)-2-壬烯醛（10.04%）、植醇（5.52%）、(E)-2-己烯醛（4.87%）、β-芷香酮（3.15%）、二甲基硫醚（3.01%）、1-辛烯-3-醇（2.81%）、紫罗兰叶醛（2.79%）、己醇（2.72%）、十六烷（2.04%）、羟基乙酸（1.75%）、异植醇（1.33%）、(Z)-3-己烯基乙酸酯（1.26%）、六氢化金合欢基丙酮（1.22%）、十七烷（1.05%）等。

花：李咏梅等（2017）用顶空固相微萃取法提取的贵州都匀产长萼堇菜新鲜花精油的主要成分为：二十一烷（25.85%）、1-辛烯-3-醇（8.60%）、二甲基硫醚（6.94%）、六氢化金合欢基丙酮（6.41%）、(Z)-2-壬烯醛（5.62%）、十六烷（4.35%）、二十三烷（3.11%）、2-甲基正丁醛（2.99%）、(Z)-3-己烯-1-醇（2.86%）、壬醛（2.73%）、3-甲基正丁醛（2.30%）、二十二烷（2.18%）、羟基乙酸（1.94%）、二十烷（1.74%）、十七烷（1.73%）、十四烷（1.55%）、2-戊基呋喃（1.27%）、2-甲基丙醛（1.11%）、二十五烷（1.08%）等。

【利用】全草入药，能清热解毒、拔毒消肿，用于急性结膜炎、咽喉炎、急性黄疸型肝炎、乳腺炎、痈疖肿毒、化脓性骨髓炎、毒蛇咬伤。幼苗及嫩茎叶可作蔬菜食用。

【生长习性】 生于草地、草坡、灌丛、林缘、疏林下、田野荒地及河岸沙地等处，海拔700～1400 m。

【精油含量】 水蒸气蒸馏干燥全草的得油率为1.65%。

【芳香成分】 白殿罡（2008）用同时蒸馏萃取法提取的东北堇菜干燥全草精油的主要成分为：棕榈酸（29.56%）、植醇（6.70%）、(Z,Z,Z)-9,12,15-十八碳三烯-1-醇（6.50%）、(Z,Z)-9,12-十八碳二烯酸（3.72%）、D-柠檬烯（3.39%）、苯乙醇（2.90%）、5,6,7,7a-四氢化-4,4,7a-三甲基-2(4H)-苯半呋喃酮（2.32%）、二十一烷（2.02%）、苯乙醛（1.96%）、5-甲基-2-(1-亚异丙基)-环己酮（1.34%）、二十二烷（1.29%）、(1S)-1,7,7-三甲基-二环[2.2.1]庚-2-酮（1.24%）、二十烷（1.21%）等。

【利用】 全草供药用，具有清热解毒、消肿排脓的功效，常用于痈疽疔毒、目赤肿痛、咽喉肿痛、乳痈、黄疸、各种脓肿、淋巴结核、泄泻、痢疾、毒蛇咬伤。嫩苗可食用。

东北堇菜
Viola mandshurica W. Beck.

堇菜科　堇菜属
别名： 紫花地丁、地丁草、独行虎、紫地丁
分布： 辽宁、黑龙江、吉林、内蒙古、河北、山东、陕西、山西、甘肃、台湾

【形态特征】 多年生草本，高6～18 cm。叶3至多数，基生；长圆形、舌形、卵状披针形，下部者通常较小呈狭卵形，花期后叶片渐增大，呈长三角形、椭圆状披针形，长可达10余厘米，宽达5 cm，先端钝或圆，基部截形，边缘疏生波状浅圆齿；托叶膜质，下部者呈鳞片状，褐色，上部者淡褐色、淡紫色或苍白色；花紫堇色或淡紫色，较大；具2枚线形苞片；萼片卵状披针形或披针形，先端渐尖，基部的附属物短而较宽，具狭膜质边缘；上方花瓣倒卵形，侧方花瓣长圆状倒卵形，下方花瓣距圆筒形。蒴果长圆形，长1～1.5 cm，先端尖。种子多数，卵球形，长1.5 mm，淡棕红色。花果期4月下旬至9月。

多花堇菜
Viola pseudo-monbeigii Chang

堇菜科　堇菜属
别名： 拟多花堇菜
分布： 四川

【形态特征】 多年生草本，高达12 cm。叶多数，基生，呈莲座状，外方叶通常三角状卵形，长1.5～2.7 cm，宽0.7～1.5 cm，内层叶三角状披针形或有时舌状，长达4 cm，宽约1.8 cm，先端急尖或稍钝，基部浅心形，边缘具不整齐的锯齿，锯齿顶端

具淡红色腺点，干后橄榄绿色，叶背略呈苍白色；托叶淡褐色，线状披针形，离生部分线状钻形，近全缘或疏生锯齿。花紫色，多数；小苞片互生，线形，全缘；萼片披针形，先端急尖，基部附属物较短，呈方形，末端平截或具浅缺刻，边缘狭膜质；花瓣倒卵形或狭倒卵形，全缘或具啮蚀状缘。花期3~4月。

【生长习性】生于海拔300~500m的田间地埂上或路旁草地。

【精油含量】水蒸气蒸馏晾干全株的得油率为0.18%。

【芳香成分】吕惠玲等（2016）用水蒸气蒸馏法提取的浙江金华产多花堇菜晾干全株精油的主要成分为：4,4-二甲基-3-己醇（24.25%）、二甲基二苯基硅烷（9.46%）、二丁基羟基甲苯（6.34%）、甲苯（5.62%）、二氢猕猴桃内酯（5.05%）、2,3-二氢苯并呋喃（3.23%）、苯乙醇（3.09%）、己醛（2.18%）、n-棕榈酸（2.14%）、己酸（2.08%）、庚酸（1.93%）、3-壬烯-2-酮（1.62%）、N-乙基-N-苯氨基甲酸乙酯（1.58%）、2-甲氧基-4-乙烯基苯酚（1.47%）、4-甲基-反式-3-氧杂二环[4.4.0]癸烷（1.38%）、(E)-4-己烯-1-醇（1.34%）、2-呋喃甲醇（1.32%）、2-甲基丁酸（1.22%）、正己醇（1.13%）、2-甲基丙酸（1.09%）、苯甲醇（1.08%）、1-甲氧基戊烷（1.05%）等。

🌸 光蔓茎堇菜

Viola diffusoides C. J. Wang

堇菜科　堇菜属

分布：四川、云南

【形态特征】多年生草本。叶基生，常呈莲座状或互生于匍匐枝上；叶片卵形或椭圆形，长1.5~2.5cm，宽0.8~1.5cm，先端钝或稍尖，基部宽楔形或近圆形，沿叶柄下延，边缘具细圆齿；叶柄具翅；托叶大部分离生，离生部分线状披针形，先端长渐尖，边缘疏生流苏状齿。花较小，淡紫色；有2枚对生的线形小苞片；小苞片长6~12mm，全缘；萼片披针形，先端渐尖，具白色膜质边缘，基部附属物短，呈截形，具疏齿；上方花瓣长圆状卵形，先端圆，基部狭，侧方花瓣长圆形，基部有明显的爪部，下方花瓣连距长约6mm，明显短于萼片；矩短呈浅囊状。蒴果长圆形，长6~7mm，顶端尖。花果期3~5月。

【生长习性】生于山坡草地。

【精油含量】水蒸气蒸馏晾干全株的得油率为0.14%。

【芳香成分】吕惠玲等（2016）用水蒸气蒸馏法提取的浙江金华产光蔓茎堇菜晾干全株精油的主要成分为：4,4-二甲基-3-己醇（31.79%）、二丁基羟基甲苯（15.64%）、二甲基二苯基硅烷（8.22%）、n-棕榈酸（3.96%）、二氢猕猴桃内酯（3.55%）、二环己基甲酮（2.85%）、2,5-二氢-2,2-二甲基-5-(1-甲基乙烯基)-3-(1-甲基乙基)-呋喃（2.33%）、己醛（2.31%）、十二甲基二氢六硅氧烷（1.58%）、4-[2,2,6-三甲基-7-氧杂二环[4.1.0]庚-1-基]-3-丁烯-2-酮（1.48%）、1-甲氧基戊烷（1.36%）、1-甲基环庚烷（1.17%）、3,7,11,15-四甲基己烯-1-醇（1.17%）、芳樟醇（1.08%）、庚烷（1.06%）、3-甲基-3-己烯（1.04%）、4-甲基反式-3-氧杂二环[4.4.0]癸烷（1.01%）等。

🌸 戟叶堇菜

Viola betonicifolia J. E. Smith

堇菜科　堇菜属

别名：尼泊尔堇菜、箭叶堇菜

分布：陕西、甘肃、江苏、安徽、浙江、江西、福建、台湾、河南、湖北、湖南、广东、海南、四川、云南、西藏

【形态特征】多年生草本。叶多数，基生，莲座状；叶片狭披针形、长三角状戟形或三角状卵形，长2~7.5cm，宽0.5~3cm，先端尖或稍钝圆，基部截形或略呈浅心形，花期后叶增大，基部垂片具明显的牙齿，边缘具疏而浅的波状齿；托叶褐色，离生部分线状披针形或钻形，先端渐尖，边缘全缘或疏生细齿。花白色或淡紫色，有深色条纹，长1.4~1.7cm；有2枚线形小苞片；萼片卵状披针形或狭卵形，长5~6mm，先端渐尖或稍尖，基部附属物较短，末端圆，有时疏生钝齿，具狭膜质缘；上方花瓣倒卵形，侧方花瓣长圆状倒卵形，下方花瓣连距长1.3~1.5cm。蒴果椭圆形至长圆形，长6~9mm。花果期4~9月。

【生长习性】生于田野、路边、山坡草地、灌丛、林缘等处。

【精油含量】水蒸气蒸馏晾干全株的得油率为0.09%。

【芳香成分】吕惠玲等（2016）用水蒸气蒸馏法提取的浙江金华产多花堇菜晾干全株精油的主要成分为：1-甲氧基戊

烷（37.79%）、二丁基羟基甲苯（10.28%）、二甲基二苯基硅烷（9.91%）、二氢猕猴桃内酯（4.59%）、n-棕榈酸（3.44%）、十二甲基二氢六硅氧烷（2.72%）、己醛（2.22%）、十四甲基二氢庚硅氧烷（1.95%）、庚烷（1.45%）、二环己基甲酮（1.40%）、3-甲基己烷（1.29%）、3-甲基-3-己烯（1.22%）、甲苯（1.16%）等。

【利用】全草供药用，有清热解毒、消肿散瘀的功效，外敷可治节疮痛肿。可作猪饲料或绿肥。

西藏菫菜
Viola kunawarensis Royle Illustr.

菫菜科　菫菜属
别名：天山菫菜、藏东菫菜
分布：甘肃、青海、新疆、四川、西藏

【形态特征】多年生矮小草本，无地上茎，高2.5～6 cm。根状茎缩短，节间短，节密生；根圆锥状。叶均基生，莲座状；叶片厚纸质，卵形、圆形或长圆形，长0.5～2 cm，宽2～5 mm，先端钝，基部楔形或宽楔形，略下延，边缘全缘或疏生浅圆齿，两面均无毛；托叶膜质，带白色，离生部分披针形，边缘疏生具腺体的流苏。花小，深蓝紫色；有2枚近对生小苞片；线形或狭披针形，先端渐尖，边缘下部疏生腺体状流苏；萼片长圆形或卵状披针形，长3～4 mm，宽1～1.5 mm，先端钝，基部附属物极短，边缘狭膜质；花瓣长圆状倒卵形，长7～10 mm，先端钝圆，基部稍狭；距极短，呈囊状。蒴果卵圆形，长5～7 mm。花期6～7月，果期7～8月。

【生长习性】生于海拔2900～4500 m的高山及亚高山草甸，或亚高山灌丛中，多见于岩石缝隙或碎石堆边的阴湿处。

【精油含量】水蒸气蒸馏干燥全草的得油率为0.07%～0.80%。

【芳香成分】符继红等（2008）用水蒸气蒸馏法提取的新疆产西藏菫菜干燥全草精油的主要成分为：棕榈酸（20.80%）、6,10,14-三甲基-2-十五烷酮（16.00%）、叶绿醇（13.23%）、2,6-双十六烷基-1-抗坏血酸酯（7.28%）、3,5,11,15-四甲基的-1-二季铵酸-3-醇（3.85%）、金合欢基丙酮（3.03%）、十六烷（2.35%）、3,7,11,15-四甲基-2-二季铵酸-1-醇（2.32%）、棕榈酸乙酯（1.84%）、9,12-十八烷二烯酸（1.72%）、9,12,15-十八烷三烯酸甲酯（1.59%）、二烯乙缩棕榈醛（1.33%）、1,2-二羧基的

苯（1.18%）、顺-11-十六碳醛（1.06%）等。

【利用】全草入药，有祛风清热、解毒消肿的功效，主要用于感冒发烧、疔疮肿毒、淋巴肿大等疾病。

早开菫菜
Viola prionantha Bunge

菫菜科　菫菜属
别名：光瓣菫菜
分布：黑龙江、吉林、辽宁、内蒙古、河北、山西、陕西、宁夏、甘肃、山东、江苏、河南、湖北、云南

【形态特征】多年生草本，高可达20 cm。叶多数，基生；果期长可达10 cm，宽可达4 cm，三角状卵形，基部宽心形；托叶苍白色或淡绿色，干后呈膜质，离生部分线状披针形，边缘疏生细齿。花大，紫菫色或淡紫色，喉部色淡并有紫色条纹，直径1.2～1.6 cm；有2枚线形小苞片；萼片披针形或卵状披针形，先端尖，具白色狭膜质边缘；上方花瓣倒卵形，向上方反曲，侧方花瓣长圆状倒卵形，下方花瓣连距长14～21 mm，末端钝圆且微向上弯。蒴果长椭圆形，长5～12 mm，顶端钝常具宿存的花柱。种子多数，卵球形，长约2 mm，直径约1.5 mm，深褐色常有棕色斑点。花果期4月上中旬至9月。

【生长习性】生于山坡草地、沟边、宅旁等向阳处。

【芳香成分】陈红英（2010）用乙醇浸泡-乙醚萃取法提取的早开菫菜干燥全草精油的主要成分为：3-苯基-2-丙烯醛（6.01%）、1-(1',5'-二甲基-4'-己基)-4-甲基-苯（4.09%）、丁香酸（4.08%）、反-对羟基肉桂酸（4.01%）、壬烯醛（2.10%）、十二烷酸（2.09%）、1-羟基-3-(4-羟基-3-甲氧苯基)-2-普鲁本辛

（1.69%）、对香豆酸（1.63%）、珀理烯（1.55%）、双环[2.2.1]-4,7,7-三甲基-2-庚醇（1.42%）、o-癸基羟胺（1.09%）、4-戊烯醛（1.08%）等。

【利用】全草供药用，有清热解毒、除脓消炎的功效，捣烂外敷可排脓、消炎、生肌。是一种早春观赏植物。

紫花地丁
Viola philippica Cav.

菫菜科　菫菜属

别名： 光瓣堇菜、野堇菜、辽堇菜、地丁草、独行虎、紫地丁、铧头草、堇堇菜、箭头草、地丁、羊角子、宝剑草

分布： 黑龙江、吉林、辽宁、内蒙古、河北、山西、陕西、甘肃、山东、江苏、安徽、浙江、江西、福建、河南、台湾、湖北、湖南、广西、四川、贵州、云南

【形态特征】多年生草本，高达20余厘米。叶多数，基生，莲座状；叶片下部者通常较小，呈三角状卵形或狭卵形，上部者较长，呈长圆形、狭卵状披针形或长圆状卵形，先端圆钝，基部截形或楔形，边缘具圆齿，果期叶片增大，长可达10余厘米，宽可达4 cm；托叶膜质，苍白色或淡绿色，离生部分线状披针形，边缘疏生具腺体的流苏状细齿或近全缘。花中等大，紫堇色或淡紫色，稀呈白色，喉部色较淡并带有紫色条纹；小苞片线形；萼片卵状披针形或披针形，先端渐尖，基部附属物短，末端圆或截形，边缘具膜质白边；花瓣倒卵形或长圆状倒卵形，侧方花瓣长，下方花瓣连距长1.3~2 cm，里面有紫色脉纹。蒴果长圆形，长5~12 mm；种子卵球形，长1.8 mm，淡黄色。花果期4月中下旬至9月。

【生长习性】生于田间、荒地、山坡草丛、林缘或灌丛中。在庭园较湿润处常形成小群落。耐阴、耐盐碱，可在含盐量0.2%的盐碱土中正常生长。喜光，喜湿润的环境，耐寒，不择土壤，适应性极强。

【精油含量】水蒸气蒸馏带根新鲜全株的得油率为0.06%~0.08%；同时蒸馏萃取干燥全草的得油率为0.30%；超临界萃取干燥全草的得油率为2.92%。

【芳香成分】刘嘉等（2009）用水蒸气蒸馏法提取的浙江金华产紫花地丁新鲜带根全草精油的主要成分为：棕榈酸（16.77%）、(5E,6Z)-5,6-二（2,2-二甲基丙烯基）癸烷（15.03%）、4-(2,2,6-三甲基-7-氧代二环[4.1.0]-1-庚基)-3-丁烯-2-酮（9.92%）、(R)-5,6,7,7a-四氢-4,4,7a-三甲基-2(4H)-苯并呋喃（8.22%）、环戊基乙酸乙烯酯（6.55%）、2-甲氧基-4-乙基苯酚（6.18%）、2-(1-苯基乙基)-苯酚（5.92%）、6,10,14-三甲基-2-十五碳酮（5.69%）、异植物醇（3.94%）、(9Z,12Z,15Z)-十八三烯酸（3.86%）、植物醇（3.55%）、亚油酸（2.97%）、雪松醇（2.63%）、芳樟醇（1.37%）、1-甲基环庚醇（1.33%）、香叶基丙酮（1.24%）、十二碳酸（1.16%）等。龚敏等（2017）用顶空固相微萃取法提取的紫花地丁干燥全草精油的主要成分为：2-戊酰呋喃（18.01%）、十五烷（5.22%）、冰片（4.20%）、十四烷（3.61%）、β-紫罗兰酮（2.65%）、蘑菇醇（2.50%）、萜品油烯（2.25%）、蒎烯（2.06%）、二十烷（2.03%）、萜品烯（1.99%）、2,3-二氢-2,2,6-三甲基苯甲醛（1.97%）、1-石竹烯（1.95%）、3-蒈烯（1.89%）、二氢猕猴桃内酯（1.77%）、肉桂酸乙酯（1.69%）、苯乙醇（1.66%）、7,11-二甲基-3-亚甲基-1,6,10-十二碳三烯（1.50%）、左旋樟脑（1.33%）、苯甲醛（1.30%）、4-基-1-(1-甲基乙基)-二脱氢衍生物-双环[3.1.0]己烷（1.21%）、o-蒎烯（1.16%）、3-甲基-6-(甲基乙基)-反式环己烯（1.01%）等。

【利用】全草供药用，有清热解毒、凉血消肿、清热利湿的作用，主治疔疮、痈肿、瘰疬、黄疸、痢疾、腹泻、目赤、喉痹、毒蛇咬伤。嫩叶可作野菜。可作早春观赏花卉，适合用于花坛或早春模纹花坛的构图，可盆栽供观赏。

地桃花
Urena lobata Linn.

锦葵科　梵天花属

别名： 八卦拦路虎、八卦草、巴巴叶、半边月、拔脓膏、刺头婆、痴头婆、大迷马桩棵、大叶马松子、大梅花树、地马椿、刀伤药、梵尚花、厚皮草、红孩儿、假桃花、毛桐子、迷马桩、粘油子、牛毛七、千下槌、千下锤、寄马桩、三角风、山茄簸、山棋菜、虱麻头、石松毛、桃子草、田芙蓉、天下捶、土杜仲、土黄芪、窝吼、肖梵天花、野棉花、野鸡花、野桃花、野茄子、野桐乔、羊带归、油玲花

分布： 长江以南各地区

【形态特征】直立亚灌木状草本，高达1 m，小枝被星状绒毛。茎下部的叶近圆形，长4~5 cm，宽5~6 cm，先端浅3裂，基部圆形或近心形，边缘具锯齿；中部的叶卵形，长

~7 cm，3~6.5 cm；上部的叶长圆形至披针形，长4~7 cm，宽1.5~3 cm；叶面被柔毛，叶背被灰白色星状绒毛；托叶线形，长约2 mm，早落。花腋生，单生或稍丛生，淡红色，直径约15 mm；小苞片5，长约6 mm，基部1/3合生；花萼杯状，裂片5，较小苞片略短，两者均被星状柔毛；花瓣5，倒卵形，长约15 mm，外面被星状柔毛。果扁球形，直径约1 cm，分果片被星状短柔毛和锚状刺。花期7~10月。

【生长习性】喜生于干热的空旷地、草坡或疏林下。

【精油含量】水蒸气蒸馏新鲜叶的得油率为0.31%。

【芳香成分】茎：唐春丽等（2014）用超临界CO_2萃取法提取的广西南宁产地桃花阴干茎精油的主要成分为：β-蒎烯（18.06%）、2-(7-十七炔)-四氢化-2H-吡喃（11.91%）、反式石竹烯（10.50%）、松香酸甲酯（6.69%）、1,4-二甲基-7-(1-甲基乙烯基)-1-菲甲醛（6.01%）、6-(苯并[1.3]二氧六环基-5-亚甲硫基)-9氢-嘌呤（5.49%）、左旋-α-蒎烯（5.39%）、长叶烯（4.03%）、1,4a-二甲基-7-(1-甲基乙基)-1-菲甲醇（3.68%）、4,8-二甲基-2-异丙基菲（3.19%）、3,17-二酮-5β-雄甾烷（3.18%）、α-荜草烯（2.42%）、西柏烯（2.05%）、[S-(E,E)]-1-甲基-5-亚甲基-8-(1-甲乙基)-1,6-环癸二烯（1.82%）等。

叶：杨彪等（2009）用水蒸气蒸馏法提取的海南坝王岭产地桃花新鲜叶精油的主要成分为：二环[3.2.2]壬-6-烯-3-酮（10.55%）、戊酸癸酯（9.51%）、3,5,5-三甲基-2-环己烯酮（8.77%）、3,4,5-三甲基己烯（5.74%）、4-甲基-2-乙基-1,3-二氧戊烷（5.31%）、4-亚甲基环己酮（4.00%）、2,2-二甲基辛醇（3.78%）、2-乙基-2-丙基-1-己醇（3.77%）、4-甲基-2-乙基戊醇（3.40%）、2,2-二甲基丙酸-2-乙基己醇酯（3.38%）、四氢-6-丙基-2H-吡喃-2-酮（2.80%）、丁酸-1-甲基辛醇酯（2.73%）、甲氧基乙酸-2-十四酯（2.15%）、(反)-2-己烯醛（2.12%）、3,4-二甲基-2-己烯（2.09%）、3,5-二甲基-2-庚酮（1.81%）、3-(羟甲基)-4-甲基己醛（1.67%）、4-甲基-3-庚酮（1.36%）等。唐春丽等（2014）用超临界CO_2萃取法提取的广西南宁产地桃花阴干叶精油的主要成分为：正十七烷（51.13%）、β-蒎烯（6.85%）、1,3,3-三甲基三环[2.2.1.0$^{2.6}$]庚烷（6.44%）、反式石竹烯（3.90%）、正三十烷（3.47%）、松香酸甲酯（2.09%）、1-氯-十九烷（1.69%）、1,4-二甲基-7-(1-甲基乙烯基)-1-菲甲醛（1.62%）、长叶烯（1.49%）、[S-(E,E)]-1-甲基-5-亚甲基-8-(1-甲乙基)-1,6-环癸二烯（1.46%）、7-甲基-4-亚甲基-1-(1-甲基乙烯基)-萘（1.37%）、双戊烯（1.25%）、脱氢枞酸甲酯（1.05%）等。

【利用】茎皮供纺织和搓绳索，常用为麻类的代用品。根或全草药用，具有祛风利湿、活血消肿、清热解毒的功效，常用于感冒、风湿痹痛、痢疾、泄泻、淋症、带下、月经不调、跌打肿痛、喉痹、乳痈、疮疖、毒蛇咬伤。

❀ 黄花稔

Sida acuta Burm. f.

锦葵科　黄花稔属

别名：黄花棯、小本黄花草、吸血仔、四吻草、索血草、山鸡、拔毒散、脓见消、单鞭救主、梅肉草、柑仔蜜、蛇总管、四米草、尖叶嗽血草、白索子、麻芡麻、灶江、扫把麻

分布：台湾、福建、广东、广西、云南

【形态特征】直立亚灌木状草本，高1~2 m；分枝多。叶披针形，长2~5 cm，宽4~10 mm，先端短尖或渐尖，基部圆或钝，具锯齿，两面均无毛或疏被星状柔毛，叶面偶被单毛；叶柄长4~6 mm，疏被柔毛；托叶线形，与叶柄近等长，常宿存。花单朵或成对生于叶腋，花梗长4~12 mm，被柔毛，中部具节；萼浅杯状，无毛，长约6 mm，下半部合生，裂片.5，尾状渐尖；花黄色，直径8~10 mm，花瓣倒卵形，先端圆，基部狭长6~7 mm，被纤毛；雄蕊柱长约4 mm，疏被硬毛。蒴果近圆球形，分果片4~9，但通常为5~6，长约3.5 mm，顶端具2短芒，果皮具网状皱纹。花期冬春季。

【生长习性】常生于山坡灌丛间、路旁或荒坡。

【芳香成分】苏炜等（2011）用水蒸气蒸馏法提取的广西玉林产黄花稔全草精油的主要成分为：植醇（43.67%）、棕榈酸（18.33%）、二十烷（7.28%）、反-9-十八碳烯酸甲酯（3.52%）、邻苯二甲酸二乙酯（2.30%）、棕榈酸（1.63%）、苯乙醛（1.62%）等。

【利用】茎皮纤维供绳索料。根叶药用，具有清湿热、解毒消肿、活血止痛的功效，用于湿热泻痢、乳痈、痔疮、疮疡肿毒、跌打损伤、骨折、外伤出血。

🌸 冬葵
Malva crispa Linn.

锦葵科　锦葵属
别名：葵菜、冬寒（苋）菜、薪菜、皱叶锦葵
分布：湖南、四川、贵州、云南、江西、甘肃等地

【形态特征】一年生草本，高1m；不分枝，茎被柔毛。叶圆形，常5～7裂或角裂，径约5～8cm，基部心形，裂片三角状圆形，边缘具细锯齿，并极皱缩扭曲，两面无毛至疏被糙伏毛或星状毛，在脉上尤为明显；叶柄瘦弱，长4～7cm，疏被柔毛。花小，白色，直径约6mm，单生或几个簇生于叶腋，近无花梗至具极短梗；小苞片3，披针形，长4～5mm，宽1mm，疏被糙伏毛；萼浅杯状，5裂，长8～10mm，裂片三角形，疏被星状柔毛；花瓣5，较萼片略长。果扁球形，径约8mm，分果片11，网状，具细柔毛；种子肾形，径约1mm，暗黑色。花

期6～9月。

【生长习性】生长于山坡灌丛中。喜冷凉湿润气候，不耐高温和严寒，但耐低温、耐轻霜，植株生长适温为15～20℃。对土壤要求不严，在排水良好、疏松肥沃、保水保肥的土壤中栽培更易丰产，不宜连作。

【芳香成分】曾富佳等（2013）用水蒸气蒸馏法提取的贵州产冬葵干燥全草精油的主要成分为：己醛（26.70%）、苯乙醛（10.19%）、2-戊基呋喃（7.86%）、D-柠檬烯（3.55%）、4-异硫氰基-1-丁烯（3.07%）、1-己醇（2.36%）、(E)-2-辛烯醛（2.02%）、辛醛（1.95%）、1-辛醇（1.60%）、庚醛（1.43%）、异硫氰酸烯丙酯（1.05%）、(Z)-2-庚烯醛（1.02%）等。

【利用】幼苗或嫩茎叶供食用。是园林观赏的佳品，地栽与盆栽均宜。全株可入药，有利尿、催乳、润肠、通便的功效，治肺热咳嗽、热毒下痢、黄疸、二便不通、丹毒等病症。

🌸 野葵
Malva verticillata Linn.

锦葵科　锦葵属
别名：冬葵、菟葵、旅葵、棋盘菜、棋盘叶、土黄芪、著葵叶、芪菜、茄菜、荠菜、其菜、巴巴叶、把把叶、冬苋菜
分布：全国各地

【形态特征】二年生草本，高50～100cm，茎干被星状长柔毛。叶肾形或圆形，直径5～11cm，通常为掌状5～7裂，裂

片三角形，具钝尖头，边缘具钝齿，两面被极疏糙伏毛或近无毛；托叶卵状披针形，被星状柔毛。花3至多朵簇生于叶腋；小苞片3，线状披针形，长5～6 mm，被纤毛；萼杯状，直径5～8 mm，萼裂5，广三角形，疏被星状长硬毛；花冠长稍微超过萼片，淡白色至淡红色，花瓣5，长6～8 mm，先端凹入，爪无毛或具少数细毛；雄蕊柱长约4 mm，被毛；花柱分枝10～11。果扁球形，径约5～7 mm；分果片10～11，背面平滑，厚1 mm，两侧具网纹；种子肾形，径约1.5 mm，无毛，紫褐色。花期3～11月。

【生长习性】常生于在海拔1600～3000 m的山坡、林缘、草地、路旁。不择土壤。

【芳香成分】果实：李增春等（2008）用水蒸气蒸馏法提取的干燥果实精油的主要成分为：(S)-1,7,7-三甲基-双环[2.2.1]庚烷-2-酮（17.10%）、2-(丙基-2-烯酰氧基)十四烷（7.48%）、(E)-2-辛烯醛（7.06%）、(Z)-2-辛烯-2-醇（5.21%）、(Z)-2-壬烯醛（4.83%）、3,5-辛二烯-2-醇（4.37%）、5-己基氢化-2-(3H)-呋喃酮（4.33%）、正己酸（4.05%）、3-(丙基-2-烯酰氧基)-十二烷（2.40%）、反式-1.2-环戊二醇（2.30%）、壬-2-烯-1-醇（2.30%）、2-甲基-5-(1-甲基乙烯基)-环己醇（2.26%）、1-甲基-6,7-二氧双环[3.2.1]辛烷（1.66%）、1,1-二氯-2-己基-环丙烷（1.49%）、3,4-二甲基二氢-2(3H)-呋喃酮（1.44%）、邻苯二甲酸二丁酯（1.39%）、1-(乙烯氧基)-戊烷（1.34%）、(E)-2,6-二甲基-3,5,7-辛三烯-2-醇（1.27%）、Z-1,9-十六碳二烯（1.11%）等。

种子：李美红等（2007）用有机溶剂浸提法提取的种子精油的主要成分为：(Z,Z)-9,12-十八碳二烯酸（43.22%）、Z-9-十八碳烯酸（10.14%）、3,7,11,15-四甲基-2-十六烯-1-醇（9.18%）、3,7,11,15-四甲基-2-十六烯-2-醇（8.53%）、(Z,Z)-9,12-十八二烯酸甲酯（8.50%）、十六酸（6.49%）、2,4-十五-二酮（2.94%）、9-十八烯酸甲酯（1.98%）、十六酸甲酯（1.72%）等。

【利用】全草或种子、茎及根可入药，有清热利湿、凉血解毒的功效，用于黄疸型肝炎、乳腺炎、咽喉炎、肺热咳嗽、肾炎水肿、乳汁不下、二便不畅、血尿、血崩、痈疮、丹毒、烧烫伤。可作绿化材料。嫩苗也可供蔬食。茎皮纤维可代替麻用。

❀ 黄槿
Hibiscus tiliaceus Linn.

锦葵科　木槿属
别名：海麻、糕仔树、右纳、桐花、万年春、盐水面头果
分布：广西、广东、海南、福建、台湾等地

【形态特征】常绿灌木或乔木，高4～10 m，胸径粗达60 cm；树皮灰白。叶革质，近圆形或广卵形，直径8～15 cm，先端突尖，基部心形，全缘或具不明显细圆齿，叶背密被灰白色星状柔毛；托叶叶状，长圆形，先端圆，早落，被星状疏柔毛。花序顶生或腋生，常数花排列成聚散花序，有一对托叶状苞片；小苞片7～10，线状披针形，被绒毛，中部以下连合成杯状；萼长1.5～2.5 cm，基部1/4～1/3处合生，萼裂5，披针形，被绒毛；花冠钟形，直径6～7 cm，花瓣黄色，内面基部暗紫色，倒卵形，外面密被黄色星状柔毛。蒴果卵圆形，长约2 cm，被绒毛，果片5，木质；种子光滑，肾形。花期6～8月。

【生长习性】阳性植物，喜阳光。生性强健，耐旱、耐贫瘠。以砂质壤土为佳。抗风力强，耐盐碱能力好。

【芳香成分】李晓菲等（2011）用水蒸气蒸馏法提取的广东湛江产黄槿叶片精油的主要成分为：苯乙醇（8.25%）、2-乙烯呋喃（7.75%）、3,4,4-三甲基-2-环戊烯-1-酮（7.62%）、邻甲氧基苯酚（5.01%）、吡咯（4.75%）、对甲基苯酚（4.03%）、吲哚（3.44%）、对乙基苯酚（3.14%）、苯甲醇（2.73%）、2-甲基丁醛（2.32%）、对甲基异丙酮-3-环己烯（2.22%）、3-甲基-丁醇（2.21%）、2,6-二叔丁基-4-甲基苯酚（2.13%）、苯甲醛（2.04%）、2-甲氧基-3-乙烯基苯酚（2.02%）、3-甲基丁醛（1.69%）、6,10,14-三甲基十五烷酮（1.64%）、6-甲基-5-烯基-2-庚酮（1.53%）、十二醛（1.52%）、2,6,6-三甲基醌烯（1.46%）、2-甲氧基-4-乙基苯酚（1.32%）、6,10-二甲基-5,9-二乙烯-2-

十一烷酮（1.29%）、N-甲基-吡咯（1.19%）、二氢苯并呋喃（1.17%）、2-甲基苯酚（1.17%）、3-甲基-2-戊酮（1.09%）、甲酸乙酯（1.04%）等。

形，直径约1.5 cm，密被粗毛，果爿5；种子肾形。花期夏秋间

【利用】树皮纤维供制绳索。嫩枝叶供蔬食。木材适于建筑、造船及家具等用。可为行道树及海岸绿化美化植栽，为海岸防沙、防潮、防风之优良树种。民间取其叶制粿。叶、根药用，有清热止咳、解毒消肿的功效，治外感风热、咳嗽、痰火郁结、咳痰黄稠、肺热咳嗽、痈疮肿毒、支气管炎。

🌸 玫瑰茄
Hibiscus sabdariffa Linn.

锦葵科　木槿属
别名： 山茄、洛神花、洛神葵、山茄子、红金梅、红梅果
分布： 广东、广西、云南、福建、台湾等地

【形态特征】一年生直立草本，高达2 m，茎淡紫色。叶异型，下部的叶卵形，不分裂，上部的叶掌状3深裂，裂片披针形，长2～8 cm，宽5～15 mm，具锯齿，先端钝或渐尖，基部圆形至宽楔形，背面中肋具腺；托叶线形，长约1 cm，疏被长柔毛。花单生于叶腋，近无梗；小苞片8～12，红色，肉质，披针形，长5～10 mm，宽2～3 mm，疏被长硬毛，近顶端具刺状附属物，基部与萼合生；花萼杯状，淡紫色，直径约1 cm，疏被刺和粗毛，基部1/3处合生，裂片5，三角状渐尖形，长1～2 cm；花黄色，内面基部深红色，直径6～7 cm。蒴果卵球

【生长习性】喜温暖温润气候，为热带和亚热带植物。而瘠、耐旱，适应性强。

【芳香成分】董莎莎等（2009）用水蒸气蒸馏法提取的在精油主要成分为：邻苯二甲酸二丁酯（8.56%）、4-乙基-苯甲醛（4.80%）、油酸甲酯（4.77%）、2,4-二甲基苯酚（4.00%）、甲基-苯酚（2.69%）、2-乙基-苯酚（2.64%）、1-乙基-4-甲氧基苯（2.38%）、苯乙醛（2.13%）、2,6-二甲基苯酚（2.00%）、2-乙基-6-甲基-苯酚（1.93%）、3-乙基-苯酚（1.51%）、3,4-二甲基苯酚（1.40%）、2-甲氧基苯酚（1.33%）、2-甲氧基-4-甲基苯酚（1.17%）、5-甲基-2-呋喃甲醛（1.16%）、1-甲基环辛烯（1.09%）等。

【利用】花萼和小苞片常用以制果酱、果冻和酸味饮料，还可用于制备玫瑰茄色素。茎皮纤维供搓绳索用。根、种子药用，有敛肺止咳、降血压、解酒的功效，主治肺虚咳嗽、高血压、醉酒。

🌸 木芙蓉
Hibiscus mutabilis Linn.

锦葵科　木槿属
别名： 拒霜花、霜降花、铁箍散、芙蓉、醉酒芙蓉、七星花、芙蓉花
分布： 辽宁、河北、山东、陕西、安徽、江苏、浙江、江西、福建、台湾、广东、广西、湖南、湖北、贵州、四川、云南等地

【形态特征】落叶灌木或小乔木，高2～5 m；小枝、叶柄、花梗和花萼均密被星状毛与直毛相混的细绵毛。叶宽卵形至圆卵形或心形，直径10～15 cm，常5～7裂，裂片三角形，先端渐尖，具钝圆锯齿，叶面疏被星状细毛和点，叶背密被星状绵毛；托叶披针形，常早落。花单生于枝端叶腋间；小苞片8，线形，密被星状绵毛，基部合生；萼钟形，长2.5～3 cm，裂片5，卵形，渐尖头；花初开时白色或淡红色，后变深红色，直径约8 cm，花瓣近圆形，直径4～5 cm，外面被毛，基部具髯毛；蒴果扁球形，直径约2.5 cm，被淡黄色刚毛和绵毛，果爿5；种

⋯⋯肾形，背面被长柔毛。花期8～10月。

【生长习性】喜温暖湿润和阳光充足环境。不耐寒，忌干⋯⋯，略耐阴，耐水湿，以肥沃和排水良好的壤土为宜。

【精油含量】水蒸气蒸馏全草的得油率为0.78%；超临界萃⋯⋯干燥叶的得油率为5.83%。

基-5,9-十一烯-2-酮（2.14%）等。

【利用】茎皮纤维可供纺织、制绳、缆索或作麻类代用品和原料，也可供造纸等用。在防止水土流失的生态防护中起固土护坡作用。是优良的园林观花树种，同时也是净化空气的优良树种，也可盆栽观赏。花可作蔬菜食用。花和叶药用，有清热解毒、消肿排脓、凉血止血的功效，用于肺热咳嗽、月经过多、白带；外用治痈肿疮疖、乳腺炎、淋巴结炎、腮腺炎、烧烫伤、毒蛇咬伤、跌打损伤。

❀ 木槿
Hibiscus syriacus Linn.

锦葵科　木槿属
别名：白槿花、灯盏花、朝开暮落花、木棉、荆条、喇叭花
分布：台湾、福建、广东、广西、云南、贵州、四川、湖南、湖北、安徽、江西、浙江、江苏、山东、河北、河南、陕西等地

【芳香成分】叶：郭华等（2006）用超临界CO_2萃取法提⋯⋯的干燥叶精油的主要成分为：棕榈酸（12.51%）、(E,E)-2,4-⋯二烯醛（8.84%）、邻苯二甲酸二丁酯（7.18%）、4-羟基-4-⋯甲基-4H-萘-1-酮（6.63%）、(R)-5,6,7,7a-四氢化-4,4,7a-三甲基⋯2(4H)-苯并呋喃酮（4.40%）、(E,E)-6,10,14-三甲基-5,9,13-十五三烯-2-酮（4.39%）、苯乙醛（4.15%）、植醇（4.14%）、⋯,10,14-三甲基-2-十五烷酮（3.98%）、2-乙基-1,3-二甲基-苯⋯2.94%）、庚醛（2.84%）、1-(2-呋喃基)-乙酮（2.59%）、二十一⋯烷（2.25%）、4-(2,2,6-三甲基-7-氧杂二环[4.1.0]七-1-基)-3-丁⋯烯-2-酮（2.07%）、壬酸（2.01%）、广藿香醇（1.98%）、1-(2-羟⋯基-4-甲氧苯基)-乙酮（1.96%）、6-甲基-5-(1-甲乙基)-5-庚烯-3-⋯炔-2-醇（1.95%）、(E)-2-癸烯醛（1.91%）、3,5-二甲基-苯甲醇⋯1.88%）、4-乙基-1,2-二甲基-苯（1.69%）、反-5-甲基-2-(1-甲⋯基乙烯基)-环己醇（1.44%）、2-戊基-呋喃（1.39%）、(E)-2-辛⋯烯醛（1.11%）、二十烷（1.08%）等。

全草：邓亚利等（2009）用水蒸气蒸馏法提取的广东清源⋯产木芙蓉全草精油的主要成分为：六氢法呢烷丙酮（42.15%）、⋯大根香叶酮（12.71%）、(+/-)-反式-橙花叔醇（8.33%）、⋯5E,9E)-6,10,14-三甲基-5,9,13-十五碳三烯-2-酮（6.96%）、叶⋯绿醇（4.66%）、六氢法呢醇（3.80%）、4-异丙基-1,6-二甲⋯基-1,2,3,4,4α,7,8,8α-八氢-1-萘酚（2.36%）、(5E)-6,10,-二甲

【形态特征】落叶灌木，高3～4m，小枝密被黄色星状绒毛。叶菱形至三角状卵形，长3～10cm，宽2～4cm，具深浅不同的3裂或不裂，先端钝，基部楔形，边缘具不整齐齿缺；托叶线形，长约6mm，疏被柔毛。花单生于枝端叶腋间，花梗长4～14mm，被星状短绒毛；小苞片6～8，线形，长6～15mm，宽1～2mm，密被星状疏绒毛；花萼钟形，长14～20mm，密被星状短绒毛，裂片5，三角形；花钟形，淡紫色，直径5～6cm，花瓣倒卵形，长3.5～4.5cm，外面疏被纤毛和星状长柔毛；雄蕊柱长约3cm；花柱枝无毛。蒴果卵圆形，直径约

12 mm，密被黄色星状绒毛；种子肾形，背部被黄白色长柔毛。花期7～10月。

【生长习性】喜温暖湿润和阳光充足环境，耐热又耐寒，耐干旱，耐湿，稍耐阴，耐瘠薄土壤，对土壤要求不严格，宜肥沃，疏松的砂质壤土。

【精油含量】水蒸气蒸馏的干燥叶的得油率为0.51%，干燥花的得油率为0.11%；超临界萃取干燥叶的得油率为0.20%。

【芳香成分】叶：卫强等（2016）用水蒸气蒸馏法提取的安徽合肥产木槿干燥叶精油的主要成分为：顺-十八碳烯酸（10.79%）、二十七烷（10.26%）、亚油酸（8.01%）、正己醛（6.30%）、1-己醇（3.52%）、十五酸（2.55%）、正辛醇（2.44%）、十六烷酸（1.40%）、糠醛（1.39%）、苯甲醛（1.26%）、正戊醇（1.22%）、苯乙醛（1.21%）、(E)-2-己烯醛（1.16%）、3-甲基丁醛（1.07%）等；超临界CO_2萃取法提取的干燥叶精油的主要成分为：1,3-二硬脂酸甘油酯（10.72%）、十八醛（9.94%）、金合欢基丙酮（7.25%）、2,6,10-三甲基十四烷（6.19%）、雌甾-1,3,5(10)-三烯-17-醇（5.10%）、邻苯二甲酸二异丁酯（3.26%）、2-亚甲基胆甾-3-醇（3.19%）、7-甲基-Z-十四碳烯-1-乙酸酯（3.11%）、亚麻酰氯（3.03%）、(Z)-3-己烯-1-醇（2.95%）、苯甲醇（2.16%）、丙二醇甲醚（2.10%）、1-己基-6-羟基-4-甲基六氢嘧啶-2-硫酮（2.07%）、6,10,14-三甲基-2-十五烷酮（1.77%）、喇叭烯氧化物（Ⅱ）（1.71%）、肉豆

蔻醛（1.66%）、6,6-二甲基-9-(3-环氧丙烷-2-基)-1,4-二氧杂螺[4.5]癸烷（1.51%）、2,4-二叔丁基苯酚（1.49%）、4-[2,2,6-三甲基-7-氧杂二环[4.1.0]庚-1-基]-3-丁烯-2-酮（1.46%）、叶绿醇（1.44%）、异丁香酚甲醚（1.39%）、正三十七醇（1.30%）、丁香酚（1.12%）等。

花：蔡定建等（2009）用水蒸气蒸馏法提取的江西赣州产木槿干燥花精油的主要成分为：十三烷酸（59.08%）、(Z,Z)-亚油酸（6.13%）、油酸（4.04%）、二十一烷（3.18%）、二十二烷（2.99%）、十八烷酸（2.78%）、豆蔻酸（2.17%）、珠光脂酸（2.06%）、邻苯二甲酸丁基-2-异丁酯（2.01%）、棕榈酸（1.60%）等。

【利用】是重要观花灌木，南方多作花篱、绿篱；北方作庭园点缀及室内盆栽。花可作蔬菜食用。花、果、根、叶和皮均可入药，具有防治病毒性疾病和降低胆固醇的作用，内服治肠胃、痢疾、脱肛、吐血、下血、疟腮、白带过多等；外敷可治疗疮疖肿。茎皮可作造纸原料。

🌸 磨盘草
Abutilon indicum (Linn.) Sweet

锦葵科　苘麻属

别名：磨子树、磨谷子、磨龙子、石磨子、磨挡草、耳响草、金花草

分布：台湾、福建、广东、广西、贵州和云南等地

【形态特征】一年生或多年生直立的亚灌木状草本，高达1～2.5 m，分枝多，全株均被灰色短柔毛。叶卵圆形或近圆形，长3～9 cm，宽2.5～7 cm，先端短尖或渐尖，基部心形，边缘具不规则锯齿，两面均密被灰色星状柔毛；托叶钻形，外弯；花单生于叶腋；花萼盘状，绿色，直径6～10 mm，密被灰色柔毛，裂片5，宽卵形，先端短尖；花黄色，直径2～2.5 cm，花瓣5，长7～8 mm；雄蕊柱被星状硬毛；心皮15～20，成轮状，花柱枝5，柱头头状。果为倒圆形似磨盘，直径约1.5 cm，黑色，分果爿15～20，先端截形，具短芒，被星状长硬毛；种子肾形，被星状疏柔毛。花期7～10月。

【生长习性】常生于海拔800 m以下的平原、海边、沙地、旷野、山坡、河谷及路旁等处。喜温暖湿润和阳光充足的气候，生长适温在25～30 ℃，不耐寒，一般土壤均能种植，较耐旱肥，在疏松而肥沃的土壤上生长茂盛。

【芳香成分】陈勇等（2013）用水蒸气蒸馏法提取的广西博白产磨盘草干燥全草精油的主要成分为：棕榈酸（49.38%）、□，12,15-十八碳三烯醛（13.88%）、植物醇（13.15%）、亚油□（10.47%）、6,10,14-三甲基-2-十五烷酮（3.99%）、十四□（2.18%）等；广西南宁产磨盘草干燥全草精油的主要成分□：植物醇（73.89%）、棕榈酸（7.22%）、6,10,14-三甲基-2-□五烷酮（7.10%）、2-(5-氧代乙基)-2-环戊酮（1.44%）、4-甲□-1-(1-甲基乙基)-环己烯（1.38%）、油酸酰胺（1.38%）、十八□（1.35%）、二乙基-1-亚甲基丙基磷酸酯（1.17%）等；广西□玉林产磨盘草干燥全草精油的主要成分为：植物醇（32.40%）、□10,14-三甲基-2-十五烷酮（10.53%）、油酸酰胺（6.49%）、□豆蔻醚（3.93%）、11-癸基-二十二烷（3.84%）、正二十五□（3.04%）、二十四烷（2.63%）、正二十一烷（2.55%）、2,4-□叔丁基苯酚（2.44%）、1,3,7-三甲基辛-2,6-二烯基乙酸酯□2.30%）、橙化基丙酮（2.24%）、二十二烷（1.92%）、2,6-二叔□基对甲基苯酚（1.69%）、洋芹脑（1.68%）、棕榈酸（1.59%）、□三十一烷（1.57%）、二十烷（1.56%）、正二十八烷（1.55%）、□植物醇（1.52%）、(E)-2-癸烯醛（1.49%）、十七烷（1.47%）、□-丁酰氧基苯甲醛（1.42%）、正二十六烷（1.41%）、反式-十□-4a-甲基-2H-苯并环庚烯-2-酮（1.21%）、正十八烷（1.20%）□。

【利用】全草供药用，有散风、清血热、开窍、活血的功□，治泄泻、淋病、耳鸣耳聋、疝气、痈肿、荨麻疹。皮层纤□可为麻类的代用品，供织麻布、搓绳索和加工成人造棉作织□和垫充料。

黄葵
belmoschus moschatus Medicus

锦葵科　秋葵属

别名：麝香秋葵、山油麻、野油麻、野棉花、芙蓉麻、鸟笼胶、□三稔、山芙蓉

分布：台湾、广东、广西、云南、江西、湖南等地

【形态特征】一年生或二年生草本，高1～2 m，被粗毛。叶□常掌状5～7深裂，直径6～15 cm，裂片披针形至三角形，边□具不规则锯齿，偶有浅裂似槭叶状，基部心形，两面均疏被□毛；叶柄长7～15 cm，疏被硬毛；托叶线形，长7～8 mm。

花单生于叶腋间，花梗长2～3 cm，被倒硬毛；小苞片8～10，线形，长10～13 mm；花萼佛焰苞状，长2～3 cm，5裂，常早落；花黄色，内面基部暗紫色，直径7～12 cm；雄蕊柱长约2.5 cm，平滑无毛；花柱分枝5，柱头盘状。蒴果长圆形，长5～6 cm，顶端尖，被黄色长硬毛；种子肾形，具腺状脉纹，具香味。花期6～10月。

【生长习性】常生于平原、山谷、溪涧旁或山坡灌丛中。喜强光，不耐阴。属热带、亚热带地区植物，喜高温，要求年平均温度高于20 ℃。应选择开阔、向阳的地块。对土壤适应能力强，但以排水良好的肥沃砂壤土最佳。

【精油含量】水蒸气蒸馏种子的得油率为0.30%；同时蒸馏萃取的种子净油得率为1.00%～1.20%。

【芳香成分】李培源等（2012）用水蒸气蒸馏法提取的广西玉林产黄葵新鲜种子精油的主要成分为：乙酸金合欢酯（35.07%）、氧代环十七碳-8-烯-2-酮（12.37%）、3,7,11-三甲基-6,10-十二碳二烯-1-醇（4.65%）、棕榈酸（3.56%）、乙酸月桂酯（2.45%）、十二碳二烯醋酸酯（2.11%）、金合欢醇（1.90%）、顺-橙花叔醇（1.75%）、植物醇（1.65%）、二十烷（1.63%）、14-甲基-8-十六炔-1-醇（1.33%）、反-环十二烯（1.07%）等。汤元江等（1990）用溶剂萃取和水蒸气蒸馏法提取的云南个旧产黄葵种子精油的主要成分为：乙酸-反式-2-反式-β-金合欢酯（64.22%）、黄葵内酯（14.96%）、乙酸-顺式-2-顺式-β-金合欢酯（2.38%）、月桂酸乙酯（1.95%）、反式-2-反

式-β-金合欢醇（1.71%）、十六酸乙酯（1.35%）、乙酸-顺式-2-反式-β-金合欢酯（1.16%）等。

【利用】种子可提制芳香油，是名贵的高级调香料，也可入药。根、叶、花入药，有清热利湿、拔毒排脓的功效，根用于高热不退、肺热咳嗽、产后乳汁不通、大便秘结、阿米巴痢疾、尿路结石；叶外用治痈疮肿毒、瘰疬、骨折；花外用治烧烫伤。种子药用，有兴奋、抗痉挛、防腐、健胃、清凉、驱风、补益、壮阳等作用，可用于治疗胃病、泌尿症、淋病、癃病、神经衰弱、头痛、皮肤病等。根供制棉纸的糊料。嫩枝、绿色蒴果可作蔬菜食用。可供园林观赏栽培。

🌼 黄蜀葵

Abelmoschus manihot (Linn.) Medic.

锦葵科　秋葵属

别名： 甲花、秋葵、棉花葵、假阳桃、野芙蓉、黄芙蓉、黄花莲、鸡爪莲、疽疮药、追风药、豹子眼睛花、荞麦花、菜芙蓉、金芙蓉、金花葵

分布： 河北、河南、陕西、湖北、湖南、贵州、甘肃、山东、四川、云南、广西、广东、福建等地

【形态特征】一年生或多年生草本，高1～2 m，疏被长硬毛。叶掌状5～9深裂，直径15～30 cm，裂片长圆状披针形，长8～18 cm，宽1～6 cm，具粗钝锯齿，两面疏被长硬毛；叶柄长6～18 cm，疏被长硬毛；托叶披针形，长1.5～11 cm。花单生于枝端叶腋；小苞片4～5，卵状披针形，长15～25 mm，宽4～5 mm，疏被长硬毛；萼佛焰苞状，5裂，近全缘，较长于小苞片，被柔毛，果时脱落；花大，淡黄色，内面基部紫色，直径约12 cm；雄蕊柱长1.5～2 cm，花药近无柄；柱头紫黑色，匙状盘形。蒴果卵状椭圆形，长4～5 cm，直径2.5～3 cm，被硬毛；种子多数，肾形，被柔毛组成的条纹多条。花期8～10月。

【生长习性】常生于山谷草丛、田边或沟旁灌丛间。喜温热，生长温度25～30 ℃，夜间温度低于14 ℃生长不良，喜光。土壤要深厚、肥沃、疏松，保水保肥性能良好，怕涝。

【精油含量】水蒸气蒸馏新鲜花的得油率为0.78%，干燥种子的得油率为0.63%；超临界萃取干燥花的浸膏得率为5.43%，微波萃取新鲜花的得油率为1.34%。

【芳香成分】张元媛等（2008）用水蒸气蒸馏法提取的花精油的主要成分为：十六（烷）酸（53.37%）、二十二烷（15.06%）、二十四烷（11.02%）、9,12-二烯十八酸（6.41%）、十四（烷）酸（3.15%）、2,6,10,15-四甲基十七烷（2.84%）、6,10-二甲基,2-十一烷酮（2.06%）、十六烷（1.96%）、十一烯酸丙酯（1.41%）、二十一烷（1.38%）、十八烷（1.34%）等。□刚等（2010）用水蒸气蒸馏法提取的江西渝水产金花葵新鲜花精油的主要成分为：软脂酸（16.09%）、二十六烷（10.83%）、二十五烷（10.39%）、二十四烷（6.06%）、二十三烷（5.95%）、1-碘基十六烷（5.60%）、二十二烷（4.38%）、顺-9-烯-十八

酸（4.22%）、对二甲苯（3.78%）、1,2,3,5-四甲苯（3.64%）、苯（3.22%）、二十一烷（2.57%）、1-甲基-3-(1-甲基-乙基)苯（1.89%）、二十烷（1.55%）、1,2-二甲基-4-乙基-苯（1.50%）、2,3-二氢-4-甲基-1H-茚（1.44%）、间二甲苯（1.33%）、2,3-二氢-5-甲基-1H-茚（1.32%）、乙苯（1.04%）等。

【利用】栽培供园林观赏用。根可作造纸糊料。从茎秆中提取植物胶作为食品添加剂。种子、根、茎、叶和花药用，有清热解毒、润燥滑肠的功效，种子用于大便秘结、小便不利、水肿、尿路结石、乳汁不通；根用于水肿、淋症、乳汁不通；外用于痈肿、疖腮、骨折；茎或茎皮用于产褥热；外用于烫伤；外用于痈疽疔疮、疖腮、烫伤、刀伤出血；花外用于痈疽肿毒、烫伤、小儿秃疮、小儿口疮。

咖啡黄葵

Abelmoschus esculentus (Linn.) Moench

锦葵科　秋葵属

别名：黄秋葵、秋葵夹、羊角豆、羊角椒、洋辣椒、越南芝麻、胡麻、秋葵

分布：河北、山东、江苏、浙江、湖南、湖北、云南、广东等地引入栽培

【形态特征】一年生草本，高1~2 m；茎圆柱形，疏生散刺。叶掌状3~7裂，直径10~30 cm，裂片阔至狭，边缘具粗齿及凹缺，两面均被疏硬毛；叶柄长7~15 cm，被长硬毛；托叶线形，长7~10 mm，被疏硬毛。花单生于叶腋间，花梗长~2 cm，疏被糙硬毛；小苞片8~10，线形，长约1.5 cm，疏

被硬毛；花萼钟形，较长于小苞片，密被星状短绒毛；花黄色，内面基部紫色，直径5~7 cm，花瓣倒卵形，长4~5 cm。蒴果筒状尖塔形，长10~25 cm，直径1~5-2 cm，顶端具长喙，疏被糙硬毛；种子球形，多数，直径4~5 mm，具毛脉纹。花期5~9月。

【生长习性】喜温暖、怕严寒，耐热力强。生育期适温均为25~30℃。耐旱、耐湿，但不耐涝。要求光照时间长，光照充足。应选择向阳地块，加强通风透气。对土壤适应性较广，不择地力，但以土层深厚、疏松肥沃、排水良好的壤土或砂壤土较宜。

【精油含量】水蒸气蒸馏干燥种子的得油率为0.06%。

【芳香成分】花：张姣姣等（2015）用顶空固相微萃取法提取的贵州清镇产'绿果'咖啡黄葵花蕾香气的主要成分为：乙醇（32.45%）、乙醛（13.58%）、二甲基硫醚（13.14%）、(Z)-3-己烯-1-醇（5.85%）、四氢-2H-吡喃-2-醇（3.66%）、十三烷（3.53%）、3-甲基-1-丁醇（2.81%）、3-甲基丁醛（2.12%）、(E)-石竹烯（2.08%）、(E)-甲基-1,6 -7 H-氧杂螺[4.5]癸烷（1.73%）、2-甲基-1-丁醇（1.63%）、十四烷（1.44%）、1-戊烯-3-醇（1.41%）、戊醛（1.20%）、己醛（1.05%）、1,8-桉叶素（1.01%）等；'绿果'咖啡黄葵盛花期花香气的主要成分为：乙醛（24.75%）、3-甲基丁醛（10.78%）、二甲基硫醚（7.91%）、2-甲基丁醛（7.74%）、乙醇（7.52%）、十三烷（3.33%）、十四烷（3.31%）、十六烷（3.11%）、2-甲基-1-丁醇（2.36%）、(E)-石竹烯（2.32%）、壬醛（2.09%）、4-甲基十三烷（1.96%）、(E)-甲基-1,6 -7 H-氧杂螺[4.5]癸烷（1.88%）、十五烷（1.65%）、3-甲基-1-丁醇（1.62%）、2-甲基-十四烷（1.60%）、异丁醛（1.15%）、(Z)-3-己烯-1-醇（1.09%）、三-十四烯（1.06%）、2-甲基-十五烷（1.02%）等；'白果'咖啡黄葵花蕾香气的主要成分为：乙醇（16.88%）、乙醛（14.26%）、二甲基硫醚（11.49%）、甲酸戊酯（6.98%）、(Z)-3-己烯-1-醇（6.87%）、戊醛（5.02%）、3-甲基丁醛（4.41%）、四氢-2H-吡喃-2-醇（3.42%）、2-甲基丁醛（1.98%）、十三烷（1.94%）、3-甲基-1-丁醇（1.87%）、己醛（1.77%）、2-正戊基呋喃（1.49%）、(E)-甲基-1,6 -7 H-氧杂螺[4.5]癸烷（1.44%）、2-甲基-1-丁醇（1.42%）、(E)-石竹烯（1.41%）、乙酸甲酯（1.40%）、十四烷（1.39%）、1-己醇（1.30%）、庚醛（1.10%）等；'白果'咖啡黄葵盛花期花香气的主要成分为：十五烷（7.63%）、(Z)-3-己烯-1-醇（7.16%）、十三烷（5.46%）、乙醛（5.39%）、壬醛（4.27%）、(E)-石竹烯（4.23%）、十四烷（4.07%）、4-甲基十三烷（3.44%）、乙醇（3.31%）、二甲基硫醚（3.23%）、3-甲基丁醛（3.13%）、4-甲基-3-己醇（2.81%）、1-己醇（2.41%）、十六烷（2.28%）、十六醇（2.24%）、2-甲基丁醛（1.99%）、2-甲基-十四烷（1.97%）、L-芳樟醇（1.83%）、苯乙醛（1.50%）、1,8-桉叶素（1.26%）、己醛（1.23%）、2-甲基十二烷（1.23%）、四氢-2H-吡喃-2-醇（1.22%）、1-辛醇（1.14%）、十二烷（1.13%）、庚醛（1.07%）、1-十五碳烯（1.01%）等。

果实：沈丽英等（2015）用同时蒸馏萃取法提取的未成熟新鲜果荚精油的主要成分为：十六醇（67.16）、十二酸（4.85%）、十六酸（4.07%）、丙二醇（2.49%）、N-甲基-2-乙酰基吡咯（2.12%）、邻苯二甲酸二甲酯（2.08%）、莳烯（1.60%）、叶绿醇（1.51%）、辛酸（1.30%）、甲基乙酰基原醇（1.20%）等。

种子：李健等（2012）用水蒸气蒸馏法提取的浙江绍兴产咖啡黄葵干燥种子精油的主要成分为：正癸烷（21.18%）、正十二烷（17.58%）、甲基环戊烷（15.96%）、正辛烷（12.91%）、正十四烷（9.91%）、1,2,4,5-四甲基苯（6.82%）、2,4-二甲基乙苯（5.66%）、正十六烷（4.45%）、桥式四氢化双环戊二烯（2.38%）、萘（2.32%）等。张姣姣等（2015）用顶空固相微萃取法提取的贵州青远产咖啡黄葵种子精油的主要成分为：2-甲基丁酸-2-甲基丁酯（58.39%）、庚酸异戊酯（8.84%）、2-甲基丁酸异丁酯（6.13%）、己酸酯（3.32%）、戊基甲基丁酸乙酯（1.85%）、2-甲基丁基硫醇（1.85%）、庚酸，丁基酯（1.56%）、吉玛烯D（1.55%）、辛基-2-甲基丁酸（1.38%）、异辛酸（1.34%）、2-甲基丁酸己酯（1.11%）等。

【利用】种子可榨油，微有毒，经高温处理后可食用或供工业用。种子可作为咖啡的添加剂或代用品。幼果是一种高档的绿色营养保健蔬菜。叶片、芽、花也可食用。作观赏植物栽培。全株药用，有清热解毒、润燥滑肠的功效，根用于止咳；树皮用于月经不调；种子用于乳汁不足。

蜀葵

Althaea rosea (Linn.) Cavan.

锦葵科　蜀葵属

别名：淑气、蜀季、舌其、暑气、蜀芪、树茄、一丈红、端午花、熟季花、麻杆花、棋盘花、栽秧花、斗篷花

分布：全国各地

【形态特征】二年生直立草本，高达2 m，茎枝密被刺毛。叶近圆心形，直径6~16 cm，掌状5~7浅裂或波状棱角，裂片三角形或圆形，叶面疏被星状柔毛，粗糙，叶背被星状长硬毛或绒毛；托叶卵形，先端具3尖。花腋生，单生或近簇生，排列成总状花序式，具叶状苞片；小苞片杯状，常6~7裂，裂片卵状披针形，密被星状刚硬毛；萼钟状，直径2~3 cm，5齿裂，裂片卵状三角形，密被星状粗硬毛；花大，直径6~10 cm，有红、紫、白、粉红、黄和黑紫等色，单瓣或重瓣，花瓣倒卵状三角形，长约4 cm，先端凹缺，基部狭，爪被长髯毛。果盘状，直径约2 cm，被短柔毛，分果片近圆形，多数，具纵槽。花期2~8月。

【生长习性】喜温暖湿润和阳光充足环境，适应性强，较耐寒，又耐干旱和半阴，宜土层深厚，肥沃和排水良好的壤土。

忌涝，耐盐碱能力强，在含盐0.6%的土壤中仍能生长。

【精油含量】水蒸气蒸馏干燥花的得油率为2.09%；超临界萃取风干种子的得油率为8.15%。

【芳香成分】花：木尼热．阿不都克里等（2015）用水蒸气蒸馏法提取的干燥花精油的主要成分为：三十六烷（14.00%）、邻苯二甲酸二（2-乙基己基）酯（8.29%）、正六十烷（7.79%）、正二十烷（6.80%）、2,4-二（1-甲基-1-苯乙基）苯酚（5.80%）、五十四烷（5.77%）、邻苯二甲酸丁酯-8-甲基壬基酯（3.58%）、N-苯基-1-萘胺（3.06%）、6-环己基十三烷（2.45%）、角鲨烷（2.37%）、2,6,10,14,18-五甲基十九烷（1.68%）、三十四烷（1.65%）、2,3-二氢苯并呋喃（1.62%）、四十烷（1.58%）、1,16-二溴碘代十六烷（1.16%）、2,2'-亚甲基双（6-叔丁基-4-甲基苯酚（1.12%）、邻苯二甲酸二异丁酯（1.07%）、4'-羟基-2'-甲基苯乙酮（1.04%）、1-二十一烷醇（1.04%）、二十二烷（1.02%）、4-十六烷乙酸酯（1.01%）等。

种子：阿孜古丽·依明等（2013）用超临界CO$_2$萃取法提取的新疆产蜀葵风干种子精油的主要成分为：亚油酸（56.00%）、油酸（16.80%）、棕榈酸（11.90%）、脂酸（8.05%）、亚麻酸（1.41%）等。

【利用】广泛栽培供园林观赏用，用于园林绿篱、花墙、美化园林环境，矮生品种可作盆花栽培，也可剪取作切花，供插或作花篮、花束等用。全株入药，有清热止血、消肿解毒功效，根用于肠炎、痢疾、尿道感染、小便赤痛、子宫颈炎

白带；种子用于尿路结石、小便不利、水肿；花用于大小便不利、梅核气、并解河豚毒；花、叶外用治痈肿疮疡、烧烫伤。茎皮含纤维可代麻用。嫩苗、叶可食。可入茶。花的色素可作食品饮料的着色剂。

桐棉
Thespesia populnea (Linn.) Soland. ex Corr.

锦葵科　桐棉属
别名：杨叶肖槿
分布：台湾、广东、海南

【形态特征】常绿乔木，高约 6 m；小枝具褐色盾形细鳞秕。叶卵状心形，长 7～18 cm，宽 4.5～11 cm，先端长尾状，基部心形，全缘，叶面无毛，叶背被稀疏鳞秕；叶柄长～10 cm，具鳞秕；托叶线状披针形，长约 7 mm。花单生于叶腋间；花梗长 2.5～6 cm，密被鳞秕；小苞片 3～4，线状披针形，被鳞秕，长 8～10 mm，常早落；花萼杯状，截形，直径约 5 mm，具 5 尖齿，密被鳞秕；花冠钟形，黄色，内面基部具紫色块，长约 5 cm；雄蕊柱长约 25 mm；花柱棒状，端具 5 槽纹。蒴果梨形，直径约 5 cm；种子三角状卵形，长约 9 mm，被褐色茸毛，间有脉纹。花期近全年。

【生长习性】常生于海边和海岸向阳处。

【芳香成分】袁婷等（2012）用水蒸气蒸馏法提取的广西合浦产桐棉叶精油的主要成分为：(1S-顺)-1,2,3,5,6,8a-六氢化-4,7-二甲基-1-(1-甲乙基)-臭樟脑（16.14%）、α-金合欢

烯（13.16%）、n-棕榈酸（8.52%）、(S)-1-甲基-4-(5-甲基-1-亚甲基-4-己烯)-环己烯（8.12%）、α-石竹烯（5.10%）、(E,E)-3,7,11-三甲基-2,6,10-十二碳三烯-1-醇（4.34%）、(E)-3,7,11-三甲基-1,6,10-十二碳三烯-3-醇（3.94%）、叶绿醇（2.49%）、1,2-苯二甲酸-二（2-甲基丙基）酯（2.20%）、1,6-二甲基-4-(1-甲乙基)-臭樟脑1（2.05%）、(Z,Z)-9,12-十八碳二烯酸（1.94%）、β-水芹烯（1.92%）、α-没香醇（1.52%）、1-乙烯基-1-甲基-2-(1-甲基乙烯基)-4-(1-甲基亚乙基)-环己烷（1.33%）、顺,α-檀香醇（1.12%）、1-(1,5-二甲基-4-己烯)-4-甲基-3-环己烯-1-醇（1.06%）等。

【利用】叶为民间药，具有抗炎消肿的功效，治疗头痛和疥癣。

柴胡红景天
Rhodiola bupleuroides (Wall. ex Hk. f. et Thoms.) S. H. Fu

景天科　红景天属
别名：伸长红景天、不丹红景天、柴胡景天
分布：西藏、云南、四川

【形态特征】多年生草本。高 5～60 cm。根颈粗，倒圆锥形，直径达 3 cm，长达 10 cm，棕褐色，先端被鳞片，鳞片棕黑色。花茎 1～2。叶互生，厚草质，狭至宽椭圆形、近圆形或狭至宽卵形或倒卵形或长圆状卵形，长 0.3～6 cm，宽 0.4～2.2 cm，先端急尖至圆，基部心形至渐狭，全缘至有少数锯齿。伞房状花序顶生，有 7～100 花，苞片叶状；雌雄异株，萼片 5，紫红色，雄花的稍短，狭长圆形至长圆状卵形至狭三角形；花瓣 5，暗紫红色，雄花的倒卵形至狭倒卵形，雌花的狭长圆形至长圆形；鳞片 5，狭长圆形或长圆形至近横长方形，先端圆或有微缺。菁葖长 4～5 mm，种子 10～16 枚。花期 6～8 月，果期 8～9 月。

【生长习性】生于海拔 2400～5700 m 的山坡石缝中或灌丛中或草地上。

【芳香成分】谢惜媚等（2013）用顶空固相微萃取法提取的西藏林周产柴胡红景天干燥根茎精油的主要成分为：β-蒎烯（75.40%）、甲基庚烯酮（12.47%）、正己醇（5.42%）、壬醛（4.88%）、正辛醇（1.08%）、苯乙醇（1.08%）等。

【利用】根茎为藏医用药，有活血止血、清肺止咳的功效，还具有抗缺氧、抗寒冷、抗疲劳、抗微波辐射等显著功效，用于治疗咳血、咯血、肺炎咳嗽、妇女白带等症；用于预防高原反应、延缓衰老，治疗冠心病、心绞痛、心律失常、抗肿瘤及化疗的辅助用药。

❀ 长鞭红景天

Rhodiola fastigiata (hook. f. et Thoms.) S. H. Fu

景天科 红景天属

别名： 宽叶红景天、竖枝景天、大理景天

分布： 西藏、四川、云南

【形态特征】多年生草本。根颈长达50 cm以上，不分枝或少分枝，基部鳞片三角形。花茎4～10，着生主轴顶端，长8～20 cm，粗1.2～2 mm，叶密生。叶互生，线状长圆形、线状披针形、椭圆形至倒披针形，长8～12 mm，宽1～4 mm，先端钝，全缘，或有微乳头状突起。花序伞房状，长1 cm，宽2 cm；雌雄异株；花密生；萼片5，线形或长三角形，长3 mm，钝；花瓣5，红色，长圆状披针形，长5 mm，宽1.3 mm，钝；雄蕊10，长达5 mm，对瓣着生于基部上1 mm处；鳞片5，横长方形，先端有微缺；心皮5，披针形，直立，花柱长。蓇葖长7～8 mm，直立，先端稍向外弯。花期6～8月，果期9月。

【生长习性】生于海拔2500～5400 m的高山石地草坡阳处。喜凉润，喜肥，畏炎热，耐瘠薄。

【精油含量】水蒸气蒸馏根和根茎的得油率为0.02%。

【芳香成分】李涛等（2008）用水蒸气蒸馏法提取的四川汶川产长鞭红景天根和根茎精油的主要成分为：棕榈酸（35.90%）、亚油酸（23.10%）、肉豆蔻酸（7.24%）、二十三烷（4.66%）、二十五烷（4.42%）、二十一烷（1.98%）、二十七烷（1.68%）、十七烷酸（1.65%）、十八醇（1.62%）、十五烷酸（1.42%）、S-(2-氨基乙基)酯-硫代硫酸（1.34%）、6,10,14-三甲基十五烷酮（1.32%）、二十四烷（1.15%）等。

【利用】根茎具有抗寒冷、抗缺氧、抗疲劳、抗微波辐射、抗衰老、抗肿瘤、抗毒、强心、增强免疫力等生理和药理作用，既可以用在制药业，也可以用在食品工业上面，是一种具有开发前景的新资源植物。

❀ 大花红景天

Rhodiola crenulata (Hook. f. et Thoms.) H. Ohba

景天科 红景天属

别名： 宽瓣红景天、宽叶景天、圆景天

分布： 分布于西藏、云南和四川

【形态特征】多年生草本。地上的根颈短，残存花枝茎少数，黑色，高5～20 cm。不育枝直立，高5～17 cm，先端密着叶，叶宽倒卵形，长1～3 cm。花茎多，直立或扇状排列，高5～20 cm，稻秆色至红色。叶有短的假柄，椭圆状长圆形至几为圆形，长1.2～3 cm，宽1～2.2 cm，先端钝或有短尖，全缘或波状或有圆齿。花序伞房状，有多花，长2 cm，宽2～3 cm，有苞片；花形大，雌雄异株；雄花萼片5，狭三角形至披针形，长2～2.5 mm，钝；花瓣5，红色，倒披针形，长6～7.5 mm，宽1～1.5 mm，有长爪，先端钝；雌花蓇葖5，直立，长8～10 mm，花枝短，干后红色；种子倒卵形，长1.5～2 mm，两端有翅。花期6～7月，果期7～8月。

【生长习性】生于海拔2800～5600 m的山坡草地、灌丛石缝中。

【精油含量】水蒸气蒸馏根及根茎的得油率为0.43%～1.00%；有机溶剂萃取的根及根茎的得油率为0.25%～3.65%。

【芳香成分】李涛等（2010）用水蒸气蒸馏法提取的四川汶川产大花红景天根及根茎精油的主要成分为：香叶醇（27.77%）、2-甲基-3-丁烯-2-醇（9.70%）、正辛醇（8.50%）、3-甲基-2-丁烯醇（4.30%）、亚油酸（3.91%）、十六酸（3.63%）、桃金娘烯醇（1.95%）、正癸醇（1.57%）、3-羟基苯甲酸甲酯（1.16%）、L-香茅醇（1.12%）、(Z,Z)-9,12-十八碳二烯酸（1.05%）、正二十一烷（1.03%）、正二十三烷（1.01%）等。韩胜男等（2014）用同法分析的干燥根和根茎精油的主要成分为：8-十六炔（30.28%）、棕榈酸（13.61%）、3-甲基-2-烯-1-醇（9.03%）、香叶醇（8.77%）、芳樟醇（7.61%）、豆蔻醛（5.72%）、二甲基氰胺（4.73%）、草蒿脑（4.13%）、α-松油醇（3.29%）、6,6-二甲基二环[3.1.1]庚-2-烯-2-醇（1.58%）、3-甲基-1,2-丁二烯（1.06%）等。

【利用】根药用，有改善睡眠、生血活血、抗脑缺氧、抗疲劳、活血止血、清肺止咳、化瘀消肿、解热退烧、滋补元气等功效，用于肺结核咳嗽、咯血、肺炎、支气管炎；外用治疗跌打损伤和烧烫伤。

库页红景天
Rhodiola sachalinensis A. Bor.

景天科 红景天属

别名: 高山红景天

分布: 吉林、黑龙江

【形态特征】多年生草本。根粗壮，通常直立，少有为横生；根颈短粗，先端被多数棕褐色、膜质鳞片状叶。花茎高6～30 cm，其下部的叶较小，疏生，上部叶较密生，叶长圆状匙形、长圆状菱形或长圆状披针形，长7～40 mm，宽～9 mm，先端急尖至渐尖，基部楔形，边缘上部有粗牙齿，下部近全缘。聚伞花序，密集多花，宽1.5～2.5 cm，下部托以叶；雌雄异株；萼片4，少有5，披针状线形，长1～3 mm，先端钝；花瓣4，尖有5，淡黄色，线状倒披针形或长圆形，长2～6 mm，先端钝。蓇葖披针形或线状披针形，直立，长～8 mm，喙长1 mm；种子长圆形至披针形，长2 mm，宽0.6 mm。花期4～6月，果期7～9月。

【生长习性】生于海拔1600～2500 m的山坡林下、碎石山坡及高山冻原。喜冷凉气候，昼夜温差越大、无霜期越短、气候越恶劣地区越适合生长，特别适合于高寒区种植。

【精油含量】水蒸气蒸馏干燥根的得油率为0.16%；索氏法提取干燥根茎的得油率为0.05%；超临界萃取根茎的得油率为0.30%。

【芳香成分】龚钢明等（2006）用超临界CO_2萃取法提取的吉林安图产库页红景天干燥根茎精油的主要成分为：1-二十七醇（21.71%）、反式-牻牛儿醇（4.15%）、二十七烷（4.12%）、1-二十醇（3.99%）、十六醛（3.69%）、十八醛（3.38%）、22,23-二氢化豆甾烷醇（3.34%）、9,12-十八碳二烯酸乙酯（2.86%）、二十烷（2.84%）、乙酸十八酯（2.21%）、3-甲叉庚烷（1.88%）、(E,E)-9,12-十八酸甲酯（1.34%）、二十八烷（1.26%）、二十九醇（1.16%）等。

【利用】在园林绿化上具有一定的观赏价值。全草用作滋补强剂，具有扶正固本、滋补强身的功效，对老年性心肌能衰竭和阳痿有治疗作用，并有抗疲劳和提高体力和脑力劳动机能的作用。

喜马红景天
Rhodiola himalensis (D. Don) S. H. Fu

景天科 红景天属

别名: 喜马拉雅红景天

分布: 西藏、云南、四川

【形态特征】多年生草本。根颈伸长，老花茎残存，先端被三角形鳞片。花茎直立，圆，常带红色，长25～50 cm，被多数透明的小腺体。叶互生，疏覆瓦状排列，披针形至倒披针形或倒卵形至长圆状倒披针形，长17～27 mm，宽4～10 mm，先端急尖至有细尖，基部圆，全缘或先端有齿，被微乳头状突起，尤以边缘为明显。花序伞房状，花梗细；雌雄异株；萼片4或5，狭三角形，长1.5～2 mm，基部合生；花瓣4或5，深紫色，长圆状披针形，长3～4 mm；雄蕊8或10，长2～3 mm，鳞片长方形，长1 mm，先端有微缺。雌花不具雄蕊；心皮4或5，直

立，披针形，长6 mm，花柱短，外弯。花期5～6月，果期8月。

【生长习性】生于海拔3700～4200 m的山坡上、林下、灌丛中。

【芳香成分】谢惜媚等（2013）用顶空固相微萃取法提取的西藏墨竹产喜马红景天干燥根茎精油的主要成分为：苯乙醇（31.40%）、桃金娘烯醇（23.32%）、甲基庚烯酮（18.84%）、正辛醇（5.38%）、正己醇（4.49%）、β-蒎烯（4.49%）、2-乙烯基-2,6,6-三甲基四氢-2H-吡喃（2.69%）、芳樟醇（2.69%）、苯甲醛（1.79%）、甲基庚烯醇（1.79%）、L-柠檬烯（1.79%）、壬醛（1.79%）等。

【利用】西藏民间用根治疗咳血、咯血、肺炎咳嗽和妇女白带等症。

西藏红景天
Rhodiola tibetica (Hook. f. et Thoms.) S. H. Fu

景天科 红景天属

分布: 西藏、四川、云南

【形态特征】根颈短或长，残留老枝少数。花茎长达30 cm，基部常被微乳头状突起。叶覆瓦状，线形至狭卵形，长5～9 mm，宽1.5～4 mm，先端长芒状渐尖，基部宽三角形，全缘或有牙齿。伞房状花序花紧密，宽2～2.5 cm；雌雄异株；萼片5，近长圆形，长1 mm；花瓣5，紫色至红色，椭

圆状披针形，长2～4mm；雄蕊10，长与花瓣略等或稍长；鳞片5，近四方形，长0.6mm，先端有微缺；心皮5，披针形，长4～5mm，直立，先端稍外弯。花期7～8月，果期9月。

【生长习性】生于海拔4050～5400m的山沟碎石坡或山沟边。

【精油含量】水蒸气蒸馏根茎的得油率为1.00%；超临界萃取干燥根茎的得油率为5.65%。

【芳香成分】黄荣清等（2006）用水蒸气蒸馏法提取的西藏产西藏红景天根茎精油的主要成分为：牻牛儿醇（40.19%）、1-辛醇（13.74%）、芳樟醇（12.02%）、甲酸辛酯（5.51%）、桃金娘醇（3.00%）、顺-里哪醇（2.69%）、松香芹醇（1.91%）、6-甲基-5-庚烯-2-醇（1.78%）、1-癸醇（1.50%）、α-松油醇（1.28%）、1-辛烯-3醇（1.06%）等。

【利用】根茎药用，有活血止血、解毒消肿的功效，用于烫火伤、跌打损伤、瘀血作痛。泡水代为茶饮，有滋补强壮作用，用于老年性心衰、糖尿病、神经官能症、贫血、肝脏病等的辅助治疗。

🌸 狭叶红景天
Rhodiola kirilowii (Regel) Maxim.

景天科　红景天属
别名：大株红景天、狮子七、狮子草、九头狮子七、涩疙瘩、高壮景天、长茎红景天
分布：西藏、云南、四川、新疆、青海、甘肃、陕西、山西、河北

【生长习性】生于海拔2000～5600m的山地多石草地或石坡上。

【精油含量】水蒸气蒸馏根的得油率为0.27%。

【形态特征】多年生草本。根粗，直立。根颈直径1.5cm，先端被三角形鳞片。花茎少数，高15～60cm，少数可达90cm，直径4～6mm，叶密生。叶互生，线形至线状披针形，长4～6cm，宽2～5mm，先端急尖，边缘有疏锯齿，或有时全缘。花序伞房状，有多花，宽7～10cm；雌雄异株；萼片5或4，三角形，长2～2.5mm，先端急尖；花瓣5或4，绿黄色，倒披针形，长3～4mm，宽0.8mm；雄花中雄蕊10或8，花丝花药黄色；鳞片5或4，近正方形或长方形，长0.8mm，先端钝或有微缺；心皮5或4，直立。蓇葖披针形，长7～8mm，有短而外弯的喙；种子长圆状披针形，长1.5mm。花期6～7月，果期7～8月。

【芳香成分】张所明等（1991）用水蒸气蒸馏法提取的甘肃南部产狭叶红景天根精油的主要成分为：二十一烷（3.44%）、壬醇-1（2.70%）、十九烷（1.42%）、香草醛（1.32%）等。魏品生等（2011）用顶空固相微萃取法提取的甘肃玉树产狭叶红景天阴干根茎挥发油的主要成分为：香叶醇（14.38%）、正辛醇

10.99%)、顺式氧化芳樟醇（8.10%）、橙花醇乙酸酯（3.84%）、,7-二甲基癸烷（3.52%）、反式氧化芳樟醇（3.44%）、二十一烷（3.20%）、3-戊烯-2-醇（3.08%）、4,8-二甲基-1,7-二烯-4-醇（2.96%）、苯乙醇（2.70%）、正癸醇（2.42%）、6,9-二甲基十四烷（2.00%）、二十三烷（2.00%）、十六烷（1.86%）、芳樟醇（1.65%）、2,6-二甲基癸烷（1.44%）、2,2-二甲基壬-5-烯-3-酮（1.37%）、辛酸（1.11%）、雪松醇（1.07%）、苄醇（1.04%）等。

【利用】根颈药用，可止血、止痛、破坚、消积、止泻，主治风湿腰痛、跌打损伤。

小丛红景天
Rhodiola dumulosa (Franch.) S. H. Fu

景天科　红景天属

别名：凤尾七、凤尾草、凤凰草、香景天、雾灵景天

分布：四川、青海、甘肃、陕西、湖北、山西、河北、内蒙古、吉林

【形态特征】多年生草本。根颈粗壮，具分枝，地上部分常被有残留的老枝。花茎聚生主轴顶端，长5～28 cm，直立或弯曲，不分枝。叶互生，线形至宽线形，长7～10 mm，宽～2 mm，先端稍急尖，全缘。花序聚伞状，有4～7花；萼片，线状披针形，长4 mm，宽0.7～0.9 mm，先端渐尖，基部宽；花瓣5，白或红色，披针状长圆形，直立，长8～11 mm，宽2.3～2.8 mm，先端渐尖，有较长的短尖，边缘平直，或多少呈流苏状；雄蕊10，较花瓣短，对萼片的长7 mm，对花瓣的长3 mm；鳞片5，横长方形，先端微缺；心皮5，卵状长圆形；种子长圆形，长1.2 mm，有微乳头状突起，有狭翅。花期6～7月，果期8月。

【生长习性】生于海拔1600～3900 m的向阳山坡石隙。适应性较强，喜稍冷凉而湿润的气候条件，耐寒耐旱。对土壤要求不十分严格，应选择海拔较高、气候冷凉、无霜期较短、夏季昼夜温差较大的山区栽培。栽培地应选择含腐殖质多、土层深厚、阳光充足、排水良好的壤土或砂壤土，不宜于黏土、盐碱土、低洼积水地栽培。

【芳香成分】康杰芳等（2006）用水蒸气蒸馏法提取的陕西太白山产小丛红景天阴干根茎精油的主要成分为：肉豆蔻酸（19.37%）、棕榈酸甲酯（7.56%）、2,6-十六烷基-1-(+)-抗坏血酸酯（6.27%）、8,11-十八碳二烯酸甲酯（5.22%）、十七烷（4.82%）、十二烷基乙氧基醚（2.98%）、2-异丙基-5-甲基1-庚醇（2.62%）、3,7-二甲基癸烷（2.43%）、十六烷（2.43%）、5-甲基十四烷（2.13%）、二十四烷酸甲酯（2.12%）、2-乙基-2-甲基-十三醇（2.08%）、8-n-己基十五烷（1.96%）、5-(2-甲基丙基)壬烷（1.95%）、2-丁基-1-辛醇（1.84%）、n-三十四烷酸（1.83%）、乙二醇单十八烷基酯（1.75%）、油酸甲酯（1.63%）、2,6,11,15-四甲基-十六烷（1.52%）、二十四烷（1.51%）、二十一烷（1.25%）、(Z)-7-十六烯（1.12%）、癸醚（1.03%）等。

【利用】根颈药用，有补肾、养心安神、调经活血、明目之效。

云南红景天
Rhodiola yunnanensis (Franch.) S. H. Fu

景天科　红景天属

别名：云南景天、三台观音、铁脚莲

分布：西藏、云南、贵州、湖北、四川

【形态特征】多年生草本。根颈粗，长，直径可达2 cm，不分枝或少分枝，先端被卵状三角形鳞片。花茎单生，高可达100 cm。3叶轮生，稀对生，卵状披针形、椭圆形、卵状长圆形至宽卵形，长4～9 cm，宽2～6 cm，先端钝，基部圆楔形，边缘多少有疏锯齿，稀近全缘，下面苍白绿色。聚伞圆锥花序，

长5～15 cm，宽2.5～8 cm，多次三叉分枝；雌雄异株，稀两性花；雄花小，多，萼片4，披针形；花瓣4，黄绿色，匙形，长1.5 mm；鳞片4，楔状四方形；雌花萼片、花瓣各4，绿色或紫色，线形，鳞片4，近半圆形。蓇葖星芒状排列，长3～3.2 mm，基部1 mm合生，喙长1 mm。花期5～7月，果期7～8月。

【生长习性】生于海拔2000～4000 m的山坡林下。

【精油含量】水蒸气蒸馏的干燥根的得油率为0.20%，干燥茎的得油率为0.05%，干燥叶的得油率为0.15%；微波辅助水蒸气蒸馏的干燥根的得油率为0.50%，干燥茎的得油率为0.10%，干燥叶的得油率为0.40%。

【芳香成分】田军等（2000）用水蒸气蒸馏法提取的根茎精油的主要成分为：1-辛醇（28.25%）、香叶醇（21.91%）、里哪醇（8.34%）、桃金娘烯醇（4.66%）、正癸醇（4.09%）、乙酸橙花酯（3.52%）、β-蒎烯-3-醇（2.22%）、α-松油醇（1.52%）、乙酸辛酯（1.50%）、二十三（碳）烷（1.25%）、顺式-芹菜醇氧化物（1.18%）等。

【利用】全草药用，有清热解毒、散瘀止血、消肿的功效，用于疮痈，跌打损伤，泄泻；外用治骨折，风湿关节痛，乳腺炎，疔疮。

🌸 垂盆草
Sedum sarmentosum Bunge

景天科　景天属

别名： 豆瓣菜、豆瓣子菜、佛甲草、狗牙瓣、狗牙草、火连草、金钱桂、爬景天、匍行景天、石头菜、水马齿苋、卧茎景天、野马齿苋

分布： 福建、贵州、四川、湖北、湖南、江西、安徽、浙江、江苏、甘肃、陕西、河南、山东、山西、河北、辽宁、吉林、北京

【形态特征】多年生草本。不育枝及花茎细，匍匐而节上生根，直到花序之下，长10～25 cm。3叶轮生，叶倒披针形至长圆形，长15～28 mm，宽3～7 mm，先端近急尖，基部急狭，有距。聚伞花序，有3～5分枝，花少，宽5～6 cm；花无梗；萼片5，披针形至长圆形，长3.5～5 mm，先端钝，基部无距；花瓣5，黄色，披针形至长圆形，长5～8 mm，先端有稍长的短尖；雄蕊10，较花瓣短；鳞片10，楔状四方形，长0.5 mm，先端稍有微缺；心皮5，长圆形，长5～6 mm，略叉开，有长花柱。种子卵形，长0.5 mm。花期5～7月，果期8月。

【生长习性】生于海拔1600 m以下山坡阳处或石上。喜温暖湿润、半阴的环境。适应性强，较耐旱、耐寒。不择土壤，在疏松的砂质壤土中生长较佳。对光线要求不严，一般适宜在中等光线条件下生长，亦耐弱光。生长适温为15～25℃，越冬温度为5℃。

【精油含量】水蒸气蒸馏全草的得油率为0.34%。

【芳香成分】崔炳权等（2008）用水蒸气蒸馏法提取的广东产垂盆草干燥全草精油的主要成分为：6,10,14-三甲基-2-十五烷酮（28.15%）、十六烷酸（6.88%）、9,12-十八碳二烯酸（4.61%）、十五烷（3.59%）、3,7,11,15-四甲基-2-十六碳烯-1-醇（2.67%）、十四烷酸（2.42%）、异植醇（2.13%）、法呢丙酮（1.92%）、邻苯二甲酸（1.81%）、3,7,11-三甲基十二烷醇

（1.80%）、7-甲基-6-十三烯（1.59%）、十六烷酸甲酯（1.50%）、对-甲氧基肉桂酸乙酯（1.04%）等。

【利用】全草药用，有清热利湿、解毒消肿的功效，用于湿热黄疸、淋病、泻痢、肺痈、肠痈、疮疖肿毒、蛇虫咬伤、水火烫伤、咽喉肿痛、口腔溃疡及湿疹、带状疱疹。作为草坪草可在屋顶绿化、地被、护坡、花坛、吊篮等景观中应用，可作庭院地被栽植，亦可室内吊挂欣赏。嫩茎叶可作蔬菜食用，也可泡制酸菜食用。

🌸 费菜
Sedum aizoon Linn.

景天科　景天属

别名： 白三七、长生景天、多花景天三七、豆包还阳、豆瓣还阳、倒山黑豆、还阳草、回生草、胡椒七、金不换、救心草、九莲花、景天三七、六月淋、六月还阳、马三七、七叶草、乳毛土三七、四季还阳、收丹皮、石菜兰、土三七、田三七、血草、养心草

分布： 四川、湖北、江西、安徽、浙江、江苏、青海、宁夏、甘肃、内蒙古、河南、山西、陕西、山东、河北、辽宁、吉林、黑龙江

【形态特征】多年生草本。根状茎短，粗茎高20～50 cm，有1～3条茎，直立，无毛，不分枝。叶互生，狭披针形、椭圆状披针形至卵状倒披针形，长3.5～8 cm，宽1.2～2 cm，先端渐尖，基部楔形，边缘有不整齐的锯齿；叶坚实，近革质。聚伞花序有多花，水平分枝，平展，下托以苞叶。萼片5，线形肉质，不等长，长3～5 mm，先端钝；花瓣5，黄色，长圆形至椭圆状披针形，长6～10 mm，有短尖；雄蕊10，较花瓣短；鳞片5，近正方形，长0.3 mm，心皮5，卵状长圆形，基部合生腹面凸出，花柱长钻形。蓇葖星芒状排列，长7 mm；种子椭圆形，长约1 mm。花期6～7月，果期8～9月。

【生长习性】适应性强，非常耐寒、耐旱，-30℃时可安全越冬。阳性植物，稍耐阴。耐干旱瘠薄，在山坡岩石上和荒地上均能旺盛生长。

【芳香成分】郭素华等（2006）用水蒸气蒸馏法提取的福建连城产费菜新鲜全草精油的主要成分为：2-十一酮（21.30%）

一六酸（8.49%）、植醇（8.22%）、醋酸冰片酯（6.26%）、六氢法呢基丙酮（5.03%）、2-十三酮（4.04%）、环氧石竹烯（3.70%）、乙酸香叶醇酯（3.61%）、反式斯巴醇（3.23%）、1-二烯（2.52%）、卡拉烯（2.28%）、2-异丙烯基-4α,8-二甲基-1,2,3,4,4α,5,6,7-八氢萘（2.13%）、橙花叔醇（1.97%）、顺式香木兰烯（1.38%）、雪松醇（1.17%）、蓝桉醇（1.16%）、15-烯-十七碳醛（1.00%）等。赵秀玲等（2017）用同法分析的干燥全草精油的主要成分为：棕榈酸（36.08%）、a-亚麻酸（13.64%）、植物醇（17.04%）、亚油酸（7.12%）、2-甲氧基-4-乙烯基苯酚（4.64%）、橙花叔醇（1.36%）、己酸丁酯（1.33%）、异植醇（1.31%）、正十四碳酸（1.00%）等。

【利用】根或全草药用，有活血、止血、宁心、利湿、消肿、解毒的功效，治跌打损伤、咳血、吐血、便血、心悸、痈肿。嫩茎叶可作蔬菜食用。适宜于城市中一些立地条件较差的如果露地面作绿化覆盖。

臭党参
Codonopsis foetens Hook. f. et Thoms.

桔梗科　党参属
别名：臭参、臭药、云南参
分布：云南、西藏

【形态特征】根较细。茎基极短。茎高20～40 cm，极稀疏地被长柔毛，下部聚生许多不育的纤细分枝。在主茎上的叶互生，多为黄色的鳞片状叶，中上部有几枚绿色的寻常叶；在分枝上的叶对生或近于对生，寻常叶心状圆形或心状卵圆形，基部浅心形，顶端钝，全缘，长5～8 mm，宽5 mm，两面密被白色长硬毛，灰绿色。花单朵顶生于主茎上。花萼仅贴生至子房中部，筒部半球状，裂片卵状矩圆形，或卵状披针形，长约8 mm，宽4～5.5 mm，全缘，两边向侧后卷叠，两面密被短硬毛；花冠钟状或宽钟状，呈淡蓝色或淡紫色，脉处暗紫色，长2～3 cm，裂片近于圆形，顶端钝或急尖，长8～12 mm。花期7～9月。

【生长习性】生于海拔3900～4600 m的高山灌丛和石缝中。喜温和凉爽气候，耐寒，根部能在土壤中露地越冬。幼苗喜潮湿、荫蔽，怕强光，大苗至成株喜阳光充足。适宜在土层深厚、排水良好、土质疏松而富含腐殖质的砂质壤土栽培。

【精油含量】水蒸气蒸馏干燥根的得油率为0.20%。

【芳香成分】邱明华等（1987）用水蒸气蒸馏法提取的云南宜良产臭党参干燥根精油的主要成分为：十六烷酸甲酯（45.75%）、丁酸（1.24%）、1-丁基辛苯（1.00%）等。

【利用】根有补中益气、健脾益肺、内热消渴的功效。

川党参
Codonopsis tangshen Oliv.

桔梗科　党参属
别名：天宁党参、巫山党参、单枝党参
分布：四川、贵州、重庆、湖南、湖北、陕西

【形态特征】除叶片两面密被微柔毛外，全体几近于无毛。茎基微膨大，具多数瘤状茎痕，根常肥大呈纺锤状或纺锤状圆柱形，长15～30 cm，直径1～1.5 cm，表面灰黄色，上端有环纹，下部疏生横长皮孔，肉质。茎缠绕，长可达3 m。叶互生，在小枝上的近于对生，卵形、狭卵形或披针形，长2～8 cm，宽0.8～3.5 cm，顶端钝或急尖，基部楔形或较圆钝，边缘浅钝锯齿。花单生于枝端，花萼几乎全裂，裂片矩圆状披针形；花冠钟状，长约1.5～2 cm，直径2.5～3 cm，淡黄绿色内有紫斑，浅裂，裂片近于正三角形。蒴果下部近于球状，上部短圆锥状，直径2～2.5 cm。种子多数，椭圆状，细小，棕黄色。花果期7～10月。

【生长习性】生于海拔900～2300 m的山地林边灌丛中。喜温和凉爽气候，耐寒，根部能在土壤中露地越冬。幼苗喜潮湿、荫蔽，怕强光，大苗至成株喜阳光充足。适宜在土层深厚、排水良好、土质疏松而富含腐殖质的砂质壤土栽培。

【精油含量】水蒸气蒸馏干燥根的得油率为0.10%。

【芳香成分】杨荣平等（2007）用水蒸气蒸馏法提取的重庆巫溪产川党参阴干根精油的主要成分为：棕榈酸（36.89%）、(E,E)-9,12-十八碳二烯酸甲酯（34.25%）、鱼鲨烯（2.18%）、肉豆蔻酸（1.59%）等。

【利用】根药用，有补中益气、健脾益肺、生津的功效，用于脾肺虚弱、气短心悸、食少便溏、虚喘咳嗽、内热消渴、气血两亏、体倦无力、脱肛。

🌸 党参

Codonopsis pilosula (Franch.) Nannf.

桔梗科　党参属

别名： 三叶菜、叶子单、臭党参、潞党参、台参

分布： 西藏、山西、陕西、宁夏、青海、甘肃、四川、云南、贵州、湖北、河南、河北、内蒙古及东北地区

【形态特征】根常肥大呈纺锤状或纺锤状圆柱形，长15～30 cm，直径1～3 cm，上端有细密环纹，下部疏生横长皮孔，肉质。茎缠绕，长约1～2 m。叶互生，小枝上的近于对生，卵形或狭卵形，长1～6.5 cm，宽0.8～5 cm，端钝或微尖基部近于心形，边缘具波状钝锯齿，两面被长硬毛或柔毛或无毛。花单生于枝端。花萼筒部半球状，裂片宽披针形或狭矩圆形，长1～2 cm，宽约6～8 mm，顶端钝或微尖，微波状或近全缘；花冠阔钟状，长约1.8～2.3 cm，直径1.8～2.5 cm，黄绿色，内面有明显紫斑，浅裂，裂片正三角形，端尖，全缘。蒴果下部半球状，上部短圆锥状。种子多数，卵形，细小，棕黄色。花果期7～10月。

【生长习性】生于海拔1560～3100 m的山地林边及灌丛中。抗寒性、抗旱性、适生性都很强。喜欢气候温和凉爽的地方，苗期喜潮湿、阴凉，怕强光，干旱会致苗死亡。大苗喜光，高温高湿条件下易烂根。适宜在土层深厚、排水良好、土质疏松而富含腐殖质的砂质壤土栽培。

【精油含量】水蒸气蒸馏干燥根的得油率为0.12%～0.32%；索氏-蒸馏提取的得油率为2.48%。

【芳香成分】根：谭龙泉等（1991）用水蒸气蒸馏法提取的甘肃文县产党参干燥根精油的主要成分为：十六酸（38.00%）、11,14-二十碳二烯酸甲酯（9.89%）、邻位-邻甲氧酚氧基苯酚（5.74%）、邻苯二甲酸二正丁酯（3.60%）、β-(4-羟基-甲氧基苯基）（丙烯酸）(3.43%)、9,12-十八碳二烯酸（3.31%）、1-甲基-乙烯基-2-甲基乙烯基-4-甲基亚乙基环己烷（1.53%）、蒲勒烷（1.35%）等。

茎叶：阎永红等（1993）用水蒸气蒸馏法提取的山西陵川产党参茎叶精油的主要成分为：十六酸（28.00%）、十四酸（5.94%）、六氢法呢基丙酮（5.15%）、十二醛（3.54%）、邻苯二甲酸二丁酯（2.59%）、十四酸乙酯（1.92%）、十七烷醛（1.80%）、十五烷酸（1.76%）、十五酸乙酯（1.76%）、壬酸（1.52%）、油酸（1.45%）、癸酸（1.42%）、正二十一烷（1.42%）、乙酸乙酯（1.22%）、十六烷（1.09%）、十四醛（1.00%）、十八醛（1.00%）等。

【利用】根入药，为强壮剂，有补脾、益气、生津、利尿、健胃、镇咳、祛痰的功效，治脾胃虚弱、气血两亏、体倦无力、食少、口渴、久泻、脱肛、白细胞减少、肺结核、脾虚衰弱症及贫血。藏药用全株治疗瘿病、脚气病、水肿、瘰疬，用根治疗风湿痹症、麻风病、皮肤病、脚气、湿疹、疮疖痈肿。根晒干后多用来做药膳。

缠绕党参

Codonopsis pilosula (Franch.) Nannf. var. *volubilis* (Nannf.) L. T. Shen

桔梗科　党参属

别名：云参、臭药、臭参

分布：四川、山西

【形态特征】党参变种。与原变种的区别为：叶较小，长～4.5 cm，宽0.8～2.5 cm。花萼裂片长1～1.2 cm；花冠长.8～2.0 cm。其余性状与原变种几乎完全一致。

【生长习性】生于海拔1800～2900 m的山地林边及灌丛中。

【精油含量】水蒸气蒸馏新鲜的根的得油率为0.03%。

【芳香成分】陈业高等（1993）用水蒸气蒸馏法提取的云南宜良产缠绕党参新鲜根精油的主要成分为：反式-2-己烯-1-醇（93.86%）、2,6-二特丁基对甲酚（3.25%）等。

【利用】根药用，有补中益气、健脾益肺的功效，用于体倦无力、食少、口渴、久泻、脱肛。

素花党参

Codonopsis pilosula Nannf. var. *modesta* (Nannf.) L. T. Shen

桔梗科　党参属

别名：凤党、西党

分布：四川、青海、甘肃、陕西、山西

【形态特征】党参变种。与原变种的主要区别仅在于本变种全体近于光滑无毛；花萼裂片较小，长约10 mm。

【生长习性】生于海拔1500～3200 m的山地林下、林边及灌丛中。喜冷凉气候，忌高温。幼苗期喜阴，成株喜阳光。以土层深厚、排水良好、富含腐殖质的砂质壤土栽培为宜。不宜在黏土、低洼地、盐碱土和连作地上种植。

【芳香成分】陈克克等（2009）用索氏法提取的陕西凤县产素花党参干燥根精油的主要成分为：亚油酸（29.73%）、棕榈酸（12.94%）、角鲨烯（12.00%）、油酸甲酯（3.14%）、2,3-二甲基萘烷（2.65%）、亚麻酸甲酯（1.83%）、2-甲基-3-羟基-2,4,4-三甲基戊基丙酸酯（1.67%）、硬脂酸甲酯（1.64%）、4-二甲基-1,2,3,4-四氢萘（1.20%）、山嵛酸甲酯（1.15%）、反式十三醇（1.06%）、1,1-二甲基丁基苯（1.05%）、正二十一烷（1.04%）、2,6,10,14-四甲基十六烷（1.03%）等。

【利用】根入药，属补益药，具有补中益气、健脾益肺之功效，有增强免疫力、扩张血管、降压、改善微循环、增强造血功能等作用；对化疗放疗引起的白细胞下降有恢复作用。

脉花党参

Codonopsis nervosa (Chipp) Nannf.

桔梗科　党参属

分布：西藏、青海、四川、云南、甘肃

【形态特征】茎基具多数瘤状茎痕，根常肥大，呈圆柱状，长15～25 cm，直径1～2 cm，表面灰黄色，有环纹和横长皮孔。主茎长20～30 cm，疏生白色柔毛。叶互生，侧枝上的近于对生；叶片阔心状卵形至心形或卵形，长宽约1～1.5 cm，顶端钝或急尖，叶基心形或较圆钝，近全缘。花单朵生于茎顶端；花萼筒部半球状，裂片卵状披针形，长7～20 mm，宽2～7 mm，全缘，两面及边缘密被白色柔毛，灰绿色；花冠球状钟形，淡蓝白色，内面基部常有红紫色斑，长约2～4.5 cm，直径2.5～3 cm，浅裂，裂片圆三角形，外侧顶端及脉上被柔毛。蒴果下部半球状，上部圆锥状。种子椭圆状，细小，棕黄色。花期7～10月。

【生长习性】生于海拔3300～4500 m的阴坡林缘草地中。喜温和凉爽气候，耐寒，根部能在土壤中露地越冬。幼苗喜潮湿、荫蔽，怕强光，大苗至成株喜阳光充足。适宜在土层深厚、排水良好、土质疏松而富含腐殖质的砂质壤土栽培。

【精油含量】水蒸气蒸馏的干燥地上部分的得油率为0.06%。

【芳香成分】范强等（2009）用水蒸气蒸馏法提取的西藏产脉花党参干燥地上部分精油的主要成分为：棕榈酸（32.75%）、9,12,15-十八碳三烯醛（10.42%）、亚油酸（6.48%）、肉豆蔻酸（4.05%）、十六醇（2.93%）、叶绿醇（2.87%）、榄香醇（2.71%）、反式仲丁基丙烯基二硫化物（2.23%）、二十三烷（1.85%）、肉豆蔻醛（1.71%）、月桂酸（1.71%）、植酮（1.54%）、顺-10-十四碳烯醇（1.49%）、7,10,13-十六碳三烯酸甲酯（1.45%）、α-桉叶醇（1.36%）、泪杉醇（1.35%）、β-桉叶醇（1.12%）等。

【利用】根入药，有补中益气、生津止渴、活血化瘀等功效，主治脾胃虚弱、中气不足、肺气亏虚、热病伤津、气短口渴、血虚萎黄和头晕心慌等症。藏药全株用于瘟病、脚气病、水肿、瘿瘤。根可炖汤食用。

🌸 唐松草党参

Codonopsis thalictrifolia Wall.

桔梗科　党参属

别名：长花党参

分布：西藏

【形态特征】根常肥大，呈长圆锥状或圆柱状，长15～20 cm，直径0.5～1 cm，表面灰黄色，有细密环纹和横长皮孔。茎直，长15～30 cm。叶互生，侧枝上的近于对生，近圆形，长3～16 mm，宽3～16 mm，顶端钝或急尖，叶基近心形，或平截形，边缘有圆钝齿或近全缘，灰绿色而被柔毛。花单生于主茎顶端；花萼筒部半球状，长3～4 mm，直径6～10 mm，裂片矩圆形，顶端钝，全缘，外面被毛；花冠管状钟形，长2～4.8 cm，直径1.5～4.3 cm，浅裂，裂片三角状，顶端圆钝，淡蓝色。蒴果下部半球状，上部圆锥状，有喙。种子多数，椭圆状，无翼，细小，棕黄色，光滑无毛。花果期7～10月。

【生长习性】生于海拔3600～5300 m的山地草坡及灌丛中。喜温和凉爽气候，耐寒，根部能在土壤中露地越冬。幼苗喜潮湿、荫蔽，怕强光，大苗至成株喜阳光充足。适宜在土层深厚、排水良好、土质疏松而富含腐殖质的砂质壤土栽培。

【精油含量】水蒸气蒸馏干燥全草的得油率0.03%。

【芳香成分】刘鑫等（2008）用水蒸气蒸馏法提取的唐松草党参干燥全草精油的主要成分为：棕榈酸（43.53%）、亚油酸（18.33%）、肉豆蔻酸（3.61%）、正十六烷（2.30%）、十五醛（2.13%）、硬脂酸（2.09%）、邻苯二甲酸二异丁酯（2.06%）、十三醛（1.71%）、葎草烯氧化物Ⅱ（1.57%）、十四醛（1.48%）、亚麻酸甲酯（1.34%）、月桂酸（1.13%）等。

【利用】根入药，有补中益气、生津止渴、活血化瘀等功效，主治脾胃虚弱、中气不足、肺气亏虚、热病伤津、气短口渴、血虚萎黄和头晕心慌等症。

🌸 新疆党参

Codonopsis clematidea (Schrenk) C. B. Cl.

桔梗科　党参属

分布：新疆、西藏

【形态特征】根常肥大呈纺锤状圆柱形，长可达25～45 cm，表面灰黄色，有细密环纹和横长皮孔。茎1至数枝，高达50～100 cm。叶小而互生，分枝上的叶对生；叶片卵形、卵状矩圆形、阔披针形或披针形，长1～5.2 cm，宽0.8～3.2 cm，卫端急尖，基部微心形或较圆钝，全缘，密被短柔毛。花单生花萼筒部半球状，绿色，有白粉；裂片卵形、椭圆形或卵状披针形，全缘，长约1.5～2 cm，宽约6～8 mm，蓝灰色；花冠阔钟状，长约2.8 cm，直径约2.6 cm，淡蓝色具深蓝色花脉，有紫斑。蒴果上宿存的花萼裂片极度长大。蒴果轮廓近于卵状，卫端急尖。种子多数，狭椭圆状，两端钝，微扁，浅棕黄色。果期7～10月。

【生长习性】生于海拔1700～2500 m的山地林中，河谷及山溪附近。喜温和凉爽气候，耐寒，根部能在土壤中露地越冬。幼苗喜潮湿、荫蔽，怕强光，大苗至成株喜阳光充足。适宜在土层深厚、排水良好、土质疏松而富含腐殖质的砂质壤土栽培。

【精油含量】水蒸气蒸馏干燥根的得油率为0.15%～1.03%，茎的得油率为0.30%，叶的得油率为0.26%。

【芳香成分】陈敏等（2000）用水蒸气蒸馏法提取的新疆伊犁产新疆党参干燥根精油的主要成分为：十六酸甲酯（30.40%）、1-乙氧基戊烷（5.44%）、正十八烷（3.81%）、正十九烷（3.26%）、正二十烷（2.60%）、十八碳-10-烯酸甲酯（1.81%）、十八碳二烯酸甲酯（1.76%）、1,1,3-三甲基环戊烷（1.69%）、正二十一烷（1.54%）、十五酸甲酯（1.50%）、十六碳-11-烯酸甲酯（1.42%）、辛酸乙酯（1.25%）、十四酸甲酯

1.20%）、苯酚（1.02%）等。

【利用】根入药，有补中益气、生津止渴、活血化瘀等功效，主治脾胃虚弱、中气不足、肺气亏虚、热病伤津、气短口渴、血虚萎黄和头晕心慌等症。

心叶党参
Codonopsis cordifolioidea Tsoong

桔梗科　党参属

别名： 拟心叶党参
分布： 云南

【形态特征】全体近于光滑无毛或叶片疏生短刺毛。茎缠绕，长1m以上，有少数极短分枝。主茎上的叶稀疏，互生，叶片阔卵形，长宽可达10cm×7cm，顶端短渐尖或急尖，基部近于心形，湾缺方形，近全缘，叶面绿色，叶背灰绿色；短细枝顶端通常仅2叶对生，叶片与主茎上叶片相似。花单生于叶腋外；花萼筒部半球状，裂片三角状披针形，长1cm，宽5～6mm，顶端渐尖，全缘，湾缺尖狭；花冠钟状，长约1.7～1.8cm，直径约1～1.2cm，顶端近于1/2浅裂，裂片披针状三角形，深蓝色。蒴果下半部半球状，上部有喙，直径约1.5cm。种子多数，近于椭圆状，细小，棕色，有不明显网纹。花果期9～10月。

【生长习性】生于林中。喜温和凉爽气候，耐寒，根部能在土壤中露地越冬。幼苗喜潮湿、荫蔽，怕强光，大苗至成株喜阳光充足。适宜在土层深厚、排水良好、土质疏松而富含腐殖质的砂质壤土栽培。

【芳香成分】邱斌等（2010）用水蒸气蒸馏法提取的云南产心叶党参新鲜根精油的主要成分为：亚油酸（21.90%）、惹烯（11.40%）、十五烷（7.40%）、9,12,15-十八碳三烯酸甲基酯（6.80%）、2,6,10,14-四甲基十五烷（3.80%）、二十一烷基环戊烷（3.80%）、14β-H-孕烷（2.70%）、苯乙醇（2.20%）、棕榈酸甲酯（2.20%）、9,12-十八碳二烯酸甲基酯（1.60%）、亚麻酸乙酯（1.50%）、十四酸（1.40%）、二十三（碳）烷（1.30%）、棕榈酸乙酯（1.30%）、二十五（碳）烷（1.10%）、邻苯二甲酸二丁酯（1.00%）、三十烷（1.00%）等。

【利用】根药用，补虚弱，用于病后体虚、自汗。

羊乳
Codonopsis lanceolata (Sieb. et Zucc.) Trautv.

桔梗科　党参属

别名： 轮叶党参、山胡萝卜、山地瓜、四叶参、四味参、白莽肉、羊奶参、奶薯、上党人参
分布： 东北、华北、华东、中南各地区

【形态特征】全体光滑无毛或茎叶偶疏生柔毛。根常肥大呈纺锤状，长约10～20cm，直径1～6cm，表面灰黄色，有稀疏环纹和横长皮孔。茎缠绕，长约1m。在主茎上的叶互生，披针形或菱状狭卵形，长0.8～1.4cm，宽3～7mm；在小枝顶端通常2～4叶簇生，近于对生或轮生状，叶片菱状卵形、狭卵形或椭圆形，长3～10cm，宽1.3～4.5cm，顶端尖或钝，基部渐狭，全缘或有疏波状锯齿。花单生或对生于小枝顶端；花萼筒部半球状，裂片卵状三角形，长1.3～3cm，宽0.5～1cm，端尖，全缘；花冠阔钟状，长2～4cm，直径2～3.5cm，浅裂，裂片三角状，反卷，黄绿色或乳白色内有紫色斑。蒴果下部半球状，上部有喙，直径约2～2.5cm。种子多数，卵形，有翼，细小，棕色。花果期7～8月。

【生长习性】生长于海拔190～1500m的山坡灌木林下，沟边阴湿地区或阔叶林内。喜冷爽气候，苗期喜阴，成株期喜充足的光照。要求排水良好、富含腐殖质、肥沃疏松的砂壤土。

【精油含量】水蒸气蒸馏根的得油率为0.15%；超临界萃取干燥根的得油率为1.21%。

【芳香成分】尹建元等（1999）用水蒸气蒸馏法提取的吉林磐石产羊乳根精油的主要成分为：甲基硫杂丙环（9.66%）、苯甲醇（5.57%）、十四烷酸甲酯（4.43%）、二十烷（4.28%）、E-2-己烯-1-醇（4.05%）、1,2-二乙氧基-乙烷（3.79%）、1,2-苯二羧酸丁基酯（2.73%）、3-甲基-丁酸（2.66%）、2,6,10-三甲基-二十二烷（2.60%）、4-甲基-1-戊烯-3-醇（2.49%）、酞酸二丁酯（2.42%）、十七烷（2.41%）、1-乙基-2,3-二甲基苯（2.34%）、苯噻唑（2.34%）、己酸-3-乙烯酯（2.30%）、2,5-二甲基-苯酚（2.24%）、蒽（2.19%）、2,6-壬二烯-4-酮（1.93%）、十五烷酸乙酯（1.92%）、10-甲基-十九烷（1.80%）、E,E-2,4-癸二烯醛（1.74%）、萘（1.64%）、2,6,11,15-四甲基十六烷（1.48%）、十四烷酸（1.40%）、十八烷（1.32%）、丁基羟基茴香醚（1.31%）、异丙基联苯（1.30%）、癸二酸二癸酯（1.25%）、壬醛（1.24%）、十三烷（1.08%）等。高艳霞等（2015）用超临界 CO_2 萃取法提取的山东泰安产羊乳干燥根精油的主要成分为：菠菜甾醇（15.71%）、1,4-二甲基-8-异丙烯基三环[5.3.0.0^{4,10}]癸烷（13.64%）、反式角鲨烯（12.12%）、亚油酸甲酯（11.45%）、D7-菠菜甾醇（10.52%）、7,22-麦角甾二烯酮（5.50%）、蒲公英萜酮（5.44%）、L-抗坏血酸-2,6-二棕榈酸酯（5.11%）、7,25-二亚乙基三胺豆甾醇（3.89%）、环木菠萝醇（3.58%）、白檀酮（2.16%）、4,4,6a,6b,8a,11,11,14b-八甲基-1,4,4a,5,6,6a,6b,7,8,8a,9,10,11,12,12a,14,14a,14b-十八氢-2H-picen-3-酮（1.41%）、胖大海素A（1.32%）等。

【利用】根药用，有益气养阴、润肺止咳、排脓解毒、催乳的功效，主治病后体虚、咳嗽、肺痈、疮疡肿毒、乳痈、瘰疬、产后乳少等症。嫩茎叶、嫩苗、地下根均可作蔬菜食用。

西南风铃草
Campanula colorata Wall.

桔梗科　风铃草属
别名：岩兰花、土桔梗、土沙参
分布：西藏、四川、云南、贵州

【形态特征】多年生草本，根胡萝卜状，有时仅比茎稍粗。茎单生，少2枝，更少为数枝丛生于一条茎基上，上升或直立，高可达60 cm，被开展的硬毛。叶椭圆形，菱状椭圆形或矩圆形，顶端急尖或钝，边缘有疏锯齿或近全缘，长1～4 cm，宽0.5～1.5 cm，叶面被贴伏刚毛，叶背仅叶脉有刚毛或密被硬毛。花下垂，顶生于主茎及分枝上，有时组成聚伞花序；花萼筒部倒圆锥状，被粗刚毛，裂片三角形至三角状钻形，长3～7 mm，宽1～5 mm，全缘或有细齿，背面仅脉上有刚毛或全面被刚毛。花冠紫色或蓝紫色或蓝色，管状钟形，长8～15 mm，分裂达1/3～1/2。蒴果倒圆锥状。种子矩圆状，稍扁。花期5～9月。

【生长习性】生于海拔1000～4000 m的山坡草地和疏林下。喜夏季凉爽、冬季温和的气候，生长适温为13～18 ℃，冬季温度低于2 ℃则停止生长，夏季28 ℃以上的高温对植株生长不利。喜光照充足环境，可耐半阴。喜干耐旱，忌水湿。对土壤要求不严，以含丰富腐殖质、疏松透气的砂质土壤为好，pH 5.5～6.2为宜。

【精油含量】水蒸气蒸馏干燥全草的得油率为0.11%。

【芳香成分】赵晨星等（2014）用水蒸气蒸馏法提取的云南寻甸产西南风铃草干燥全草精油的主要成分为：1,2-苯二甲酸丁基辛基酯（10.16%）、柏木醇（9.26%）、十六烷酸（7.98%）、邻苯二甲酸二丁酯（7.35%）、十四烷酸（5.54%）、石竹烯氧化物（3.00%）、6,10,14-三甲基-2-十五烷酮（2.43%）、匙桉油烯醇（2.33%）、壬酸（1.96%）、癸酸（1.84%）、雪松醇（1.74%）、反式-Z-α-红没药烯环氧化物（1.66%）、9-亚甲基-9H芴（1.06%）、广藿香醇（1.05%）、1,2-苯二甲酸丁酯-2-乙基己酯（1.02%）等。

【利用】根药用，治风湿等症。

紫斑风铃草
Campanula punctata Lam.

桔梗科　风铃草属

别名：灯笼花、吊钟花

分布：黑龙江、辽宁、吉林、内蒙古、河北、山西、河南、陕西、甘肃、四川、湖北

【形态特征】多年生草本，全体被刚毛，具细长而横走的根状茎。茎直立，粗壮，高20～100 cm，通常在上部分枝。基生叶具长柄，叶片心状卵形；下部的茎生叶有带翅的长柄，上部无柄，三角状卵形至披针形，边缘具不整齐钝齿。花顶生于主茎及分枝顶端，下垂；花萼裂片长三角形，裂片间有一个卵形至卵状披针形而反折的附属物，它的边缘有芒状长刺毛；花白色，带紫斑，筒状钟形，长3～6.5 cm，裂片有睫毛。蒴果半球状倒锥形，脉极明显。种子灰褐色，矩圆状，稍扁，长约1 mm。花期6～9月。

【生长习性】生于山地林中、灌丛及草地中，海拔可至1300 m。耐寒，忌酷暑，喜长日照。喜疏松、肥沃而排水良好的砂质壤土。喜光照充足环境，可耐半阴。喜干耐旱，忌水湿。

【芳香成分】常艳茹等（2010）用超临界CO_2萃取法提取的吉林长白山产紫斑风铃草全草精油的主要成分为：十六烷酸乙酯（19.56%）、二十九烷（14.74%）、棕榈酸（13.08%）、2,6,6-三甲基-(1α,2β,5α)-二环[3.1.1]庚烷（9.96%）、二十烷（7.72%）、(Z,Z)-9,12-十八碳二烯酸（2.67%）、二十六烷（2.31%）、3,5,6,7,8,8a-六氢-4,8a-二甲基-6-(1-甲基乙烯基)-2(1H)萘酮（2.11%）、1,4-二十碳二烯（1.85%）、二十二烷（1.61%）、(E,Z)-1,3-环十二碳二烯（1.38%）、环二十八烷（1.26%）、植醇（1.22%）、(3β)-熊-12-烯-3-醇乙酸酯（1.18%）、1-二十四烷醇（1.16%）、维生素E（1.01%）、β-生育酚（1.00%）等。

【利用】全草入药，有清热解毒、止痛的功效，主治咽喉炎、头痛等症。嫩叶可作蔬菜食用。

桔梗
Platycodon grandiflorus (Jacq.) A. DC.

桔梗科　桔梗属

别名：铃当花、梗草、僧冠帽、六角荷

分布：东北、华北、华东、华中各地区及广东、广西、贵州、云南、四川、陕西等地

【形态特征】茎高20～120 cm，通常无毛，偶密被短毛，不分枝，极少上部分枝。叶全部轮生、部分轮生至全部互生，无柄或有极短的柄，叶片卵形、卵状椭圆形至披针形，长2～7 cm，宽0.5～3.5 cm，基部宽楔形至圆钝，顶端急尖，叶面无毛而绿色，叶背常无毛而有白粉，有时脉上有短毛或瘤突状毛，边缘具细锯齿。花单朵顶生，或数朵集成假总状花序，或有花序分枝而集成圆锥花序；花萼筒部半圆球状或圆球状倒锥形，被白粉，裂片三角形，或狭三角形，有时齿状；花冠大，长1.5～4.0 cm，蓝色或紫色。蒴果球状，或球状倒圆锥形，或倒卵状，长1～2.5 cm，直径约1 cm。花期7～9月。

【生长习性】生于海拔2000 m以下的阳处草丛、灌丛中，少生于林下。喜凉爽湿润环境，耐寒。喜阳光充足或侧方蔽荫。适栽于排水良好，含腐殖质的砂质壤土中。

【精油含量】水蒸气蒸馏干燥根的得油率为0.12%，干燥全草的得油率为0.22%。

【芳香成分】根：周玲等（2009）用水蒸气蒸馏法提取的安徽产桔梗干燥根精油的主要成分为：棕榈酸（51.10%）、十八碳二烯酸甲酯（5.18%）、9-十六碳烯酸（4.16%）、十六酸甲酯（4.01%）、十四烷酸（3.93%）、对-薄荷酮（3.73%）、胡薄荷酮（3.16%）、甲基丁子香酚（2.11%）、顺-11-十八碳烯酸甲酯（1.95%）、六氢法呢基丙酮（1.34%）、十五烷酸（1.18%）、2-羟

基-环十五烷酮（1.06%）、石竹烯氧化物（1.06%）等。

全草：丁长江等（1996）用水蒸气蒸馏法提取的干燥全草精油的主要成分为：5-己烯酸（11.79%）、1-十一碳烯（9.82%）、2-甲基-2-丙烯-1-醇（9.81%）、甲酸，1-甲基乙酯（5.22%）、十七碳烷（3.49%）、甲基丁基-1,2-苯二甲酸亚乙基酯（2.81%）、3,4-庚二烯（2.26%）、2-羟基二环[3.1.1]庚-6-酮（2.25%）、2-环戊烯-1-酮（2.01%）、(E)-2-丁烯醛（1.35%）、3,6,6-三甲基-二环[3.1.1]庚-2-烯（1.00%）等。

【利用】根药用，有宣肺气、散风寒、镇咳、祛痰、清咽、排脓的功效，主治外感咳嗽、咳嗽痰多、咳嗽不爽、咽喉肿痛、胸闷腹胀、支气管炎、肺脓疡、咳吐脓血、胸膜炎、痢疾、腹痛等。全草供药用，具排脓、祛痰、镇咳的功效。肉质根、嫩苗或嫩茎叶可作蔬菜食用，朝鲜族用根制作狗宝咸菜。为庭园观赏植物。

❀ 蓝花参

Wahlenbergia marginata (Thunb.) A. DC.

桔梗科　蓝花参属

别名： 兰花参、寒草、金钱吊葫芦、葫芦草、金钱草、牛奶草、娃儿菜、拐棒参、毛鸡腿

分布： 长江流域以南各地区

【形态特征】多年生草本，有白色乳汁。根细长，细胡萝卜状，直径可达4 mm，长约10 cm。茎自基部多分枝，直立或

上升，长10～40 cm，无毛或下部疏生长硬毛。叶互生，常在茎下部密集，下部的匙形、倒披针形或椭圆形，上部的条状披针形或椭圆形，长1～3 cm，宽2～8 mm，边缘波状或具疏锯齿或全缘，无毛或疏生长硬毛。花梗极长，可达15 cm；花萼无毛，筒部倒卵状圆锥形，裂片三角状钻形；花冠钟状，蓝色，长5～8 mm，分裂达2/3，裂片倒卵状长圆形。蒴果倒圆锥状或倒卵状圆锥形，有10条不甚明显的肋，长5～7 mm，直径约3 mm。种子矩圆状，黄棕色，长0.3～0.5 mm。花果期2～5月。

【生长习性】生于低海拔的田边、路边和荒地中，有时生于山坡或沟边，在云南生长地海拔可达2800 m。

【精油含量】水蒸气蒸馏干燥全草的得油率为0.09%。

【芳香成分】柯鹏颉（2006）用水蒸气蒸馏法提取的福建产蓝花参干燥全草精油的主要成分为：n-十六烷酸（58.87%）、(Z,Z)-9,12-十八烷二烯酸（15.61%）、(Z,Z)-9,12,15-十八烷三烯酸甲酯（6.10%）、十四烷酸（5.59%）、十五烷酸（3.73%）、6,10,14-三甲基-2-十五烷酮（3.40%）、油酸（1.76%）等。

【利用】根或全草入药，有益气补虚、祛痰、截疟的功效，用于病后体虚、小儿疳积、支气管炎、肺虚咳嗽、疟疾、高血压病、白带等症。

❀ 轮叶沙参

Adenophora tetraphylla (Thunb.) Fisch.

桔梗科　沙参属

别名： 南沙参、四叶沙参

分布： 东北、内蒙古、河北、山西、山东、华东、广东、广西、云南、贵州、四川

【形态特征】茎高大，可达1.5 m，不分枝，无毛，少有毛。茎生叶3～6枚轮生，无柄或有不明显叶柄，叶片卵圆形至条状披针形，长2～14 cm，边缘有锯齿，两面疏生短柔毛。花序狭圆锥状，花序分枝（聚伞花序）大多轮生，细长或短，生数朵花或单花。花萼无毛，筒部倒圆锥状，裂片钻状，长1～4 mm，全缘；花冠筒状细钟形，口部稍缢缩，蓝色、蓝紫色，长7～11 mm，裂片短，三角形，长2 mm；花盘细管状，长2～4 mm；花柱长约20 mm。蒴果球状圆锥形或卵圆状圆锥形，长5～7 mm，直径4～5 mm。种子黄棕色，矩圆状

形，稍扁，有一条棱，并由棱扩展成一条白带，长1mm。花期7～9月。

【生长习性】生于草地和灌丛中，在南方生长地海拔可至□000m。喜温暖湿润的气候，最适生长温度为20～30℃，较耐□，对土壤要求不严格，但以壤土或砂质壤土为佳。喜光，忌□水。

【芳香成分】王淑萍等（2010）用乙醇浸提水蒸气蒸馏法□取的根精油的主要成分为：镰叶芹醇（63.49%）、n-十六碳□（5.50%）、十六碳酸乙酯（4.67%）、(E)-2-壬烯醛（3.21%）、□,12-十九碳二烯酸乙酯（2.05%）、(R)-1-甲基-4-(1,2,2-三甲□环戊基)苯（1.87%）、四环[3.3.0.0²,⁴.0³,⁶]十八碳-7-烯-4-甲□（1.59%）等。周坤等（2018）用顶空固相微萃取法提取的□苏宜兴产轮叶沙参干燥根精油的主要成分为：(1R)-(+)-α-□烯（52.17%）、己醛（10.85%）、天竺葵醛（7.45%）、桧烯□.62%）、糠醛（3.67%）、水芹醛（2.47%）、羊脂醛（2.25%）、□-月桂烯（2.00%）、乙酸（1.91%）、松油烯（1.70%）、(+)-□-蒈烯（1.08%）、4-戊烯醛（1.00%）等；安徽亳州产轮叶沙□干燥根精油的主要成分为：己醛（28.29%）、3-甲基-1-丁□（9.97%）、天竺葵醛（9.97%）、2-甲基-1-丙醇（9.77%）、□-缬草醛（5.76%）、水芹醛（4.97%）、糠醛（4.62%）、戊醛□.27%）、羊脂醛（3.97%）、S-(-)-2-甲基-1-丁醇（2.97%）、1-□醇（2.67%）、乙酸（2.18%）、莰烯（1.12%）、(+)-4-蒈烯□.02%）等；贵州遵义产轮叶沙参干燥根精油的主要成分为：□酸（19.69%）、(+)-环苜蓿烯（14.97%）、己醛（10.50%）、1-□烯-3-醇（6.59%）、戊醛（5.32%）、天竺葵醛（5.20%）、糠醛□.96%）、异缬草醛（2.65%）、(+)-α-古芸烯（1.67%）、邻二甲

苯（1.52%）、长叶蒎烯（1.49%）、γ-依兰油烯（1.46%）、β-月桂烯（1.19%）、水芹醛（1.12%）等。

【利用】根入药，有清热养阴、润肺止咳的功效，用于肺热咳嗽、咳痰黄稠、虚劳久咳、咽干舌燥、津伤口渴；蒙药治红肿、牛皮癣、关节炎、痛风症、游痛症、"青腿"病、麻风病。肉质根可做菜食用，也可腌制；干品用于汤料。

❀ 沙参

Adenophora stricta Miq.

桔梗科　沙参属
别名：南沙参、杏叶沙参
分布：江苏、安徽、浙江、江西、湖南

【形态特征】茎高40～80cm，不分枝，常被短硬毛或长柔毛。基生叶心形，大而具长柄；茎生叶椭圆形，狭卵形，基部楔形或少近于圆钝的，顶端急尖或短渐尖，边缘有不整齐的锯齿，两面疏生短毛或长硬毛，或近于无毛，长3～11cm，宽1.5～5cm。花序常不分枝成假总状花序，或有短分枝成极狭的圆锥花序，极少具长分枝而为圆锥花序的。花萼常被短柔毛或粒状毛，筒部常倒卵状，裂片狭长，钻形或条状披针形，长6～8mm，宽至1.5mm；花冠宽钟状，蓝色或紫色，长1.5～2.3cm，裂片长为全长的1/3，三角状卵形。蒴果椭圆状球形，极少为椭圆状，长6～10mm。种子棕黄色，稍扁，有一条棱。花期8～10月。

【生长习性】生于低山草丛中和岩石缝内，也有生于海拔600～700m的草地上或1000～3200m的开旷山坡及林内者。喜温暖或凉爽气候，耐寒，虽耐干旱，但在生长期中也需要适量水分。喜充足的阳光。以土层深厚肥沃、富含腐殖质、排水良好的砂质壤土为宜。

【芳香成分】王淑萍等（2008）用水蒸气蒸馏法提取的干燥根精油的主要成分为：镰叶芹醇（43.75%）、己醛（8.21%）、辛醛（7.33%）、1,1-二乙氧基己烷（3.49%）、壬醛（3.08%）、(E)-2-壬烯醛（2.51%）、1,1-二乙氧基辛烷（2.38%）、(R)-1-甲基-4-(1,2,2-三甲基环戊基)苯（1.91%）、庚醛（1.61%）、4-异丙基-1-环己烯基-1-烃基乙二醛（1.29%）、1-壬烯-3-醇（1.20%）、(E,E)-2,4-癸二烯醛（1.14%）、(Z)-2-癸烯醛（1.09%）、9(10H)-吖啶酮（1.07%）等。

【利用】根入药，有养阴清热、润肺化痰、益胃生津的功效，用于阴虚久咳、痨嗽痰血、燥咳痰少、虚热喉痹、津伤口渴；也有治疗心脾痛、头痛、妇女白带之效。根可食用。

艾纳香
Blumea balsamifera (Linn.) DC.

菊科　艾纳香属

别名： 大风艾、冰片艾、大风叶、冰片叶、冰片草、真金草

分布： 云南、贵州、广西、广东、福建、台湾

【生长习性】生于林缘、林下、河床谷地或草地上，海拔600～1000 m。适应性强，在难以绿化的荒坡亦能生长。喜向阳、地势高燥、易排水的地块，以土层深厚、含砂（砾石）酸性或中性土壤为好，忌重茬连作。适宜生长的年平均温度为18～21℃，最冷月平均气温8～11℃。

【精油含量】水蒸气蒸馏新鲜叶的得油率为0.50%～2.80%，干燥叶的得油率为0.94%～2.35%，全草的得油率为0.53%；时蒸馏萃取的干燥叶的得油率为1.27%。

【芳香成分】周欣等（2001）用水蒸气蒸馏法提取的贵州罗甸产艾纳香新鲜叶精油的主要成分为：L-龙脑（57.57%）、β-石竹烯（8.05%）、δ-古芸烯（2.64%）、芳樟醇（1.97%）、樟脑（1.93%）、愈创木醇（1.69%）、γ-桉叶油醇（1.68%）、10-表-γ-桉叶油醇（1.37%）、石竹烯氧化物（1.33%）、β-桉叶油醇（1.24%）等。

【形态特征】多年生草本或亚灌木。茎高1～3 m，有纵条棱，被黄褐色密柔毛。下部叶宽椭圆形或长圆状披针形，长22～25 cm，宽8～10 cm，基部渐狭，柄两侧有3～5对狭线形的附属物，顶端短尖或钝，边缘有细锯齿，上面被柔毛，下面被密绢状棉毛；上部叶长圆状披针形或卵状披针形，长7～12 cm，宽1.5～3.5 cm，基部略尖，柄两侧常有1～3对狭线形的附属物，顶端渐尖，全缘、具细锯齿或羽状齿裂。头状花序多数排列成具叶的大圆锥花序；总苞钟形，长约7 mm；总苞片约6层，草质，外层长圆形，中层线形；花托蜂窝状。花黄色，雌花多数，花冠细管状；两性花较少，花冠管状。瘦果圆柱形，长约1 mm，具5条棱，被密柔毛。冠毛红褐色，糙毛状。花期几乎全年。

【利用】全草入药，有祛风除湿、温中止泻、活血解毒等功效，主治风寒感冒、头风头痛、风湿痹痛、寒湿泻痢、寸白病、毒蛇咬伤、跌打伤痛、癣疮。全草可提取精油，广泛应用于香料以及化妆品行业；为提取冰片的原料。

东风草

Blumea megacephala (Rander.) Chang et Tseng

菊科　艾纳香属
别名：白花九里明、华艾纳香、管芽
分布：云南、四川、贵州、广东、广西、湖南、江西、福建、台湾等地

【形态特征】攀缘状草质藤本。茎长1～3 m或更长，有沟纹。下部和中部叶卵形、卵状长圆形或长椭圆形，长7～10 cm，宽2.5～4 cm，基部圆形，顶端短尖，边缘有齿，干时常变淡黑色；小枝上部的叶椭圆形或卵状长圆形，长2～5 cm，宽～1.5 cm，边缘有细齿。头状花序疏散，常1～7个在腋生小枝顶端排列成总状或近伞房状花序，再排成大型具叶的圆锥花序；总苞半球形；总苞片5～6层，外层厚，卵形，中层质稍薄，带干膜质，线状长圆形；花托平，径8～11 mm，被白色密长柔毛。花黄色，雌花多数，细管状；两性花花冠管状。瘦果圆柱形，有10条棱，被疏毛，长约1.5 mm。冠毛白色，糙毛状。花期8～12月。

【生长习性】生于林缘或灌丛中，或山坡、丘陵阳处，极为常见。

【芳香成分】宁小清等（2011）用水蒸气蒸馏法提取的广西南宁产东风草新鲜全草精油的主要成分为：5-(1,5-二甲基-4-己烯基)-2-甲基-1,3-环己二烯（32.24%）、1-(1,5-二甲基-4-己烯基)-4-甲基苯酚（22.87%）、(E)-β-金合欢烯（8.31%）、乙烯基-1-甲基-2,4-二(1-甲基醚)环己烷（6.85%）、α-金合欢

烯（6.05%）、1,2,3,5,6,8α-六氢-4,7-二甲基-1-(1-甲基乙基)萘（5.41%）、丁香烯（3.28%）、n-杜松醇（1.54%）、雪松烯（1.50%）、α-荜澄茄油烯（1.14%）等。

【利用】全草药用，有清热明目、祛风止痒、解毒消肿的功效，常用于目赤肿痛、翳膜遮睛、风疹、疥疮、皮肤瘙痒、痈肿疮疖、跌打红肿。

假东风草

Blumea riparia (Blume) DC.

菊科　艾纳香属
别名：滇桂艾纳香
分布：云南、广西、广东

【形态特征】攀缘状草质藤本。茎长3～7 m，有沟纹。叶片卵状长圆形或狭椭圆形，长5～8 cm，宽2～3.5 cm，基部狭，通常圆形，顶端短尖，边缘有疏生的点状细齿。头状花序多数，径5～8 mm，在腋生枝顶端排列成密圆锥花序，多数小圆锥花序再排列成具叶的大圆锥花序；总苞钟形或圆柱形，长约7 mm，总苞片5～7层，外层厚质，卵形或宽卵形，中层披针状长圆形至长圆形，最内层薄质，干膜质，线形；花托平，被白色密柔毛。花黄色，雌花多数，细管状，长约8 mm，被疏短柔毛；两性花花冠管状。瘦果圆柱形，有10条棱，被毛，长约1.5 mm。冠毛糙毛状，白色，宿存。花期1～8月。

【生长习性】生于林边、山坡灌丛或密林中，较耐阴，在路边、溪旁亦常见。

【精油含量】水蒸气蒸馏干燥全草的得油率为0.13%；超临

界萃取干燥全草的得油率为1.01%。

【芳香成分】王治平等（2005）用水蒸气蒸馏法提取的干燥全草精油的主要成分为：十六酸（16.98%）、α-杜松醇（9.04%）、5,5-二甲基-4-(3-甲基-1,3-丁烯基)-1-氧螺[2.5]辛烷（4.44%）、3,4,4-三甲基-3-(3-氧络-烯炔)-双环[4.1.0]庚烷-2-酮（3.81%）、长叶马鞭草烯酮（3.76%）、香树素（2)-氧化物（3.45%）、丁子香烯氧化物（2.46%）、3,9-杜松二烯（2.06%）、4-异丙烯基-(+)-3-蒈烯（1.98%）、6.10.14-三甲基-2-十五（烷）酮（1.74%）、匙叶桉油烯醇（1.59%）、1-(1,5-二甲基-4-己烯)-4-甲基苯（1.29%）、4-(2-乙酰-5,5-二甲基环十五-2-炔烯）丁烷-2-酮（1.22%）、4a,5,6,7,8,8a-六氢-7α,异丙基-4aβ,8aβ-二甲基-2(1H)-萘（1.04%）、香芹酮（1.03%）等。

【利用】全草为民间草药，用于经期提前、产后血崩、产后浮肿、不孕症、阴疮。

🌸 小蓬草

Conyza canadensis (Linn.) Cronq.

菊科　白酒草属

别名：小白酒草、加拿大蓬、飞蓬、小飞蓬、祁州一枝蒿、白花蛇舌草、竹叶艾、鱼胆草、苦蒿

分布：全国各地

【形态特征】一年生草本，根纺锤状。茎高50～100 cm或更高，具棱，有条纹，被疏长硬毛。叶密集，下部叶倒披针形，

长6～10 cm，宽1～1.5 cm，顶端尖或渐尖，基部渐狭成柄，边缘具疏锯齿或全缘，中部和上部叶较小，线状披针形或线形，全缘或少有具1～2个齿，两面或仅叶面被疏短毛叶边缘常被上弯的硬缘毛。头状花序多数，径3～4 mm，排列成顶生多分枝的大圆锥花序；总苞近圆柱状；总苞片2～3层，淡绿色，线状披针形或线形；雌花多数，舌状，白色，舌片小，线形，顶端具2个钝小齿；两性花淡黄色，花冠管状；瘦果线状披针形，长1.2～1.5 mm稍扁压，被贴微毛；冠毛污白色，1层，糙毛状。花期5～9月。

【生长习性】常生长于旷野、荒地、田边和路旁，为一种常见的杂草。多生于干燥、向阳的土地上。

【精油含量】水蒸气蒸馏叶及全草的得油率为0.06%～1.03%，新鲜花序得油率为0.20%～0.40%；有机溶剂萃取新鲜叶的得油率为0.41%～1.24%，花的得油率为0.43%。

【芳香成分】根：刘志明等（2011）用水蒸气蒸馏法提取的黑龙江哈尔滨产小蓬草新鲜根精油的主要成分为：2,4-二氢-2-甲基-5-苯基-3氢-吡唑-3-酮（59.66%）、(E)-β-金合欢烯（1.47%）等。

全草：刘志明等（2011）用水蒸气蒸馏法提取的黑龙江哈尔滨产小蓬草新鲜全草精油的主要成分为：柠檬烯（15.36%）、香芹酮（10.15%）、顺式-香芹醇（6.56%）、反式-α-佛手柑油烯（6.11%）、柠檬烯二醇（3.56%）、α-姜黄烯（3.27%）、反式-香芹醇（2.75%）、顺式-对-薄荷-2,8-二烯-1-醇（2.55%）、反式

对-2,8-薄荷二烯-1-醇（2.54%）、反式-β-金合欢烯（1.42%）等。

花：原玲芳等（2010）用水蒸气蒸馏法提取的山东威海产小蓬草干燥花精油的主要成分为：苧烯（58.83%）、2,6-二甲基-6-[4-甲基-3-戊烯基]-双环-[3.1.1]庚-2-烯（7.36%）、石竹烯氧化物（5.07%）、2-甲基-5-(1-甲基乙烯基)-2-环己烯-1-酮（2.88%）、反式-长松香芹醇（2.81%）、左旋-β-蒎烯（2.50%）、(E)-金合欢烯环氧化物（2.31%）、1-(1,5-二甲基-4-己烯基)-4-甲基苯（1.99%）、顺-2-甲基-5-(1-甲基乙烯基)-2-环己烯-1-醇（1.96%）、反式-对-2,8-盖二烯-1-醇（1.95%）、反-2-甲基-5-(1-甲基乙烯基)-2-环己烯-1-醇（1.82%）、异香橙烯环氧物（1.17%）、(E)-7,11-二甲基-3-亚甲基-1,6,10-十二碳三烯（1.16%）、反-1-甲基-4-(1-甲基乙烯基)-2-环己烯-1-醇（1.05%）等。曾冬琴等（2014）用同法分析的湖南长沙产小蓬草新鲜花序精油的主要成分为：2,3-mu-trimethylsilyl-CC'-dimethyl-4,5-dicarba-nido-hexabora（25.10%）、苧烯（14.84%）、表位-双环倍半水芹烯（11.03%）、1-苯基-1-壬炔（7.33%）、反式-β-金合欢烯（4.68%）、β-石竹烯（4.48%）、双环大牻牛儿烯（2.99%）、匙叶桉油烯醇（2.56%）、反式-β-罗勒烯（2.51%）、γ-杜松子香油腔（2.49%）、β-蒎烯（1.92%）、2-异亚丙基-5-甲基-(3-甲基-4-戊烯基)-1-环戊醇（1.81%）、双环榄香烯（1.58%）、β-荜澄茄油烯（1.50%）、δ-杜松子香油腔（1.41%）、β-榄香烯（1.34%）、萘醇（1.25%）、异大香叶烯-D（1.10%）、氧化石竹烯（1.10%）等。

【利用】全草入药，有消炎止血、祛风湿的功效，治血尿、水肿、肝炎、胆囊炎、小儿头疮等症，还有清热利湿、散瘀消肿的功效，可治痢疾、肠炎、跌打损伤、风湿骨痛、疮疖肿痛、外伤出血、牛皮癣等，嫩茎、叶可作猪饲料。嫩茎嫩叶可作蔬菜食用。

百花蒿

Stilpnolepis centiflora (Maxim.) Krasch.

菊科　百花蒿属

别名：臭蒿
分布：陕西、宁夏、甘肃、内蒙古

【形态特征】一年生草本，具粗壮纺锤形的根。茎高40cm，分枝，有纵条纹，被绢状柔毛。叶线形，长3.5～10cm，宽2.5～4mm，两面被疏柔毛，顶端渐尖，基部有2～3对羽状裂片，裂片条形。头状花序半球形，直径8～20mm，多数头状花序排成疏松伞房花序；总苞片外层3～4枚，草质，有膜质边缘，中内层卵形或宽倒卵形，全部膜质或边缘宽膜质，顶端圆形，背部有长柔毛；花托半球形；小花极多数，全为两性，结实；花冠长4mm，黄色，上部3/4膨大呈宽杯状，膜质，外面被腺点，檐部5裂。瘦果近纺锤形，长5～6mm，有不明显的纵肋，被稠密腺点，无冠状冠毛。花果期9～10月。

【生长习性】生于海拔1067～1350m的山坡干燥地和沙丘上。耐干旱、耐瘠薄。

【精油含量】水蒸气蒸馏鲜花的得油率为0.71%。

【芳香成分】段志兴等（1996）用水蒸气蒸馏法提取的宁夏中卫产百花蒿新鲜花精油的主要成分为：β-月桂烯（16.27%）、匙叶桉油烯醇（7.96%）、γ-榄香烯（4.18%）、喇叭醇（3.01%）、

愈创木醇（2.78%）、异戊酸乙酯（2.04%）、β-罗勒烯-X（1.55%）、榄香醇（1.35%）、β-甜没药烯（1.33%）、2-甲基丁酸乙酯（1.16%）、芳樟醇（1.16%）、香橙烯（1.12%）、正戊酸丙酯（1.06%）、蓝桉醇（1.05%）等。

【利用】为沙地先锋植物，有固沙作用。为骆驼和羊所喜食的牧草。可做沙区观赏花卉。

滇缅斑鸠菊

Vernonia parishii Hook. f.

菊科　斑鸠菊属

别名：大发散、镇心丸、大红花远志、野辣烟
分布：云南

【形态特征】小乔木，稀灌木，高达2～3m。叶厚纸质，倒卵形或倒披针形，长10～30cm，宽4～9cm，顶端钝或短尖，基部楔状狭，边缘具疏齿，稀近全缘，叶背被绒毛，两面均有腺点。头状花序多数，径5～8mm，约有花10朵，排列成具叶复圆锥花序；小苞片卵状披针形；总苞狭钟状或近圆柱状，下面被白色绒毛，总苞片紫色，5层，覆瓦状，卵形、卵状披针形或长圆形，极不等长，外层短而钝，内层稍尖，背面被白色长柔毛；花淡红紫色，花冠管状，具腺，檐部稍扩大，上部具5个线形裂片，裂片外面顶端具腺；瘦果长圆状圆柱形，长2.5mm，具腺点；冠毛白色，2层，外层极短，内层糙毛状。花期3～5月。

【生长习性】生于山坡灌丛或杂木林林缘，海拔560～1680m。

【精油含量】水蒸气蒸馏干燥叶的得油率为0.04%。

【芳香成分】李蓉涛等（1997）用水蒸气蒸馏法提取的云南西双版纳产滇缅斑鸠菊干燥叶精油的主要成分为：α-姜黄烯（10.52%）、芳樟醇丙酸酯（7.45%）、芳樟醇（7.14%）、葛缕醇（4.30%）、黄樟油素（4.29%）、异石竹烯（4.19%）、2,4-二甲基环己醇（4.06%）、7-甲基-3,4-辛二烯（3.10%）、甲氧苯酚（2.86%）、3-环戊基-1-丙醇（2.72%）、1-(4-甲基苯基)-乙酮（2.63%）、苯乙醇（2.31%）、2,3-二氢苯并呋喃（2.28%）、α-金合欢烯（2.12%）、3-癸炔-2-醇（1.82%）、苯甲醛（1.21%）、乙酸（1.50%）等。

【利用】根药用，有驱风散瘀、益心的功效，用于治疗重感

冒、心悸、发烧、产后体虚、风湿痹痛等。

❀ 驱虫斑鸠菊

Vernonia anthelmintica (Linn.) Willd.

菊科　斑鸠菊属

别名: 野苗香、印度山苗香

分布: 新疆、云南

【形态特征】一年生高大草本。茎高达60 cm, 具槽沟, 被腺状柔毛。叶膜质, 卵形、卵状披针形或披针形, 长6~15 cm, 宽1.5~4.5 cm, 顶端尖或渐尖, 基部渐狭成柄, 边缘具锯齿, 两面被短柔毛, 有腺点。头状花序较多数, 较大, 排列成疏伞房状; 苞片线形; 总苞半球形, 约3层, 外层线形, 绿色, 叶质, 被短柔毛和腺点, 中层长圆状线, 绿色, 叶质, 内层长圆形, 渐膜质。小花约40~50朵, 淡紫色, 全部结实, 花冠管状, 檐部狭钟状, 有5个披针形裂片。瘦果近圆柱形, 黑色, 长约4 mm, 具10条纵肋, 被微毛, 肋间有褐色腺点; 冠毛2层, 淡红色, 外层极短, 内层糙毛状。花期9月至翌年2月。

【生长习性】生于高海拔的荒地或路旁。

【精油含量】水蒸气蒸馏果实的得油率为0.15%。

【芳香成分】傅桂香等(1986)用水蒸气蒸馏法提取的果实精油的主要成分为: 石竹烯(43.08%)、β-蒎烯(21.66%)、乙基丁基醚(6.40%)、芹子烯(3.51%)、冰片烯(2.87%)、4-蒈烯(2.67%)、异石竹烯(1.52%)、α-松油醇(1.45%)、2-乙氧基丁烷(1.44%)、乙酸乙酯(1.30%)、苯乙醛(1.07%)等。

【利用】果实药用, 有清热消炎、活血化瘀、杀虫的功效, 用于痰饮浮肿、湿痹疼痛、肠内寄生虫、白癜风、咽喉肿痛、目赤肿痛、瘀血肿胀、跌打损伤、皮肤红肿痛或疥疮、疥癣皮肤斑等症。果实精油制成注射剂对白癜风有一定的疗效。

❀ 折苞斑鸠菊

Vernonia spirei Gandog.

菊科　斑鸠菊属

别名: 金沙斑鸠菊

分布: 云南、贵州、广西

【形态特征】多年生草本, 高40~80 cm。叶厚纸质, 椭圆状倒卵形或长圆状披针形, 长5~12 cm, 宽2.5~4 cm, 顶端短尖渐尖或钝, 基部狭, 边缘具锯齿, 叶面被短硬毛, 叶背被短柔毛和腺点; 头状花序径1.5~2 cm, 常单生排成总状; 总苞圆锥状或近球形, 长10~15 mm, 宽15~20 mm; 总苞片约6层覆瓦状, 极不等长, 绿色或上部红紫色, 外层近钻形, 短, 中层卵形或卵状长圆形, 顶端成反折的硬尖, 背面及边缘被蛛丝状长柔毛, 内层线形, 顶端红紫色, 具硬短尖, 具宽干膜质边缘, 背面被疏短柔毛; 花多数, 淡红紫色, 花冠管状, 具5个线状披针形裂片, 具腺; 瘦果长圆状圆柱形, 长约4 mm, 具10条肋, 肋间被贴短毛或多少具腺; 冠毛淡黄褐色, 外层少短, 内层糙毛状。花期9~11月。

【生长习性】生长于海拔1000~2400 m的山坡草地、灌丛中或林缘。

【精油含量】水蒸气蒸馏全草的得油率为0.20%。

【芳香成分】王军等(2006)用水蒸气蒸馏法提取的广西贵港产折苞斑鸠菊全草精油的主要成分为: 麝香草酚甲醚(17.90%)、麝香草酚甲氧基亚甲基醚(16.94%)、α-荜澄茄烯(11.41%)、α-蛇床烯(9.87%)、α-绿叶烯(5.76%)、香叶醇异丁酸酯(3.97%)、1,2,3a,6-四甲基-4,5,5a,6,7,8-六氢环戊并[c]烯-3(3ah)-酮(3.14%)、葎草烯(2.62%)、环氧石竹烯(2.17%)、橙花醇丙酸酯(1.89%)、α-喜玛茄烯(1.88%)、莎草烯(1.27%)、2-异丙烯基-1-甲基-4-(1-甲基亚乙基)-1-乙烯环己烷(1.27%)等。

【利用】根和叶药用, 用于疟疾偏热、高热、寒战、汗出热退身凉、肢体烦疼、面红目赤、便秘尿赤、脉洪数者。

❀ 雪莲果

Smallanthus sonchifolius (Poepp. et Endl.) H. Rob.

菊科　包果菊属

别名: 亚贡、菊薯、万根苕、雪莲薯

分布: 台湾、海南、福建、云南、辽宁、贵州、湖南、湖北、山东、四川、河南、河北

【形态特征】多年生草本。根膨大成块根状, 4~12个一串, 株高约1~3 m, 全身密被粗毛。茎上部分枝。叶片极大, 单叶对生, 长约20~30 cm, 卵状三角形, 边缘有疏齿, 在叶柄处下

延成翼状；有不规则锯齿缘。顶生头状花序，花黄色，外观接近向日葵，由边缘的舌状花和花盘中央的管状花组成。果实为瘦果。秋天开花。

【生长习性】适于生长在海拔1000～2300 m的砂质土壤上。喜光照，喜欢湿润土壤，生长适温在20～30 ℃，在15 ℃以下生长停滞，不耐寒冷，遇霜冻茎枯死。

【芳香成分】陈晓兰等（2017）用水蒸气蒸馏法提取的贵州遵义产亚贡干燥叶精油的主要成分为：α-萜品烯（28.82%）、3-甲基戊醛（11.60%）、(1R)-4-甲基-1-(1-甲基乙基)-3-环己烯-1-醇（9.61%）、右旋大根香叶烯（8.23%）、γ-萜品烯（5.99%）、石竹烯（4.22%）、4-甲基己醛（3.14%）、(1R)-α-蒎烯（3.13%）、(1S-顺)-1,2,3,5,6,8a-六氢-4,7-二甲基-1-(1-甲基乙基)-萘（1.68%）、异松油烯（1.58%）、β-波旁烯（1.53%）、β-月桂烯（1.52%）、4-甲基-1-(1-甲基乙基)-[3.1.0]二环己烷去氢衍生物（1.37%）、3-甲基-2-戊酮（1.16%）等。

【利用】块根可作蔬菜或水果食用。花、叶可作为茶叶。叶可作饲料。

🌸 杯菊

Cyathocline purpurea (Buch.-Ham. ex De Don) O. Kuntze.

菊科　杯菊属
别名：小红蒿、红蒿枝
分布：云南、四川、贵州、广西

【形态特征】一年生草本，高10～15 cm。茎枝红紫色或带红色，被粘质长柔毛。中部茎叶长2.5～12 cm，卵形、倒卵形或长倒卵形，二回羽状分裂，一回全裂，二回半裂；一回羽片对生或偏斜，或一侧裂片不发育成栉齿状，栉齿或大或小，或疏或密；二回羽裂片斜三角形，全缘或有微尖齿。中部向上或向下的叶渐小；基部扩大耳状抱茎。头状花序小，在茎枝顶端排列成伞房状花序或圆锥状伞房花序，径1～2.5 cm。总苞半球形，直径2 mm；总苞片2层，近等长，边缘膜质，有缘毛，顶端染紫色。头状花序外围有多层结实的雌花，花冠线形，红紫色，顶端2齿裂；中央花两性。瘦果长圆形。花果期近全年。

【生长习性】生于山坡林下、山坡草地、村舍路旁、田边水旁，海拔150～2600 m。

【精油含量】水蒸气蒸馏全草的得油率为0.14%～0.66%。

【芳香成分】李祖强等（2003）用水蒸气蒸馏法提取的云南石屏产杯菊全草精油的主要成分为：乙酸百里酚酯（25.20%）、1,4-二甲氧基-2,3,5,6-四甲基苯（20.05%）、1,2,3,3a,4a,5,6,7,8,9,9a-十二氢环戊烯（3.81%）、乙酸香叶酯（16.03%）、芳樟酯-3-甲基-丁酸乙酯（3.64%）、α-石竹烯（3.43%）、3-(1-甲基乙烯基)-4-乙烯基-α-萜品醇（3.39%）、四氢金钟（柏）醇（3.07%）、1,2-二氢-1-甲基-3H-茚唑-3-酮（2.90%）、1,2,3,4,4a,5,6,7-八氢-2-羟甲基-萘（1.74%）、香树烯（1.30%）、S-愈创木萜（1.30%）等。

【利用】全草入药，有清热解毒、消炎止血、除湿利尿、杀虫的功效，主治急性胃肠炎、中暑、膀胱炎、尿道炎、咽喉炎、口腔炎、吐血、衄血。民间用于杀虫。

🌸 菜蓟

Cynara scolymus Linn.

菊科　菜蓟属
别名：朝鲜蓟、法国百合、洋百合
分布：上海、浙江、湖南、云南、北京等地有栽培

【形态特征】多年生草本，高达2 m。茎有条棱，茎枝被稠密的蛛丝毛或稀疏毛。叶大形，基生叶莲座状；下部茎叶全形长椭圆形或宽披针形，长约1 m，宽约50 cm，二回羽状全裂，下部渐窄；中部及上部茎叶渐小，最上部叶长椭圆形或线形，长达5 cm。全部叶质地薄，草质，叶面绿色，叶背灰白色，被绒毛。头状花序极大，生分枝顶端，含多数头状花序。总苞多层，覆瓦状排列，硬革质，中外层苞片顶端渐尖，内层苞片顶端有附片，附片硬膜质，圆形、卵形、三角形或尾状，顶端有小尖头伸出。小花紫红色，花冠长4.5 cm。瘦果长椭圆形，4棱，顶端截形。冠毛白色，多层；冠毛刚毛羽毛状。花果期7月。

【生长习性】喜温凉气候，耐轻霜，忌干热，耐热性耐寒力均不强。较耐干旱，不耐湿。喜温润肥沃的土壤，要求疏松、排水良好的壤土黏壤土。花蕾发育时期忌干旱，要求阳光充足。

【芳香成分】叶：白雪等（2008）用固相微萃取法提取的叶精油的主要成分为：4(14),11-桉叶二烯（57.44%）、角鲨烯（16.09%）、氧（8.75%）、石竹烯（4.97%）、己醛（2.09%）、(E)-2-己醛（1.23%）等。

花：白雪等（2008）用固相微萃取法提取的花蕾苞片精油的主要成分为：4(14),11-桉叶二烯（70.03%）、石竹烯

（10.21%）、(Z,Z,Z)-9,12,15-十八碳三烯-1-醇（4.74%）、氧（2.74%）、1-十五烯（1.54%）、9-重氮芴（1.31%）、9,12-十八碳二酰基氯化物（1.19%）等；花蕾精油的主要成分为：4(14),11-桉叶二烯（47.62%）、4-十八烷基吗啉（17.61%）、3-羟基丙酸环丁烷硼酸酯（7.24%）、石竹烯（5.35%）、2,6-二叔丁基-4-仲丁基苯酚（4.58%）、N,N-二甲基-1-十五烷胺（3.07%）、十七烷（2.01%）、氧（1.90%）、芴-4-羧酸或9H-芴-4-羧酸（1.58%）、十六烷（1.06%）等。

【利用】肉质花托和总苞片基部的肉质部分作蔬菜食用，是一种名贵保健蔬菜，可鲜食、盐渍、制酱、速冻、做汤料，也可加工成罐头。花苞外苞片可制成保健茶。茎叶可作功能性饲料或深加工提纯后制成佐餐开胃酒、口服胶囊、化妆品等。作观赏花卉，也可作鲜切花。

🌸 苍耳

Xanthium sibiricum Patrin ex Widder

菊科　苍耳属

别名：苍耳子、苍浪子、菜耳、刺八裸、道人头、老苍子、青棘子、虱麻头、虱马头、莫草、粘头婆、敝子、绵苍浪子、羌子、裸子、抢子、痴头婆、胡苍子、野茄、野茄子、猪耳

分布：全国各地

【形态特征】一年生草本，高20～90 cm。根纺锤状。叶三角状卵形或心形，长4～9 cm，宽5～10 cm，近全缘或浅裂，顶端尖或钝，基部稍心形或截形，与叶柄连接处成楔形，边缘有粗锯齿，叶面绿色，叶背苍白色，被糙伏毛。雄性头状花序球形，径4～6 mm，总苞片长圆状披针形，被短柔毛，花托柱状，托片倒披针形，有微毛，雄花多数，花冠钟形，管部上端有5宽裂片；雌性头状花序椭圆形，外层总苞片小，披针形，被短柔毛，内层总苞片结合成囊状，宽卵形或椭圆形，绿色、淡黄绿色或有时带红褐色，外面有疏生的具钩状的刺，有腺点；喙坚硬，锥形，上端略呈镰刀状。瘦果2，倒卵形。花期7～8月，果期9～10月。

【生长习性】常生长于平原、丘陵、低山、荒野路边、田边。喜温暖稍湿润气候。以疏松肥沃、排水良好的砂质壤土为宜。耐干旱瘠薄。

【精油含量】水蒸气蒸馏新鲜地上部分的得油率为0.10%，果实的得油率为0.003%～0.380%；超临界萃取的果实的得油率为2.59%～3.32%；微波法提取的干燥叶的得油率为2.14%～3.66%。

【芳香成分】叶：徐鹏翔等（2017）用超临界CO_2萃取法提取的干燥叶精油的主要成分为：桧烯（43.07%）、亚麻酸（11.64%）、n-十六烷酸（7.75%）、8,11,14-三烯酸-17-甲酯（5.62%）、亚麻酸乙酯（4.67%）、亚油酸（3.46%）、右旋大根香叶烯（3.39%）、棕榈酸乙酯（2.42%）、(4E)-4-十三烯-6-炔（2.19%）、叶绿醇（2.11%）、1-(1,2,3,4,7,7a-六氢-1,4,4,5-四甲基-1,3a-乙醇胺-3aH-茚-6-基)乙酮（1.49%）、石竹烯氧化物（1.03%）等。

全草：覃振林等（2006）用水蒸气蒸馏法提取的广西南宁产苍耳干燥全草精油的主要成分为：葎草烯（10.55%）、石竹烯（8.44%）、β-芹子烯（6.70%）、β-杜松烯（5.90%）、3(15),7(14)-石竹二烯-6-醇（4.81%）、氧化石竹烯（4.14%）、6,10,14-三甲基-2-十五酮（1.92%）、α-芹子烯（1.71%）、大香叶烯D（1.04%）等。

果实：王淑萍等（2007）用水蒸气蒸馏法提取的吉林长岭产苍耳干燥成熟带总苞的果实精油的主要成分为：正十六烷酸（10.73%）、十八烷（7.34%）、1,2-苯二甲酸双（2-甲基)丙基酯（2.66%）、正二十三烷（2.65%）、二十七烷（2.52%）、1-环氧双云杉二烯（2.15%）、二丁基化羟基甲苯（2.11%）、二十五烷（2.09%）、6,10,14-三甲基-2-十五烷酮（2.05%）、正二十一烷

2.01%）、十氢-4a-甲基-1-甲基萘烯（1.88%）、2,6,10,15,19,23-六甲基-2,6,10,14,18-二十四碳五烯（1.60%）、十六烷（1.57%）、4,5,6,7,8-六氢-1H-萘-2-酮（1.24%）等。周涛等（2017）用顶空固相微萃取法提取的湖北罗田产苍耳干燥成熟带总苞的果实精油的主要成分为：桉叶油醇（15.30%）、樟脑（9.60%）、冰片（6.89%）、1-十一碳炔（5.91%）、薄荷醇（3.55%）、(Z)-3,7-二甲基-1,3,6-十八烷三烯（3.16%）、2,3-二氢-2,2,6-三甲基苯甲醛（2.85%）、5-乙基-2-壬醇（1.95%）、1,7,7-三甲基降冰片烷[2.2.1]乙酸（1.95%）、松油醇（1.86%）、1-甲基-4-(1-甲基乙烯基)环己醇（1.70%）、反式-2-壬烯醛（1.46%）、2-甲基呋喃（1.32%）、黏蒿三烯（1.31%）、癸醛（1.26%）、1-石竹烯（1.26%）、4-甲基-1-(1-甲基乙基)-3-环己烯-1-醇（1.12%）、1,7,7-三甲基二环[2.2.1]庚烷-2,3-二酮（1.12%）、十四烷（1.03%）、崖柏酮（1.02%）等。

【利用】茎皮制成的纤维可作麻袋、麻绳。种子油是一种高级香料的原料，并可作油漆、油墨及肥皂硬化油等，还可代替桐油。种子悬浮液可防治蚜虫。种子可作猪的精饲料。根、茎、叶、花、果实均可入药，根用于疔疮、痈疽、缠喉风、丹毒、高血压症、痢疾；茎、叶有小毒，有祛风散热、解毒杀虫的功效，用于头风、头晕、湿痹拘挛、目赤目翳、疔疮毒肿、崩漏、麻风；外用治疥癣，虫咬伤等；花用于白癜顽癣、白痢；果实有毒，有散风湿、通鼻窍、止痛杀虫的功效，用于风寒头痛、鼻塞流涕、齿痛、风寒湿痹、四肢挛痛、疥癣、瘙痒。

🌸 蒙古苍耳
Xanthium mongolicum Kitag.

菊科　苍耳属
别名：东北苍耳
分布：黑龙江、辽宁、内蒙古、河北

【形态特征】一年生草本，高达1m以上。根纺锤状。茎有纵沟，被短糙伏毛。叶互生，宽卵状三角形或心形，长5～9cm，宽4～8cm，3～5浅裂，顶端钝或尖，基部心形，与叶柄连接处成相等的楔形，边缘有不规则的粗锯齿，叶面绿色，叶背苍白色，叶柄长4～9cm。具瘦果的总苞成熟时变坚硬，椭圆形，绿色或黄褐色，连喙长18～20mm，宽8～10mm，两端稍缩小成宽楔形，顶端具1或2个锥状的喙，喙直而粗，锐尖，外面具较疏的总苞刺，刺长2～5.5mm，直立，向上部渐狭，基部增粗，径约1mm，顶端具细倒钩，中部以下被柔毛，上端无毛。瘦果2个，倒卵形。花期7～8月，果期8～9月。

【生长习性】生于干旱山坡或砂质荒地。
【精油含量】水蒸气蒸馏果实的得油率为0.10%。

【芳香成分】张红侠等（2007）用水蒸气蒸馏法提取的果实精油的主要成分为：3-甲基丁酸（16.42%）、3-甲基-戊酸（15.88%）、苯乙醛（11.28%）、己酸（5.05%）、苯甲醇（2.36%）、苯乙醇（2.28%）、壬酸（1.59%）、苯甲醛（1.46%）、甲酸乙酯（1.44%）、1,2-二甲氧基-4-[2-丙烯]苯（1.22%）、1-乙氧基-丙烷（1.16%）、4-甲氧基-苯甲醛（1.11%）、十二酸（1.08%）、1-(2-羟基-4-甲酯基)-乙烯酮（1.01%）、乙酸（1.00%）等。

【利用】果实药用，有散风通窍、透疹止痒的功效，主治鼻渊、头痛、外感风寒、麻疹、风疹瘙痒、风寒头痛、鼻窦炎、风湿痹痛、皮肤湿疹、瘙痒。

🌸 意大利苍耳
Xanthium italicum Moretti

菊科　苍耳属
分布：原产于北美洲，入侵我国后蔓延到北京、广东、广西、河北、新疆、辽宁、山东等地

【形态特征】一年生草本植物；高20～150cm。茎有脊，粗糙具毛，有紫色斑点。叶单生，低位叶近对生，高位叶互生；三角状卵形到宽卵形，常3～5圆裂片；边缘锯齿状到浅裂；表

面有粗糙软毛。花小，绿色，头状花序单性同株；雄花聚成短的穗状或者总状花序，直径约5mm；多毛的雌花序生于雄花序下方叶腋中，生2花。雄花生于雌花枝的顶端。瘦果包于总苞，总苞椭圆形，棕色至棕褐色；内含有2枚卵状长圆形且扁的硬木质刺果；长1～2cm，卵球形，表面覆盖棘刺，内含2个长2.2mm的瘦果；果实表面密布独特的毛，具柄腺体及直立粗大的倒钩刺；顶端具有2条内弯的喙状粗刺，基部具有收缩的总苞柄。

【生长习性】耐阴性差。夜间温度高于35℃，能明显抑制花芽形成。可长期忍受盐碱及频繁的水涝环境。

【芳香成分】茎：邰凤姣等（2015）用水蒸气蒸馏法提取的意大利苍耳新鲜茎精油的主要成分为：柠檬烯（62.85%）、(-)-4-萜品醇（5.70%）、β-侧柏烯（4.96%）、δ-荜澄茄烯（2.59%）、γ-松油烯（2.47%）、乙酸龙脑酯（2.32%）、莰烯（1.75%）、月桂酸（1.51%）、α-松油烯（1.49%）、β-芹子烯（1.15%）、α-蒎烯（1.04%）等。

叶：邰凤姣等（2015）用水蒸气蒸馏法提取的意大利苍耳新鲜叶精油的主要成分为：柠檬烯（25.54%）、龙脑（12.13%）、乙酸龙脑酯（6.92%）、δ-荜澄茄烯（6.68%）、α-蒎烯（6.29%）、β-环柠檬醛（6.24%）、吉玛烯D（4.20%）、(-)-反式-松香芹醇（3.28%）、莰烯（2.53%）、β-荜澄茄烯（2.52%）、松香芹酮（2.45%）、β-侧柏烯（2.22%）、桃金娘烯醇（2.03%）、表双环倍

半水芹烯（1.78%）、桃金娘醛（1.02%）等。

果实：邰凤姣等（2015）用水蒸气蒸馏法提取的意大利苍耳新鲜果实精油的主要成分为：γ-榄香烯（23.38%）、吉玛烯B（16.28%）、柠檬烯（14.18%）、α-石竹烯（8.66%）、δ-荜澄茄烯（7.37%）、乙酸龙脑酯（2.77%）、(Z)-8-十二烯-1醇（2.34%）、吉玛烯D（2.31%）、环十三酮（1.87%）、石竹烯（1.65%）、龙脑（1.63%）、2-十三烷酮（1.22%）、表双环倍半水芹烯（1.10%）等。

【利用】是一种繁殖能力很强的入侵生物，与作物争夺生存空间，对玉米、棉花、大豆等作物产生危害。幼苗对猪有毒。

🌸 白术

Atractylodes macrocephala Koidz.

菊科　苍耳属

别名： 于术、术、浙术、冬术、山蓟、山精、冬白术

分布： 浙江、江苏、江西、河南、安徽、四川、湖南、湖北、陕西、福建等地

【形态特征】多年生草本，高20～60cm，根状茎结节状。茎中部叶通常3～5羽状全裂，侧裂片1～2对，倒披针形、椭圆形或长椭圆形，长4.5～7cm，宽1.5～2cm；顶裂片倒长卵形、长椭圆形或椭圆形；中部叶向上向下渐小，花序下部的叶不裂，椭圆形或长椭圆形；或大部叶不裂，但总杂有3～5羽状全裂的叶。全部叶质地薄，纸质，边缘或裂片边缘有针刺状缘毛或细刺齿。6～10个头状花序单生茎枝顶端。苞叶针刺状羽状全裂。总苞大，宽钟状。总苞片9～10层，覆瓦状排列；外层及中外层长卵形或三角形；中层披针形或椭圆状披针形；最内层宽线形，顶端紫红色。苞片边缘有白色蛛丝毛。小花1.7cm，紫红色，冠檐5深裂。瘦果倒圆锥状，长7.5mm，被长直毛。冠毛刚毛羽毛状，污白色，基部环状。花果期8～10月。

【生长习性】野生于山坡草地及山坡林下。喜凉爽稍干燥气候，较耐寒，怕高温高湿，也怕旱、忌涝。对土壤要求不严，以排水良好、肥沃疏松、土层深厚的砂质壤土为好。幼苗能耐短期霜冻。忌连作。

【精油含量】水蒸气蒸馏根茎的得油率为0.16%～1.60%，干燥根茎的木质部的得油率为2.33%，韧皮部的得油率为3.66%；超临界萃取根茎的得油率为1.28%～5.93%；有机溶剂

茎取根茎的得油率为0.61%～3.00%；超声波溶剂法提取根茎的得油率为1.60%；微波萃取根茎的得油率为1.40%～2.95%。

【芳香成分】根茎：不同研究者用水蒸气蒸馏法提取的不同产地白术根茎精油成分不同。周日宝等（2008）分析的湖南平江产白术根茎精油的主要成分为：苍术酮（61.49%）、4-重氮乙酰基-三环[3.3.1.1³·⁷]癸烷基-2,6-二酮（5.73%）、苍术醇（4.90%）、1-甲氧基-2-(1-甲基-2-亚甲基环戊基)-苯（4.67%）、β-人参烯（3.80%）、大根叶香烯（3.17%）、1,3-二(3-苯氧基苯氧基)苯（2.15%）、4,4a,5,6,7,8-六氢化-4a,5-二甲基-3-(1-甲基亚乙基)-2(3H)-萘（1.84%）、2,6-二(1,1-二甲基乙基)-2,5-环己二烯-1,4-二酮（1.59%）等。郑建珍等（2010）分析的浙江产白术根茎精油的主要成分为：β-桉油醇（40.61%）、苍术酮（19.48%）、茅苍术醇（8.86%）、甘香烯（5.94%）、杜松烯（4.09%）、石竹烯（2.69%）、长叶烯（1.64%）、α-桉叶醇（1.29%）、4a,5-二甲基-3-(1-甲基乙烯基)-4,4a,5,6,7,8-六氢-2(3H)-萘酮（1.11%）等。佘金明等（2013）分析的干燥根茎精油的主要成分为：1,2,3,4-四氢-1-丁基异喹啉（63.21%）、大根香叶烯D（7.42%）、6-异丙烯基-4,8a-二甲基-4a,5,6,7,8,8a-六氢-1H-萘-2-酮（4.66%）、α-依兰油烯（4.43%）、桉叶油醇（3.60%）、石竹烯（1.56%）、棕榈酸（1.15%）、亚油酸（1.00%）等。郑晓媚等（2015）分析的安徽产白术干燥根茎精油的主要成分为：3,5-二羟-4'-甲氧基二苯（36.82%）、香叶烯B（6.48%）、N1-(2,5-二苯甲基)-N2-异丁基草酰胺（4.60%）、β-芹子烯（4.42%）、5,8-二羟基-2,3,7-三甲基-1,4-萘二酮（4.24%）、丁烯酸内酯A（3.99%）、马兜铃酮（2.13%）、11-二甲基-4-乙基三环己基膦四氟硼酸盐[6.3.1.0⁶·¹¹]不分解-6(7)-酸盐（1.79%）、5-(1,1-二乙基)-2,3-过氧基-1,1-二甲基-1-氢化-茚（1.53%）、γ-榄香烯（1.40%）、2-甲基-3-[4-t-丁基]苯基丙酸（1.40%）、1,2,9,10-去四氢马兜铃烷（1.37%）、2,2,5-三甲基-2'(氢)-5',5'-过氧基吡喃酮酮[3',4'-g]茚满-1-酮（1.21%）、反式石竹烯（1.18%）等。韩邦兴等（2015）分析的安徽岳西产白术干燥根茎精油的主要成分为：苍术醇（39.41%）、苍术酮（27.58%）、1,2,3,4,5,6,7,8-八氢-1,4-二甲基-7-(1-甲基乙缩醛)-(1S-顺)-甘菊环烃（12.51%）、1,2,3,4α,5,6,8α-八氢-4α,8-二甲基-2-(1-甲基亚乙基)萘（1.89%）、长叶烯-12（1.74%）、β-古芸香烯（1.50%）、乙酰氧基苍术酮（1.33%）、十氢-4α-甲基-1-亚甲基-7-(1-甲基

亚乙基)（1.29%）、5-异丙烯基-3,8-二甲基-1,2,4,5,6,7,8,8a-八氢薁（1.01%）等。杨丽芳等（2015）分析的干燥根茎精油的主要成分为：反式-6-乙烯基-4,5,6,7-四氢-3,6-二甲基-5-异丙烯基-苯并呋喃（37.75%）、γ-榄香烯（7.07%）、8,9-脱氢-摆线异长叶烯（5.25%）、4,11-二烯桉（3.26%）、十六氢芘（2.50%）、(Z,Z)-9,12-十八碳二烯酸（2.31%）、棕榈酸（1.99%）、正十六烷酸（1.99%）、脱氢香橙烯（1.68%）、1,2,3,6,7,8,8a,8b-八氢-4,5-二甲基联苯（1.62%）、石竹烯（1.15%）、1-甲基-4-(1-甲基乙基)-1,4-环己二烯（1.09%）等。

花：冉晓燕等（2017）用水蒸气蒸馏法提取的贵州贵阳产白术阴干花精油的主要成分为：(Z,Z)-9,12-十八碳二烯酸（18.57%）、β-蛇床烯（9.73%）、瓦伦烯（9.57%）、苍术酮（9.37%）、白术内酯Ⅰ（6.40%）、1-甲氧基-2-(1-甲基-2-亚甲基环戊基)苯（3.92%）、沉香螺萜醇（3.40%）、(E,E)-3,7,11-三甲基-2,6,10-十二碳三烯-1-醇乙酸酯（2.46%）、4-豆甾烯-3-酮（2.46%）、7-丁基二十四碳烷（2.15%）、8,9-去氢异长叶烯（2.11%）、6,7-二氢花椒毒素（2.02%）、硬脂酰丙酮（1.98%）、亚麻酸甲酯（1.65%）、月桂酸丁酯（1.49%）、杜松脑（1.38%）、1,4,5-三甲基-9-亚甲基二环[3.3.1]-2-壬酮（1.37%）、4-甲氧基-3-甲基苯并呋喃-6-开环（1.36%）、(-)-石竹烯氧化物（1.02%）等；用微波辅助水蒸气蒸馏法提取的阴干花精油的主要成分为：α-桉叶油醇（37.07%）、4-豆甾烯-3-酮（16.09%）、藿烷（8.67%）、邻苯二甲酸异辛酯（8.44%）、(Z,Z)-9,12-十八碳二烯酸（8.43%）、瓦伦烯（7.93%）、大根香叶烯（4.90%）、β-蛇床烯（2.64%）、8,9-去氢异长叶烯（1.91%）、7-丁基二十四碳烷（1.14%）等；用顶空固相微萃取法提取的阴干花精油的主要成分为：蓬莪术环二烯（17.28%）、瓦伦烯（12.22%）、苍术酮（8.50%）、白术内酯Ⅰ（8.23%）、6,10,14-三甲基-2-十五烷酮（7.86%）、β-蛇床烯（5.39%）、8,9-去氢异长叶烯（3.96%）、杜松脑（2.20%）、亚麻酸甲酯（2.01%）、1-甲氧基-2-(1-甲基-2-亚甲基环戊基)苯（2.00%）、6,7-二氢花椒毒素（1.94%）、(E)-茴香烯酸（1.48%）、3,7-(11)-塞林拉二烯（1.34%）、硬脂酰丙酮（1.32%）、1,4,5-三甲基-9-亚甲基二环[3.3.1]-2-壬酮（1.11%）等。

【利用】是一种重要的常用大宗中药材，根状茎具补脾健胃、燥湿利水、止汗安胎等功能，用于脾虚食少、消化不良、泄泻、水肿、自汗、胎动不安。是40多种中成药制剂的重要原料。苗可祛水，止自汗。根茎可提取精油，对治疗肝硬化腹水、

原发性肝癌、美尼尔氏综合症、慢性腰痛、急性肠炎及白细胞减少症等有一定疗效。

❀ 苍术

Atractylodes lancea (Thunb.) DC.

菊科　苍耳属

别名： 山苍术、枪头菜、山刺菜、北苍术、术、赤术、茅苍术、山蓟、南苍术、茅术、茅山苍术

分布： 黑龙江、吉林、辽宁、内蒙古、河北、山西、甘肃、河南、陕西、江苏、浙江、江西、山东、安徽、湖北、湖南、四川等地

【形态特征】多年生草本。茎高15～100 cm。中下部茎叶长8～12 cm，宽5～8 cm，3～9羽状深裂或半裂，基部楔形或宽楔形，扩大半抱茎，或渐狭成叶柄；有时不分裂；上部茎叶不分裂，倒长卵形或长椭圆形，有时基部刺齿或刺齿状浅裂。或全部茎叶不裂，倒卵形或长倒披针形，长2.2～9.5 cm，宽1.5～6 cm，硬纸质，边缘有针刺状缘毛或三角形刺齿。头状花序单生茎枝顶端。总苞钟状。苞叶针刺状的羽状全裂或深裂。总苞片5～7层，覆瓦状排列，外层卵形至卵状披针形；中层长卵形至长椭圆形；内层线状长椭圆形或线形。苞片边缘有稀疏蛛丝毛，中内层或内层苞片上部有时变红紫色。小花白色，长9 mm。瘦果倒圆锥状，被白色长直毛。冠毛刚毛褐色或污白色，羽毛状，基部连合成环。花果期6～10月。

【生长习性】野生于山坡草地、林下、灌丛及岩缝中。喜温和、湿润气候，耐寒力强，忌强光和高温。宜向阳荒山或荒地地，土壤以疏松、肥沃、排水良好的腐殖土或砂壤土为好，不可选低洼、排水不良的地块。

【精油含量】水蒸气蒸馏根茎的得油率为0.10%～10.14%；根的得油率为0.47%～6.51%；全草的得油率为0.47%～0.49%；超临界萃取根茎的得油率为4.50%～13.80%；有机溶剂萃取根茎的得油率为1.96%～8.94%；微波萃取根茎的得油率为4.26%～4.42%；超声波萃取根茎的得油率为7.52%。

【芳香成分】根茎：不同研究者用水蒸气蒸馏法提取的不同产地苍术根茎精油的成分不同。韩邦兴等（2015）分析的江苏南京产苍术干燥根茎精油的主要成分为：苍术酮（38.26%）苍术醇（27.05%）、反式-3-乙烯基-3-甲基-2-(1-甲基乙烯基)-6-(1-甲基乙缩醛)-环己酮（8.79%）、1,2,3,4,5,6,7,8-八氢-1,4-二甲基-7-(1-甲基乙缩醛)-(1S-顺)-甘菊环烃（4.47%）、2-羟基苊（3.56%）、1,2,3,4α,5,6,8α-八氢-4α,8-二甲基-2-(1-甲基亚乙基)萘（1.70%）、5-异丙烯基-3,8-二甲基-1,2,4,5,6,7,8,8a-八氢薁（1.51%）、1-(5,5-二甲基-1-环戊烯-1-基)-2-甲氧基苯（1.51%）、(+)-3,8-二甲基乙烯基-5-(1-甲基乙烯基)-1,2,3,4,5,6,7,8-八氢甘菊环烃-6-酮（1.50%）、6S-2,3,8,8-四甲基三环[5.2.2^{1,6}]-十一-2-烯（1.29%）、绿叶烯（1.24%）等；安徽潜山产苍术干燥根茎精油的主要成分为：苍术醇（50.81%）、苍术酮（29.55%）、反式-3-乙烯基-3-甲基-2-(1-甲基乙烯基)-6-(1-甲基乙缩醛)-环己酮（2.07%）、β-古芸香烯（1.65%）、2-羟基苊（1.54%）、1-(5,5-二甲基-1-环戊烯-1-基)-2-甲氧基苯（1.36%）、6S-2,3,8,8-四甲基三环[5.2.2^{1,6}]-十一碳-2-烯（1.14%）、5-异丙烯基-3,8-二甲基-1,2,4,5,6,7,8,8a-八氢薁（1.08%）、绿叶烯（1.05%）、八氢-4α-甲基-1-亚甲基-7-(1-甲基亚乙基)（1.01%）等。高岩（2017）分析的安徽亳州产苍术干燥根茎精油的主要成分为：β-叶油醇（45.60%）、苍术酮（14.03%）、茅苍术醇（7.89%）、普沙林（3.35%）、5,7,8-三甲基-2-苯并二氢吡喃酮（2.50%）、烯苯酚（2.43%）、桉叶-5,11(13)-二烯-8,12-内酯（2.15%）、马榄烯（1.99%）、β-榄香烯（1.85%）、巴西菊内酯（1.49%）、4'-乙基苯丙酮（1.42%）、薄荷呋喃（1.30%）、芹子烯（1.26%）等。张桂芝等（2012）分析的干燥根茎精油的主要成分为：α-水芹烯（19.32%）、β-桉叶油醇（10.63%）、辣薄荷酮（8.17%）、β-侧柏烯（7.99%）、苍术素（7.62%）、对聚伞花素（7.16%）、

安油精（6.90%）、α-蒎烯（4.05%）、α-松油醇乙酸酯（3.54%）、芳樟醇（3.05%）、4-萜品醇（3.04%）、榄香醇（2.45%）、α-萜品醇（1.61%）、4-侧柏烯（1.28%）、(-)-β-蒎烯（1.13%）等。

王坤等（2014）分析的湖北京山产苍术干燥根茎精油的主要成分为：对苯基苯甲醛（26.43%）、呋喃二烯（25.81%）、β-瑟林烯（8.25%）、茅术醇（2.89%）、α-红没药醇（2.44%）、β-桉油醇（1.88%）、大根香叶烯B（1.62%）、朱栾倍半萜（1.58%）、α-水芹烯（1.57%）、α-蒎烯（1.46%）、α-倍半水芹烯（1.44%）、α-愈创木烯（1.33%）、γ-芹子烯（1.08%）等。

　　幼苗：周洁等（2008）用水蒸气蒸馏法提取的北京产苍术幼苗精油的主要成分为：茅术醇（45.13%）、β-桉油醇（35.58%）、沉香螺萜醇（3.75%）、4-乙基-α,α,4-三甲基-3-(1-甲基乙烯基)-环己基甲醇（3.45%）、5-(1,5-二甲基-4-己烯基)-2-甲基-1,3-环己二烯（2.09%）、丁香烯（1.27%）、甜核树醇（1.03%）等。

　　【利用】根状茎入药，有燥湿健脾、祛风散寒、明目、辟秽的功效，用于脘腹胀痛、泄泻、水肿、风湿痹痛、脚气痿躄、风寒感冒、雀目夜盲。根茎精油可用于配制食品香精、化妆品香精、日化香精，亦可作定香剂；有解痉、抗炎、镇痛、镇静、抗病毒、抗缺氧等功效。嫩苗或嫩茎叶可食。

朝鲜苍术
Atractylodes coreana (Nakai) Kitam.

菊科　苍耳属
分布：辽宁、山东

　　【形态特征】多年生草本。茎高25～50 cm。中下部茎叶椭圆或长椭圆形，长6～10 cm，宽2～4 cm，或披针形或卵状披针形，长3.5～4.5 cm，宽约2 cm，基部圆形，半抱茎或贴茎；上部的叶与中下部茎叶同形，但较小。全部叶质地薄，纸质或厚纸质，顶端短渐尖或近急尖，边缘针刺状缘毛或三角形的细密刺齿或稀疏的三角形长针齿。苞叶绿色，刺齿状羽状深裂。头状花序单生茎端。总苞钟状或楔钟状。总苞片6～7层，外层及最外层卵形；中层椭圆形；最内层长倒披针形。最内层苞片顶端常红紫色。小花白色，长约8 mm。瘦果倒卵圆形，长约4 mm，被长直毛。冠毛刚毛褐色，羽毛状，基部结合成环。花果期7～9月。

　　【生长习性】生于山坡灌丛中、林下灌丛中或干燥山坡，海拔200～700 m。

　　【芳香成分】姚慧娟等（2013）用水蒸气蒸馏法提取的吉林长白山产朝鲜苍术干燥根茎精油的主要成分为：苍术酮（31.18%）、3-羟基-6β-环丙烷-5β-胆甾烷（12.31%）、5α-螺甾烷（11.22%）、巴伦西亚橘烯（7.06%）、γ-榄香烯（4.25%）、菜油甾醇（2.11%）、石竹烯（1.44%）、β-桉叶烯（1.44%）、9,10-脱水-异长叶烯（1.21%）等。

　　【利用】根茎在东北民间作苍术药用，有健脾胃去风湿的功效，治疗胃溃疡、慢性胃炎及消化系统疾病。

关苍术
Atractylodes japonica Koidz. ex Kitam.

菊科　苍耳属
别名：东苍术、和苍术、关东苍术、抢头菜
分布：黑龙江、吉林、辽宁

【形态特征】多年生草本，高40～80 cm。中下部茎叶3～5羽状全裂，或兼杂有不分裂的，侧裂片1～2对，椭圆形、倒卵形、长倒卵形或倒披针形，长3～7 cm，宽2～4 cm，顶端急尖或短渐尖或圆形；顶裂片椭圆形、长椭圆形或倒卵形，长4～9 cm，宽2～6 cm。全部叶质地薄，纸质，边缘针刺状缘毛或刺齿。苞叶长1.5～3 cm，针刺状、羽状全裂。总苞钟状，直径1～1.5 cm。总苞片7～8层；外层三角状卵形或椭圆形；中层椭圆形；内层长椭圆形。全部苞片顶端钝，边缘有蛛丝状毛，内层苞片顶端染紫红色。小花长1.2 cm，黄色或白色。瘦果倒卵形，长5 mm，被长直毛。冠毛刚毛褐色，羽毛状，基部连合成环。花果期8～10月。

【生长习性】野生于林缘及林下，海拔200～800 m。

【精油含量】水蒸气蒸馏干燥根茎的得油率为0.82%～1.67%；超临界萃取干燥根茎的得油率为5.67%。

【芳香成分】张宏桂等（1994）用水蒸气蒸馏法提取的吉林安图产关苍术自然风干根茎精油的主要成分为：1,1,7-三甲基-4-亚甲基-1H-环丙[e]十氢薁（10.29%）、4a-甲基-1-亚甲-7-(1-甲基乙烯基)十氢萘（7.99%）、4-(2,6,6-三甲基-2-环己烯-1-叉)-2-丁酮（4.83%）、1-乙烯基-1-甲基-2,4-二（1-甲基乙烯基环己烷（4.63%）、1a,2,3,5,6,7,7a,7b-八氢-1,6,7,7a-四甲基-1H-环丙[a]萘（3.49%）、1a,2,3,4,4a,5,6,7b-八氢-1,1,4,7-四甲基-1H-环丙[e]薁（3.49%）、1a,2,3,3a,4,5,6,7b-八氢-1,1,3a,7-四甲基-1H-环丙[a]萘（2.15%）、3,7,7-三甲基-11-亚甲-(-)-螺[5,5]十一碳-2-烯（1.96%）、2,3-二氢-7-羟-3-甲基-1H-茚-1-酮（1.90%）、2,5-二甲基-3-亚甲-1,5-庚二烯（1.08%）等。刘爽等（2012）用气流吹扫微注射器萃取法提取的块根精油的主要成分为：苍术酮（19.96%）、6-异丙烯基-4,8a-二甲基-4a,5,6,7,8,8a-六氢-1H-萘亚甲基-2-酮（14.72%）、白术内酯Ⅰ（7.52%）、5,8,11,14-花生四烯酸（7.14%）、2-糠醛（5.75%）、朱栾倍半萜（4.40%）、5-甲基糠醛（2.75%）、β-桉叶烯（2.73%）、γ-榄香烯（2.59%）、茅苍术醇（2.29%）、8,9-脱氢-环异长叶烯（2.11%）、2-(3,7-二甲基-八,辛-2,6-二烯基)-4-对甲氧酚-苯酚（2.08%）、5-乙酰氧甲基-2-糠醛（1.95%）、糠醇（1.94%）、榄香醇（1.83%）、5-羟甲基糠醛（1.81%）、喇叭烯氧化物（1.67%）、匙叶桉油烯醇（1.35%）、5-乙基-2-糠醛（1.27%）、绒白乳菇醛（1.19%）等。

【利用】根茎入药，有健脾、祛湿、解郁、辟秽的功效，治

胃肠病、风湿症、浮肿、食欲不振、胎动不安。根茎精油可制成硬脂，用于配制香精，亦可作定香剂。

❀ 多裂翅果菊
Pterocypsela laciniata (Houtt.) Shih

菊科　翅果菊属	
别名：	多裂山莴苣
分布：	北京、黑龙江、吉林、河北、陕西、山东、安徽、浙江、江西、福建、河南、湖南、广东、四川、云南

【形态特征】多年生草本。茎高0.6～2 m。中下部茎叶倒披针形、椭圆形或长椭圆形，二回羽状深裂，长达30 cm，宽达17 cm，基部宽大，顶裂片狭线形，一回侧裂片5对或更多，向下的侧裂片渐小，二回侧裂片线形或三角形，长短不等，极少一回羽状深裂；向上的茎叶渐小，与中下部茎叶同形并等样分裂或不裂而为线形。头状花序多数，在茎枝顶端排成圆锥花序。总苞果期卵球形；总苞片4～5层，外层卵形、宽卵形或卵状椭圆形，中内层长披针形，边缘染红紫色。舌状小花21枚，黄色。瘦果椭圆形，压扁，棕黑色，长5 mm，宽2 mm，边缘有宽翅，顶端急尖成粗喙。冠毛2层，白色，几为单毛状。花果期7～10月。

【生长习性】生于山谷、山坡林缘、灌丛、草地及荒地，海拔300～2000 m。

【精油含量】水蒸气蒸馏新鲜根的得油率为0.03%。

【芳香成分】董丽等（2004）用水蒸气蒸馏法提取的河南栾柏产多裂翅果菊新鲜根精油的主要成分为：二苯胺（8.74%）、斯巴醇（6.17%）、二十烷（5.43%）、4-甲基-2-苯并噻唑胺（5.05%）、氧化石竹烯（4.67%）、1,13-十四烷二烯（3.93%）、正十六酸（3.53%）、正十六烷（3.26%）、正十八烷（2.95%）、十七碳烷（2.92%）、2,4-双（1,1-二甲基乙基)苯酚（2.55%）、十九（碳）烷（2.46%）、二氢-新丁香三环烯（2.45%）、6,10,14-三甲基-2-十五烷酮（2.35%）、1-十三烯（2.24%）、α-萜品醇（1.91%）、7,8-环氧-α-紫罗兰酮（1.83%）、2,3,4,4a,5,6,7,8-八氢-1,1,4a,7-四甲基-1H-苯并环庚烯-7-醇（1.74%）、十五烷（1.38%）、十氢-4,8-三甲基-9-亚甲基-1,4-甲醇薁（1.32%）、龙脑（1.24%）、三十六烷（1.23%）、正二十一碳烷（1.23%）、

-十七碳烯（1.22%）、2,6,10,14-四甲基-十六烷（1.08%）、
,6,7,7a-四氢-4,4,7-三甲基-2(4H)-苯并呋喃酮（1.06%）等。

冠毛黄褐色，多层，等长；冠毛刚毛短羽毛状或糙毛状。花果期7～10月。

【利用】全草可作猪、羊、兔及家禽的青饲料。嫩茎叶可食。全草入药，有清热解毒、活血、止血的功能，主治疔疮、
咽喉肿痛、肠痈、疮疖肿毒、子宫颈炎，产后瘀血腹痛、崩漏、痔疮出血。

【生长习性】生于高山草地及灌丛中，海拔3700～3800 m。
【精油含量】水蒸气蒸馏根的得油率为0.40%～2.60%。
【芳香成分】胡慧玲等（2010）用水蒸气蒸馏法提取的川木香干燥根精油的主要成分为：去氢木香内酯（26.60%）、愈创木-1(10)-烯-11-醇（9.52%）、莎草烯（6.41%）、石竹烯氧化物（5.75%）、α-桉醇（4.34%）、木香烃内酯（3.72%）、γ-榄香烯（3.11%）、1H-邻二氮杂茂（2.87%）、榄香醇（2.42%）、菖蒲二烯（2.17%）、雅榄蓝（树）油烯（2.04%）、α-蛇麻烯（1.75%）、γ-广藿香烯（1.69%）、姜黄烯（1.55%）、β-榄香烯（1.43%）、β-广藿香烯（1.15%）、环桉叶醇（1.10%）等。

【利用】根入药，有行气止痛、和胃止泻的功效，用于腹胀肠鸣、食欲不振、腹痛、痢疾里急后重。

🌸 川木香
Dolomiaea souliei (Franch.) Shih

菊科　川木香属

别名：木香

分布：四川、西藏

【形态特征】多年生莲座状草本。叶基生，莲座状，椭圆形、长椭圆形、披针形或倒披针形，长10～30 cm，宽～13 cm，质地厚，羽状半裂，两面被稀疏的糙伏毛及黄色小绿点；侧裂片4～6对，斜三角形或宽披针形，顶裂片较小，裂片边缘刺齿或齿裂有短针刺。或叶不裂，边缘锯齿或刺尖或犬齿状浅裂。头状花序6～8个集生于莲座状叶丛中。总苞宽钟状。总苞片6层，外层卵形或卵状椭圆形；中层偏斜椭圆形或披针形；内层长披针形。苞片质地坚硬，先端成针刺状，有缘毛。小花红色，花冠5裂。瘦果圆柱状，稍扁，顶端有果缘。

🌸 褐毛垂头菊
Cremanthodium brunneopiloesum S. W. Liu

菊科　垂头菊属

分布：青海、四川、甘肃、西藏

【形态特征】多年生草本，全株灰绿色或蓝绿色。茎高达1 m，基部被枯叶柄包围。丛生叶多达7枚，具宽鞘，长椭圆形至披针形，长6～40 cm，宽2～8 cm，先端急尖，全缘或有骨

质小齿，基部楔形，下延成柄；茎中上部叶4～5，向上渐小，狭椭圆形，基部具鞘；最上部茎生叶苞叶状，披针形。头状花序辐射状，1～13，常排列成总状花序，偶有单生；总苞半球形，被稠密长柔毛，小苞片披针形至线形，草质，总苞片10～16，2层，披针形或长圆形，内层具褐色膜质边缘。舌状花黄色，舌片线状披针形，先端长渐尖或尾状，膜质近透明；管状花多数，褐黄色，冠毛白色。瘦果圆柱形，长约6 mm。花果期6～9月。

【生长习性】生于海拔3000～4300 m的高山沼泽草甸、河滩草甸、水边。

【精油含量】水蒸气蒸馏干燥花的得油率为0.05%。

【芳香成分】何芝洲等（2008）用水蒸气蒸馏法提取的干燥花精油的主要成分为：正二十五烷（11.56%）、正十二烷（4.28%）、植酮（3.88%）、正二十七烷（3.60%）、芳樟醇（3.37%）、α-石竹烯（3.28%）、正二十九烷（2.69%）、正十五烷（2.17%）、丁香油酚（2.07%）、正二十三烷（2.05%）、正十三烷（1.83%）、4-苯氧基安息香酸（1.40%）、橙花叔醇（1.36%）、正十八烷（1.18%）、正二十烷（1.17%）、正二十四烷（1.15%）、正十七烷（1.14%）、正十九烷（1.06%）、正十一烷（1.04%）、异丁香油酚（1.00%）、α-鸢尾酮（1.00%）等。

【利用】花、叶、根以及全草均可入药，具有清热解毒、杀虫等功效。

盘花垂头菊
Cremanthodium discoideum Maxim.

菊科　垂头菊属
分布: 西藏、四川、甘肃、青海

【形态特征】多年生草本。根肉质，多数。茎高15～30 cm上部被白色和紫褐色有节长柔毛。丛生叶和茎基部叶具柄，基部鞘状，叶片卵状长圆形或卵状披针形，长1.5～4 cm，宽0.7～1.5 cm，先端钝，全缘，稀有小齿，基部圆形，两面光滑，叶面深绿色，叶背灰绿色；茎生叶少，披针形，半抱茎，上部叶线形。头状花序单生，下垂，盘状，总苞半球形，长8～10 mm，宽1.5～2.5 cm，被稠密的黑褐色有节长柔毛，总苞片8～10，2层，线状披针形，宽1～3 mm，先端渐尖或急尖。小花多数，紫黑色，全部管状，长7～8 mm，管部长2～3 mm，冠毛白色，与花冠等长或略长。瘦果圆柱形，光滑，长2～4 mm。花果期6～8月。

【生长习性】生于海拔3000～5400 m的林中、草坡、高山流石滩、沼泽地。

【芳香成分】武全香等（2003）用水蒸气蒸馏法提取的青海产盘花垂头菊干燥全草精油的主要成分为：2,3-二氢-1,2二甲基茚烯（5.82%）、石竹烯（2.72%）、邻苯二甲酸乙酯（2.72%）、1,1,4,8-四甲基-4,7,10-环十一碳三烯（2.55%）、1-氮-苯基萘（1.38%）、1,1,2-三苯基乙烷（1.19%）、2,4a,5,6,7,8,9,9a-八氢-3,5,5-三甲基-9-甲烯基苯并环庚烯（1.09%）等。

【利用】全草药用，有息风止痉的功效，用于肝风内动、惊痫抽搐等症。

毛大丁草

Gerbera piloselloides (Linn.) Cass.

菊科　大丁草属

别名：白藏、白眉、白头翁、毛丁白头翁

分布：西藏、云南、四川、贵州、广西、广东、湖南、湖北、江西、江苏、浙江、福建

【形态特征】多年生被毛草本。根状茎为残存的叶柄所围裹。叶基生，莲座状，干时叶面变黑色，纸质，倒卵形或长圆形，长6～16 cm，宽2.5～5.5 cm，顶端圆，基部渐狭或钝，全缘，边缘有睫毛。花莛单生或丛生，长15～45 cm，顶端棒状增粗。头状花序单生于花莛之顶；总苞盘状；总苞片2层，线形或线状披针形，外层的短而狭，背面被锈色绒毛；花托蜂窝状，外层花冠舌状，舌片上面白色，背面微红色，倒披针形或匙状长圆形。中央两性花多数。瘦果纺锤形，具6纵棱，被白色细刚毛，长4.5～6.5 mm，顶端具长喙。冠毛橙红色或淡褐色，微粗糙，宿存，长约11 mm，基部联合成环。花期2～5月及8～12月。

【生长习性】生于林缘、草丛中或旷野荒地上。喜阳光充足，排水良好的环境，一般土壤均可栽培。

【精油含量】水蒸气蒸馏根的得油率为0.15%，茎的得油率为0.20%，叶的得油率为0.10%；有机溶剂萃取根的得油率为0.05%。

【芳香成分】根：唐小江等（2003）用水蒸气蒸馏法提取的广东罗霄山产毛大丁草根精油的主要成分为：四甲基环戊烷[c]环戊烯（37.45%）、氧化石竹烯（6.78%）、β-石竹烯（6.11%）、1,2,3,4-四氢-2,6-二甲基-7-辛基-萘（5.68%）、4a-羟基-12-甲氧基-18-正罗汉（2.93%）等。

茎：唐小江等（2003）用水蒸气蒸馏法提取的广东罗霄山产毛大丁草茎精油的主要成分为：十六酸（19.89%）、四甲基环戊烷[c]环戊烯（15.09%）、亚油酸（10.79%）、十六酸-三甲基硅酯（6.94%）、氧化石竹烯（4.14%）等。

叶：唐小江等（2003）用水蒸气蒸馏法提取的广东罗霄山产毛大丁草叶精油的主要成分为：十六酸（19.52%）、亚油酸（12.13%）、十六酸-三甲基硅酯（8.84%）、9,12-十八碳烯酸（3.10%）、氧化石竹烯（1.54%）等。

全草：赵丽等（2007）用水蒸气蒸馏法提取的云南新平产毛大丁草干燥全草精油的主要成分为：戊酸香叶酯（21.99%）、香附子烯（11.27%）、环苜蓿烯（6.10%）、α-古芸烯（2.56%）、α-胡椒烯（1.69%）、α-人参烯（1.42%）、7-表-α-芹子烯（1.04%）、δ-杜松烯（1.01%）等。

【利用】全草药用，有宣肺、止咳、发汗、利水、行气、活血等功效，治伤风咳嗽、久热不退、产后虚烦、急性结膜炎、哮喘、水肿、胀满、小便不通、小儿食积、妇人经闭、跌打损伤、痈疽、疔疮、流注。根状茎可炖肉食。

顶羽菊

Acroptilon repens (Linn.) DC.

菊科　顶羽菊属

别名：苦蒿

分布：山西、河北、内蒙古、陕西、甘肃、青海、新疆

【形态特征】多年生草本，高25～70 cm。茎被蛛丝毛，叶密。叶稍坚硬，长椭圆形或匙形或线形，长2.5～5 cm，宽0.6～1.2 cm，顶端钝或圆形或急尖有小尖头，全缘或羽状半裂，侧裂片三角形或斜三角形，两面灰绿色。多数头状花序在茎枝顶端排成伞房花序或伞房圆锥花序。总苞卵形或椭圆状卵形。总苞片约8层，覆瓦状排列，向内层渐长，外层与中层卵形或

宽倒卵形，上部有附属物；内层披针形或线状披针形，附属物小。附属物白色，被稠密的长直毛。小花两性，管状，花冠粉红色或淡紫色，长1.4cm。瘦果倒长卵形，长3.5～4mm，宽约2.5mm，淡白色。冠毛白色，多层，短羽毛状。花果期5～9月。

【生长习性】生于水旁、沟边、盐碱地、田边、荒地、沙地、干山坡及石质山坡，海拔90～2400m。

【精油含量】水蒸气蒸馏新鲜全草的得油率为0.15%。

【芳香成分】刘清理等（1991）用水蒸气蒸馏法提取的新鲜全草精油的主要成分为：4-甲基-2,6-二叔丁基苯酚（11.89%）、α-萘酚（1.89%）、β-萘酚（1.62%）、苯酚（1.60%）、苯基乙烯基酮（1.20%）等。

【利用】全草药用，有清热解毒、活血消肿的功效，用于疮疡痈疽、无名肿毒、关节肿痛。

❀ 短葶飞蓬

Erigeron breviscapus (Vant.) Hand.-Mazz

菊科　飞蓬属

别名： 灯盏细辛、灯盏花、地顶草、地朝阳、细药、牙陷药、踏地莲花菜、野菠菜

分布： 湖南、广西、贵州、四川、云南、西藏等地

【形态特征】多年生草本。茎高5～50cm，基部叶密集，莲座状，倒卵状披针形或宽匙形，长1.5～11cm，宽0.5～2.5cm，全缘，顶端钝或圆形，具小尖头，基部渐狭或急狭成具翅的柄，两面和边缘被短硬毛和腺毛；茎叶2～4个，狭长圆状披针形或狭披针形，长1～4cm，宽0.5～1cm，顶端钝或稍尖，基部半抱茎，上部叶渐小，线形。头状花序单生于茎枝的顶端，总苞半球形，总苞片3层，线状披针形，绿色或上顶紫红色，外层较短，背面被短硬毛，杂有短贴毛和腺毛，内层具狭膜质边缘。外围雌花舌状，3层，蓝色或粉紫色，上部被疏短毛，顶端全缘；中央的两性花管状，黄色，檐部窄漏斗形，中部被疏微毛。瘦果狭长圆形，长1.5mm，扁压，被密短毛；冠毛淡褐色，2层，刚毛状。花期3～10月。

【生长习性】常见于海拔1200～3500m的中山和亚高山开旷山坡，草地或林缘。对环境的适应性较广，抗逆性较强。年平均温度16～20℃，年均相对湿度在60%左右，年降雨量600～1200mm的地区生长最为合适。对日照条件要求较高，日照时数越长越好。

【精油含量】水蒸气蒸馏干燥地上部分的得油率为0.24%～0.46%。

【芳香成分】赵勇等（2004）用水蒸气蒸馏法提取的干燥地上部分精油的主要成分为：4-(对-甲氧基苯基)-3-丁烯-2-酮（11.22%）、对-甲氧基-B-环丙基苏合香烯（9.86%）、十六碳酸（2.93%）、氧化石竹烯（2.19%）、2,3,8,8-四甲基三环[5,2,2,0^{1,6}]十一碳-2-烯（1.70%）、1,3,5,7-环辛四烯-1-甲酮（1.70%）、二十一烷（1.49%）、正十九烷（1.26%）、4-(1,5-二甲基己-4-烯基)环己-2-烯酮（1.23%）、2,3,5,9-四甲基三环[6,3,0,0^{1,5}]（1.16%）、壬酸（1.08%）、α-金合欢烯（1.01%）、烯（1.01%）等。李涛等（2017）用同法分析的云南弥渡产短葶飞蓬干燥全草精油的主要成分为：4-甲氧基-1-萘酚（79.83%）、2,2-二甲基-3,5-癸二炔（6.35%）、反式-4α-甲基-4α,5,6,7,8,8а-六氢-2(1H)萘酮（2.70%）、1,1,4,7-四甲基-1α,2,3,4,4α,5,6,7b-八氢-1H-环丙[e]薁（2.41%）、β-金合欢烯（1.55%）、3,5,9-三甲基-2,4,8-癸三烯-1-醇（1.28%）等。

【利用】全草药用，有祛风除湿、活络止痛、健脾消积的功效，用于瘫痪、风湿关节痛、牙痛、胃痛、小儿疳积、小儿麻痹及脑膜炎后遗症。

飞蓬
Erigeron acer Linn.

菊科　飞蓬属

分布: 新疆、内蒙古、吉林、辽宁、河北、山西、陕西、甘肃、宁夏、青海、四川、西藏等地

【形态特征】二年生草本。茎高5~60 cm；基部叶较密集，倒披针形，长1.5~10 cm，宽0.3~1.2 cm，顶端钝或尖，基部渐狭成长柄，全缘或极少具1至数个小尖齿，中上部叶披针形，最上部和枝上的叶极小，线形，全部叶两面被硬长毛；头状花序多数，在茎枝端排列成圆锥花序，或少数伞房状排列；总苞半球形，总苞片3层，线状披针形，绿色或稀紫色，背面被长硬毛，杂有具柄腺毛，边缘膜质；雌花外层舌状，舌片淡红紫色，少有白色，较内层的细管状，无色；中央的两性花管状，黄色，上部被疏贴微毛；瘦果长圆披针形，长约1.8 mm，宽0.4 mm，扁压，被疏贴短毛；冠毛2层，白色，刚毛状。花期7~9月。

【生长习性】常生于山坡草地、牧场及林缘，海拔2400~3500 m。阳性，耐寒。对环境选择不严，极易栽培。喜向阳。要求土壤疏松、肥沃、湿润而排水良好。

【精油含量】水蒸气蒸馏全草的得油率为0.05%。

【芳香成分】胡宇慧等（2001）用水蒸气蒸馏法提取的四川九寨沟产飞蓬全草精油的主要成分为：毛叶酯（36.03%）、β-石竹烯（19.60%）、橙花醛（9.79%）、邻苯二甲酸二丁酯（4.25%）、棕榈酸（3.91%）、香茅醇（3.05%）、β-蒎烯（2.89%）、δ-愈创木烯（2.50%）、α-玷理烯（2.34%）、喇叭醇（2.25%）、α-愈创木烯（1.99%）、橙花醇（1.92%）、β-没药烯（1.23%）、β-榄香醇（1.14%）、δ-杜松烯（1.09%）、母菊酯（1.00%）等。

【利用】可布置于花境、花坛或丛植篱旁、山石前，宜作海滨花园的材料，也可作切花。全草药用，用于治疗温热病；蒙药主治外感发热、泄泻、胃炎、皮疹、疥疮。

费城飞蓬
Erigeron philadelphicus Linn.

菊科　飞蓬属

别名: 春一年蓬、春飞蓬、费城小蓬草

分布: 江苏、浙江、上海、安徽、福建

【形态特征】一年生或多年生草本。叶互生，基生叶莲座状，卵形或卵状倒披针形，长5~12 cm，宽2~4 cm，顶端急尖或钝，基部楔形下延成具翅长柄，两面被倒伏的硬毛，叶缘具粗齿，匙形，茎生叶半抱茎；中上部叶披针形或条状线形，长3~6 cm，宽5~16 mm，顶端尖，基部渐狭，边缘有疏齿，被硬毛。头状花序数枚排成伞房或圆锥状花序；总苞半球形，总苞片3层，草质，披针形，淡绿色，边缘半透明，背面被毛；舌状花2层，雌性，舌片线形，白色略带粉红色，管状花两性，黄色。瘦果披针形，被疏柔毛；雌花瘦果冠毛1层，极短而连接成环状膜质小冠；两性花瘦果冠毛2层，外层鳞片状，内层糙毛状。

【生长习性】路旁、旷野、山坡、林缘及林下普遍生长。喜欢土壤肥沃，阳光充足处。

【芳香成分】根：管铭等（2009）用索氏法提取的上海产费城飞蓬根精油的主要成分为：豆甾醇（4.10%）、十六烷酸（3.48%）、(Z,Z)-9,12-十八碳二烯酸（3.12%）、4-甲氧基-喹唑啉（1.64%）等。

全草：管铭等（2009）用索氏法提取的上海产费城飞蓬全草精油的主要成分为：乙酸（37.12%）、甲酸（11.58%）、2,3-二氢-3,5-二羟基-6-甲基-4H-吡喃-4-酮（9.75%）、1-羟基-2-丙酮（9.11%）、5-羟甲基-2-呋喃甲醛（6.17%）、2-呋喃甲醇（2.98%）、羟基丁二酸二甲基酯（2.64%）、丙二醇（1.99%）、二

丙基酮（1.51%）等。

【利用】为外来入侵植物。

【生长习性】常生于路边旷野或山坡荒地。

【精油含量】水蒸气蒸馏阴干全草的得油率为0.30%。

【芳香成分】茎：杨再波等（2011）用微波辅助顶空固相微萃取法提取的贵州都匀产一年蓬茎精油的主要成分为：大根香叶烯D（41.80%）、(+)-β-蛇床烯（7.71%）、β-榄香烯（5.22%）、3-甲基-2-环戊烯-2-醇-1-酮（3.07%）、(E,E)-α-金合欢烯（3.01%）、姜烯（2.64%）、反式-β-金合欢烯（2.57%）、γ-依兰烯（2.50%）、δ-杜松烯（2.50%）、双环大根香叶烯（2.36%）、橙花叔醇（1.96%）、α-紫穗槐烯（1.48%）、2-异丙基-5-甲基-9-亚甲基-双环[4.4.0]癸-1-烯（1.40%）、苯甲醛（1.20%）、β-月桂烯（1.01%）等。

叶：杨再波等（2011）用微波辅助顶空固相微萃取法提取的贵州都匀产一年蓬叶精油的主要成分为：大根香叶烯D（40.17%）、β-榄香烯（8.45%）、3-甲基-2-环戊烯-2-醇-1-酮（6.43%）、(E,E)-α-金合欢烯（5.80%）、δ-杜松烯（3.52%）、姜烯（2.84%）、γ-依兰烯（2.80%）、双环大根香叶烯（2.63%）、α-紫穗槐烯（2.15%）、反式-β-金合欢烯（2.04%）、(+)-β-蛇床烯（1.89%）、2-甲基丁酸己酯（1.87%）、2-异丙基-5-甲基-9-亚甲基-双环[4.4.0]癸-1-烯（1.66%）、顺式-α-甜没药烯（1.15%）、橙花叔醇（1.03%）等。

🌸 一年蓬

Erigeron annuus (Linn.) Pers.

菊科　飞蓬属

别名：白马兰、白旋覆花、长毛草、地白菜、女菀、野蒿、牙肿消、牙根消、油麻草、千张草、千层塔、墙头草、治疟草、瞌睡草

分布：吉林、河北、河南、山东、江苏、安徽、江西、福建、湖南、贵州、四川、云南、湖北、西藏等地

【形态特征】一年生或二年生草本，茎高30~100 cm。基部叶长圆形或宽卵形，长4~17 cm，宽1.5~4 cm或更宽，顶端尖或钝，基部狭成具翅的长柄，边缘具粗齿，下部叶与基部叶同形，中部和上部叶较小，长圆状披针形或披针形，顶端尖，边缘有齿或近全缘，最上部叶线形，全部叶两面和边缘被短硬毛或近无毛。头状花序数个排列成疏圆锥花序，总苞半球形，总苞片3层，草质，披针形，淡绿色或多少褐色，背面密被腺毛和疏长节毛；外围的雌花舌状，2层，上部被疏微毛，舌片白色或有时淡天蓝色，线形；两性花管状，黄色；瘦果披针形，被贴柔毛；雌花冠毛极短，两性花的冠毛2层。花期6~9月。

全草：徐琅等（2009）用水蒸气蒸馏法提取的江苏南京产一年蓬阴干全草精油的主要成分为：百里酚（7.49%）、α-松油醇（7.32%）、顺茉莉酮（6.38%）、安息香醛（5.63%）、反-香

醇（5.33%）、β-广藿香烯（4.99%）、桦木素（3.87%）、熊果醇（3.78%）、β-莰烯（3.45%）、异丙基-5-甲基-9-亚甲基-二环[4.4.0]-1-十烯（3.26%）、β-蒎烯（3.06%）、茅苍术醇（2.88%）、匙叶桉油烯醇（2.62%）、2,3-二氢-1-茚酮（2.59%）、2,3,5,6-四甲基苯酚（2.37%）、α-甜没药萜醇（2.36%）、异喇叭烯（1.96%）、苍术酮（1.81%）、香木兰烯（1.62%）、丁香烯（1.51%）、1S-顺式-1,2,3,5,6,8a-六氢-4,7-二甲基-1-(1-甲基乙基)-萘（1.40%）、三十七烷醇（1.39%）、雪松烯（1.19%）、长松叶烯（1.06%）等。

花：钱超等（2014）用水蒸气蒸馏法提取的安徽黄山产一年蓬秋季采收的干燥花精油的主要成分为：大根香叶烯D（59.39%）、α-香柑油烯（4.70%）、1-乙烯基-1-甲基-2,4-双（1-甲基乙烯基)-环己烷（3.94%）、反式-β-金合欢烯（3.89%）、3-异丙烯基-1,5-二甲基-环癸-1,5-二烯（3.17%）、1-石竹烯（2.85%）、α-杜松烯（2.52%）、大根香叶烯B（2.43%）、1α,4aα,8aα)-1,2,3,4,4a,5,6,8a-八氢-7-甲基-4-亚甲基-1-异丙基-萘（1.37%）、2-异丙基-5-甲基-9-亚甲基-二环[4.4.0]-1-癸烯（1.11%）等。

【利用】全草可入药，有消食止泻、清热解毒、截疟的功效，用于消化不良、胃肠炎、齿龈炎、疟疾、毒蛇咬伤。

苞叶雪莲
Saussurea obvallata (DC) Edgew.

菊科　风毛菊属
别名：苞叶风毛菊
分布：甘肃、青海、四川、云南、西藏

【形态特征】多年生草本，高16～60 cm。根状茎颈部被稠密的叶柄残迹。基生叶长椭圆形或长圆形、卵形，长7～20 cm，宽3～6 cm，顶端钝，基部楔形，边缘有细齿，两面有腺毛；茎生叶与基生叶同形并等大，但向上部的茎叶渐小；最上部茎叶苞片状，膜质，黄色，长椭圆形或卵状长圆形，长达16 cm，宽达7 cm，顶端钝，边缘有细齿，两面被短柔毛和腺毛，包围总花序。头状花序6～15个，在茎端密集成球形的总花序。总苞半球形；总苞片4层，外层卵形，中层椭圆形，内层线形。苞片边缘黑紫色，被短柔毛及腺毛。小花蓝紫色。瘦果长圆形。冠毛2层，淡褐色，外层糙毛状，内层羽毛状。花果期7～9月。

【生长习性】生于高山草地、山坡多石处、溪边石隙处、流石滩，海拔3200～4800 m。喜潮湿、凉爽、光照强烈的复杂性气候环境。能在5～39度正常发芽生长。生命力极强。

【精油含量】超临界萃取干燥全株的得油率为0.66%。

【芳香成分】朱奎德等（2016）用超临界CO_2萃取法提取的青海拉脊山产苞叶雪莲阴干全株精油的主要成分为：γ-谷甾醇（11.95%）、二十四烷（8.96%）、棕榈酸（7.04%）、β-香树精（6.14%）、二十七烷（5.33%）、亚麻酸（4.49%）、植物甾醇（3.40%）、亚油酸（2.05%）、α-香树精（1.81%）、(Z)-11-十六烯酸（1.69%）、(Z)-9,17-十八碳二烯醛（1.17%）、壬酸（1.10%）等。

【利用】全草入药，主治风湿性关节炎、高山不适症、月经不调。

长毛风毛菊
Saussurea hieracioides Hook. f.

菊科　风毛菊属
分布：甘肃、青海、湖北、四川、云南

【形态特征】多年生草本，高5～35 cm。根状茎密被残叶柄。基生叶莲座状，基部渐狭成具翼的短叶柄，叶片椭圆形或长椭圆状倒披针形，长4.5～15 cm，宽2～3 cm，顶端急尖或钝，全缘或有不明显的稀疏的浅齿；茎生叶与基生叶同形或线状披针形或线形，全部叶质地薄，两面褐色或黄绿色，两面及边缘被稀疏的长柔毛。头状花序单生茎顶。总苞宽钟状，直径2～3.5 cm；总苞片4～5层，全部或边缘黑紫色，顶端长渐尖扩密被长柔毛，外层卵状披针形，中层披针形，内层狭披针形或线形。小花紫色，长1.8 cm。瘦果圆柱状，褐色，长2.5 mm。冠毛淡褐色，2层，外层短，糙毛状，内层长，羽毛状。花果期6～8月。

【生长习性】生于高山碎石土坡、高山草坡，海拔4450～5200 m。

【芳香成分】王一峰等（2011）用水蒸气蒸馏法提取的甘肃玛曲阿万仓大山产长毛风毛菊阴干全草精油的主要成分为：10-二十一碳烯（11.64%）、8-柏木烯-13-醇（8.66%）、9-十八碳烯基琥珀酸（7.55%）、古芸烯氧化物（6.95%）、三十六（碳）烷（6.36%）、(Z,Z)-9,12-十八双烯-1-醇（5.02%）、邻苯二甲酸丁基-2-戊烷基酯（4.95%）、5,8,11,14-二十四（烷）炔酸

（4.80%）、2-甲基-N2-(苊-5-基)-亚甲基-丙酰肼（3.41%）、芴（2.81%）、环十四烷（2.25%）、三十一（碳）烷（2.21%）、菲（2.15%）、3,7,11,15-四甲基-2-六癸烯-1-醇（1.99%）、8-十六炔（1.68%）、氧芴（1.67%）、6-(1-羟甲基乙烯基)-4,8a-二甲基-3,5,6,7,8,8a-六氢-1H-萘-2-酮（1.64%）、7-戊癸炔（1.49%）、[2R-(2à,4aà,8aá)]-1,2,3,4,4a,5,6,8a-八氢-à,à,4a,8-四甲基-2-萘甲醇（1.46%）、马兜铃烯（1.17%）、反式-十氢-9a-甲基-2H-苯环庚烯-2-酮-(Z)-9,17-十八碳二烯醛（1.09%）、5-(乙酰氧基)-2-[3-(乙酰氧基)-4-甲氧苯基]-7-[[6-o-(6-脱氧-à-L-吡喃甘露糖)-á-D-吡喃葡萄糖基]氧]-4H-1-苯并吡喃-4-酮（1.00%）等。

【利用】全草药用，具有泻水逐饮的功效，主治水肿、腹水、胸腔积液。

🌸 风毛菊

Saussurea japonica (Thunb.) DC.

菊科　风毛菊属
别名：八棱麻、八面风
分布：北京、辽宁、河北、山西、内蒙古、陕西、甘肃、青海、河南、湖北、湖南、江西、安徽、山东、浙江、福建、广东、四川、云南、贵州、西藏

【形态特征】二年生草本，高50~200 cm。根倒圆锥状或纺锤形。基生叶与下部茎叶有具狭翼的柄，叶片全形椭圆形、长椭圆形或披针形，长7~22 cm，宽3.5~9 cm，羽状深裂，侧裂片7~8对，中部的较大，向两端渐小，顶端钝或圆形，全缘或极少有大锯齿，顶裂片披针形或线状披针形，较长，全缘或有大锯齿；上部茎叶与花序分枝上的叶小，羽状浅裂或不裂；全

部两面有淡黄色小腺点。头状花序多数，在茎枝顶端排成伞房状或伞房圆锥花序。总苞圆柱状，被白色蛛丝状毛；总苞片6层，外层长卵形，紫红色，中层与内层倒披针形或线形，顶端有紫红色的膜质附片，边缘有锯齿。小花紫色。瘦果深褐色圆柱形，长4~5 mm。冠毛白色，2层，外层短，糙毛状，内层长，羽毛状。花果期6~11月。

【生长习性】生于山坡、山谷、林下、山坡路旁、山坡灌丛、荒坡、水旁、田中，海拔200~2800 m。极耐寒，忌酷热，喜阳光充足，喜凉爽，耐瘠薄。

【芳香成分】陈能煜等（1992）用水蒸气蒸馏法提取的甘肃武威产风毛菊新鲜地上部分精油的主要成分为：β-檀香醇（16.84%）、二氢去氢广木香内酯（9.90%）、γ-杜松烯（7.46%）、4-甲基-2,6-二叔丁基苯酚（4.57%）、β-金合欢醛（4.53%）、十六烷（3.80%）、十七烷（3.05%）、δ-杜松醇（2.86%）、β-芹子烯（2.48%）、4aβ,8aβ-二甲基-7α-异丙基-4a,5,6,7,8,8a-六氢-2(1H)苯酮（2.36%）、芳樟醇（2.21%）、雅槛蓝烯（1.78%）、4a,8-二甲基-2-异丙基-3,4,4a,5,6,8a-六氢-l(2H)-萘酮（1.71%）、柏木烯醇（1.67%）、β-金合欢醇（1.55%）、2,6-二叔丁基对苯醌（1.35%）、1-十五烯（1.26%）、β-雪松烯（1.14%）、9-马兜铃烯-1-醇（1.11%）、δ-杜松烯（1.04%）等。

【利用】全草入药，有祛风活络、散瘀止痛的功效，用于治

于龈炎、风湿痹痛、跌打损伤、麻风、感冒头痛、腰腿痛。嫩苗或嫩叶可作蔬菜食用。

禾叶风毛菊
Saussurea graminea Dunn

菊科 风毛菊属

分布：四川、甘肃、云南、西藏

【形态特征】多年生草本，高3～25 cm。根状茎颈部被褐色残鞘。茎直立，密被白色绢状柔毛。基生叶狭线形，长3～15 cm，宽1～3 mm，顶端渐尖，基部稍呈鞘状，边缘全缘，内卷，叶面被稀疏绢状柔毛或几无毛，叶背密被绒毛；茎生叶少数，与基生叶同形，较短。头状花序单生茎端。总苞钟状，直径1.5～1.8 cm；总苞片4～5层，密或疏被绢状长柔毛，外层卵状披针形，顶端长渐尖，反折，稀不反折，中层披针形，内层线形。小花紫色，长1.6 cm，细管部长7 mm，檐部长9 mm。瘦果圆柱状，长3～4 mm，顶端有小冠。冠毛2层，淡黄褐色，外层短，糙毛状，内层长，羽毛状。花果期7～8月。

【生长习性】生于山坡草地、草甸、河滩草地、杜鹃灌丛，海拔3400～5350 m。

【芳香成分】王一峰等（2011）用水蒸气蒸馏法提取的甘肃玛曲阿万仓大山产禾叶风毛菊阴干全草精油的主要成分为：十五烷酸-甲酯（18.69%）、三十一（碳）烷（10.01%）、[2R-(2à,4aà,8aá)]-1,2,3,4,4a,5,6,8a-八氢-à,à,4a,8-四甲基-2-萘甲醇（7.35%）、(E,E)-9,12-十八双酸甲酯（5.91%）、1-[(叔-丁基二甲基甲硅烷基)氧]-4-甲基苯（5.38%）、5,8,11-十七碳三烯-1-醇（4.23%）、二-环氧-à-柏木烯（3.72%）、9-十八炔（3.13%）、1-十六烷酮（2.55%）、苯[a]甘菊蓝（2.41%）、[1R-(1à,7á,8aà)]-1,2,3,5,6,7,8,8a-八氢-1,8a-二甲基-7-(1-异丙基)-萘（2.33%）、5-丁基-6-己基八氢-1H-茚（2.30%）、8-柏木烯-13-醇（2.18%）、[1R-(1à,4ab,4bà,7à,10aà)]-7-乙烯基-1,4,4a,4b,5,6,7,8,10,10a-十氢-1-(羟甲基)-4a-甲基-3(2H)-菲酮（2.12%）、1,2-对苯二甲酸丁基-2-乙己基酯（1.98%）、氧芴（1.97%）、八甲基环四硅氧烷（1.93%）、四十四烷（1.25%）、二十八烷（1.21%）、香橙烯氧化物-(2)（1.15%）、[1aR-(1aà,4aá,7à,7aá,76bà)]-十氢-1,1,7-三甲基-4-亚甲基-1H-环丙基[e]甘菊环（1.10%）、1,E-11,Z-13-十七碳三烯（1.05%）、3,7,11,15-四甲基-2-六癸烯-1-醇（1.04%）等。

【利用】全草药用，有清热凉血、疏肝行气、清利湿热的功效，用于感冒发热、呕吐、泄泻、吐血、便血、崩漏、咳血、血淋、内脏出血以及肝气不舒所致胸腹胀痛、湿热黄疸。

槲叶雪兔子
Saussurea quercifolia W. W. Smith

菊科 风毛菊属

别名：槲叶雪莲花

分布：青海、四川、云南

【形态特征】多年生多次结实簇生草本。根状茎颈部被叶柄残迹。高4～20 cm，被白色绒毛。基生叶椭圆形或长椭圆形，长2~4.5 cm，宽1~1.3 cm，基部楔形渐狭成长1.5~3 cm的柄，顶端急尖，边缘有粗齿，叶面被薄蛛丝毛，叶背被白色绒毛；上部叶渐小，反折，披针形，顶端渐尖，边缘有疏齿或近全缘，叶面干后黑绿色，有时紫色，叶背灰白色，被密厚棉毛。头状花序多数，在茎端成直径达5 cm的半球形总花序。总苞长圆形；总苞片3~4层，被长柔毛，外层椭圆形或披针形，紫红色或上部紫红色，中内层椭圆形或线状披针形，紫红色；全部总苞片边缘透明膜质。小花蓝紫色，长8.5 mm。瘦果褐色，圆柱状，长2.8 mm。冠毛鼠灰色，2层，外层短，糙毛状，内层长，羽毛状。花果期7~10月。

【生长习性】生于高山灌丛草地、流石滩、岩坡，海拔3300~4800 m。

【精油含量】水蒸气蒸馏干燥全草的得油率为0.07%。

【芳香成分】达娃卓玛等（2007）用水蒸气蒸馏法提取的四川二郎山产槲叶雪兔子干燥全草精油的主要成分为：姜醇（8.71%）、植酮（8.38%）、红没药醇（6.10%）、β-芹子烯（5.81%）、棕榈酸（5.64%）、油酸（4.07%）、β-倍半水芹烯（3.63%）、姜烯（2.39%）、β-柏木烯（2.25%）、肉豆蔻酸（2.07%）、正二十七烷（2.07%）、β-马阿里烯（1.69%）、正十六烷（1.66%）、十八醛（1.64%）、α-榄香烯（1.59%）、1-正十七烯（1.49%）、γ-杜松烯（1.46%）、α-柏木烯（1.35%）、香橙烯（1.33%）、T-紫穗槐醇（1.30%）、香橙烯氧化物（1.29%）、α-杜松醇（1.29%）、正二十五烷（1.28%）、石竹烯氧化物（1.13%）、樟烯酮（1.10%）、β-金合欢烯（1.06%）等。

【利用】全草藏药入药，内服治炭疽、风湿痹症、痛经、癞痫；外敷消肿。

🌸 绵头雪兔子
Saussurea laniceps Hand-Mazz.

菊科　风毛菊属
别名：绵头雪莲花、麦朵刚拉
分布：西藏、四川、云南

【形态特征】多年生一次结实有茎草本。茎高14~36 cm。叶极密集，倒披针形、狭匙形或长椭圆形，长8~15 cm，宽1.5~2 cm，顶端急尖或渐尖，基部楔形渐狭成叶柄，边缘全缘或浅波状，叶面密被褐色绒毛。头状花序多数，在茎端密集成圆锥状穗状花序；苞叶线状披针形，两面密被白色棉毛。总苞宽钟状；总苞片3~4层，外层披针形或线状披针形，被棉毛，内层披针形，被稠密的长棉毛。小花白色，长10~12 mm，檐部长为管部的3倍。瘦果圆柱状，长2.5~3 mm。冠毛鼠灰色，2层，外层短，糙毛状，长2~3 mm，内层长，羽毛状，长2 cm。花果期8~10月。

【生长习性】生于高山流石滩，海拔3200~5280 m。

【精油含量】水蒸气蒸馏干燥全草的得油率为0.50%。

【芳香成分】达娃卓玛等（2008）用水蒸气蒸馏法提取的西藏日喀则岗巴产绵头雪兔子干燥全草精油的主要成分为：石

竹烯氧化物（6.39%）、β-桉叶醇（5.06%）、植酮（4.61%）、棕榈酸（4.09%）、二氢沉香呋喃（3.29%）、植醇（2.92%）、3-甲基-4,6-十六烯（2.77%）、1-十五烯（2.72%）、斯巴醇（2.53%）、γ-桉叶醇（2.45%）、β-芹子烯（2.36%）、石竹烯（2.00%）、正二十七烷（1.99%）、沉香螺旋醇（1.89%）、油酸（1.82%）、木土香醇（1.60%）、α-没药烯氧化物（1.59%）、1-十四烯（1.30%）、白菖烯（1.29%）、正十七烯（1.20%）、δ-荜澄茄烯（1.13%）、1-十六炔（1.06%）、α-荜澄茄醇（1.04%）、肉豆蔻酸（1.04%）、α-金合欢烯（1.02%）、正二十五烷（1.01%）等。

【利用】藏药全株药用，用于月经不调、白带、体虚头晕、耳鸣眼花；全草用于头部创伤、炭疽、热性刺痛、妇科病、类风湿性关节炎、中风；外敷消肿。

🌸 三指雪兔子

Saussurea tridactyla Sch.-Bip. ex Hook. f.

菊科　风毛菊属

别名：三指雪莲

分布：西藏

【形态特征】多年生多次结实有茎草本。茎高8～15 cm，密被长棉毛，基部被残存的叶柄。叶密集；下部叶线形，长约1.5 cm，宽2～4 mm，边缘有浅钝齿；中部与上部茎叶匙形、倒卵状匙形或长圆形，长1～2 cm，宽0.5～1 cm，边缘有2～6个浅钝裂片或钝齿，极少全缘，基部楔形渐狭；全部叶白色或灰白色，密被稠密的棉毛。头状花序多数，在茎端集成直径4～5.5 cm的半球形的总花序，总花序为白色棉毛所覆盖。总苞长圆状；总苞片3～4层，紫红色，长圆形，外层被长棉毛。小花紫红色，长1 cm。瘦果褐色，长7 mm，倒圆锥状。冠毛1层，长，羽毛状，褐色或污褐色，长8 mm。花果期8～9月。

【生长习性】生于高山流石滩、山顶碎石间、山坡草地，海拔4300～5300 m。

【芳香成分】张强等（2000）用水蒸气蒸馏法提取的四川卧龙产三指雪兔子全草精油的主要成分为：顺式金合欢醇（18.28%）、金合欢醇（10.57%）、γ-芹子烯（9.13%）、β-蛇麻烯（8.31%）、α-檀香脑（6.53%）、反式-石竹烯（5.87%）、香榧醇（5.10%）、β-芹子烯（4.44%）、表蓝桉醇（4.06%）、长蒎-9-烯（2.36%）、蛇床-4-α-11-二醇（1.95%）、β-荜澄茄油烯（1.82%）、白菖油烯过氧化物（1.75%）、γ-榄香烯（1.57%）、洒剔烯（1.54%）、α-榄香烯（1.49%）、环十二炔（1.47%）、Sobarbateneone（1.33%）等。

【利用】整株入药，具有散寒除湿、活血通络、温火助阳、抗炎镇痛、缩宫等功效，民间常用于治疗风湿性关节炎、妇女小腹冷痛、闭经、胎衣不下以及麻疹不透、肺寒咳嗽等症。

🌸 沙生风毛菊

Saussurea arenaria Maxim.

菊科　风毛菊属

分布：新疆、甘肃、青海、西藏等地

【形态特征】多年生草本，高3～7 cm。根状茎颈部被叶柄残迹。茎极短或无茎，密被白色绒毛。叶莲座状，长圆形或披针形，长4～11 cm，宽1.2～3.5 cm，顶端急尖或渐尖，基部渐狭成1.5～4 cm的叶柄，全缘或微波状或尖锯齿，叶面绿色，被蛛丝状毛及稠密腺点，叶背灰白色，密被白色绒毛。头状花序单生于莲座状叶丛中。总苞宽钟状或宽卵形；总苞片5层，外层卵状披针形，被稀疏的白色绒毛及腺点，中层长椭圆形，上部紫色且被微毛，内层线形，被稀疏绒毛及腺点，顶端紫色。小花紫红色，长9 mm。瘦果圆柱状，长3 mm。冠毛污白色，2层，外层短，糙毛状，内层长，羽毛状。花果期6～9月。

【生长习性】生于山坡、山顶及草甸或沙地、干河床，海拔2800～4000 m。

【芳香成分】陈能煜等（1992）用水蒸气蒸馏法提取的甘肃武威产沙生风毛菊新鲜全草精油的主要成分为：β-芹子烯（36.95%）、十八烷（4.96%）、6,10,14-三甲基-2-十五酮（4.91%）、4-甲基-2,6-二叔丁基苯酚（4.90%）、二氢去氢广木香内酯（3.52%）、4-甲氧基-1-叔丁氧基苯（3.45%）、十九烷（2.92%）、α-古芸烯（2.85%）、十五烷（2.80%）、苯甲酸苯甲酯（2.52%）、十七烷（2.36%）、1,3-二甲基环戊烷（2.28%）、二氢猕猴桃（醇酸）内酯（2.05%）、7,10-十五碳二炔酸（2.05%）、橙花叔醇（1.60%）、2-甲基十氢萘（1.49%）、邻苯二甲酸二丁酯（1.36%）、γ-广藿香烯（1.28%）、雅槛蓝烯（1.14%）等。

【利用】叶药用，有清热解毒、凉血止血的功效，用于感冒发热、头痛、咽喉肿痛、疮疡痈肿、食物中毒等症；治内热亢盛以致的吐血、咳血、衄血以及外伤所致的各种出血等症。

🌸 水母雪兔子

Saussurea medusa Maxim.

菊科　风毛菊属

别名: 水母雪莲花、夏古贝

分布: 甘肃、青海、西藏、云南、四川

【形态特征】多年生多次结实草本。叶密集，下部叶倒卵形、扇形、圆形或长圆形至菱形，连叶柄长达10 cm，宽0.5~3 cm，顶端钝或圆形，基部楔形渐狭成紫色的叶柄，边缘有8~12个粗齿；上部叶渐小，向下反折，卵形或卵状披针形，顶端急尖或渐尖；最上部叶线形或线状披针形，边缘有细齿；全部叶灰绿色，被长棉毛。头状花序多数，在茎端密集成半球形的总花序，苞叶线状披针形，两面被长棉毛。总苞狭圆柱状；总苞片3层，外层长椭圆形，紫色，被棉毛，中层倒披针形，内层披针形。小花蓝紫色，长10 mm。瘦果纺锤形，浅褐色，长8~9 mm。冠毛白色，外层糙毛状，内层羽毛状。花果期7~9月。

【生长习性】生于多砾石山坡、高山流石滩，海拔3000~5600 m。

【精油含量】水蒸气蒸馏干燥全草的得油率为0.04%；超临界萃取全草的得油率为4.10%。

【芳香成分】达娃卓玛等（2007）用水蒸气蒸馏法提取的西藏羊八井产水母雪兔子干燥全草精油的主要成分为：β-芹子烯（6.72%）、斯杷土烯醇（4.74%）、红没药醇（4.10%）、金合欢醇（3.32%）、植酮（2.94%）、T-紫穗槐醇（2.50%）、蓝桉醇（2.46%）、葎草烯环氧化物Ⅱ（2.30%）、γ-桉叶醇（2.05%）、α-古芸烯（2.03%）、α-杜松醇（1.99%）、β-桉叶醇（1.86%）、α-芹子烯（1.80%）、正十五醇（1.74%）、棕榈酸（1.70%）、α-石竹烯（1.69%）、表蓝桉醇（1.59%）、植醇（1.56%）、β-雪松烯（1.51%）、石竹烯（1.32%）、正二十七烷（1.32%）、香橙烯氧化物（1.25%）、木土香醇（1.14%）等。

【利用】全草入药，主治风湿性关节炎、高山不适症、月经不调。

🌸 雪莲花

Saussurea involucrata (Kar. et Kir.) Sch.-Bip.

菊科　风毛菊属

别名: 大苞雪莲、新疆雪莲、雪荷花、雪莲、荷莲

分布: 新疆

【形态特征】多年生草本，高15~35 cm。根状茎颈部被多数叶残迹。叶密集，叶片椭圆形或卵状椭圆形，长达14 cm，宽2~3.5 cm，顶端钝或急尖，基部下延，边缘有尖齿；最上部叶苞叶状，膜质，淡黄色，宽卵形，长5.5~7 cm，宽2~7 cm，包围总花序，边缘有尖齿。头状花序10~20个，在茎顶密集成球形的总花序。总苞半球形，直径1 cm；总苞片3~4层，边缘或全部紫褐色，先端急尖，外层被稀疏的长柔毛，外层长圆形，中层及内层披针形。小花紫色，长1.6 cm，管部长7 mm，檐部长9 mm。瘦果长圆形，长3 mm。冠毛污白色，2层，外层小，糙毛状，长3 mm，内层长，羽毛状，长1.5 cm。花果期7~9月。

【生长习性】生于山坡、山谷、石缝、水边、草甸，海拔2400~3470 m。适合各种复杂气候环境，通常生长在高山雪线以下。生境气候多变，冷热无常，雨雪交替，最高月平均温3~5 ℃，最低月平均温-19~21 ℃，年降水量约800 mm，土壤以高山草甸土为主。

【精油含量】超临界萃取的全草的得油率为0.60%~2.49%。

【芳香成分】贾建忠等（1986）用同时蒸馏萃取法提取的雪莲花干燥全草精油的主要成分为：软脂酸乙酯（30.10%）、月桂酸乙酯（11.30%）、十七碳二烯+正十三烷酸乙酯（8.30%）、6,10,14-三甲基十五烷酮-2（6.50%）、正十五碳烯-1（5.20%）、二氢去氢广木香内酯（4.50%）、倍半萜烯（2.90%）、1,6-二甲基-4-异丙基萘+正十七碳烯-1（2.60%）、4,4,7a-三甲基-5,6,7,7a-四氢苯并呋喃酮-2（2.50%）、正十八碳烷（2.20%）、正十九碳烷（2.00%）、肉豆蔻酸乙酯（1.80%）、2,6-二叔丁基苯酚（1.60%）、正十五烷酸乙酯（1.50%）、烷烃（1.30%）、正十六烷（1.00%）、正十七碳烷（1.00%）等。

【利用】全株药用，具除寒、壮阳、调经、止血之功，用于治疗阳痿、腰膝软弱、妇女月经不调、崩漏带下、风湿性关节炎及外伤出血等症。可用于美容和药膳。

雪兔子
Saussurea gossypiphora D. Don

菊科 风毛菊属
别名：麦朵刚拉
分布：云南、青海、西藏

【形态特征】多年生一次结实有茎草本。茎高达30 cm，被稠密的白色或黄褐色的厚棉毛。下部叶线状长圆形或长椭圆形，包括叶柄长达14 cm，宽0.4～1.4 cm，顶端急尖或钝，基部楔形斩狭，边缘有尖齿或浅齿；上部茎叶渐小；最上部茎叶苞叶状，戟状披针形，长达6 cm，常向下反折，顶端长渐尖，两面密被白色或淡黄色的长棉毛。头状花序多数在茎端密集成直径为7～10 cm的半球状的总花序。总苞宽圆柱状，直径5～6 mm；总苞片3～4层，卵状披针形或线状长圆形，顶端急尖，外面被棉毛。小花紫红色，长1.1 cm。瘦果黑色，长3～4 mm。冠毛淡褐色，2层，外层短，糙毛状，外层长，羽毛状。花果期7～9月。

【生长习性】生于高山流石滩、山坡岩缝中、山顶沙石地，海拔4500～5000 m。

【精油含量】水蒸气蒸馏全草的得油率为0.09%。

【芳香成分】郑尚珍等（1991）用水蒸气蒸馏法提取的青海格尔木产雪兔子全草精油的主要成分为：亚油酸乙酯（19.99%）、棕榈酸乙酯（11.18%）、8-环丙基-2-辛基辛酸甲酯（8.40%）、2-丙基呋喃（3.78%）、1,1-二乙氧基己烷（3.19%）、邻苯二甲酸二异丁酯（2.46%）、α-石竹烯（1.96%）、十二碳酸乙酯（1.78%）、邻苯二甲酸二丁酯（1.70%）、4,4-二甲基-2,3-环氧戊烷（1.49%）、2,3-二氢呋喃（1.33%）、1-十五碳烯（1.31%）、9-十八碳烯酸（1.13%）、1,8-桉叶油素（1.04%）等。

【利用】全草入药，主治妇女病及风湿性关节炎。

云木香
Saussurea costus (Falc.) Lipech.

菊科 风毛菊属
别名：广木香、木香、青木香、唐木香、风毛菊
分布：四川、云南、广西、贵州有栽培。

【形态特征】多年生高大草本，高1.5～2 m。基生叶有长翼柄，叶片心形或戟状三角形，长24 cm，宽26 cm，顶端急尖，边缘有大锯齿，齿缘有缘毛。下中部茎叶卵形或三角状卵形，边缘锯齿；上部叶渐小，三角形或卵形；全部叶叶面褐色或褐绿色，被短糙毛，叶背绿色，沿脉有短柔毛。头状花序单生茎端或枝端，或3～5个在集成束生伞房花序。总苞半球形，黑色；总苞片7层，顶端短针刺状软骨质渐尖，外层长三角形，中层披针形或椭圆形，内层线状长椭圆形。小花暗紫色，长1.5 cm。瘦果浅褐色，三棱状，长8 mm，有黑色色斑，顶端截形，具有锯齿的小冠。冠毛1层，浅褐色，羽毛状。花果期7月。

【生长习性】生于海拔2700～3300 m的山区。要求年平均温度5.6 ℃，最高气温23 ℃，最低气温-14 ℃，年降雨量800～1000 mm，无霜期150 d。栽培土壤需土层深厚、土质疏松、排水良好的砂质壤土或腐殖质土，土壤pH6～7为宜。苗期怕强光。

【精油含量】水蒸气蒸馏根的得油率为0.43%～2.60%；超临界萃取干燥根的得油率为1.02%～5.48%；微波法提取根的得油率为4.05%；超声波法提取根的得油率为0.72%～1.45%；有机溶剂萃取根的得油率为0.87%；加热回流法提取根的得油率为2.07%；闪式提取法提取根的得油率为1.39%。

【芳香成分】张旭等（2011）用水蒸气蒸馏法提取的云南西双版纳产云木香干燥根精油的主要成分为：去氢木香内酯（10.17%）、木香烃内酯（7.55%）、β-榄香烯（4.60%）、石竹素（3.21%）、石竹烯（2.86%）、E-4-(2,6,6-三甲基-2-环己-1-烯基)-3-丁烯-2-酮（2.61%）、香叶基丙酮（2.29%）、二氢木香烃内酯（2.05%）、7,8-二氢紫罗兰酮（1.87%）、β-紫罗兰香酮（1.84%）、(-)-β-蒎烯（1.78%）、4a,8-二甲基-2-异丙烯基-1,2,3,4,4a,5,6,8a-八氢萘（1.72%）、榄香醇（1.26%）、α-水芹烯（1.25%）、α-姜黄烯（1.01%）等。汤庆发等（2013）用

同法分析的干燥根精油的主要成分为：7,10,13-十六碳三烯醛（22.81%）、去氢木香内酯（9.39%）、1,3,11(13)-榄香三烯-12-醇（6.57%）、α-萜品油烯（5.44%）、β-木香醇（5.00%）、石竹烯氧化物（3.38%）、β-榄香烯（3.31%）、β-紫罗兰酮（3.31%）、榄香醛（2.75%）、γ-木香醇（2.30%）、4-(2,6,6-三甲基-2-环己烯-1-基)-2-丁酮（2.29%）、香叶基丙酮（2.26%）、α-蛇床烯（2.02%）、二氢单紫杉烯（1.92%）、6,10-二甲基-9-亚甲基-5-十一烯-2-酮（1.88%）、吉玛烯A（1.83%）、α-木香醇（1.75%）、反式-2,12-佛手柑油二烯-14-醛（1.61%）、β-桉醇（1.59%）、木香烃内酯（1.58%）、β-蛇床烯（1.41%）、β-木香醛（1.35%）、α-姜黄烯（1.20%）、Z-α-反式-香柠檬醇（1.02%）等。

【利用】根入药，有健脾和胃、调气解郁、止痛、安胎之效。根精油定香力很强，可作日用香精的调香原料，用于牙膏、香皂、化妆品的调香；也可供药用，有健胃、安神、止痛和安胎的功效。

❀ 紫苞雪莲
Saussurea iodostegia Hance

菊科　风毛菊属
别名： 紫苞风毛菊
分布： 山西、河北、北京、内蒙古、辽宁、吉林、黑龙江、陕西、宁夏、甘肃

【形态特征】多年生草本，高30～70 cm。基生叶线状长圆形，长20～35 cm，宽1～5 cm。顶端渐尖或长渐尖，基部渐狭成长7～9 cm的叶柄，柄基鞘状，边缘有稀疏的锐细齿，叶面被稀疏的长柔毛；茎生叶向上渐小，披针形或宽披针形，基部半抱茎；最上部茎叶苞叶状，膜质，紫色，椭圆形或宽椭圆形，包围总花序。头状花序4～7个，密集成伞房状总花序。总苞宽钟状；总苞片4层，全部或上部边缘紫色，被长柔毛，外层卵状或三角状卵形，中层披针形或卵状披针形，内层线状披针形或线状长椭圆形。小花紫色，长1.3 cm。瘦果长圆形，淡褐色，长4 mm。冠毛2层，淡褐色，外层糙毛状，内层羽毛状。花果期7～9月。

【生长习性】生于山坡草地、山地草甸、林缘、盐沼泽，海拔1750～3300 m。喜潮湿、凉爽、光照强烈的复杂性气候环境。生命力极强。

【芳香成分】陈能煜等（1992）用水蒸气蒸馏法提取的甘肃武威产紫苞雪莲新鲜地上部分精油的主要成分为：β-芹子烯（9.56%）、甲苯（6.82%）、1-十五烯（5.78%）、6,10,14-三甲基-2-十五酮（5.57%）、邻苯二甲酸二丁酯（5.42%）、十七烷（3.96%）、十九烷（3.81%）、二十一烷（3.43%）、5-甲基-二十三烷（3.18%）、4-甲基-2,6-二叔丁基苯酚（2.89%）、十六烷（2.70%）、十八烷（1.96%）、2,6-二特丁基对苯醌（1.75%）、十六氢芘（1.60%）、β-蒎烯（1.50%）、β-桉叶醇（1.48%）、蒽（1.48%）、1-二十烯（1.35%）、十二烷（1.24%）、麦由酮（1.23%）、1-二十二烯（1.13%）、1-十九烯（1.13%）、4,4,7a-三

甲基 -5,6,7,7a- 四氢 -2(4H)- 苯并呋喃酮（1.12%）、二十二碳烷
1.08%）、二十三碳二烯（1.00%）等。

【生长习性】喜温暖怕炎热，生长适温 15～30 ℃，较耐寒，
一般能耐 -5 ℃低温。喜阳光充足且较耐阴，光照过强或过弱均
不利生长。喜潮湿环境，空气湿度大有利生长，整个生长期可
保持较高的土壤湿度，耐涝且较耐干旱。喜腐殖质深厚、疏松、
排水透气性好、保水保肥力强的砂质土，土壤酸碱度为中性至
微酸性，最适 pH6.5。

【精油含量】水蒸气蒸馏干燥全草的得油率为 0.83%～
0.88%。

【利用】全草民间药用，主要用于治疗风湿性关节炎、跌打
损伤、妇科疾病、食物中毒、镇静麻醉、外伤出血、骨折、高
山反应等症。

🌸 芙蓉菊

Crossostephium chinensis (Linn.) Makino

菊科　芙蓉菊属

别名：玉芙蓉、海芙蓉、香菊、千年艾、蕲艾
分布：中南至东南部各地区

【形态特征】半灌木，高 10～40 cm，上部多分枝，密被灰
色短柔毛。叶聚生枝顶，狭匙形或狭倒披针形，长 2～4 cm，宽
～4 mm，全缘或有时 3～5 裂，顶端钝，基部渐狭，两面密被
灰色短柔毛，质地厚。头状花序盘状，生于枝端叶腋，排成有
叶的总状花序；总苞半球形；总苞片 3 层，外中层等长，椭圆
形，钝或急尖，叶质，内层较短小，矩圆形，几无毛，具宽膜
质边缘。边花雌性，1 列，花冠管状，长 1.5 mm，顶端 2～3 裂
齿，具腺点；盘花两性，花冠管状，长 1.5 mm，顶端 5 裂齿，
外面密生腺点。瘦果矩圆形，长约 1.5 mm，基部收狭，具 5～7
棱，被腺点；冠状冠毛长约 0.5 mm，撕裂状。花果期全年。

【芳香成分】邹磊等（2007）用水蒸气蒸馏法提取的广
东产芙蓉菊全草精油的主要成分为：异石竹烯（14.94%）、
棕榈酸（4.63%）、石竹烯氧化物（3.80%）、(-)- 斯巴醇
（3.07%）、石竹烯（2.67%）、7,11- 二甲基 -3- 甲烯基 -1,6,10-
十二碳三烯（2.21%）、6,10,14- 三甲基 -2- 十五酮（2.00%）、
[1S-(1α,5α,6β)]-2,7,7- 三甲基 - 双环 [3.1.1]-2- 庚烯 -6- 醇 - 乙酸
酯（1.86%）、4-(2,2,6- 三甲基 - 双环 [4.1.0] 庚烯 -1- 基)– 丁烷 -2-

酮（1.59%）、(1S-顺)-1,2,3,5,6,8a-六氢-4,7-二甲基-1-(1-甲基乙基)-萘（1.48%）、7R,8R-8-羟基-4-异亚丙基-7-甲基双环[5.3.1]十一烷-1-烯（1.34%）、(E)-长蒎烷（1.24%）、3,7,11-三甲基-1,6,10-十二碳三烯-3-醇（1.16%）、胡椒烯（1.14%）、6-异烯丙基-4,8a-二甲基-1,2,3,5,6,7,8,8a-八氢萘-2-醇（1.14%）、(Z,Z)-9,12-十八碳二烯酸（1.10%）、α-杜松醇（1.05%）、(E,E)-3,7,11-三甲基-2,6,10-十二碳三烯-1-醇-乙酸酯（1.05%）等。

【利用】岭南民间用根入药，可祛风湿，用于风湿关节痛、胃脘冷痛。叶药用，有祛风湿、消肿毒的功效，用于风寒感冒、小儿惊风、痈疽疔疮。可作为观叶植物盆栽观赏或地栽用于绿化；还常用于制作各种不同造型的树桩盆景；广泛用于园林绿化、盐碱地改造等。

🌸 狗舌草

Tephroseris kirilowii (Turcz. ex DC.) Holub

菊科　狗舌草属

分布：黑龙江、辽宁、吉林、内蒙古、河北、山西、山东、河南、陕西、甘肃、湖北、湖南、四川、贵州、江苏、浙江、安徽、江西、福建、广东、台湾

【形态特征】多年生草本。茎高20～60 cm。基生叶数个，莲座状，长圆形或卵状长圆形，长5～10 cm，宽1.5～2.5 cm，顶端钝，具小尖，基部楔状至渐狭成具翅叶柄，两面被绒毛；茎叶向上渐小，下部叶倒披针形或倒披针状长圆形，钝至尖，基部半抱茎，上部叶小，披针形，苞片状，顶端尖。头状花序径1.5～2 cm，3～11个排列多少伞形状顶生伞房花序。总苞近圆柱状钟形；总苞片18～20个，披针形或线状披针形，绿色或紫色，草质，具狭膜质边缘。舌状花13～15；舌片黄色，长圆形，顶端钝，具3细齿。管状花多数，花冠黄色，长约8 mm。瘦果圆柱形，长2.5 mm，被密硬毛。冠毛白色。花期2～8月。

【生长习性】常生于草地山坡或山顶阳处，海拔250～2000 m。

【芳香成分】周顺玉等（2011）用水蒸气蒸馏法提取的河南信阳产狗舌草阴干全草精油的主要成分为：(E)-7,11-二甲基-3-亚甲基-1,6,10-十二碳三烯（27.37%）、[3aS-(3aα,3bβ,4β,7α,7aS*)]-八氢-7-甲基-3-亚甲基-4-(1-甲基乙基)-1H-环戊[1,3]环丙[1,2]苯（25.25%）、2,6-二甲基-6-(4-甲基-3-

戊烯基)-二环[3.1.1]庚-2-烯（18.36%）、石竹烯（10.27%）、α-金合欢烯（6.50%）、α-石竹烯（2.82%）、α-荜澄茄烯（1.28%）二十烷（1.10%）等。

【利用】全草药用，有小毒，有清热解毒、利尿的功效，用于肺脓疡、尿路感染、小便不利、白血病、口腔炎、疔肿。

🌸 阿尔泰狗娃花

Heteropappus altaicus (Willd.) Novopokr.

菊科　狗娃花属

别名：阿尔泰紫菀、燥原蒿、铁杆蒿

分布：新疆、内蒙古、青海、四川及西北、东北、华北各地区

【形态特征】多年生草本。高20～100 cm。下部叶条形或矩圆状披针形、倒披针形或近匙形，长2.5～10 cm，宽0.7～1.5 cm，全缘或有疏浅齿；上部叶渐狭小，条形；全部叶被毛，常有腺点。头状花序直径2～4 cm，单生枝端或排成伞房状。总苞半球形，径0.8～1.8 cm；总苞片2～3层，矩圆状披针形或条形，草质，被毛，常有腺，边缘膜质。舌状花约20个有微毛；舌片浅蓝紫色，矩圆状条形；管状花长5～6 mm。瘦果扁有疏毛，倒卵状矩圆形，长2～2.8 mm，宽0.7～1.4 mm，灰绿色或浅褐色，被绢毛，上部有腺。冠毛污白色或红褐色，长4～6 mm，有不等长的微糙毛。花果期5～9月。

【生长习性】生于草原、荒漠地、沙地及干旱山地，海拔从滨海到4000 m。耐寒、耐干旱、耐瘠，适应能力强。

【精油含量】水蒸气蒸馏干燥全草的得油率为0.73%～0.80%。

【芳香成分】赵云荣等（2009）用水蒸气蒸馏法提取的河南焦作产阿尔泰狗娃花全草精油的主要成分为：大根香叶烯（20.14%）、乙酸乙酯（7.62%）、石竹烯（7.29%）、1,1,4,7-四甲基-八氢化-1氢-环丙基薁（7.18%）、β-蒎烯（5.40%）、β-水芹烯（3.77%）、甲酸乙酯（3.65%）、(-)-斯巴醇（3.42%）、萜二烯（3.02%）、2-异丙基-5-甲基-9-亚甲基-双环[4.4.0]癸-1-希（2.22%）、乙酸-1,7,7-三甲基-双环[2.2.1]庚-2-酯（2.21%）、2,3,5,6,8a-六氢-4,7-二甲基-1-异丙基-[1S-顺]萘（1.72%）、2,3,4,4a,5,6,8a-八氢-7-甲基-4-亚甲基-1-异丙基-(1α,4aα,8aα)萘（1.67%）、石竹烯氧化物（1.64%）、(+)-表双环倍半菲兰希（1.46%）、7,11-二甲基-3-亚甲基-1,6,10-癸三烯（1.40%）、乙烯基-6-甲基-1-异丙基-3-(1-甲基-亚乙烯基)-[S]-环己烯（1.39%）、2-甲基萘（1.38%）、4-甲基-1-异丙基-双环[3.1.0]己-2-烯（1.25%）、β-香叶烯（1.20%）、1,2,3,4,4a,5,6,8a-八氢-7-甲基-4-亚甲基-1-异丙基-(1α,4aβ,8aα)萘（1.14%）、1R-α-蒎烯（1.07%）、1,5,5-三甲基-6-亚甲基-环己烷（1.01%）等。

【利用】全草及根入药，全草能清热降火、排脓；根能润肺止咳。嫩叶可作蔬菜食用。

🌸 鬼针草
Bidens pilosa Linn.

菊科　鬼针草属

别名：三叶鬼针草、虾钳草、蟹钳草、对叉草、粘人草、粘连子、一包针、引线包、豆渣草、豆渣菜、盲肠草、毛针草、细毛针草、白花鬼针草、婆婆针

分布：华中、华东、华南、西南各地区

【形态特征】一年生草本，高30～100 cm，钝四棱形。茎下部叶较小，3裂或不分裂，中部叶三出，小叶3枚，两侧小叶椭圆形或卵状椭圆形，长2～4.5 cm，宽1.5～2.5 cm，先端锐尖，基部近圆形或阔楔形，有时偏斜，边缘有锯齿，顶生小叶较大，长椭圆形或卵状长圆形，上部叶小，3裂或不分裂，条状披针形。头状花序直径8～9 mm。总苞基部被短柔毛，苞片7～8枚，条状匙形，草质，外层披针形，干膜质，背面褐色，具黄色边缘，内层条状披针形。无舌状花，盘花筒状。瘦果黑色，条形，略扁，具棱，长7～13 mm，宽约1 mm，上部具稀疏瘤状突起及刚毛，顶端芒刺3～4枚，具倒刺毛。

【生长习性】生于路边、荒野。喜温暖湿润气候。以疏松肥沃、富含腐殖质的砂质壤土、黏壤土栽培为宜。

【精油含量】水蒸气蒸馏茎的得油率为0.12%，叶的得油率为0.06%～0.81%，新鲜地上部分的得油率为0.17%，新鲜花的得油率为0.10%，花果的得油率为1.21%；有机溶剂萃取新鲜叶的得油率为1.08%～3.15%。

【芳香成分】茎：秦军等（2003）用同时蒸馏萃取法提取的贵州贵阳产鬼针草茎精油的主要成分为：(Z)-1,11-十三二烯-3,5,7,9-四炔（19.41%）、反式-石竹烯（16.62%）、β-荜澄茄油烯（11.73%）、蒎烯（8.69%）、大牻牛儿烯-D（5.52%）、反式-β-法呢烯（4.70%）、β-侧柏烯（4.27%）、棕榈酸（3.81%）、β-波旁老鹳草烯（3.29%）、反式-3-己烯-1-醇（3.27%）、反式-2-己烯醛（1.84%）、1-十五烯（1.51%）、顺式-3-己烯-1-醇（1.37%）、大牻牛儿烯B（1.22%）、δ-杜松烯（1.20%）、α-荜草烯（1.16%）等。

叶：秦军等（2003）用同时蒸馏萃取法提取的贵州贵阳产鬼针草叶精油的主要成分为：(Z)-1,11-十三二烯-3,5,7,9-四炔（37.16%）、大牻牛儿烯-D（18.50%）、反式-石竹烯（16.27%）、β-荜澄茄油烯（3.72%）、大牻牛儿烯B（3.19%）、α-葎草烯（2.54%）、β-波旁老鹳草烯（2.11%）、δ-杜松烯（1.83%）、反式-β-法呢烯（1.71%）、双环榄香烯（1.62%）、反式-2-己烯醛（1.60%）、α-杜松醇（1.06%）等。惠阳等（2017）用水蒸气蒸馏法提取的海南海口产鬼针草新鲜叶精油的主要成分为：苯基-1,3,5-庚三炔（62.16%）、石竹烯（6.42%）、大根香叶烯D（6.12%）、(S)-(+)-2-戊醇（2.49%）、荜澄茄油烯（2.19%）、苯酚（2.06%）、石竹素（1.76%）、α-石竹烯（1.49%）、叶绿醇（1.38%）、α-荜澄茄醇（1.19%）等。

全草：李洪芹等（2011）用水蒸气蒸馏法提取的山东菏泽产鬼针草干燥全草精油的主要成分为：2,6,6-三甲基-二环[3.1.1]庚-2-烯-4-醇-醋酸酯（36.29%）、棕榈酸（6.30%）、3,4-二甲基-3-环己烯-1-甲醛（5.76%）、6,10,14-三甲基-2-十五烷酮（4.06%）、石竹烯氧化物（4.00%）、[S-(E,E)]-1-甲基-5-亚甲基-8-(1-甲基乙基)-1,6-环癸二烯（2.77%）、α-石竹烯（2.30%）、(1S)-3,7,7-三甲基-双环[4.1.0]庚-3-烯（2.29%）、脱氢香薷酮（2.29%）、2-亚甲基茨烷（2.03%）、[2R-(2α,4aα,8aβ)]-1,2,3,4,4a,5,6,8a-八氢-4a,8-二甲基-2-(1-甲基乙烯基)-萘（2.02%）、[1S-(1α,2β,4β)]-1-乙烯基-1-甲基-2,4-双（1-甲基乙烯基)-环己烷（1.88%）、3-溴甲基-3-三甲基-2,6,6-环己烯（1.59%）、石竹烯（1.50%）、(1S-顺式)-1,2,3,5,6,8a-六氢-4,7-二甲基-1-(1-甲基乙基)-萘（1.47%）、1,2,4a,5,6,8a-六氢-4,7-二甲基-1-(1-甲基乙基)-萘（1.44%）、1R-α-蒎烯（1.26%）、可巴烯（1.26%）、(1α,4aα,8aα)-1,2,3,4,4a,5,6,8a-八氢-7-甲基-4-亚甲基-1-(1-甲基乙基)-萘（1.06%）等。惠阳等（2017）用水蒸气蒸馏法提取的海南海口产鬼针草新鲜地上部分精油的主要成分为：苯基-1,3,5-庚三炔（55.82%）、(S)-(+)-2-戊醇（9.57%）、石竹烯（5.51%）、大根香叶烯D（5.19%）、叶醇（1.89%）、荜澄茄油烯（1.64%）、石竹素（1.60%）、桉油烯醇（1.41%）、α-石竹烯（1.07%）、α-荜澄茄醇（1.06%）等。

花：秦军等（2003）用同时蒸馏萃取法提取的贵州贵阳产鬼针草花精油的主要成分为：(Z)-1,11-十三二烯-3,5,7,9-四炔（24.28%）、大牻牛儿烯-D（17.81%）、反式-石竹烯（15.68%）、β-荜澄茄油烯（6.17%）、α-蒎烯（5.36%）、β-侧柏烯（4.86%）、大牻牛儿烯B（2.62%）、δ-杜松烯（2.54%）、反式-β-法呢烯（2.14%）、α-葎草烯（2.07%）、β-波旁老鹳草烯（1.60%）、反式-β-罗勒烯（1.30%）、α-杜松醇（1.12%）等。惠阳等（2017）用水蒸气蒸馏法提取的海南海口产鬼针草新鲜花精油的主要成分为：苯基-1,3,5-庚三炔（51.84%）、(S)-(+)-2-戊醇（10.41%）、石竹烯氧化物（6.19%）、邻苯二甲酸单（2-乙基己基）酯（3.18%）、石竹烯（3.04%）、大根香叶烯D（1.28%）、环氧化蛇麻烯（1.25%）、α-石竹烯（1.13%）等。

【利用】 全草为民间常用草药，有清热解毒、散瘀活血的功效，主治上呼吸道感染、咽喉肿痛、急性阑尾炎、急性黄疸型肝炎、胃肠炎、风湿关节疼痛、疟疾；外用治疮疖、毒蛇咬伤、跌打肿痛。嫩茎叶可作蔬菜食用。

🌼 金盏银盘
Bidens biternata (Lour.) Merr. et Sherff

菊科　鬼针草属
别名：鬼针草
分布：华南、华东、华中、西南及河北、山西、辽宁等地区

【形态特征】 一年生草本。高30~150 cm，略具四棱。叶为一回羽状复叶，顶生小叶卵形至卵状披针形，长2~7 cm，宽1~2.5 cm，先端渐尖，基部楔形，边缘具锯齿，两面被柔毛；侧生小叶1~2对，卵形或卵状长圆形，通常不分裂。头状花序直径7~10 mm。总苞基部有短柔毛，外层苞片8~10枚，草质，条形，先端锐尖，背面密被短柔毛，内层苞片长椭圆形或长圆状披针形，背面褐色，有深色纵条纹，被短柔毛。舌状花通常3~5朵，舌片淡黄色，长椭圆形，先端3齿裂，或有时无舌状花；盘花筒状。瘦果条形，黑色，长9~19 mm，宽1 mm，具四棱，两端稍狭，多少被小刚毛，顶端芒刺3~4枚，具倒刺毛。

【生长习性】 生于路边、村旁及荒地中。喜长于温暖湿润气候区，以疏松肥沃、富含腐殖质的砂质壤土及黏壤土为宜。

【精油含量】 水蒸气蒸馏干燥全草的得油率为0.16%。

【芳香成分】 李洪芹等（2011）用水蒸气蒸馏法提取的山东菏泽产金盏银盘干燥全草精油的主要成分为：4-甲基-2-苯并

塞唑（33.26%）、棕榈酸（13.63%）、石竹烯氧化物（9.49%）、S-(E,E)]-1-甲基-5-亚甲基-8-(1-甲基乙基)-1,6-环癸二烯（8.24%）、6,10,14-三甲基-2-十五烷酮（6.09%）、1,2-苯二甲酸，双（2-甲基丙基）酯（5.55%）、[1S-(1α,5α,6β)]-2,7,7-三甲基-二环[3.1.1]庚-2-烯-6-醇-醋酸酯（4.77%）、(+)-八氢-4,8,8,9-四甲基-1,4-亚甲基薁-7(1H)-酮（4.42%）、(E)-6-(2-丁烯基)-1,5,5-三甲基环己烯（2.26%）、[1S-(1α,2β,4β)]-1-乙烯基-1-甲基-2,4-双（1-甲基乙烯基)-环己烷（1.99%）、2,6,6-三甲基-二环[3.1.1]庚烷（1.91%）、别香树烯氧化物-(1)（1.66%）、α-石竹烯（1.41%）、[1S-(1α,4aβ,8aα)]-1,2,4a,5,8,8a-六氢-4,7-二甲基-1-1-甲基乙基)-萘（1.21%）、甲苯（1.18%）等。

【利用】全草入药，有清热解毒、散瘀活血的功效，主治上呼吸道感染、咽喉肿痛、急性阑尾炎、急性黄疸型肝炎、胃肠炎、风湿关节疼痛、疟疾；外用治疮疖、毒蛇咬伤、跌打肿痛。

【精油含量】水蒸气蒸馏干燥全草的得油率为0.02%～0.11%。

【芳香成分】刘春生等（1993）用水蒸气蒸馏法提取的北京产狼杷草干燥全草精油的主要成分为：十六烷酸（14.66%）、石竹烯氧化物（9.69%）、正十七烷（3.22%）、反式-石竹烯（3.10%）、乙酸栊牛儿苗酮（2.53%）、亚油酸（2.26%）、十七烷酸（2.25%）、β-桉叶醇（2.12%）、十九碳烷（1.99%）、六氢金合欢酮（1.77%）、正二十碳烷（1.76%）、十五烷醛（1.60%）、棕榈酸甲酯（1.40%）、葎草烯（1.38%）、对-聚伞花素（1.29%）、β-紫罗兰酮（1.21%）、δ-荜澄茄烯（1.17%）、β-甜没药烯（1.11%）等。

【利用】全草入药，有清热解毒的功效，主治感冒、扁桃体炎、咽喉炎、肠炎、痢疾、肝炎、泌尿系感染、肺结核盗汗、闭经；外用治疖肿、湿疹、皮癣。是一种低等牧草，青干草或霜打后的枯草可饲喂牛、羊、马、骆驼，加工成干草粉，可作配合饲料的原料。可作绿肥植物用。嫩苗或嫩叶可作蔬菜食用。

❀ 狼杷草

Bidens tripartita Linn.

菊科　鬼针草属
别名：豆渣菜、郎耶菜、鬼叉、鬼针、鬼刺、夜叉头
分布：东北、华北、华东、华中、西南及陕西、甘肃、新疆等地区

【形态特征】一年生草本。高20～150 cm。叶对生，下部叶较小，不分裂，边缘具锯齿，中部叶柄有狭翅；叶片长4～13 cm，长椭圆状披针形，常3～5深裂，两侧裂片披针形至狭披针形，顶生裂片较大，披针形或长椭圆状披针形，边缘具疏锯齿，上部叶较小，披针形。头状花序单生茎枝端，直径1～3 cm。总苞盘状，外层苞片5～9枚，条形或匙状倒披针形，具缘毛，叶状，内层苞片长椭圆形或卵状披针形，膜质，褐色；托片条状披针形，有褐色条纹。无舌状花，全为筒状两性花，花冠长4～5 mm，冠檐4裂。瘦果扁，楔形或倒卵状楔形，长6～11 mm，宽2～3 mm，边缘有倒刺毛，顶端芒刺常2枚，两侧有倒刺毛。

【生长习性】生于路边荒野及水边湿地，常生长在稻田边，是常见杂草。属湿生性广布植物。温带、亚热带气候下的湿生、浅水域条件均能适应其生长。喜酸性至中性土壤，也能耐盐碱。适应性强，喜温暖潮湿环境。

❀ 婆婆针

Bidens bipinnata Linn.

菊科　鬼针草属
别名：刺针草、刺儿鬼、叉婆子、豆渣菜、跟人走、鬼钗草、鬼针草、鬼黄花、鬼蒺藜、鬼骨针、鬼菊、擂钻草、粘身草、粘花衣、盲肠草、清胃草、山东老鸦草、山虱母、索人衣、眺虱草、脱力草、乌藤菜、引线包、针包草、咸丰草、小鬼针、一把针、一包针、家脱力草
分布：东北、华北、华东、华中、华南、西南及陕西、甘肃各地

【形态特征】一年生草本。高30～120 cm。叶对生，长5～14 cm，二回羽状分裂，第一次分裂深达中肋，小裂片三角状或菱状披针形，具1～2对缺刻或深裂，顶生裂片狭，先端渐尖，边缘有粗齿，两面被疏柔毛。头状花序直径6～10 mm。总苞杯形，外层苞片5～7枚，条形，草质，先端钝，被短柔毛，内层苞片膜质，花后为狭披针形，背面褐色，被短柔毛，具黄色边缘；托片狭披针形。舌状花常1～3朵，不育，舌片黄色，椭圆形或倒卵状披针形，先端全缘或具2～3齿，盘花筒状，黄色，冠檐5齿裂。瘦果条形，略扁，具3～4棱，长

12～18 mm，宽约1 mm，具瘤状突起及小刚毛，顶端芒刺3～4枚，具倒刺毛。

【生长习性】生于村旁、路边及荒地中。

【精油含量】水蒸气蒸馏干燥全草的得油率为0.09%～0.16%。

【芳香成分】叶：秦红岩等（1997）用水蒸气蒸馏法提取的山东济南产婆婆针叶精油的主要成分为：十六酸（17.96%）、8,10,14-三甲基十五酮-2（15.67%）、十五酸（8.61%）、叶绿醇（5.45%）、三十六烷（4.68%）、二十二烷（4.34%）、肉豆蔻酸（3.76%）、2,4-己二烯醇（1）（3.67%）、2-丁基四氢呋喃（3.27%）、2-甲基-2-甲氧基丁烷（3.24%）、4-甲基-2,2,2-双环辛烷（2.95%）、2,6,6,9-四甲基-三环[5.4.0.0^{2,8}]-十一烯（2.79%）、1,4-苯二胺（2.77%）、依兰烯（2.68%）、二十烷（2.43%）、4,4-螺旋壬烷酮-2（2.28%）、1-羟基-4,5-二甲基-9,10-异丙叉△6(7)-三环倍半萜（2.03%）、十六烷（2.03%）、十七烷（1.85%）、十八碳-9,10-二烯酸（1.66%）、2,5-二甲基呋喃（1.17%）等。

全草：李洪芹等（2011）用水蒸气蒸馏法提取的干燥全草精油的主要成分为：棕榈酸（73.08%）、(Z,Z)-9,12-十八碳二烯酸（14.62%）、6,10,14-三甲基-2-十五烷酮（4.76%）、(Z)-3-甲基-2-(2-戊烯基)-2-环戊烯-1-酮（2.07%）、3-甲基己烷（1.22%）、丙酸乙酯（1.18%）、甲苯（1.12%）等。

【利用】全草入药，有清热解毒、散瘀活血的功效，主治上呼吸道感染、咽喉肿痛、急性阑尾炎、急性黄疸型肝炎、胃肠炎、风湿关节疼痛、疟疾；外用治疮疖、毒蛇咬伤、跌打肿痛。

❁ 小花鬼针草
Bidens parviflora Willd.

菊科　鬼针草属

别名：细叶刺针草、小刺叉、小鬼叉、锅叉草、一包针

分布：东北、华北、西南及山东、河南、陕西、甘肃等地

【形态特征】一年生草本。茎高20～90 cm。叶对生，长5～10 cm，2～3回羽状分裂，第一次分裂深达中肋，小裂片具1～2个粗齿或再羽裂，最后一次裂片条形或条状披针形，宽约2 mm，先端锐尖，边缘稍向上反卷，叶面被短柔毛，上部叶互生，二回或一回羽状分裂。头状花序单生茎端及枝端。总苞筒状，基部被柔毛，外层苞片4～5枚，草质，条状披针形，边缘被疏柔毛，内层苞片常仅1枚，托片状。托片长椭圆状披针形，膜质，具狭而透明的边缘。无舌状花，盘花两性，6～12朵，花冠筒状，冠檐4齿裂。瘦果条形，略具4棱，长13～16 cm，宽1 mm，两端渐狭，有小刚毛，顶端芒刺2枚，有倒刺毛。

【生长习性】生于山坡湿地、多石质山坡、沟旁、耕地旁、荒地及盐碱地。喜长于温暖湿润气候区，以疏松肥沃、富含腐殖质的砂质壤土及黏质土为宜。

【精油含量】水蒸气蒸馏干燥全草的得油率为0.09%～0.12%。

【芳香成分】李洪芹等（2011）用水蒸气蒸馏法提取的山东菏泽产小花鬼针草干燥全草精油的主要成分为：[2R-(2α,4aα,8aβ)]-十氢-α,α,4a-三甲基-8-亚甲基-2-萘甲醇（34.98%）、[S-(E,E)]-1-甲基-5-亚甲基-8-(1-甲基乙基)-1,6-环癸二烯（12.28%）、(2R-顺式)-1,2,3,4,4a,5,6,7-八氢-α,α,4a,8-四甲基-2-萘甲醇（6.70%）、棕榈酸（5.67%）、[2R-(2α,4aα,8aβ)]-1,2,3,4,4a,5,6,8a-八氢-4a,8-二甲基-2-(1-甲基乙烯基)-萘（3.41%）、石竹烯氧化物（2.46%）、4,11,11-三甲基-8-亚甲基-二环[7.2.0]十一碳-4-烯（2.09%）、(-)-斯巴醇（1.91%）、[1R-(1α,3α,4β)]-4-乙烯基-α,α,4-三甲基-3-(1-甲基乙烯基)-环己基甲醇（1.70%）、α-金合欢烯（1.37%）、(1S-顺式)-1,2,3,5,6,8a-六氢-4,7-二甲基-1-(1-甲基乙基)-萘（1.37%）、[1S-(1α,2β,4β)]-1-乙烯基-1-甲基-2,4-双（1-甲基乙烯基)-环己烷（1.14%）、6,10-二甲基-3-(1-甲基亚乙基)-1-环癸烯（1.09%）等。

【利用】全草入药，有清热解毒、活血散瘀的功效，主治感冒发热、咽喉肿痛、肠炎、阑尾炎、痔疮、跌打损伤、冻疮、毒蛇咬伤。

🌸 阿坝蒿
Artemisia abaensis Y. R. Ling et S. Y. Zhao

菊科 蒿属
分布： 青海、甘肃、四川等地

【形态特征】多年生草本。茎高可达1 m或更长，具纵棱，分枝多；茎、枝密被长柔毛与细绵毛。叶纸质，叶面微被蛛丝状柔毛，偶具白色腺点，叶背密被蛛丝状绵毛；茎中部叶长卵形或椭圆形，长6～8 cm，宽3.5～4.5 cm，二回羽状分裂，第一回近全裂，每侧有裂片4～6枚，裂片椭圆形，全缘或偶有1～2枚小锯齿，中轴具狭翅，叶柄基部具假托叶；上部叶1～2回羽状深裂；苞片叶披针形。头状花序小，长卵形或长圆形，直径1.5～2 mm，在小枝上排成穗状或复穗状花序，组成具多级分枝的圆锥花序；总苞片3～4层，被蛛丝状短柔毛，外层总苞片狭卵形，内层总苞片半膜质，卵形；雌花2～5朵，花冠狭管状，紫色；两性花4～8朵，花冠管状，檐部紫色。瘦果小，倒卵形，具细纵纹。花果期8～10月。

【生长习性】生于海拔2600～3000 m的湖边、沟边及路旁。耐阴植物。

【精油含量】水蒸气蒸馏阴干全草的得油率为0.30%。

【芳香成分】朱亮锋等（1993）用水蒸气蒸馏法提取的四川松潘南萍产阿坝蒿阴干全草精油的主要成分为：樟脑（15.48%）、1,8-桉叶油素（8.47%）、蒿酮（5.93%）、丁酸-3-己烯酯（5.11%）、龙脑（3.14%）、杜松醇（2.38%）、β-桉叶醇（2.18%）、2,5,5-三甲基-1,2,6-庚三烯（1.40%）、2,6-二亚甲基-7-辛烯-3-酮（1.28%）、松油醇-4（1.26%）、间伞花烃（1.00%）、β-芹子烯（1.00%）等。

阿克塞蒿

Artemisia aksaiensis Y. R. Ling

菊科　蒿属

分布：甘肃

【形态特征】半灌木状草本。茎丛生，高40 cm或更长。叶纸质，上面有小凹点；茎中下部叶卵圆形，长2~2.5 cm，宽1.5~2 cm，2~3回栉齿状的羽状全裂，每侧有裂片3~4枚，每裂片再次羽状全裂，小裂片长2~4 mm，宽1~1.5 mm，先端钝，具小尖头；假托叶明显；上部叶与苞片叶1~2回羽状全裂，小裂片小，椭圆形或长卵形或略呈栉齿状。头状花序半球形或近球形，直径5~8 mm，具线形小苞叶，小枝上成穗状式总状花序，枝上成复总状花序，茎上成多分枝的圆锥花序；总苞片3~4层，外层披针形或卵形，中、内层卵形；雌花6~11朵，花冠狭管状；两性花12~18朵，花冠管状。瘦果倒卵形。花果期8~10月。

【生长习性】生于海拔3100~3800 m的坡地上。

【精油含量】水蒸气蒸馏全草的得油率为0.36%。

【芳香成分】朱亮锋等（1993）用水蒸气蒸馏法提取的甘肃阿克塞哈萨产阿克塞蒿全草精油的主要成分为：1,8-桉叶油素（19.29%）、樟脑（15.03%）、松油醇-4（6.17%）、α-侧柏酮（5.44%）、3,6,6-三甲基-2-降蒎醇（2.18%）、β-荜澄茄烯（2.10%）、蒿酮（1.31%）、辣薄荷酮（1.31%）、香豆素（1.20%）、龙脑（1.13%）、γ-榄香烯（1.10%）等。

矮蒿

Artemisia lancea Van.

菊科　蒿属

别名：牛尾蒿、小艾、野艾蒿、细叶艾、小蓬蒿、滨蒿

分布：黑龙江、吉林、辽宁、内蒙古、河北、山西、陕西、甘肃、山东、江苏、浙江、安徽、江西、福建、台湾、河南、湖北、湖南、广东、广西、四川、云南、贵州等地

【形态特征】多年生草本。茎高80~150 cm，具细棱，褐色或紫红色；叶背密被蛛丝状毛；基生叶与茎下部叶卵圆形，长3~6 cm，宽2.5~5 m，二回羽状全裂，每侧有裂片3~4枚，小裂片线状披针形或线形；中部叶长卵形或椭圆状卵形，长1.5~3 cm，宽1~2.5 cm，1~2回羽状全裂，每侧裂片2~3枚，

裂片披针形或线状披针形，先端锐尖，边外卷；成假托叶上部叶与苞片叶5或3全裂或不分裂，披针形或线状披针形。头状花序多数，卵形或长卵形，直径1~1.5 mm，枝上成穗状花序或复穗状花序，茎上成圆锥花序；总苞片3层，覆瓦状排列外层小，狭卵形，中、内层长卵形或倒披针形；雌花1~3朵花冠狭管状，紫红色；两性花2~5朵，花冠长管状，檐部紫红色。瘦果小，长圆形。花果期8~10月。

【生长习性】生于低海拔至中海拔地区的林缘、路旁、荒坡及疏林下，最高海拔1400 m。

【精油含量】水蒸气蒸馏全草的得油率为0.41%，干燥叶的得油率为0.29%。

【芳香成分】叶：吴怀恩等（2008）用水蒸气蒸馏法提取的广西合浦产矮蒿干燥叶精油的主要成分为：(+)-表二环倍半水芹烯（39.71%）、[1aR-(1aα,4aα,7β,7aβ,7bα)]-十氢-1,1,7-三甲基-4-亚甲基-1H-环丙基[e]薁-7-醇（8.93%）、植醇（7.35%）、长叶马鞭烯酮（4.45%）、石竹烯（3.76%）、大根香叶烯D（2.98%）、[1R-(1R*,3E,7E,11R*)]-1,5,5,8-四甲基-12-氧杂二环[9.1.0]-3,7-十二碳二烯（2.55%）、(1S-内切)-1,7,7-三甲基-二环[2.2.1]-2-庚醇（2.38%）、2,6-二甲基-6-(4-甲基-3-戊烯基)二环[3.1.1]-2-庚烯（1.47%）、α-石竹烯（1.40%）、(+)-氧代-α依兰烯（1.36%）、6,10,14-三甲基-2-十五烷酮（1.13%）、1-甲基-1-乙烯基-2,4-二（1-甲基乙烯基)-环己烷（1.04%）等。尤志勉等（2013）用同法分析的浙江永嘉产矮蒿干燥叶精油的主要成分为：合成右旋龙脑（16.33%）、右旋樟脑（10.11%）、β-瑟林烯（6.63%）、β-石竹烯（5.27%）、β-环氧石竹烷（4.64%）、β-桉叶醇（3.67%）、异戊酸龙脑酯（3.37%）、樟脑（2.92%）、DL-1,7,7-三甲基二环[2.2.1]庚-2-酮（2.66%）、L-乙酸冰片酯（2.30%）、α-姜黄烯（2.00%）、桉树醇（1.96%）等。

全草：朱亮锋等（1993）用水蒸气蒸馏法提取的四川金佛山产矮蒿全草精油的主要成分为：1,8-桉叶油素（28.71%）、樟脑（25.23%）、龙脑（16.33%）、7-辛烯-4-醇（3.04%）、β-芹子醇（1.76%）、松油醇-4（1.64%）、α-松油醇（1.32%）、β-石竹烯（1.32%）、马鞭草烯酮（1.06%）等。

【利用】叶在民间作艾与茵陈代用品，有小毒，有散寒、温经、止血、安胎、清热、祛湿、消炎、驱虫的功效，用于小腹冷痛、月经不调、宫冷不孕、吐血、衄血、崩漏、妊娠下血、皮肤瘙痒。根用于淋症。

艾

Artemisia argyi Levl. et Van.

菊科　蒿属

别名：艾蒿、艾叶、艾绒、艾蓬、阿及艾、白蒿、白艾、白陈艾、冰台、陈艾、大叶艾、大艾、香艾、黄草、家艾、家陈艾、蕲艾、医草、甜艾、灸草、海艾、祁艾、五月艾、野艾、红艾、火艾

分布：我国各地

【形态特征】多年生草本或略成半灌木状，有浓烈香气。高80~250 cm，有明显纵棱；茎、枝均被灰色蛛丝状柔毛。叶片纸质，叶面被灰白色短柔毛，有白色腺点与小凹点，叶背密被灰白色蛛丝状密绒毛；茎下部叶近圆形或宽卵形，羽状深裂每侧具裂片2~3枚，裂片椭圆形，有2~3枚小裂齿；中部

形或近菱形，长5~8 cm，宽4~7 cm，1~2回羽状深裂至半裂，每侧裂片2~3枚；上部叶与苞片叶羽状半裂、浅裂或不分裂。头状花序椭圆形，直径2.5~3.5 mm，在枝上成小型的穗状花序或复穗状花序，茎上成圆锥花序；总苞片3~4层，覆瓦状排列；雌花6~10朵，花冠狭管状，紫色；两性花8~12朵，花冠管状或高脚杯状，外面有腺点，檐部紫色。瘦果长卵形或长圆形。花果期7~10月。

【生长习性】生于低海拔至中海拔地区的荒地、路旁、河边、草地及山坡等地，也见于森林草原及草原地区。适应性强，只要是向阳而排水顺畅的地方都生长，以湿润肥沃的土壤生长较好。

【精油含量】水蒸气蒸馏嫩茎的得油率为0.18%~0.59%，叶片的得油率为0.08%~2.30%，全草的得油率为0.25%~2.10%，花的得油率为0.56%~0.95%；超临界萃取叶的得油率为0.53%~3.75%，全草的得油率为7.22%；有机溶剂萃取叶的得油率为0.37%~2.08%，全草的得油率为0.20%~3.32%；微波联合纤维素酶萃取干燥叶的得油率为3.61%。

【芳香成分】茎：许俊洁等（2015）用水蒸气蒸馏法提取的湖北蕲春6月采收的艾茎精油的主要成分为：罗勒烯（11.41%）、侧柏酮（10.69%）、4-蒈烯（7.95%）、D2-蒈烯（6.61%）、萜品油烯（5.33%）、桉油精（4.31%）、乙酸冰片酯（4.27%）、顺胡椒醇（4.10%）、1,4,5,8-四甲基萘（3.91%）、d-杜松烯（3.47%）、跨胡椒醇（3.29%）、顺式-β-松油醇（3.28%）、4-(1-甲基乙烯基)-1-环己烯-1-甲醛（3.14%）、顺式香芹醇（2.88%）、4-甲基苄醇（2.64%）、反式辣薄荷醇（2.36%）、b-侧柏烯（1.28%）、苯乙醛（1.21%）等；9月采收的茎精油的主要成分为：d-杜松烯（21.81%）、D2-蒈烯（18.56%）、侧柏酮（9.46%）、大根香叶烯D（6.91%）、α-水芹烯（4.51%）、桉油精（3.32%）、顺胡椒醇（2.47%）、反式辣薄荷醇（2.46%）、3-辛醇（2.01%）、1-石竹烯（1.63%）、异胡薄荷醇（1.58%）、崖柏酮（1.33%）、顺式-β-松油醇（1.20%）、邻异丙基甲苯（1.15%）等。黎文炎等（2017）分析的湖北恩施野生'蕲艾'干燥茎精油的主要成分为：氧化石竹烯（23.87%）、棕榈酸（22.48%）、β-石竹烯（10.28%）、甲苯（4.39%）、亚麻酸甲酯（4.23%）、

十八碳-9,12,15-三烯酸（4.09%）、樟脑（2.91%）、母菊薁（2.27%）、荜草烯氧化物Ⅱ（2.10%）、6,10,14-三甲基-2-十五烷酮（1.84%）、植酮（1.84%）、δ-杜松烯（1.68%）、香叶烯（1.39%）、桉叶油醇（1.19%）、苯（1.05%）、佛术烯（1.00%）、角鲨烯（酸）（1.00%）等。

叶：许俊洁等（2015）用水蒸气蒸馏法提取的湖北蕲春产艾叶精油的主要成分为：桉油精（18.36%）、樟脑（7.28%）、1-石竹烯（6.85%）、冰片（6.71%）、侧柏酮（6.39%）、崖柏酮（5.26%）、合成右旋龙脑（4.47%）、氧化石竹烯（4.39%）、4-萜品醇（3.21%）、大根香叶烯D（3.13%）、丁香油酚（2.48%）、4-萜烯醇（2.33%）、异戊酸龙脑酯（2.15%）、邻异丙基甲苯（2.12%）、萜品烯（2.03%）、桃金娘烯醇（1.64%）、萜品油烯（1.59%）、4-蒈烯（1.51%）、(+)-α-蒎烯（1.35%）、3-辛醇（1.33%）、D2-蒈烯（1.30%）、α-水芹烯（1.21%）、罗勒烯（1.17%）、4-(1-甲基乙烯基)-1-环己烯-1-甲醛（1.08%）、反式香芹醇（1.06%）、紫苏醇（1.05%）、顺胡椒醇（1.02%）等。李玲等（2012）分析的安徽产艾干燥叶精油的主要成分为：桉叶烷-7(11)-烯-4-醇（22.86%）、石竹烯氧化物（9.11%）、艾醇（7.31%）、龙脑（6.98%）、异植醇（5.67%）、异香橙烯环氧物（5.37%）、3,7,11-三甲基-(E)-1,6,10-十二烷三烯-3-醇（3.96%）、桉油精（2.47%）、4-甲基-1-(1-甲基乙基)-3-环己烯-1-醇（2.13%）、樟脑（2.04%）、匙叶桉油烯醇（2.02%）、环氧白菖烯（1.94%）、蒿醇（1.93%）、3-环己烯-a,à,4-三甲基-1-甲醇（1.89%）、顺式-2-甲基-5-(1-甲基乙基)-1,2-环己烯-1-醇（1.76%）、c-环氧化古芸烯（1.76%）、6,10,14-三甲基-2-十五烷酮（1.53%）、石竹烯（1.20%）、4(14),11-桉叶二烯（1.11%）、十六烷酸（1.08%）等。戴卫波等（2015）分析的湖南宁乡产艾干燥叶精油的主要成分为：侧柏酮（36.41%）、桉油精（6.88%）、4-甲基苄醇（5.24%）、氧化石竹烯（5.24%）、崖柏酮（4.34%）、邻异丙基甲苯（3.19%）、顺-香芹醇（2.85%）、石竹烯（2.73%）、(1S,3R,5S)-4-亚甲基-1-(丙烷-2-基)-二环[3.1.0]己-3-乙酸酯（2.23%）、松油烯-4醇（2.10%）、β-水芹烯（1.66%）、龙脑（1.40%）、α-松油醇（1.14%）、2-甲基-3-苯基丙醛（1.11%）等。黎文炎等（2017）分析的湖北恩施栽培'蕲艾'干燥叶精油的主要成分为：母菊薁（44.87%）、β-石竹烯（10.75%）、氧化石竹烯（9.20%）、棕榈酸（3.70%）、香叶烯（3.36%）、丁酸香叶酯（2.68%）、乙酸橙花酯（2.61%）、叶绿醇（2.06%）、3,3-二甲基联苯（1.51%）、植酮（1.39%）、α-石竹烯（1.27%）、α-亚麻酸（1.25%）、匙叶桉油烯醇（1.16%）、桉叶油醇（1.02%）等；野生'蕲艾'干燥叶精油的主要成分为：樟脑（28.79%）、氧化石竹烯（16.29%）、桉叶油醇（14.05%）、2-茨醇（12.20%）、β-石竹烯（5.41%）、4-萜品醇（2.67%）、棕榈酸（2.26%）、δ-杜松烯（1.68%）、γ-古芸烯（1.61%）、荜草烯氧化物Ⅱ（1.58%）、α-芹子烯（1.23%）、植酮（1.06%）。张元等（2016）分析的湖北蕲春6月采收的艾新鲜叶精油的主要成分为：龙脑（28.45%）、桉油精（9.77%）、樟脑（9.62%）、(R)-4-甲基-1-(1-异丙基)-3-环己烯-1-醇（6.25%）、1-甲基-3-(1-异丙基苯)（5.76%）、茨烯（4.91%）、(顺)-2-甲基-5-(1-异丙烯基)-2-环己烯-1-醇（2.44%）、1,4α-二甲基-7-(1-甲基亚乙基)-1-十氢萘酚（2.30%）、c-松油烯（2.19%）、α-松油醇（1.86%）、氧化石竹烯（1.69%）、1-辛烯-3-醇（1.49%）、α-

蒎烯（1.41%）、(1α,2α,5α)-2-甲基-5-(1-异丙基)-2-羟基-二环[3.1.0]己烷（1.34%）、(1S)-6,6-二甲基-2-亚基亚-二环[3.1.1]庚烷（1.14%）、1,5,5-三甲基-3-亚甲基环己烯（1.07%）等。易雪静等（2016）用微波联合纤维素酶萃取法提取的湖南岳阳产艾干燥叶精油的主要成分为：苯甲酰甲酸乙酯（11.68%）、匙叶桉油烯醇（5.24%）、邻苯二甲酸（3.94%）、龙脑（3.92%）、二环大根香叶烯（3.91%）、邻苯二甲酸甲酯（3.16%）、还原苘满三酮（2.85%）、顺式-5-(1-甲基乙烯基)-2-甲基-2-环己醇（2.81%）、(-)-乙酸龙脑酯（2.60%）、γ-萜品烯（2.31%）、薄荷酮（2.19%）、β-蛇床烯（2.16%）、桉树脑（2.11%）、戊二醇（2.06%）、邻苯二甲酸单乙酯（1.91%）、邻苯二甲酸酐（1.86%）、α-巴草烯（1.85%）、β-木香醇（1.67%）、4-萜烯醇（1.53%）、β-荜澄茄烯（1.52%）、α-丁香烯（1.31%）、11,15-二甲基三十五烷（1.27%）、2-(亚胡椒基氨)安替比林（1.26%）、3,4-二甲基环己醇（1.24%）、蛇床烷-6-烯-4-醇（1.17%）、双环[2.2.1]-2-庚醇（1.04%）、3-胆甾烷酮（1.03%）等。包怡红等（2015）用微波辅助水蒸气蒸馏法提取的黑龙江牡丹江产艾阴干叶精油的主要成分为：4-萜烯醇（18.75%）、6-芹子烯-4-醇（11.74%）、桉油醇（9.10%）、石竹烯氧化物（8.01%）、香芹醇（6.27%）、3,3,6-三甲基-1,4-庚二烯-6-醇（5.21%）、石竹烯（4.72%）、左旋龙脑（4.68%）、3,3,6-三甲基-1,5-庚二烯-4-醇（4.22%）、表双环倍半水芹烯（3.59%）、侧柏酮（3.27%）、乙酸龙脑酯（3.15%）、3-丙烯基-愈创木酚（2.66%）、1,2,3,4,4a,5,6,7-八氢-4a-甲基-2-萘酚（2.24%）、D-杜松烯（1.51%）、α-石竹烯（1.48%）、3-(2,2-二甲基-6-亚甲基-亚环己基)-1-甲基乙酸丁酯（1.30%）、橙花椒醇（1.10%）、3,3,6-三甲基-1,5-庚二烯-4-醇（1.00%）等。

全草：杨华等（2008）用水蒸气蒸馏法提取的陕西子长产艾阴干全草精油的主要成分为：1,1-二甲基-2-辛基环丁烷（20.42%）、(9Z)-1,1-二甲氧基-9-十八碳烯（20.20%）、茴香脑（6.29%）、桉树脑（5.42%）、3,5-二氯-4-(十二烷基硫基)-2,6-二甲基吡啶（4.45%）、亚硝基-3-二氢化吡咯（4.37%）、6-甲基十八碳烷（4.35%）、1,7,7-三甲基二环[2.2.1]庚-2-酮（2.76%）、2,6-二叔丁基-1,4-苯二醇（2.69%）、氰基乙酰肼（2.24%）、1,2,15-十五烷三醇（2.19%）、1-(3-甲基-2-丁烯氧基)-4-(1-丙烯基)苯（2.09%）、(4Z,6Z,9Z)-4,6,9-十九碳三烯（2.05%）、(6-羟甲基-2,3-二甲基苯基)甲醇（1.63%）、芳樟醇（1.58%）、4-

松油醇（1.43%）、3,3-二甲基环己醇（1.29%）、3,6-十八碳二炔酸甲酯（1.26%）、3,3-二甲基二氮杂环丙烷（1.20%）、1,3-丁二醇（1.01%）、1,7,7-三甲基-2-乙烯基二环[2.2.1]庚-2-烯（1.01%）等。

花：许俊洁等（2015）用水蒸气蒸馏法提取的湖北蕲州6月采收的艾花精油的主要成分为：乙酸冰片酯（14.27%）、侧柏酮（13.25%）、桉油精（10.29%）、萜品油烯（8.40%）、1-石竹烯（4.68%）、樟脑（3.21%）、桃金娘烯醇（3.11%）、冰片（2.79%）、罗勒烯（2.49%）、4-莰烯（2.39%）、正十五碳醛（2.38%）、顺式香芹醇（2.21%）、崖柏酮（1.83%）、2,3-二氢-2,2,6-三甲基苯甲醛（1.78%）、3-辛醇（1.62%）、顺式-β-松油醇（1.64%）、D2-莰烯（1.60%）、4-(1-甲基乙烯基)-1-环己烯-1-甲醛（1.57%）、莰烯（1.54%）、4-甲基苄醇（1.49%）、β-蒎烯（1.35%）、跨胡椒醇（1.33%）、顺胡椒醇（1.27%）等；9月采收的花精油的主要成分为：D2-莰烯（9.48%）、萜品油烯（9.27%）、桉油精（8.77%）、1-石竹烯（8.21%）、d-杜松烯（7.36%）、侧柏酮（7.32%）、4-萜品醇（4.61%）、罗勒烯（4.22%）、正十五碳醛（3.83%）、反式辣薄荷醇（3.14%）、顺胡椒醇（2.42%）、苯乙醛（2.40%）、α-水芹烯（2.33%）、1,4,5,8-四甲基萘（2.33%）、异戊酸龙脑酯（1.67%）、反式香芹醇（1.62%）、异胡薄荷醇（1.47%）、顺式-β-松油醇（1.33%）、β-蒎烯（1.11%）、α-蒎烯（1.07%）等。

果实：叶欣等（2016）用水蒸气蒸馏法提取的湖北蕲春产艾干燥成熟果实精油的主要成分为：β-侧柏酮（26.88%）、1-石竹烯（8.16%）、棕榈酸（7.44%）、α-侧柏酮（6.96%）、β-桉叶烯（6.35%）、3,5-二甲基苯并噻吩-2-甲酸（5.84%）、氧化石竹烯（5.77%）、2,4-二甲基苯甲醇（5.27%）、4-萜烯醇（3.29%）、桉油精（2.98%）、5-异丙烯基-2-甲基环戊-1-烯甲醛（2.59%）、螺岩兰草酮（2.00%）、4-(4-乙基环己基)-1-戊基-环己烯（1.52%）、3-甲基-1,4-庚二烯（1.44%）、13-十四烯-11-炔-1-醇（1.06%）等。

【利用】全草入药，有温经、去湿、散寒、止血、消炎、平喘、止咳、安胎、抗过敏等作用，治月经不调、经痛腹痛、流产、子宫出血、老年慢性支气管炎与哮喘；煮水洗浴时可防治产褥期母婴感染疾病。根入药，治风湿性关节炎、头风、月内风等。端午节人们将艾置于家中以避邪。叶可制药枕头、药背心。叶制艾条供艾灸用。叶可作印泥的原料；可作天然植物染料使用。全草作杀虫的农药或薰烟用于房间消毒、杀虫。嫩芽及幼苗作蔬菜食用。全草可提取精油，主要用于调配香精、制药。

朝鲜艾

Artemisia argyi Levl. et Vant. var. *gracilis* Pamp.

菊科 蒿属	
别名：	朝鲜艾蒿、野艾、深裂叶艾蒿
分布：	全国各地

【形态特征】艾变种。与原变种的区别是茎中部叶羽状深裂。

【生长习性】生于低海拔至中海拔地区的荒地、路旁、河边及山坡等地，也见于森林草原及草原地区。除极干旱与高寒地

区外，均可生长。

【精油含量】水蒸气蒸馏叶的得油率为0.50%。

【芳香成分】潘炯光等（1992）用水蒸气蒸馏法提取的山东产朝鲜艾叶精油的主要成分为：1,8-桉叶油素（23.02%）、萜品烯-4-醇（5.60%）、α-松油醇（3.00%）、丁香烯氧化物（3.00%）、樟脑（2.64%）、γ-松油烯（2.58%）、棕榈酸（2.55%）、芳樟醇（2.49%）、龙脑（2.00%）、2,4-(8-p-蓋二烯)（1.54%）、对-聚伞花素（1.40%）、反-丁香烯（1.29%）、反-胡椒醇（1.26%）等。

【利用】全草入药，有温经、去湿、散寒、止血、消炎、平喘、止咳、安胎、抗过敏等作用，为止血要药，又是妇科常用药之一，治虚寒性的妇科疾患尤佳，治老年慢性支气管炎与哮喘；煮水洗浴可防治产褥期母婴感染疾病；制药枕头、药背心，防治老年慢性支气管炎或哮喘及虚寒胃痛等。叶制艾条供艾灸用。叶可作印泥的原料。全草作杀虫的农药或薰烟用于房间消毒、杀虫。嫩芽及幼苗作蔬菜食用。

暗绿蒿

Artemisia atrovirens Hand.-Mazz.

菊科 蒿属	
别名：	铁蒿、白蒿、白毛蒿、水蒿、大蒿、白艾蒿、青蒿
分布：	陕西、安徽、甘肃、浙江、江西、福建、河南、湖南、湖北、广东、广西、四川、贵州、云南

【形态特征】多年生草本。高60~130 cm，有细纵棱。叶纸质或厚纸质，叶面深绿色，有短腺毛与白色腺点，叶背被灰白色绵毛与腺毛；茎中部叶卵形或宽卵形，长5~10 cm，

宽4～10 cm，1～2回羽状深裂；中部叶卵形或长卵形，长5～8 cm，宽3～7 cm，一回羽状深裂，每侧裂片2～3枚，边缘具1～2枚浅裂齿；上部叶与苞片叶羽状深裂、3深裂或不分裂，裂片或苞片叶椭圆形。头状花序多数，长圆形，直径1.5～2.5 mm，有小型小苞片，排成穗状花序，在茎上组成圆锥花序；总苞片3～4层，外层略小，外、中层卵形或长卵形，背面边膜质，内层总苞片长卵形，半膜质；雌花3～6朵，花冠狭管状或近狭圆锥状，檐部具2裂齿；两性花5～8朵，花冠管状。瘦果小，倒卵形或近倒卵形。花果期8～10月。

【生长习性】生于低海拔至1200 m附近的山坡、草地、路旁等地。

【精油含量】水蒸气蒸馏全草的得油率为0.14%；有机溶剂常温渗漉法提取干燥叶的得油率为2.59%。

【芳香成分】朱亮锋等（1993）用水蒸气蒸馏法提取的四川峨眉山产暗绿蒿全草精油的主要成分为：蒿酮（20.97%）、1,8-桉叶油素（10.51%）、α-甜没药醇氧化物B（4.33%）、樟脑（2.75%）、β-石竹烯（2.43%）、7-辛烯-4-醇（1.76%）、金合欢烯（1.72%）、萘（1.52%）、β-荜澄茄烯（1.51%）、龙脑（1.15%）、芳樟醇（1.14%）、3,6,6-三甲基-2-降蒎醇（1.10%）、橙花叔醇（1.06%）等。

白苞蒿
Artemisia lactiflora Wall.

菊科 蒿属

别名： 白花蒿、白花艾、白米蒿、秦州庵闾子、鸡甜菜、甜菜子、甜艾、广东刘寄奴、四季菜、珍珠菊、红姨妈菜、鸭脚艾、鸭脚菜、野芹菜、珍珠菊、土三七、肺痨草、野红芹菜

分布： 陕西、安徽、甘肃、江苏、浙江、江西、福建、台湾、河南、湖南、湖北、广东、广西、四川、贵州、云南等地

【形态特征】多年生草本。高50～200 cm，褐色。叶薄纸质或纸质；基生叶与茎下部叶宽卵形或长卵形，1～2回羽状全裂；中部叶卵圆形或长卵形，长5.5～14.5 cm，宽4.5～12 cm，1～2回羽状全裂，每侧有裂片3～5枚，裂片先端尖，边缘常有细齿或近全缘；上部叶与苞片叶略小，羽状深裂或全裂，边缘有小裂齿或锯齿。头状花序长圆形，直径1.5～3 mm，小枝上排成密穗状花序，分枝上排成复穗状花序，茎上端组成圆锥花序；总苞片3～4层，半膜质或膜质；雌花3～6朵，花冠狭管状；两性花4～10朵，花冠管状。瘦果倒卵形或倒卵状长圆形。花果期8～11月。

【生长习性】多生于林下、林缘、灌丛边缘、山谷等湿润或略为干燥地区。喜温暖，在35～38℃高温下仍生长良好，也耐低温。

【精油含量】水蒸气蒸馏的干燥全草的得油率为0.38%～0.41%。

【芳香成分】周万镜等（2011）用水蒸气蒸馏法提取的贵州遵义产白苞蒿干燥全草精油的主要成分为：左旋薰衣草醇（17.78%）、吉玛烯D（11.96%）、倍半萜-γ-内酯（8.96%）、丁香酚（4.77%）、L-芳樟醇（4.75%）、α-姜烯（4.51%）、松蒿素（3.43%）、(Z)-3-己烯醇（3.34%）、苯乙醇（2.87%）、β-石竹烯（2.65%）、α-杜松醇（1.49%）、苯甲醇（1.46%）、白菖烯

（1.43%）、苯乙醛（1.41%）、(E)-β-金合欢烯（1.36%）、α-松油醇（1.24%）、6-甲基-5-庚烯-2-酮（1.17%）、正己醇（1.10%）、(E,E)-α-金合欢烯（1.00%）等。

【利用】全草入药，广东、广西民间作刘寄奴（奇蒿）的代用品，有清热、解毒、止咳、消炎、活血、散瘀、通经等作用，用于月经不调，经闭，慢性肝炎，肝硬化，肾疾病，水肿，带下病，癫疹，腹胀，疝气，血丝虫病；苗药根、嫩叶、全草用于血崩、筋断、牛皮癣、产后流血、四肢浮肿、产后恶露未尽、不孕、跌打肿痛。侗药花治内痔。嫩茎叶可作蔬菜食用。

白莲蒿
Artemisia sacrorum Ledeb.

菊科 蒿属

别名： 铁杆蒿、白蒿、万年蒿、香蒿、蚊艾

分布： 全国各地

【形态特征】半灌木状草本。高50～150 cm，具纵棱。茎中下部叶长卵形、三角状卵形或长椭圆状卵形，长2～10 cm，宽2～8 cm，2～3回栉齿状的羽状分裂，小裂片栉齿状披针形或线状披针形，每侧具数枚细小三角形的栉齿或小裂片短小成栉齿状，叶中轴两侧具4～7枚栉齿；上部叶略小，1～2栉齿状的羽状分裂；苞片叶栉齿状羽状分裂或不分裂，为线形或线状披针形。头状花序近球形，直径2～4 mm，分枝上排成穗状花序式的总状花序，茎上组成圆锥花序；总苞片3～4层；雌花10～12朵，花冠狭管状或狭圆锥状；两性花20～40朵，花冠管状。瘦

果狭椭圆状卵形或狭圆锥形。花果期8～10月。

【生长习性】生于中、低海拔地区的山坡、路旁、灌丛地及森林草原地区，在山地阳坡局部地区常成为植物群落的优势种或主要伴生种。

【精油含量】水蒸气蒸馏全草的得油率为0.25%～0.50%。

【芳香成分】张德志等（1992）用水蒸气蒸馏法提取的吉林省吉林市产白莲蒿新鲜全草精油的主要成分为：二氢葛缕酮（22.14%）、葛缕酮（20.44%）、侧柏醇（7.49%）、β-松油醇（6.93%）、α-蒎烯（3.25%）、γ-杜松醇（3.00%）、2,2-二甲基己醛（2.11%）、对-聚伞花烃（2.11%）、联双苯（2.03%）、优葛缕酮（1.97%）、异缬草酸（1.68%）、β-蒎烯（1.37%）、地奥酚（1.29%）、α-松油醇（1.24%）、4-蒈烯（1.20%）、愈创醇（1.00%）等。张书锋等（2012）用同法分析的河北石家庄产白莲蒿新鲜全草精油的主要成分为：1,8-桉叶素（86.60%）、荜澄茄苦素（3.90%）、喇叭茶萜醇（3.10%）、松油烯-4-醇（3.00%）、β-石竹烯（1.70%）等。

【利用】民间入药，有清热、解毒、祛风、利湿之效，可作茵陈代用品，又作止血药。牧区作牲畜的饲料。

白叶蒿

Artemisia leucophylla (Turcz. ex Bess.) C. B. Clarke

菊科　蒿属
别名：白毛蒿、白蒿、朝鲜艾、野艾蒿、苦蒿、茭蒿
分布：黑龙江、吉林、辽宁、内蒙古、河北、山西、陕西、宁夏、甘肃、青海、新疆、四川、贵州、云南、西藏

【形态特征】多年生草本。高40～70 cm，有纵棱。叶薄纸质或纸质，叶面暗绿色或灰绿色，被蛛丝状绒毛，有白色绿点，叶背密被蛛丝状绒毛；茎下部叶椭圆形或长卵形，长4～8 cm，宽4～7 cm，1～2羽状深裂或全裂，每侧有裂片3～4枚；中部与上部叶羽状全裂，每侧具裂片2～4枚；苞片叶3～5全裂或不分裂。头状花序宽卵形或长圆形，直径2.5～4 mm，基部常有小苞叶，分枝上成簇或单生，排成穗状花序，茎上组成圆锥花序；总苞片3～4层，外层卵形或狭卵形，背面绿色或带紫红色，中层椭圆形或倒卵形；雌花5～8朵，花冠狭管状；两性花6～13朵，花冠管状，檐部及花冠上部红褐色。瘦果倒卵形。花果期7～10月。

【生长习性】多生于山坡、路边、林缘、草地、河湖岸边、砾质坡地等。

【精油含量】水蒸气蒸馏全草的得油率为0.30%～0.36%。

【芳香成分】张燕等（2005）用水蒸气蒸馏法提取的新疆喀什产白叶蒿阴干带果实全草精油的主要成分为：2,5-辛二烯（41.41%）、(Z,Z)-3,5辛二烯（17.87%）、桉油醇（6.75%）、3,3,6-三甲基-1,5-庚二烯-4-酮（3.26%）、1-甲氧基-4-(2-丙烯基)-苯（2.79%）、3,3,4,4-四甲基己烷（2.71%）、1R-α-蒎烯（2.67%）、(1-甲基-1,2-丙二烯基)环丙烷（2.61%）、7,11-二甲基-3-亚甲基-1,6,10-十二碳三烯（2.30%）、1R,3Z,9S-4,11,11-三甲基-8-亚甲基二环[7,2,0]-3-十一碳烯（1.88%）、1-甲基-2-(1-甲基乙基)-苯（1.44%）、3,3-二甲基己烷（1.18%）、2-环戊烯-1-酮（1.18%）、3,7-二甲基-2,6-辛二烯-1-醇（1.05%）等。朱亮锋等（1993）用同法分析的四川松潘产白叶蒿全草精油的主要成分为：樟脑（36.68%）、1,8-桉叶油素（22.88%）、龙脑（4.42%）、3,6,6-三甲基-2-降蒎醇（3.78%）、桃金娘烯醛（1.46%）、辣薄荷醇（1.38%）、7-辛烯-4-醇（1.03%）等。

【利用】全草入药，作艾（家艾）的代用品，有温气血、逐寒湿、止血、消炎的作用。

北艾

Artemisia vulgaris Linn.

菊科　蒿属
别名：野艾、艾草、艾、白蒿、细叶艾、苦艾、艾蒿
分布：陕西、甘肃、青海、新疆、四川等地

【形态特征】多年生草本。高45～160 cm，有细纵棱，紫褐色。叶纸质，叶背密被蛛丝状绒毛；茎下部叶椭圆形或长圆形，二回羽状深裂或全裂；中部叶椭圆形或长卵形，长3～15 cm，宽1.5～10 cm，1～2回羽状深裂或全裂，每侧有裂片3～5枚，裂片椭圆状披针形或线状披针形；上部叶小，羽状深裂，裂片披针形或线状披针形；苞片叶小，3深裂或不分裂，披针形，全缘。头状花序长圆形，直径2.5～3.5 mm，有小苞叶，小枝上成密穗状花序，茎上组成圆锥花序；总苞片3～4层，覆瓦状排列；雌花7～10朵，花冠狭管状，紫色；两性花8～20朵，花冠管状或高脚杯状，檐部紫红色。瘦果倒卵形或卵形。花果期8～10月。

【生长习性】分布在海拔1500～3500 m的地区，多生于亚高山地区的草原、森林草原、林缘、谷地、荒坡及路旁等处。适合略微干燥、砂质、排水良好的土壤。

【精油含量】水蒸气蒸馏叶或全草的得油率为0.40%～1.20%。

【芳香成分】叶：洪宗国等（1995）用水蒸气蒸馏法提取的河南产北艾阴干叶片精油的主要成分为：1,8-桉叶油素（20.39%）、喇叭醇（12.00%）、龙脑（6.69%）、萜品烯-4-醇（5.74%）、萜烯-3-醇-1（4.03%）、反-胡椒脑（3.68%）、樟脑（3.03%）、1,4-桉叶油素（3.02%）、α-松油烯（2.85%）、蒈烯（2.48%）、丁香酚（2.32%）、1-甲基-3-异丙苯（2.04%）、顺-胡椒脑（1.63%）、α-水芹烯（1.54%）、双环[3.1.0]已-2-烯-2-甲基-5-异丙基（1.18%）、3-亚甲基-6-异丙基-环已烯（1.12%）等。

全草：朱亮锋等（1993）用水蒸气蒸馏法提取的四川西部产北艾全草精油的主要成分为：α-侧柏酮（13.41%）、樟脑（12.53%）、龙脑（3.49%）、1,8-桉叶油素（3.06%）、丁香酚甲醚（2.81%）、松油醇-4（2.34%）、α-侧柏酮异构体（2.02%）、β-荜澄茄烯（1.93%）、桉醇（1.47%）、β-石竹烯（1.47%）、丁酸-3-已烯酯（1.35%）、α-石竹烯（1.11%）、α-松油醇（1.03%）等。

【利用】全草入药，民间作艾代用品，有温气血、逐寒湿、止血、安胎之效，作妇科常用药，用于心腹冷痛、泄泻、月经不调、崩漏、带下病、胎动不安、痈疡、疥癣。叶片作热灸贴的填料。叶子浸出的液作为家庭消毒剂使用。茎的水溶液可作为黄色染料。全草精油用于果酒、啤酒的矫味以及卫生害虫的防治。牧区作牲畜饲料。

🌸 臭蒿

Artemisia hedinii Ostenf. et Pauls.

菊科　蒿属

别名： 海定蒿、牛尾蒿

分布： 内蒙古、甘肃、青海、新疆、四川、云南、西藏等地

【形态特征】一年生草本；有浓烈臭味。高15～100 cm，茎紫红色，具纵棱。基生叶多数，密集成莲座状，长椭圆形，长10～14 cm，宽2～3.5 cm，二回栉齿状的羽状分裂，每侧有裂片20余枚，小裂片具多枚栉齿，栉齿细小，短披针形或长三角形，齿尖细长，锐尖；茎中下部叶长椭圆形，长6～12 cm，宽2～4 cm，二回栉齿状的羽状分裂，每侧裂片5～10枚，小裂片两侧密被细小锐尖的栉齿；上部叶与苞片叶渐小，一回栉齿的状羽状分裂。头状花序半球形或近球形，直径3～5 mm，分枝上排成密穗状花序，茎上组成圆锥花序；总苞片3层；雌花3～8朵，花冠狭圆锥状或狭管状；两性花15～30朵，花冠管状，檐部紫红色，外面有腺点。瘦果长圆状倒卵形，纵纹稍明显。花果期7～10月。

【生长习性】多分布在海拔2000～5000 m的地区，生于湖边草地、河滩、砾质坡地、田边、路旁、林缘等。

【精油含量】水蒸气蒸馏全草的得油率为0.46%。

【芳香成分】朱亮锋等（1993）用水蒸气蒸馏法提取的青海兴海产臭蒿全草精油的主要成分为：乙酸芳樟酯（23.89%）、芳樟醇（21.34%）、β-金合欢烯（12.15%）、γ-芹子烯（4.42%）、α-松油醇（3.34%）、乙酸-2-甲基丁酯（1.89%）、乙酸香叶酯异构体（1.08%）等。

【利用】青海、甘肃民间入药，有清热、解毒、凉血、消炎、除湿的功效，用于赤巴病、急性黄疸性肝炎、胆囊炎、痈肿毒疮、湿疹疥癣、毒蛇咬伤。还用作杀虫药。

川西腺毛蒿

Artemisia occidentalisichuanensis Y. R. Ling et S. Y. Zhao

菊科　蒿属	
别名:	川西蒿
分布:	四川

【形态特征】多年生草本。高1.5 m或更高。叶纸质，叶面及叶背脉上被短腺毛，叶背密被灰白色蛛丝状柔毛，脉上具腺毛；中部叶长圆形或椭圆形，长4～9 cm，宽3～4.5 cm，二回羽状全裂，每侧裂片4～5枚，叶柄基部具1对羽状全裂的假托叶；上部叶1～2回羽状全裂；苞片叶羽状全裂、3全裂或不分裂，线状披针形或线形。头状花序长卵形或长卵状钟形，直径.5～2.5 mm，基部具细小小苞叶，小枝上排成穗状或复穗状花序，茎上组成圆锥花序；总苞片3～4层；雌花3～5朵，花冠狭管状；两性花4～8朵，花冠管状，基部有小腺点，檐部紫色。瘦果长圆形，具细纵纹。花果期8～10月。

【生长习性】生于中、高海拔地区的山坡及路旁等。

【精油含量】水蒸气蒸馏全草的得油率为0.56%。

【芳香成分】朱亮锋等（1993）用水蒸气蒸馏法提取的四川米易产川西腺毛蒿全草精油的主要成分为：龙脑（11.10%）、,8-桉叶油素（7.06%）、β-荜澄茄烯（6.41%）、桧烯（5.85%）、-石竹烯（5.02%）、芳樟醇（4.16%）、樟脑（3.84%）、7-辛烯-4-醇（3.13%）、β-金合欢烯（2.70%）、α-松油醇（2.19%）、-杜松烯（2.09%）、辣薄荷醇（2.01%）、松油醇-4(1.80%)、间伞花烃（1.17%）、愈创木醇（1.06%）等。

【利用】全草精油可配制风油精。

粗茎蒿

Artemisia robusta (Pamp.) Ling et Y. R. Ling

菊科　蒿属	
分布:	四川、云南

【形态特征】半灌木状草本。高1～2 m。叶纸质或厚纸质，叶背面被蛛丝状绒毛；中下部叶大，宽卵形或卵形，长～22 cm，宽5.5～18 cm，1～2回羽状深裂，每侧有裂片2～3枚，裂片椭圆形；上部叶羽状深裂，每侧有裂片2～3枚，裂片圆状披针形或披针形；苞片叶3～5深裂或不分裂，披针形或线状披针形，全缘或偶有1～2枚裂齿。头状花序多数，宽卵球形或卵状钟形，直径3.5～5 mm，具细小的小苞叶，单生或数枚集生，排成穗状或穗状花序状的总状花序，茎上组成圆锥花序；总苞片3～4层；雌花8～13朵，花冠狭管状；两性花3～26朵，花冠管状，淡黄白色。瘦果长圆形或长圆状倒卵形。花果期8～10月。

【生长习性】生于海拔2200～3500 m地区的山坡、路旁、沟边或灌丛中。

【精油含量】水蒸气蒸馏全草的得油率为0.50%～0.60%。

【芳香成分】朱亮锋等（1993）用水蒸气蒸馏法提取的云南昆明产粗茎蒿全草精油的主要成分为：α-姜黄烯（6.65%）、龙脑（6.44%）、1,8-桉叶油素（3.84%）、姜烯（3.25%）、2,6-二叔丁基对甲酚（2.66%）、愈创木醇（1.94%）、樟脑（1.63%）、β-芹子烯（1.17%）、β-金合欢烯（1.09%）、δ-杜松烯（1.05%）等。

大花蒿

Artemisia macrocephala Jacq. ex Bess.

菊科　蒿属	
别名:	草蒿、戈壁蒿
分布:	宁夏、甘肃、青海、新疆、西藏等地

【形态特征】一年生草本。高10～50 cm；茎、枝疏被灰白色微柔毛。叶草质，两面被短柔毛；中下部叶宽卵形或圆卵形，长2～4 cm，宽1～1.5 cm，二回羽状全裂，每侧有裂片2～3枚，侧裂片常再3～5全裂，小裂片狭线形，有小型羽状分裂的假托叶；上部叶与苞片叶3全裂或不裂，狭线形。头状花序近球形，直径5～15 mm，茎上排成总状花序或总状花序式的圆锥花序；总苞片3～4层，草质，椭圆形，背面被白色短柔毛；雌花2～3层，40～70朵，花冠狭圆锥状或瓶状；两性花多层，800～100余朵，外围2～3层孕育，中央数轮不孕育，花冠管状。瘦果长

卵圆形或倒卵状椭圆形，常有冠状附属物。花果期8~10月。

【生长习性】分布在海拔1500~3400 m地区，西藏最高分布到海拔4850 m地区，常生于草原、荒漠草原及森林草原地区，在山谷、洪积扇、河湖岸边、砂砾地、草坡或路边等地常见，也见于盐碱地附近。

【精油含量】水蒸气蒸馏全草的得油率为0.23%。

【芳香成分】朱亮锋等（1993）用水蒸气蒸馏法提取的甘肃阿克塞产大花蒿全草精油的主要成分为：1,8-桉叶油素（38.36%）、龙脑（5.58%）、2-甲基丁酸香叶酯（4.37%）、芳樟醇（4.10%）、α-松油醇（3.89%）、松油醇-4（3.35%）、2,4-己二烯酸甲酯（3.09%）、苯乙腈（2.99%）、樟脑（2.45%）、2,2-二甲基丙酸香叶酯（2.44%）、α-侧柏酮（1.38%）、壬醛（1.37%）、2-甲基己酸（1.19%）、戊酸（1.05%）等。

【利用】为牧区中等营养价值的牲畜饲料。全草供兽药用。

🌸 大籽蒿

Artemisia sieversiana Ehrhart ex Willd.

菊科　蒿属

别名： 白蒿、大头蒿、山艾、大白蒿、臭蒿子、苦蒿

分布： 东北、华北、西北至西南各地区

【形态特征】一二年生草本。高50~150 cm；茎、枝被灰白色微柔毛。中下部叶宽卵形或宽卵圆形，两面被微柔毛，长4~13 cm，宽3~15 cm，2~3回羽状全裂，每侧有裂片2~3枚，小裂片线形或线状披针形，有小型羽状分裂的假托叶；上部叶及苞片叶羽状全裂或不分裂，椭圆状披针形或披针形。头状花序大，多数，半球形或近球形，直径3~6 mm，有线形小苞叶，分枝上排成总状花序或复总状花序，茎上组成圆锥花序；总苞片3~4层，近等长，外层、中层总苞片长卵形或椭圆形，内层长椭圆形；雌花2~3层，20~30朵，花冠狭圆锥状；两性花多层，80~120朵，花冠管状。瘦果长圆形。花果期6~10月。

【生长习性】分布在海拔500~4200 m地区，多生于路旁、荒地、河漫滩、草原、森林草原、干山坡或林缘等。生长在干旱与半干旱地区。抗寒性较强，当年株丛在-30℃能安全越冬。水肥要求较高，适于疏松、肥沃的土壤条件下栽培。

【精油含量】水蒸气蒸馏全草的得油率为0.10%~0.47%，乙醇浸提干燥全草的得油率为5.87%~6.88%。

【芳香成分】朱亮锋等（1993）用水蒸气蒸馏法提取的四川西部产大籽蒿全草精油的主要成分为：2-甲基丁酸香叶酯（10.78%）、辣薄荷酮（9.01%）、母菊薁（7.21%）、樟脑（5.11%）、龙脑（4.67%）、2,2-二甲基丙酸香叶酯（4.50%）、1,8-桉叶油素（3.68%）、桃金娘烯醇（3.51%）、2,2-二甲基丁酸香叶酯（3.17%）、橙花醇（3.08%）、α-松油醇（2.91%）、松油醇-4（2.08%）、α-芹子醇（1.78%）、芳樟醇（1.68%）、α-侧柏酮（1.61%）、丁酸-3-己烯酯（1.36%）、α-侧柏酮异构体（1.09%）、对伞花醇-8（1.02%）等；西藏拉萨产大籽蒿全草精油的主要成分为：1,8-桉叶油素（22.32%）、母菊薁（12.56%）、龙脑（10.50%）、芳樟醇（7.04%）、2-甲基丁酸香叶酯（5.26%）、β-荜澄茄烯（4.89%）、α-松油醇（3.58%）、2,2-二甲基丙酸香叶酯（2.58%）、樟脑（1.49%）、α-芹子醇（1.40%）、β-金合欢烯（1.27%）、β-石竹烯（1.15%）、松油醇-4（1.12%）等。孙志恒等（2017）用乙醇浸提法提取的黑龙江哈尔滨产大籽蒿营养生长期干燥全草精油的主要成分为：石竹烯（10.43%）、桉树脑（9.42%）、右旋龙脑（8.51%）、荜澄茄-1,4-二烯（5.11%）、白菖烯（2.96%）、樟脑（2.75%）、棕榈酸乙酯（4.69%）、α-荜澄茄烯（1.99%）、环丁基[1,2:3,4]双环戊烯（1.97%）、愈创烯（1.78%）等；花果期干燥全草精油的主要成分为：母菊薁（8.37%）、甲酸橙花酯（3.01%）、龙脑（2.55%）、石竹烯（1.35%）、二十烷（1.27%）等。

【利用】民间用全草入药，有消炎、清热、止血的功效，用于四肢关节肿胀、痈疽、肉瘤、肺病、肾病以及咯血、衄血、

定；高原地区用于治疗太阳紫外线辐射引起的灼伤；藏药治咽喉疾病、肺部疾病、咯血衄血、气管炎、风湿痹痛、痈疖肿毒。花蕾水煎洗患处治黄水疮、皮肤湿疹、宫颈糜烂。牧区全草作牲畜饲料。

东北牡蒿
Artemisia manshurica (Komar.) Komar.

菊科　蒿属
别名：关东牡蒿
分布：黑龙江、吉林、辽宁、河北

【形态特征】多年生草本。高40～100 cm，有纵棱。叶纸质，营养枝上的叶密生，匙形或楔形，长3～7 cm，宽0.5～1.5 cm，先端圆钝，有数枚浅裂缺，有锯齿；茎下部叶倒卵形或倒卵状匙形，5深裂或裂齿；中部叶倒卵形或椭圆状倒卵形，1～2回羽状或偶成掌状式的全裂或深裂，每侧有裂片1～2枚；上部叶宽楔形或椭圆状倒卵形；苞片叶披针形或椭圆状披针形。头状花序近球形，直径1.5～2 mm，具小苞叶，分枝上排成穗状花序式的总状花序或复总状花序，茎上组成圆锥花序；总苞片3～4层；雌花4～8朵，花冠狭圆锥状或狭管状；两性花6～10朵，不孕育，花冠管状。瘦果倒卵形或卵形。花果期8～10月。

【生长习性】生于低海拔湿润或半湿润地区的山坡、林缘、草原、森林草原、灌丛、路旁及沟边等。

【精油含量】水蒸气蒸馏全草的得油率为0.20%。

【芳香成分】朱亮锋等（1993）用水蒸气蒸馏法提取的辽宁沈阳东陵产东北牡蒿全草精油的主要成分为：9-氧杂二环[6.1.0]壬烷（4.74%）、2,6-二叔丁基对甲酚（3.46%）、1,8-桉叶油素（3.40%）、樟脑（2.93%）、大茴香醚（2.66%）、萘（1.95%）、柠檬烯（1.78%）、茵陈炔（1.65%）、龙脑（1.53%）、8-氧杂二环[5.1.0]辛烷（1.37%）、乙酸龙脑酯（1.02%）等。

【利用】全草入药，有消炎、解毒、清热等效，有较好的活血、止血及抗炎的作用。

冻原白蒿
Artemisia stracheyi Hook. f. et Thoms. ex Clarke

菊科　蒿属
分布：西藏

【形态特征】多年生草本，有臭味。高15～45 cm，具纵棱；茎、叶两面及总苞片背面密被绢质绒毛。基生叶与茎下部叶狭长卵形或长椭圆形，长5～10 cm，宽1～2 cm，2～3回羽状全裂，每侧有裂片7～13枚，小裂片狭线状披针形或线形，叶柄基部略抱茎；中上部叶略小，1～2回羽状全裂；苞片叶羽状全裂或不分裂，狭线状披针形或狭线形。头状花序半球形，直径6～10 mm，茎上排成总状花序或密穗状花序状的总状花序；总苞片4层，外层卵形或长卵形，中层长卵形或椭圆形，边缘宽膜质，褐色，内层椭圆形或匙形，半膜质；雌花4～10朵，花冠管状或狭管状；两性花50～60朵，花冠管状。瘦果倒卵形。花果期7～11月。

【生长习性】多生于海拔4300～5100 m附近的山坡、河滩、湖边等砾质滩地或草甸与灌丛等地区。

【芳香成分】茎：沈灵犀等（2010）用水蒸气蒸馏法提取的西藏拉萨产冻原白蒿阴干茎精油的主要成分为：β-松油醇（24.88%）、莰烷醇（16.97%）、对薄荷油-3-醇（14.72%）、乙酸十六碳烯酯（4.80%）、樟脑（3.74%）、甘菊环烃（2.65%）、3-侧柏酮（2.34%）、松烯-4-醇（1.97%）、蒿萜（1.81%）、对甲基异丙基苯（1.24%）、乙酸十五酯（1.13%）等。

叶：沈灵犀等（2010）用水蒸气蒸馏法提取的西藏拉萨产冻原白蒿阴干叶精油的主要成分为：β-松油醇（16.64%）、莰烷醇（10.14%）、1,8-桉叶素（8.85%）、对薄荷油-3-醇（8.40%）、樟脑（6.44%）、β-蒎烯（6.35%）、3-侧柏酮（4.62%）、α-松油醇（4.35%）、松烯-4-醇（3.33%）、α-水芹烯（2.67%）、对甲基异丙基苯（2.56%）、γ-松油烯（2.02%）、崖柏烯（1.93%）、愈创木二烯酸内酯（1.75%）、2,3-脱氢-1,8-桉叶素（1.38%）、月桂烯（1.38%）、紫罗兰酮（1.18%）、α-松油烯（1.15%）、里哪醇（1.11%）、4-蒈烯（1.02%）等。

　　花：沈灵犀等（2010）用水蒸气蒸馏法提取的西藏拉萨产冻原白蒿阴干花精油的主要成分为：β-松油醇（18.61%）、蒈烷醇（10.28%）、β-蒎烯（8.62%）、对薄荷油-3-醇（8.48%）、3-侧柏酮（5.68%）、1,8-桉叶素（5.56%）、樟脑（5.34%）、崖柏烯（3.06%）、α-松油醇（2.99%）、(3aS)-2,3,3aβ,4,5β,6,6a,7,9aβ,9bα-十氢-6α,6aα-环氧-6,9-二甲基-3-亚甲基薁[4,5-b]呋喃-2-酮（2.98%）、松烯-4-醇（2.38%）、对甲基异丙基苯（2.21%）、α-水芹烯（2.07%）、γ-松油烯（1.93%）、愈创木二烯酸内酯（1.90%）、扁枝杉-15-烯（1.09%）、顺式白檀油烯醇（1.07%）等。

　　【利用】为高寒地带较好的牧草，青嫩期牲畜少食，干枯后，牦牛、藏羊均喜食，马也采食。

🌸 多花蒿

Artemisia myriantha Wall. ex Bess.

菊科　蒿属
别名：苦蒿、黑蒿、蒿枝
分布：山西、甘肃、青海、四川、贵州、云南、广西等地

　　【形态特征】多年生草本。高70～150 cm，纵棱明显；茎、枝密被黏质腺毛与少量短柔毛。叶草质，叶面密被腺毛；茎下部叶与营养枝叶卵形，二回羽状深裂；中部叶椭圆形或卵形，长5～19 cm，宽6～10 cm，1～2回羽状深裂或第一回近于全裂，每侧裂片4～6枚；叶柄基部具小型、半抱茎的假托叶；上部叶羽状深裂，每侧具裂片3～4枚；苞片叶5或3深裂或全裂或不分裂，披针形或线状披针形。头状花序多数，细小，长卵形或长圆形，直径1.5～3 mm，小枝上排成穗状花序式的总状花序，分枝上排成狭长的复总状花序，在茎上组成圆锥花序；总苞片3层；雌花3～5朵，花冠狭管状；两性花4～6朵，花冠管状，檐部紫色。瘦果小，倒卵形或长圆形。花果期8～11月。

　　【生长习性】生于海拔1000～2800 m地区的山坡、路旁与灌丛中。

　　【精油含量】水蒸气蒸馏全草的得油率为0.16%～0.21%。

　　【芳香成分】朱亮锋等（1993）用水蒸气蒸馏法提取的四川泸定产多花蒿全草精油的主要成分为：β-松油烯（17.50%）、1,8-桉叶油素（9.06%）、β-蒎烯（7.54%）、松油醇-4（4.98%）、柠檬烯（3.88%）、α-松油醇（3.73%）、芳樟醇（3.51%）、桧醇（1.94%）、β-石竹烯（1.63%）、龙脑（1.59%）、β-月桂烯（1.56%）、β-金合欢烯（1.44%）、樟脑（1.41%）、萘（1.34%）、γ-松油烯（1.14%）、α-姜黄烯（1.02%）等；云南昆明产多花蒿全草精油的主要成分为：1,8-桉叶油素（11.38%）、樟脑（7.71%）、β-荜澄茄烯（4.18%）、α-松油醇（3.40%）、β-石竹烯（2.93%）、乙酸香叶酯（2.78%）、松油醇-4（2.55%）等。戴小阳等（2012）用同法分析的云南昆明产多花蒿新鲜嫩枝叶精油的主要成分为：4(14),11-桉叶二烯（9.51%）、(E)-2-己

烯-1-醇（7.82%）、4,11,11-三甲基-8-亚甲基双环[7.2.0]十一碳-4-烯（5.72%）、(R)-5-甲基-2-(1-甲基乙烯基)-4-己烯-1-醇（4.48%）、1a,2,3,3a,4,5,6,7b-八氢-1,1,3a,7-四甲基-1H-环丙并[a]萘（4.35%）、石竹烯（3.82%）、α-石竹烯（3.04%）、3-辛酮（2.44%）、(+)-α-松油醇（2.14%）、石竹烯氧化物（2.09%）、2-戊醇（2.02%）、(Z)-3-己烯-1-醇（1.97%）、桉叶油素（1.84%）、二仲丁基醚（1.67%）、1-辛烯-3-醇（1.62%）、3,7-二甲基-1,6-辛二烯-3-醇（1.50%）、n-十六酸（1.30%）、丁基仲丁基醚（1.19%）、2,4,5-三甲基-1,3-二氧戊环（1.15%）等。

　　【利用】云南民间全草入药，作消炎用。也作蚕豆发芽的催芽剂。

🌸 白毛多花蒿

Artemisia myriantha Wall. ex Bess. var. *pleiocephala* (Pamp.) Y. R. Ling

菊科　蒿属
分布：青海、四川、云南、贵州、西藏

　　【形态特征】多花蒿变种。与原变种区别在于本变种叶裂片略宽，宽卵形，叶背密被灰白色蛛丝状绵毛。头状花序的总苞片背面疏被灰白色蛛丝状短柔毛。

　　【生长习性】生于中、高海拔地区的山坡及路旁。

　　【精油含量】水蒸气蒸馏的全草的得油率为0.32%～0.47%。

　　【芳香成分】朱亮锋等（1993）用水蒸气蒸馏法提取的云南昆明产白毛多花蒿全草精油的主要成分为：茵陈炔（7.92%）、1,8-桉叶油素（5.33%）、松油醇-4（4.98%）、α-姜黄烯（2.72%）、茵陈炔酮（2.63%）、枯茗醇（2.30%）、间伞花烃（1.58%）、1,3-对蓋二烯-7-醇（1.47%）、雅槛蓝烯（1.20%）、愈创木醇（1.09%）等。

🌸 高岭蒿

Artemisia brachyphylla Kitam.

菊科　蒿属
别名：长白山蒿、绒叶蒿
分布：吉林

　　【形态特征】多年生草本。高30～70 cm，纵棱细；茎、枝密被灰白色蛛丝状柔毛。叶纸质或薄纸质，叶面绿色，微有蛛丝状短柔毛，叶背密被灰白色绵毛；茎下部叶卵状椭圆形或卵状长圆形，二回羽状深裂；中部叶椭圆形或长圆形，长4.5～6.5 cm，宽3.5 4.5 cm，1～2回羽状深裂，每侧有裂片2～4枚，裂片椭圆形，基部有1对小型假托叶；上部叶与苞片叶5或3深裂或不分裂，为椭圆状披针形或披针形，全缘。头状花序近球形或宽卵球形，直径2.5～4 mm，分枝上排成穗状花序，茎上端组成狭窄的圆锥花序；总苞片3～4层；雌花4～6朵，花冠狭线形；两性花6～10朵，花冠管状。瘦果倒卵形。花果期8～10月。

　　【生长习性】生于海拔1100 m以上地区的亚高山草甸、森林草原、砾质坡地或林缘、林下、路旁、灌丛等。

　　【精油含量】水蒸气蒸馏的全草的得油率为0.48%。

【芳香成分】朱亮锋等（1993）用水蒸气蒸馏法提取的辽宁沈阳东陵产高岭蒿全草精油的主要成分为：1,8-桉叶油素（26.69%）、龙脑（8.88%）、樟脑（5.26%）、3,6,6-三甲基-2-降蒎醇（4.05%）、松油醇-4(2.39%)、7-辛烯-4-醇（1.97%）、α-芹子醇（1.68%）、α-松油醇（1.57%）等。

甘肃南牡蒿

Artemisia eriopoda Bge. var. *gansuensis* Ling et Y. R. Ling

菊科　蒿属
分布：甘肃

【形态特征】南牡蒿变种。多年生草本。高10～30 cm。叶小，纸质；基生叶与茎下部叶近圆形或倒卵形，边缘具疏锯齿，中部叶羽状全裂，具2～3枚浅裂齿。分裂叶每侧有裂片2～4枚；中部叶近圆形或宽卵形，长、宽2～4 cm，1～2回羽状深裂或全裂，每侧有裂片2～3枚，基部有线形分裂的假托叶；上部叶渐小，卵形或长卵形，羽状全裂，每侧裂片2～3枚；苞片叶3深裂或不分裂；线状披针形、椭圆状披针形或披针形。头状花序在茎上排成圆锥花序，背面绿色或稍带紫褐色，边膜质，内层总苞片长卵形，半膜质；雌花4～8朵，花冠狭圆锥状；两性花6～10朵，不孕育，花冠管状。瘦果长圆形。花果期6～11月。

【生长习性】生于海拔2100 m以下地区的田边、路旁及山坡上。

【芳香成分】郑维发等（1996）用石油醚萃取法提取的甘肃康县产甘肃南牡蒿阴干全草精油的主要成分为：α-香柠檬烯（5.63%）、葑酮（4.18%）、α-卡丹烯醇（4.10%）、α-长蒎烯（3.98%）、β-卡丹烯（3.29%）、α-珛坦烯（2.74%）、(+)-β-侧柏酮（2.43%）、(+)-异侧柏酮（2.31%）、T-卡丹烯醇（2.31%）、石竹-4-烯（2.28%）、(+)-α-侧柏酮（2.12%）、T-卡丹烯（2.00%）、β-古芸烯（1.85%）、对檀香烷（1.78%）、α-卡丹烯（1.62%）、珛坦烷（1.50%）、菊蒿烯醇（1.47%）、反-石竹二烯（1.42%）、1,8-桉树脑（1.38%）、香桧烯醇（1.35%）、(E)-α-金合欢烯（1.30%）、长叶烯（1.26%）、橙花叔醇（1.23%）、(-)-香橙烯（1.18%）、樟脑（1.09%）等。

海州蒿

Artemisia fauriei Nakai

菊科　蒿属
别名：苏北碱蒿、矮青蒿
分布：河北、山东、江苏

【形态特征】多年生草本。高20～60 cm。叶稍肉质，基生叶密集，卵形或宽卵形，长11～18 cm，宽8～16 cm，3～4回羽状全裂，小裂片狭线形；下部与中部叶宽卵形，长、宽3～5 cm，2～3回羽状全裂，每侧有裂片3～4枚；上部叶、苞片叶与小枝上的叶倒卵形，3～5全裂或不分裂，狭线形，长1～3 cm，有假托叶。头状花序卵球形或卵球状倒圆锥形，直径2～4 mm，有细小的小苞叶，分枝上排成复总状花序，茎上组成圆锥花序；总苞片3～4层；雌花2～5朵，花冠狭管状，外面密被腺体；两性花8～15朵，花冠管状，背面下部有腺点。瘦果倒卵形，稍压扁。花果期8～10月。

【生长习性】产自河北、山东、江苏三省沿海地区的滩涂或沟边。

【精油含量】水蒸气蒸馏全草的得油率为0.38%。

【芳香成分】朱亮锋等（1993）用水蒸气蒸馏法提取的山东产海州蒿全草精油的主要成分为：1,8-桉叶油素（17.04%）、龙脑（11.77%）、樟脑（11.69%）、桧醇（6.39%）、松油醇-4（4.11%）、β-芹子烯（1.85%）等。

【利用】全草药用，有辛凉解表、利湿退黄、利尿消肿的功效，主治外感风热头痛、发热、黄疸、小便不利；山东滨海地区以其幼苗作茵陈。

褐苞蒿

Artemisia phaeolepis Krasch.

菊科　蒿属
别名：褐鳞蒿
分布：内蒙古、山西、宁夏、甘肃、青海、新疆、西藏

【形态特征】多年生草本；有浓烈气味。高15～40 cm。叶质薄；基生叶与茎下部叶椭圆形或长圆形，2～3回栉齿状的羽状分裂；中部叶椭圆形或长圆形，长2～6 cm，宽1.5～3 cm，二回栉齿状的羽状分裂，每侧有裂片5～8枚，有小型的假托叶；上部叶1～2回栉齿的状羽状分裂；苞片叶披针形或线形。头状花序少数，半球形，直径4～6 mm，茎上或分枝上排成总状花序或为穗状花序状的总状花序，茎上排成总状花序式的狭圆锥花序；总苞片3～4层；雌花12～18朵，花冠狭管状或狭圆锥状，背面有腺点；两性花40～80朵，全孕育或有时中央花不孕育，花冠管状，背面有腺点。瘦果长圆形或长圆状倒卵形。花果期7～10月。

【生长习性】生于内蒙古中、低海拔地区，其他地区分布在2500～3600 m附近的山坡、沟谷、路旁、草地、荒滩、草甸、林缘灌丛等地区，也见于砾质坡地与半荒漠草原地区。

【精油含量】水蒸气蒸馏干燥全草的得油率为0.76%。

【芳香成分】周金沙等（2014）用水蒸气蒸馏法提取的山西五台山产褐苞蒿干燥全草精油的主要成分为：桉油醇（11.30%）、樟脑（8.21%）、松油烯-4-醇（7.32%）、大根香叶烯D（6.39%）、石竹烯氧化物（6.34%）、石竹烯（5.37%）、龙脑（3.03%）、柠檬烯（2.45%）、侧柏酮（2.21%）、β-蒎烯（2.15%）、(-)-匙叶桉油烯醇（2.14%）、桧烯（2.06%）、芳樟醇（1.87%）、(Z)-3,7-二甲基-2,6-辛二烯-1-醇（1.87%）、(Z)-3,7-二甲基-2,6-辛二烯-1-醇（1.82%）、2,5-二甲基-3-乙烯基-1,4-己二烯（1.46%）、侧柏醇乙酯（1.38%）、黏蒿三烯（1.37%）、γ-榄香烯（1.36%）、香芹酮（1.35%）、芹子烯（1.34%）、α-蒎烯（1.32%）、β-月桂烯（1.32%）、香树烯（1.28%）、6,6-二甲基-2-亚甲基双环[3.1.1]庚-3-醇（1.27%）、香茅醇（1.26%）、α-松油

醇（1.24%）、(Z)-桧萜醇（1.05%）、兰香油薁（1.01%）等。

【利用】藏药全草入药，治疗感冒、黄疸型肝炎、四肢关节肿胀、痈疖、肉瘤等症。

🌸 黑蒿

Artemisia palustris Linn.

菊科	蒿属
别名：	沼泽蒿
分布：	黑龙江、吉林、辽宁、内蒙古、河北

【形态特征】一年生草本。高10～40 cm。叶薄纸质，茎下部与中部叶卵形或长卵形，长25 cm，宽1.5～3 cm，1～2回羽状全裂，每侧有裂片2～4枚，小裂片狭线形，有小型的假托叶；茎上部叶与苞片叶小，一回羽状全裂。头状花序近球形，直径2～3 mm，分枝或茎上每2～10枚密生成簇，少数间有单生，排成短穗状花序，茎上再组成圆锥花序；总苞片3～4层，外层卵形，褐色，中、内层卵形或匙形；花序托凸起，圆锥形；雌花10～13朵，花冠狭管状或狭圆锥状；两性花20～26朵，花冠管状，外面有腺点。瘦果小，长卵形，略扁，褐色。花果期8～11月。

【生长习性】生于中、低海拔地区的草原、森林草原、河湖边的砂质地或低处草甸中。

【精油含量】水蒸气蒸馏全草的得油率为1.20%。

【芳香成分】朱亮锋等（1993）用水蒸气蒸馏法提取的黑龙江镜泊湖产黑蒿全草精油的主要成分为：1,8-桉叶油素（5.55%）、α-侧柏酮（2.50%）、龙脑（2.50%）、樟脑（1.99%）、松油醇-4（1.03%）等。

【利用】牧区作牲畜的饲料。全草药用，有清热解毒、解暑、止血的功效，治骨蒸劳热、中暑、外感、吐血、衄血、皮肤瘙痒。

黑沙蒿
Artemisia ordosica Krasch.

菊科　蒿属

别名：沙蒿、鄂尔多斯蒿、油蒿、籽蒿

分布：内蒙古、河北、山西、宁夏、陕西、甘肃、新疆等地

【形态特征】小灌木。高50～100 cm。叶黄绿色，多少半肉质，干后坚硬；茎下部叶宽卵形或卵形，1～2回羽状全裂，每侧有裂片3～4枚，小裂片狭线形；中部叶卵形或宽卵形，长3～7 cm，宽2～4 cm，一回羽状全裂，每侧裂片2～3枚，裂片狭线形；上部叶5或3全裂，裂片狭线形；苞片叶3全裂或不分裂，狭线形。头状花序多数，卵形，直径1.5～2.5 mm，有小苞叶，分枝上排成总状或复总状花序，茎上组成圆锥花序；总苞片3～4层，外、中层卵形或长卵形，背面黄绿色，内层长卵形或椭圆形；雌花10～14朵，花冠狭圆锥状；两性花5～7朵，不孕育，花冠管状。瘦果倒卵形，果壁上具细纵纹并有胶质物。花果期7～10月。

【生长习性】多分布于海拔1500 m以下的荒漠与半荒漠地区的流动与半流动沙丘或固定沙丘上，也生长在干草原与干旱的坡地上。耐寒性强，冬季气温达-30℃能安全过冬。不耐涝。

【精油含量】水蒸气蒸馏全草的得油率为0.14%～0.64%。

【芳香成分】于凤兰等（1996）用水蒸气蒸馏法提取的内蒙古伊金霍洛旗产黑沙蒿新鲜全草精油的主要成分为：β-蒎烯（11.17%）、柠檬烯+β-水芹烯（10.41%）、茵陈炔（9.46%）、橙花叔醇（9.36%）、β-顺式-罗勒烯（7.72%）、α-蒎烯（7.56%）、桧烯（4.42%）、匙叶桉油烯醇（2.99%）、对-伞花烃（2.96%）、α-姜黄烯（2.46%）、月桂烯（2.25%）、β-反式-罗勒烯（2.23%）、松油烯-4-醇（1.50%）等。朱亮锋等（1993）用同法分析的宁夏中卫沙坡头产黑沙蒿全草精油的主要成分为：α-甜

没药醇（24.59%）、茵陈炔（12.98%）、(Z)-β-罗勒烯（6.26%）、脱氢母菊酯（4.04%）、柠檬烯（3.40%）、α-甜没药醇氧化物B（3.20%）、橙花叔醇（2.54%）、β-蒎烯（1.38%）、α-姜黄烯（1.30%）、松油醇-4（1.17%）、白菖烯（1.13%）等。

【利用】全株均可入药，根可止血；全草可用于医治尿闭；茎叶去风湿，清热消肿，治风湿性关节炎、咽喉肿痛；茎叶、花蕾可医治风湿性关节炎和疮疖痈肿；果实能消炎、散肿、宽胸利气、杀虫，外敷患处能治疗腮腺炎和疮疖痈肿，内服能治疝气等。是骆驼的主要饲草，早春时期山羊、绵羊、马也采食。为良好的固沙植物之一。种子含有大量胶质，可作为增稠剂、凝胶剂、稳定剂等，广泛应用于食品、纺织、造纸、医药、石油、煤矿等领域。茎、枝作固沙的沙障或编筐用。

红足蒿
Artemisia rubripes Nakai

菊科　蒿属

别名：小香艾、红茎蒿、大狭叶蒿

分布：黑龙江、吉林、辽宁、内蒙古、河北、山西、山东、江苏、安徽、浙江、江西、福建等地

【形态特征】多年生草本。高75～180 cm。叶纸质，叶背密被绒毛；营养枝叶与茎下部叶近圆形或宽卵形，二回羽状全裂或深裂；中部叶卵形，长7～13 cm，宽4～10 cm，1～2回羽状分裂，每侧裂片3～4枚，有小型假托叶；上部叶椭圆形，羽状全裂，每侧裂片2～3枚，有小型假托叶；苞片叶小，3～5全裂或不分裂，线形。头状花序小，多数，椭圆状卵形，直径1～2 mm，具小苞叶，枝上排成密穗状花序，茎上组成圆锥花序；总苞片3层，外层卵形，中层长卵形，内层总苞片长卵形或椭圆状倒卵形；雌花9～10朵，花冠狭管状；两性花12～14朵，花冠管状或高脚杯状，紫红色或黄色。瘦果小，狭卵形，略扁。花果期8～10月。

【生长习性】生于低海拔地区的荒地、草坡、森林草原、灌丛、林缘、路旁、河边及草甸等。

【精油含量】水蒸气蒸馏全草的得油率为0.23%～0.50%，新鲜嫩叶的得油率为0.05%；微波辅助水蒸气蒸馏带花全草的得油率为0.29%。

【芳香成分】叶：戴小阳等（2010）用水蒸气蒸馏法提取的湖南长沙产红足蒿新鲜嫩叶精油的主要成分为：樟脑

（26.94%）、桉树脑（15.59%）、石竹烯（13.29%）、大牻牛儿烯D（5.45%）、2,6,6-三甲基-2,4-环庚二烯-1-酮（4.14%）、4-甲基-1-异丙基-3-环己烯-1-醇（4.08%）、α-石竹烯（3.96%）、6,6-二甲基-2-亚甲基二环[2.2.1]庚-3-酮（2.76%）、Z-β-松油醇（2.15%）、6,6-二甲基二环[3.1.1]庚-2-烯-2-羧基甲醛（1.74%）、（S)-α,α,4-三甲基-3-环己烯-1-甲醇（1.62%）、(1S-顺)-1,2,3,5,6,8a-六氢-4,7-二甲基-1-异丙基-萘（1.38%）、乙酸-1,7,7-三甲基二环[2.2.1]庚-2-醇酯（1.36%）、(Z)-7,11-二甲基-3-亚甲基-1,6,10-十二碳三烯（1.28%）等。

全草：朱亮锋等（1993）用水蒸气蒸馏法提取的黑龙江牡丹江产红足蒿全草精油的主要成分为：1,8-桉叶油素（40.56%）、樟脑（19.24%）、龙脑（7.02%）、3,6,6-三甲基-2-降蒎醇（2.33%）、7-辛烯-4-醇（1.92%）、桧醇（1.87%）、松油醇-4（1.60%）、α-芹子醇（1.41%）、蒿酮（1.22%）等。夏东海等（2014）用同法分析的湖南长沙产红足蒿带花叶茎的阴干全草精油的主要成分为：石竹烯（14.78%）、桉树脑（9.46%）、樟脑（7.46%）、桉叶-7(11)-烯-4-醇（4.88%）、石竹烯氧化物（4.03%）、大根香叶烯D（3.72%）、α-芹子烯（3.31%）、(-)-斯巴醇（2.92%）、1-松油烯-4-醇（1.82%）、桃醛（1.34%）、桃金娘烯醛（1.33%）、棕榈酸（1.20%）、松香芹酮（1.16%）、γ-榄香烯（1.14%）、β-倍半水芹烯（1.11%）、蓝桉醇（1.09%）、1,5,5,8-四甲基-12-氧杂二环[9,1,0]十二-3,7-二烯（1.00%）等。

【利用】全草入药，作艾的代用品。有温经，散寒，止血作用。

🌸 华北米蒿
Artemisia giraldii Pamp.

菊科　蒿属
别名： 吉氏蒿、艾蒿、灰蒿、米棉蒿
分布： 内蒙古、河北、山西、陕西、宁夏、甘肃、四川等地

【形态特征】半灌木状草本。高50～120 cm。叶纸质，灰绿色，干后暗绿色或深绿褐色，叶面被短柔毛；茎下部叶卵形或长卵形，指状3～5深裂；中部叶椭圆形，长2～3 cm，宽0.8～1.5 cm，指状3深裂，裂片线形或线状披针形；上部叶与苞片叶3深裂或不分裂，线形或线状披针形。头状花序多数，宽卵形、近球形或长圆形，直径1.5～2 mm，有小苞叶，枝上排成穗状花序式的总状花序或复总状花序，茎上组成圆锥花序；总苞片3～4层，外、中层卵形、长卵形，内层长椭圆形或

长卵形；雌花4～8朵，花冠狭管状或狭圆锥状；两性花5～7朵，不孕育，花冠管状，檐部黄色或红色。瘦果倒卵形。花果期7～10月。

【生长习性】生于海拔1000～2300 m地区的黄土高原、山坡、干河谷、丘陵、路旁、滩地、林缘、森林草原、灌丛与林中空地等。

【精油含量】水蒸气蒸馏全草的得油率为0.50%～0.60%。

【芳香成分】朱亮锋等（1993）用水蒸气蒸馏法提取的山西太原产华北米蒿全草精油的主要成分为：茵陈炔（31.90%）、对伞花醇-8（17.90%）、α-姜黄烯（5.14%）、芳樟醇（3.43%）、β-石竹烯（1.14%）等。

【利用】全草入药，有清热、解毒、利肺作用。为良等饲用植物，是家畜的重要牧草，牛、马、驴、骡均采食，绵羊、山羊喜吃幼嫩的枝梢。

🌸 黄花蒿
Artemisia annua Linn.

菊科　蒿属
别名： 扁柏草、草蒿、臭蒿、臭黄蒿、黄蒿、黄香蒿、黄苦草、黄色土茵陈、苦蒿、鸡虱草、假香菜、酒饼草、青蒿、细叶蒿、小青蒿、茼蒿、野茼蒿、秋蒿、野苦草、香丝草
分布： 全国各地

【形态特征】一年生草本；有浓烈香气。高1～2 m。叶纸

质；茎下部叶宽卵形或三角状卵形，长3～7 cm，宽2～6 cm，两面具白色腺点及细小凹点，3～4回栉齿状的羽状深裂，每侧有裂片5～10枚，有半抱茎的假托叶；中部叶2～3回栉齿状的羽状深裂；上部叶与苞片叶1～2回栉齿状的羽状深裂。头状花序球形，多数，直径1.5～2.5 mm，基部有线形的小苞叶，枝上排成总状或复总状花序，茎上组成圆锥花序；总苞片3～4层，外层长卵形或狭长椭圆形，中、内层宽卵形或卵形；花深黄色，雌花10～18朵，花冠狭管状，外面有腺点；两性花10～30朵，花冠管状。瘦果小，椭圆状卵形，略扁。花果期8～11月。

【生长习性】分布在海拔1500～3650 m的地区。生境适应性强，东部、南部地区生长在路旁、荒地、山坡、林缘等处；其他地区还生长在草原、森林草原、干河谷、半荒漠及砾质坡地等，也见于盐渍化的土壤上。对气候的适应性强，对土壤要求不严，在土壤肥沃，排水良好的砂壤土中种植，生长较好。喜温暖、阳光，忌水浸，不耐荫蔽。

【精油含量】水蒸气蒸馏干燥根的得油率为0.22%～0.40%，茎枝的得油率为0.03～0.19%，干燥叶的得油率为0.65%～0.92%，全草的得油率为0.18%～4.33%，花或花序的得油率为0.60%～9.70%，种子的得油率为0.40%～0.70%；超临界萃取全草的得油率为0.47%～1.20%；有机溶剂萃取新鲜全草的得油率为0.94%。

【芳香成分】全草：何兵等（2008）用水蒸气蒸馏法提取的重庆酉阳产黄花蒿阴干全草精油的主要成分为：蒿酮（43.04%）、右旋樟脑（12.12%）、桉油精（7.44%）、莰烯（5.64%）、大根香叶烯D（4.43%）、β-石竹烯（3.52%）、β-

月桂烯（3.32%）、石竹烯氧化物（2.01%）、反式-金合欢醇（1.89%）、2,6-二甲基-1,5,7-辛三烯-3-醇（1.70%）、蒿醇（1.61%）、桧烯（1.26%）、反式-长松香芹醇（1.20%）、橙花醇（1.17%）等。杨占南等（2008）分析的贵州金沙产黄花蒿全草精油的主要成分为：樟脑（41.89%）、L-龙脑（10.39%）、对-薄荷-1-烯-8-醇（10.39%）、石竹烯（8.42%）、大根香叶烯D（5.52%）、桉叶油素（4.37%）、莰烯（3.06%）、大根香叶烯B（2.49%）、顺式澳白檀醇（2.47%）、(-)-新丁香三环烯-(Ⅱ)（2.35%）、β-红没药烯（2.19%）、氧化异香树烯（2.17%）、荜澄茄油烯醇（2.17%）、4-萜品醇（1.35%）、可巴烯（1.26%）、1-壬烯-3-醇（1.24%）、反式-3(10)-视黄-2-醇（1.01%）等。马鹏等（2014）分析的重庆产栽培黄花蒿阴干全草精油的主要成分为：吉玛四（12.30%）、石竹烯（12.04%）、Z-β-法呢烯（3.92%）、吉玛二（3.75%）、冰片（4.09%）、叶绿醇（3.20%）、(-)-斯巴醇（2.82%）、十六酸（2.79%）、三十四碳烷（2.40%）、石竹烯氧化物（2.25%）、反式-长松香芹醇（2.18%）、2,3,4,4a,5,6,7-八氢-1,4a-二甲基-7-(2-羧基-1-甲基乙基)-2-萘醇（2.12%）、天然樟脑（2.06%）、1,6-二溴乙烷（2.05%）、异香橙烯环氧化合物（2.01%）、反式-β-叩巴烯（1.99%）、表蓝桉醇（1.85%）、绿花白千层醇（1.82%）、(8S-顺式)-2,4,6,7,8,8a-六氢-3,8-二甲基-4-(1-甲基亚乙基)-5(1H)-薁烯（1.69%）、雪松烯-13-醇（1.68%）、六甲基-1,3,5-环壬三烯（1.67%）、桉叶油-4[14]，11-二烯（1.20%）、惕格酸香叶酯（1.13%）、双十八磷酸酯（1.13%）、11-苯基-10-二十一烯（1.05%）等；野生黄花蒿阴干全草精油的主要成分为：2,4-二甲基-2,6-辛二烯（19.88%）、吉玛四（8.78%）、石竹烯（7.96%）、Z-β-法呢烯（7.75%）、天然樟脑（5.24%）、桉油醇（2.55%）、1,3,3-三甲基-2-(2-甲基-环丙烷)-环己烯（2.48%）、异香橙烯环氧化合物（2.33%）、蒿醇（1.63%）、2,3,4,4a,5,6,7-八氢-1,4a-二甲基-7-(2-羧基-1-甲基乙基)-2-萘醇（1.49%）、1-甲氧基-(1-甲基-2-环戊烯-1-基)-1-丙烯（1.43%）、叩巴烯（1.23%）、4-(2,4,4-三甲基-1,5-环己二烯)-3-烯-2-丁酮（1.22%）、2-乙烯基-1,1-二甲基-3-甲叉基-环己烷（1.21%）、吉玛二（1.13%）、表蓝桉醇（1.12%）、库贝醇（1.12%）、十六酸（1.06%）等。胡广晶等（2015）分析的甘肃永登产黄花蒿全草精油的主要成分为：侧柏酮-1(27.76%)、桉树醇（16.14%）、邻异丙基甲苯（7.99%）、侧柏酮-2(6.15%)、β-蒎烯（5.99%）、蒿酮（3.88%）、4-萜烯醇（2.87%）、柠檬烯（2.01%）、樟脑（1.99%）、4-亚甲基-1-(1-甲基乙基)双环[3.1.0]2-己烯（1.65%）、α-蒎烯（1.59%）、桧烯（1.53%）、β-芹子烯（1.36%）、丁香酚（1.34%）、乙酸桃金娘烯醇酯（1.23%）、龙脑（1.21%）等。薛晓丽等（2016）分析的吉林省吉林市产黄花蒿新鲜全草精油的主要成分为：β-榄香烯（9.68%）、大根香叶烯D（7.30%）、γ-榄香烯（6.89%）、石竹烯（6.18%）、反式-β-罗勒烯（3.73%）、α-杜松醇（3.44%）、1(10)，4-杜松二烯（3.29%）、杜松烯（3.29%）、顺式-β-罗勒烯（2.92%）、氧化石竹烯（2.25%）、葎草烯（2.03%）、斯巴醇（2.02%）、乙酸龙脑酯（1.80%）、α-可巴烯（1.73%）、蒿酮（1.68%）、γ-依兰油烯（1.64%）、γ-杜松萜烯（1.64%）、β-蒎烯（1.59%）、香蒿酮（1.53%）、1(10)，11-愈创二烯（1.51%）、芳樟醇（1.37%）、植醇（1.31%）、2-崁醇（1.27%）、桉油精（1.25%）、γ-荜澄茄烯（1.19%）、邻苯二甲酸二丁酯（1.17%）、香桧烯（1.01%）等。

花：余正文等（2011）用水蒸气蒸馏法提取的重庆产黄花蒿花蕾精油的主要成分为：樟脑（24.34%）、1,8-桉叶素（21.32%）、1-羟基芳樟醇（6.04%）、β-法呢烯（4.08%）、β-石竹烯（3.94%）、侧柏烯（3.72%）、大叶根香烯D（3.63%）、2-丙烯基-4a,8-二甲基-1,2,3,4,4a,5,6,7-八氢萘（3.40%）、莰烯（3.04%）、α-萜品醇（2.30%）、(-)-斯巴醇（1.71%）、β-蒎烯（1.59%）、4-萜品醇（1.26%）、大叶根香烯B（1.16%）等。肖伟洪等（2017）分析的江西永修产黄花蒿干燥花蕾精油的主要成分为：桉油精（18.86%）、樟脑（16.55%）、α-愈创木烯（6.82%）、大根香叶烯D（6.74%）、石竹烯（5.97%）、顺式-乙酸菊花烯酯（5.45%）、脱氢芳香醇（4.59%）、α-荜澄茄油烯（3.16%）、松油烯-4-醇（2.01%）、2-甲基-丁香烯（1.40%）、松油烯（1.32%）等。王国亮等（1994）分析的湖北武汉产黄花蒿新鲜花精油的主要成分为：蒿酮（41.86%）、1,8-桉叶油素（19.10%）、樟脑（9.73%）、莰烯（3.47%）、β-蒎烯（2.93%）、β-丁香烯（2.42%）、反-2-甲基-6-甲撑-3,7-辛二烯-2-醇（1.91%）、桧烯（1.87%）、β-金合欢烯（1.57%）、异龙脑（1.54%）、异樟脑（1.30%）、对伞花烃（1.17%）、香叶烯（1.16%）、α-蒎烯（1.04%）等。

种子：李瑞珍等（2007）用水蒸气蒸馏法提取的湖南雪峰山产野生黄花蒿种子精油的主要成分为：丁香烯环氧化物（8.99%）、(E)-7,11-二甲基-3-亚甲基-1,6,10-十二碳三烯（8.16%）、丁香烯（6.89%）、[S-(E,E)]-1-甲基-5-亚甲基-8-(1-甲基乙基)-1,6-环癸二烯（4.01%）、9-柏木烷酮（3.91%）、苯甲醚（2.25%）、新异长叶烯（2.11%）、桉油精（1.49%）、1,2-二甲氧基-4-(2-丙烯基)苯（1.46%）、α-金合欢烯（1.37%）、[1aR-(1aα,4aα,7α,7aβ,7bα)]-十氢-1,1,7-三甲基-4-亚甲基-1H-环丙[e]薁（1.36%）、[4aR-(4aα,7α,8aβ)]-十氢-4a-甲基-1-亚甲基-7-(1-甲基乙基)（1.31%）、[1aR-(1aα,4α,4aβ,7bα)]-1a,2,3,4,4a,5,6,7b-八氢-1,1,4,7-四甲基-1H-环丙[e]薁（1.26%）、(+)-2-樟脑（1.20%）、2-甲基-2-丁烯酸,2,7-二甲基-7-辛烯-5-炔-4-基酯（1.13%）、2-甲基-4-(2,6,6-甲基-1-环己烯)-2-丁烯（1.05%）、雪松醇（1.02%）等。

【利用】全草入药，有清热、解暑、截疟、凉血、利尿、健胃、止盗汗的作用；主治伤暑、疟疾、潮热、小儿惊风、热泻、恶疮疥癣。是抗疟疾药物青蒿素的主要原料。南方民间取枝叶制酒饼或作制酱的香料。牧区作牲畜饲料。全草精油可药用，也可作为调香原料用于调香。嫩苗或嫩叶可作蔬菜食用。

🌸 灰苞蒿

Artemisia roxburghiana Bess.

菊科 蒿属
别名：白蒿子
分布：陕西、甘肃、青海、湖北、四川、贵州、云南、西藏

【形态特征】半灌木状草本。高50～120 cm。叶厚纸质或纸质，叶背密被灰白色蛛丝状绒毛；下部叶卵形或长卵形，二回羽状深裂或全裂；中部叶卵形、长卵形或长圆形，长6～10 cm，宽4～6 cm，二回羽状全裂，每侧裂片2～4枚，基部有半抱茎的假托叶；上部叶卵形，1～2回羽状全裂；苞片叶3～5全裂或不分裂，基部常有小型假托叶。头状花序多数，卵形、宽卵形或近半球形，直径2～3 mm，基部常有小苞叶，枝上排成穗状或穗状花序状的总状花序，茎上组成圆锥花序；总苞片3～4层，外层狭卵形或椭圆形，中层长圆形或倒卵状长圆形，内层长圆状倒卵形；雌花5～7朵，花冠狭管状，檐部紫色，背面微有小腺点；两性花10～20朵，花冠管状或高脚杯状，紫色或黄色。瘦果小，倒卵形或长圆形。花果期8～10月。

【生长习性】生于海拔700～3900 m附近的荒地、干河谷、阶地、路旁、草地等。

【精油含量】水蒸气蒸馏全草的得油率为0.36%。

【芳香成分】朱亮锋等（1993）用水蒸气蒸馏法提取的四川红原产灰苞蒿全草精油的主要成分为：樟脑（37.54%）、龙脑（6.54%）、松油醇-4（5.32%）、α-侧柏酮（3.38%）、芳樟醇（2.16%）、乙酸龙脑酯（1.24%）、辣薄荷醇（1.17%）、β-石竹烯（1.02%）等。

【利用】全草入药，作艾（家艾）的代用品，有温经、散寒、止血的作用。青绿时家畜很少采食，枯黄后绵羊、山羊采食。

🌸 紫苞蒿

Artemisia roxburghiana Bess. var. *purpurascens* (Jacq. ex Bess.) Hook. f.

菊科 蒿属
分布：四川、西藏

【形态特征】灰苞蒿变种。与原变种的区别在于本变种头花序的总苞片紫色，微被蛛丝状短柔毛。

【生长习性】生于海拔2000～3800 m的荒地、干河谷、草地等。

【精油含量】水蒸气蒸馏全草的得油率为0.20%。

【芳香成分】朱亮锋等（1993）用水蒸气蒸馏法提取的西藏贡嘎产紫苞蒿全草精油的主要成分为：α-侧柏酮（27.31%）、丁香酚甲醚（5.42%）、榄香酯素（4.68%）、α-侧柏酮异构体（2.76%）、橙花叔醇（2.42%）、1,8-桉叶油素（1.72%）、樟脑（1.15%）、枯茗醇（1.01%）、加州月桂酮（1.00%）等。

🌸 碱蒿

Artemisia anethifolia Web. ex Stechm

菊科　蒿属

别名：伪茵陈、大莳萝蒿、盐蒿、糜糜蒿、臭蒿

分布：黑龙江、内蒙古、河北、山西、陕西、宁夏、甘肃、青海、新疆等地

【形态特征】一二年生草本；有浓烈香气。高20～50 cm。基生叶椭圆形或长卵形，长3～4.5 cm，宽1.5～3 cm，2～3回羽状全裂，每侧有裂片3～4枚，小裂片狭线形；中部叶卵形、宽卵形或椭圆状卵形，长2.5～3 cm，宽1～2 cm，1～2回羽状全裂，每侧有裂片3～4枚，小裂片狭线形；上部叶与苞片叶5或3全裂或不分裂，狭线形。头状花序半球形或宽卵形，直径2～4 mm，有小苞叶，枝上排成穗状花序式的总状花序，茎上组成疏圆锥花序；总苞片3～4层，外层、中层椭圆形或披针形，内层卵形；雌花3～6朵，花冠狭管状；两性花18～28朵，花冠管状，檐部黄色或红色。瘦果椭圆形或倒卵形。花果期8～10月。

【生长习性】常生于海拔800～2300 m附近的干山坡、干河谷、碱性滩地、盐渍化草原、荒地及固定沙丘附近。是一种最耐盐碱的蒿类植物，在草甸草原及干草原的碱斑地、固定沙丘群的低湿盐碱滩、盐碱化的割草场、低湿的碱地、碱湖的古湖滩、碱沟盐生草甸中均可大量生长，成为强碱性土壤的指示植物。

【精油含量】水蒸气蒸馏全草的得油率为0.98%。

【芳香成分】朱亮锋等（1993）用水蒸气蒸馏法提取的山西太原产碱蒿全草精油的主要成分为：1,8-桉叶油素（43.51%）、桉醇（15.80%）、松油醇-4（5.44%）、龙脑（3.66%）、桃金娘烯醇（1.91%）、桉醇异构体（1.30%）等。

【利用】民间采基生叶作中药茵陈代用品。牧区作牲畜饲料，属中等饲用植物。

🌸 江孜蒿

Artemisia gyangzeensis Ling et Y. R. Ling

菊科　蒿属

分布：西藏、青海、甘肃

【形态特征】半灌木状草本。高20～30 cm。叶两面无毛；茎下部与中部叶卵形或长圆形，长3.5～4.5 cm，宽2～3 cm，二回羽状全裂，每侧裂片3枚，小裂片狭线状披针形或狭长线形，基部两侧有2～3枚狭线形的假托叶；上部叶羽状全裂；苞片叶长，3全裂或不分裂，狭线状披针形。头状花序球形或宽卵球形，直径2.5～3.5 mm，枝上单枚或数枚集生成穗状花序，茎上组成圆锥花序；总苞片3～4层，外、中层总苞片卵形或长卵形，内层长圆形或长卵形；雌花3～8朵，花冠狭管状或狭圆锥状；两性花10～20朵，不孕育，花冠管状。瘦果小，倒卵形或倒卵状椭圆形。花果期7～9月。

【生长习性】生于海拔3900 m附近的山坡上。

【精油含量】水蒸气蒸馏全草的得油率为0.85%。

【芳香成分】朱亮锋等（1993）用水蒸气为蒸馏法提取的西藏拉萨产江孜蒿全草精油的主要成分为：β-雪松烯（20.50%）、香茅醇（4.49%）、对伞花醇-8（3.46%）、松油醇-4（2.89%）、γ-松油烯（2.88%）、莰烯-4（2.83%）、柠檬烯（2.37%）、γ-榄香烯（1.83%）、芳樟醇（1.34%）等。

🌸 宽叶山蒿

Artemisia stolonifera (Maxim) Kom.

菊科　蒿属

别名：天目蒿

分布：黑龙江、吉林、辽宁、内蒙古、河北、山西、山东、江苏、安徽、浙江、湖北等地

【形态特征】多年生草本。高50～120 cm。叶厚纸质，叶面具小凹点及白色腺点，叶背密生蛛丝状绒毛；基生叶、茎下部叶与营养枝叶椭圆形或椭圆状倒卵形，花期均萎谢；中部叶长卵形或卵形，长6～12 cm，宽4～7 cm，全缘具2～3枚裂齿；上部叶小，卵形或卵状披针形，有粗锯齿或全缘，有小型假托叶；苞片叶椭圆形或线状披针形，全缘。头状花序多数，长圆形或宽卵形，直径3～4 mm，有小苞叶，枝上密集排成穗状花序或穗状花序状的总状花序，茎上组成圆锥花序；总苞片3～4层，外层三角状卵形，被蛛丝状绒毛，中层倒卵形或长卵形，背面被蛛丝状绒毛，内层长卵形或匙形；雌花10～12朵，花冠狭管状；两性花12～15朵，花冠管状或高脚杯状。瘦果秋卵形或椭圆形，略扁。花果期7～11月。

【生长习性】多生于低海拔湿润地区的林缘、疏林下、路旁、荒地及沟谷等处，东北、华北地区还生于森林草原地带。

【精油含量】水蒸气蒸馏全草的得油率为0.27%。

【芳香成分】朱亮锋等（1993）用水蒸气蒸馏法提取的吉林长白山产宽叶山蒿全草精油的主要成分为：1,8-桉叶油

素（17.60%）、樟脑（12.38%）、7-辛烯-4-醇（5.06%）、6-甲基-5-庚烯-2-酮（4.92%）、辣薄荷酮（4.03%）、α-甜没药醇（2.80%）、龙脑（2.28%）、α-侧柏酮（1.96%）、松油醇-4（1.93%）、β-石竹烯（1.17%）、对伞花烃（1.13%）等。

【利用】青绿时家畜很少采食，枯黄后绵羊、山羊采食。

🌸 魁蒿

Artemisia princeps Pamp.

菊科　蒿属

别名： 野艾蒿、王侯蒿、五月艾、野艾、艾叶、黄花艾、端午艾

分布： 辽宁、内蒙古、河北、山西、山东、陕西、甘肃、江西、安徽、江苏、福建、台湾、河南、湖北、湖南、广东、广西、贵州、云南

【形态特征】多年生草本。高60～150 cm。叶厚纸质或纸质，叶背密被灰白色蛛丝状绒毛；下部叶卵形或长卵形，1～2回羽状深裂，每侧有裂片2枚；中部叶卵形或卵状椭圆形，长6～12 cm，宽4～8 cm，羽状深裂或半裂，每侧有裂片2～3枚，裂片椭圆状披针形或椭圆形，每侧具1～2枚疏裂齿，叶柄基部有小型的假托叶；上部叶小，羽状深裂或半裂，每侧有裂片1～2枚；苞片叶3深裂或不分裂，椭圆形或披针形。头状花序多数，长圆形或长卵形，直径1.5～2.5 mm，有细小的小苞叶，枝上排成穗状或穗状花序式的总状花序，茎上组成圆锥花序；总苞片3～4层，覆瓦状排列；雌花5～7朵，花冠狭管状；两性花4～9朵，花冠管状，黄色或檐部紫红色，外面有疏腺点。瘦

果椭圆形或倒卵状椭圆形。花果期7～11月。

【生长习性】多生于低海拔或中海拔地区的路旁、山坡、灌丛、林缘及沟边。对土壤要求不严。喜光。繁殖力强。

【精油含量】水蒸气蒸馏全草或叶片的得油率为0.13%～0.45%；微波萃取阴干叶的得油率为1.00%～1.50%。

【芳香成分】叶：潘炯光等（1992）用水蒸气蒸馏法提取的陕西产魁蒿叶片精油的主要成分为：反-丁香烯（13.50%）、1,8-桉叶油素（9.12%）、樟脑（4.95%）、龙脑（4.36%）、α-蒎烯（3.41%）、葎草烯（2.63%）、萜品烯-4-醇（2.37%）、丁香烯氧化物（1.97%）、蒿醇（1.90%）、α-松油醇（1.80%）、β-蒎烯（1.69%）、芳樟醇（1.62%）、顺-β-金合欢烯（1.50%）、β-芹子烯（1.50%）、γ-榄香烯（1.50%）、棕榈酸（1.44%）、侧柏酮（1.40%）、δ-荜澄茄烯（1.24%）等。

全草：朱亮锋等（1993）用水蒸气蒸馏法提取的四川金佛山产魁蒿全草精油的主要成分为：β-石竹烯（11.18%）、1,8-桉叶油素（8.60%）、樟脑（6.93%）、7-辛烯-4-醇（5.10%）、α-石竹烯（4.02%）、β-荜澄茄烯（2.48%）、蒿酮（2.37%）、龙脑（2.28%）、杜松醇（2.26%）、桃金娘烯醇（2.02%）、蒎葛缕醇（1.83%）、β-芹子烯（1.63%）、别香树烯（1.41%）、α-姜黄烯（1.22%）、2-己烯醛（1.17%）等。

【利用】民间入药，作艾（家艾）的代用品，有解毒消肿、散寒除湿、温经止血、调经安胎的功效，用于月经不调、经闭腹痛、崩漏、产后腹痛、腹中寒痛、胎动不安、鼻衄、肠风出血、赤痢下血。叶精油具有平喘、镇咳、祛痰、消炎作用，临床上用于治疗慢性支气管炎、肺气肿、支气管哮喘等。全草可作蔬菜食用。叶可入茶。

参考文献

阿孜古丽·依明，艾尼娃尔·艾克木，宋凤凤，2013. 药蜀葵种子挥发油的提取与分离鉴定[J]. 新疆医科大学学报，36（9）：1275-1277.

艾力·沙吾尔，古丽斯玛依·艾拜都拉，2009. 新疆有毒植物骆驼蓬挥发油的化学成分测定[J]. 生物技术，19（4）：56-58.

安冉，华震宇，王建梅，2016. 新疆产核桃仁挥发性芳香物质成分萃取条件的优化及GC-MS分析[J]. 中药材，39（10）：2295-2299.

敖平，胡世林，1998. 胡椒根挥发油的化学成分及其微量元素测定[J]. 中国中药杂志，23（1）：42-44.

白殿罡，2008. 紫花地丁挥发性化学成分的分析[J]. 长春大学学报，18（5）：69-71.

白雪，张建丽，唐晓伟，等，2008. SPME-GC-MS法测定朝鲜蓟（Cynara scolymus L.）中的风味成分[J]. 中国食品学报，8（3）：138-142.

白玉华，孙颖，于春月，等，2010. 榛花挥发油的化学成分[J]. 药学与临床研究，18（3）：265-266.

白云峰，田福利，方利，2006. 蒙椴树皮提取物化学成分的气相色谱－质谱分析[J]. 内蒙古大学学报（自然科学版），37（4）：475-477.

包怡红，段伟丽，王芳，等，2015. 响应面法优化艾叶精油的提取工艺及其化学成分分析[J]. 食品工业科技，36（14）：287-292，298.

贲昊玺，陆大东，卞宁生，等，2008. 黄瓜化学成分的提取与研究[J]. 天然产物研究与开发，20：388-394.

毕和平，韩长日，梁振益，等，2007. 破布叶叶片中挥发油的化学成分研究[J]. 林产化学与工业，27（3）：124-126.

柴玲，刘布鸣，林霄，等，2012. 毛郁金挥发油化学成分的GC-MS分析[J]. 中药材，35（7）：1102-1104.

蔡爱华，赵志国，陈海珊，等，2012. 枫香与缺萼枫香果实挥发性成分的GC-MS分析[J]. 桂林理工大学学报，32（2）：245-249.

蔡定建，戎敢，靖青秀，等，2009. 木槿花挥发油化学成分的GC/MS分析[J]. 中国农学通报，25（21）：93-96.

蔡进章，林崇良，林观样，等，2014. 温州产山姜不同部位挥发油化学成分的GC-MS分析[J]. 中华中医药学刊，32（4）：893-896.

蔡毅，谢凤凤，颜萍花，等，2015. 不同产地毛蒟挥发油的GC-MS分析[J]. 中药材，38（2）：323-326.

蔡毅，董栋，么春艳等，2010. GC-MS分析广西产4种栽培胡椒属植物叶中的挥发油成分[J]. 华西药学杂志，25（6）：641-644.

蔡振利，刘志斌，段金廉，等，1994. 中国骆驼蓬属植物中挥发性成分的分析[J]. 中国药科大学学报，25（5）：311-312.

常慧，许睿洁，杨松，等，2017. SDE和HE-SPME应用于GC-MS分析香榧假种皮中挥发性成分的比较研究[J]. 安徽农业大学学报，44（5）：761-767.

常艳茹，刘丽健，王婵，等，2010. GC-MS分析紫斑风铃草的超临界CO₂萃取物[J]. 华西药学杂志，25（6）：645~647.

巢志茂，刘静明，1996. 湖北括楼果皮挥发油化学成分的研究[J]. 中国药学杂志，31（3）：140-141.

巢志茂，刘静明，1996. 双边栝楼皮挥发油的化学成分研究[J]. 中国中药杂志，21（6）：357-360.

巢志茂，刘静明，王伏华，等，1992. 五种瓜蒌皮挥发性有机酸的分析[J]. 中国中药杂志，17（11）：673-674.

车瑞香，何洪巨，陈贵林，2003. GC/MS测定南瓜中的芳香成分[J]. 质谱学报，24（增刊）：33-34.

陈炳超，刘红星，崔亚飞，等，2012. 台琼海桐蒴果皮油及籽油的主要挥发性化学成分[J]. 广西植物，32（3）：419-423.

陈炳超，刘红星，崔亚飞，等，2012. 台琼海桐叶中挥发性组分与无机元素的测定[J]. 时珍国医国药，23（8）：1935-1937.

陈丛瑾, 黄克瀛, 黄玉松, 等, 2009. 鲜姜黄挥发油化学成分的GC-MS分析[J]. 中华中医药杂志（原中国医药学报）, 24（3）: 364-366.

陈锋, 陈欢, 李舒婕, 等, 2013. 超临界CO_2萃取法与水蒸气蒸馏法提取凤尾草挥发油化学成分的比较[J]. 中药材, 36（8）: 1270-1274.

陈福北, 陈少东, 刘红星, 等, 2009. 索氏法和水蒸汽蒸馏法提取山奈（鲜品）挥发油化学成分的比较研究[J]. 中国调味品, 34（11）: 105-107.

陈海珊, 赵志国, 梁小燕, 等, 2009. 缺萼枫香叶挥发油的化学成分研究[J]. 广西植物, 29（1）: 136-138.

陈海燕, 罗丽红, 王志滨, 等, 2011. 气相色谱－质谱法分析无籽罗汉果果实中挥发油成分[J]. 广西大学学报: 自然科学版, 36（3）: 489-492.

陈红英, 2010. 早开堇菜的挥发性成分分析[J]. 西南科技大学学报, 25（3）: 22-24.

陈俊卿, 王锡昌, 2005. 顶空萃取－气相色谱－质谱法分析芝麻油中的挥发性成分[J]. 质谱学报, 26（1）: 49-50, 13.

陈克克, 曹晓燕, 王喆之, 2009. 凤党脂溶性成分的GC-MS分析[J]. 光谱实验室, 26（6）: 1560-1563.

陈玲, 鲁汉兰, 2009. 湖北产芸香草挥发油化学成分气相色谱－质谱分析[J]. 中国医院药学杂志, 29（15）: 1290-1291.

陈龙, 王伟, 王如峰, 等, 2006. 罗布麻花中挥发性成分的气－质联用分析[J]. 中国中药杂志, 31（18）: 1542-1543.

陈璐, 敖慧, 叶强, 等, 2014. 阳春砂仁不同部位挥发油成分的GC-MS分析[J]. 中国实验方剂学杂志, 20（14）: 80-83.

陈敏, 李晓瑾, 姜林, 等, 2000. 新疆党参挥发油成分的研究[J]. 中草药, 31（4）: 254.

陈能煜, 翟建军, 潘惠平, 等, 1992. 三种风毛菊属植物精油化学成分研究[J]. 云南植物研究, 14（2）: 203-210.

陈青, 张前军, 2007. 黔产石南藤挥发油化学成分的研究[J]. 信阳师范学院学报（自然科学版）, 20（1）: 35-37.

陈少东, 陈福北, 刘红星, 等, 2011. 益智仁中Mg、Al、Fe、Zn、Cd、Pb含量及精油成分分析[J]. 现代科学仪器, （3）: 74-77.

陈思伶, 张金康, 周建华, 等, 2016. 缙云山亮叶桦叶片精油GC-MS鉴定及挥发性成分应用分析[J]. 西南大学学报（自然科学版）, 38（3）: 70-76.

陈望爱, 张泰铭, 梁逸曾, 等, 2008. 利用GC-MS和HPLC-DAD技术分析比较杜仲和杜仲叶的化学成分[J]. 中国药学杂志, 43（11）: 816-820.

陈玮玲, 钟培培, 范琳琳, 等, 2016. 固相微萃取－气相色谱－质谱－分析青钱柳叶挥发性成分[J]. 食品工业科技, 37（22）: 52-58.

陈晓兰, 廖羽, 吴倩男, 等, 2017. 贵州产亚贡叶中挥发性成分气相质谱分析[J]. 江西农业学报, 29（3）: 99-102.

陈新荣, 林级田, 1988. 西双版纳阳春砂仁叶精油化学成份的研究[J]. 云南热作科技, （11）: 25-26.

陈业高, 魏均娴, 梁宁珈, 1993. 新鲜云参根的挥发性成分[J]. 中国中药杂志, 18（8）: 492-493.

陈勇, 魏后超, 农莉, 等, 2013. 气相色谱－质谱联用测定广西不同产地磨盘草的挥发油成分[J]. 环球中医药, 6（8）: 572-576.

陈友地, 胡志东, 顾姻, 1991. 枫香属植物黄酮类及萜类化合物研究[J]. 林产化学与工业, 11（2）: 157-164.

陈振德, 郑汉臣, 田美兰, 等, 1998. 长叶榧叶挥发油成分分析及其抗菌作用研究[J]. 第二军医大学学报, 19（2）: 150-153.

陈志慧, 陈志强, 尹国强, 2006. 茶用香花珠兰的香气成分分析[J]. 精细化工, 23（8）: 768-770.

程必强, 马信祥, 许勇, 等, 1998. 黄樟素资源毛叶树胡椒的初步研究[J]. 香料香精化妆品, （2）: 11-13, 32.

程存归, 毛姣艳, 2005. 三种蕨类植物挥发油的化学成分研究[J]. 林产化学与工业, 25（2）: 107-110.

成晓静, 刘华钢, 廖月葵, 2009. 3种莪术不同部位挥发油成分比较[J]. 中药材, 32（10）: 1551-1553.

崔炳权, 郭晓玲, 林元藻, 2007. 细叶黑三棱挥发油化学成分分析[J]. 中国医药导报, 4（11）: 14-15.

崔炳权, 郭晓玲, 林元藻, 2008. 垂盆草挥发性成分的GC／MS分析[J]. 中成药, 30（7）: 1044-1047.

崔凤侠, 杜晓鹃, 高大昕, 等, 2014. 赤雹茎叶挥发油化学成分的气相色谱－质谱分析[J]. 中国医院药学杂志, 34（6）: 453-456.

达娃卓玛, 官艳丽, 白央, 等, 2008. 绵头雪莲花挥发花油化学成分的GC-MS分析[J]. 中药材, 31（6）: 857-860.

达娃卓玛, 官艳丽, 白央, 等, 2007. 槲叶雪莲花的挥发油GC-MS分析[J]. 分析测试学报, 26（增刊）: 169-171.

达娃卓玛, 官艳丽, 格桑索朗, 等, 2007. 水母雪莲花挥发油的GC-MS分析[J]. 分析试验室, 26（7）: 27-30.

戴素贤，谢赤军，杨戴厚，1991.姜花的香气成分的分析[J].华南农业大学学报，12（1）：79~83.

戴卫波，李拥军，梅全喜，等，2015.12个不同产地艾叶挥发油的GC-MS分析[J].中药材，38（12）：2502-2506.

戴小阳，董新荣，2010.湖南红足蒿嫩叶化学成分研究[J].西北植物学报，30（6）：1259-1263.

戴小阳，李霞，董新荣，等，2012.云南多花蒿挥发油化学成分及抑菌活性研究[J].安徽农业科学，40（23）：11562-11564，11597.

邓亚利，孙平川，杨继民，郭颖娟，2009.木芙蓉挥发性成分的GC-MS分析[J].西北药学杂志，24（2）：109-110.

邓燚，李欣，邵萌，等，2013.化香树果序挥发油的气相色谱-质谱联用分析及体外抗肿瘤活性研究[J].中医药导报，19（11）：80-82.

丁长江，卫永第，安占元，等，1996.桔梗中挥发油化学成分分析[J].白求恩医科大学学报，22（5）：471-473.

丁利君，2007.气相色谱-质谱测定樟林番荔枝种子挥发油的脂肪酸组成[J].分析试验室，26（5）：36-37.

丁平，杜景峰，魏刚，等，2001.砂仁与长序砂仁挥发油化学成分的研究[J].中国药学杂志，36（4）：235-237.

丁平，刘军民，徐鸿华，2002.商品砂仁的质量评析[J].中国中药杂志，27（10）：786-788.

丁平，刘心纯，徐鸿华，等，1996.不同引种地爪哇白豆蔻挥发油GC-MS测定[J].中药材，19（5）：245-248.

丁艳霞，谢欣梅，崔秀明，2009.不同方法提取草果挥发油的化学成分[J].河南大学学报（医学版），28（4）：284-287.

董栋，潘胜利，2007.大叶蒟和黑胡椒挥发油化学成分的GC-MS分析[J].中国中药杂志，32（7）：647-650.

董丽，孙祥德，郭兰青，等，2004.多裂翅果菊的挥发油成分[J].广西植物，24（1）：61-63.

董莎莎，宝福凯，吕青，等，2009.玫瑰茄挥发油的GC-MS分析及其抗菌活性研究[J].大理学院学报，8（6）：1-4.

窦全丽，张仁波，张素英，等，2010.滇黔金腰、大叶金腰和锈毛金腰挥发油的化学成分[J].广西植物，30（5）：696-701.

窦艳，蒋继宏，高雪芹，等，2006.杜英叶挥发油化学成分的GC-MS分析[J].江苏林业科技，33（5）：22-24，27.

段力歆，马挺军，贾昌喜，2012.金黄米营养成分及挥发油研究[J].食品科技，37（11）：156-158.

段启，王少军，张敏，等，2004.豆蔻仁挥发油成分的GC-MS分析[J].中南药学，2（5）：275-278.

段晓玲，王海英，杨国亭，等，2014.白桦叶精油的抑菌和抗氧化活性成分分析[J].安徽农业科学，42（33）：11746-11748，11777.

段志兴，孙小文，马昭礼，1996.沙漠植物百花蒿精油中酯类和萜类成分的研究[J].分析测试学报，15（5）：68-72.

樊钰虎，刘江，王泽秀，等，2012.顶空固相微萃取法与水蒸气蒸馏法提取姜黄挥发性成分的比较[J].药物分析杂志，32（10）：1787-1792.

范强，周先礼，阿萍，等，2009.脉花党参地上部分挥发油化学成分的研究[J].陕西农业科学，（5）：56-57，165.

范润珍，宋文东，谷长生，等，2009.红树植物木榄胚轴中的挥发性成分和脂肪酸成分分析[J].植物研究，29（4）：500~504.

范润珍，宋文东，林宏图，等，2009.红树植物木榄叶中挥发油的化学成分[J].海洋湖沼通报，（1）：108-112.

范新，杜元冲，魏均娴，1992.西双版纳引种阳春砂仁不同部位挥发油成分分析[J].中药材，15（9）：32-34.

范燕萍，王旭日，余让才，等，2007.不同种姜花香气成分分析[J].园艺学报，34（1）：231-234.

范燕萍，余让才，黄蕴，等，2003.姜花挥发性成分的固相微萃取-气相色谱质谱分析[J].园艺学报，30（4）：475.

方洪钜，余竞光，房其年，等，1984.我国姜科药用植物研究Ⅵ姜三七挥发油化学成分分析[J].色潜，1（1）：35-38.

方利，田福利，马云翔，等，2006.蒙椴树叶挥发油成分的气相色谱-质谱分析[J].天然产物研究与开发，18：423-425.

马梅，薛纪如，1991.长舌香竹精油化学成分的研究[J].竹类研究，（2）：44-48.

苻继红，张丽静，2008.维药天山堇菜挥发油的提取和GC/MS分析[J].中成药，30（6）：924-926.

傅桂香，徐永珍，芮和恺，等，1986.野茴香挥发油化学成份的GC/MS分析[J].有机化学，（5）：379-382.

高广春，郑许松，徐红星，等，2011.糖蜜草挥发性成分HS-SPME-GC-MS分析[J].天然产物研究与开发，23：1073-1076.

高健，王自梁，郑阳，等，2017.榛花挥发性成分分析[J].延边大学学报（自然科学版），43（3）：238-241.

高岩，王知斌，杨春娟，等，2017.GC-MS联用法分析不同产地茅苍术挥发油成分[J].中医药学报，45（3）：35-38.

高艳霞，苏延友，贾凤娟，等，2015.超临界CO_2流体萃取及GC-MS联用技术优化提取和分析四叶参挥发油成分[J].中国新药杂志，24（14）：1665-1669.

高玉琼，刘建华，赵德刚，等，2006. 山楂茶挥发性成分研究[J]. 药物分析杂志，26（12）：1866-1868.

高泽正，郑丽霞，吴伟坚，等，2010. 番木瓜叶片精油化学成分的GC-MS分析[J]. 果树学报，27（2）：307-311.

皋香，施瑞城，谷风林，等，2013. 固相微萃取结合气相色谱-质谱测定海南番木瓜香气成分[J]. 食品工业科技，34（14）：148-151，155.

巩江，倪士峰，骆蓉芳，等，2011. 汉防己叶挥发油成分GC-MS分析[J]. 安徽农业科学，39（12）：7076-7077.

巩江，倪士峰，骆蓉芳，等，2010. 胡桃叶挥发物质气相色谱-质谱研究[J]. 安徽农业科学，38（16）：8412-8413.

龚钢明，王化田，肖作兵，等，2006. 高山红景天超临界CO_2萃取物的气相色谱-质谱分析[J]. 上海应用技术学院学报，6（1）：52-54.

龚敏，卢金清，肖宇硕，等，2017 紫花地丁及其混用品挥发性成分比较[J]. 中国药师，20（11）：2080-2082.

龚先玲，陈志红，典灵辉，等，2005. 半边旗挥发油化学成分气相色谱-质谱计算机联用技术分析[J]. 时珍国医国药，16（8）：697-698.

顾怀章，吴林冬，黄志海，等，2014. 超声波法提取黔南产石楠藤茎中的挥发油[J]. 广东化工，（12）：24-25.

关水权，吕春健，严寒静，2010. 假鹰爪茎叶的鉴别和挥发油成分研究[J]. 中药材，33（5）：703-706.

管铭，王勇，郭水良，等，2009. 外来入侵种春一年蓬化感作用及其粗提物的GC-MS分析[J]. 上海农业学报，25（4）：51-56.

归筱铭，陈晓亮，王政峰，等，1985. 福建砂仁挥发油的品质评价[J]. 中成药研究，（3）：12-14.

郭华，侯冬岩，回瑞华，2006. 超临界二氧化碳萃取木芙蓉叶油的研究[J]. 中国中药杂志，31（14）：1203-1204.

郭华，侯冬岩，回瑞华，等，2009. 气相色谱-质谱法分析籽瓜中的化学成分[J]. 食品科学，30（10）：173-175.

郭胜男，卢金清，蔡君龙，等，2014. 气质联用法分析大花红景天顶空固相微萃取与水蒸气蒸馏的挥发性成分[J]. 中国药师，17（11）：1885-1888.

郭守军，杨永利，黄佳红，等，2009. 乌榄果实挥发性化学成分的GC-MS分析[J]. 食品科学，30（12）：251-253.

郭素华，车苏容，竺叶青，等，2006. 养心草挥发油化学成分气相-质谱联用技术分析[J]. 中华中医药杂志（原中国医药学报），21（11）：689-690.

郭晓玲，梁汉明，冯毅凡，2006. 瑶药四大天王挥发性成分的GC-MS分析[J]. 广东药学院学报，22（3）：255-256.

郭志峰，马瑞欣，郭婷婷，2008. 山豆根和北豆根挥发性成分的对比分析[J]. 分析试验室，27（6）：93-96.

韩邦兴，彭华胜，张玲，2015. 苍术属药用植物挥发油成分的组分分析[J]. 食品与机械，31（4）：5-9.

韩长日，宋小平，彭明生，等，2004. 狭瓣鹰爪花挥发油的化学成分研究[J]. 中草药，35（1）：23-24.

韩智强，张虹娟，郭生云，等，2013. GC-MS法分析姜科豆蔻属两种植物的挥发性成分[J]. 食品研究与开发，34（20）：79-83.

郝朝运，秦晓威，贺书珍，等，不同基因型依兰鲜花挥发性香气成分分析[J]. 热带作物学报，2017，38（10）：1926-1931.

郝树芹，刘世琦，张自坤，2010. 银叶病对西葫芦叶片生理生化物质及挥发性物质的影响[J]. 西北农业学报，19（10）：141-145.

郝文辉，孙志忠，王洋，等，1997. 白桦树皮挥发油成分的研究[J]. 中国现代应用药学，14（5）：18-20，68.

郝文辉，孙志忠，王洋，等，1997. 白桦树叶挥发油成分的研究[J]. 黑龙江大学自然科学学报，14（4）：88-90.

何兵，冯文宇，田吉，等，2008. GC-MS分析酉阳青蒿挥发油的化学成分[J]. 华西药学杂志，23（1）：30-31.

何关福，马忠武，印万芬，等，1986. 香榧树叶精油成分与化学分类[J]. 植物分类学报，24（6）：454-457.

何仁远，孟芹，范亚刚，等，1995. 云南"草寇"的挥发油成分[J]. 云南植物研究，17（2）：226-230.

何跃君，岳永德，汤锋，等，2010. 竹叶挥发油化学成分及其抗氧化特性[J]. 林业科学，46（7）：120-128.

何芝洲，邹多生，谢敬兰，等，2008. 褐毛垂头菊花精油的GC-MS分析[J]. 分析测试学报，27（增刊）：68-69.

洪宗国，余学龙，陈艺球，1995. 蕲艾、北艾、川艾精油化学成分比较研究[J]. 中南民族学院学报（自然科学版），14（3）：68-71.

侯冬岩，回瑞华，李铁纯，等，2005. 海南黑胡椒果挥发性成分气相色谱-质谱分析[J]. 质谱学报，26（1）：40-42.

侯冬岩，回瑞华，李学成，等，2007. 气相色谱-质谱法分析水果黄瓜中的化学成分[J]. 质谱学报，28（2）：78-82.

胡东南，蒋才武，黄健军，2011. 黄杞叶挥发油化学成分的GC-MS分析[J]. 中国实验方剂学杂志，17（21）：49-51.

胡广晶，周围，张雅珩，等，2015. MassworksTM技术结合气相色谱/质谱联用分析黄花蒿挥发油成分[J]. 食品工业科技，36（18）：70-72，86.

胡合姣，王鸿，潘远江，2005. GC-MS法测定余杭栝楼根块的挥发油成分[J]. 林产化学与工业，25（1）：109-111.

胡慧玲，付超美，王战国，等，2010. 川木香煨制前后挥发油成分的研究[J]. 华西药学杂志，25（1）：37-39.

胡佳续，刘强，2009. 四合木花石油醚提取物的化学成分分析[J]. 天津师范大学学报（自然科学版），29（4）：50-54.

胡兰，热娜·卡斯木，2009. 两产地沙棘挥发油中化学成分的比较[J]. 华西药学杂志，24（2）：152-154.

胡西洲，彭西甜，郑丹，等，2018. 水蒸气蒸馏与乙醇提取茭白成分的GC-MS分析[J]. 分析试验室，37（1）：50-57.

胡玉霞，王方，王昭君，等，2011. 顶空固相微萃取与气质联用分析山核桃香气成分[J]. 农业机械，（10）：135-138.

胡宇慧，张浩，张强，等，2001. 欧洲两地和中国西南山区飞蓬挥发油成分的比较[J]. 华西药学杂志，16（3）：186-187.

胡志浩，韩亚平，1988. 黑风藤花精油的化学成分分析[J]. 云南大学学报，10（4）：383-384.

黄冬苑，刘嘉炜，李武国，等，2016. 陵水暗罗根超临界CO_2萃取物的GC-MS分析及其体外生物活性评价[J]. 中国药房，27（1）：15-18.

黄京华，黎华寿，杨军，等，2004. 香根草挥发物化学成分的分析[J]. 应用生态学报，15（1）：170-172.

黄晶玲，卢金清，肖宇硕，等，2018. 顶空固相微萃取法与水蒸气蒸馏法联合气相色谱-质谱分析肿节风挥发性成分[J]. 中国医院药学杂志，38（10）：1073-1076.

黄克南，2014. GC-MS法测定中华青牛胆挥发油的化学成分[J]. 广西中医药，37（1）：79-80.

黄甫，宋文东，贾振宇，2005. 红树植物秋茄树叶挥发油化学组成特点的气相色谱/质谱分析[J]. 热带海洋学报，24（4）：81-84.

黄甫，宋文东，叶盛权，2005. 秋茄胚轴油化学成分的气相色谱/质谱法分析[J]. 海洋湖沼通报，（1）：29-32.

黄荣清，吴德雨，骆传环，等，2006. 气相色谱-质谱法分析西藏红景天挥发油成分[J]. 中国中药杂志，31（8）：693-694.

黄天来，赵萍，冯美蓉，等，. 高良姜挥发油成份研究[J]. 广州中医学院学报，7（2）：95-101.

黄相中，张润芝，关小丽，等，2011. 云南楚雄杜仲叶挥发油的化学成分分析[J]. 云南民族大学学报（自然科学版），20（5）：356-360.

黄业玲，蒙秋艳，韦建华，等，2015. 香砂仁壳挥发性化学成分的GC-MS分析[J]. 广西中医药，38（6）：64-65.

黄远，李文海，赵露，等，2016. 设施栽培下不同坐果技术对西瓜果实挥发性物质的影响[J]. 中国瓜菜，29（10）：10-15.

黄云峰，覃兰芳，胡琦敏，等，2014. 广西红草果与白草果挥发油的GC-MS分析[J]. 现代中药研究与实践，28（2）：22-24.

黄云峰，李振麟，赖茂祥，等，2011. GC-MS分析秀丽海桐叶挥发油成分[J]. 广西科学，18（1）：59-60，63.

回瑞华，侯冬岩，李铁纯，等，2009. 稻秆化学成分的分析[J]. 鞍山师范学院学报，11（2）：28-31.

惠阳，刘园，林婧，等，2017. 三叶鬼针草不同部位挥发油成分的GC-MS分析[J]. 化学研究与应用，29（1）：19-24.

霍文兰，李志田，2015. 鲜姜与干姜超临界流体萃取物的GC/MS研究[J]. 应用化工，44（1）：184-186，189.

霍昕，刘建华，高玉琼，等，2014. 蒺藜挥发性成分的GC-MS分析[J]. 中国药房，25（11）：1025-1027.

季晓燕，王亚敏，梁逸曾，等，2010. 8种化湿药挥发油成分的气相色谱-质谱研究[J]. 时珍国医国药，21（1）：71-74.

贾青青，邵威平，辛秀兰，等，2014. 黑加仑果与果酒香气成分的GC-MS分析[J]. 中国酿造，33（3）：141-146.

贾献慧，王晓静，牟忠祥，等，2009. 中药胡颓子叶的挥发油成分分析[J]. 中成药，31（6）：947-948.

贾智若，李兵，朱小勇，等，2014. SFE-CO_2法与SD法提取杜仲叶挥发油成分的比较[J]. 湖北农业科学，53（15）：3625-3628.

贾忠建，李瑜，杜枚，等，1986. 大苞雪莲挥发油成分的研究[J]. 兰州大学学报（自然科学版），22（3）：100-105.

姜志宏，张红，周荣汉，1995. 麻柳叶挥发油成分分析[J]. 中草药，26（9）：499.

焦爱军，冯洁，罗燕妹，等，2014. 不同产地姜三七挥发性化学成分的气相色谱-质谱分析[J]. 时珍国医国药，25（2）：472-474.

金天大，张虹，王洪泉，等，1997. 日本榧叶挥发油成分分析[J]. 中药材，20（11）：563-568.

靳泽荣，刘志雄，陈旭鹏，等，2016. 虎榛子叶片挥发性成分HS-SPME&GC-MS分析[J]. 亚热带植物科学，45（4）：329-331.

康杰芳，王喆之，2006. 小丛红景天挥发油化学成分的分析[J]. 第四军医大学学报，27（22）：2089-2091.

康文艺, 姬志强, 常星, 2011. 顶空固相微萃取/气相色谱/质谱法分析贵州产海金沙挥发性成分[J]. 天然产物研究与开发, 23: 857-860.

柯鹏颉, 2006. 蓝花参中挥发油的气质联用分析[J]. 海峡药学, 18 (4): 88-89.

匡蕾, 罗永明, 李创军, 等, 2007. 宽叶金粟兰挥发油的化学成分研究[J]. 江西中医学院学报, 19 (5): 63-64.

孔杜林, 林强, 2017. 糖胶树叶挥发油化学成分研究[J]. 化学研究, 28 (2): 210-212.

黎文炎, 张应团, 周大寨, 等, 2017. 野艾与家艾茎叶挥发油的GC-MS分析[J]. 食品与机械, 33 (4): 154-157, 189.

李昌勤, 王海燕, 卢引, 等, 2013. HS-SPME/GC-MS分析超甜蜜本南瓜籽挥发性成分[J]. 河南大学学报 (医学版), 32 (1): 14-16.

李光勇, 崔丽丽, 曹鹏然, 等, 2015. 海南产高良姜叶和花挥发性成分分析[J]. 河南大学学报 (医学版), 34 (2): 94-97.

李海燕, 王茂媛, 邓必玉, 等, 2010. 海杜果茎的挥发性成分研究[J]. 时珍国医国药, 21 (7): 1676-1677.

李海燕, 王茂媛, 王建荣, 等, 2010. 海杜果根的挥发性成分分析[J]. 中药材, 33 (1): 64-66.

李洪德, 赵超, 王道平, 等, 2017. 舞花姜根、茎、叶的挥发油GC-MS分析[J]. 中药材, 40 (6): 1351-1354.

李洪芹, 刘红燕, 蒋海强, 等, 2011. 山东鬼针草属植物挥发油GC-MS分析[J]. 食品与药品, 13 (11): 404-407.

李建明, 宋清宏, 耿洪亚, 等, 2014. 阴干对枫香脂中挥发油成分的影响[J]. 中成药, 36 (4): 813-818.

李健, 王雯, 孙小红, 2012. 黄秋葵种子的挥发油和脂肪酸GC-MS分析[J]. 湖北农业科学, 51 (5): 1006-1008.

李金凤, 施勃, 杜瑞娟, 等, 2013. 不同方法提取核桃楸皮挥发油的气质联用分析[J]. 中国实验方剂学杂志, 19 (9): 62-65.

李静晶, 王军民, 华燕, 2013. 大纽子花挥发油的化学成分研究[J]. 中国民族民间医药, (5): 40-42.

李俊, 陆园园, 李甫, 等, 2006. GC-MS分析南方红豆杉种子中的挥发油[J]. 分析试验室, 25 (9): 35-37.

李兰芳, 佟继铭, 吉力, 等, 2006. 赤雹挥发油成分的研究[J]. 中草药, 37 (10): 1478.

李兰芳, 张魁, 张杰等, 2000. 白羊草中挥发油成分的GC-MS分析[J]. 中药材, 23 (11): 689-690.

李玲, 吕磊, 董昕, 等, 2012. 运用GC-MS对三种不同方法提取的艾叶挥发油成分的比较分析[J]. 药学实践杂志, 30 (4): 279-186.

李美红, 方云山, 陈景超, 等, 2007. 芡实和冬葵子挥发性成分的GC-MS分析[J]. 云南化工, 34 (1): 47-49, 57.

李明哲, 郝洪波, 崔海英, 等, 2016. 不同色泽谷子挥发性成分差别的研究[J]. 食品科技, 41 (04): 280-284.

李娜, 苏素娇, 陈亮, 等, 2013. 闽产海风藤茎叶挥发油成分的GC-MS分析[J]. 福建中医药大学学报, 23 (5): 40-42.

李培源, 卢汝梅, 霍丽妮, 等, 2010. 丝瓜叶挥发性成分研究[J]. 亚太传统医药, 6 (9): 15-16.

李培源, 苏炜, 霍丽妮, 等, 2012. 黄葵籽挥发油化学成分及其抗氧化活性研究[J]. 时珍国医国药, 23 (3): 603-604.

李谦, 张旭, 危英, 2006. 毛山蒟挥发油化学成分研究[J]. 贵阳医学院学报, 31 (3): 257-258.

李蓉涛, 丁智慧, 丁靖垲, 1997. 滇缅斑鸠菊的化学成分[J]. 云南植物研究, 19 (4): 443-445.

李瑞珍, 王定勇, 廖华卫, 2007. 野生黄花蒿种子挥发油化学成分的研究[J]. 中南药学, 5 (3): 230-232.

李尚秀, 李海滨, 田倩, 等, 2013. 瓷玫瑰植株不同部分的挥发性成分分析[J]. 云南大学学报 (自然科学版), 35 (6): 815-823.

李松林, 崔熙, 乔传卓, 等, 1992. 五种金粟兰属植物挥发油成分及其抗真菌活性研究[J]. 中药材, 15 (7): 28-31.

李涛, 张浩, 2010. GC-MS分析两种提取方法对川产大花红景天挥发油的影响[J]. 华西药学杂志, 25 (4): 389-391.

李涛, 张浩, 2008. GC-MS分析四川产长鞭红景天挥发油的化学成分[J]. 华西药学杂志, 23 (2): 176-177.

李涛, 汪元娇, 2017. GC-MS法分析短葶飞蓬挥发油中的化学成分[J]. 华西药学杂志, 32 (3): 287-288.

李婷, 李远志, 卢昌阜, 等, 2010. 益智果和叶的挥发油提取及GC-MS分析[J]. 食品科技, 35 (9): 301-306.

李婷, 2015. 中药海桐挥发性化学成分分析[J]. 亚太传统医学, 11 (10): 33-35.

李晓菲, 秦培文, 纪丽丽, 等, 2011. 黄槿叶片挥发油和脂肪酸成分的GC-MS分析[J]. 湖北农业科学, 50 (9): 1893-1897.

李小宝, 陈光英, 宋小平, 等, 2012. 海南暗罗叶挥发油化学成分及其抗菌活性[J]. 天然产物研究与开发, 24: 590-593.

李小宝, 余章昕, 邵泰明, 等, 2017. 沙煲暗罗精油化学成分的GC-MS分析及抗肿瘤活性[J]. 中国实验方剂学杂志, 23 (17): 58-62.

李寅珊，刘光明，李冬梅，2011. GC-MS法鉴定漾濞泡核桃壳中挥发性化学成分[J]. 安徽农业科学，9（25）：15277-15278.

李叶，尹文清，段少卿，2010. 瓜馥木挥发油GC-MS分析[J]. 粮食与油脂，（6）：17-19.

李咏梅，龚元，姜艳萍，2017. 黔产长萼堇菜不同部位的挥发性成分分析测定[J]. 贵州农业科学，45（3）：14-17.

李玉媛，王达明，毛云玲，等，1995. 高阿丁枫鲜叶精油化学成分[J]. 云南林业科技，4：70-73.

李增春，徐宁，杨利青，等，2008. 蒙药冬葵果挥发油化学成分分析[J]. 中成药，30（6）：922-924.

李植飞，李堪，李芳耀，等，2015. 容县乌榄叶挥发油化学成分及抗氧化活性分析[J]. 南方农业学报，46（2）：317-321.

李祖强，黄荣，罗蕾，等，2003. 红蒿枝挥发油化学成分及其细胞毒性[J]. 云南植物研究，25（4）：480-482.

梁静，杨冬梅，武建勇，等，2014. 颗砂稻谷各组织香气成分分析[J]. 食品与发酵工业，40（1）：202-206，211.

梁静，杨冬梅，田向荣，等，2014. 永顺颗砂贡米香气成分的气相色谱-质谱分析[J]. 食品科学，35（08）：236-239.

梁振益，陈祎平，吴辉，等，2008. 雪香兰挥发油化学成分的研究[J]. 化学分析计量，17（6）：35-37.

梁振益，秦延林，张雷，等，2008. 盆架子鲜花香气化学成分的研究[J]. 海南大学学报自然科学版，26（4）：360-362.

梁志远，甘秀海，干正洋，等，2014. 不同提取方法对罗汉果花挥发油成分的影响[J]. 时珍国医国药，25（7）：1602-1604.

廖华军，2014. 莪术-三棱药对配伍挥发油成分GC-MS分析[J]. 辽宁中医药大学学报，16（8）：74-78.

廖耀华，王丹，王宝庆，等，2015. 响应面试验优化香根草油的超临界CO_2萃取工艺及其萃取物分析[J]. 食品科学，36（20）：79-85.

林枫，马强，2014. 宁夏沙枣花·花苞及沙枣树叶中挥发油成分的提取分析和比较[J]. 安徽农业科学，42（1）：236-239，335.

林杰，卢金清，江汉美，等，2014. HS-SPME-GC-MS联用分析木鳖子挥发性成分[J]. 中药材，37（12）：2231-2233.

林杰，江汉美，卢金清，2018. HS-SPME-GC-MS法分析杜仲和杜仲叶中挥发性成分[J]. 安徽农业科学，46（10）：165-166，199.

林凯，2009. 淡竹竹叶挥发油成分分析[J]. 江西农业学报，21（2）：92-93.

林连波，林强，刘明生，等，2001. 海南青牛胆挥发油化学成分的研究[J]. 中国药学杂志，36（8）：536.

林培玲，曾建伟，罗永东，等，2012. GC-MS分析草珊瑚根茎叶的挥发油成分[J]. 中国实验方剂学杂志，18（11）：105-108.

刘春泉，宋江峰，刘玉花，等，2010. 京甜紫花糯2号玉米软罐头加工过程中风味成分变化[J]. 核农学报，24（3）：555-561.

刘春生，伍学钢，1993. 狼把草挥发油的化学成分研究[J]. 中草药，24（4）：217-218.

刘聪，汪雨，刘学锋，2010. 同时蒸馏萃取-气相色谱-质谱法测定矢竹叶中的挥发性组分[J]. 现代科学仪器，（5）：72-75.

刘存芳，田光辉，2007. 抱茎蓼挥发油成分及其抗菌活性的研究[J]. 天然产物研究与开发，19：447-451.

刘丹，陈新，罗焱，等，2017. 四川山姜叶挥发油化学成分GC-MS分析及其抑菌活性研究[J]. 中华中医药杂志（原中国医药学报），32（3）：1255-1258.

刘嘉，徐润生，程存归，2009. 两产地紫花地丁挥发油的化学成分研究[J]. 中成药，31（10）：1575-1577.

刘建华，高玉琼，霍昕，2003. 十八症挥发油成分的研究[J]. 中草药，34（12）：1073-1074.

刘敬科，李云，张玉宗，等，2012. 谷子中挥发性气味物质的分析与研究[J]. 河北农业科学，16（1）：6-9，64.

刘敬科，赵巍，李少辉，等，2014. 炒制对小米挥发性成分影响的研究[J]. 食品科技，39（12）：181-185.

刘磊，秦华珍，王晓倩，等，2012. 10味山姜属药物挥发油成分的气相-质谱联用分析[J]. 广西植物，32（4）：561-566.

刘丽花，陈鋆，叶素芳，等，2012. 东阳西垣香榧外种皮挥发油成分分析[J]. 金华职业技术学院学报，12（6）：80-83.

刘清理，章鹏飞，沈序维，1991. 苦蒿精油化学成份的研究[J]. 淮北煤师院学报，12（4）：69-71.

刘爽，杨绍群，梁刚，等，2012. 气流吹扫微注射器萃取技术与GC-MS法联用分析关苍术根茎和块根中的挥发性成分[J]. 延边大学医学学报，35（1）：27-30.

刘胜辉，孙伟生，陆新华，等，2015. 6个菠萝品种成熟果实香气成分分析[J]. 热带作物学报，36（6）：1179-1185.

刘雯露，何俏明，覃洁萍，等，2014. 假蒟地上部分和地下部分挥发性成分的GC-MS分析[J]. 中国实验方剂学杂志，20（18）：73-76.

刘喜华，赵应学，黄敏琪，等，2014. 不同形态桂郁金挥发性成分GC-MS分析[J]. 中药材，37（5）：819-822.

刘向前, 张晓丹, 郑礼胜, 等, 2010. 黄水枝不同部位挥发性成分的GC-MS研究[J]. 现代药物与临床, 25(1): 31-35.

刘晓爽, 赵岩, 张连学, 2009. 红豆蔻挥发油化学成分的比较研究[J]. 安徽农业科学, 37(36): 17967-17969, 17980.

刘鑫, 白央, 达娃卓玛, 等, 2008. 藏药材长花党参的GC-MS分析[J]. 分析测试学报, 27(增刊): 86-87.

刘亚敏, 刘玉民, 李鹏霞, 等, 2009. 枫香叶挥发油提取工艺及成分分析[J]. 林产化学与工业, 29(4): 77-81.

刘易, 唐祥佑, 方萍, 等, 2016. 花叶良姜果实挥发油化学成分分析[J]. 热带农业科学, 36(3): 62-66.

刘银燕, 杨晓虹, 陈滴, 等, 2011. 玉蜀黍叶挥发油成分GC-MS分析[J]. 特产研究, (3): 64-65.

刘玉民, 刘亚敏, 李昌晓, 等, 2010. 路路通挥发油化学成分与抑菌活性研究[J]. 食品科学, 31(7): 90-93.

刘玉平, 苗志伟, 陈海涛, 等, 2011. 4种市售香米中挥发性成分提取与分析[J]. 食品科学, 32(20): 181-184.

刘元慧, 周惠琪, 袁珂, 2009. 固相微萃取技术与气相色谱-质谱联用分析山核桃青果皮中的挥发油化学成分[J]. 时珍国医国药, 20(7): 1667-1669.

刘志明, 王海英, 刘姗姗, 等, 2011. 小蓬草精油的提取及GC-MS分析[J]. 中国野生植物资源, 30(1): 42-45.

刘志明, 任海青, 蒋乃翔, 2011. 基于GC-MS联用技术的毛竹挥发性次生代谢产物分析[J]. 经济林研究, 29(4): 81-84.

刘仲初, 王军民, 胡晓娟, 等, 2016. 广东增城乌榄叶精油的简易提取、成分分析以及香气评测[J]. 香料香精化妆品, (2): 36-40.

卢汝梅, 何翠薇, 潘英, 2006. 紫玉盘挥发油化学成分的介析[J]. 世界科学技术-中医药现代化, 8(6): 40-42.

卢汝梅, 朱小勇, 李兵, 等, 2009. 紫玉盘茎挥发油化学成分的气相色谱-质谱联用分析[J]. 时珍国医国药, 20(3): 557-558.

卢引, 李昌勤, 李新铮, 等, 2013. HS-SPME/GC-MS分析超甜蜜本南瓜雄花挥发性成分[J]. 河南大学学报(医学版), 32(1): 17-18, 21.

卢引, 张橡楠, 李昌勤, 等, 2013. 超甜蜜本南瓜茎尖挥发性成分分析[J]. 河南大学学报(医学版), 32(1): 22-23, 37.

芦燕玲, 高则睿, 徐世涛, 等, 2013. GC-MS法分析姜花属四种植物的挥发性成分[J]. 化学研究与应用, 25(2): 210-215.

陆碧瑶, 朱亮锋, 吴德邻, 1986. 中国豆蔻属植物种子精油的主要化学成分及其与果实外部形态的相关性[J]. 广西植物, 6(1-2): 131-139.

陆树萍, 翁金月, 陈茜茜, 等, 2016. 不同产地郁金茎叶挥发油化学成分及指纹图谱对比研究[J]. 中华中医药学刊, 34(6): 1340-1344.

罗世琼, 彭全材, 杨雪鸥, 等, 2013. 珊瑚姜精油化学成分及其对4种植物病原真菌的抑制活性[J]. 广东农业科学, (17): 84-86.

罗星云, 2014. 广西莪术的叶、根茎和块根中挥发油GC-MS对比分析[J]. 中国药师, 17(10): 1659-1661.

吕惠玲, 陈俊华, 程存归, 2016. 3种堇菜属植物挥发油的GC-MS分析[J]. 中成药, 38(12): 2716-2719.

吕纪行, 纪明慧, 郭飞燕, 等, 2017. 菱叶挥发油的提取及抗氧化和抑菌活性研究[J]. 食品工业科技, 38(9): 75-81.

吕建荣, 马养民, 苏印泉, 等, 2007. 宁夏罗布麻鲜花挥发油化学成分分析[J]. 西北林学院学报, 22(4): 149-151.

吕晴, 秦军, 陈桐, 2004. 气相色谱-质谱法分析襄荷花穗挥发油化学成分[J]. 理化检验-化学分册, 40(7): 405-407.

吕玉年, 柴玉霞, 2011. 核桃花絮与核桃叶所含挥发性成分的对比[J]. 中国社区医师, 13(23): 7.

吕镇城, 彭永宏, 2016. 顶空固相微萃取-气相色谱-质谱联用法分析西山乌榄果挥发性成分[J]. 惠州学院学报(自然科学版), 36(3): 5-8.

NurizaRahmadini, 甘彦雄, 郑勇凤, 等, 2016. 基于GC-MS对比分析印尼姜黄、姜黄、蓬莪术挥发油中的化学成分[J]. 中药与临床, 7(2): 20-22.

马良, 王若兰, 2015. 玉米储藏过程中挥发性成分变化研究[J]. 现代食品科技, 31(7): 316-325.

马鹏, 杨婷, 李隆云, 2014. 重庆地区家种青蒿与野生青蒿挥发油的气相色谱-质谱联用分析[J]. 时珍国医国药, 25(5): 1080-1082.

马忠武, 何关福, 印万芬, 等, 1991. 白豆杉叶精油成分的研究与化学分类[J]. 植物分类学报, 29(1): 67-70.

毛坤, 向丽娟, 张虎, 等, 2014. 湖北茅苍术挥发性化学成分的研究[J]. 时珍国医国药, 25(11): 2622-2624.

孟青，韩亮，2006.瑶药五黄树根挥发性成分的GC-MS分析[J].中国民族医药杂志，（2）：34-35.

孟庆会，黄红娟，刘艳，等，2009.假高粱挥发油化学成分及其化感潜力[J].植物保护学报，36（3）：277-282.

闵勇，刘卫，姚立华，等，2008.大黄藤种子挥发油化学成分研究[J].安徽农业科学，36（24）：10512，10518.

木尼热．阿不都克里木，木合塔尔．吐尔洪，热萨莱提．伊敏，等，2015.维吾尔药蜀葵花挥发油成分及其抗菌抗氧化活性研究[J].中国中药杂志，40（8）：1614-1649.

穆晗雪，惠阳，林婧，等，2017.不同方法提取胡椒花挥发油气质联用成分分析[J].广州化工，45（3）：72-74.

穆晗雪，惠阳，林婧，等，2017.不同方法提取胡椒叶挥发油GC-MS分析[J].广东化工，44（6）：25-26.

穆淑珍，汪冶，罗波，等，2004.狭叶海桐挥发油的化学成分分析[J].中草药，35（9）：980-981.

纳智，2006.圆瓣姜花根茎挥发油的化学成分[J].热带亚热带植物学报，l4（5）：417-420.

纳智，2006.云南草蔻和长柄山姜挥发油的化学成分分析[J].植物资源与环境学报，15（3）：73-74.

纳智，2006.长柄山姜挥发油化学成分的研究[J].香料香精化妆品，（4）：17-18，26.

南垚，张清华，周立东，2012.海南芳香药物的超临界萃取工艺及GC-MS分析研究[J].世界科学技术—中医药现代化，14（1）：1215-1220.

宁小清，侯小涛，郭振旺，2011.白花九里明挥发油成分的气相色谱-质谱联用分析[J].时珍国医国药，22（1）：162-163.

牛俊峰，肖娅萍，姜东亮，等，2012.5个不同地区绞股蓝中挥发性成分的SPME-GC-MS分析[J].药物分析杂志，32（4）：578-582.

欧阳婷，杨琼梁，黄星雨，等，2016.不同干燥方法对香茅挥发油成分及抗氧化活性的影响[J].中国中医药信息杂志，23（11）：99-102.

欧阳玉祝，许秋雁，吕程丽，2010.海金沙挥发油的指纹图谱和GC/MS分析[J].应用化工，39（3）：444-446.

潘炯光，徐植灵，吉力，1992.艾叶挥发油的化学研究[J].中国中药杂志，17（12）：741-746.

潘小姣，陈勇，韦玉燕，等，2011.桂郁金茎叶、生品与炮制品挥发油的比较分析[J].中国实验方剂学杂志，17（21）：107-112.

彭华贵，钟瑞敏，2007.蕈树叶芳香精油成分分析及其抗氧化活性研究[J].天然产物研究与开发，19：678-682.

彭霞，黄敏，2007.傣药紫色姜挥发油的化学成分分析[J].云南中医中药杂志，28（9）：35-36.

彭颖，夏厚林，周颖，等，2013.苏合香与安息香中挥发油成分的对比分析[J].中国药房，24（3）：241-243.

彭勇，张友志，郭昌洪，等，2013.鸡蛋花挥发油成分的GC-MS分析[J].中国药师，16（7）：980-982.

朴金哲，刘洪章，2010.打瓜籽挥发油提取与分析[J].北方园艺，（8）：23-25.

钱超，魏利，周婷婷，等，2014.不同季节一年蓬花挥发油的GC-MS分析[J].中国实验方剂学杂志，20（2）：86-89.

乔飞，丛汉卿，党志国，等，2015.山刺番荔枝叶片挥发性成分的SPME-GC/MS分析[J].果树学报，32（5）：929-933.

乔飞，江雪飞，徐子健，等，2016.'阿蒂莫耶'番荔枝花期挥发性成分和香味特征分析[J].果树学报，33（12）：1502-1509.

乔海军，杨继涛，杨晰，等，2011.沙枣花挥发油化学成分的GC-MS分析[J].食品科学，32（16）：233-235.

秦华珍，刘磊，王晓倩，等，2011.小草蔻挥发油成分的气相-质谱联用分析[J].中药材，34（12）：1897-1899.

秦红岩，王建平，张惠云，1997.鬼针草挥发性成分的研究[J].中药材，20（10）：517-518.

秦军，陈桐，陈树琳，等，2003/三叶鬼针草挥发性成分的研究[J].分析测试学报，22（5）：85-87.

秦民坚，徐珞珊，葛馨华，等，1999.滑叶山姜的挥发油成分[J].中草药，30（10）：734.

邱斌，吕青，宝福凯，等，2010.拟心叶党参挥发油成分的GC-MS分析及其抗菌活性[J].天然产物研究与开发，22：445-449，465.

邱丽丽，容蓉，张莹，等，2010.水蒸气蒸馏与顶空进样GC-MS分析白胡椒挥发性成分[J].食品科学，31（14）：161-164.

邱明华，丁靖垲，聂瑞麟，1987.奥参中挥发性臭味的化学成分[J].云南植物研究，9（3）：371-373.

丘雁玉，李飞飞，邓超宏，等，2009.广东省3种野生香茅属植物精油的化学成分及含量分析[J].植物资源与环境学报，18（1）：48-51.

冉晓燕，梁志远，甘秀海，等，2017.不同方法提取白术花挥发油的比较研究[J].广州化工，45（18）：118-121，151.

任虹, 张乃元, 刘玉平, 等, 2013. 甜玉米须和糯玉米须挥发性成分分析[J]. 中国食品学报, 13(11): 169-178.

任立云, 曾玲, 张茂新, 等, 2004. 华南毛蕨挥发油对美洲斑潜蝇成虫的行为干扰作用[J]. 华南农业大学学报, 25(4): 35-38.

容蓉, 邱丽丽, 张莹, 等, 2010. 水蒸气蒸馏与顶空进样GC-MS法分析荜茇挥发性成分[J]. 中国医药工业杂志, 41(10): 740-742, 747.

容蓉, 邱丽丽, 张玉朋, 等, 2010. 水蒸气蒸馏提取与顶空进样GC-MS分析高良姜挥发性成分[J]. 化学分析计量, 19(4): 41-43.

阮薇儒, 杨得坡, 蒋林, 等, 2007. 高良姜不同部位指标成分1,8-桉油精与挥发油化学成分分析[J]. 天然产物研究与开发, 19(3): 389-392.

佘金明, 唐嘉, 华美玲, 等, 2013. GC-MS和交互移动窗口因子法分析药对枳壳-白术挥发油成分[J]. 中南大学学报(自然科学版), 44(8): 3137-3141.

沈丽英, 吕飞燕, 嵇政东, 等, 2015. 黄秋葵挥发性香气成分分析[J]. 中国食品添加剂, (11): 105-109.

沈灵犀, 扎西次仁, 耿宇鹏, 等, 2010. 西藏蒿属六种植物精油化学成分分析及抑菌效果[J]. 复旦学报(自然科学版), 49(1): 73-80.

沈祥春, 胡涵帅, 肖海涛, 2010. GC-MS法分析艳山姜根茎、茎、叶及果实等部位挥发油化学成分[J]. 药物分析杂志, 30(8): 1399-1403.

史先振, 王强伟, 李永仙, 等, 2015. 铜陵白姜挥发性风味成分的SPME-GC-MS分析[J]. 食品工业, 36(9): 271-273.

宋欢, 韩燕, 万佳, 2014. 超临界CO₂萃取与水蒸气蒸馏法提取珊瑚姜挥发油的比较[J]. 食品工业, 35(3): 214-216.

宋煌旺, 宋鑫明, 韩长日, 等, 2013. 喙果皂帽花挥发油GC-MS分析及活性研究[J]. 中国实验方剂学杂志, 19(16): 132-136.

宋晓, 曾韬, 2010. 枫脂精油的化学组成[J]. 林产化学与工业, 30(5): 40-44.

宋晓凯, 张秀莲, 2018. 海桐种子醇提物中挥发性成分的GC-MS分析及抗内毒素活性测定[J]. 中国现代应用药学, 35(2): 248-251.

宋伟峰, 罗淑媛, 钟鸣, 2012. 超临界CO₂流体萃取华凤仙挥发油成分分析研究[J]. 中国医药导报, 9(17): 142-143.

宋伟峰, 陈佩毅, 熊万娜, 2012. 白茅根挥发油的气相色谱-质谱联用分析[J]. 中国当代医药, 19(16): 61-62.

宋伟峰, 罗淑媛, 李瑞明, 等, 2012. 布渣叶挥发油的气相色谱-质谱联用分析[J]. 现代医院, 12(9): 12-14.

宋晓虹, 熊原, 周钶达, 等, 2008. 假鹰爪鲜花挥发油成分研究[J]. 天然产物研究与开发, 20: 846-851.

苏玲, 谢凤凤, 唐玉荣, 等, 2014. 瑶药大肠风与小肠风挥发油成分气相色谱-质谱联用分析[J]. 中国医药导报, 11(36): 83-87.

苏玲, 蔡毅, 朱华, 等, 2009. 小驳骨挥发油化学成分GC-MS分析[J]. 广西中医学院学报, 12(2): 56-58.

苏炜, 李培源, 霍丽妮, 等, 2011. 黄花棯挥发油化学成分及其抗氧化活性的研究[J]. 时珍国医国药, 22(9): 2125-2126.

苏晓琳, 张婕, 李媛, 等, 2015. 水金凤茎挥发油成分的气质联用分析[J]. 化学工程师, (07): 20-22.

苏秀芳, 梁振益, 2011. 广西产海桐叶、花挥发油的化学成分[J]. 中国实验方剂学杂志, 17(3): 96-98.

苏彦利, 唐敏敏, 陈卫军, 等, 2016. 响应面法优化荖叶精油的提取工艺及精油化学成分的分析[J]. 中国调味品, 41(4): 42-47.

苏应娟, 王艇, 张宏达, 1995. 穗花杉叶精油化学成分的研究[J]. 武汉植物学研究, 13(2): 188-192.

孙丽艳, 王守宗, 杨炳才, 1991. 肋果沙棘贮存过程中精油的变化[J]. 林业科学研究, 4(2): 133-138.

孙琦, 杨晓虹, 吕博群, 等, 2013. 豆瓣绿挥发油成分GC-MS分析[J]. 特产研究, (2): 51-53.

孙文, 巢志茂, 王淳, 等, 2012. HS-SPME-GC-MS技术对栝楼雌、雄花挥发性成分的差异研究[J]. 中国中药杂志, 37(11): 1570-1574.

孙志恒, 吕敏兰, 张智嘉, 等, 2017. 白蒿挥发油成分的测定及其抗氧化活性分析[J]. 分析化学, 45(11): 1655-1661.

孙志忠, 李凤芹, 都文辉, 等, 1994. 黑龙江黄瓜籽挥发油化学成份研究[J]. 黑龙江大学自然科学学报, 11(4): 99-102, 112.

索有瑞, 高航, 汪汉卿, 2004. 中国唐古特白刺: 二氧化碳超临界萃取种子油化学成分的研究[J]. 天然产物研究与开发, 16(1): 16-18.

邰凤姣，韩彩霞，邵华，2015. 入侵植物意大利苍耳不同部位挥发油的化感作用及其化学成分的比较分析[J]. 生物学杂志，32（2）：36-41.

谭龙泉，李瑜，贾忠建，1991. 党参挥发油成分的研究[J]. 兰州大学学报（自然科学版），27（1）：45-49.

谭穗懿，杨旭锐，杨洁，等，2008. 青果挥发油化学成分的GC-MS分析[J]. 中药材，31（6）：842-844.

谭志伟，余爱农，2008. 茗荷嫩茎中挥发性化学成分分析[J]. 精细化工，25（3）：234-237.

覃振林，韦海英，李学坚，等，2006. 苍耳挥发油化学成分的GC-MS分析[J]. 中国中医药科技，13（4）：248-250.

汤庆发，陈飞龙，关培烽，等，2013. 云木香普通粉与超微粉挥发性成分的对比研究[J]. 海峡药学，25（8）：44-47.

汤元江，周铁生，丁靖垲，等，1990. 麝香秋葵籽精油的化学成分[J]. 云南植物研究，12（1）：113-114.

唐春丽，黄业玲，卢澄生，2014. 地桃花茎和叶挥发性成分GC-MS分析[J]. 广西中医药大学学报，17（2）：67-68.

唐华，郑强峰，梁同军，等，2011. 同时蒸馏萃取-GC/MS法分析檵木与红花檵木叶挥发油成分[J]. 安徽农业科学，39（26）：15985-15987，15990.

唐小江，张援，黄华容，等，2003. 毛大丁草不同部位挥发油成分的比较[J]. 中山大学学报（自然科学版），42（2）：124-125.

陶玲，沈祥春，彭佼，等，2009. 艳山姜全果及不同部位挥发油化学成分GC-MS分析[J]. 中成药，31（6）：909-911.

滕坤，王萌，朱金凤，等，2013. 气质联用法对乳香炮制前后挥发性成分分析[J]. 通化师范学院学报（自然科学），34（5）：39-41.

田军，鲍燕燕，王瑞冬，2000. 红景天挥发油的化学成分研究[J]. 军事医学科学院院刊，24（1）：49-51.

田倩，李尚秀，赵婷，等，2014. GC-MS法分析姜属3种植物茎叶的挥发性成分[J]. 云南大学学报（自然科学版），36（2）：249-259.

田阳，张崇禧，蔡恩博，等，2011. 落新妇地下部分挥发油化学成分GC-MS分析[J]. 资源开发与市场，27（02）：106-107.

童晓青，许琳，刘本同，等，2011. 香榧假种皮精油提取工艺及GC-MS分析[J]. 浙江林业科技，31（3）：11-14.

王宝驹，齐红岩，刘圆，等，2008. 薄皮甜瓜果实不同部位中的挥发性酯类物质与氨基酸的关系[J]. 植物生理学通讯，44（2）：215-220.

王长青，潘素娟，左国防，等，2013. 披针叶胡颓子花挥发油气相色谱-质谱联用分析及抑菌作用[J]. 食品科学，34（02）：191-193.

王飞生，胡赛阳，叶荣飞，2009. 不同方法提取香根油化学成分的GC/MS分析[J]. 中国调味品，34（7）：42-45.

王刚，郭延磊，2010. 金花葵子挥发油的化学成分分析[J]. 安徽农业科学，38（14）：7297-7298.

王国亮，朱信强，袁萍，等，1994. 湖北产黄花蒿精油化学成分研究[J]. 武汉植物学研究，12（4）：375-379.

王宏歌，孙墨珑，2013. 核桃楸外果皮挥发性成分的GC-MS分析及其抑菌活性[J]. 江苏农业科学，41（3）：272-274.

王花俊，张峻松，刘利锋，2009. 菠萝挥发性成分的GC-MS分析[J]. 食品研究与开发，30（12）：134-137.

王慧，曾熠程，侯英，等，2012. 顶空固相微萃取-气相色谱/质谱法分析不同材质木片中的挥发性成分[J]. 林产化学与工业，32（5）：115-119.

王金梅，康文艺，2009. 唐古拉特白刺和西伯利亚白刺茎挥发性成分研究[J]. 精细化工，26（8）：773-775，780.

王金梅，康文艺，2011. 唐古拉特白刺和西伯利亚白刺叶挥发性成分研究[J]. 天然产物研究与开发，23（4）：680-683.

王金梅，陈龙，李昌勤，等，2013. 红花檵木花和叶挥发性成分[J]. 天然产物研究与开发，25：204-206.

王军，陈科，李广玮，等，2006. 折苞斑鸠菊挥发性成分的研究[J]. 中草药，37（5）：674-676.

王军民，周凡蕊，陈川云，等，2012. GC-MS法测定阳荷花挥发油的成分[J]. 天然产物研究与开发，24：916-919.

王丽丽，陈爽，陆璐，等，2010. 温莪术挥发性成分的闪蒸-气相色谱-质谱法测定研究[J]. 林产化学与工业，30（1）：17-21.

王柳萍，梁晓乐，罗跃，等，2013. 砂仁挥发油成分的气相色谱-质谱分析[J]. 医药导报，32（6）：782-784.

王茂义，王军宪，贾晓妮，等，2011. 化香树果序挥发油化学成分分析[J]. 中国医院药学杂志，31（9）：736-738.

王茜，苟学梅，高刚，等，2015. 蓬莪术干叶和鲜叶精油化学成分分析与抗氧化、抑菌活性研究[J]. 食品工业科技，36（08）：97-102.

王赛丹，陈齐亮，孙认认，等，2018. 响应面优化超声波辅助萃取香根油工艺及其成分研究[J]. 食品研究与开发，39（4）：53-59.

王少军，段启，曹君，等，2005. 豆蔻壳挥发油成分的GC-MS分析[J]. 中成药，27（7）：815-817.

王淑萍，张桂珍，高英，2007. 苍耳子挥发油化学成分分析[J]. 长春工程学院学报（自然科学版），8（2）：81-83.

王淑萍，许飞扬，张桂珍，等，2008. 南沙参挥发油化学成分分析[J]. 河北大学学报（自然科学版），28（4）：373-377，383.

王淑萍，许飞扬，张学伟，2010. 乙醇浸提南沙参挥发油化学成分分析[J]. 分子科学学报，26（6）：428-431.

王淑萍，2015. 核桃楸叶挥发油化学成分分析[J]. 分子科学学报，31（2）：160-164.

王硕硕，巩彪，陈媛媛，等，2017. 不同类型甜瓜亲本及其F1代果实挥发性物质成分的比较[J]. 北方园艺，（23）：34-41.

王太军，温纪平，王华东，等，2016. 热处理对小麦麸皮挥发性成分的影响[J]. 粮食与油脂，29（8）：68-70.

王天山，谷铁安，钟名国，等，2011. GC-MS法分析香花暗罗具有抗肿瘤活性的醚提取物的化学成分[J]. 食品科技，36（11）：191-196.

王学利，吕健全，章一德，2002. 苦竹叶挥发油成分的分析[J]. 浙江林学院学报，19（4）：387-390.

王贤亲，潘晓军，林观样，等，2009. 气相色谱－质谱联用分析比较浙江海风藤茎及叶挥发油成分[J]. 光谱实验室，26（2）：194-196.

王延辉，师邱毅，孙金才，等，2016. 胡椒梗中挥发性成分提取及其抑菌效果研究[J]. 安徽农业科学，44（7）：52-56，75.

王燕，陈文豪，陈光英，等，2013. 鹰爪花挥发油GC-MS分析及抗肿瘤活性研究[J]. 中国实验方剂学杂志，19（17）：100-103.

王艳艳，王团结，宿树兰，等，2011. 乳香、没药药对配伍挥发油成分的GC-MS分析[J]. 现代中药研究与实践，25（2）：31-34.

王一峰，肖李娜，杨宗邦，等，2011. 三种风毛菊属植物挥发油成分及系统学意义[J]. 西北师范大学学报（自然科学版），47（2）：80-86.

王影，唐丽君，李君丽，等，2016. 不同核桃仁香气物质的分析[J]. 饮料工业，19（5）：54-57.

王治平，孟祥平，樊化，等，2005. 滇桂艾纳香挥发油化学成分的GC-MS分析[J]. 中草药，36（8）：1138-1139.

汪雨，刘学锋，刘聪，等，2012. 吹扫捕集-气相色谱/质谱法测定巴山箬竹叶中挥发性成分[J]. 质谱学报，33（2）：104-108.

危英，王道平，龙婧，等，2010. 箭秆风挥发油化学成分的分析[J]. 贵州农业科学，38（8）：74~77.

危英，王道平，杨付梅，等，2012. 花叶山姜挥发油化学成分及抗菌活性研究[J]. 天然产物研究与开发，24：1220-1224.

卫强，鲁轮，龙先顺，等，2016. 提取方法对木槿叶挥发油成分及其对肺癌A549细胞抑制作用的影响[J]. 食品与机械，32（4）：160-166.

韦玮，罗秋月，姚金娥，2018. 乌榄叶挥发油提取工艺优选及化学成分分析[J]. 中南药学，16（4）：500-503.

魏长宾，刘胜辉，陆新华，等，2016. 菠萝果实香气成分多样性研究[J]. 热带作物学报，37（2）：418-426.

魏娜，王勇，曾念开，等，2008. GC-MS法分析角花胡颓子挥发油成分[J]. 江苏大学学报（医学版），18（5）：405-406.

魏琦，荀航，喻谨，等，2015. 苦竹属竹叶挥发油比较研究[J]. 林产化学与工业，35（2）：122-128.

魏永生，杨振，郑敏燕，等，2011. 固相微萃取-气相色谱/质谱法分析狭叶红景天挥发性成分[J]. 广东化工，38（3）：120-122.

吴彩霞，李彩芳，郅妙利，等，2007. 海桐花挥发油的提取工艺研究[J]. 时珍国医国药，18（7）：1579-1582.

吴彩霞，邢煜君，曹乃锋，等，2010. 宜昌胡颓子根挥发性成分的HS-SPME-GC-MS研究[J]. 中国实验方剂学杂志，16（10）：53-55.

吴怀恩，李耀华，韦志英，等，2008. 广西五月艾、细叶艾与艾叶挥发油的比较研究[J]. 中国医药导报，5（35）：23-26.

吴怀恩，韦志英，朱小勇，等，2008. 超临界CO_2流体萃取法提取艾叶与五月艾挥发油成分的研究[J]. 广西中医学院学报，11（4）：31-34.

吴连花，孙庆文，徐文芬，等，2013. 贵州两产地石楠藤中挥发油的GC-MS分析[J]. 中国药房，24（3）：249-251.

吴林菁，姜丰，苏菊，等，2017. 艳山姜挥发油提取工艺优选及化学成分GC-MS分析[J]. 贵州医科大学学报，42（6）：655-660.

吴润，吴峻松，方洪钜，等，1994. 山柰和苦三柰精油化学成分的比较研究[J]. 中药材，17（10）：27-29，56.

吴瑶，陈泽，翁程杰，等，2014. 茶秆竹叶挥发油成分分析[J]. 竹子研究汇刊，33（4）：45-49.

吴忠，许寅超，2000. 超临界CO_2流体萃取海南砂有效成分的研究[J]. 中药材，23（3）：157-158.

武全香，祝英，贾忠建，2003. 盘花垂头菊挥发性化学成分研究[J]. 兰州大学学报（自然科学版），39（1）：107-108.

伍艳婷，傅春燕，刘永辉，等，2017. 瓜馥木挥发油化学成分的GC-MS分析[J]. 中药材，40（2）：364-368.

夏东海，李霞，董新荣，等，2014. 红足蒿挥发油的微波辅助－水蒸气蒸馏萃取及GC-MS分析[J]. 中国现代应用药学，31（1）：81-86.

夏佳璇，卢金清，肖宇硕，等，2018. 顶空固相微萃取结合气－质联用分析谷精草及其伪品的挥发性成分[J]. 中国医院药学杂志，38（9）：939-941，945.

项伟，李玉媛，2001. 灰竹挥发油化学成分分析[J]. 分析测试学报，20（4）：59-61.

肖炳坤，杨建云，黄荣清，等，2015. 山栀茶挥发油成分的GC-MS分析[J]. 中药材，38（7）：1436-1438.

肖锋，谭兰兰，张晓凤，等，2009. 慈竹叶挥发油成分分析[J]. 重庆工学院学报（自然科学），23（7）：40-44.

肖守华，王崇启，乔卫华，等，2010. 厚皮甜瓜（Cucumis melon）鲁厚甜2号香气成分的GC-MS分析[J]. 果树学报，27（1）：140-145.

肖守华，马德源，王施慧，等，2014. 不同瓤色小型西瓜成熟果实挥发性风味物质GC-MS分析[J]. 中国园艺文摘，（5）：1-7.

肖伟洪，丁海新，利冬元，等，2017. 江西永修黄花蒿挥发油化学成分的GC/MS分析[J]. 江西化工，（2）：50-52.

肖文琳，宋小平，陈光英，等，2015. 假益智果实挥发油成分分析及其抑菌活性[J]. 中国实验方剂学杂志，21（7）：47-50.

谢惜媚，陆慧宁，2007. 新鲜橄榄叶挥发油成分的气相色谱－质谱联用分析[J]. 时珍国医国药，18（11）：2761-2762.

谢惜媚，陈彬，刘岚，等，2013. HS-GC-MS法分析比较十二种西藏红景天样品的挥发性成分[J]. 中山大学学报（自然科学版），52（5）：97-102.

谢小燕，史小波，徐俊驹，等，2012. 气相色谱质谱联用法分析滇姜花挥发油化学成分[J]. 云南农业大学学报，27（4）：607-610.

谢小燕，薛咏梅，徐俊驹，等，2013. 节鞭山姜和宽唇山姜挥发油化学成分分析[J]. 云南农业大学学报，28（4）：592-597.

邢炎华，周蕊，高忠彦，2016. 木鳖子挥发油化学成分GC-MS分析[J]. 中医药通报，15（4）：56-58.

熊运海，彭小平，刘奕清，等，2015. GC-MS与化学计量学法结合对干姜与高良姜挥发油成分的比较分析[J]. 江苏农业科学，43（5）：298-302.

徐琅，贾元超，龚祝南，2009. 一年蓬挥发油的气相色谱质谱分析及体外抑菌活性研究[J]. 时珍国医国药，20（5）：1171-1172.

徐礼英，张小平，蒋继宏，2009. 栝楼子挥发油的成分分析及其生物活性的初步研究[J]. 中国实验方剂学杂志，15（8）：38-43.

徐礼英，张小平，蒋继宏，2009. 黄山栝楼挥发油的成分分析及其生物活性的初步研究[J]. 中国中药杂志，34（8）：1047-1049.

徐鹏翔，王乃馨，李超，等，2017. 苍耳叶挥发油的GC/MS分析及抑菌性研究[J]. 中国食品添加剂，（10）：49-53.

徐蕊，吴泰宗，范杰平，2013. 曼地亚红豆杉枝叶挥发油化学成分的GC-MS分析[J]. 南昌大学学报（工科版），35（1）：22-28.

徐世涛，阴耕云，刘劲云，等，2012. 海南三七的挥发性成分研究[J]. 云南大学学报（自然科学版），34（6）：701-704.

徐子健，龙娅丽，江雪飞，等，2016. 山刺番荔枝果实发育进程中挥发性成分的组成分析[J]. 果树学报，33（8）：969-976.

许海棠，陈其锋，龙寒，等，2014. 宽叶金粟兰挥发油的化学成分及抗氧化活性[J]. 中国实验方剂学杂志，20（20）：67-70.

许俊洁，卢金清，郭胜男，等，2015. 不同部位与不同采收期蕲艾精油化学成分的GC-MS分析[J]. 中国实验方剂学杂志，21（21）：51-57.

许文学，邢学锋，陈飞龙，等，2012. 阳春砂仁果实和根挥发油成分比较[J]. 中国药房，23（43）：4084-4086.

薛晓丽，张心慧，孙鹏，等，2016. 六种长白山药用植物挥发油成分GC-MS分析[J]. 中药材，39（5）：1062-1066.

薛月芹，袁珂，朱美晓，等，2009. 不同方法提取－GC/MS法分析淡竹叶中的挥发油化学成分[J]. 药物分析杂志，29（6）：954-960.

YoshitakaUeyama，张承曾，1991. 毛鞘茅香乙醇萃出物中的挥发性组分[J]. 香料香精化妆品，（4）：63-68.

阎鸿建，王青，韦风英，1988. 沙地沙枣花挥发油和净油化学成份的研究[J]. 有机化学，8：346-351.

阎永红，江佩芬，沈连生，1993. 党参茎叶中挥发油成分研究[J]. 中草药，24（7）：384-385.

晏小霞，王茂媛，王祝年，等，2013. 草豆蔻不同部位挥发油化学成分GC-MS分析[J]. 热带作物学报，34（7）：1389-1394.

阳波，李湘斌，2010.炮制前后益智果实中挥发油成分的对比研究[J].中南药学，8（11）：817-820.

杨彪，郭新东，宋小平，等，2009.肖梵天花挥发油的气相色谱-质谱分析[J].广东化工，36（11）：124-125.

杨炳友，梁军，夏永刚，等，2010.银线草挥发油化学成分的研究[J].中医药信息，27（3）：12-16.

杨超，李尚秀，田倩，等，2014.2种山姜属植物挥发性成分的GC-MS分析[J].云南民族大学学报（自然科学版），23（3）：161-166.

杨丹丹，刘向前，刘祖贞，等，2012.苗药冠盖藤不同部位挥发性成分的GC-MS分析[J].西北药学杂志，27（3）：189-192.

杨虎彪，李晓霞，虞道耿，等，2010.海南产细柄草花序中挥发油成分的GC-MS分析[J].热带作物学报，31（10）：1846-1848.

杨虎彪，李晓霞，虞道耿，等，2011.竹枝细柄草花序挥发油成分的GC-MS分析[J].热带亚热带植物学报，19（4）：347-350.

杨华，田锐，李龚，等，2008.陕北艾蒿挥发性化学成分研究[J].广东农业科学，（11）：103-105.

杨桦，杨伟，杨茂发，等，2011.法国冬青和光皮桦挥发物日节律及云斑天牛的触角电位反应[J].应用生态学报，22（2）：357-363.

杨继敏，朱科学，吴桂苹，等，2015.胡椒梗中胡椒碱及香气物质研究[J].热带农业科学，35（10）：82-88.

杨立梅，高慧慧，张超，等，2016.蒺藜炒制前后挥发性成分和脂肪油的GC-MS分析[J].山东中医药大学学报，40（6）：563-566.

杨丽芳，李晓如，和建川，2015.药对白术-防风及其单味药中挥发油的比较分析[J].广州化工，43（7）：114-117.

杨敏，2010.冬瓜挥发性成分的固相微萃取-气质联用分析[J].食品工业科技，（1）：134-137.

杨妮，苏伟敏，莫明月，等，2015.优良广西莪术株系筛选及其挥发油成分比较[J].江苏农业科学，43（9）：283-285.

杨萍，刘洪波，潘佳佳，等，2015.不同季节毛竹竹叶挥发油成分与抑菌效果比较研究[J].核农学报，29（2）：313-320.

杨庆宽，周铁生，孔繁浩，等，1994.鲜、干草果精油化学成分及香气味的研究[J].香料香精化妆品，（1）：1-5.

杨荣平，王宾豪，励娜，等，2007.GC-MS法分析大宁党参挥发油化学成分[J].中国实用医药，2（25）：33-34.

杨田田，田媛，雷静，等，2013.北京不同区域马尼拉草挥发油成分分析[J].广州化工，41（18）：120-123.

杨先国，彭学著，钟湘云，2014.湖南引种温莪术挥发油的GC-MS分析[J].中南药学，12（11）：1139-1141.

杨欣，姜子涛，李荣，2010.调味香料云南爪哇香茅挥发油化学成分的研究[J].中国调味品，（2）：46-48.

杨欣，王秋红，王悦，等，2015.干姜挥发油成分GC-MS分析[J].化学工程师，（08）：16-18.

杨鑫宝，赵博，杨秀伟，2010.白花檵木花挥发油成分的GC-MS分析[J].中国现代中药，12（1）：25-26.

杨秀泽，周汉华，童红，2011.夜寒苏（圆瓣姜花）的鉴定及挥发油成分GC-MS分析[J].中国药房，22（7）：642-643.

杨艳，韦余，王玉和，等，2016.黔产毛蒟挥发油的提取工艺优化及化学成分分析[J].中国药房，27（31）：4421-4424.

杨永利，郭守军，马瑞君，等，2007.乌榄叶挥发油化学成分分析[J].广西植物，27（4）：662-664.

杨云裳，史高峰，鲁润华，2004.藏药裸茎金腰挥发性化学成分研究[J].天然产物研究与开发，16（1）：38-40.

杨占南，余正文，罗世琼，等，2008.贵州青蒿精油成分研究[J].时珍国医国药，19（1）：255-257.

杨再波，龙成梅，郭治友，等，2011.微波辅助顶空固相微萃取法快速分析黔产一年蓬不同部位挥发油化学成分[J].精细化工，28（3）：242-246.

杨再波，龙成梅，郭治友，等，2012.微波辅助固相微萃取法分析光皮桦叶片和果实中挥发性成分[J].中国实验方剂学杂志，18（1）：56-59.

羊青，晏小霞，王茂媛，等，2016.不同产地姜黄挥发油的化学成分及其抗氧化活性[J].中成药，38（5）：1188-1191.

姚慧娟，姚慧敏，卜书红，2013.朝鲜苍术挥发油成分GC-MS分析[J].中国药物警戒，10（3）：148-151.

叶强，李生茂，敖慧，等，2014.不同产地绿壳砂仁挥发油组分比较[J].中成药，36（5）：1033-1037.

叶欣，卢金清，曹利，2016.气相色谱-质谱联用技术分析蕲艾籽中挥发性成分[J].中国医院药学杂志，36（22）：1980-1984.

叶永浩，杨全，蔡宇忆，等，2016.广东产广西莪术鲜、干品挥发油的含量测定及其GC-MS分析[J].广东药学院学报，32（3）：307-310.

尹建元，李静，杨宗辉，等，1999.四叶参挥发油的GC-MS分析[J].吉林中医药，（3）：52.

尹学琼，陈俊华，刘芳，等，2012. 柠檬香茅精油的提取及抗氧化活性[J]. 精细化工，29（6）：568-571.

尹震花，王微，顾海鹏，等，2012. HS-SPME-GC-MS分析蒟酱叶挥发性成分[J]. 天然产物研究与开发，24：1402-1404.

易美华，肖红，梁振益，2004. 益智仁、叶、茎挥发油化学成分的对比研究[J]. 中国热带医学，4（3）：339-342.

易雪静，刘刚，龚铮午，2016. 微波联合纤维素酶提取艾叶挥发油的研究[J]. 食品与机械，32（2）：160-164.

尤志勉，韩安榜，林崇良，2013. 浙产细叶艾挥发油成分的GC-MS分析[J]. 浙江中医杂志，48（4）：299-301.

于凤兰，马茂华，孔令韶，1996. 内蒙毛乌素沙地油蒿（Artemisia ordosica）挥发油成分的研究[J]. 天然产物研究与开发，8（1）：14-18.

于泽源，郭琳，李兴国，等，2012. 不同种类穗醋栗果实挥发性成分分析[J]. 中国果树，（2）：37-40.

余爱农，王发松，杨春海，等，2002. 箬叶香气成分的研究[J]. 精细化工，19（4）：201-203.

余辉，张淼，秦昆明，等，2014. 益智仁中挥发油成分的GC-MS[J]. 中国实验方剂学杂志，20（10）：83-86.

余秀丽，施瑞城，姚广龙，等，2017. 气相色谱-质谱法比较分析微波处理前后番木瓜果浆中的香气成分[J]. 食品科技，42（02）：260-267.

余正文，杨占南，张习敏，等，2011. 不同采收部位黄花蒿种子挥发性赋香成分分析[J]. 江苏农业科学，39（3）：437-438.

郁浩翔，郁建平，2010. 不同提取方法对襄衣草挥发性成分的分离效果[J]. 山地农业生物学报，29（4）：320~324.

喻谨，岳永德，汤锋，等，2014. 水蒸汽蒸馏-气相色谱／质谱法分析7种竹叶挥发油的香气成分[J]. 分析科学学报，30（2）：197-201.

喻庆禄，晏天宝，罗永明，2002. 多穗金粟兰挥发油成分的GC/MS分析[J]. 中国现代应用药学杂志，19（4）：327-328.

喻世涛，肖龙恩，王萍，等，2016. 不同产地香茅草挥发性成分的GC-MS分析[J]. 香料香精化妆品，（6）：5-8.

袁婷，王成芳，费超，等，2012. 杨叶肖槿叶挥发油成分的分析[J]. 中国实验方剂学杂志，18（3）：48-51.

原玲芳，高健，程绍杰，等，2010. 小蓬草花挥发油化学成分及抑菌作用研究[J]. 江苏农业科学，（4）：295-296.

曾冬琴，彭映辉，陈飞飞，等，2014. 小蓬草精油对两种蚊虫的毒杀活性和成分分析[J]. 昆虫学报，57（2）：204-211.

曾富佳，丁丽娜，高玉琼，等，2013. 冬葵挥发性成分研究[J]. 中国民族民间医药，（14）：19-21.

曾慧英，谢建春，卢立晃，等，2011. 南方红豆杉叶挥发性成分[J]. 精细化工，28（11）：1112-1116.

曾立威，唐春燕，徐勤，2017. 三七姜挥发油成分的GC-MS分析与体外抗肿瘤活性研究[J]. 华夏医学，30（4）：33-39.

曾志，席振春，蒙绍金，等，2010. 不同品种砂仁挥发性成分及质量评价研究[J]. 分析测试学报，29（7）：701-706.

曾志，符林，叶雪宁，等，2012. 白豆蔻、红豆蔻、草豆蔻和肉豆蔻挥发油成分的比较[J]. 应用化学，29（11）：1316-1323.

翟红莉，王辉，曾艳波，等，2013. 两种不同产地高良姜挥发油成分的GC-MS分析[J]. 热带作物学报，34（12）：2475-2478.

翟红莉，王辉，刘寿柏，等，2013. 高良姜花和果实的挥发油化学成分[J]. 广东农业科学，（11）：80-83.

战琨友，董灿兴，徐坤，2009. 生姜精油、浸膏和油树脂的提取及成分分析[J]. 精细化工，26（7）：685-590.

张德志，杨文胜，张伟森，等，1992. 万年蒿挥发油化学成分研究[J]. 吉林林学院学报，8（3）：1-4.

张冠东，郝旭亮，赵晶晶，等，2009. 不同产地及种属罗布麻叶挥发油的GC-MS成分分析[J]. 中国现代应用药学杂志，26（3）：207-210.

张桂芝，朱芮溪，2012. GC-MS分析运脾糖浆组方药材中的挥发油成分[J]. 现代中药研究与实践，26（6）：54-56.

张贵源，龚莉莉，党荣敏，2012. 独山瓜馥木叶挥发油的主要成分及其抗肿瘤活性分析[J]. 贵州农业科学，40（9）：67-69.

张红侠，苑金鹏，程秀民，2007. 东北苍耳子挥发油化学成分分析[J]. 光谱实验室，24（5）：930-933.

张虹娟，魏杰，徐世涛，等，2013羊. 奶果提取物的挥发性成分分析及其卷烟加香评价[J]. 云南大学学报（自然科学版），35（S1）：289-292.

张宏桂，吴广宣，刘松艳，等，1994. 关苍术挥发油成分分析[J]. 白求恩医科大学学报，20（1）：28.

张宏意，方思琪，彭维，等，2010. 糖胶树花挥发油GC-MS分析[J]. 中药材，33（8）：1273-1274.

张姣姣，冉靓，王道平，等，2015. 贵州清镇引种黄秋葵花不同花期的香气成分[J]. 信阳师范学院学报：自然科学版，28（3）：406-409.

张姣姣，冉靓，刘燕，等，2015.黔产黄秋葵籽油脂组分及香气成分分析研究[J].食品工业，36（5）：258-261.

张举成，郭亚力，田茂军，等，2006.黄藤挥发性成分的GC／MS分析[J].云南化工，33（1）：41-43.

张俊巍，茅青，1988.珊瑚姜精油成分的初步研究[J].植物学通报，5（2）：108-109.

张丽霞，刘红星，陈今浩，2010.鸡蛋花挥发油成分的提取及分析[J].化工技术与开发，39（6）：38-40.

张娜，蒋玉梅，李霁昕，等，2014."玉金香"甜瓜常温贮藏期间香气构成变化分析[J].食品科学，35（16）：96-100.

张强，邹军，张浩，2000.三指雪莲和水母雪莲挥发油成份的GC-MS研究[J].华西药学杂志，15（5）：346~348.

张荣，李承祜，苏中武，1994.辣薄荷草挥发油的化学成分[J].广西植物，14（1）：94.

张荣，苏中武，李承祜，1992.滇西香茅挥发油的化学成分[J].植物资源与环境，1（3）：58~59.

张荣，苏中武，李承祜，1994.芸香草和西昌香茅挥发油的化学成分[J].植物资源与环境，3（1）：56-58.

张生潭，王兆玉，汪铁山，等，2011.中药砂仁挥发油化学成分及其抗菌活性[J].天然产物研究与开发，23：464-472.

张书锋，秦葵，于新蕊，等，2012.石家庄野生白莲蒿挥发油的化学成分分析[J].白求恩军医学院学报，10（6）：471-473.

张淑宏，金声，曹家驹，1991.依兰依兰精油化学成分的研究[J].北京大学学报（自然科学版），27（6）：645-652.

张所明，王景山，马妹雯，等，1991.藏药大株红景天挥发油成分的研究[J].中药材，14（2）：36-38.

张伟，张娟娟，尹震花，等，2017.HS-SPME-GC-MS法检测并鉴定胡椒叶和果实中的挥发性成分[J].中国药房，28（6）：820-822.

张伟，卢引，顾雪竹，等，2013.HS-SPME-GC-MS分析两种南瓜瓤挥发性成分[J].中国实验方剂学杂志，19（20）：97-99.

张伟，卢引，李昌勤，等，2012.HS-SPME-GC-MS分析金钩南瓜雄花挥发性成分[J].中国实验方剂学杂志，18（15）：127-129.

张伟，彭涛，卢引，等，2013.HS-SPME-GC-MS分析蜜本南瓜3个部位的挥发性成分[J].世界科学技术（中医药现代化），15（4）：680-684.

张晓磊，李春扬，张世满，等，2012.同时蒸馏萃取技术分析酿酒原料青稞中挥发性化合物的研究[J].酿酒科技，（7）：115-118，123.

张旭，何明辉，郑伟耀，等，2017.艳山姜果实挥发油的提取工艺优化及其化学成分分析[J].中国民族民间医药，26（8）：14-17.

张旭，姜潆津子，侯影，等，2011.木香及其麸煨品挥发油化学成分的气相色谱－质谱联用测定[J].时珍国医国药，22（6）：1355-1357.

张燕，张洪斌，2005.白叶蒿挥发油成分研究[J].生物技术，15（4）：52-54.

张银堂，王亚丹，胡春华，等，2010.GC-MS和荧光光谱用于苦瓜挥发油成分的研究[J].平顶山学院学报，25（5）：46-49.

张英，汤坚，袁身淑，等，1997.竹叶精油和头香的CGC-MS-DS研究[J].天然产物研究与开发，10（4）：38-44.

张玉荣，高艳娜，林家勇，等，2010.顶空固相微萃取－气质联用分析小麦储藏过程中挥发性成分变化[J].分析化学，38（7）：953-957.

张元，康利平，詹志来，等，2016.不同采收时间对艾叶挥发油及其挥发性主成分与毒性成分变化的影响[J].世界科学技术（中医药现代化），18（3）：410-419.

张元媛，贾晓妮，曹永翔，等，2008.黄蜀葵花化学成分研究[J].西北药学杂志，23（2）：80-82.

张悦凯，戚正华，胡佳丽，等，2013.SPME-GC-MS法分析中甜2号甜瓜香气成分[J].浙江农业科学，（5）：538-540.

张韵慧，冯靖，晋兴华，等，2012.枫香叶挥发油化学成分的GC-MS分析[J].中国实验方剂学杂志，18（22）：81-83.

张知侠，2016.虎耳草精油化学成分及其抑菌活性[J].西北农业学报，25（10）：1536-1540.

章淑隽，蓝煜，秦祥林，1989.进口砂仁（缩砂）及其掺伪品（红壳砂、草豆蔻、红豆蔻、珠母砂）挥发油的气相色谱分析[J].药物分析杂志，9（4）：219-222.

赵晨星，张牧，向诚，等，2014.西南风铃草挥发油的化学成分分析[J].植物资源与环境学报，23（4）：99-101.

赵光伟，徐志红，孔维虎，等，2014. 薄皮甜瓜品种'白玉糖'香气成分的HS-SPME/GC-MS分析[J]. 中国瓜菜，27（5）：14-17.

赵光伟，徐志红，孔维虎，等，2015. 3个甜瓜品种果实香气成分的HS-SPEM/GC-MS比较分析[J]. 果树学报，32（2）：259-266.

赵宏冰，王志辉，何芳，等，2015. 姜不同炮制品的挥发油成分GC-MS分析[J]. 中药材，38（4）：723-726.

赵惠，柴玲，卢覃培，等，2017. 瑶药少花海桐茎皮挥发油化学成分研究[J]. 广西科学院学报，33（2）：143-146.

赵丽，梁晓原，2007. 毛丁白头翁挥发油化学成分的研究[J]. 云南中医学院学报，30（4）：17-18，28.

赵升逵，李尚秀，高雪梅，等，2013. 气质联用法分析宽唇山姜茎叶的挥发性成分[J]. 云南化工，40（3）：42-45.

赵小亮，白红进，庞新安，2007. 大花罗布麻花挥发油化学成分的GC-MS分析[J]. 西北农业学报，16（6）：289~291.

赵秀玲，朱帅，2017. 救心菜精油中主要成分的GC-MS分析[J]. 贵州师范大学学报（自然科学版），35（2）：65-69.

赵勇，陈业高，赵焱，2004. 灯盏细辛挥发油化学成分的研究[J]. 云南化工，31（5）：21-22.

赵云荣，权玉萍，王文领，等，2009. ATD-GC-MS联用分析阿尔泰狗哇花精油成分[J]. 江苏农业科学，（3）：322-325.

郑华，于连松，张汝国，等，2009. 番木瓜果实香气的热脱附-气相色谱/质谱分析[J]. 湖北农业科学，48（5）：1235-1237.

郑建珍，刘文涵，2010. 不同白术栽培品种挥发油化学成分的GC-MS分析[J]. 中国药房，21（31）：2924-2926.

郑尚珍，余建华，洗亭雄，1991. 雪兔子的挥发油和微量元素成分的研究[J]. 中国药学杂志，26（9）：526-529.

郑尚珍，沈序维，陈颢，等，1988. 中药鬼灯檠根精油成分的研究[J]. 有机化学，（8）：143-146.

郑水庆，吴久鸿，廖时萱，等，1998. 假鹰爪属植物挥发油化学成分的比较研究[J]. 中国药学杂志，33（8）：461-464.

郑维发，谭仁祥，刘志礼，等，1996. 八种蒿属植物石油醚提取物中萜类成分分析[J]. 南京大学学报，32（4）：706-712.

郑晓媚，汤庆发，马钦海，等，2015. GC-MS法分析超微粉碎对白术挥发油成分的影响[J]. 中药新药与临床药理，26（6）：822-824，844.

郑勇凤，汪蕾，赵思蕾，等，2016. 应用自动质谱退卷积定性系统（AMDIS）和保留指数分析3种不同基原莪术的挥发油成分差异[J]. 中国中药杂志，41（2）：257-263.

钟凌云，张淑洁，龚千锋，等，2015. 生姜、干姜炮制对厚朴挥发性成分影响比较[J]. 中国实验方剂学杂志，21（20）：49-54.

周宝珍，2015. 不同叶片数绞股蓝中挥发性成分的SPME-GC-MS分[J]. 陕西农业科学，61（09）：23-28.

周春丽，刘伟，陈冬，等，2015. 基于电子鼻与SPME-GC-MS法分析不同南瓜品种中的挥发性风味物质[J]. 现代食品科技，31（7）：293-301.

周汉华，赵曦，梁晓乐，2008. 夜寒苏的鉴定及挥发油成分GC-MS分析[J]. 中药材，31（7）：977-979.

周洁，郭兰萍，黄璐琦，等，2008. 低钾胁迫对苍术生长发育及挥发油的影响[J]. 中草药，39（10）：1548-1552.

周金沙，朱良，李乐，等，2014. 褐苞蒿挥发油成分及其抗菌活性研究[J]. 食品与机械，30（2）：151-155，254.

周坤，江汉美，许家琦，等，2018. 基于主成分分析与聚类分析比较研究南沙参挥发性成分[J]. 天然产物研究与开发，30（09）：1543-1547.

周丽珠，谷瑶，秦荣秀，等，2017. 采收和存放时间对柠檬香茅得油率及其挥发油主成分的影响[J]. 香料香精化妆品，（4）：17-20.

周玲，唐于平，吴德康，等，2009. 五拗汤及其组方药材挥发油GC-MS比较分析[J]. 中国中药杂志，34（10）：1245-1250.

周露，2006. 滇高良姜挥发油的化学成分研究[J]. 香料香精化妆品，（2）：15-16.

周露，谢文申，江明，2016. 2种云南主要食用姜的挥发性成分研究[J]. 安徽农业科学，44（24）：95-97，146.

周露，练强，谢文申，2017. 黄姜花根茎的挥发性成分研究[J]. 香料香精化妆品，（4）：11-13.

周日宝，吴佳，童巧珍，等，2008. 不同提取方法中白术挥发油成分的比较研究[J]. 中药材，31（2）：229-232.

周顺玉，陈利军，马俊义，等，2011. 狗舌草挥发油化学成分GC-MS分析[J]. 湖北农业科学，50（15）：3194-3196.

周涛，黄璐琦，吉力，2007. 贵州特有植物大方油栝楼果皮挥发油的化学成分分析[J]. 中国中药杂志，32（4）：344-345.

周涛，邱红汉，2017. HS-SPME-GC-MS分析炮制前后苍耳子挥发性成分[J]. 中国药师，20（2）：235-237，241.

周万镜，张素英，杨远义，2011. 贵州黔北地区白苞蒿挥发油成分分析[J]. 安徽农业科学，39（19）：11431-11432，11440.

周欣，杨小生，赵超，2001. 艾纳香挥发油化学成分的气相色谱-质谱分析[J]. 分析测试学报，20（5）：76-78.

周熠，谭兴和，李清明，2009. 同时蒸馏萃取箸竹叶挥发油的气相色谱-质谱分析[J]. 食品科学，30（10）：199-202.

朱凤妹，杜彬，李军，等，2010. 利用GC-MS技术分析三棱挥发油化学成分[J]. 天然产物研究与开发，22：253-256.

朱奎德，白雪，赵英，等，2016. 正交试验优化苞叶雪莲超临界CO_2萃取工艺及萃取物GC-MS分析[J]. 上海农业学报，32（2）：80-84.

朱亮峰，陆碧瑶，徐丹，等，1983. 阳春砂仁叶油和广宁绿壳砂仁叶油化学成分的初步研究[J]. 广西植物，3（1）：43-47.

朱亮锋，陆碧瑶，李宝灵，等，1993. 芳香植物及其化学成分[M]. 海南：海南出版社.

朱芸，刘金荣，王航宇，2007. 超临界CO_2萃取与浸渍法提取白刺果油化学成分的分析与比较[J]. 精细化工，24（3）：239-242.

庄礼珂，王潘，梁木森，等，2010. 海芒果叶挥发油化学成分及杀虫活性研究[J]. 天然产物研究与开发，22：812-815.

庄礼珂，朱文，2009. 气相色谱-质谱法分析海芒果果实挥发油化学成分[J]. 农药，48（7）：504-505，514.

卓志航，杨伟，徐丹萍，等，2016. 云斑天牛寄主核桃树皮及树叶的挥发性成分[J]. 西北农林科技大学学报（自然科学版），44（5）：205-214.

邹菊英，陈胜璜，李琴雯，等，2012. 柔毛冠盖藤根茎和叶挥发油成分气质联用分析[J]. 中药材，35（4）：578-581.

邹磊，傅德贤，杨秀伟，等，2007. 芙蓉菊挥发油的成分分析[J]. 天然产物研究与开发，19：250-253.

邹鹏，郭东锋，舒俊生，等，2014. 麦芽精油成分研究及其在卷烟中应用[J]. 中国烟草学报，20（2）：47-53.

邹耀洪，王林样，1992. 薏苡仁挥发物质化学成分的研究[J]. 林产化工通讯，（5）：16-18.